Reinhold Fritsch
Hartmut Pasternak

Stahlbau

Reinhold Fritsch
Hartmut Pasternak

Stahlbau

Grundlagen und Tragwerke

Mit 348 Abbildungen und 37 Tabellen

Bearbeitet von:
OSTR Prof. Dipl.-Ing. Reinhold Fritsch
Prof. Dr.-Ing. habil. Hartmut Pasternak
O. Prof. Dipl.-Ing. Dr. techn. Günter Ramberger
Dipl.-Ing. Dr. techn. Friedrich Nahler
Dipl.-Ing. Dr. techn. Walter Siokola
O. Prof. Dipl.-Ing. Georg Valentin
Dipl.-Ing. Jaroslav Koser
Dipl.-Ing. Roland Kocker

http://www.vieweg.de

Umschlaggestaltung: Ulrike Weigel, Wiesbaden
Technische Redaktion und Layout: Hartmut Kühn von Burgsdorff

Gedruckt auf säurefreiem Papier

ISBN 978-3-528-03853-3   ISBN 978-3-322-90775-2 (eBook)
DOI 10.1007/978-3-322-90775-2

Vorwort

Zum Thema Stahlbau gibt es eine Reihe sehr guter Bücher wie den Literaturangaben zu entnehmen ist. Veröffentlichungen zu Spezialgebieten, Berichte aus Forschung und Praxis in bautechnischen Fachzeitschriften zeigen den Stand der Technik des in steter Entwicklung begriffenen Stahlbaues. Für Studierende des Bauingenieurwesens ist es kaum möglich dieses Literaturangebot zu bewältigen.

Die Autoren dieses Buches haben daher den Versuch unternommen eine Grundlage zu schaffen, die zu einem Einstieg in die Berufspraxis befähigt. Wesentlich erschien dabei, in die Anwendung der Eurocodes einzuführen. Deren allgemeine Einführung wird in allen EU-Ländern betrieben und in absehbarer Zeit Basis einer europaweiten Bautätigkeit und Mobilität des Berufslebens sein.

Die vielen Anwendungsbereiche des Stahles im Bauwesen werden in gewichteter Breite behandelt oder zumindest erwähnt. Hinweise zur Vertiefung erlauben eine schnelle Einarbeitung auch in Sondergebiete.

Kenntnisse aus Grundlagenfächern, wie Baustoffkunde, Statik und Festigkeitslehre werden vorausgesetzt und hier nur in kurzer Form zusammengefaßt und ergänzt.

Die allgemein geringe Anzahl von Vorlesungsstunden wird von den Unterrichtenden das Setzen von Schwerpunkten erfordern, bzw. eine Auswahl nach den aktuellen wirtschaftlichen Bedürfnissen. Für konstruktive Übungsarbeiten können die gebotenen Beispiele nur Hilfe und Anregung sein.

Die Autoren haben mit größter Sorgfalt die einzelnen Kapitel überprüft, dennoch sind Fehler und Irrtümer wie bei jedem Buch nicht ausgeschlossen. Für Hinweise darauf sind wir dankbar. *Es ist darauf hinzuweisen, daß jeder in der Praxis tätige Ingenieur für seine Arbeit selbst voll verantwortlich ist. Insbesonders ist der letzte Stand von Normen und Vorschriften festzustellen.* Ein Lehrbuch kann bei größtem Bemühen diese Aktualität nicht garantieren.

Herzlicher Dank der Autoren gilt Herrn Prof. Dr.-Ing. E.h. Joachim Scheer für die Erlaubnis, Teile seines Vorlesungsumdruckes verwenden zu dürfen; den Herren W. Engst, Dipl.-Ing. A. Jeschko für die inhaltliche Mitwirkung bei einzelnen Abschnitten; Frau Jutta Schön, Frau Dipl.-Ing. Jana Šimáková, Herrn Dr. V. Benko für die Textverarbeitung und das Erstellen zahlreicher Zeichnungen und Frau Ulla Samm und Frau Barbara Bastian für das Schreiben von Manuskriptteilen.

Besonderer Dank gebührt den Kollegen Dr. Kutzelnigg und Dipl.-Ing. Piringer, die sich der Mühe einer kritischen Durchsicht von Manuskriptteilen unterzogen, vor allem auch den Damen und Herren im Lektorat Technik des Vieweg Verlages, insbesonders Frau J. Ehl, die mit Sachverstand, Geduld und steter Freundlichkeit bei der Geburt dieses Werkes geholfen haben.

Wien, im Januar 1999

R. Fritsch
im Namen des Autorenteams

Inhaltsverzeichnis

1 Allgemeiner Überblick

1.1 Einführung

Inhalt und Lehrziel

Das vorliegende Lehrbuch gibt einen Überblick über das gesamte Fachgebiet des Stahlbaus, es wendet sich an Studierende des Stahlbaues an Fachhochschulen und im Grundfachstudium an Technischen Universitäten. Der geringe Umfang des Buches zwingt die Autoren zu sehr gestraffter Darstellung. Dennoch wurde darauf geachtet das Wesentliche nach aktuellem Stand einzubringen.

Das *Niveau* entspricht dem Lehrziel an Fachhochschulen und dem Grundfachstudium an Universitäten des Bauingenieurwesens. Die entsprechenden technischen Vorkenntnisse werden vorausgesetzt. Die Studierenden werden zur selbständigen Bemessung der Bauteile, sowie Berechnung und Konstruktion einfacher Bauwerke des allgemeinen Stahlbaues geführt. Eine Einführung in die Bearbeitung komplexer Bauwerke und Konstruktionen der Sondergebiete wird geboten, der Weg zu praxisgerechter, selbständiger Lösung gezeigt. Wie weit hier gegangen wird liegt in der Verantwortung des Lehrenden, beziehungsweise in der Neigung der Studierenden.

Die *Theorie* wird durch Konstruktionszeichnungen und Bilder anschaulich gemacht. In die praktische Anwendung wird durch typische einfache Beispiele eingeführt.

Literaturhinweise werden kapitelweise angeführt und erleichtern die in der Praxis erforderliche Wissenserweiterung.

Schwerpunkt und Sondergebiete

Einen Schwerpunkt in der Behandlung der Tragwerke bildet der Hochbau. In den anderen Fachgebieten kann wegen ihres großen Stoffumfanges (z.B. Brückenbau) oder der relativ geringen Anwendungsdichte nur eine Einführung geboten werden und der interessierte Leser wird insbesonders hier auf die Spezialliteratur verwiesen. Das Kapitel Tragwerke für den Maschinenbau wurde wegen seines beispielhaften fachübergreifenden Charakters (Maschinenbau und Elektrotechnik) als Randgebiet für den Bauingenieur aufgenommen.

1.2 Baubiologie, Bauökologie und Stahl

Es ergeben sich zwei wesentliche Forderungen:

- Notwendige Rohstoffe und Baustoffe sollen aus der Natur zu nehmen sein und für die Herstellungsverfahren sollen nur Wasser, Luft und naturnahe Energien verwendet werden.

- Stoffe die durch Häufung von Baumaterialien im Bauwerk bei ihrer Herstellung oder bei ihrer Entsorgung freigesetzt werden, dürfen keine Konzentration aufweisen, mit der Menschen sonst in der Natur nicht in Berührung kommen. Die Umwelt wie Lithosphäre, Hydrosphäre, Atmosphäre sowie Biosphäre sollen nicht stärker geschädigt werden, als es in der Natur der Ausgangsstoffe liegt.

Grundsätzlich erfüllt Stahl beide Forderungen.

Dazu einige spezielle Hinweise:

HERSTELLUNG

Stahl wird aus Erz mit Kohle und Luft in Hochöfen erschmolzen.

Schadstoffemissionen bei der großtechnischen Produktion wurden in den letzten Jahren entscheidend reduziert. Durch den Einsatz von jährlich 400 Millionen Tonnen im Recycling erhaltenen Schrott brauchen 666 Millionen Tonnen Eisenerz weder abgebaut, noch aufbereitet, transportiert oder verhüttet zu werden. Das Schmelzen von Schrott zur Erzeugung von Stahl erspart 60 Prozent an Primärenergie, das sind weltweit über 200 Millionen Tonnen Kokskohle. Künstliche Radioaktivität kann durch Unachtsamkeit beim Einschmelzen von Stahlschrott (z.B.: über Therapiequellen aus der Medizin) oder bei der Abbrandmessung im Hochofen in den Stahl gelangen, Stahlprodukte werden deshalb zur Erkennung eingeschmolzener Radioaktivität streng geprüft.

EIGENSCHAFTEN

Stahl ist ein dichtes, homogenes Material. Es ist nicht radioaktiv und gibt keine Stoffe in die Umwelt ab. Entsprechende Legierungen haben sich beim Einsatz im Lebensmittelbereich und in der Medizintechnik auch bei Implantaten bewährt, es ist biologisch voll verträglich.

Stahl hat eine gute Wärmeleitfähigkeit. Bei Berührung fließt die Körperwärme rasch ab, es entsteht der subjektive Eindruck, daß Stahl kalt ist. Durch geeignete, auch optisch ansprechende Verkleidungen kann in sensiblen Bereichen leicht abgeholfen werden.

BEEINFLUSSUNG ELEKTROMAGNETISCHER FELDER IM STAHLBAU

Elektrostatische Felder werden in allen Bauwerken, unabhängig von der Bauweise, vollständig abgeschirmt. Elektrostatische Felder im Inneren von Gebäuden werden dominierend vom Menschen erzeugt.

Sferics, das sind elektromagnetische Impulse, die von der weltweiten Gewitteraktivität herrühren, werden von Bauwerken nur gering abgeschwächt. Da Sfericsamplituden um vieles unter der menschlichen Reizschwelle liegen, sind sie biologisch nicht relevant.

Das natürliche magnetostatische Erdfeld wird durch Eisengitter, zum Beispiel die Stahlbetonbewehrung, beeinflußt. Die Einflüsse beschränken sich auf wenige Dezimeter Entfernung von Eisenteilen. Die auftretenden Felderhöhungen werden durch Feldabsenkungen an anderer Stelle ausgeglichen. Die Unterschiede liegen im Bereich der natürlichen Schwankung des Erdmagnetfeldes von etwa 30 μT (MikroTeslar) am Äquator und 60 μT an den Polen.

Elektromagnetische Wechselfelder dringen bei Stahl- und Stahlbetonbauten durch Öffnungen ein oder entstehen durch elektrische Leitungen im Gebäude. Sie unterscheiden sich nicht wesentlich von denen der Atmosphäre außerhalb des Baues.

Eine Erhöhung der Magnetfeldbelastung durch Induktion in Metallstrukturen tritt nicht auf, da das induzierte Feld dem erzeugenden Magnetfeld entgegenwirkt, es also verringert.

Die Wahl des Baustoffes Stahl hat aus der Sicht elektrischer oder magnetischer Beeinflussung keine biologisch negative Auswirkung.

DÄMMSTOFFE

Biologisch und ökologisch großen Einfluß hat die Auswahl der Dämmstoffe. Im Bauwesen verwendete Dämmstoffe unterliegen einer Güteüberwachung betreffend technischer Angaben z.B. über die Wärmeleitfähigkeit, das Brandverhalten oder die Trittschalldämmung. Für die Umweltbelastung wichtig ist jedoch einerseits die Menge und Art der benötigten Energie zur Herstellung, Verwendung und Entsorgung, einschließlich Recycling und anderseits das mögliche Freisetzen von Schadstoffen. Baubiologische Gutachten und die Ermittlung des Energieäqivalenzwertes zeigen, daß Dämmstoffe aus nachwachsenden Rohstoffen solchen aus Mineralien und Kunststoffen ökologisch und biologisch überlegen sind. Da sie auch in technischer Hinsicht gleichwertig angeboten werden, sind sie unbedingt zu bevorzugen.

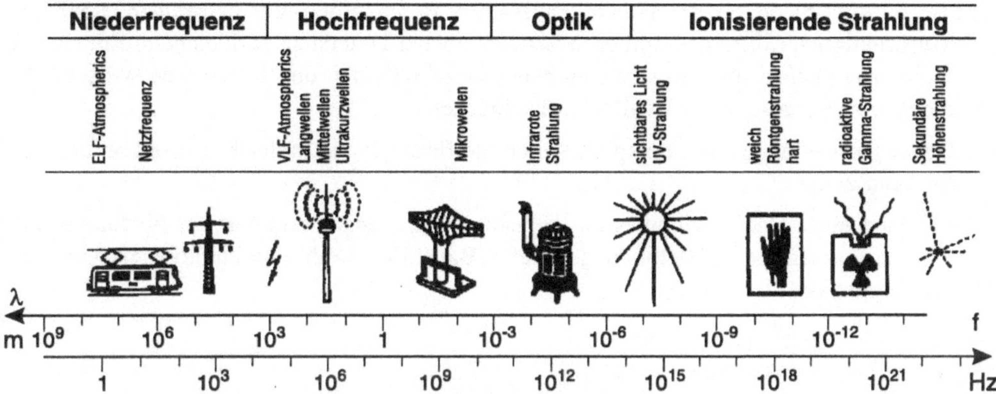

Bild 1-1 Frequenz- und Wellenlängenbereich elektromagnetischer Wellen

1.3 Stahlbauarchitektur

Historischer Abriß der Entwicklung des Stahlbaus

Die Gewinnung von Eisen aus Erz eröffnete ein neues Kapitel in der Menschhcitsgeschichte – (3000 v.Ch.). Aber erst die Einführung des Koks-Hochofens im 18. Jahrhundert ermöglichte die Massenherstellung und damit die Verwendung im konstruktiven Ingenieurbau, zunächst im Brückenbau (England 1779) und Eisenbahnbau. Mitte des 19. Jahrhunderts, nachdem es gelungen war zähen Stahl zu erzeugen und Profile zu walzen, wurde durch repräsentative Bauten für Weltausstellungen – Kristallpalast in London, Eiffelturm in Paris – das Bewußtsein für die Möglichkeiten des Stahlbaues geweckt.

Stahl im Bauwesen

Bahnhöfe, Ausstellungsgebäude, Industriebauten, Büro- und Kaufhäuser, Hochhäuser und Brücken dominieren in der Verwendung von Stahl in der Architektur. Heute sind Flughäfen, Sportstätten, Garagen, Wohnhäuser, Sanierungen, Um- und Ausbauten, Dachausbauten, und Fassaden weitere Anwendungsgebiete im Hochbau.

Dazu war und ist es notwendig, daß Konstruktionsart und Materialverhalten allgemein von den Baufachleuten beherrscht werden. Die Vorteile der schnelleren Bauausführung und der Überbrückung großer Spannweiten mit leichten Konstruktionen genügen nicht um im gesamteuropäischen und internationalen Markt konkurrenzfähig zu sein. Es sind im kosten- und umweltbewußten Umfeld bedeutende Anstrengungen in Forschung und Entwicklung durch die Stahlindustrie zu leisten. Wesentliche Ziele waren einerseits die Bereitstellung von wirtschaftlichen Verbindungen und Anschlüssen zwischen Stahlbauteilen und zu anderen Bauteilen und anderseits kostengünstige Problemlösungen für den Brandschutz zu bieten.

Eine große und weitreichende Änderung gelang mit der Entwicklung der Stahl-Verbund-Bauweise, die Stahlskelettbau, Stahldecken und die generelle Anwendung von Leichtbeton umfaßt. Die größere Ausbaugeschwindigkeit, größere Spannweiten mit der Möglichkeit der Integration der Haustechnik und steifere, aber trotzdem leichtere Deckenkonstruktionen mit unproblematisch veränderbaren Raumeinteilungen wurden verbunden mit der Bereitstellung erforderlicher Richtlinien für die Planer, abgesichert durch große Versuchsreihen. Schlanke Deckenkonstruktionen (Slimfloor) mit grundsätzlich ebener Untersicht und leichtem Einbau der Haustechnik ermöglichen die Vorgabe minimaler Geschoßhöhen und bieten eine wirtschaftliche Alternative zu vorgespannten Stahlbetonflachdecken.

Einige Gegenüberstellungen und Beispiele sollen die Entwicklung in der Konstruktion und der Stahlarchitektur zeigen:

Die Ausbildung eines Dachanschlußes mit begehbarer Rinnenkonstruktion vor 60 Jahren und heute zeigt die Fortschritte in Verbindungstechnik, Baustoffauswahl und die höheren Anforderungen der Bauphysik.

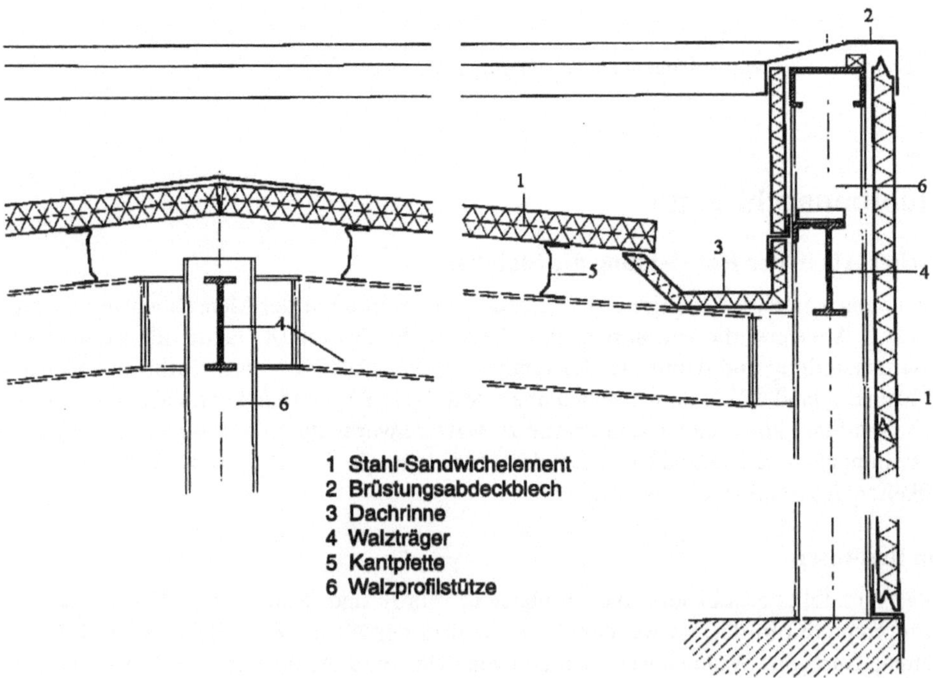

Bild 1-2 Rinnenausbildung um 1995, Fährhafen Dublin

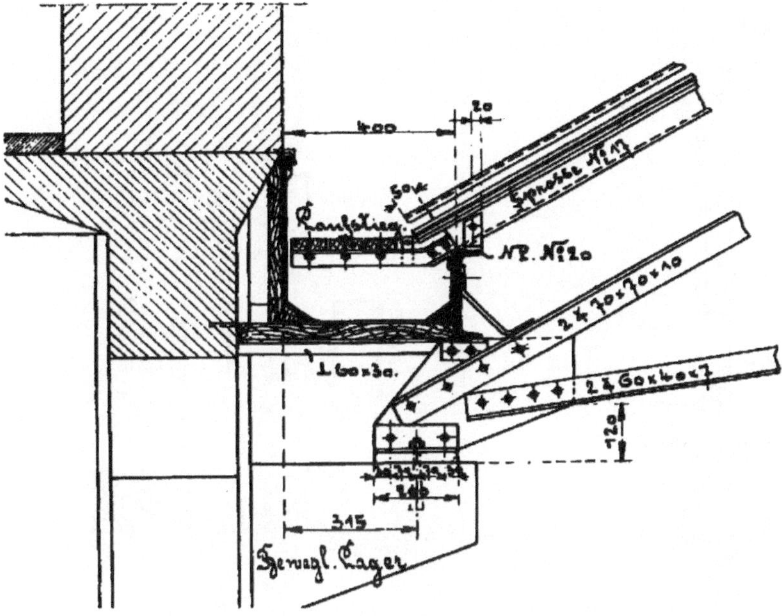

Bild 1-3 Rinnenausbildung etwa um 1930

Die folgenden Bilder zeigen eine Säule eines Bürobaus in „klassischer" Bauweise und einige
Details eines Hochbaus in heutiger Bauart mit einem Kostendiagramm als Beispiel einer Pla-
nungshilfe. Die einfache Ausbildung der Verbindungen läßt unmittelbar den Schluß auf geringe
Lohnkosten zu. Erkennbar ist auch die niedrigere Bauhöhe und die leichte Wahl zwischen statisch günstigen Lösungen, wie Rahmenausbildung und Einsatz von Durchlaufträgern.

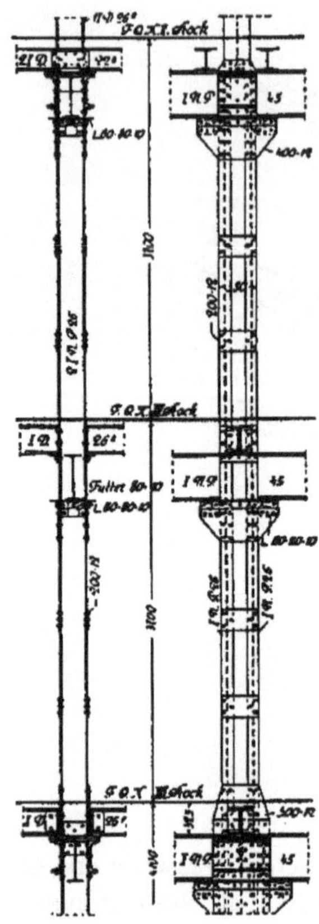

Bild 1-4 Säulenstrang

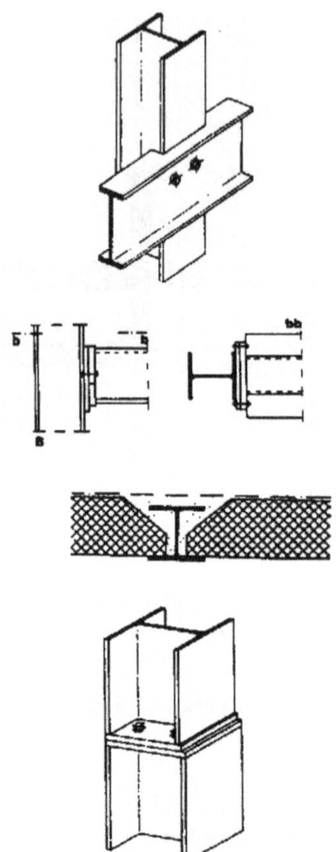

Bild 1-5 Trägerauflager, Verbunddecken, Stützen-
stoß

Als weiteres Beispiel Hallenquerschnitte in herkömmlicher Art und wie sie heute in computer-
gestützter Planung und Fertigung angeboten werden.

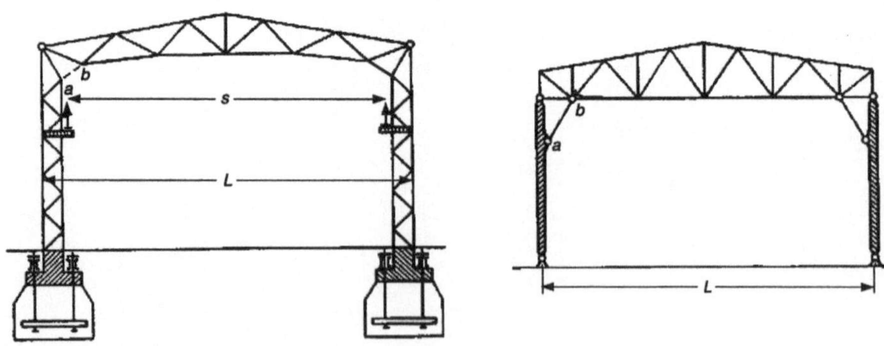

Bild 1-6 Hallenquerschnitte

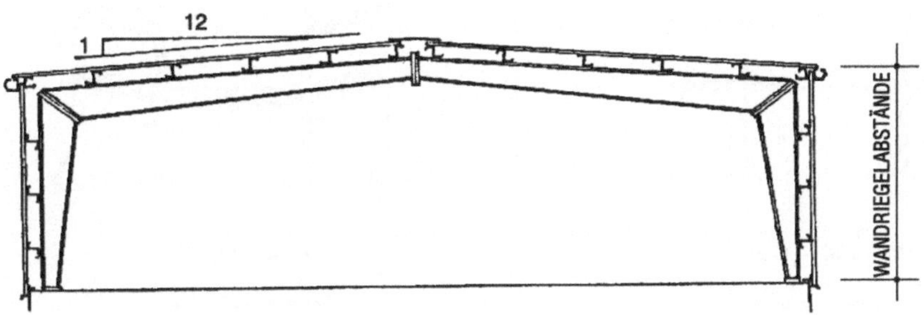

Giebelwand

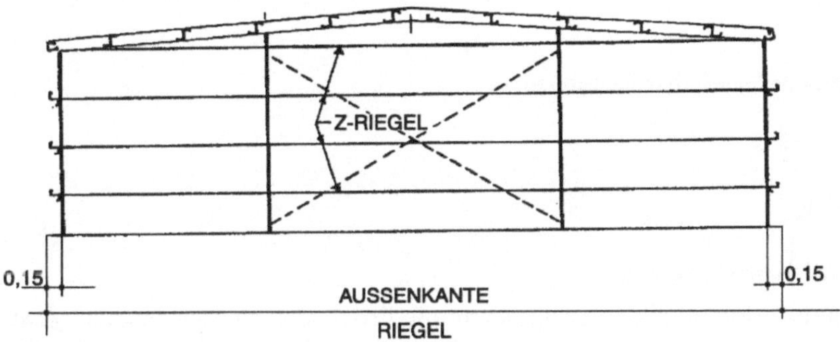

Bild 1-7 Fertigteilhalle, einschiffig

Auch die bekannte Mischbauweise im Stahlhochbau hat durch die Einführung der europäischen Vornormen (ENV) und die entsprechenden Nationalen Anwendungsdokumente (NAD) und Anwendung neuer Technologie bei Vorspannung und Verbund eine Belebung erfahren.

Als Beispiel wird ein Tankstellenbau bei Hall in Tirol gezeigt. Kellergeschoß, Wandscheiben und der Erschließungskern sind in Stahlbetonbauweise errichtet. Die Stahlkonstruktion der restlichen Tragstruktur wurde einschließlich der Profilbleche für die Verbunddecken montiert und durch hydraulische Pressen angehoben. Dadurch wird erreicht, daß die Verbundstützen nach dem Betonieren der Decken, Stützen und Verbundrahmenknoten fast biegemomentfrei bleiben. Trotz der großen Schlankheit konnte durch die biegesteifen Anschlüsse ein absolut schwingungsunempfindliches Bauwerk erstellt werden. Der geforderte Brandwiderstand von F90 konnte leicht nachgewiesen werden.

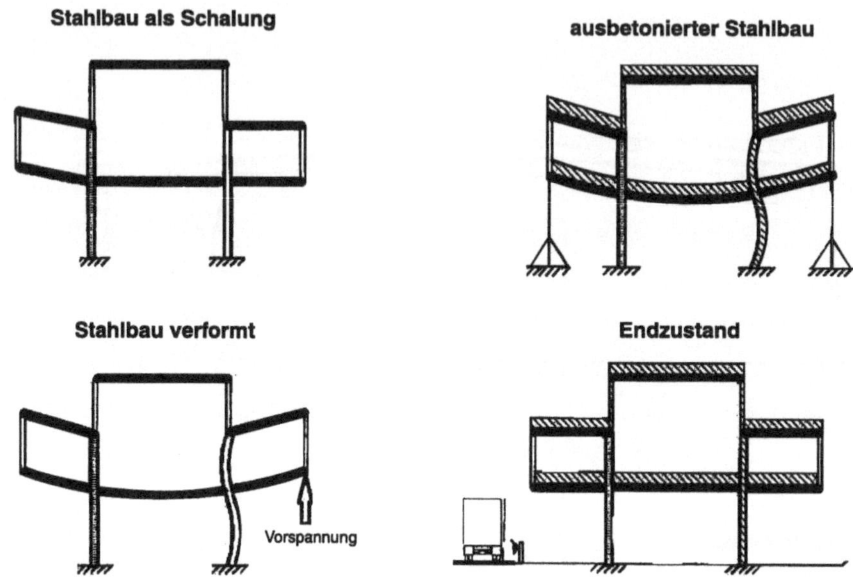

Bild 1-8 Vorgespannte Stahlverbundkonstruktion

1.4 Normung

Bemessung und Konstruktion

Die Vermittlung der erforderlichen Kenntnisse für die Errichtung von sicheren, den gewünschten Zweck bei minimalen Gesamtkosten voll erfüllenden Stahlkonstruktionen, unter Hinweis auf die Besonderheiten der verschiedenen Anwendungsgebiete, wird nur eingeschränkt erreicht werden können. Einerseits wegen des beschränkten Buchumfanges, anderseits aus Zeitgründen im Unterricht, nicht zuletzt auch wegen der laufenden Änderungen in der Normung betreffend Bemessung und Konstruktion.

Neben den zur Zeit gültigen und vorwiegend verwendeten nationalen Normen (z.B. in Deutschland DIN 18 800, in Österreich ÖNORM B 4600 und B 4300) existieren, bzw. sind in Vorbereitung: die ISO-Normen der Internationalen Normungsorganisation ISO und die EUROCODES im Rahmen der Europäischen Union und der Europäischen Normungsorganisation CEN. Von Bedeutung sind noch weitere Regelwerke des Stahlbaus, wie die Richtlinien der nationalen Stahlbauvereinigungen (z.B. DAST – Richtlinien des Deutschen Ausschusses für Stahlbau) und spezielle Vorschriften großer Anwender (z.B. von der Deutschen Bahn die DS 804).

Die Eurocodes und die damit verbundenen Europäischen Normen EN bilden einen Rahmen für die Durchsetzung der Bauprodukt-Richtlinie und die Anerkennung der CE-Kennzeichnung.

Den vollen EN-Status bekommen die Eurocodes erst nach einer Probezeit in den Mitgliedsstaaten und nach Einarbeitung von Anmerkungen der Technischen Komitees. Als Zeitrahmen dafür gilt die Jahrtausendwende mit kurzen Übergangszeiten.

Zur Zeit sind einige Eurocodes als Europäische Vornormen ENV mit Hilfe von Nationalen Anwendungsrichtlinien eingeführt. Diese Vorschriften beinhalten nationale Sicherheitsbeiwerte und spezielle Materialanforderungen.

Die Eurocodes bieten die besten Bemessungs- und Konstruktionsverfahren, die in Europa gegenwärtig vorhanden sind. Sie bieten die Möglichkeit traditionelle Praktiken zu verbessern und zu übertreffen. Mit ihnen sollte folglich die gesamte Wirtschaftlichkeit von Konstruktionen verbessert und eine hohe Sicherheit und Zuverlässigkeit sichergestellt werden.

Soweit wie irgend möglich wird daher von den Autoren auf Eurocodes, bzw. auf die ENV Bezug genommen. Im übrigen sollen die gebrachten Grundlagen die Leser in die Lage versetzen, später Neuerungen in den Normen zu verstehen und mit ihnen zu arbeiten.

Bezeichnungen, Vorzeichen und Maßsystem

Analog zu den im Umbruch befindlichen Normen ist auch bei den Bezeichnungen eine durchgehend gleiche Vorgangsweise nur eingeschränkt möglich. Weitgehend wird die DIN 1080 „Begriffe, Formelzeichen und Einheiten im Bauingenieurwesen" benutzt, da sie in den nächsten Jahren als bekannt und in Verwendung stehend angesehen werden darf. Soweit erforderlich und möglich wird auf andere neue genormte Bezeichnungen hingewiesen, bzw. diese gegenübergestellt.

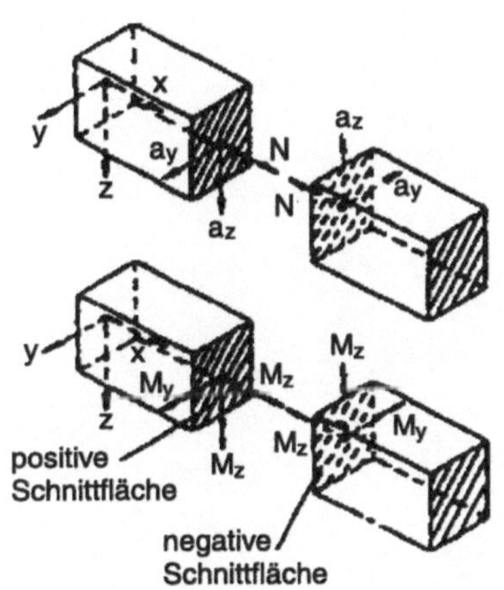

Bei *stabförmigen* Gebilden werden die Stabachse mit x und die Querschnittachsen mit y und z bezeichnet. y und z werden i.allg. so gewählt, daß das Flächenträgheitsmoment J_y größer als das Flächenträgheitsmoment J_z ist.

Die Wirkungsrichtungen positiver Schnittgrößen in Stäben gehen aus der nebenstehenden Skizze hervor. Bei querschnittsbezogenen Darstellungen wird i.allg. der Blick auf die positive Schnittfläche gewählt.

2 Technologie des Stahlbaues

2.1 Ausgangserzeugnisse für den Stahlbau

Nach EN 10079 werden die Ausgangserzeugnisse in
- Flacherzeugnisse,
- Langerzeugnisse,
- andere Erzeugnisse

eingeteilt.

Die wichtigsten warmgewalzten Flacherzeugnisse für den Stahlbau sind
- Blech,
- Breitflachstahl,
- Band.

FLACHERZEUGNISSE

- Blech

Blech wird mit walzrohen oder geschnittenen Kanten meist in viereckiger (rechteckiger) Form mit einer Breite $b \geq 600$ mm in Tafelform geliefert. Hinsichtlich der Dicke wird zwischen Feinblech $s < 3$ mm und Grobblech $s \geq 3$ mm unterschieden.

Grobbleche sind in jeder gewünschten Dicke lieferbar, üblicherweise jedoch beträgt die Dicke s in mm:

von $s =$	in Schritten von	bis $s =$	z.B.
3 mm	1 mm	16 mm	$s = 3, 4, 5, 6$ .... mm
16	2	30	$s = 16, 18, 20,$.......
30	5	60	$s = 30, 35, 40$........
60	10	Bramme	$s = 60, 70, 80$........

Die Breite b liegt üblicherweise zwischen 600 und 3000 mm, bei einigen Walzwerken sind auch Bleche bis $b = 4000$ mm und darüber erhältlich.

Die Normallängen l betragen:

$s < 50$ mm $\quad l = 4$ bis 18 m
$s \geq 50$ mm $\quad l = 4$ bis 13 m

Die Abmessungen von Grobblechen sind beschränkt durch die Größe der Walzengerüste und durch das Volumen der eingesetzten Blöcke oder Brammen. Außergewöhnliche Breiten oder Längen sind mit den Walzwerken abzustimmen. Aufpreise für außergewöhnliche Abmessungen sind im allgemeinen wirtschaftlicher als zusätzlich geschweißte Stumpfstöße.

Kurzbezeichnung von Blechen: Bl b.s...l, z.B. Bl 2670.12...10380.

Grobbleche sind auch mit profilierter Oberfläche als Belagbleche wie z.B. Riffel-, Raupen- oder Tränenblech erhältlich (Nenndicke ist die Nettodicke).

• Breitflachstahl ist ein auf allen vier Flächen warmgewalztes Flacherzeugnis mit einer Breite 150 mm < b < 1250 mm, einer Dicke von s = 5, 6, 8, 10, 12, 15, 20, 25, 30, 40, 50 60, 80 mm in Normallängen l von 4 bis 12 m.

Kurzbezeichnung von Breitflachstahl: ▱ b.s...l, z.B. ▱ 800.20...7674.

Zum Unterschied vom Grobblech existieren für Breitflachstähle eigene Abmessungsnormen.

• Band

Band ist ein warmgewalztes Flacherzeugnis, das unmittelbar nach der Walzung oder einer eventuellen Nachbehandlung zu einer Rolle (= Coil) aufgewickelt wird. Nach der Rollenbreite b wird eingeteilt in Warmbreitband mit b ≥ 600 mm, längsgeteiltes Warmbreitband und Band mit b < 600 mm.

Kaltgewalzte Flacherzeugnisse haben bei der Fertigung eine Querschnittsverminderung ≥ 25% durch Kaltwalzen erfahren. Ähnlich wie bei den warmgewalzten Flacherzeugnissen wird zwischen Blech und Band unterschieden.

Alle Flacherzeugnisse können ohne oder mit Oberflächenveredelung bezogen werden. Die Oberflächenveredelung besteht aus ein- oder beidseitigen metallischen Überzügen (verzinkte oder aluminierte Bleche und Bänder) oder Beschichtungen (Flüssig- oder Folienbeschichtung).

LANGERZEUGNISSE

Langerzeugnisse haben über die Länge einen gleichbleibenden Querschnitt mit meist glatter Oberfläche.

Zu den Langerzeugnissen gehören:

- Walzdraht,
- Gezogener Draht,
- Warmgeformte Stäbe,
- Blankstahl,
- Gerippter und profilierter Beton- und Spannstahl,
- Warmgewalzte Profile,
- Geschweißte Profile,
- Kaltprofile und
- Rohre und Hohlprofile.

Die für den Stahlbau wichtigsten Langerzeugnisse aus den letzten vier Gruppen werden im folgenden vorgestellt:

• Warmgewalzte Profile:

Große I-, H- und U-Profile mit h ≥ 80 mm.

Die Normallängen betragen:

h < 300 mm l = 8 bis 16 m
h ≥ 300 mm l = 8 bis 18 m

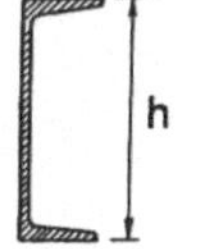

Schmale I-Träger (I-Reihe)
mit Nennhöhen h von 80 bis 600 mm.
Kurzbezeichnung: I h...*l*, z.B. I240...12300.

Mittelbreite I-Träger (PE-Reihe)
mit Nennhöhen h von 80 bis 600 mm.
Kurzbezeichnung: IPE h...*l*, z.B. IPE330...17138.

Breite I-Träger (HE-B-Reihe)
mit Nennhöhen von 100 bis 1000 mm.
Kurzbezeichnung: HE-B h...*l*, z.B. HE-B 650...10320

Breite I-Träger in leichter Ausführung (HE-A-Reihe)
mit Nennhöhen h von 100 bis 1000 mm.
Kurzbezeichnung: HE-A h...*l*, z.B. HE-A 800...8371.

Breite I-Träger in verstärkter Ausführung (HE-M-Reihe)
mit Nennhöhen h von 100 bis 1000 mm.
Kurzbezeichnung: HE-M h...*l*, z.B. HE-M 400...9342.

Die HE-A- und die HE-M-Reihen gehen aus der HE-B-Reihe durch Verringerung bzw. Vergrößerung des Abstandes der äußeren Walzen hervor. Diese Profile werden nach der Nennhöhe des Ausgangsprofiles benannt, obwohl ihre tatsächliche Höhe kleiner bzw. größer ist.

Darüber hinaus sind auch nicht genormte I-Träger (Abwandlungen der genormten Profilreihen) im Handel erhältlich.

U-Stahl (sprich „U-Stahl", nicht „C-Stahl"!)
mit Nennhöhen h von 80 bis 400 mm.
Kurzbezeichnung: U h...*l*, z.B. U 200...6370.

U-Stahl mit parallelen Flanschen
mit Nennhöhen h von 80 bis 400 mm
Kurzbezeichnung: UPE h...*l*, z.B. UPE 200 ...6500.

Stabstähle sind warmgewalzte gerade Stäbe mit L-, T- oder Z-förmigen Querschnitten, mit I- oder U-förmigen Querschnitten und einer Höhe h kleiner 80 mm, mit vollen kreis- oder halbkreisförmigen, quadratischen, rechteckigen oder trapezförmigen, sechs- oder achteckigen Querschnitten.

Stabstähle (Auswahl):

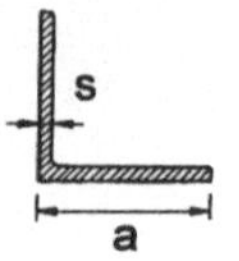

Gleichschenkeliger L-Stahl
mit Abmessungen Breite b, Dicke s von 20.3 bis
200.24 mm, in Normallängen von 6 bis 12 m.
Kurzbezeichnung: L b.s...l, z.B. L 100.10...4630.

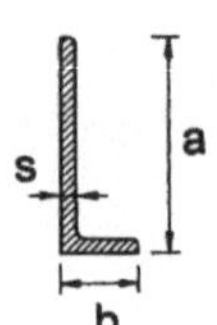

Ungleichschenkeliger L-Stahl
mit Abmessungen Höhe a, Breite b, Dicke s von
30.20.3 bis 200.100.14 mm,
in Normallängen l von 6 bis 12 m.
Kurzbezeichnung: L a.b.s...l, z.B. L 120.80.8...7640.

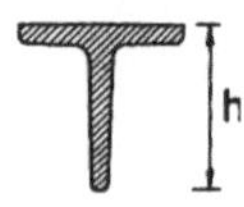

T-Stahl
mit Abmessungen Höhe h gleich Breite b von 20 bis
140 mm, in Normallängen von 6 bis 12 m.
Kurzbezeichnung: T h...l, z.B. T 60...2185.

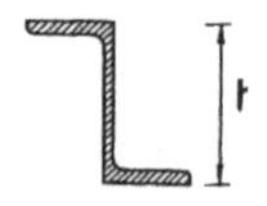

Z-Stahl
mit Höhen h von 30 bis 160 mm in Normallängen l von 6 bis 12 m.
Kurzbezeichnung: Z h...l, z.B. Z 80...5798.

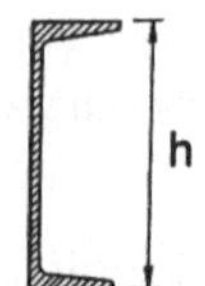

U-Stahl
mit Höhen h von 30 bis 65 mm,
in Normallängen l von 8 bis 12 m.
Kurzbezeichnung: U h...l, z.B. U 50...3616.

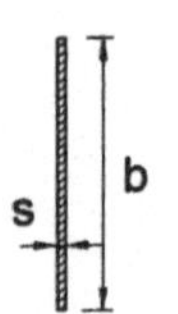

Flachstahl
mit Dicken s von 5 bis 60 mm (wie Breitflachstahl)
und Breiten b von 10 bis 150 mm, in Normallängen l von 6 bis 12 m.
Kurzbezeichnung: ⊘ b.s...l, z.B. ⊘ 80.6...3514.

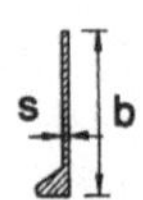

Wulstflachstahl
mit Abmessungen Breite b, Dicke s von 80.6 bis
220.11,5 mm, in Normallängen von 6 bis 16 m.
Kurzbezeichnung: HP (Hollandprofil) b.s...l, z.B. HP 180.8...12316.

• Neben den warmgewalzten Erzeugnissen gibt es auch Erzeugnisse, die durch Um- oder Verformung im kalten Zustand erzeugt werden.

Zu den Langerzeugnissen gehören auch die heute vielfach verwendeten kaltprofilierten Bleche wie Wellblech und Trapezblech.

Ausgangsmaterial dafür sind verzinkte Kaltbänder von 0,75 bis 1,5 (2,0) mm Dicke, die zu einem Trapezquerschnitt (Bild 2-1) profiliert werden. Dabei kommen unterschiedliche Profilformen mit und ohne Sicken zur Anwendung. Die gängigen Profilhöhen liegen zwischen 20 und 160 mm, bei Elementbreiten zwischen 500 bis 1050 mm und Normallängen der Elemente von 18 m (Überlängen bis 25 m i.a. erhältlich). Zusätzlich zur Verzinkung ist eine ein- oder beid-

seitige Beschichtung mit Anstrichstoffen oder Folien möglich, was die Lebensdauer des Korrosionsschutzes wesentlich erhöht.

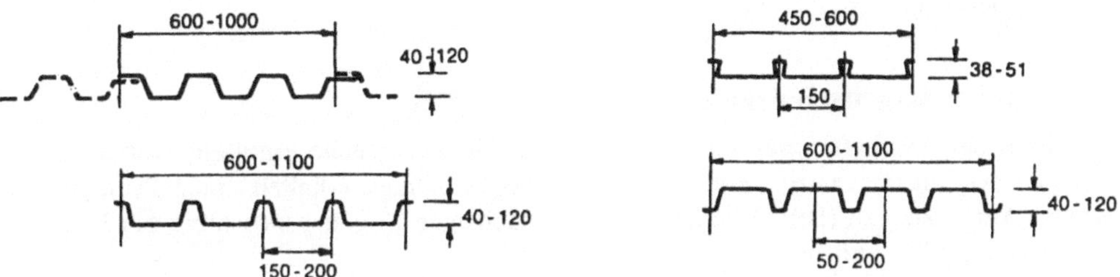

Bild 2-1 Trapezprofile

Zu den zusammengesetzten Flacherzeugnissen gehören plattierte Bleche und Bänder sowie
Sandwichbleche und Sandwichelemente, bestehend aus ebenen oder gerippten Blechen, die mit
einer isolierenden Kunststoffschicht verbunden sind.

Kaltgeformte Langerzeugnisse sind durch Kaltprofilieren oder Abkanten hergestellte Profile in
L, U, C, Z oder sonstiger Form. Für geschlossene Rohr-, Rechteckrohr-, Quadratrohr- oder
sonstige geschlossene Profile werden Längsschweißungen verwendet.

Für die Wahl und Verwendung der Erzeugnisse sind wirtschaftliche und technische Grundsätze
zu beachten.

WIRTSCHAFTLICHE GRUNDSÄTZE:

Stahlkonstruktionen sind so gut wie nötig mit einem Minimum an Gesamtkosten herzustellen.
Dabei ist nicht unbedingt das Minimum an Gewicht anzustreben, wenn Lohnkosten und Min-
dermengenaufpreise eingespart werden können.

TECHNISCHE GRUNDSÄTZE:

Bei jedem Fertigerzeugnis erreichen die Istmaße nur annähernd die Nennmaße. Die zulässigen
Abweichungen zwischen Nenn- und Istmaßen werden Toleranzen genannt. Sie sind für alle
Produkte genormt oder vom Hersteller zu erfahren. Die Konstruktion muß so gestaltet werden,
daß diese Toleranzen berücksichtigt werden können.

2.2 Eigenschaften und Arten der Baustähle

An Baustähle werden Anforderungen hinsichtlich

– Festigkeitseigenschaften,
– chemische Zusammensetzung,
– technologische Eigenschaften,
– Herstellungsverfahren,
– Lieferzustand,
– Oberflächenbeschaffenheit

gestellt. Diese können jedoch nicht isoliert betrachtet werden, denn die Änderung einer Anforderung ändert im allgemeinen auch alle übrigen. So hat z.B. die Änderung des Kohlenstoffgehaltes (chem. Zusammensetzung) sicherlich Änderungen der Festigkeitseigenschaften und der technologischen Eigenschaften zur Folge.

2.2.1 Festigkeitseigenschaften der Baustähle

Die Festigkeitseigenschaften der Baustähle werden durch Versuche ermittelt, wobei der Zugversuch der wichtigste ist. Er zeigt das Spannungs-Dehnungsverhalten eines Prüfstabes mit genormten Abmessungen (Bild 2-2) unter einer einachsigen Zugbeanspruchung bei langsamer, stetiger Streckung bis zum Bruch.

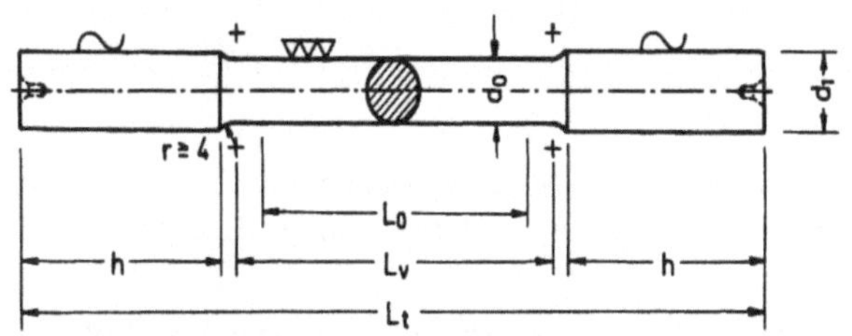
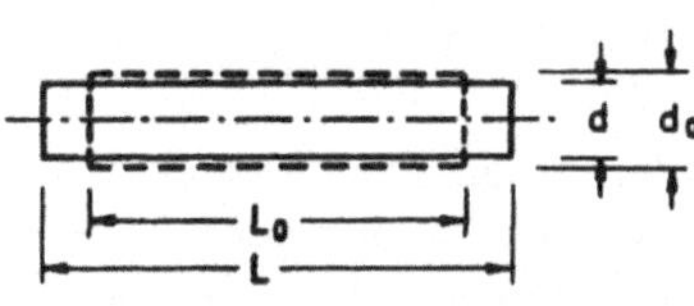

L_0 Ausgangsmesslänge
d_0 Ausgangsdurchmesser
A_0 Ausgangsquerschnitt

Bild 2-2 Prüfstab

Beim Zugversuch wird die aufgebrachte Kraft F, die Länge der Meßstrecke L und der Durchmesser d des Prüfstabes gemessen und daraus

- die Nennspannung $\sigma = F/A_0$
- die Dehnung $\varepsilon = (L - L_0)/L_0$
- die Querdehnung $\varepsilon_q = (d_0 - d)/d_0$

ermittelt.

Eine für allgemeine Baustähle typische Spannungs-Dehnungslinie (σ-ε-Diagramm) zeigt Bild 2-3.

Zur Beschreibung dieser Linie und der Festigkeitseigenschaften von Stählen werden folgende Begriffe definiert:

- Linear elastisch: eindeutig umkehrbarer, linearer Zusammenhang zwischen Belastung und Formänderung nach dem Hookeschen Gesetz

  $\sigma = E \cdot \varepsilon$ mit E = const.

- Elastizitätsmodul $E = \dfrac{\sigma}{\varepsilon}$ im Hookeschen Bereich. Für alle Stahlsorten der Baustähle etwa gleich groß, $E = 210\,000 \text{ N/mm}^2 = 21\,000 \text{ kN/cm}^2$.

– Querdehnungszahl $v = \dfrac{\varepsilon_q}{\varepsilon}$. Für alle Stähle etwa gleich groß, $v = 0{,}3$.

– Proportionalitäts- oder Elastizitätsgrenze R_p (auch σ_e, β_p, σ_p) ist jene Spannung, bei der erstmalig eine bleibende Dehnung auftritt.

– Technische Elastizitätsgrenze $R_{0,01}$: Aus meßtechnischen Gründen wird die Spannung, bei der sich eine bleibende Dehnung von 0,01% einstellt, als technische Elastizitätsgrenze erklärt (z.B. bei $L_0 = 100$ mm, $L - L_0$ nach Entlastung gleich 0,01 mm).

– Plastisch: bleibende Formänderungen, kein umkehrbarer Zusammenhang.

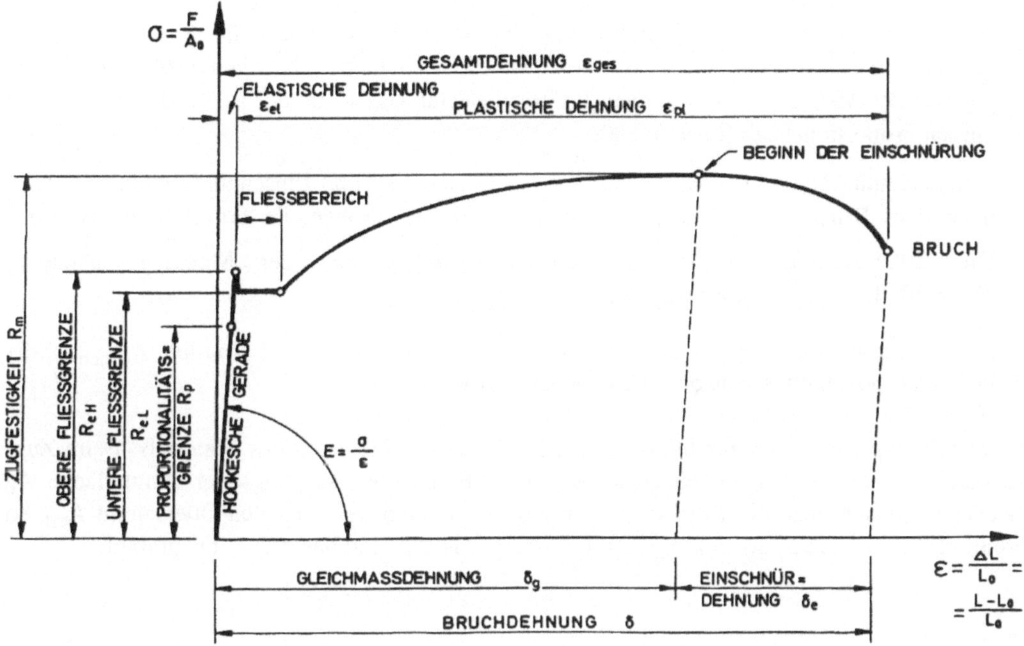

Bild 2-3 Spannungs-Dehnungslinie

– Streckgrenze, Fließgrenze R_e (auch f_y, β_{Fl}, β_s, σ_{Fl}, σ_s). Bei etwa gleichbleibender Last tritt eine merkliche Dehnung (Fließplateau), eventuell sogar ein Spannungsabfall ein. Dann unterscheidet man zwischen oberer R_{eH}, und unterer R_{eL} Streckgrenze. Die Streckgrenze ist ein wesentlicher Kennwert für die Stahlfestigkeit. Bei der Materialabnahme wird R_{eH} als maßgebender Wert festgehalten.

– Fließbereich ist der Bereich der plastischen Dehnung, bei der die Last etwa konstant bleibt. Er tritt bei allen unbehandelten Baustählen auf (das sind „naturharte" Stähle, die keine die Festigkeit und Härte steigernde Behandlung erfahren haben). Die Dehnung ε beträgt 0,5 bis 4%.

– Verfestigungsbereich ist jener Bereich der plastischen Dehnung, bei dem nach Durchlaufen des Fließbereiches eine weitere Laststeigerung möglich ist.

– Gleichmaßdehnung δ_g ist die plastische Dehnung der Zugprobe von der Streckgrenze an, gleichmäßig über die ganze Meßlänge ohne Einschnürung.

– Zugfestigkeit R_m (auch β_z, β_B, σ_z, σ_B) ist die höchste vom Beginn bis zum Bruch auftretende Nennspannung ($R_m = \mathrm{max}F/A_0$). Sie ist ein wesentliches Kennzeichen für die Stahlfestigkeit.

– Streckgrenzenverhältnis: R_e/R_m (bei Baustählen $\approx 0{,}70$, bei Feinkornbaustählen $\approx 0{,}80$, bei thermomechanisch behandelten Feinkornbaustählen $\approx 0{,}90$).

– Einschnürung: Nach Erreichen der Zugfestigkeit schnürt sich die Probe merklich an einer Stelle ein. Die weitere Dehnung erfolgt hauptsächlich an dieser Stelle.

– Einschnürdehnung δ_e ist die Dehnung von Beginn der Einschnürung an bis zum Bruch. Da die Einschnürung örtlich auftritt, δ_e jedoch auf die Meßlänge L_0 bezogen wird, ist δ_e abhängig von der Meßlänge. Beim langen Proportionalstab ($L_0 = 10 \cdot d_0$) ist δ_e kleiner als beim kurzen Proportionalstab ($L_0 = 5 \cdot d_0$).

– Bruchdehnung δ (auch A) ist die Summe aus Gleichmaß- und Einschnürdehnung. Sie wird nach dem Bruch durch Zusammenfügen der beiden Probenteile ermittelt $\delta = \delta_g + \delta_e$.

Die Bruchdehnung ist wie die Einschnürdehnung von der Meßlänge abhängig ($L_0 = 10 \cdot d_0 \rightarrow \delta_{10}$, $L_0 = 5 \cdot d_0 \rightarrow \delta_5$, $\delta_{10} < \delta_5$).

– Brucheinschnürung $\psi = (A_0 - A_{\mathrm{Bruch}})/A_0$. Sie wird nach dem Bruch ermittelt. A_{Bruch} ist die kleinste Querschnittsfläche der gebrochenen Probe.

Bruchdehnung und Brucheinschnürung sind Maße für die Zähigkeit des Materials. Beim Zugversuch wird die Nennspannung σ aus der Kraft F und der Ausgangsquerschnittsfläche A_0 errechnet. Bezieht man die Kraft F auf den jeweils vorhandenen kleinsten Querschnitt A_{eff}, so erhält man die wahre Spannung σ_{eff}. Bild 2-4 zeigt das σ-ε- und das σ_{eff}-ε- Diagramm.

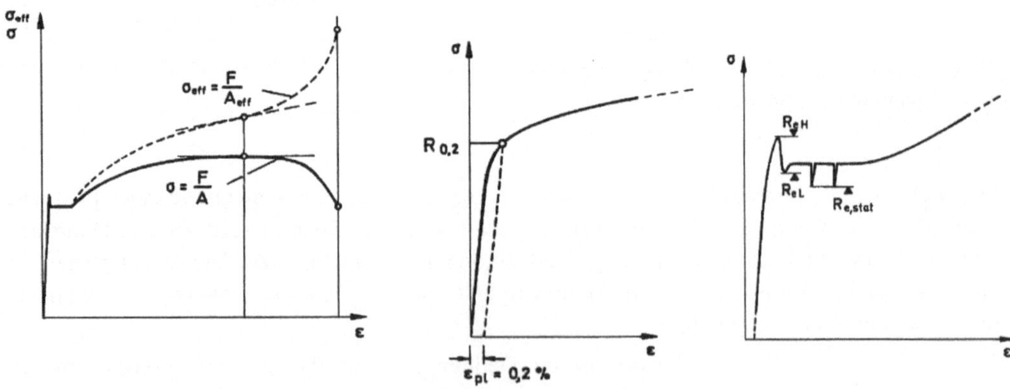

Bild 2-4
σ-ε- und σ_{eff}-ε-Diagramm

Bild 2-5
$R_{0,2}$-Grenze

Bild 2-6
Statische Fließgrenze $R_{e,\mathrm{stat}\,n.}$

Wenn bei Stählen kein ausgeprägtes Fließplateau vorhanden ist (z.B. infolge einer Vergütung, Kaltverfestigung oder ähnlichen Behandlung), wird jene Spannung, bei der eine bleibende Dehnung von 0,2 % erreicht ist, die $R_{0,2}$-Grenze, als Ersatzfließgrenze definiert (Bild 2-5).

Neuere Untersuchungen haben ergeben, daß die Streckgrenze R_e mit abnehmender Dehngeschwindigkeit sinkt. Wird die Dehnung im Fließbereich konstant gehalten, so sinkt in der Zeit von ca. 10 Minuten die Streckgrenze auf den Wert $R_{e,stat}$ (Bild 2-6). Dieser Wert scheint heute der beste zur Beurteilung der plastischen Eigenschaften unter dauernd konstant wirkender Belastung zu sein, da er unabhängig von Prüfmaschine und Prüfgeschwindigkeit ist.

Da für statische Untersuchungen meist nicht einzelne kleine Stabteile, sondern der gesamte Stabquerschnitt oder zumindest größere Bereiche des Querschnittes maßgebend sind, werden auch Druckversuche zur Bestimmung der Fließgrenze an kurzen Stäben durchgeführt. Die dabei gemessene globale Fließgrenze ist ein Mittelwert über die Werte der einzelnen Stabfasern, die infolge des Verarbeitungsvorganges unterschiedlich sind.

2.2.2 Eigenschaften infolge der chemischen Zusammensetzung

Die Legierungselemente

- Kohlenstoff (C),
- erwünschte Eisenbegleiter wie Mangan (Mn) und Silizium (Si)
- unerwünschte Eisenbegleiter wie Phosphor (P), Schwefel (S), Stickstoff (N), Sauerstoff (O), Wasserstoff (H),
- die bei der Stahlerzeugung gezielt zugeführten weiteren Legierungselemente

beeinflussen die Eigenschaften des Stahles.

Kohlenstoff (C)
erhöht Fließgrenze, Zugfestigkeit, Härte, Verschleißwiderstand und verleiht dem Stahl die Härtbarkeit; erniedrigt Bruchdehnung, Schweißeignung, Tiefziehfestigkeit.

Mangan (Mn)
erhöht die Festigkeit, verbessert (in Grenzen) die Schweißbarkeit; vermindert die Gefahr der Rotbrüchigkeit (= Bruch im rotglühenden Zustand).

Silizium (Si)
erhöht die Festigkeit; vermindert die Bruchdehnung und die Kaltverformbarkeit.

Phosphor (P)
neigt zum Seigern (= Entmischen), vermindert die Zähigkeit; erhöht die Rostbeständigkeit.

Schwefel (S)
neigt zum Seigern, vermindert die Zähigkeit und die Schweißeignung, erhöht die Gefahr vor Terrassenbrüchen (Sulfidzeilen im Gefüge).

Stickstoff (N)
erhöht die Sprödbruch- und Alterungsempfindlichkeit, vermindert die Zähigkeit.

Sauerstoff (O)
erhöht die Gefahr von Terrassenbrüchen (Oxidzeilen im Gefüge).

Wasserstoff (H)
vermindert die Zähigkeit und die Schweißeignung.

Aluminium (Al)
bewirkt ein feinkörniges Gefüge mit verbesserter Zähigkeit, Schweißeignung und verminderter Alterungsempfindlichkeit.

Titan, Vanadin, Niob und Zirkon (Ti, V, Nb, Zr)
wirken als Mikrokeimbildner zur Erzielung eines feinkörnigen Gefüges mit verbesserter Zähigkeit und verminderter Alterungsempfindlichkeit.

WÄRMEBEHANDLUNG DES STAHLES

Das *Normalglühen* dient der Erzielung eines gleichmäßigen, feinkörnigen Gefüges bei warmgewalzten Ausgangsprodukten für den Stahlbau und wird daher im Walzwerk durchgeführt. Beim Normalglühen werden die Walzerzeugnisse über die Austenitisierungs-Temperatur (911 °C) erwärmt und an stehender Luft langsam abgekühlt.

Das *Spannungsarmglühen* wird dagegen nicht am Ausgangsprodukt, sondern an fertigen Konstruktionsteilen durchgeführt. Es wird erforderlich, wenn infolge der Fertigung, meistens infolge zahlreicher Schweißnähte und Schrumpfbehinderungen, hohe mehrachsige Eigenspannungszustände auftreten (Eigenspannungen sind Zwängungsspannungen ohne äußere Krafteinwirkung). Spannungsarmglühen wird bei Temperaturen zwischen 550 bis 650 °C durchgeführt, ohne Umwandlung des Ferrits und Perlits. Beim Spannungsarmglühen wird die Abnahme der Fließgrenze und des *E*-Moduls bei höheren Temperaturen ausgenützt. Die Eigenspannungen werden durch die bei der Glühtemperatur bereits bei sehr niedrigen Spannungen auftretenden plastischen Dehnungen abgebaut.

Die *Umwandlungshärtung* wird sehr häufig im Maschinenbau, jedoch kaum im Stahlbau gezielt eingesetzt. Als Umwandlungshärten wird die Härtesteigerung durch Martensitbildung bei rascher Abkühlung eines über die Austenitisierungs-Temperatur erwärmten Stahls bezeichnet. Der Gehalt an Martensit steigt mit dem Kohlenstoffgehalt und mit der Abkühlgeschwindigkeit.

Praktisch beginnt die Härtbarkeit unter Luftumspülung bei einem Kohlenstoffgehalt > 0,2%.

Anlassen wird das Erwärmen eines gehärteten Stahles bis unter die A1-Temperatur mit nachfolgender langsamer Abkühlung bezeichnet. Dabei wird die Kristallgitterverspannung teilweise abgebaut. Die Zähigkeit steigt.

Vergüten ist die Kombination von Härten mit nachfolgendem Anlassen. Höhere Festigkeiten bei Stählen werden oft durch Vergüten erzielt.

2.2.3 Technologische Eigenschaften

ZÄHIGKEIT UND SPRÖDIGKEIT

Der sich im einachsigen Zugversuch sehr zäh verhaltende Baustahl kann sich unter gewissen Umständen auch spröde verhalten und nahezu verformungslos brechen (Trennbruch). Dieser Bruch, der sich nicht durch Verformungen vorankündigt, ist für Baukonstruktionen gefährlich.

Zur Versprödung führen:

– Spannungszustände, bei denen kein Fließen eintreten kann, z.B. bei mehrachsigen Zugspannungszuständen, wie sie an Kerben auftreten können,

– Schlagartige Lastaufbringung,

- Aufhärtung des Materials durch Martensitbildung nach einer gezielten oder nicht-gezielten Wärmebehandlung (Schweißen),

- Alterung: das ist eine im wesentlichen durch ungebundenen Stickstoff bewirkte Verminderung der plastischen Verformbarkeit (Bruchdehnung), verbunden mit einer Zunahme von Streckgrenze und Zugfestigkeit,

- Kaltverfestigung: das ist eine Zunahme der Festigkeit durch Verformung im kalten Zustand,

- Einsatz der Werkstoffe bei tiefen Temperaturen.

Zur Feststellung der Sprödbruchanfälligkeit von Stahl wurden eine Menge unterschiedlicher technologischer Prüfverfahren entwickelt. Sie bestehen im Prinzip darin, die Fähigkeit des Stahls festzustellen, einen Riß ohne Sprödbruch aufzufangen oder eine zugeführte Schlagarbeit zu „verbrauchen".

Die einfachsten und am häufigsten angewandten Verfahren zur Prüfung der Sprödbruchempfindlichkeit sind:
- die Aufschweißbiegeprobe,
- der Kerbschlagversuch.

Bei der Aufschweißbiegeprobe wird auf das Probestück eine Schweißraupe aufgetragen. Die Probe darf bei Biegung um einen Dorn nicht brechen, wobei die Schweißraupe in der Zugzone liegt.

Beim Kerbschlagversuch wird mit einem Pendelschlagwerk die verbrauchte Arbeit für das Zerschlagen eines gekerbten Probestückes als technologisches Maß für die Zähigkeit des Materials ermittelt. Bei Baustählen läßt sich dabei eine deutliche Abhängigkeit von der Probentemperatur feststellen. Mit abnehmender Temperatur geht die Schlagarbeit von einem hohen Wert (Hochlage) in einen niedrigen Wert (Tieflage) über.

Im Zusammenhang mit der Zähigkeit stehen auch die technologischen Eigenschaften,
- der Umformbarkeit,
- der Schweißeignung,
- der Sprödbruchempfindlichkeit.

Härte ist der Widerstand gegen das Eindringen eines Körpers in die Oberfläche.

2.2.4 Allgemeine Baustähle

Allgemeine Baustähle sind unlegierte Stähle, die aufgrund ihrer Streckgrenze und/oder ihrer Zugfestigkeit vornehmlich für geschweißte, genietete oder geschraubte Konstruktionen des Stahl- und Maschinenbaus, üblicherweise im Lieferzustand, verwendet werden.

Die technischen Lieferbedingungen für warmgewalzte Erzeugnisse aus unlegierten Baustählen sind in der EN 10025 geregelt.

Die Stahlsorten werden folgendermaßen bezeichnet:

a) Name der Europäischen Norm
   EN 10025

b) Kurzbezeichnung für Stahl
   S Stähle für den allgemeinen Stahlbau
   E Maschinenbaustähle

c) Kennzahl für den festgelegten Mindestwert der Streckgrenze in N/mm^2 für Dicken ≤ 16 mm

S185   E295
S235   E335
S275   E360
S355

d) Kennzeichen für die Gütegruppen in Hinblick auf die Schweißeignung und die Kerbschlagarbeit:

JR   Grundstähle
J0   Qualitätsstähle
J2   Qualitätsstähle
K2   Qualitätsstähle, nur Stähle S355

Alle Stähle für den allgemeinen Stahlbau sind zum Schweißen nach allen Verfahren geeignet. Die Schweißeignung verbessert sich jedoch von JR bis K2.

Eine Kerbschlagarbeit von 27 J für Dicken von 10 mm $< t \leq 150$ mm und 23 J für Dicken von 150 mm $< t \leq 250$ mm wird garantiert für JR bei + 20 °C, für J0 bei 0 °C und für J2 bei -20 °C, für K2 werden für die genannten Dicken bei -20 °C 40 J bzw. 33 J garantiert.

e) gegebenfalls: Kennzeichen für die Desoxidationsart:

G1   unberuhigt (FU)
G2   nicht unberuhigt (FN)
G3   voll beruhigt (FF); Lieferzustand N bei Flacherzeugnissen, sonst nach Wahl
G4   voll beruhigt (FF); Lieferzustand nach Wahl des Herstellers

f) gegebenenfalls: Kennbuchstabe C für die Eignung für besondere Verwendungszwecke wie Abkanten, Walzprofilieren und Kaltziehen.

g) gegebenenfalls: Kennbuchstabe N, wenn die Stähle normalgeglüht werden oder ein normalisierendes Walzen angewandt wird, bei dem die Stähle einen dem Normalglühen gleichwertigen Zustand aufweisen.

Beispiel:
Stahl EN 10025– S355J0C

Die chemische Zusammensetzung für die Schmelzenanalyse und die Stückanalyse ist in Tabelle 2-2 dargestellt. Dabei ist zu beachten, daß für alle Stähle der Gütegruppen JR bis K2 der maximale Gehalt von C, Mn, P und S festgelegt wird; für Stähle der Mindeststreckgrenze 355 N/mm^2 darüber hinaus auch der Gehalt von Si sowie bei nicht voll beruhigten Stählen der N-Gehalt. Die Schweißbarkeit wird durch die Begrenzung des Kohlenstoffgehalts mit rund 0,25% oder meistens darunter erreicht.

Die mechanischen Eigenschaften, wie Streckgrenze R_{eH}, Zugfestigkeit R_m und Bruchdehnung A sind in Tabelle 2-1 aufgelistet. Sie gelten für Längsproben und bei Flacherzeugnissen ≥ 600 mm breit auch für Querproben. Mit zunehmender Dicke nehmen die entsprechenden Werte ab.

Weitere Tabellen geben die Mindestwerte für Biegeradien in Abhängigkeit von Stahlqualität und Dicke beim Abkanten und Walzprofilieren an.

Tabelle 2-1 Unlegierte Baustähle, mechanische Eigenschaften nach EN 10025 [3]

Mechanische Eigenschaften der Flach- und Langerzeugnisse

Teil 1: Bezeichnung, Streckgrenze R_{eH} und Zugfestigkeit R_m

Stahlsorte Bezeichnung nach EN 10027-1 und ECISS IC 10	nach EN 10027-2	Desoxidationsart	Stahlart[2]	R_{eH} N/mm², min.[1] ≤ 16	> 16 ≤ 40	> 40 ≤ 63	> 63 ≤ 80	> 80 ≤ 100	> 100 ≤ 150	> 150 ≤ 200	> 200 ≤ 250	R_m N/mm²[1] < 3	≥ 3 ≤ 100	> 100 ≤ 150	> 150 ≤ 250
S185[3]	1.0035	freigestellt	BS	185	175	–	–	–	–	–	–	310 bis 540	290 bis 510	–	–
S235JR[3]	1.0037	freigestellt	BS	235	225	–	–	–	–	–	–	360 bis 510	340 bis 470	–	–
S235JRG1[3]	1.0036	FU	BS	235	225	–	–	–	–	–	–	360 bis 510	340 bis 470	–	–
S235JRG2	1.0038	FN	BS	235	225	215	215	215	195	185	175	360 bis 510	340 bis 470	340 bis 470	320 bis 470
S235J0	1.0114	FN	QS	235	225	215	215	215	195	185	175	360 bis 510	340 bis 470	340 bis 470	320 bis 470
S235J2G3	1.0116	FF	QS	235	225	215	215	215	195	185	175	360 bis 510	340 bis 470	340 bis 470	320 bis 470
S235J2G4	1.0117	FF	QS	235	225	215	215	215	195	185	175	360 bis 510	340 bis 470	340 bis 470	320 bis 470
S275JR	1.0044	FN	BS	275	265	255	245	235	225	215	205	430 bis 580	410 bis 560	400 bis 540	380 bis 540
S275J0	1.0143	FN	QS	275	265	255	245	235	225	215	205	430 bis 580	410 bis 560	400 bis 540	380 bis 540
S275J2G3	1.0144	FF	QS	275	265	255	245	235	225	215	205	430 bis 580	410 bis 560	400 bis 540	380 bis 540
S275J2G4	1.0145	FF	QS	275	265	255	245	235	225	215	205	430 bis 580	410 bis 560	400 bis 540	380 bis 540
S355JR	1.0045	FN	BS	355	345	335	325	315	295	285	275	510 bis 680	490 bis 630	470 bis 630	450 bis 630
S355J0	1.0553	FN	QS	355	345	335	325	315	295	285	275	510 bis 680	490 bis 630	470 bis 630	450 bis 630
S355J2G3	1.0570	FF	QS	355	345	335	325	315	295	285	275	510 bis 680	490 bis 630	470 bis 630	450 bis 630
S355J2G4	1.0577	FF	QS	355	345	335	325	315	295	285	275	510 bis 680	490 bis 630	470 bis 630	450 bis 630
S355K2G3	1.0595	FF	QS	355	345	335	325	315	295	285	275	510 bis 680	490 bis 630	470 bis 630	450 bis 630
S355K2G4	1.0596	FF	QS	355	345	335	325	315	295	285	275	510 bis 680	490 bis 630	470 bis 630	450 bis 630
E295[4]	1.0050	FN	BS	295	285	275	265	255	245	235	225	490 bis 660	470 bis 610	450 bis 610	440 bis 610
E335[4]	1.0060	FN	BS	335	325	315	305	295	275	265	255	590 bis 770	570 bis 710	550 bis 710	540 bis 710
E360[4]	1.0070	FN	BS	360	355	345	335	325	305	295	285	690 bis 900	670 bis 830	650 bis 830	640 bis 830

Teil 2: Probenlage und Bruchdehnung, %, min.[1] (Probenlage[1]; $L_0 = 80$ mm und $L_0 = 5{,}65\sqrt{S_0}$, je für Nenndicken in mm)

Stahlsorte	Probenlage	$L_0=80$ mm ≤ 1	> 1 ≤ 1,5	> 1,5 ≤ 2	> 2 ≤ 2,5	> 2,5 < 3	$L_0=5{,}65\sqrt{S_0}$ ≥ 3 ≤ 40	> 40 ≤ 63	> 63 ≤ 100	> 100 ≤ 150	> 150 ≤ 250
S185[3]	l	10	11	12	13	14	18	–	–	–	–
S185[3]	t	8	9	10	11	12	16	–	–	–	–
S235JR[3] … S235J2G4	l	17	18	19	20	21	26	25	24	22	21
S235JR[3] … S235J2G4	t	15	16	17	18	19	24	23	22	22	21
S275JR … S275J2G4	l	14	15	16	17	18	22	21	20	18	17
S275JR … S275J2G4	t	12	13	14	15	16	20	19	18	18	17
S355JR … S355K2G4	l	14	15	16	17	18	22	21	20	18	17
S355JR … S355K2G4	t	12	13	14	15	16	20	19	18	18	17
E295[4]	l	12	13	14	15	16	20	19	18	16	15
E295[4]	t	10	11	12	13	14	18	17	16	15	14
E335[4]	l	8	9	10	11	12	16	15	14	12	11
E335[4]	t	6	7	8	9	10	14	13	12	11	10
E360[4]	l	4	5	6	7	8	11	10	9	8	7
E360[4]	t	3	4	5	6	7	10	9	8	7	6

[1] Die Werte für den Zugversuch in der Tabelle gelten für Längsproben (l), bei Band, Blech und Breitflachstahl in Breiten ≥ 600 mm für Querproben (t).

[2] BS: Grundstahl; QS: Qualitätsstahl.

[3] Nur in Nenndicken ≤ 25 mm lieferbar.

[4] Diese Stahlsorten kommen üblicherweise nicht für Profilerzeugnisse (I-, U-Winkel) in Betracht.

Tabelle 2-2 Unlegierte Baustähle, chemische Zusammensetzung nach EN 10025 [3]

Stahlsorte Bezeichnung		Desoxi-dations-art	Stahl-art [4]	Chemische Zusammensetzung nach der Schmelzenanalyse für Flacherzeugnisse und Langerzeugnisse [1]								Stückanalyse							
				Massenanteile in %, max.								Massenanteile in %, max.							
				C für Erzeugnis-Nenndicken in mm								C für Erzeugnis-Nenndicken in mm							
nach EN 10027-1 und ECISS IC 10	nach EN 10027-2			≤ 16	> 16 ≤ 40	> 40[5]	Mn	Si	P	S	N[2][3]	≤ 16	> 16 ≤ 40	> 40[5]	Mn	Si	P	S	N[2][3]
S185[6]	1.0035	freigestellt	BS	–	–	–	–	–	–	–	–	–	–	–	–	–	–	–	–
S235JR[6]	1.0037	freigestellt	BS	0,17	0,20	–	1,40	–	0,045	0,045	0,009	0,21	0,25	–	1,50	–	0,055	0,055	0,011
S235JRG1[6]	1.0036	FU	BS	0,17	0,20	–	1,40	–	0,045	0,045	0,007	0,21	0,25	–	1,50	–	0,055	0,055	0,009
S235JRG2	1.0038	FN	BS	0,17	0,17	0,20	1,40	–	0,045	0,045	0,009	0,19	0,19	0,23	1,50	–	0,055	0,055	0,011
S235JO	1.0114	FN	QS	0,17	0,17	0,17	1,40	–	0,040	0,040	0,009	0,19	0,19	0,19	1,50	–	0,050	0,050	0,011
S235J2G3	1.0116	FF	QS	0,17	0,17	0,17	1,40	–	0,035	0,035	–	0,19	0,19	0,19	1,50	–	0,045	0,045	–
S235J2G4	1.0117	FF	QS	0,17	0,17	0,17	1,40	–	0,035	0,035	–	0,19	0,19	0,19	1,50	–	0,045	0,045	–
S275JR	1.0044	FN	BS	0,21	0,21	0,22	1,50	–	0,045	0,045	0,009	0,24	0,24	0,25	1,60	–	0,055	0,055	0,011
S275JO	1.0143	FN	QS	0,18	0,18	0,18[7]	1,50	–	0,040	0,040	0,009	0,21	0,21	0,21[7]	1,60	–	0,050	0,050	0,011
S275J2G3	1.0144	FF	QS	0,18	0,18	0,18[7]	1,50	–	0,035	0,035	–	0,21	0,21	0,21[7]	1,60	–	0,045	0,045	–
S275J2G4	1.0145	FF	QS	0,18	0,18	0,18[7]	1,50	–	0,035	0,035	–	0,21	0,21	0,21[7]	1,60	–	0,045	0,045	–
S355JR	1.0045	FN	BS	0,24	0,24	0,24	1,60	0,55	0,045	0,045	0,009	0,27	0,27	0,27	1,70	0,60	0,055	0,055	0,011
S355JO[8]	1.0553	FN	QS	0,20	0,20[9]	0,22	1,60	0,55	0,040	0,040	0,009	0,23	0,23[9]	0,24	1,70	0,60	0,050	0,050	0,011
S355J2G3[8]	1.0570	FF	QS	0,20	0,20[9]	0,22	1,60	0,55	0,035	0,035	–	0,23	0,23[9]	0,24	1,70	0,60	0,045	0,045	–
S355J2G4[8]	1.0577	FF	QS	0,20	0,20[9]	0,22	1,60	0,55	0,035	0,035	–	0,23	0,23[9]	0,24	1,70	0,60	0,045	0,045	–
S355K2G3[8]	1.0595	FF	QS	0,20	0,20[9]	0,22	1,60	0,55	0,035	0,035	–	0,23	0,23[9]	0,24	1,70	0,60	0,045	0,045	–
S355K2G4[8]	1.0596	FF	QS	0,20	0,20[9]	0,22	1,60	0,55	0,035	0,035	–	0,23	0,23[9]	0,24	1,70	0,60	0,045	0,045	–
E295	1.0050	FN	BS	–	–	–	–	–	0,045	0,045	0,009	–	–	–	–	–	0,055	0,055	0,011
E335	1.0060	FN	BS	–	–	–	–	–	0,045	0,045	0,009	–	–	–	–	–	0,055	0,055	0,011
E360	1.0070	FN	BS	–	–	–	–	–	0,045	0,045	0,009	–	–	–	–	–	0,055	0,055	0,011

[1] Siehe 7.3.

[2] Die angegebenen Werte dürfen überschritten werden, wenn je 0,001 % N der Höchstwert für den Phosphorgehalt um 0,005 % unterschritten wird; der Stickstoffgehalt darf jedoch einen Wert von 0,012 % in der Schmelzenanalyse nicht übersteigen.

[3] Der Höchstwert für den Stickstoffgehalt gilt nicht, wenn der Stahl einen Gesamtgehalt an Aluminium von mindestens 0,020 % oder genügend andere stickstoffabbindende Elemente enthält. Die stickstoffabbindenden Elemente sind in der Prüfbescheinigung anzugeben.

[4] BS: Grundstahl; QS: Qualitätsstahl.

[5] Bei Profilen mit einer Nenndicke > 100 mm ist der Kohlenstoffgehalt zu vereinbaren. Zusätzliche Anforderung 25.

[6] Nur in Nenndicken $\leq$ 25 mm lieferbar.

[7] Maximal 0,20 % C bei Nenndicken > 150 mm.

[8] Siehe 7.3.3.2 und 7.3.3.3.

[9] Maximal 0,22 % C bei Nenndicken > 30 mm und bei den zum Walzprofilieren geeigneten Sorten (siehe 7.5.3.2).

Tabelle 2-3 stellt die Beziehung zu den früher gebräuchlichen Bezeichnungen der Stähle nach EN10025-1990, DIN 17100 und ÖNORM M 3116 her.

Tabelle 2-3   Unlegierte Baustähle Gegenüberstellung der Stahlbezeichnungen nach EN10025, EN 10027, [3], [1]

Stahlsorte Bezeichnung		EN 10025:1990	Deutschland	Österreich
nach EN 10027-1 und ECISS IC 10	nach EN 10027-2		DIN 17100	ÖN M3116
S185	1.0035	Fe 310-0	St 33	St 320
S235JR	1.0037	Fe 360 B	St 37-2	
S235JRG1	1.0036	Fe 360 BFU	USt 37-2	USt 360 B
S235JRG2	1.0038	Fe 360 BFN	RSt 37-2	RSt 360 B
S235JO	1.0114	Fe 360 C	St 37-3 U	St 360 C
				St 360 CE
S235J2G3	1.0116	Fe 360 D1	St 37-3 N	St 360 D
S235J2G4	1.0117	Fe 360 D2	–	
S275JR	1.0044	Fe 430 B	St 44-2	St 430 B
S275JO	1.0143	Fe 430 C	St 44-3 U	St 430 C
				St 430 CE
S275J2G3	1.0144	Fe 430 D1	St 44-3 N	St 430 D
S275J2G4	1.0145	Fe 430 D2	–	
S355JR	1.0045	Fe 510 B	–	
S355JO	1.0553	Fe 510 C	St 52-3 U	St 510 C
S355J2G3	1.0570	Fe 510 D1	St 52-3 N	St 510 D
S355J2G4	1.0577	Fe 510 D2	–	
S355K2G3	1.0595	Fe 510 DD1	–	
S355K2G4	1.0596	Fe 510 DD2	–	
E295	1.0050	Fe 490-2	St 50-2	St 490
E335	1.0060	Fe 590-2	St 60-2	St 590
E360	1.0070	Fe 690-2	St 70-2	St 690

2.2.5 Feinkornbaustähle

Feinkornbaustähle sind voll beruhigte, unlegierte Baustähle, bei denen durch Feinausscheidungen von Nitriden und/oder Karbiden ein Wachsen der Kristallkörner im Austenit behindert wird und ein feinkörniges Gefüge entsteht. Diese Feinausscheidungen werden durch Zugabe von Aluminium, Niobium, Vanadin und Titan als Keimbildner erreicht.

Die wesentlichen Eigenschaften der Feinkornbaustähle sind:

– besonders beruhigte Vergießungsart,
– Alterungsunempfindlichkeit, da Stickstoff abgebunden ist,
– Umwandlungsfreudigkeit (auch bei rascher Abkühlung keine Martensitbildung),
– eingeschränktes Kornwachstum bei Temperaturen im Austenitbereich,
– hohe Streckgrenze und Bruchdehnung,
– gute Schweißeignung.

Die EN 10113 behandelt warmgewalzte Erzeugnisse aus schweißgeeigneten Feinkornbaustählen, wobei Teil 1 die allgemeinen Lieferbedingungen, Teil 2 die Lieferbedingungen für normalgeglühte und normalisierend gewalzte Stähle und Teil 3 die Lieferbedingungen für thermomechanisch gewalzte Stähle angibt. Thermomechanisches Walzen ist ein Warmwalzverfahren mit einer Endumformung in einem bestimmten Temperaturbereich (im allgemeinen 800 bis 900 °C), das zu einem Werkstoffzustand mit bestimmten Eigenschaften führt, der durch eine Wärmebehandlung allein nicht erreicht wird. Thermomechanisch gewalzte Stähle haben im allgemeinen einen geringeren C-Gehalt als andere Feinkornbaustähle gleicher Streckgrenze und haben somit verbesserte Schweißeignung. Die Zugfestigkeit liegt im allgemeinen nur wenig über der Streckgrenze.

Neben den Festigkeitsklassen S275 und S355 existieren Feinkornbaustähle mit den Festigkeitsklassen S420 und S460. Ihre Behandlung in Konstruktion und Berechnung ist in Annex D zum EC 3 Teil 1.1/A1 geregelt.

2.2.6 Wetterfeste Baustähle

Wetterfeste Baustähle sind Baustähle bei denen Legierungselemente wie Phosphor (P) < 0,04%, Kupfer (Cu), Chrom (Cr), Nickel (Ni), Molybdän (Mo) in geringen Mengen (ca. je 0,5%) zugesetzt werden, um den Widerstand gegen die atmosphärische Korrosion zu erhöhen. Die mechanischen und technologischen Eigenschaften (Schweißeignung) der wetterfesten Baustähle entsprechen etwa denen der allgemeinen Baustähle. Die EN 10155 – Wetterfeste Baustähle, Technische Lieferbedingungen – enthält die Stahlsorten S235 und S355 in den Gütegruppen J0, J2 und K2 mit den Unterteilungen für S355 in J2G1, J2G2, K2G1 und K2G2. Die Kennzeichnung als wetterfeste Baustähle erfolgt durch ein nachgestelltes W; bei den Stahlsorten S355 für Flacherzeugnisse bis 12 mm Dicke und Profile bis 40 mm Dicke mit vermindertem Kohlenstoff- (C ≤ 0,12%) und erhöhtem Phosphorgehalt (0,06% ≤ P ≤ 0,15%) durch ein nachgestelltes WP.

Beispiel: Stahl EN 10155– S235J0W

Bei wetterfesten Baustählen bildet sich unter normaler Atmosphäre auf der Oberfläche eine festhaftende Oxidschicht, die vor weiteren Angriffen der umgebenden Luft schützt. Bei einer Verletzung bildet sich diese Sperrschicht neu. Voraussetzungen für die Sperrschichtbildung sind, daß

— die Atmosphäre frei von Chloriden ist (nicht in Meeresumgebung),
— Regen und Feuchtigkeit ungehindert ablaufen können,
— keine ununterbrochene Benetzung auftritt,
— auch wetterfeste Schweißzusatzwerkstoffe verwendet werden.

Bei Einsatz von wetterfesten Baustählen ist zu beachten, daß

— immer eine Braunfärbung des darüberfließenden Wassers durch das Auswaschen geringer Mengen von Eisenhydroxid und Eisensulfat auftritt, die bei benachbarten Beton- und Putzflächen zur rotbraunen Färbung führen,
— ein vollständiger Stillstand des Rostens nicht eintritt (heutige Schätzung: ca. 1 mm Abrostung in 30 Jahren), was durch eine entsprechende Dickenzugabe kompensiert werden kann.

Für das Verschweißen von Teilen aus wetterfesten Stählen sind Elektroden aus wetterfestem Baustahl zu verwenden. Bei Schraubverbindungen werden in Konstruktionen aus wetterfesten Baustählen im allgemeinen verzinkte Schrauben verwendet.

2.2.7 Nichtrostende Stähle

Nichtrostende Stähle sind besonders beständig gegen chemisch angreifende Stoffe. Sie weisen alle einen Chromgehalt größer 10,5 Gewichtsprozente auf und gehören daher zu den hochlegierten Stählen. Nichtrostende Stähle werden in ferritische (C $\leq$ 0,08%, Ni < 2,5%), martensitische (0,08% < C $\leq$ 1,2%, Ni < 2,5%) und austenitische Stähle (C $\leq$ 0,15%, Ni $\geq$ 8,0%) eingeteilt. Die Sorten und technischen Lieferbedingungen sind in EN 10088, Teile 1 bis 3 geregelt. Die Bezeichnung erfolgt durch den Buchstaben X für hochlegierten Stahl, gefolgt von der Zahl des Kohlenstoffgehaltes in 0,01%, gefolgt von den chemischen Zeichen der Legierungselemente und deren Anteil in %. So bezeichnet z.B. X 5 Cr Ni Mo 17-12-2 einen hochlegierten Stahl mit 0,05% C, 17% Cr, 12% Ni und 2% Mo.

Nichtrostende Stähle stehen in verschiedenen Festigkeitsklassen S220 bis S480 (f_y = 220 bis 480 N/mm^2 für t $\leq$ 6 mm) zur Auswahl. Sie weisen im allgemeinen keine ausgeprägte Fließgrenze auf. Als f_y wird daher meist die 0,2% Dehngrenze eingeführt. Der E-Modul beträgt E = 200.000 N/mm^2, der Schubmodul G = 77000 N/mm^2. Die Zugfestigkeit f_u liegt zwischen 520 und 660 N/mm^2.

Die Nachweise für tragende Bauteile aus rostfreien Stählen sind in EC 3-1-4 „Allgemeine Regeln. Zusätzliche Regeln für rostfreie Stähle" festgelegt.

2.2.8 Prüfbescheinigungen für Werkstoffe

Prüfbescheinigungen für Werkstoffe sind in der EN 10204 geregelt und in Tabelle 2-4 zusammengestellt. Welche Prüfbescheinigung verlangt wird, ist vertraglich zu regeln und bei der Bestellung anzugeben.

Tabelle 2-4 Prüfbescheinigung für Werkstoffe nach EN 10204 [4]

Norm-Bezeichnung	Bescheinigung	Art der Prüfung	Inhalt der Bescheinigung	Lieferbedingungen	Bestätigung der Bescheinigung durch
2.1	Werksbescheinigung	Nichtspezifisch	Keine Angabe von Prüfergebnissen	Nach den Lieferbedingungen der Bestellung, oder, falls verlangt, auch nach amtlichen Vorschriften und den zugehörigen Technischen Regeln	den Hersteller
2.2	Werkszeugnis		Prüfergebnisse auf der Grundlage nichtspezifischer Prüfung		
2.3	*Werksprüfzeugnis*	*Spezifisch*	*Prüfergebnisse auf der Grundlage spezifischer Prüfung*		
3.1.A	Abnahmeprüfzeugnis 3.1.A			Nach amtlichen Vorschriften und den zugehörigen Technischen Regeln	den in den amtlichen Vorschriften genannten Sachverständigen
3.1.B	Abnahmeprüfzeugnis 3.1.B			Nach den Lieferbedingungen der Bestellung, oder, falls verlangt, auch nach amtlichen Vorschriften und den zugehörigen Technischen Regeln	den vom Hersteller beauftragten, von der Fertigungsabteilung unabhängigen Sachverständigen („Werksachverständigen")
3.1.C	Abnahmeprüfzeugnis 3.1.C			Nach den Lieferbedingungen der Bestellung	den vom Besteller beauftragten Sachverständigen
3.2	Abnahmeprüfprotokoll 3.2				den vom Hersteller beauftragten, von der Fertigungsabteilung unabhängigen Sachverständigen und den vom Besteller beauftragten Sachverständigen

2.3 Herstellung von Stahlbauwerken

Stahlbau ist Fertigteilbau.

Die in der Werkstatt aus den Ausgangserzeugnissen hergestellten Lieferteile werden an der Baustelle zu Bauteilen und diese zu Bauwerken zusammengesetzt. Das Blockdiagramm Bild 2-7 stellt den üblichen technischen Ablauf bei der Erstellung von Stahlbauwerken dar.

2.3.1 Ausführungsbearbeitung und Arbeitsvorbereitung

Aufgaben der technischen Ausführungsbearbeitung sind

— die Erstellung der Konstruktionszeichnungen mit allen dazugehörigen Fertigungsunterlagen (betriebsintern oder durch Ingenieurbüros) und Unterlagen für Prüfung und Abnahme,

— die Erstellung der statischen Berechnung (durch Ingenieurbüros oder betriebsintern),

— die Erstellung der Listen für die Materialbestellung bzw. für die Materialreservierung vom Lager,

— die Erstellung von Unterlagen zur Information und Revision (Übersichten, Aussparungspläne, Revisionsunterlagen),

— von Anfang an die Koordinierung mit der Montageplanung,

— die Koordinierung mit Bauherren, Planenden, mit anderen Gewerken, Subunternehmern, Lieferanten, prüfenden und kontrollierenden Organen.

Aufgaben der Arbeitsvorbereitung sind

–   die Festlegung der Fertigungsanweisungen (z.B. an welchen Maschinen in welcher Weise welche Positionen gefertigt werden),

–   Arbeits-Zeit-Studien,

–   die Erstellung von Datenträgern für automatisch gesteuerte Maschinen (sofern diese Arbeit nicht von der technischen Ausführungsbearbeitung erledigt wird).

CAD (computer aided design) und CAM (computer aided manufacturing) haben im Stahlbau weitgehend Eingang gefunden und erlauben im CIM (computer integrated manufacturing) die Erstellung von Datenträgern für NC (numerically controlled)– Bearbeitungsmaschinen unmittelbar aus den Daten für die Konstruktion.

Das Material gelangt vom Lager in die Werkstatt über eine eventuelle Vorbearbeitung. Diese umfaßt das Zusammenschweißen von Blechtafeln zu größeren Einheiten, das Richten (= Gerade- oder Ebenmachen) von Profilen und Blechen und eventuell die Entrostung und Aufbringung eines temporären Korrosionsschutzes (Shop Primer). Bei automatischer Bearbeitung gelangt das Material direkt zu den Bearbeitungsmaschinen, bei manueller Bearbeitung in die Vorzeichnerei und weiter zur Maschinenbearbeitung, wo die einzelnen Positionen (= kleinste Einheiten) gefertigt werden. Im Zusammenbau werden diese Positionen zu den Lieferteilen verbunden. Nach Entrostung und Korrosionsschutz der Lieferteile erfolgt der Transport zur Baustelle und die Montage zum gesamten Bauteil oder Bauwerk.

Die Qualitätskontrolle (Abnahme) gliedert sich in eine Eigen- und in eine Fremdüberwachung. Dabei wird festgestellt, ob die Bauteile aus den entsprechenden Werkstoffen hergestellt wurden, ob die Verbindungsmittel und Verbindungen den vereinbarten Anforderungen entsprechen, ob die geometrischen Abmessungen die vereinbarten Toleranzen nicht überschreiten und die Korrosionsschutzarbeiten plangemäß ausgeführt wurden. Nicht entsprechende Bauteile müssen gerichtet bzw. nachgearbeitet werden.

Die Planung der Montage besorgt die Montagevorbereitung (Technisches Büro der Montage). Aufgaben der Montagevorbereitung sind:

–   die Erfassung der örtlichen Gegebenheiten an der Baustelle und die Vorbereitung der Arbeiten, die zur ordnungsgemäßen Montage der Bauteile erforderlich sind (z.B. Zufahrt, Ver- und Entsorgung usw.),

–   die Festlegung der Montagefolge, der Montagetechnik (Montagezeichnungen) und der Termine in Abstimmung mit Planung, Werkstatt, Bauherren, anderen Gewerken usw.,

–   die Festlegung und terminliche Planung der erforderlichen Geräte in Abstimmung mit der Geräteverwaltung bzw. den Geräteverleihern.

Auch die Montage unterliegt einer Qualitätskontrolle. Ähnlich wie in der Werkstatt wird auch das Bauwerk auf plangemäße Herstellung überprüft. Dabei werden die Montageverbindungen und -verbindungsmittel auf vereinbarte Güte, die geometrischen Abmessungen des Gesamtbauwerks auf Einhaltung der festgelegten Toleranzen und der Korrosionsschutz auf plangemäße Ausführung überwacht. Nicht entsprechende Bauwerke müssen gerichtet bzw. nachgearbeitet werden. Fertigung und Montage von Stahlkonstruktionen werden in der ENV 1090 festgelegt.

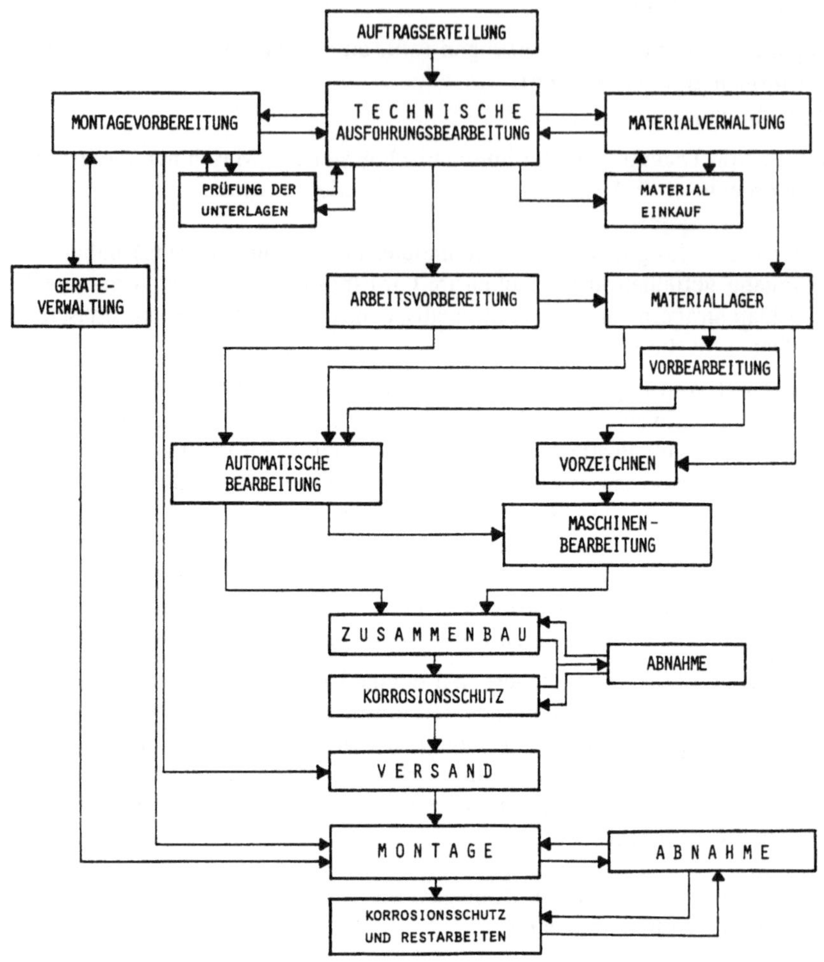

Bild 2-7 Technischer Ablauf bei der Erstellung von Stahlbauwerken nach [2]

2.3.2 Zuschnitt und Bearbeitung der Ausgangserzeugnisse in der Werkstatt

Die Werkstatt hat die Aufgabe aus den von den Hüttenwerken gelieferten Ausgangserzeugnissen Stahlbauteile herzustellen. Dazu müssen zunächst die in den Zeichnungen angegebenen Positionen aus den über Stücklisten und Materiallisten zugeordneten Ausgangserzeugnissen geschnitten werden. Erfolgt der Zuschnitt nicht in automatischen Anlagen, so muß die Form des Bauteils auf den Ausgangsprodukten vorgezeichnet werden. Dazu reißt der Vorzeichner Umrisse, eventuelle Achsen und Anschlußlinien mit einer Reißnadel unter Zuhilfenahme von Lineal, Schablonen und Maßlehren an. Mittelpunkte für Bohrungen und ähnliches werden mit dem Körner angezeichnet. Um die Rißlinien besser erkenntlich zu machen, werden sie mit Farbe gekennzeichnet. Mit Symbolen in Farbe werden auch die Durchmesser von Bohrungen angegeben. Jede Position erhält die Auftrags-, Zeichnungs- und Positionsnummer als Erkennungsmerkmal.

Überwiegend werden heute automatische Zuschnitt- und Bohranlagen verwendet, bei denen die Informationen über die Positionen auf einem Datenträger gespeichert sind und auf das Werkstück übertragen werden. In diesem Falle entfällt das Vorzeichnen.

Für den Zuschnitt von Blechen und Profilen aus unlegierten Baustählen ab etwa 4 mm Dicke werden überwiegend folgende Verfahren verwendet:

- Sägen,
- Scheren,
- Brennschneiden.

Sägen ist ein spanabhebendes Trennverfahren. Kreis-, Band- und Bügelsägen werden für das Sägen von Blechen und Profilen verwendet. Sägeschnitte werden nicht nachbehandelt und gelten für Kontaktstöße als genügend eben.

Scheren ist ein Verfahren, bei dem die Trennung durch die Überwindung der Scher-(Schub)-festigkeit erzeugt wird. Bleche werden auf Tafelscheren, Profile auf Profilscheren geschnitten. Dabei kommt es an den Scherflächen zu Kaltverfestigungen und Materialaufhärtungen. Bei dynamisch beanspruchten Bauteilen sind eventuell diese Scherkanten mechanisch abzuarbeiten.

Brennschneiden ist ein thermisches Schneidverfahren, bei dem der Stahl am Schnitt durch eine Brenngas- Sauerstofflamme erwärmt wird und durch zusätzliches Aufblasen von Schneidsauerstoff verbrennt. Brennschneiden ist das wichtigste Verfahren für den Zuschnitt von Flachstahlerzeugnissen. Als Brenngas wird überwiegend Acetylen (C_2H_2), manchmal auch Propan (C_3H_8) verwendet. Bei unlegierten Baustählen funktioniert das Brennschneiden ab Blechdicken von etwa 3 mm bis 3000 mm. Liegt der Kohlenstoff dieser Stähle über 0,20%, kann es an den Brennkanten zu Aufhärtungen kommen.

Das Brennschneiden erfolgt auf Brennschneidemaschinen. Ein universelles Gerät ist die Kreuzwagenbrennschneidemaschine, bei der auf einem Längswagen ein oder mehrere Querwagen angeordnet sind, die einen oder mehrere Brenner tragen. Durch entsprechend gesteuerte (NC-Steuerung) Bewegungen des Längs- und der Querwagen kann jede beliebige Form aus dem Blech herausgeschnitten werden. Durch Schiefstellung der Brenner kann auch in einem Arbeitsgang die Schweißnahtvorbereitung gebrannt werden. Für Rohrkonstruktionen kann die Verschneidungslinie am anzuschließenden Rohr mit einer Rohrbrennschneidemaschine geschnitten werden.

Für dünne Bleche (< 4 mm), für hochlegierte Stähle und für Sonderelemente werden auch andere thermische Schneidverfahren wie Plasmaschneiden, Laserstrahlschneiden, Pulverbrennschneiden und anderes verwendet.

Löcher in Bauteilen werden entweder gebohrt oder gestanzt. Bohren ist ein spanabhebendes Verfahren zur Herstellung kreisrunder Löcher. Stanzen ist ein Verfahren zur Herstellung von Löchern beliebiger Form, wobei die Scherfestigkeit überwunden wird und die Lochränder aufgehärtet werden. Für die Bearbeitung von Profilen werden heute vielfach NC-gesteuerte Abläng- und Bohranlagen verwendet, die Profile messen, schneiden und die Löcher in Gurte und Stege bohren.

Die zugeschnittenen Teile können durch Abkanten, Einrollen oder Biegen auf Pressen kalt oder warm verformt werden.

2.3.3 Zusammenfügen der zugeschnittenen Einzelteile

Die zugeschnittenen Einzelteile werden durch

- Schweiß-,
- Schraub-,
- Nietverbindungen

zu Bauteilen und zum Bauwerk zusammengefügt.

- Schweißverbindungen

Schweißen ist die wichtigste Fügetechnik im Stahlbau sowohl in der Werkstatt als auch auf der Baustelle. Schweißen ist das Vereinigen von Werkstoffen mit (nahezu) gleichem Schmelzpunkt unter Anwendung von Wärme und/oder Druck im weichteigigen oder schmelzflüssigen Zustand mit oder ohne Zusatz von artgleichem Werkstoff. Die Schweißbarkeit einer Verbindung ist gegeben, wenn ein schweißgeeigneter Werkstoff für eine entsprechende Konstruktion vorliegt und das angewandte Schweißverfahren auf Werkstoff und Konstruktion abgestimmt wird.

Im Stahlbau wird überwiegend das Lichtbogenschmelzschweißen angewandt. Dabei brennt ein elektrischer Lichtbogen zwischen Werkstück und Elektrode an der Stelle der Schweißnaht, wobei der Werkstoff auf- und die Elektrode abgeschmolzen wird und die Schweißnaht bildet. Lichtbogen und Schweißnaht werden durch ein Medium vor Luftzutritt geschützt.

Folgende Verfahren werden im Stahlbau überwiegend angewandt:

Die *Elektro-Handschweißung* mit umhüllten Stabelektroden, bei der der Lichtbogen durch die abschmelzende Umhüllung geschützt wird, die auf dem Schweißbad eine Schlacke bildet.

Die *Metallaktivgasschweißung* (MAG), bei der in einer Schweißpistole die Elektrode von einer Trommel zugeführt wird und bei der der Lichtbogen durch ein aktives Schutzgas (CO_2 oder CO_2 mit Argon und sonstigen Gasen) vor Luftzutritt geschützt wird.

Die *Unterpulverschweißung*, bei der der Lichtbogen zwischen der von einer Trommel zugeführten Elektrode unter dem Schutz eines Schweißpulvers unsichtbar brennt. Das Pulver bildet eine Schlacke auf dem Bad.

Die *Fülldrahtelektrodenschweißung* bei der eine röhrchenförmige Elektrode verwendet wird, die mit Schweißpulver gefüllt ist. Beim Abschmelzen der Elektrode bildet das abschmelzende Pulver den Schutz des Lichtbogens und die Schlacke auf dem Bad.

- Schraubenverbindungen

Schraubenverbindungen werden heute vorwiegend zum Fügen der Bauteile an der Baustelle verwendet. Schraubenverbindungen sind lösbare Verbindungen, die Kräfte in und quer zur Richtung der Schraubenachse übertragen. Je nach der Kraftübertragung quer zur Schraubenachse werden zwischen

- Scher-Lochleibungs- (SL) und-
- gleitfesten, vorgespannten Reibungsverbindungen (GV)

unterschieden.

Bei der Scher-Lochleibungsverbindung erfolgt die Kraftübertragung quer zur Schraubenachse durch Anpressen des Schraubenschaftes an die Lochwandungen (Anpreßdruck = Lochleibungsdruck), wobei der Schraubenschaft auf Abscheren beansprucht wird (Bild 2-8). Bei den gleitfesten, vorgespannten Reibungsverbindungen werden die zu verbindenden Teile durch kontrolliertes Anziehen der Schraubenmutter zusammengepreßt. Durch den Anpreßdruck in den meistens besonders bearbeiteten Verbindungsfugen wird die Übertragung von Reibungskräften quer zur Schraubenachse möglich (Bild 2-9). Tritt bei übermäßiger Beanspruchung Gleiten ein, so bleibt immer noch eine Scher-Lochleibungswirkung erhalten.

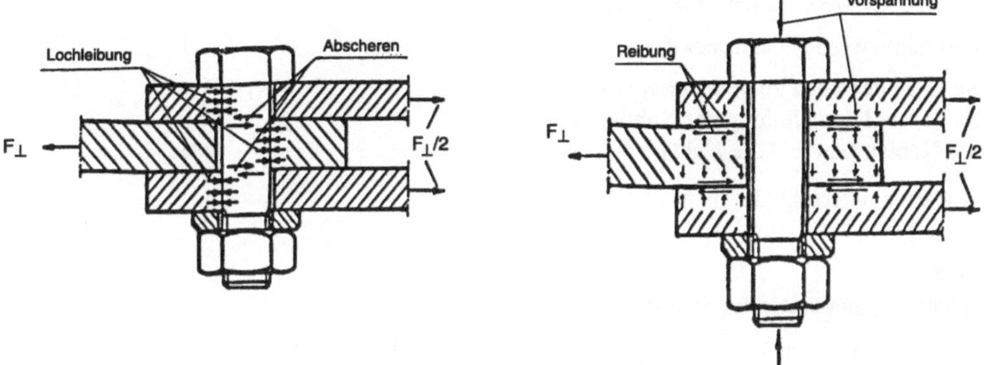

Bild 2-8 Wirkungsweise einer SL-Verbindung   **Bild 2-9** Wirkungsweise einer GV-Verbindung

Bei Zugbeanspruchung in Richtung der Schraubenachsen sind nicht vorgespannte und vorgespannte Verbindungen zu unterscheiden. Bei nicht vorgespannten Verbindungen erfolgt die Kraftübertragung durch Anpressen des Kopfes und der Mutter mit Zug im Schraubenschaft. Bei vorgespannten Verbindungen wird bei Zugbeanspruchung der Anpreßdruck in der Fuge vermindert und die Schraubenkraft nur geringfügig erhöht. Ein Klaffen der Fuge im Betriebszustand darf nicht auftreten.

• Nietverbindungen

Die Nietung war bis etwa 1925 die wichtigste und fast ausschließliche Technik zur kontinuierlichen Verbindung von Bauteilen des Stahlbaues und ist es für Stoßverbindungen im Brückenbau bis etwa 1950 geblieben. Für Neukonstruktionen ist die Nietung heute weitestgehend durch Schweiß- oder Schraubenverbindungen ersetzt worden. Bei der Reparatur bestehender genieteter Bauwerke und für Sonderfälle wird die Nietung auch heute noch angewandt.

Niete sind unlösbare Verbindungsmittel. In den zu verbindenden Teilen werden die Nietlöcher gemeinsam gebohrt oder einzeln kleiner gebohrt und gemeinsam auf das Sollmaß mit der Reibahle aufgerieben. Der Rohniet besteht aus dem Schaft und dem i. allg. halbrunden Setzkopf. Die Niete werden vor dem Schlagen im Nietfeuer auf helle Rotglut erwärmt und in das Nietloch eingeführt. Der Setzkopf wird mit dem Gegenhalter gehalten, der Schließkopf wird mit dem i. allg. pneumatischen Niethammer (= Döpper) geschlagen. Bei den ersten Schlägen wird der Schaft auf die ganze Länge gestaucht, bis das Nietloch voll ausgefüllt ist. Mit den weiteren Schlägen wird der Schließkopf geformt. Der Nietvorgang muß noch bei Rotglut beendet sein. Der beim Abkühlen entstehende Nietschrumpf erzeugt eine Klemmkraft. Eine Nietkolonne besteht aus drei Mann, dem Nietwärmer, dem Vorhalter und dem Nieter. Der Werkstoff des Rohnietes ist weicher als der Werkstoff der zu verbindenden Teile. Beim Nietvorgang erfährt der Niet eine Verfestigung, sodaß die Festigkeit des geschlagenen Nietes etwa gleich der Festigkeit der zu verbindenden Teile wird.

Niete wirken als Scher-Lochleibungs-Paßverbindungen zur Übertragung von Kräften quer zur Nietachse. Die Tragfähigkeit der Niete auf Zug in Achsrichtung ist gering.

2.3.4 Schweißnähte

AUSBILDUNG DER SCHWEISSNÄHTE:

Schweißnähte werden bestimmt durch

- die Lage der Teile zueinander am Stoß,
- die Art und den Umfang der Nahtvorbereitung und
- den Nahtaufbau und die Nahtausführung.

An Stoßarten unterscheidet man

- Stumpfstöße,
- T-Stöße,
- Eckstöße (eher selten im Stahlbau),

wobei jede Art durchgeschweißt oder nicht durchgeschweißt werden kann.

Die Ausführung der Nähte für Stahlkonstruktionen ist in der ENV 1090-1 geregelt.

Bei durchgeschweißten Stumpfnähten, die ohne Badsicherung hergestellt werden, muß wegen der möglichen Fehlstellen in der Wurzel durch den Luftzutritt von der anderen Seite im allgemeinen die Wurzel ausgefugt und nachgeschweißt werden. Das Ausfugen erfolgt durch Brennfugen, durch Lichtbogen-Druckluft-Fugen mit einer Kohleelektrode oder durch Ausschleifen. Anstelle dieser Maßnahmen darf auch die Naht mit einer durchlaufenden Schweißbadsicherung hergestellt werden. Diese kann entweder eine verlorene Stahlleiste (Plättchen) sein, eine Kupferschiene oder eine keramische Badsicherung. Die Stumpfnähte müssen bis zum Rand in voller Dicke durchlaufen und ohne Endkrater sein. Deshalb werden Auslaufbleche angeordnet (Bild 2-10), die nachher abzuschneiden sind. Die wichtigsten Nahtformen für durchgeschweißte Stumpfstöße zeigt Bild 2-11, für T-Stöße Bild 2-12.

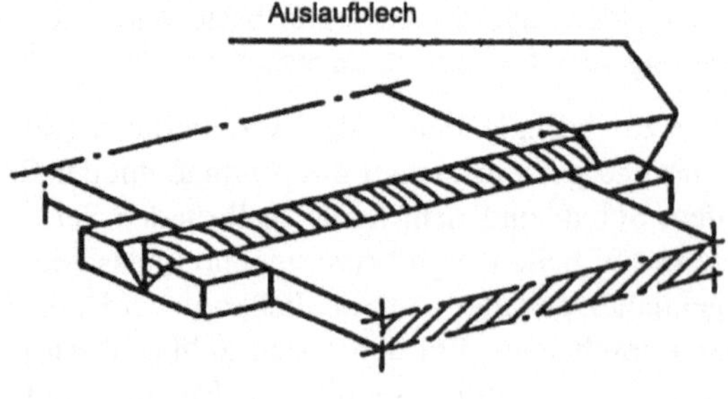

Bild 2-10
Auslaufblech

NAHTART	GRUND SYMBOL	FUGENFORM (SCHNITT)	SCHWEISSNAHT	SCHWEISS VER-FAHREN	SCHWEISSNAHTVORBEREITUNG				ÜBLICHER ANWENDUNGSBEREICH		BEMERKUNG
					FLANKEN-WINKEL α, β [°]	STEG-ABSTAND b [MM]	STEG-HÖHE c [MM]	FLANKEN-HÖHE h [MM]	WERKSTÜCK-DICKE t [MM]	SCHWEISS-POSITION	
I - NAHT (BEISEITIG GESCHWEISST)	‖			E-HAND	—	b ≈ t/2	—	—	≤ 8	PA, PG, PF	—
				MAG		b ≤ t/2			≤ 8	PA	
				UP		b ≤ t/2			3 - 16	PA	GRÖßE DES STIRNFLÄCHENABSTANDES IST IN ENGEN GRENZEN ZU HALTEN
V - NAHT	⋁			E-HAND	α ≈ 60	≤ 3	≤ 2	—	3 - 40	ALLE	GEGEBENENFALLS MIT SCHWEISSBADSICHERUNG
				MAG	40 ≤ β ≤ 60					AUSSER PC	
				UP	30 ≤ β ≤ 50	4 - 8			10 - 20	PA	
HV - NAHT	⋁			E-HAND	35 ≤ β ≤ 60	1 - 4	≤ 2	—	3 - 30	ALLE	—
				MAG							
				UP	30 ≤ β ≤ 50				3 - 16	PA, PB	MIT SCHWEISSBADSICHERUNG
STEILFLANKENNAHT	⊔			E-HAND	5 ≤ β ≤ 20	5 - 15	—	—	> 16	ALLE	MIT SCHWEISSBADSICHERUNG
				MAG						PA, PF, PÜ	
				UP	4 ≤ β ≤ 10	10 - 20			> 20	PA	
HALB - STEIL-FLANKENNAHT	⊔			E-HAND	15 ≤ β ≤ 30	6 - 12	—	—	> 5	ALLE	VERLORENE LASCHE ERFORDERLICH
				MAG	12 ≤ β ≤ 20	6 - 15			> 6	ALLE AUSSER PG	
				UP	10 ≤ β ≤ 20	6 - 12			> 5	PA,	
DOPPEL V - NAHT (X - NAHT) SYMMETRISCH	✕			E-HAND	α ≈ 60	1 - 3	≤ 2	t/2	> 10	ALLE AUSSER PC	—
				MAG	40 ≤ α ≤ 60						
				UP	40 ≤ α ≤ 90	≤ 2	3 - 10		> 15	PA	
DOPPEL V - NAHT (X - NAHT) UNSYMMETRISCH	✕			E-HAND	α1 ≈ 60 α2 ≈ 60	1 - 3	≤ 2	t/3	> 10	ALLE AUSSER PC	—
				MAG	40 ≤ α1 ≤ 60						
				UP	40 ≤ α1 ≤ 70	≤ 2	3 - 10	2t/3	> 15	PA	
U - NAHT	⋃			E-HAND	8 ≤ β ≤ 12	1 - 4	≤ 3	—	> 12	ALLE AUSSER PC	R ≈ 6 MM
				MAG							
				UP	4 ≤ β ≤ 10		2 ≤ 3		≥ 30	PA	MIT BADSICHERUNG, R ≈ 8 MM
DOPPEL U - NAHT	⋊⋉			E-HAND	8 ≤ β ≤ 12	≤ 3	≈ 3	(t - c)/2	≥ 30	ALLE AUSSER PC	DIESE FUGENFORM KANN AUCH UNSYMETRISCH HERGESTELLT WERDEN; ÄHNLICH DER UNSYM. DOPPEL - V - NAHT. R ≈ 8 MM
				MAG							
				UP	5 ≤ β ≤ 10	≤ 2	5 - 10	t/2	> 40	PA	R = 5 - 10 MM

Bild 2-11 Häufig verwendete Nahtformen für Stumpfstöße

NAHTART	GRUND SYMBOL	FUGENFORM (SCHNITT)	SCHWEISSNAHT	SCHWEISS-VERFAHREN	SCHWEISSNAHTVORBEREITUNG				ÜBLICHER ANWENDUNGSBEREICH		BEMERKUNG
					FLANKEN-WINKEL α, β [°]	STEG-ABSTAND b [MM]	STEG-HÖHE c [MM]	FLANKEN-HÖHE h [MM]	WERKSTÜCK-DICKE t [MM]	SCHWEISS-POSITION	
KEHLNAHT	△			E-HAND	$70 \leq \alpha \leq 100$	≤ 2	—	—	> 2	ALLE	a NACH STATISCHEM ERFORDERNIS WÄHLEN (UNABHÄNGIG VON t) BIS a = 5 MM I.A. EINLAGIG, DARÜBER MEHRLAGIG GESCHWEISST
				MAG						ALLE	
				UP						PA, PB	
DOPPEL-KEHLNAHT	⊿			E-HAND	—	—	—	—	> 4	ALLE	
				MAG						ALLE	
				UP						PA, PB	
HY- KEHLNAHT (VERSENKTE KEHLNAHT)	Y			E-HAND	$45 \leq \beta \leq 60$			—	—		NAHT NICHT DURCHGESCHWEISST
				MAG	$30 \leq \beta \leq 60$	≤ 3	> 2			ALLE	
				UP	$45 \leq \beta \leq 60$	≤ 2	> 8			PA, PB	
DOPPEL HY - NAHT (VERSENKTE KEHLNAHT)	K			E-HAND	$45 \leq \beta \leq 60$			t/2			DIESE FUGENFORM KANN AUCH UNSYMETRISCH HERGESTELLT WERDEN, ÄHNLICH DER UNSYM. DV-NAHT
				MAG	$30 \leq \beta \leq 60$	≤ 3	> 2		—	ALLE	
				UP	$30 \leq \beta \leq 50$	$0 \leq 4$	4 - 10	—	≥ 12	PA, PB	
HALB - STEIL FLANKENNAHT	⊔			E-HAND	$15 \leq \beta \leq 30$	6 - 12	—	—	> 16	ALLE	NAHT DURCHGESCHWEISST
				MAG		≈ 12			> 16	ALLE AUSSER PG	MIT SCHWEISSBADSICHERUNG
				UP	$8 \leq \beta \leq 10$	5 - 10			≥ 16	PA, PB	MIT SCHWEISSBADSICHERUNG
HV - DOPPEL - KEHLNAHT	⊿			E-HAND	$45 \leq \beta \leq 60$			—		ALLE	WURZEL AUSGEARBEITET UND GEGENGESCHWEISST
				MAG	$30 \leq \beta \leq 60$	≤ 3	≤ 2		3 - 20		
				UP	$45 \leq \beta \leq 60$	≤ 2	3 - 8		5 - 30	PA, PB	
DOPPEL HV - KEHLNAHT (K - NAHT)	K			E-HAND				t/2			DIESE FUGENFORM KANN AUCH UNSYMETRISCH HERGESTELLT WERDEN; ÄHNLICH DER UNSYM: DOPPEL - V - NAHT:
				MAG	$35 \leq \beta \leq 60$	1 - 4	≤ 2	oder t/3	> 10	ALLE	
				UP	$45 \leq \beta \leq 60$	≤ 2	3 - 8	t/2	> 15	PA, PB	

Bild 2-12 Häufig verwendete Nahtformen für T- und Eckstöße

AUSWIRKUNGEN DES SCHWEISSENS

Schweißen ist eine Wärmebehandlung des Stahls mit einer Erwärmung über den Schmelzpunkt in der Schweißzone und nachfolgender Abkühlung. Dadurch ergibt sich beiderseits der Naht eine Wärmeeinflußzone mit Kornbereichen, die entsprechend dem Eisen-Kohlenstoffdiagramm zugeordnet werden können (Bild 2-13).

Mit zunehmendem C-Gehalt des Grundwerkstoffes und zunehmender Abkühlgeschwindigkeit (rasche Wärmeableitung bei dicken Blechen) steigt die Gefahr der Aufhärtung infolge Martensitbildung in der Wärmeeinflußzone und somit die Sprödbruchgefahr. Bei Stählen mit höherem Kohlenstoffgehalt und bei dicken Blechen (t ≥ 30 mm) ist daher meist ein Vorwärmen zwischen 100 und 200 °C erforderlich, damit die Abkühlung langsam erfolgt.

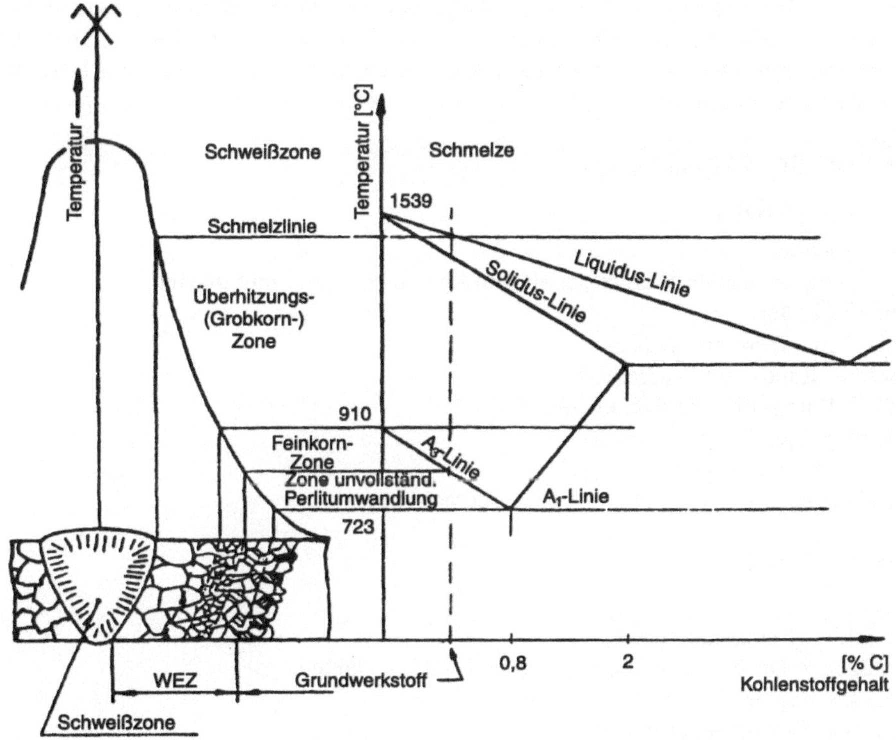

Bild 2-13 Wärmeeinflußzonen an einer Schweißnaht

Einen Anhaltspunkt über die Notwendigkeit zum Vorwärmen gibt das Kohlenstoffäquivalent CEV, bei dem die Gewichtsanteile der Legierungselemente nach EN 10025 in folgender Form eingehen:

$$CEV = C + \frac{Mn}{6} + \frac{Cr + Mo + V}{5} + \frac{Ni + Cu}{15}$$

Höchstwerte für das Kohlenstoffäquivalent nach der Schmelzenanalyse können als zusätzliche Anforderungen bei der Stahlbestellung vereinbart werden und sind in den Werkstoffnormen angegeben.

Liegt der CEV-Wert über 0,40%, so ist bei Blechdicken t > 30 mm i. allg. ein Vorwärmen erforderlich.

Beim Abkühlen aus der Schweißtemperatur verkürzen sich Schweißgut und Wärmeeinflußzone. Es entstehen Quer-, Längs- und Dickenschrumpf der Naht. Wird dieser Schweißschrumpf verhindert, treten Zwängungsspannungen auf, die im Bereich der Naht zu einem mehrachsigen Zugspannungszustand und zur Sprödbruchgefahr führen. Beim Schweißen ist darauf zu achten, daß alle Teile möglichst frei heranschrumpfen können. Selbst dann sind Zwängungsspannungen nicht zu vermeiden, da durch die bereits gezogene Naht das weitere Schrumpfen des neu zugefügten Nahtstückes behindert wird. Ein Abbau der Zwängungsspannungen ist durch Spannungsarmglühen weitgehend möglich. Eine Abminderung schafft auch das autogene Entspannen (Aufbringung eines umgekehrten Zwängungszustandes) und das mechanische Belasten mit nachfolgender Entlastung. Schrumpfen hat auch Einfluß auf die Bauwerksform. Deshalb wird manchmal eine entsprechende Vorverformung zum Ausgleich des Schrumpfens erforderlich.

FEHLER VON SCHWEISSNÄHTEN

Äußere Fehler der Naht:

- sichtbare Risse,
- nicht durchgeschweißte Wurzel bei einseitig geschweißten Stumpfnähten,
- offene Endkrater,
- Zündstellen außerhalb der Naht,
- Einbrand-, Rand- und Wurzelkerben,
- sichtbare Poren- oder Schlackeneinschlüsse,
- Schweißspritzer,
- zu großer Kantenversatz,
- zu große Naht- bzw. Wurzelunter- oder überhöhung.

Innere Fehler der Naht:

- Risse,
- Bindefehler (Flanken, Lagen),
- ungenügende Durchschweißung bei Stumpf- und K-Nähten,
- Nichterfassung der Wurzel bei Kehlnähten,
- Poren- und Schlackeneinschlüsse.

Fehler im Einflußbereich der Naht:

- Terrassenbrüche (lamellar tearing).

Terrassenbrüche können im Einflußbereich von Schweißnähten auftreten, wo das Material in Dickenrichtung auf Zug beansprucht wird. Ursache dafür sind Einlagerungen von Oxiden und Sulfiden (häufig MnS_2), die beim Walzen parallel zur Oberfläche zeilenförmig ausgerichtet werden. Terrassenbrüche sind durch Ultraschallprüfung feststellbar.

Ein Kennwert für die Anfälligkeit eines Materials auf Terrassenbrüche ist die Brucheinschnürung von Proben, die in Dickenrichtung gezogen werden. Kann der Zug in Dickenrichtung nicht durch günstigere Konstruktionen umgangen werden, so sollte zur Vermeidung von

Terrassenbrüchen Material mit garantierter Brucheinschnürung bei Zug in Dickenrichtung verwendet werden. Die Stahlhersteller liefern entsprechendes Material in den Güteklassen Z1, Z2 und Z3 mit Brucheinschnürungen mindestens 15, 25 und 35% (siehe DASt Ri 014).

PRÜFEN VON SCHWEISSNÄHTEN

Zur Feststellung der Eignung des Schweißverfahrens werden Eignungs- und Verfahrensprüfungen herangezogen. Dabei wird unter Fertigungsbedingungen das Schweißverfahren mit allen Schweißparametern festgelegt und die Schweißung an Probestücken durchgeführt. Durch zerstörende Prüfung wird die Güte der Schweißverbindung beurteilt. Entspricht diese den gestellten Anforderungen, kann das Verfahren für die Fertigung herangezogen werden.

An fertigen Konstruktionen werden zerstörungsfreie Prüfungen durchgeführt. Der Prüfumfang ist je nach Bauwerk, Verwendungszweck und Beanspruchung in den einschlägigen Normen festgelegt.

Zerstörungsfreie Prüfverfahren:

- Visuelle Prüfung (VT), (eventuell mit Lupe) zum Feststellen äußerer Fehler.

- Farbeindringverfahren (PT) zur Feststellung von Rissen, die bis an die Oberfläche reichen. Eine eingefärbte, penetrierende (= in feinste Risse eindringende) Flüssigkeit wird auf die Schweißnaht aufgetragen. Nach wenigen Minuten wird diese Flüssigkeit abgewischt und ein (weißes) Kontrastmittel aufgetragen, das die eingedrungene Farbe aufsaugt und somit Fehler als Farblinien kenntlich macht (Löschblattwirkung).

- Magnetpulverprüfung (MT) zur Feststellung von Fehlern, die bis zur oder bis nahe an die Oberfläche reichen. Feines magnetisches Pulver wird trocken oder in Wasser oder Öl aufgeschlämmt auf die Naht aufgetragen. Durch Anlegen eines Magnetfeldes richten sich die Pulverteilchen nach den Kraftlinien aus. Fehler mit Ausdehnung quer zu den Kraftlinien bewirken Störungen der Feldlinien, die durch das Pulver sichtbar gemacht werden. Da sich Fehler in Richtung der Kraftlinien nicht bemerkbar machen, ist das Magnetfeld in zwei zueinander rechtwinkeligen Richtungen anzulegen.

- Durchstrahlungsprüfung mit Röntgen- oder γ-Strahlen (RT) zur Feststellung von Fehlern im Inneren von Schweißnähten, vor allem, wenn sie in Durchstrahlungsrichtung liegen. An der Stelle der Stumpfnaht wird ein Film angelegt und die Naht von der gegenüberliegenden Seite durchstrahlt. Da die Intensität der Strahlung bei Fehlern weniger abnimmt als im ungestörten Bereich, machen sich Fehler als Schwärzungen auf dem Film bemerkbar. Für die Auswertung von Durchstrahlungsbildern stehen vergleichende Kataloge zur Verfügung, nach denen die Fehlerart festgestellt werden kann. Die Bildgüte wird durch mitfotografierte Bildprüfkörper aus Drähten verschiedener Dicke festgestellt. Mit Röntgenstrahlen können Materialdicken bis 40 mm, mit γ-Strahlen bis etwa 100 mm durchstrahlt werden. Strahlenschutz beachten!

- Prüfung mit Ultraschall (UT) zur Feststellung von Fehlern im Inneren von Schweißnähten, vor allem, wenn sie parallel zur Oberfläche liegen. Ultraschall wird beim Durchgang vom Metall zur Luft praktisch vollständig reflektiert. Beim Durchschallungsverfahren liegen Sender und Empfänger auf möglichst parallelen Flächen an gegenüberliegenden Seiten des zu prüfenden Werkstückes. Bei einem Fehler wird der Schall reflektiert, und es nimmt die vom Empfänger aufgenommene Intensität ab. Beim überwiegend angewandten Reflexionsverfahren (Impuls-Echo-Verfahren) wird ein Prüfkopf eingesetzt, der eine Ultraschallwelle aussendet und das Echo an der Rückwand wieder empfängt. Gemessen wird die dem Weg proportionale Laufzeit. Bei einem Fehler wird die Schallwelle bereits früher reflektiert, und es kann somit die Lage des Fehlers geortet werden.

ANFORDERUNGEN AN SCHWEISSTECHNISCHES PERSONAL

Zur Sicherung der Güte von geschweißten Konstruktionen genügt nicht nur das schweißgerechte Konstruieren und Prüfen der Nähte. Es müssen auch entsprechende Anforderungen an das leitende, überwachende und ausführende Personal gestellt werden. Deshalb regelt die EN 719 die Aufgabenbereiche und die Verantwortung der Schweißaufsicht.

Dazu gehören

– der Schweißfachingenieur: Überwachung und Kontrolle allgemein,
– der Schweißtechniker: Überwachung und Kontrolle eingeschränkt auf bestimmte Werkstoffe und Bereiche,
– der Schweißfachmann: Überwachung und Kontrolle einfacher Bauteile.

Die Schweißerprüfung (EN 287-1) für das ausführende Personal verlangt den Nachweis der Handfertigkeit durch Schweißen von Prüfstücken und entsprechende Fachkenntnisse. Der Schweißer muß alle zwei Jahre eine Wiederholungsprüfung ablegen. Diese darf entfallen, wenn die Qualität der von ihm hergestellten Schweißungen entspricht und darüber entsprechende Überwachungsprotokolle vorliegen..

2.3.5 Schraubenverbindungen

BEZEICHNUNG UND FESTIGKEITSKLASSEN VON SCHRAUBEN

Im Stahlbau werden Sechskantschrauben mit Sechskantmuttern verwendet. Die Bezeichnung erfolgt nach dem Schaftdurchmesser in mm und zwar von M12 in Schritten von 2 mm bis M24 und weiter in Schritten von 3 mm bis M36, durch die Schraubenlänge und durch die Festigkeitsklasse nach Tabelle 3.3, EC 3-1-1 (Tabelle 2-5).

Tabelle 2-5

Nennwerte der Streckgrenze f_{yb} und der Zugfestigkeit f_{ub} für Schrauben n. EC3-1-1 [5]							
Festigkeitsklasse der Schraube m.n	4.6	4.8	5.6	5.8	6.8	8.8	10.9
f_{yb} (N/mm²) = 100 m · 0,n	240	320	300	400	480	640	900
f_{ub} (N/mm²) = 100 m	400	400	500	500	600	800	1000
						vorgespannt	
	nicht vorgespannt						

Wirtschaftlichkeitsuntersuchungen zeigen eindeutig, daß die ausschließliche Verwendung von Schrauben der Klassen 10.9 und 8.8 auch für SL-Verbindungen zu empfehlen ist. Trotz des höheren Schraubenpreises gegenüber einer rohen Schraube ergeben sich Einsparungen durch die geringere erforderliche Schraubenanzahl (somit auch Lohneinsparungen beim Bohren der Löcher und Anziehen der Schrauben) und bei den Einstandspreisen (höhere Stückzahlen einer Schraubensorte) und Lagerhaltungskosten (geringere Sortenanzahl).

KONSTRUKTIONSREGELN

Schraubendurchmesser d, Klemmlänge l_k, und kleinste Blechdicke min t sollen etwa nach Bild 2-14 gewählt werden.

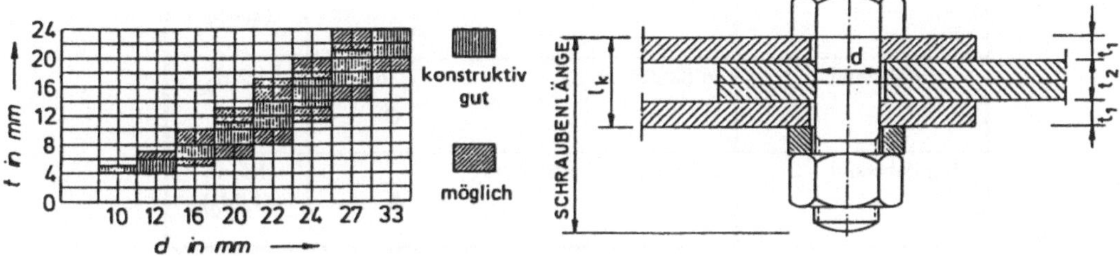

Bild 2-14 Zusammenhang zwischen Materialdicke und Schraubendurchmesser

Die Schraube muß im Endzustand mindestens einen Gewindegang über die Mutter hinausragen.

Das Lochspiel darf höchstens betragen:

	Normales Lochspiel (SL- und GV-Verbindung)	Großes Lochspiel (nur bei GV-Verbindung)
M12	1 mm	3 mm
M14	1 mm	4 mm
M16 bis M22	2 mm	4 mm
M24	2 mm	6 mm
M27 und größer	3 mm	8 mm

Das Lochspiel bei Paßschrauben beträgt höchstens 0,3 mm.

Die Lage der Schraubenrißlinie und der Lochdurchmesser d_0 in Profilen ist in den Profiltabellen festgelegt. Die kleinsten Lochabstände (Bild 2-15) ergeben sich einerseits aus der Forderung, daß die Mutter mit dem Schlüssel angezogen werden kann, andererseits aus der Forderung, daß das Material nicht zwischen den Löchern durchreißt.

Die größten Lochabstände werden durch den Korrosionsschutz (Klaffen der Fugen) und durch die Stabilität der zu verbindenden Teile bestimmt und betragen bei den Lochabständen p_1, $p_2 \leq$ 14 t $\leq$ 200 mm.

Die Schrauben und die dazugehörigen Löcher werden in Zeichnungen symbolisch dargestellt Bei den Schrauben ist auch die Länge und die Festigkeitsklasse anzugeben, z.B. M20 x 70 HV 10.9.

Bei Auflagerflächen normal zur Schraubenachse sind bei SL-Verbindungen Scheiben nicht erforderlich. Bei SLP-Verbindungen muß an der Mutternseite eine Scheibe verwendet werden, damit das Gewinde nicht in das Klemmpaket ragt. Bei GV- und GVP-Verbindungen ist mindestens unter dem beim Anziehen der Schraube gedrehten Teil eine gehärtete Scheibe erforderlich, im Brückenbau jedoch sowohl an der Kopf- als auch an der Mutternseite. Weichen die Auflagerflächen um mehr als 3° von der Normalen zur Schraubenachse ab, sind immer Keilscheiben zu verwenden.

Lochabstand	in Kraftrichtung 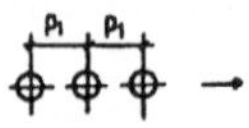		$2,2\ d_0$
Lochabstand	normal zur Kraftrichtung 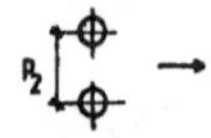		$3,0\ d_0$ $(2,4 d_0)$
Randabstand	in Kraftrichtung 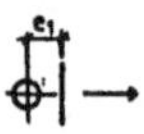		$1,2\ d_0$
Randabstand	normal zur Kraftrichtung 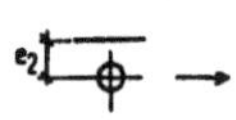		$1,5\ d_0$ $(1,2 d_0)$

Bild 2-15 Kleinste Lochabstände

Ergeben sich bei verschraubten Stößen Zwischenräume größer 2 mm bei SL-Verbindungen und größer 1 mm bei GV-Verbindungen, so sind diese durch Futterbleche auszulegen. Bei GV- und GVP-Verbindungen ist die Ebenflächigkeit und die Parallelität der zu verbindenden Flächen besonders wichtig, da andernfalls die Anpreßkraft und somit die Reibungskraft abgemindert wird.

Für die Berührungsflächen von GV- und GVP-Verbindungen wird beim Zusammenbau ein Reinheitsgrad von Sa 2 ½ (metallisch blank, siehe Abschnitt 3.3.2) verlangt. Reibfeste Beschichtungen (i. allg. Alkalisilikat-Zinkstaub) dürfen bei nachgewiesener Eignung verwendet werden.

ANZIEHEN DER SCHRAUBEN

Das Anziehen der Schrauben erfolgt unter Gegenhalten des Kopfes, durch Drehen der Mutter (in Ausnahmefällen auch umgekehrt) mit Schraubenschlüsseln oder elektrisch oder pneumatisch betriebenen Schlag- oder Drehschraubern. Schrauben in SL- und SLP-Verbindungen werden handfest angezogen, so daß die Teile satt aufeinanderliegen. Bei GV- und GVP-Verbindungen muß die notwendige Vorspannkraft der Schrauben nach

- dem Drehmomentenverfahren,
- dem Drehwinkelverfahren,
- einer Kombination beider Verfahren

aufgebracht werden.

Drehmomentenverfahren:

Bei Schrauben ist die Vorspannkraft proportional dem Anziehdrehmoment. Für jeden Schraubendurchmesser sind die den Vorspannkräften entsprechenden Drehmomente in einer Tabelle

geölt) oder besonders geschmiert (MoS_2) eingebaut wird. Das Anziehen erfolgt in einem geeichten Drehmomentenschlüssel, der beim Erreichen des eingestellten Drehmomentes ausklinkt oder ein Signal abgibt, oder mit einem geeichten Schlag- oder Drehschrauber, der beim eingestellten Drehmoment abschaltet oder durchrutscht.

Drehwinkelverfahren:

Die Schraube wird soweit angezogen, bis die zu verbindenden Teile satt anliegen. Durch weiteres Anziehen der Schraube um einen festgesetzten Winkel (i. allg. 180°), wird die Vorspannkraft eingetragen.

Nach Fertigstellung des Stoßes sind 5% der Schrauben zu überprüfen, bei Feststellung von Mängeln dabei müssen alle Schrauben überprüft werden.

Eine Kontrolle der Vorspannkraft kann auch durch Beilagscheiben unter dem Kopf mit eingepreßten Noppen erfolgen. Diese werden bei planmäßiger Vorspannung vollkommen flachgepreßt.

Eine Sicherung der Schrauben kann bei GV- und GVP-Verbindungen entfallen. Bei SL- und SLP-Verbindungen, die Erschütterungen ausgesetzt sind, sind die Schrauben zu sichern, z.B. durch Sicherungsmuttern.

KORROSIONSSCHUTZ VON SCHRAUBENVERBINDUNGEN

Bei SL- und SLP-Verbindungen erhalten die Berührungsflächen mindestens die Grundbeschichtung.

Nach der Herstellung von Schraubenverbindungen sind Schraubenköpfe, Muttern und Scheiben mit dickflüssiger Grundbeschichtung zu versehen. Spalten an den Stoßfugen sind auszukitten.

2.3.6 Sonstige Verbindungen

Bolzenverbindungen:

Bolzenverbindungen dienen i. allg. zur Bildung von Gelenken und werden mit maschinenbaumäßigen Passungen ausgeführt. Der Bolzen ist dabei gegen Herausfallen zu sichern.

Schließringbolzenverbindungen (Bild 2-16):

Schließringbolzen sind nichtlösbare Verbindungsmittel, bei denen beim Schließvorgang der Schaft angezogen und ein Schließring aufgepreßt wird. Sie wirken infolge der Vorspannung wie GV-Verbindungen. Ihre Zulassung erstreckt sich auf vorwiegend ruhend beanspruchte Bauwerke.

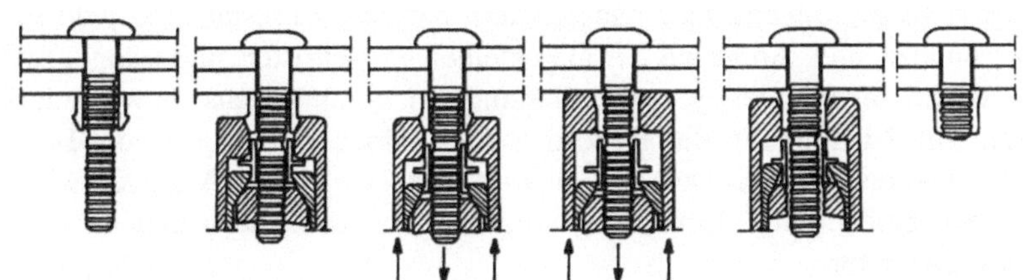

Bild 2-16 Setzen eines Schließringbolzens

Verbindungen mit dünnem Blech siehe Abschnitt 5.4

2.4 Transport und Montage

Da die Arbeiten in der Werkstatt wegen der dort vorhandenen Einrichtungen und der stationären Belegschaft normalerweise billiger als auf der Baustelle sind, trachtet der Stahlbau möglichst große und schwere Einheiten zur Baustelle zu transportieren. Die Transporteinheiten richten sich daher nach den Transportmöglichkeiten und den an der Baustelle für die Montage vorhandenen Hebezeugen.

Transport und Montage beeinflussen wesentlich die Kosten einer Stahlkonstruktion. Zu Beginn der Planung sind daher vom Auftraggeber durch Ortsbesichtigung und Aufmaß oder von sonstigen Informationsträgern folgende Angaben unter Berücksichtigung des zeitlichen Ablaufes einzuholen:

- Größe und Beschaffenheit des Platzes für die Durchführung der Montagearbeiten, für die Lagerung von Bauteilen, Geräten und Betriebsstoffen und für die Unterbringung des Personals,

- Verkehrsverbindungen zwischen Werkstatt und Baustelle, einschließlich unmittelbarer Baustellenzufahrt in Hinblick auf Lichträume, Tragfähigkeit, Leistungsfähigkeit und Einschränkungen,

- Anschlüsse für Ver- und Entsorgungsleitungen an der Baustelle (Wasser, Kanal, Strom, Gas, Telefon usw.)

- Angaben über eventuell vorhandene Umschlag-, Entlade- und Montageeinrichtungen,

- Angaben über eventuelle räumliche und zeitliche Beschränkungen, z.B. durch behördliche Vorschriften und Maßnahmen zum Schutze aller am Transport und am Bau aktiv und passiv Beteiligten und der Umwelt,

- durch bestehende oder entstehende andere Bauwerke,
  durch andere Gewerke an der Baustelle,
  durch Verkehrsbeschränkungen jeder Art,
  durch witterungsbedingte und klimatische Einschränkungen usw.

In vielen Fällen sind neben den üblichen Versandpapieren auch Versandskizzen erforderlich, auf denen die Orientierung der Teile (Anschluß ohne Drehung), die Lage des Schwerpunktes, die Anschlußmöglichkeiten für die Hebezeuge, die Auflager oder Anhebepunkte angegeben sind.

2.4.1 Transportwege und Transportmittel

Straßentransport ist die allgemeinste Möglichkeit, da jede Werkstatt und jede Baustelle über die Straße verbunden sind. Aufgrund der allgemeinen Vorschriften sind Länge, Breite (2,50 m) und Höhe (4,00 m) der Fahrzeuge, sowie Gesamtgewichte und Achs- bzw. Raddrücke gesetzlich begrenzt. Mit Zustimmung der Behörden sind jedoch Transporte von Teilen, die diese Grenzen überschreiten möglich. Die Zustimmung ist aber meist an Auflagen wie z.B. Begrenzungs- und Signalbeleuchtung, Einhaltung vorgeschriebener Straßen und Fahrzeiten, Begleitfahrzeuge usw. gebunden.

Eisenbahntransport ist zweifellos umweltfreundlicher als Straßentransport. Es verfügen jedoch meist nur größere Stahlbaubetriebe über einen eigenen Gleisanschluß. In den meisten Fällen muß auch für den unmittelbaren Transport zur Baustelle vom Eisenbahn- auf den Straßentransport umgeschlagen werden, da nur in Ausnahmefällen Baustellen über einen Gleisanschluß verfügen. Die Lademaße der Eisenbahnen sind zu beachten. Eine Überschreitung der Lademaße ist wegen der an der Strecke vorhandenen Maste, Signale- und Sicherheitseinrichtungen meist nicht möglich.

Schiffstransporte erfolgen auf Binnenwasserstraßen mit Lastkähnen, Schuten und Pontons. Da nur wenige Stahlbauwerkstätten über einen direkten Anschluß an die Wasserstraße verfügen und die meisten Baustellen nicht direkt an einer Wasserstraße liegen, muß vom Straßen- oder Eisenbahntransport auf den Schiffstransport umgeschlagen werden.

Sondertransporte mit Hubschraubern, Pistengeräten, Seilbahnen usw. werden bei meist kleineren Einheiten in schwer zugänglichen Gebieten angewandt.

2.4.2 Montage

Zur termingerechten Ausführung der Montagearbeiten muß die Baustelle mit den notwendigen Arbeitskräften, Geräten und Betriebsstoffen ausgestattet werden. Da der Stahlbau im allgemeinen an vorhandene Bauteile (z.B. Fundamente, Stützen, Widerlager) oder Bauwerke anschließt, muß bei der Konstruktion dafür gesorgt werden, daß die üblichen Herstellungsungenauigkeiten durch Maßnahmen in der Stahlkonstruktion ausgeglichen werden können (z.B. Lage- und Höhenjustierung von Stützen durch Vergußmörtelfugen).

Da die Lieferteile selbst tragfähig sind, ist der Stahlbau bestrebt, die bereits montierten Teile als tragende Elemente zu verwenden und mit möglichst wenig Rüstungen und Hilfskonstruktionen auszukommen. In allen Montagephasen ist jedoch die ausreichende räumliche Standsicherheit der Bauteile sicherzustellen, eventuell durch besondere Einrichtungen wie Abstrebungen, Abspannungen, Halterungen.

Für komplizierte Konstruktionen (z.B. Brücken) werden die Haupttragelemente abschnittsweise, in Sonderfällen auch das gesamte Tragwerk in der Werkstatt oder auf einem Vormontageplatz zusammengebaut und dabei die richtige geometrische Form und die Passung an den Stößen hergestellt.

Die Montage erfolgt mit Hebezeugen wie Mobilkräne (Auto-, Eisenbahn- und Schwimmkräne), Derricks oder Portalkräne. Für das provisorische Absetzen und genaue Einrichten der Konstruktion werden Schraubenspindeln, hydraulische Pressen, Seil- und Greifzüge eingesetzt. Als Montageverbindungsmittel werden überwiegend Schrauben, und vor allem bei Blechkonstruktionen, Schweißverbindungen verwendet. Bei Schweißverbindungen, für die dieselbe Güte wie in der Werkstatt verlangt wird, ist zu beachten, daß die Teile meistens in Zwangslagen zu verschweißen sind. Bei Schutzgasschweißungen sind die Schweißstellen vor Zugluft z.B. durch Zelte zu schützen.

2.5 Brand- und Korrosionsschutz

2.5.1 Brandschutz von Stahlkonstruktionen

Der erforderliche Brandschutz von Bauteilen – ausgedrückt durch die Klassierungen F30/F60/F90 – wird durch die Bauordnungen, durch andere gesetzliche Bestimmungen, wie z.B. Arbeitnehmerschutzverordnungen oder durch Gutachten im Einzelfall, bestimmt.

Diese Festlegung sollte unter Berücksichtigung der Nutzung, der Brandbelastung, der Personenbelegung sowie der günstigen Wirkung von betrieblichen Maßnahmen, wie Sprinkler- oder Brandmeldeanlagen erfolgen, wobei der Grundsatz Personenschutz geht vor Sachschutz anzuwenden ist.

Der Brandschutz gliedert sich in

- den vorbeugenden Brandschutz
- den baulichen Brandschutz

Im folgenden wird nur der bauliche Brandschutz behandelt.

Baulicher Brandschutz ist die Gesamtheit aller bautechnischer Maßnahmen zur Rettung bzw. Selbstrettung von Personen, zur Verzögerung der Brandausbreitung, zur Verhütung von Brandschäden und zur Erleichterung der Brandbekämpfung.

Um Brandversuche miteinander und mit Rechenergebnissen vergleichen zu können, wurde eine Normbrandkurve definiert, welche die Temperatur im Brandraum δ als Funktion der Zeit festlegt.

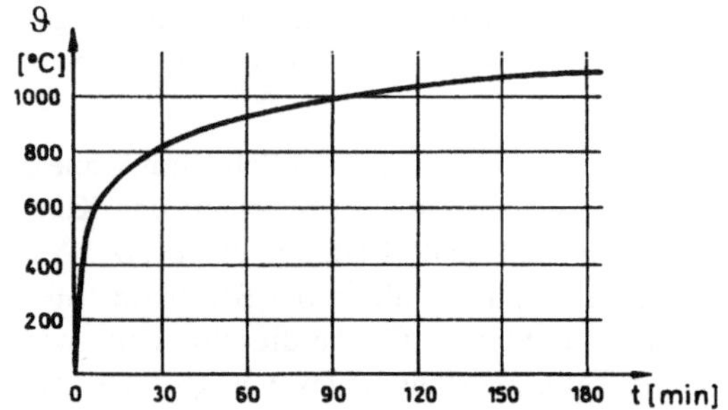

$$\vartheta = 20 + 345\ {}^{10}\!\log(8t+1)$$

t: Zeit in Minuten
ϑ: Temperatur in °C

Bild 2-17 Normbrandkurve nach ISO-R834

Die Brandwiderstandsdauer ist jene Zeit, bei der ein mit der normgemäß anzusetzenden Nutzlast belasteter Bauteil in einer nach der Normbrandkurve erhitzten Brandkammer versagt.

Diese Normbrandkurve entspricht jedoch nicht dem Temperaturverlauf bei einem natürlichen Brand.

Der natürliche Brand zeigt einen von der Normbrandkurve wesentlich abweichenden Verlauf. Beim natürlichen Brand können drei Phasen der Brandentwicklung unterschieden werden (siehe Bild 2.18)

- In der ersten Phase der Brandentwicklung steigt die Temperatur im Brandraum nur langsam und variiert sehr stark in den verschiedenen Bereichen.

- In der zweiten Phase der Brandentwicklung steigt die Temperatur auf etwa 300 bis 500 °C und wenn keine Maßnahmen ergriffen werden, kommt es zum „flashover", dem Beginn des Vollbrandes. Nach dem flashover steigt die Temperatur sehr stark an und kann je nach Brandbelastung und Lüftungsverhältnissen Temperaturen über 1000 °C erreichen.

- Nach dieser Phase nimmt die Menge des brennbaren Materials ab und es fällt daher die Gastemperatur wieder ab.

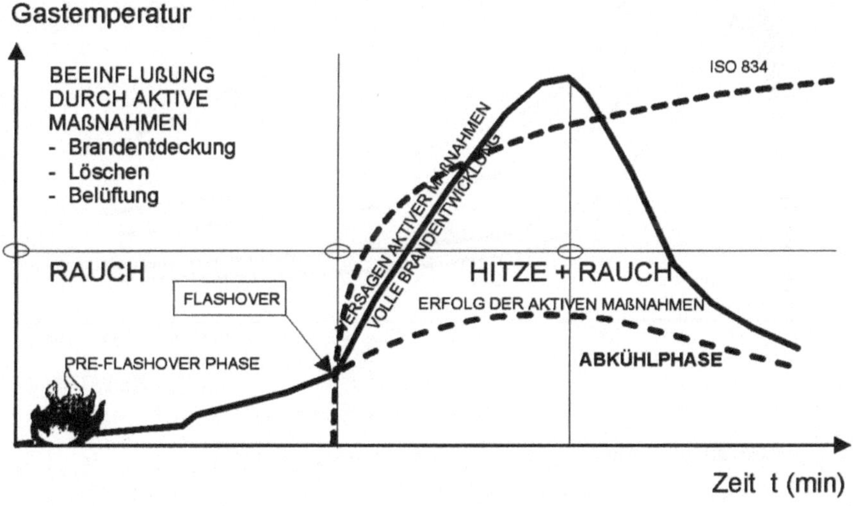

Bild 2-18 Temperaturverlauf eines Naturbrandes im Vergleich zur Normbrandkurve

Daß die Lüftungsverhältnisse im Brandraum ebenfalls einen großen Einfluß auf den Temperatur-Zeit-Verlauf haben zeigt Bild 2.19.

$$v = \frac{A_w \cdot \sqrt{h}}{A_T} \quad (m^{1/2})$$

A_w Summe der Flächen der Öffnungen des Brandraumes. (m^2)
A_T Summe der Boden- Wand- und Deckenflächen des Brandraumes. (m^2)
h Höhe des Brandraumes (m)

Wenn die Struktur und der Verwendungszweck eines Bauwerkes eindeutig definiert sind und damit die Menge der im Gebäude vorhandenen brennbaren Materialien und die Lüftungsverhältnisse bestimmbar sind, kann mit Brandsimulationsprogrammen der erwartete Brandverlauf und damit die zu erwartende Temperaturverteilung im Gebäude ermittelt werden. Dem Nachweis der Tragfähigkeit der Konstruktion kann sodann dieser Temperaturverlauf anstelle der Normbrandkurve zugrunde gelegt werden. Der Nachweis der Brandsicherheit nach dieser Methode ist jedoch auf Grund der derzeitigen baubehördlichen Bestimmungen und nur in Abstimmung mit den zuständigen Behörden möglich.

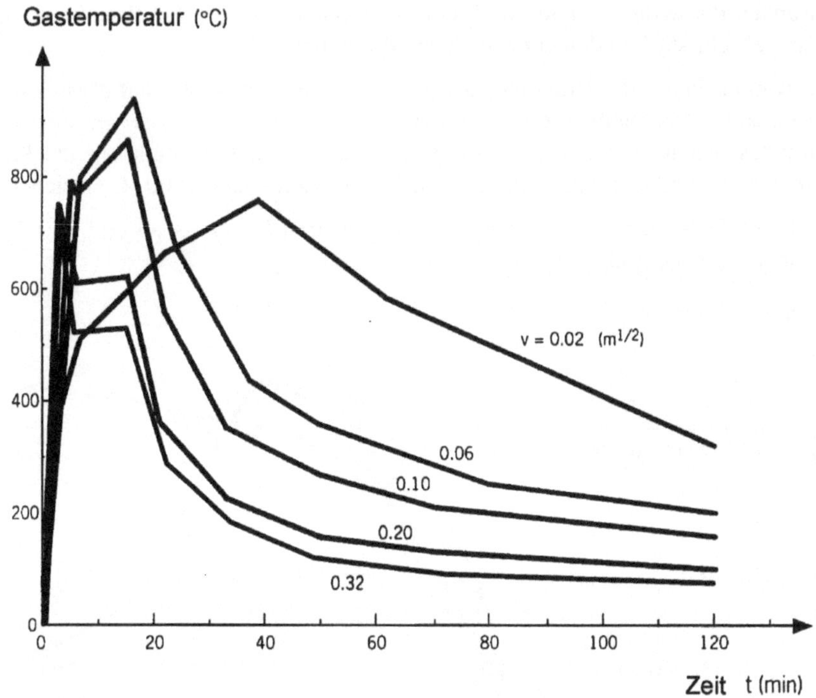

Bild 2-19 Temperaturverlauf in Abhängigkeit von den Lüftungsverhältnissen

Das Verhalten von Stahlbauteilen im Brandfall hängt ab von

- dem Temperaturverlauf im Brandraum
- der Übertragung der Wärme vom Brandraum auf das Stahlbauteil
- der im Brandfall anzusetzenden Belastung

Der Nachweis der ausreichenden Tragfähigkeit von Stahlbauteilen im Brandfall kann auf Grundlage von Versuchen in der Brandkammer oder rechnerisch erfolgen.

Für die Erwärmung einer Stahlkonstruktion, die dem Brand ausgesetzt ist, sind folgende Faktoren von Bedeutung:

a) der Profilfaktor (A_m/V): Der Profilfaktor ist das Verhältnis von feuerbeanspruchter Oberfläche zum Volumen des Stahlbauteiles.

b) die wärmetechnischen Eigenschaften allfälliger Verkleidungen; es sind dies die Wärmeleitfähigkeit λ_p (W/(m·K)), die Wärmekapazität c_p (J/(kg · K)) und die Dicke d_p (m).

c) bei Verkleidungen mit gebundenem Wasser ist zu beachten, daß bei Erreichen der Temperatur von 100°C, bedingt durch die Verdampfung des Wasssers in der Verkleidung, eine Verzögerung der Temperaturerhöhung eintritt.

Die mechanischen Eigenschaften von Stahl sind temperaturabhängig. Stahl ist in Luft unbrennbar, verliert aber wie Bild 2-20 zeigt, seine Festigkeit mit zunehmender Temperatur.

Die Fließgrenze f_y und der E-Modul fallen monoton mit steigender Temperatur. Die Zugfestigkeit f_u steigt bis etwa 250 °C geringfügig an und fällt bei höheren Temperaturen ebenfalls ab.

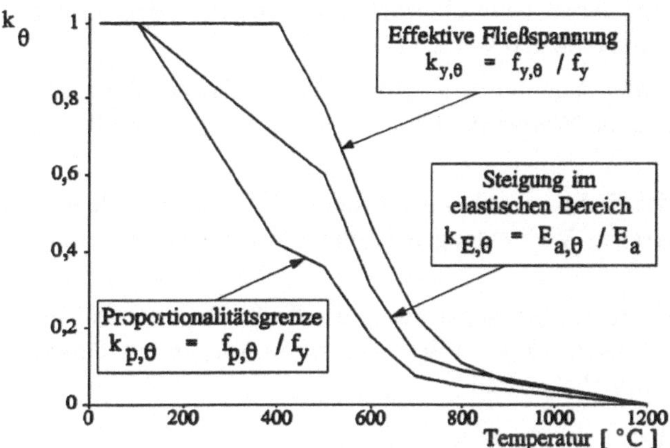

Bild 2-20
Fließgrenze, Proportionalitätsgrenze und E-Modul von Stahl als Funktion der Temperatur

Der bauliche Brandschutz von Stahlkonstruktionen hat sicherzustellen, daß in der geforderten Brandwiderstandszeit die Temperatur der tragenden Stahlkonstruktion so niedrig bleibt, daß unter der im Brandfall anzunehmenden Belastung kein Verlust der Tragfähigkeit der Konstruktion eintritt. Die Temperatur der Stahlkonstruktion δ_a, bei der unter den genannten Bedingungen die Festigkeitswerte so weit abfallen, wird kritische Stahltemperatur $\delta_{a,cr}$ genannt.

Um sicherzustellen, daß sich die Stahlkonstruktion erheblich langsamer als der Brandraum erwärmt, muß die Wärmeübertragung behindert werden. Da die Wärmeübertragung an einen Stahlträger proportional zur Oberfläche A die Erwärmung aber verkehrt proportional zur Masse erfolgt, ist der Profilfaktor A_m/V von entscheidender Bedeutung.

Gedrungene Profile mit kleinem Profilfaktor erwärmen sich daher langsamer als dünnwandige Profile mit großem Profilfaktor.

Die einfachste Methode, die Wärmeübertragung in das Stahlprofil zu verzögern ist die Verkleidung der Stahlbauelemente durch Medien geringer Wärmeleitfähigkeit.

Der wärmetechnische Schutz der Stahlprofile kann erfolgen durch:

- Beschichtungen (Anstriche), die im Brandfall bei Temperaturen zwischen 80 und 120 °C aufschäumen und dadurch eine Verkleidungsschicht bilden,

- Putze, Spritzputze aus Mineralfasern, Vermiculite (Blähglimmer), Perlite (geblähtes Ergußgestein) mit Zement oder Gips als Bindemittel,

- profilumgebende oder profilfolgende Verkleidungen aus Platten oder Formstücken aus Kalksilikat, Vermiculite, Perlite, Gips, Gasbeton, Stein- oder Schlackenwolle,

- plattenförmige oder mattenförmige Verkleidungen aus Kalksilikat, faserbewehrten Gipskarton, Stein- oder Schlackenwolle,

- Ummantelung oder Mauerwerk.

Eine Minimierung des Aufwandes für den Brandschutz kann dadurch erreicht werden, daß bauphysikalisch erforderliche Isolierelemente so ausgeführt werden, daß sie gleichzeitig auch Brandschutzerfordernisse erfüllen.

Verbundkonstruktionen geben ebenfalls die Möglichkeit den konstruktiv erforderlichen Beton so mit der Stahlkonstruktion zu kombinieren, daß bei richtiger Konstruktion der zusätzliche Aufwand für den Brandschutz wesentlich reduziert werden kann.

Bei Stahlkonstruktionen aus Hohlprofilen kann ein Brandschutz durch Wasserfüllung erreicht werden, die im Brandfall zirkuliert und die Wärme in nicht vom Brand beeinflußten Bereichen abgibt.

Eine Alternative zur Verkleidung der Stahlkonstruktion mit durch Normen festgelegte oder durch in Brandversuchen nachgewiesenen Verkleidungen ist der rechnerische Nachweis der Tragsicherheit im Brandfall.

Eine wesentliche Grundlage für den rechnerischen Nachweis ist die Festlegung realistischer Lastkombinationen für diesen Lastfall. Gemäß ENV 1991-2-2 – Einwirkungen auf Tragwerke im Brandfall – gilt für diesen außergewöhnlichen Fall

$$\sum G_k + \psi_{1,1} \cdot Q_{k,1} + \sum \psi_{2,i} \cdot Q_{k,i}$$

G_k charakteristischer Wert der ständigen Einwirkungen

Q_{k1} charakteristischer Wert der maßgeblichen veränderlichen Einwirkung

Q_{ki} charakteristische Werte der übrigen veränderlichen Einwirkungen

$\psi_{1,1}, \psi_{2,1}$ Kombinationswerte nach ENV 1991-1

Die Berechnung der Belastbarkeit erfolgt nach ENV 1993-1-2 für Stahlkonstruktionen und nach ENV 1994-1-2 für Verbundkonstruktionen. Darauf aufbauend wurde von der Europäischen Konvention für Stahlbau die Dokumentation EKS Nr 89 ausgearbeitet, die ein einfaches Verfahren in Form eines Nomogrames zur Berechnung der Brandwiderstandsdauer enthält.

Die kritische Temperatur wird bestimmt durch den Ausnutzungsgrad μ_0 im Brandfall.

$$\mu_0 = E_{fi,d}/R_{fi,d,0}$$

$E_{fi,d}$: Bemessungswert der Einwirkung im Brandfall

$R_{fi,d,0}$: Bemesssungswert des Tragwiderstandes des Bauteiles mit $\gamma_M = 1$ und zur Zeit $t = 0$ (bei Raumtemperatur)

Es wird ein Kalibrierungsfaktor κ eingeführt, der aus dem Vergleich mit Ofenversuchen abgeleitet ist und die ungleichmäßige Temperaturverteilung über den Querschnitt und entlang der Stabachse berücksichtigt.

κ beträgt:

bei Einfeldträgern

allseits dem Feuer ausgesetzt $\kappa = 1,00$

dreiseitig dem Feuer ausgesetzt, mit einer
Betonplatte auf der vierten Seite $\kappa = 0,70$

bei statisch unbestimmten Systemen

allseits dem Feuer ausgesetzt $\kappa = 0{,}85$

dreiseitig dem Feuer ausgesetzt, mit einer

Betonplatte auf der vierten Seite $\kappa = 0{,}60$

bei Stabilitätsproblemen $\kappa = 1{,}20$

Bei Stabilitätsproblemen ist die bezogene Schlankheit $\overline{\lambda}_{\text{fi},\Theta_{max}} = \overline{\lambda}_{\text{fi},0} \cdot \sqrt{k_{y,\Theta_{max}}/k_{E,\Theta_{max}}}$

wobei $\overline{\lambda}_{\text{fi},0}$ der Schlankheit bei Raumtemperatur ist. Die bezogene Schlankheit kann bei einer genauen Berechnung von μ_0 nur iterativ ermittelt werden. Näherungsweise kann für die Vorbemessung $\overline{\lambda}_{\text{fi},\Theta,max} = 1{,}2 \cdot \overline{\lambda}_{\text{fi},0}$ gesetzt werden.

Bei der Bestimmung der Knicklänge darf eine Einspannung der Stütze in die nicht vom Brand erfaßten Bereiche der Konstruktion berücksichtigt werden.

Ein weiterer Parameter für die Bestimmung der Brandwiderstandsdauer ist der Profilfaktor. Für unverkleidete Profile ergibt sich der Profilfaktor aus „dem Feuer ausgesetzter Umfang"/„Querschnittsfläche des Stahlprofiles". Für verkleidete Profile ist der thermische Profilfaktor

$$\frac{A_p}{V} \cdot \frac{\lambda_p}{d_p} \cdot \frac{1}{1 + \varphi/3} \quad \text{mit}$$

$$\varphi = \frac{c_p \cdot d_p \cdot \rho_p \cdot A_p}{c_a \cdot \rho_a \cdot V}$$

$c_a = 600 \text{ J/(kg} \cdot \text{K)}$ spezifische Wärme des Stahles

$\rho_a = 7850 \text{ kg/m}^3$ Dichte des Stahles

c_p spezifische Wärme der Verkleidung

ρ_p Dichte der Verkleidung

λ_p Wärmeleitzahl der Verkleidung

d_p Dicke der Verkleidung

Mit diesen Eingangswerten kann im Nomogramm Bild 2-22 die Brandwiderstandsdauer abgelesen werden. Das Nomogramm kann aber auch zur Bestimmung der erforderlichen Verkleidung bei gegebener Brandwiderstandsklasse oder zur Bestimmung der möglichen Auslastung bei gegebener Brandwiderstandsklasse und gewählter Verkleidung verwendet werden.

Enthält das Verkleidungsmaterial Feuchtigkeit, so ergibt sich durch die Verdampfung des Wassers bei 100°C eine Verzögerungszeit t_v in der Temperaturkurve. Diese Zeit ist

$$t_v^{[\text{min}]} = \frac{p^{[\%]} \cdot \rho_p^{[\text{kg}/\text{m}^3]} \cdot d_p^{2[\text{m}]}}{5 \cdot \lambda_p^{[\text{W}/(\text{m}\cdot\text{K})]}}$$

und kann der ermittelten Brandwiderstandsdauer zugeschlagen werden.

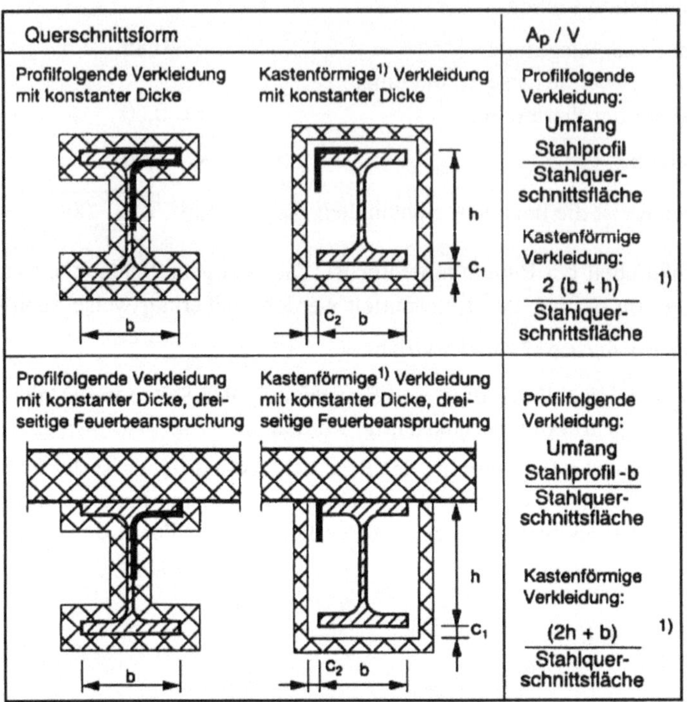

Bild 2-21 Beispiele für den Profilfaktor von verkleideten Stahlbauelementen

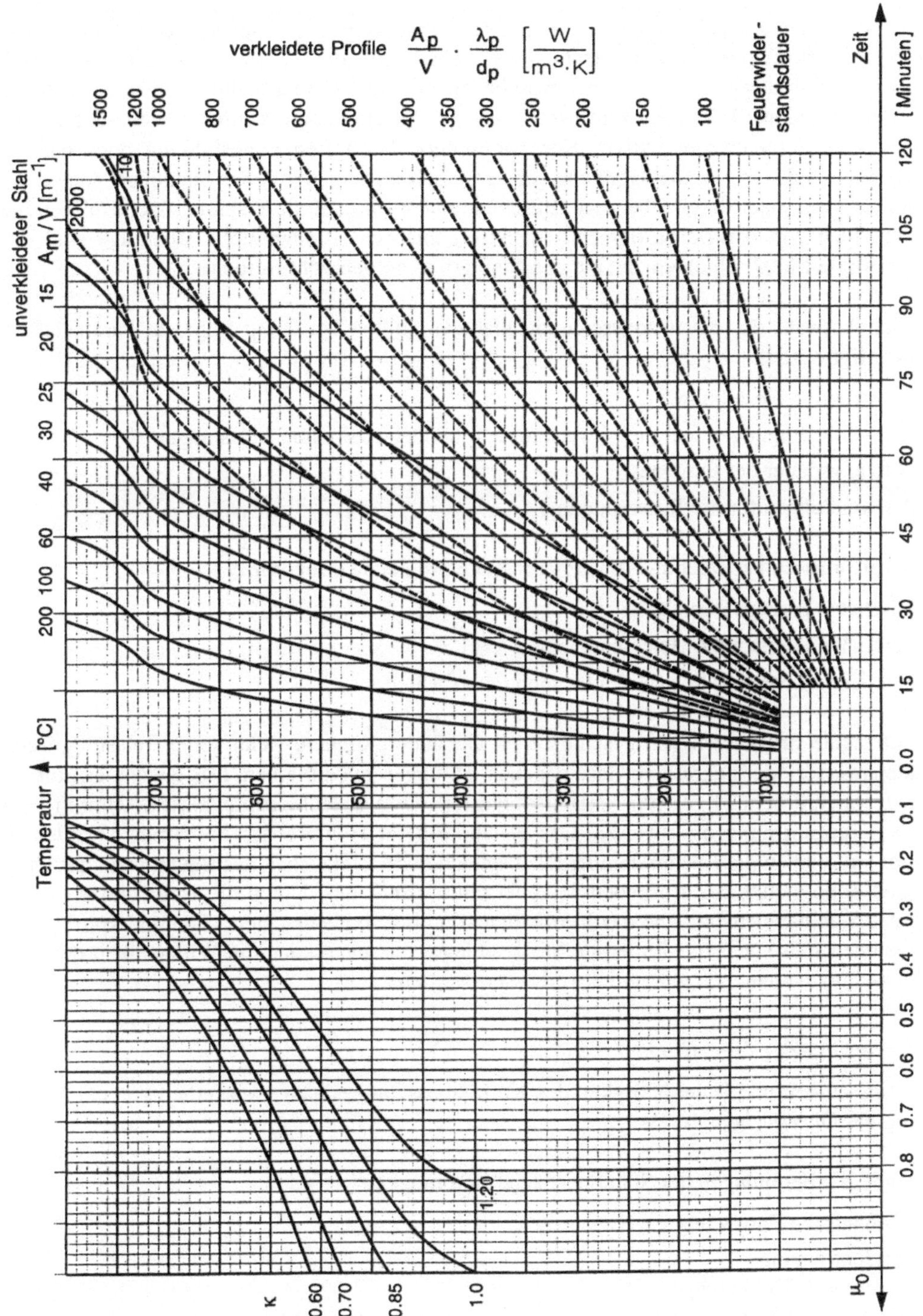

Bild 2-22 Nomogramm zur Bestimmung der Brandwiderstandsdauer; nach [2]

2.5.2 Korrosionsschutz

In der Atmosphäre, sowie in Wässern und Böden unterliegt ungeschützter Stahl in Gegenwart von Sauerstoff, Wasser, sowie verschiedener Schadstoffe der Korrosion. Aus Eisen entsteht Eisenoxyd-Hydrat = Rost. Um Korrosionsschäden zu mindern, sind Stahlbauten so zu gestalten, daß sie korrosionsfördernden Einflüssen geringe Angriffsmöglichkeiten bieten. Schutz vor Korrosion bietet entweder aktiver Korrosionschutz durch Legierungsbildung oder passiver Korrosionsschutz, das ist die Trennung der aggressiven Medien von der Stahloberfläche durch Beschichtungen oder durch Überzüge. Beschichtungen sind auf die Stahloberfläche aufgetragene Schichten von Anstrichstoffen mit (meist organischen) Bindemitteln. Überzüge sind eine oder mehrere Metallschichten, die auf den Stahlgrund aufgebracht werden.

Bei der Auswahl der Korrosionsschutzmaßnahmen sollten vorrangig folgende Parameter berücksichtigt werden:

- konstruktive Gestaltung
- Umweltbedingungen und die sich daraus ergebenden Korrosionsbelastungen
- Nutzungsdauer des Objektes
- Aufwendungen für die Instandhaltung

Für korrosionsschutzgerechtes Konstruieren gelten folgende Grundsätze:

- möglichst geringe Oberfläche
- kompakte Konstruktionselemente
- gute Erreichbarkeit aller zu schützenden Oberflächen

Stahlelemente im Inneren von geschlossenen Gebäuden können, wenn keine Belastung durch Kondenswasser oder aggressive Gase gegeben ist, ungeschützt bleiben. Das gleiche gilt für das Innere von luftdicht abgeschlossenen Hohlkästen. Offene Hohlprofile müssen Umluft- und Entwässerungsöffnungen aufweisen. Das gleiche gilt für Hohlprofile, die verzinkt werden. In diesem Fall dienen die Löcher dem Druckausgleich beim Eintauchen des Bauteiles in das Zinkbad und ermöglichen das Abfließen des überschüssigen Zinks. Durch die konstruktive Gestaltung der Stahlbauelemente wie das Vermeiden von einspringenden Bereichen und von Flächen auf welchen sich korrosionsfördernde Stoffe ablagern können, kann die Wirksamkeit der Korrosionsschutzmaßnahmen wesentlich verbessert werden.

Vorbereitung der Oberflächen

Die Wirksamkeit und Dauerhaftigkeit des Korrosionsschutzes hängt wesentlich von der Vorbereitung der Oberflächen ab.

Folgende Vorbereitungen der Stahloberfläche sind möglich

- mechanische Entrostung

  Handentrostung

  Maschinelle Entrostung

  Strahlen mit Strahlmittel wie z.B. Hartgußkies, Elektrokorund, Quarzsand (nur in geschlossenen Anlagen) die mit Druckluft, Druckwasser oder mechanischen Schleudereinrichtungen gegen die Stahloberfläche geschleudert werden.

- Thermische Entrostung – Flammstrahlen

  Beim Flammstrahlen verbrennen die Verunreinigungen und die oberste Schicht des Stahles. Eine Nachreinigung mit rotierenden Drahtbürsten und Abblasen oder Absaugen der Rückstände ist auf jeden Fall erforderlich.

- chemische Entrostung – Beizen

  Beizen dient vor allem als Vorbehandlung für das Feuerverzinken.

Für Stahlkonstruktionen ist das Sandstrahlen in geschlossenen Anlagen die üblichste Art der Korrosionsschutzvorbereitung in der Werkstätte. Auf der Baustelle wird auch Flammstrahlen angewendet.

Reinheitsgrade der Oberflächen

Folgende Reinheitsgrade der Oberflächen werden unterschieden:

Strahlen

Kurzbezeichnung	Oberfläche	Anwendungsbereich
Sa 1	loser Zunder und loser Rost entfernt	zu geringe Entrostung für Stahlbauten
Sa 2	nahezu aller Zunder und Rost entfernt	für Bauten ohne besonderen Anspruch an den Korrosionsschutz
Sa 2^1/$_2$	Zunder, Rost und Beschichtungen dürfen nur als lichte Schattierung verbleiben, matt glänzende Oberfläche	weiteste Verbreitung im Stahlbau für hochwertigen Korrosionsschutz
Sa 3	blanke, metallisch glänzende Oberfläche	für höchste Ansprüche

Hand- oder mechanische Entrostung

Kurzbezeichnung	Oberfläche
St 2	lose Beschichtung und loser Zunder entfernt, schwacher Glanz
St 3	lose Beschichtung und loser Zunder restlos entfernt, schwacher Glanz

Beschichtungen

Die Beschichtung besteht aus Grundbeschichtung (1 bis 2 Schichten), eventuellem Kantenschutz und der Deckbeschichtung (1 bis 3 Schichten). Die übliche Trockenschichtdicke beträgt ca. 35– 40 μm, bei Dickschichtanstrichen bis 80 μm.

Jeder Anstrichstoff besteht aus Bindemittel, zugesetzten Pigmenten und Füllstoffen.

Bindemittel

- oxidativ trocknende Bindemittel: Öle, Alkydharze, Urethanöl, Epoxiharzester und Bitumen-Öl-Kombinationen,

- physikalisch trocknende Bindemittel: Chlorkautschuk und ähnliche Stoffe, Acrylharz, bituminöse Bindemittel,

- Bindemittel für Reaktionsbeschichtungsstoffe: Polyurethan, Epoxiharz, Alkalisilikat.

Reaktionsbeschichtungsstoffe werden in zwei oder mehreren Komponenten geliefert und erst unmittelbar vor der Verarbeitung in Zwangsmischern gemischt. Die Vernetzung erfolgt durch eine exotherme Reaktion für deren Beginn eine Mindesttemperatur (im allgemeinen 0 bis 10 °C) erforderlich ist.

Pigmente und Füllstoffe

In der Grundbeschichtung werden Korrosionsschutzpigmente verwendet, die durch chemische Wirkung die Korrosion hemmen, wie z.B. Zinkstaub.

Pigmente und Füllstoffe in der Deckbeschichtung geben den gewünschten Farbton und erhöhen die Beständigkeit gegen Feuchtigkeit und UV-Stahlen. Gebräuchliche Pigmente für die Deckbeschichtung sind Aluminiumpulver, Eisenglimmer, Eisenoxyd, Titandioxid, Zinkoxid.

Gebräuchliche Füllstoffe sind Glimmer, Graphit, Talkum.

Alle Beschichtungsstoffe sind nach Anweisung des Herstellers zu verarbeiten. Die Temperatur der Flächen muß bei Beschichtungsarbeiten über dem Taupunkt liegen. Eventuell sind besondere Maßnahmen gegen Witterungseinflüsse bei Durchführung der Beschichtungsarbeiten im Freien erforderlich.

Das Auftragen der Beschichtungsstoffe erfolgt durch Streichen, Rollen oder Spritzen. Für große Flächen hat sich das Airless-Spritzen als wirtschaftlich erwiesen. Bei diesem Beschichtungsverfahren werden die Beschichtungsstoffe ohne Luft mit hohem Druck (100 bis 400 bar) aufgespritzt.

Metallüberzüge

Metallüberzüge sind als Korrosionsschutz überaus wirksam.

Die Aufbringung erfolgt durch

- Schmelztauchen
- thermisches Spritzen
- Elektrolyse (Galvanisieren)

Für den Stahlbau ist das Schmelztauchen und hier das Feuerverzinken das wichtigste Verfahren.

Die vorbereiteten, meistens gebeizten Teile werden in Flußmittel und anschließend in eine Wanne mit flüssigem Zink (ca. 450 °C) getaucht. Dabei entsteht an der Oberfläche eine ca. 40 bis 95 µm dicke Zinkschicht. Das Zink diffundiert in den Stahl und in der Übergangszone bildet sich eine festhaftende Eisen-Zink-Legierung.

Beim kontinuierlichen Feuerverzinken werden die Bänder vom Coil abgewickelt, durch ein Zinkbad gezogen und anschließend wieder zu einem Coil aufgewickelt. Die Zinkschichtdicken betragen hier etwa 20 bis 70 µm.

Beim Verzinken von beruhigten (FN) oder besonders beruhigten (FF) Stählen ist zu beachten, daß sich bei einem Siliziumgehalt von über 0,17% spröde, dicke Zinksilikatschichten ergeben können (Sorgfalt bei Badtemperatur und Tauchzeit).

Thermisches Spritzen kann mit Zink oder Aluminium erfolgen. Eine staubfreie, trockene Oberfläche mit Reinheitsgrad Sa 3 ist erforderlich. Die Schichtdicken liegen zwischen 100 und 120 µm.

Die Korrosionsschutzdauer von Metallüberzügen kann durch Beschichtungen wesentlich erhöht werden. Die Schutzdauer eines solchen „Duplex-Systems" ist wesentlich höher als die Summe der Dauerhaftigkeit der einzelnen Schichten. Gespritzte Überzüge sollen wegen der Porigkeit immer eine zusätzliche Beschichtung erhalten. Bei feuerverzinkten Teilen sind nur Beschichtungsstoffe zu wählen, deren Haftung auf Zink nachgewiesen ist.

Überwachung der Korrosionsschutzarbeiten

Die Prüfung der Beschichtungsstoffe erfolgt laufend nach genormten Prüfverfahren im Herstellerwerk. An der Beschichtung werden Korrosionsschutzwirkung, Schichtdicke, Deckvermögen, Farbe, Glanz, Geschmeidigkeit und Haftung überprüft. Zu empfehlen ist das Anlegen von Kontrollflächen durch den Auftragnehmer im Beisein des Auftraggebers und des Herstellers. Sind später am Objekt, nicht aber an den Kontrollflächen Mängel ersichtlich, kann auf eine mangelhafte Ausführung geschlossen werden. Besonders wichtig sind Kontrollflächen dann, wenn Oberflächenvorbereitung, Grund- und Deckbeschichtung von verschiedenen Auftragnehmern ausgeführt werden. Die Kontrolle der vertragsgemäß auszuführenden Trockenschichtdicken, jeweils nach Aufbringung der einzelnen Schichten der Grund- und Deckbeschichtung, ist der wesentlichste Punkt in der Überwachung der Korrosionsschutzarbeiten.

2.6 Kalkulationshinweise

Die Kalkulation dient der Ermittlung der Gesamtherstellungskosten für die zu erbringende Leistung. Der Verkaufspreis setzt sich aus diesen Gesamtherstellkosten und dem Zuschlag für Wagnis und Gewinn zusammen.

Die Betriebswirtschaftslehre unterscheidet zwischen den

- <u>Einzelkosten</u>, das sind die einer Leistung unmittelbar zuordenbaren Kosten,
  z.B. das benötigte Material, die anfallenden Arbeitsstunden, Transportkosten, etc.

und den

- <u>Gemeinkosten</u>, das sind die nicht unmittelbar zuordenbaren Kosten,
  wie z.B. die Kosten der kaufmännischen Verwaltung und der Angebotsbearbeitung, Mieten für Produktionsstätten und Büros, etc. .

Sowohl die Einzel- wie die Gemeinkosten setzen sich im allgemeinen aus einem Anteil von

- <u>variablen Kosten</u>, das sind die durch die Leistungserbringung unmittelbar entstehenden Kosten – typische Beispiele sind die Materialkosten, Energiekosten der Produktion und Transportkosten –,

und

- <u>fixen Kosten</u>, die unabhängig von der Leistungserbringung anfallenden – typische Beispiele sind die Anschaffungskosten der Maschinen, Mieten, Kosten der zentralen Verwaltung –,

zusammen.

Eine gewisse Sonderstellung nehmen die Personalkosten ein. Sie sind, sofern es sich um das betriebseigene Personal handelt, eigentlich fixe Kosten, da sie unabhängig davon anfallen, ob tatsächlich etwas produziert wird oder nicht. Bei der Kalkulation einer Bauleistung werden sie aber üblicherweise wie variable Kosten behandelt. Für die Umrechnung von solchen fixen Kosten in variable Kosten, im allgemeinen in Form von Stundensätzen (€/h), kennt die Betriebswirtschaftslehre eine Reihe unterschiedlicher Methoden. Von anderen Firmen zugekaufte Leistungen für Planung, Fertigung und Montage sind echte variable Kosten, das heißt, sie fallen nur bei tatsächlicher Inanspruchnahme der Leistung an. Daraus resultiert der heute vorherrschende Trend zur Auslagerung solcher Leistungen aus dem eigenen Betrieb, was eine Senkung der fixen Kosten zur Folge hat. Ähnlich wie bei den Personalkosten verhält es sich auch bei den Maschinenkosten.

Bei der Kalkulation im engeren Sinn, wie im folgenden beschrieben, geht es um die Ermittlung der Einzelkosten und dabei primär um die Ermittlung des variablen Kostenanteils. Der Fixkostenanteil wird üblicherweise bei der Festlegung der Stundensätze für die technische Bearbeitung, Fertigung und Montage berücksichtigt. Die Gemeinkosten werden im allgemeinen durch Aufschläge auf die Einzelkosten berücksichtigt („Zuschlagskalkulation"). Die Festlegung der Stundensätze und der Aufschläge für die Gemeinkosten, sowie für Wagnis und Gewinn, ist Sache der kaufmännischen Führung des Unternehmens. Die variablen Einzelkosten werden dagegen von den für die Kalkulation verantwortlichen Technikern ermittelt.

Jede Kalkulation ist eine Verknüpfung von betriebswirtschaftlich ermittelten Basisdaten (Stundensätze für Fertigung, Montage, etc.) mit der Erfahrung aus bisher ausgeführten gleichartigen oder ähnlichen Bauwerken bzw. Bauteilen. Die Erfahrung liegt dabei in dem für die auszuführende Leistung benötigten (Zeit)Aufwand und wird aus der Nachkalkulation, das heißt aus der Aufzeichnung und Auswertung der tatsächlich benötigten Herstellkosten bereits ausgeführter Bauwerke, gewonnen. Da es sich bei der Errichtung von Bauwerken aber praktisch immer um „Einzelanfertigungen" handelt, bei denen überdies auch örtliche Gegebenheiten und manchmal auch witterungsbedingte Einflüsse zu berücksichtigen sind, ist es nur in Ausnahmefällen möglich, direkt von einem Bauwerk auf das andere zu schließen. Für die Erstellung einer Kalkulation ist es daher notwendig, die Gesamtaufgabe in Teilaufgaben, entsprechend dem technischen Ablauf bei der Erstellung des Bauwerks (vgl. Bild 2-7) zu zerlegen. Auch die Gesamtkonstruktion wird in vergleichbare Bauteile – wie z.B. Stützen, geschweißte Binder, Fachwerkträger, Pfetten, Verbände, Bühnenkonstruktionen – zerlegt. Die Kosten für die einzelnen Arbeitsschritte bzw. Bauteile können nun durch Umrechnung der aus der Nachkalkulation bekannten Einheitskosten (Stück-, Laufmeter-, Quadratmeterkosten, etc.) ermittelt werden.

Im Stahlbau ist es üblich, als Einheit für diese Umrechnung das Konstruktionsgewicht heranzuziehen. Das heißt, als Erfahrungswert für die Kalkulation der Fertigung dienen zum Beispiel die benötigten Fertigungsstunden pro Tonne (h/t) einer vergleichbaren Konstruktion (Fachwerkträger, geschweißter Blechträger, ...). Ebenso wird die Montage und oft auch die technische Bearbeitung auf das Konstruktionsgewicht umgelegt.

Wesentlich für die Erstellung einer Kalkulation ist daher die Kenntnis der Konstruktionsart und die Ermittlung des Konstruktionsgewichts. Da es aus Zeit- und Kostengründen für die Kalkulation praktisch nicht möglich ist, eine Konstruktion bis ins letzte Detail zu bemessen und durchzuplanen, wird das Konstruktionsgewicht zunächst nur für die Haupttragelemente berechnet. Das Gewicht von Konstruktionselementen, wie zum Beispiel Fassadenzwischenstützen, Tür- und Torauswechslungen im Stahlhochbau oder einer orthotropen Fahrbahnplatte im Straßen- brückenbau, ist von anderen Projekten bekannt und muß nur auf die aktuellen Abmessungen angepaßt werden. Das Gewicht für die erforderlichen Steifen, Knotenbleche, Stoßlaschen, Kopf- und Fußplatten und sonstige Konstruktionselemente muß, basierend auf Erfahrungswer- ten, geschätzt werden.

Sowohl die Konstruktionsart als auch das Konstruktionsgewicht werden beim Entwurf festge- legt. Es gilt daher als allgemein bekannte Tatsache, daß wesentliche Teile der (beeinflußbaren) Herstellkosten im technischen Büro festgelegt werden. Neben den statisch-konstruktiven Kenntnissen ist deshalb für die Ausarbeitung eines optimalen Entwurfs auch ein Grundver- ständnis für die, die Kalkulation beeinflussenden Parameter wichtig. Bei der Festlegung der Konstruktionsart gilt es daher die statischen Erfordernisse mit den Rahmenbedingungen der Fertigung, des Korrosionsschutzes, des Transports und der Montage abzustimmen. Die leichte- ste Konstruktion muß nicht zwangsläufig die billigste sein.

Die Kosten des Vormaterials sind durch das Stahlbauunternehmen praktisch nicht beeinflußbar. Der Verhandlungsspielraum beim Einkauf des Vormaterials vom Stahlhandel ist, speziell im Stahlhochbau, wo für ein Projekt eine große Anzahl verschiedener Profile und Bleche benötigt werden, relativ gering. Generell kann gesagt werden, daß Grobbleche billiger sind als Walzpro- file, und diese wiederum billiger als Rohrprofile. Bleche und Profile in der Stahlqualität S235 sind naturgemäß billiger als solche in S355 oder höher. Der Preis des Vormaterials richtet sich dabei nach dem, beim Stahlhandel vorhandenen Angebot und der Nachfrage. Kleinere und mittlere Profildimensionen (L bis etwa 150 mm Schenkellänge, I-Profile bis etwa 300 mm Höhe und Formrohre bis etwa 120 mm Seitenlänge) sind praktisch immer ab Lager erhältlich und günstiger als große Dimensionen. So können zum Beispiel Großformrohre (> 200 mm Seitenlänge) oder Rundrohre mit ausgefallenen, dicken Wandstärken einen fast doppelt so hohen Einheitspreis haben, wie vergleichbare HEA- oder HEB-Profile. Werden größere Men- gen eines Profils oder einer Blechstärke bzw. eines Blechformats benötigt, so kann man diese, wie im Brücken- und im Behälterbau üblich, zu einem günstigeren Preis direkt von der Wal- zung im Stahlwerk bestellen.

Bei der Kalkulation der Fertigung ist auch zu berücksichtigen, daß das Vormaterial im allge- meinen nach dem tatsächlichen Gewicht bzw. dem Handelsgewicht eingekauft wird, also das Mehrgewicht infolge der Walztoleranzen bezahlt werden muß. (In alten Tabellenbüchern findet man noch Profiltabellen mit dem Handelsgewicht.) Die Abrechnung erfolgt aber nach dem theoretischen Gewicht der Profiltabellen bzw. Stücklisten. Das heißt, daß neben dem unver- meidlichen Verschnitt auch der Unterschied zwischen dem Ist-Gewicht und dem Nenngewicht (ca. 3%) berücksichtigt werden muß.

Welche Konstruktionsart günstiger oder ungünstiger ist, hängt im wesentlichen von der Aus- stattung und Organisation des Fertigungsbetriebes und manchmal auch von den Montagebedin- gungen ab. Grundsätzlich gilt natürlich, daß gleich schwere Lieferteile, die aus vielen einzelnen Positionen zusammengebaut werden müssen, teurer sind, als einfache, aus wenigen Teilen be- stehende Bauteile. Dies liegt im höheren Arbeits- und Manipulationsaufwand beim Zusammen- bau. Während der Arbeitsaufwand für die Bearbeitung der einzelnen Positionen durch Maschi- nen entsprechend gesenkt werden kann, läßt sich der Zusammenbau der Lieferteile nur schwer rationalisieren. So lassen sich zum Beispiel Rahmenkonstruktionen aus Walzprofilen mit NC- gesteuerten Säge-Bohr-Anlagen in 6 bis 8 h/t fertigen, für ebene Fachwerkkonstruktionen be- nötigt man dagegen etwa die doppelte Zeit. Der Grund, warum die gewichtsbezogenen Herstellkosten (DM/kg, ÖS/kg) für das Fachwerk aber nicht doppelt so hoch wie die der Walzprofilkonstruktion sind, liegt darin, daß die „Maschinenstunde", selbst bei hohem Lohnniveau, wesentlich teurer ist als die „Arbeiterstunde". Zusammenfassend ergeben sich so vier Haupteinflußfaktoren für die Fertigungskosten mit teils gegensätzlichen Tendenzen:

- Gewicht der Konstruktion,
- Einstandspreis des Vormaterials (Profilwahl),
- Arbeitsaufwand und
- kalkulatorische Stundensätze für maschinelle und händische Bearbeitung.

Eine eigene Kalkulationsposition bilden die Verbindungsmittel und Verankerungsteile für die Montage, da diese im allgemeinen nicht gesondert verrechnet werden können und somit im Fertigungspreis berücksichtigt werden müssen. Während die Kosten für die Montageschrauben nur ca. 2 % der Fertigungskosten betragen, können die Kosten für Verankerungsteile (Schweißgründe, Klebe- oder Spreizanker, Ankerstangen bzw. Verankerungskonstruktionen gemäß Bilder 5-32 oder 5-39) einen doch erheblichen Anteil erreichen.

Der Korrosionsschutz kann, je nach Art der Ausschreibung, in den Preis der Fertigung einzurechnen sein oder als eigene Abrechnungsposition erscheinen. Erfolgt der Korrosionsschutz durch Beschichtung, so gilt es von der Kostenseite her, mehrere Aspekte gegeneinander abzuwägen:

- Die Herstellung des kompletten Anstrichsystems im Werk ist, betrachtet man nur die Arbeit, meist günstiger, da keine witterungsbedingten Arbeitsunterbrechungen entstehen können und keine Kosten für Gerüstungen anfallen. Oft besitzt das Herstellwerk sogar eine Beschichtungsanlage in der die Bauteile im Durchlaufverfahren beschichtet werden können. Gegen eine vollständige Herstellung der Beschichtung spricht, daß beim Transport und bei der Montage unweigerlich Schäden am Anstrich verursacht werden. Speziell bei Anstrichsystemen mit mehr als zwei Lagen und großen Einzelschichtdicken (> 60 μ) wird das Ausbessern nach der Montage aufwendig. Ein weiterer Aspekt ist, daß durch die Lagerung der Bauteile während der erforderlichen Trocknungszeiten große Flächen der Fertigungsstätte belegt werden.

- Das Aufbringen der Beschichtung(en) auf der Baustelle kann witterungsbedingt – Mindesttemperatur und maximale Luftfeuchte müssen beachtet werden – oft nicht möglich sein. Außerdem entstehen unter Umständen zusätzliche Kosten für Gerüstungen und/oder Hubbühnen.
  Dafür spricht, daß die Konstruktion das Werk rascher durchläuft und die Ausbesserung der Transportschäden keine wesentlichen Kosten verursacht, da sie gleichzeitig mit dem Aufbringen des Deckanstriches erfolgt.

Aus den oben genannten Gründen werden die Grundbeschichtung(en) meist im Werk, die Deckbeschichtung(en) meist auf der Baustelle ausgeführt.

Erfolgt der Korrosionsschutz durch Verzinkung, so sind natürlich auch die zusätzlichen Kosten aus dem Transport zur Verzinkerei zu berücksichtigen. Da die Verzinkungsbecken meist kleiner sind als die vom Transport her maximal mögliche Lieferteilgröße, ergeben sich für die Konstruktion unter Umständen zusätzliche Montagestöße und damit auch ein erhöhter Montageaufwand.

Die Transportkosten werden in ihrer Bedeutung, sofern es sich nicht um Lieferungen nach Übersee handelt, oft überschätzt. Sie stellen mit etwa 3 bis 6% der Gesamtherstellkosten der Stahlkonstruktion einen relativ geringen Kostenfaktor dar. Im allgemeinen gilt, daß die Herstellung von maximal großen Lieferteilen im Werk – auch wenn dadurch relativ teure Sondertransporte notwendig werden – günstiger ist, als der Aufwand durch zusätzliche Montagestöße auf der Baustelle.

Neben der, auf die jeweiligen Fertigungsbedingungen abgestimmten Wahl der Konstruktionsart, bietet die Montage die größten Einflußmöglichkeiten auf die Preisgestaltung von Stahlkonstruktionen. Dabei sind

- die erforderlichen Montagestunden, beeinflußbar im wesentlichen durch die Anzahl der zu montierenden Bauteile und die Art und Weise der herzustellenden Montageverbindungen,
- die erforderliche Tragkraft und Anzahl der Krane,
- die erforderliche Baustelleneinrichtungen,
- eventuell erforderliche Hilfskonstruktionen wie Auflage und Schablonen für den Zusammenbau der Lieferteile, Hilfsjoche, etc.,
- und erforderliche Montage- und/oder Schutzgerüste

bestimmende und beeinflußbare Faktoren für die Kalkulation der Montagekosten. Nicht beeinflussen lassen sich Kostenfaktoren wie die Lage und die Zugänglichkeit der Baustelle und vor allem die Witterungseinflüsse.

Kalkulation   Bauvorhaben: ....   Blatt:

LV-Pos. ....   Bauteil: ....   Datum:

Fertigung:

Material

Arbeit

Korrosionsschutz/Werk

Verbindungsmittel und Ankerteile

Zukauf: *(Gußteile, Spannstangen, Seile, ...)*

Transport:

Normaltransporte

Sondertransporte einschließlich Genehmigungen

Montage:

Montagestunden

Krankosten

Gerüstkosten

Hilfsmaterial

Bauleitung

Korrosionsschutz auf Baustelle:

Technische Bearbeitung:

Statik

Übersichtsplanung

Werkstattplanung

Montageplanung

Zusatzkosten:

spezielle Genehmigungen

Prüfungen und Abnahmen

Versicherungen, nicht zuordenbare Bauschäden, ...

Bild 2-23 Kalkulationsschema für eine Stahlhochbaukonstruktion.

Literatur zu Kapitel 2

[1]   EN 10027 Bezeichnungssysteme für Stähle
[2]   Ramberger, G., Schnaubelt, S.: Stahlbau, Manz Verlag 1997.
[3]   EN 10025 Warmgewalzte Erzeugnisse aus unlegierten Baustählen
       – Technische Lieferbedingungen
[4]   EN 10204 Metallische Erzeugnisse, Arten von Prüfbescheinigungen
[5]   ENV 1993-1-1 EUROCODE 3: Bemessung und Konstruktion von Stahlbauten, Teil 1-1:
       Allgemeine Bemessungsregeln, für den Hochbau.

3 Berechnungsgrundlagen

Zur Weiterführung wird aus der sehr umfangreichen Literatur zu diesem Abschnitt [1,2,3,4,15] empfohlen.

3.1 Tragfähigkeit, Gebrauchstauglichkeit, Dauerhaftigkeit

3.1.1 Grenzzustände

Für alle Baukonstruktionen sind

- die Tragfähigkeit,
- die Gebrauchstauglichkeit,
- die Dauerhaftigkeit

nachzuweisen.

Tragfähigkeit bedeutet, daß das Bauwerk bei der Erstellung, während der Nutzung und bis zur Beseitigung allen planmäßigen Einwirkungen ohne Einsturz standhält. Bei außergewöhnlichen Einwirkungen sollen keine Schäden entstehen, die in keinem Verhältnis zur Schadensursache stehen.

Gebrauchstauglichkeit bedeutet, daß das Bauwerk während der Nutzung die geforderten Gebrauchseigenschaften aufweist.

Dauerhaftigkeit bedeutet, daß das Bauwerk bei ordnungsgemäßer und planmäßiger Wartung und Erhaltung während der gesamten Nutzungsdauer die vorausgesetzen Eigenschaften beibehält.

Die Nachweise, daß eine Baukonstruktion die geforderten Eigenschaften besitzt, können experimentell oder rechnerisch geführt werden. Rechnerische Nachweise sind nur möglich, wenn durch ausreichende Versuche und Erfahrung festgestellt wurde, daß mit dem zugrunde liegenden Nachweismodell die Wirklichkeit innerhalb festgesetzter Grenzen richtig erfaßt wird. Für den Stahlbau gilt dies für fast alle Bereiche und Konstruktionen. Neuentwicklungen, die nicht in bisher bekannte Gebiete eingeordnet werden können, müssen immer durch begleitende Versuche beurteilt werden. Richtlinien für die Versuchsdurchführung und die Bewertung der Versuchsergebnisse gibt EC1-1-1, Anhang D.

Hier werden die Grundlagen für die rechnerischen Nachweise der Tragfähigkeit und der Gebrauchstauglichkeit behandelt. Zustände bei denen die Tragfähigkeit bzw. die Gebrauchstauglichkeit gerade nicht mehr gegeben ist, werden Grenzzustände der Tragfähigkeit bzw. Grenzzustände der Gebrauchstauglichkeit genannt.

Grenzzustände der Tragfähigkeit sind z.B.:
- Verlust des Gleichgewichtes des gesamten Bauwerkes oder einzelner Bauwerksteile (Umstürzen, Gleiten),
- Entstehung eines Mechanismus des Gesamttragwerkes oder von Tragwerksteilen (kinematische Kette),
- Verlust der Stabilität des Gesamttragwerkes oder von Tragwerksteilen,
- Bruch oder dem Bruch gleichgestellte Verformungen von Tragwerksteilen.

Grenzzustände der Gebrauchstauglichkeit sind z.B.:

- Verformungen, die die Nutzung oder das Erscheinungsbild beeinträchtigen,
- Schwingungen, die die Nutzung beeinträchtigen,
- Rißbildungen in Elementen, die von Verformungen der Stahlkonstruktion beeinflußt werden,
- Abheben von einzelnen Lagern ohne Umsturzgefahr,
- Verlust der Beständigkeit (z.B. Undichtwerden von Rohren und Behältern).

Zur Beurteilung der Tragfähigkeit und der Gebrauchstauglichkeit werden Bemessungssituationen angenommen, die für Bauwerk, Bauteil, Querschnitt, Querschnittspunkt und Verbindungsmittel das höchste Beurteilungskriterium (Beanspruchung, Verformung, usw.) ergeben. Man unterscheidet

- Situationen während der normalen Nutzung,
- vorübergehende Situationen während der Errichtung oder während Instandsetzungsarbeiten,
- außergewöhnliche Situationen.

3.1.2 Modellbildung für den rechnerischen Nachweis

Für die rechnerischen Nachweise der Tragfähigkeit und der Gebrauchstauglichkeit sind die Bauwerke und deren Einwirkungen durch entsprechende Modelle nachzubilden. Beim Nachweis wird im allgemeinen die Belastung nach einem Einwirkungsmodell mit der nach einem Widerstandsmodell ermittelten Belastbarkeit verglichen. Anstelle von Belastung und Belastbarkeit können auch die mit dem Einwirkungsmodell am Widerstandsmodell hervorgerufenen Beanspruchungen mit den Beanspruchbarkeiten des Widerstandsmodells verglichen werden.

Das *Einwirkungsmodell* erfaßt alle auf das Bauwerk einwirkenden Größen. Diese werden in ständige Einwirkungen (G), veränderliche Einwirkungen (Q): z.B. Nutz-, Wind-, Schneelasten usw., außergewöhnliche Einwirkungen eingeteilt. Grundlagen für das Einwirkungsmodell sind die Belastungsnormen, die aufgrund von Beobachtungen und Messungen (z.B. Eigengewichtslasten, Nutzlasten, Windlasten, Schneelasten) oder aufgrund von geregelten oder betriebsbedingten Einschränkungen (z.B. Nutz- oder Verkehrslasten) aufgestellt werden. EC1 z.B. stellt eine Belastungsnorm dar.

Das *Widerstandsmodell* erfaßt alle den Widerstand eines Bauwerks gegen die Einwirkungen kennzeichnenden Größen, wie z.B. Abmessungen, Querschnittswerte, Materialkennwerte. Es baut auf den für die Baumechanik relevanten Naturgesetzen auf, die durch eine große Anzahl von Versuchen abgesichert sind. In den Konstruktions- und Berechnungsnormen sind die Grundlagen für die Widerstandsmodelle festgelegt. Für den Stahlbau ist dies der EC3.

Um die Überschreitung eines Grenzzustandes mit ausreichender Wahrscheinlichkeit zu vermeiden, regelt ein *Sicherheitsmodell* die Versagenswahrscheinlichkeit unter Berücksichtigung der Streuungen der Einwirkungs- und Widerstandsgrößen sowie der Modellunschärfen aufgrund von Idealisierungen und Vereinfachungen.

3.1.3 Semiprobabilistisches Sicherheitskonzept

Einwirkungs- und Widerstandsgrößen sind keine feststehenden Werte, sondern Zufallsgrößen. Am Beispiel der Windeinwirkung, die von der Windgeschwindigkeit und -richtung, Geschwindigkeitsverteilung über die Höhe usw. abhängt, ist dies sofort ersichtlich. Aber auch bei den Widerstandsgrößen streuen z.B. die Querschnittsabmessungen und die Materialfestigkeiten.

Das Erreichen eines Grenzzustandes ist daher ebenfalls ein Zufallsereignis, über das mit wahrscheinlichkeitstheoretischen Überlegungen (Probabilistik) eine quantitative Aussage gemacht werden kann [5,6,7]. Die Beschreibung von Zufallsgrößen setzt eine statistische Erhebung voraus, bei der aufgrund von Stichprobenauswertungen auf die Häufigkeitsverteilung der Grundgesamtheit geschlossen werden kann.

Bei den Einwirkungen wird die Belastung, z.B. die jährliche maximale Schneelast, für einen langen Beobachtungszeitraum festgestellt und in ein Histogramm eingetragen. Mittels Intervallteilung der Belastung (maximale Schneelast) und Feststellung der Zahl der in jedes Intervall fallenden Ereignisse wird die Häufigkeit bestimmt. Durch Division mit der Gesamtanzahl der Ereignisse wird die relative Häufigkeit und durch Summieren daraus die relative Summenhäufigkeit bestimmt. Stellt man sich vor, daß die Anzahl der Messungen immer größer, die Intervallteilung aber immer kleiner getroffen wird, so läßt sich die relative Häufigkeit durch die Wahrscheinlichkeitsdichtefunktion f(x), die relative Summenhäufigkeit durch die Verteilungs-

funktion $F(x) = \int\limits_{-\infty}^{x} f(t)\,dt$ mit $F(-\infty) = 0, F(\infty) = 1$ beschreiben. Als Fraktilenwert x_p wird jener

Wert bezeichnet, für den $p\%$ der Ereignisse unter x_p liegen: $p = F(x_p) = \int\limits_{-\infty}^{x_p} f(t)\,dt$.

In gleicher Weise kann bei der Belastbarkeit oder Beanspruchbarkeit vorgegangen werden. Dabei gehen die Festigkeitskenngrößen der Werkstoffe und die Querschnittswerte ein.

Vergleicht man nun Belastung und Belastbarkeit oder Beanspruchung und Beanspruchbarkeit, so kann man die Dichtefunktion f_S der Beanspruchung und f_R der Beanspruchbarkeit in einem Diagramm darstellen. Versagen tritt dann ein, wenn die Belastung größer als die Belastbarkeit bzw. die Beanspruchung größer als die Beanspruchbarkeit ist. Da beide Größen streuen, ist die Fläche im Überlappungsbereich ein Maß für die Versagenswahrscheinlichkeit (Bild 3-1). Es ist sehr einfach zu sehen, daß bei gleichen Mittelwerten die Form der Dichtefunktionen einen großen Einfluß auf die Überlappungsfläche und damit auf die Versagenswahrscheinlichkeit hat.

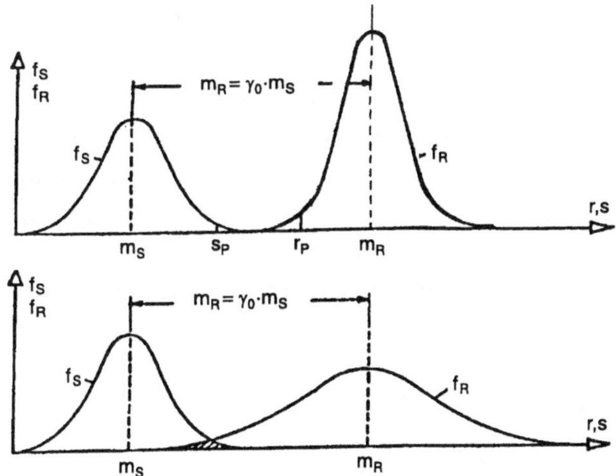

Bild 3-1
Dichtefunktionen f_R und f_S nach [17]

Die Bestimmung der Versagenwahrscheinlichkeit, die für Baukonstruktionen sehr gering sein muß (als operativer Wert wird sie mit 10^{-6} pro Jahr für die Tragfähigkeit festgelegt), muß auf probabilistischer Basis erfolgen. Das wird bei komplexen Einwirkungen und bei Belastbarkeiten, die von mehreren Komponenten abhängen, sehr kompliziert. Deshalb verwendet man in der Baupraxis ein semiprobabilistisches Sicherheitskonzept, bei dem zwar die Dichtefunktionen der Beanspruchung und der Beanspruchbarkeit den Überlegungen zugrunde liegen, die Nachweise jedoch mit daraus abgeleiteten, quasi deterministischen Größen durchgeführt werden. Diese Größen sind die sogenannten „charakteristischen Werte". Als charakteristische Werte der Einwirkungen werden hohe Fraktilenwerte S_k (z.B. 95% Fraktile), als charakteristische Werte der Beanspruchbarkeit niedrige Fraktilenwerte R_k (z.B. 5% Fraktile) angesetzt. Damit wird sichergestellt, daß neben den Mittelwerten auch die Verteilung der streuenden Größen berücksichtigt wird. Ausgehend von den charakteristischen Werten müssen auch die Sicherheitsfaktoren eingearbeitet werden, um die vorgesehene geringe Versagenswahrscheinlichkeit zu erreichen. Dazu werden Bemessungswerte aus charakteristischem Wert und Teilsicherheitsfaktor γ sowohl

für Einwirkungen $S_d = \gamma_F \cdot S_k$ als auch für Beanspruchbarkeit $R_d = \dfrac{R_k}{\gamma_M}$ definiert, mit denen der Tragsicherheitsnachweis geführt wird. γ_F ist der den Einwirkungen, γ_M der dem Widerstand zugeordnete Teilsicherheitsfaktor.

3.1.4 Einwirkungen und deren Kombinationen

Die Einwirkungen werden eingeteilt in

- ständige Einwirkungen (G),
- veränderliche Einwirkungen (Q): z.B. Nutz-, Wind-, Schneelasten,
- außergewöhnliche Einwirkungen (A),

deren charakteristische Werte (G_K, Q_K, A_K) der ENV 1991 (Eurocode 1) zu entnehmen sind. Durch Multiplikationen mit dem Teilsicherheitsfaktor für die Einwirkung γ_F (γ_G, γ_Q, γ_K) erhält man die Bemessungswerte der Einwirkungen G_d, Q_d, A_d:

$$G_d = \gamma_G \cdot G_K \, ,$$

$$Q_d = \gamma_Q \cdot Q_K \, ,$$

$$A_d = \gamma_A \cdot A_K \, .$$

Die Nachweise sind mit Kombinationen von Bemessungswerten der Einwirkungen zu führen.

Die führende veränderliche Einwirkung ist jene, die die größte Beanspruchung hervorruft.

ψ_0, ψ_1 und ψ_2 sind Beiwerte, die die geringere Wahrscheinlichkeit des gleichzeitigen Auftretens der charakteristischen Werte voneinander unabhängiger veränderlicher Einwirkungen berücksichtigen (Kombinationsbeiwerte).

Die in Tabelle 3-1 aufgeführten Bemessungswerte der Einwirkungen werden für die Nachweise folgendermaßen kombiniert.

Nachweis gegen Grenzzustände der Tragfähigkeit:

- ständige oder vorübergehende Bemessungssituationen:

$$\sum_j \gamma_{Gj} \cdot G_{Kj} \,"+"\, \gamma_{Q_1} \cdot Q_{K_1} \,"+"\, \sum_{j>1} \gamma_{Qj} \cdot \psi_{Qj} \cdot Q_{Kj}$$

mit den „boxed values" (vorläufig festgelegte Werte):

$\gamma_{Gj} = \boxed{1{,}35}$ (ungünstig) oder $\gamma_{Gj} = \boxed{1{,}00}$ (günstig),

$\gamma_{Qj} = \boxed{1{,}50}$;

— außergewöhnliche Bemessungssituationen:

$$\sum_j \gamma_{GAj} \cdot G_{Kj} \; "+" \; A_d \; "+" \; \psi_{1,1} \cdot Q_{K_1} \; "+" \sum_{j>1} \psi_{2,j} \cdot Q_{Kj}$$

mit

$$\gamma_{GA} = \boxed{1{,}00}$$

Tabelle 3-1 Bemessungswerte der Einwirkungen nach EC 1 Tab. 2.1 [18]

Bemessungswerte der Einwirkungen bei der Kombination von Einwirkungen				
Bemessungs-situation	Ständige Einwir-kungen G_d	veränderliche Einwirkungen G_d		Außergewöhnliche Einwirkungen A_d
		Führende verän-derliche Einwir-kung	begleitende veränderliche Einwirkung	
ständig und vorübergehend	$\gamma \cdot G_k$	$\gamma_Q \cdot Q_k$	$\psi_0 \cdot \gamma_Q \cdot Q_k$	
außergewöhnlich	$\gamma_{GA} \cdot G_k$	$\psi_1 \cdot Q_k$	$\psi_2 \cdot Q_k$	$\gamma_A \cdot A_k$ (sofern A_d nicht direkt festgelegt wird)

Zur Vereinfachung im Hochbau dürfen folgende Gleichungen für die ständigen oder vorübergehenden Bemessungssituationen verwendet werden; der jweils ungünstigere Wert ist maßgebend:

Wenn nur eine veränderliche Einwirkung berücksichtigt wird:

$$\sum_j \gamma_{G,j} \cdot G_{k,j} "+" \gamma_{Q,j} \cdot Q_{k,1}$$

Wenn zwei oder mehrere veränderliche Einwirkungen berücksichtigt werden:

$$\sum_j \gamma_{G,j} \cdot G_{k,j} "+" 0{,}9 \sum_{j \geq 1} \gamma_{Q,j} \cdot Q_{k,j}$$

Nachweis gegen Grenzzustände der Gebrauchstauglichkeit

— seltene Kombinationen:

$$\sum_j G_{Kj} \; "+" \; Q_{K_1} \; "+" \sum_{j>1} \psi_{Qj} \cdot Q_{Kj}$$

- häufige Kombinationen:

$$\sum_{j} G_{Kj} \; "+" \; \psi_{1,1} Q_{K1} \; "+" \; \sum_{j>1} \psi_{2,j} \cdot Q_{Kj}$$

- quasi-ständige Kombinationen:

$$\sum_{j} G_{Kj} \; "+" \; \sum_{j>1} \psi_{2,j} \cdot Q_{Kj}$$

Bei Tragwerken des Hochbaus kann die seltene Einwirkungskombination nach folgenden Gleichungen vereinfacht werden. Es ist diejenige Kombination zu wählen, die die jeweils größte Beanspruchung ergibt. Diese kann auch die häufige Einwirkungskombination ersetzen:

Wenn nur die ungünstigste veränderliche Einwirkung berücksichtigt wird:

$$\sum_{j} G_{k,j} \; "+" \; Q_{k,1}$$

Wenn zwei oder mehr ungünstige veränderliche Einwirkungen berücksichtigt werden:

$$\sum_{j} G_{k,j} \; "+" \cdot 0{,}9 \sum_{j \geq 1} Q_{k,j}$$

Bemessungssituationen sind so zu wählen, daß sie für Bauwerk, Bauteil, Querschnitt, Querschnittsfaser oder Verbindungselement die jeweils höchste Beanspruchung ergeben.

3.1.5 Widerstand und Beanspruchbarkeit

Der Widerstand des Tragwerks gegen diese Lastkombinationen wird durch geometrische Größen a (System-, Querschnittsabmessungen) und Werkstoffeigenschaften (Steckgrenze, Zugfestigkeit, E-Modul) festgelegt. Die geometrischen Größen a werden im allgemeinen durch ihrc Nennwerte beschrieben. Werkstoffeigenschaften werden durch die charakteristischen Werte (Fraktilenwerte) X_K festgelegt. Für die Nachweise werden die Bemessungswerte der Widerstandsseite R_d als Funktion R von X_K und a und Division mit dem Teilsicherheitsbeiwert für die Beanspruchbarkeit γ_M ermittelt.

$$R_d = \frac{R(X_K, a)}{\gamma_M}$$

Nach EC3 ist die Berechnung mit folgenden Werkstoffkennwerten zu führen:

Bemessungswerte R_d für E, ν, G, α und ρ:

Elastizitätsmodul: $E = 210\,000 \; \text{N/mm}^2$

Querdehnungs- (Poisson-) Zahl: $\nu = 0{,}3$

Schubmodul: $G = \dfrac{E}{2(1+\nu)} = 80770 \; \text{N/mm}^2$

Temperaturdehnzahl: $\alpha = 12 \cdot 10^{-6}/\text{K}$

Dichte: $\rho = 7850 \; \text{kg/m}^3$

Tabelle 3-2 Charakteristische Werte der Streckgrenze und Zugfestigkeit nach EN 10025 [20] und EN 10113 [21]

Charakteristische Werte der Streckgrenze f_y und der Zugfestigkeit f_u für Baustahl nach EN 10025 und EN 10113				
Stahl	Dicke t mm [*)			
	$t \leq 40$ mm		40 mm $< t \leq 100$ mm [**)	
	f_y (N/mm²)	f_u (N/mm²)	f_y (N/mm²)	f_u (N/mm²)
EN 10025				
S235	235	360	215	340
S275	275	430	255	410
S355	355	510	335	490
EN 10113				
S275N	275	390	255	370
S355N	355	490	335	470
*) t ist die Erzeugnisdicke eines Bauteils **) 63 mm für Bleche und andere Flachprodukte aus Stahl gemäß den Lieferbedingungen nach EN 10113-3				

3.2 Modellbildungen zur Erfassung der Grenzzustände der Tragfähigkeit

3.2.1 Verlust des statischen Gleichgewichtes (Umstürzen, Gleiten)

Zum Nachweis der Tragfähigkeit gegen die Gefahr des Verlustes des Gleichgewichtes genügt es, das Tragwerk oder den betrachteten Tragwerksteil als starren Körper zu modellieren und die Bewegung im Falle des Gleichgewichtsverlustes festzustellen. Alle Kräfte, die den Verlust des Gleichgewichtes fördern, sind mit ihren ungünstigen (oberen) Bemessungswerten anzusetzen, alle Kräfte, die den Verlust des Gleichgewichtes verhindern, mit ihren günstigen (unteren) Bemessungswerten. Die Tragfähigkeit ist gegeben, wenn $E_{d,dst} \leq E_{d,stb}$. Dabei ist $E_{d,dst}$ die Auswirkung der Bemessungswerte der den Verlust des Gleichgewichtes fördernden (destabilisierenden) Einwirkungen und $E_{d,stb}$ die Auswirkung der Bemessungswerte der den Verlust des Gleichgewichtes verhindernden (stabilisierenden) Einwirkungen.

3.2.2 Entstehung eines Mechanismus (kinematische Kette) ohne Gefährdung der Stabilität

Zum Nachweis der Tragfähigkeit gegen die Gefahr des Entstehens eines Mechanismus ohne Gefährdung der Stabilität genügt das Modell des starren Körpers nicht mehr. Das Stahltragwerk muß durch ein statisches System, bei dem die Beanspruchung und Beanspruchbarkeit in allen Schritten festgestellt werden kann, nachgebildet werden. Die realen Träger und Stäbe werden durch statische „Stäbe" modelliert, deren Systemlinien die Menge aller Querschnitts-Schwerpunkte ist, denen Dehn-, Schub-, Biege- und eventuell auch Torsionssteifigkeit zugeordnet wird und deren Querschnitte Grenztragfähigkeiten aufweisen. Im allgemeinen Fall sind die Steifigkeiten und Grenztragfähigkeiten über die Stablänge veränderlich. An den Stabenden sind die Stäbe entweder frei oder mit anderen Stäben verbunden. Diese Verbindung der Stäbe untereinander wird zunächst nicht im Detail modelliert. Lassen sich die Stäbe an den Verbindungsstellen zumindest für kleine Bewegungen (nahezu) widerstandslos gegeneinander verdrehen, werden im statischen System Gelenke angeordnet. Erfahren die Stäbe an der Verbindungsstelle die (nahezu) gleiche Verdrehung, werden biegesteife Verbindungen angeordnet. Meist fallen die Stellen der Verdrehungsmöglichkeit nicht mit der Stabachse zusammen. Bei Normalkraftbeanspruchung kann in diesen Fällen die exzentrische Anordnung der Gelenke auch im Modell erforderlich werden. Bei nachgiebigen Verbindungen ist die Nachgiebigkeit bereits im statischen System zu berücksichtigen, z.B. durch Federn oder durch Reduktion der Steifigkeiten im lokalen Bereich. Auf diese Weise entsteht aus der realen Konstruktion ein räumliches statisches System.

In vielen Fällen lassen sich räumliche statische Systeme in ebene Systeme zerlegen. Dies ist – sofern möglich – selbst bei EDV-Bearbeitung anzuraten, da die Berechnung der ebenen Systeme einfacher und übersichtlicher wird. Bei Stäben, die mehreren ebenen Systemen angehören, sind die Beanspruchungen zu überlagern.

Besondere Sorgfalt erfordert die Modellierung der Verbindung mit dem Baugrund, vor allem dann, wenn Verschiebungen der Fundamente erheblichen Einfluß auf die Beanspruchung des Tragwerkes haben. In diesen Fällen ist die Nachgiebigkeit des Baugrundes durch geeignete Maßnahmen wie Federn, eingeprägte Verschiebungen usw. zu modellieren.

Nach Erstellung des statischen Systems ist zu überprüfen, ob es nach den Regeln der Baustatik nicht kinematisch ist, da ansonsten die Konstruktion zu ändern ist.

Beim Nachweis der Tragfähigkeit sind jene Bemessungslastkombinationen anzusetzen, die für die Entstehung eines Mechanismus maßgeblich werden können. Dies können auch mehrere unterschiedliche Lastkombinationen sein. Die ständige Einwirkung wird dabei im allgemeinen mit ihren ungünstigen Bemessungswerten über das gesamte Tragwerk angesetzt. Wenn keine Gefährdung durch Stabilitätsverlust gegeben ist, dürfen die Verformungen des Tragwerks bei der Ermittlung der Beanspruchungen unberücksichtigt bleiben (Theorie 1. Ordnung). Aus jeder Lastkombination werden die Schnittgrößen S_{Rd} zunächst nach der Elastizitätstheorie in allen Stäben bestimmt. Gegen diese Schnittgrößen weisen die Querschnitte Widerstände auf. Die Widerstände sind abhängig von der Querschnittsklasse (siehe Kap. 3.3.3), die vom Verhältnis der Breite zur Dicke und den Lagerungsbedingungen der gedrückten Querschnittsteile abhängt. Handelt es sich um Querschnitte der Klasse 3 und 4, so muß die Beanspruchbarkeit des Querschnitts S_{Sd} elastisch ermittelt werden (lineare Verteilung der Normalspannungen σ über den Querschnitt). Handelt es sich um Querschnitte der Klasse 1 und 2, so darf der Bemessungswert der Beanspruchbarkeit des Querschnitts R_{Sd} plastisch ermittelt werden. Der Tragfähigkeitsnachweis ist erbracht, wenn $S_{Sd} \leq S_{Rd}$ erfüllt ist. Überschreiten bei n-fach statisch unbestimmten Systemen mit vorwiegend ruhender Beanspruchung an k $\leq$ n Stellen die elastisch ermittelten Bemessungswerte der Schnittgrößen die Bemessungswerte der Beanspruchbarkeit und liegen an diesen Stellen Querschnitte der Klasse 1 vor, so dürfen an den höchstbeanspruchten Stellen dieser Bereiche den Schnittgrößen entsprechende Mechanismen, an denen die zur plastischen Querschnittstragfähigkeit gehörigen Schnittgrößen angreifen, angesetzt werden. Überschreiten dann an keiner Stelle die Beanspruchungen unter derselben Lastkombination die plastische Beanspruchbarkeit des Querschnitts ($S_{Sd} \leq S_{Rd}$), so ist der Tragfähigkeitsnachweis erfüllt.

Nach der Art der Ermittlung der Schnittgrößen und der Querschnittswiderstände werden demnach folgende Verfahren zum Nachweis der Tragfähigkeit angewandt.

Tabelle 3-3 Verfahren für den Tragfähigkeitsnachweis

Verfahren	Schnittgrößen	Querschnittswid.	Erf. Querschnittskl.
E-E	elastisch (E)	elastisch (E)	1,2,3,4
E-P	elastisch (E)	plastisch (P)	1,2
P-P	plastisch (P)	plastisch (P)	1

Bei elastischer Schnittgrößenermittlung nach Theorie 1. Ordnung sind die Schnittgrößen proportional zur Belastung. Die einzelnen Lastfälle einer Bemessungssituation dürfen einzeln berechnet und überlagert werden.

3.2.3 Verlust der Stabilität des Gesamttragwerks oder von Tragwerksteilen

Stabilitätsverlust kann nur eintreten, wenn das Tragwerk oder einzelne Tragwerksteile durch Druckspannungen beansprucht werden. Der Verlust der Stabilität kann nachgewiesen werden, wenn bei der Berechnung der Beanspruchung eines Tragwerks der Einfluß der Verformung berücksichtigt wird. Der Verlust der Stabilität tritt ein, wenn bei proportionaler Laststeigerung an einer Belastungsstufe bei endlicher Verschiebung eine horizontale Tangente im Last-Verschiebungsdiagramm auftritt. Bei Stabilitätsverlust ist stets das Versagen des Tragwerks im dreidimensionalen Raum (auch bei ebenen Tragwerken) zu betrachten. Beim Nachweis gegen Verlust der Stabilität ist zu beachten, daß Abweichungen der tatsächlichen Stabachsen von den idealisierten Systemen (geometrische Imperfektionen) und Eigenspannungszustände im Querschnitt von der Herstellung her (strukturelle Imperfektionen) die Belastbarkeit mindern können. Deshalb sind bei jeder Stabilitätsberechnung im allgemeinen geometrische Ersatzimperfektionen, deren Form und Größe in den einschlägigen Berechnungsnormen geregelt sind, anzusetzen, die die geometrischen und strukturellen Imperfektionen des Tragwerks abdecken. Die Form der Imperfektionen muß so gewählt werden, daß das Versagen begünstigt wird. Bei einfachen Stäben und ein- und mehrgeschossigen Rahmen kann die Form der Imperfektionen meist nach der Anschauung angegeben werden. Bei komplizierteren Konstruktionen ist zunächst die Knickfigur zu bestimmen. Affin dazu sind die Imperfektionen anzusetzen. Mit Imperfektionen dürfen die Schnittgrößen nach Theorie 2. Ordnung (Gleichgewicht am System mit Verschiebungen, die klein gegenüber den Querschnittsabmessungen sind) oder in ganz seltenen Fällen nach der Theorie großer Verschiebungen ermittelt werden. Dabei dürfen wieder die Methoden E-E, E-P und P-P bei Vorliegen der entsprechenden Voraussetzungen angewendet werden. Lineare Superposition von Lastfällen ist nicht mehr allgemein möglich. Der Nachweis erfolgt wie im vorliegenden Abschnitt. Beim Verfahren P-P ist jedoch zu beachten, daß die maximale Laststufe bereits vor Erreichen der kinematischen Kette erreicht werden kann. Die Last bei der kinematischen Kette ist kleiner oder gleich der höchsten Laststufe.

Bei einfachen, beiderseits gelenkig gelagerten Knickstäben wurde ein Nachweisverfahren erarbeitet, das unter Berücksichtigung der Imperfektionen die Beanspruchbarkeit des Stabes als χ-fachen Bemessungswert der plastischen Normalkraftbeanspruchung angibt. Der Knickbeiwert χ ist vor allem von der bezogenen Schlankheit des Stabes abhängig und im EC 3 angegeben. Man erspart sich dabei am einfachen Stab die Ermittlung der Schnittgrößen nach Theorie 2. Ordnung unter Berücksichtigung der Imperfektionen. In vielen Fällen können Stäbe mit anderen Lagerungsbedingungen und Stabsysteme auf diese einfachen Knickstäbe zurückgeführt werden, wenn die Knicklast des perfekten, ideal elastischen Systems mit der Knicklast des Ersatzstabes übereinstimmt. Für den Nachweis des Ersatzstabes werden die Schnittgrößen nach Theorie 1. Ordnung zugrunde gelegt.

Bei Biegedrillknickversagen – dabei versagt ein Stab infolge Biegung verbunden mit einer Stabverdrehung – wird praktisch der Nachweis immer als Ersatzstabnachweis geführt.

3.2.4 Bruch oder dem Bruch gleichgestellte Verformungen von Tragwerksteilen

Bei den vorher genannten Grenzzuständen der Tragfähigkeit war die Beanspruchbarkeit des Querschnitts bzw. des Systems höchstens hinsichtlich des Fließens von Querschnitten maßgeblich. Eine Absicherung gegen den statischen Bruch wird nur dort herangezogen, wo Querschnittsschwächungen und begrenzte Verformbarkeit auftreten. So wird z.B. bei Querschnitten mit Schraubenlöchern unter Zugbeanspruchung ein auf die Zugfestigkeit bezogener Wert der Beanspruchbarkeit ermittelt und somit die Tragsicherheit gegen den statischen Bruch nachgewiesen. Auch bei den Schrauben selbst werden die Beanspruchbarkeiten von der Zugfestigkeit der Schraube, bei Lochleibung der Schraube und bei Schweißnähten von der Zugfestigkeit des Grundwerkstoffes abgeleitet. Da vor dem statischen Bruch Fließen auftritt, dürfen für den Nachweis gegen den statischen Bruch auch alle Verfahren P-P verwendet werden.

Bei dynamisch beanspruchten Bauwerken, wie z.B. Brücken, Kräne und Kranbahnen, Maschinen usw., stellt auch der Ermüdungsbruch eine Grenze der Tragfähigkeit dar. Für die Entstehung eines Ermüdungsbruches ist immer die oftmalige Beanspruchung an einer Stelle mit konzentrierten Spannungen maßgeblich. Deshalb müssen beim Ermüdungsnachweis immer die Spannungen an einem elastischen Modell ermittelt werden, ohne Berücksichtigung von Umlagerungen im Sinne einer plastischen Berechnung.

3.2.5 Spannungs-Dehnungsgesetz, Fließen

Für die Ermittlung der Querschnittsbeanspruchung und -beanspruchbarkeit wird ein idealisiertes Spannungs-Dehnungsdiagramm (σ-ε-Diagramm, Bild 3-2) verwendet.

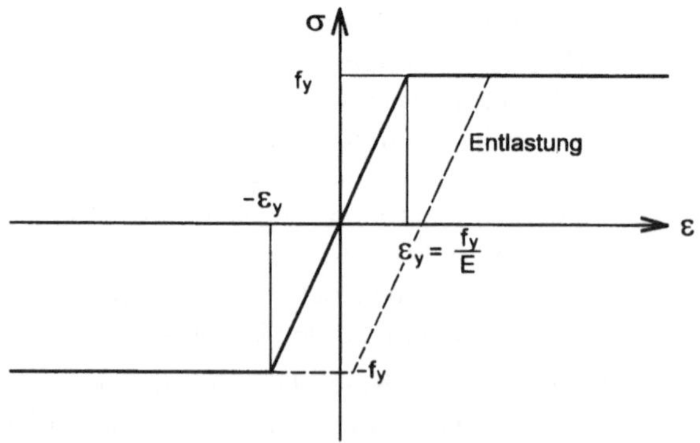

Bild 3-2 Idealisiertes σ-ε-Diagramm

Betrachtet man ein Parallelepiped, dessen Seiten nach den Richtungen der Hauptspannungen orientiert sind, dessen Seitenlängen ds_1, ds_2, ds_3 betragen und an dessen Seitenflächen die Hauptspannungen angreifen, so läßt sich mit den Dehnungen $\varepsilon_1 = (\sigma_1 - \mu(\sigma_2 - \sigma_0))/E$ usw. die Formänderungsarbeit a bezogen auf das Volumen bestimmen.

$$dA = \frac{1}{2}\left(\underbrace{\sigma_1 ds_2 ds_3 \cdot}_{\text{Kraft}} \underbrace{\varepsilon_1 ds_1}_{\text{Verlängerung}} + \sigma_2 ds_3 ds_1 \cdot \varepsilon_2 ds_2 + \sigma_3 ds_1 ds_2 \cdot \varepsilon_3 ds_3 \right)$$

$$a = \frac{dA}{dV} = \frac{1}{2}\sum_{i=1,2,3}\sigma_i\varepsilon_i$$

Dieser Spannungszustand kann in einen konstanten mittleren Spannungszustand $\sigma_m = \frac{1}{3}\sum_{i=1,2,3}\sigma_i$ und einen Spannungszustand $\sigma_i - \sigma_m$ aufgespalten werden. Da jede Seite unter σ_m proportional zur Länge gedehnt wird, führt dieser Spannungszustand σ_m zu einer Volums- jedoch zu keiner Gestaltsänderung des Parallelepipeds. Teilt man die Formänderungsarbeit a in eine Volumsänderungsarbeit a_V und in eine Gestaltsänderungsarbeit a_G auf

$$a = a_V + a_G$$

mit

$$a_V = \frac{1}{2}\cdot 3\sigma_m \cdot \varepsilon_m = \frac{3}{2}\sigma_m(1-2\mu)\sigma_m/E = \frac{1}{6E}(1-2\mu)(\sigma_1 + \sigma_2 + \sigma_3)^2,$$

so ergibt sich für die Gestaltsänderungsarbeit

$$a_G = a - a_V = \frac{1}{2E} - \sigma_1\left[\sigma_1(\sigma_1 - \mu(\sigma_2 + \sigma_3)) + \sigma_2(\sigma_2 - \mu(\sigma_3 + \sigma_1)) + \sigma_3(\sigma_3 - \mu(\sigma_1 + \sigma_2))\right] -$$

$$-\frac{1}{6E}(1-2\mu)(\sigma_1 + \sigma_2 + \sigma_3)^2 = \frac{1+2\mu}{6}(\sigma_1^2 + \sigma_2^2 + \sigma_3^2 - \sigma_1\sigma_2 - \sigma_2\sigma_3 - \sigma_3\sigma_1).$$

Von Mises, Huber und Hencky haben die Hypothese aufgestellt, daß die Gestaltsänderungsarbeit das maßgebende Kriterium für das Fließen sei. Vergleicht man die Gestaltsänderungsarbeit des dreiachsig beanspruchten Körpers $a_G^{(3)}$ mit der des einachsig beanspruchten Körpers $a_G^{(1)}$, so kann eine Vergleichsspannung σ_V angegeben werden.

$$a_G^{(3)} = \frac{1+2\mu}{6}\left(\sigma_1^2 + \sigma_2^2 + \sigma_3^2 - \sigma_1\sigma_2 - \sigma_2\sigma_3 - \sigma_2\sigma_1\right) = \frac{1+2\mu}{6}\cdot\sigma_V^2 = a_G^{(3)}$$

$$\sigma_V = \sqrt{\sigma_1^2 + \sigma_2^2 + \sigma_3^2 - \sigma_1\sigma_2 - \sigma_2\sigma_3 - \sigma_3\sigma_1}$$

Wenn $\sigma_V = f_y$ ist, tritt Fließen auch am dreiachsig beanspruchten Körper ein.

Liegen nicht die Hauptspannungen vor, sondern die Spannungen σ_x, σ_y, σ_z, $\tau_{x,y}$, $\tau_{y,z}$, τ_{zx} in Richtung eines kartesischen Koordinatensystems x, y, z, so kann die Vergleichsspannung über die beiden Invarianten

$$\sigma_1 + \sigma_2 + \sigma_3 = \sigma_x + \sigma_y + \sigma_z,$$

$$\sigma_1\sigma_2 + \sigma_2\sigma_3 + \sigma_3\sigma_1 = \sigma_x\sigma_y + \sigma_y\sigma_z + \sigma_z\sigma_x - \tau_{xy}{}^2 - \tau_{yz}{}^2 - \tau_{zx}{}^2$$

auch für diese Spannungen umgerechnet werden.

$$\sigma_V = \sqrt{\sigma_x{}^2 + \sigma_y{}^2 + \sigma_z{}^2 - \sigma_x\sigma_y - \sigma_y\sigma_z - \sigma_z\sigma_y - 3\tau_{xy}{}^2 - 3\tau_{yz}{}^2 - 3\tau_{zx}{}^2}\,.$$

Im weiteren wird für den Stabquerschnitt mit $\sigma_x = \sigma$ und τ, wie er bei Stahlbauprofilen auftritt, die Vergleichsspannung

$$\sigma_V = \sqrt{\sigma^2 + 3\tau^2}$$

angegeben.

Bei reiner Schubbeanspruchung wird $\sigma_V = \sqrt{3}\tau$. Fließen tritt ein, wenn $\tau = \tau_y = \dfrac{f_y}{\sqrt{3}}$.

3.3 Tragfähigkeitsnachweis für ebene Systeme

3.3.1 Voraussetzungen und Grundlagen

Ebene Tragwerke, die nur in ihrer Ebene belastet werden, mit Stäben, die zur Ebene symmetrische Stabquerschnitte aufweisen, kommen in der Praxis häufig vor. Stäbe sind dadurch gekennzeichnet, daß die Breite b und Höhe h der Querschnitte klein gegenüber der Stablänge l ist. Die Beanspruchungen der Stäbe rechtwinkelig zu ihrer Achse werden im allgemeinen vernachlässigt. Die Stäbe können gerade oder schwach gekrümmt sein (der Krümmungsradius ist groß gegenüber der Profilhöhe). Die Stäbe bestehen aus homogenen und isotropen Werkstoffen. Die positiven Achsenbezeichnungen ergeben sich nach Bild 3-3. Der Stab wird in der statischen Berechnung als linienförmiges Tragwerk (ohne Ausdehnung in der Querrichtung) beschrieben.

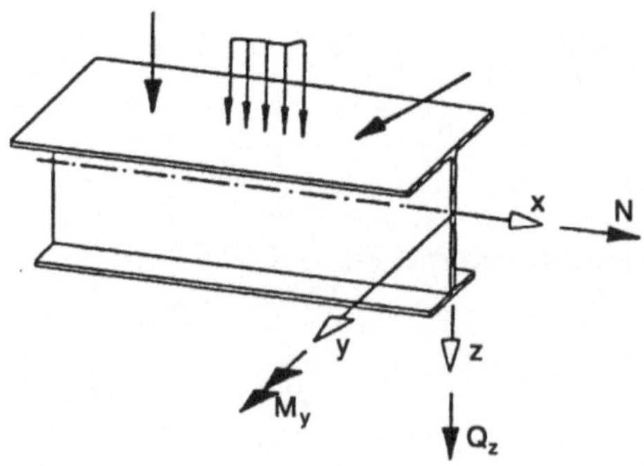

Bild 3-3
Bezeichnungen

Die Linie liegt in den Schwerpunkten der Querschnitte, für die $\int\limits_{A} z\,dA = 0$ gilt. Mit der äußeren

Belastung des Stabes stehen die Schnittgrößen Normalkraft N, Biegemoment M_y und Querkraft

$Q_z = \dfrac{dM_y}{dx}$ im Gleichgewicht. Bei den üblichen Stabtragwerken sind die Verschiebungen unter

der Beanspruchung im allgemeinen klein gegenüber den Querschnittsabmessungen. Da die Normalspannungen rechtwinkelig zur Stabachse im allgemeinen klein sind, wird davon ausgegangen, daß der Querschnitt unter Belastung formtreu bleibt (Querschnittsform bleibt unverändert).

Werden bei der Schnittgrößenermittlung die Gleichgewichtsbedingungen am unverformten Stabsystem erfüllt, spricht man von Schnittgrößen nach Theorie 1. Ordnung, werden sie am verformten System erfüllt, von Schnittgrößen nach Theorie 2. Ordnung. Um die Verteilung der Dehnungen im Querschnitt bei Biegemoment My und Normalkraft N zu ermitteln, wird die Hypothese nach Bernoulli eingeführt, die besagt, daß unter diesen Schnittgrößen die Querschnitte auch nach der Verformung eben und normal zur Stabachse bleiben. Unter dieser Bedingung muß die Verschiebung u(x,z) eine lineare Funktion von z und aus Symmetriegründen unabhängig von y sein.

u(x,z) = a(x) + b(x)·z.

3.3.2 Elastische Beanspruchung und Beanspruchbarkeit des Querschnitts

Für kleine Dehnungen ergeben sich diese nach der Elastizitätstheorie

$$\varepsilon(x,z) = \frac{\partial u(x,z)}{\partial x} = a'(x) + b'(x)\cdot z$$

Solange $|\varepsilon| \leq \varepsilon_y$ ist, liegt eine elastische Dehnungsverteilung vor. Die Spannungen können nach dem Hookeschen Gesetz berechnet werden. Treten keine lokalen Beulen im Druckbereich auf, so gilt:

$$\sigma(x,z) = E\cdot\varepsilon(x,z) = E\big(a'(x) + b'(x)\cdot z\big).$$

Die Schnittgrößen ersetzen die Integrale der Spannungen über den Querschnitt:

$$N = \int\limits_{A}\sigma A = E\int\limits_{A}(a' + b'\cdot z)dA = E\cdot A\cdot a' + Eb'\underbrace{\int\limits_{A} z\,dA}_{0} = EA\cdot a'$$

$$M_y = \int\limits_{A}\sigma\cdot z\,dA = E\int\limits_{A}(a' + b'\cdot z)z\,dA = Ea'\underbrace{\int\limits_{A} z\,dA}_{0} + Eb'\int\limits_{A} z^2 dA = EI_y\cdot b'$$

$\int\limits_{A} dA = A \qquad$ die Querschnittsfläche

$\int z^2 dA = I_y \qquad$ das Flächenmoment 2. Grades oder Hauptträgheitsmoment um die y-Achse.

Mit $a' = \dfrac{N}{EA}$ und $b' = \dfrac{M_y}{EI_y}$ ergibt sich

$$\varepsilon(x,z) = \frac{N(x)}{EA(x)} + \frac{M_y(x)}{EI_y(x)} \cdot z \,.$$

EA wird auch als Dehnsteifigkeit, EI_y als Biegesteifigkeit bezeichnet. Aus der Dehnung ergibt sich die Spannung

$$\sigma(x,z) = \frac{N(x)}{A(x)} + \frac{M_y(x)}{I_y(x)} \cdot z \,.$$

Mit dem Flächenmoment 1. Grades oder Widerstandsmoment

$$W_y(x,z) = \frac{I_y(x)}{z} \quad \text{erhält man}$$

$$\sigma(x,z) = \frac{N(x)}{A(x)} + \frac{M_y(x)}{W_y(x,z)} \,.$$

Die Extremwerte der Spannungen treten am unteren bzw. oberen Rand des Querschnitts auf. Da das Ebenbleiben des Querschnitts vorausgesetzt wird, ergeben sich keine Schubverzerrungen. Die Schubspannungen infolge Querkraft können daher primär nicht aus den Schubverzerrungen berechnet werden. Bleiben aber in einem Stababschnitt zwischen zwei Querschnitten 1 und 2 die Normalspannungen nicht konstant, so kann im Stababschnitt das Gleichgewicht nur über Schubspannungen in Längsrichtung aufrechterhalten werden.

$$\tau \cdot t \cdot \Delta x + \int_{A_{a_1}} \sigma^{(1)} dA - \int_{A_{a2}} \sigma^{(2)} dA = 0$$

$$\tau \cdot t = T = \frac{\displaystyle\int_{Aa_2} \sigma^{(2)} dA - \int_{Aa_1} \sigma^{(1)} dA}{\Delta x} \quad ; \qquad \text{T ist der Schubfluß}$$

Für über den Stababschnitt konstante Querschnitte (A = const., I_y = const.) mit konstanter Normalkraft (N = const.) kann der Grenzwert für $\Delta x \to 0$ gebildet werden.

$$\tau t + \lim_{\Delta x \to 0} \int_{Aa} \frac{\sigma(x + \Delta x) - \sigma(x)}{\Delta x} dA = 0$$

$$\tau t + \int_{Aa} \frac{d\sigma}{dx} dA = 0$$

$$\frac{d\sigma}{dx} = \frac{dN}{dx} \cdot \frac{1}{A} + \frac{dM_y}{dx} \cdot \frac{z}{I_y} = Q_z \cdot \frac{z}{I_y}$$

$$\tau t + \int_{Aa} Q_z \cdot \frac{z}{I_y} dA = \tau t + \frac{Q_z}{I_y} \int_{Aa} z dA = 0$$

$\int\limits_{Aa} z\,dA$ ist das statische Flächenmoment S_y des abgetrennten Querschnitts um die y-Achse.

Daraus folgt

$$\tau \cdot t = T = -\frac{Q_z \cdot S_y}{I_y}$$

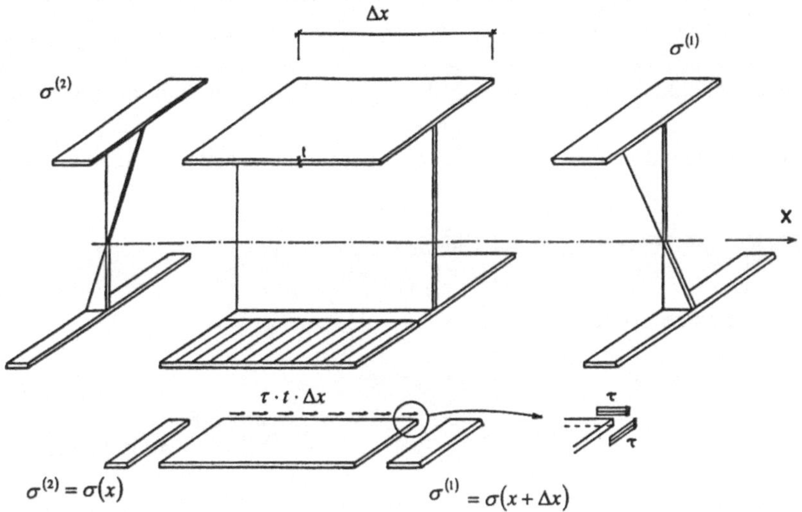

Bild 3-4 Ermittlung der Schubspannungen

Eine positive Schubspannung τ wirkt am abgetrennten Teil in Richtung der positiven x-Achse. Aus den Schubspannungen in Längsrichtung werden aufgrund des Satzes von der Gleichheit der zugeordneten Schubspannungen die Schubspannungen im Querschnitt ermittelt, deren Integral über den Querschnitt wieder die Querkraft Q_z ergibt. Die maximale Schubspannung ergibt sich in der Schwerachse.

Bei dünnwandigen Querschnitten nehmen alle Querschnittsteile, die nicht quer zur Querkraft stehen, die Querkraft auf. Eine mittlere Schubspannung τ_m ergibt sich in diesen Teilen mit

$$\tau_m = \frac{Q_z}{A_Q} \qquad\qquad A_Q = \Sigma\, A_i \cos \alpha_i$$

α_i ist der Winkel zwischen der Teilquerschnittsachse zur z-Achse.

Auch bei einfach geschlossenen Hohlprofilen können die Schubspannungen nach der angegebenen Formel berechnet werden, da aus Symmetriegründen die Schubspannungen in der Symmetrieachse Null sind. Von diesem Punkt ausgehend kann das statische Flächenmoment S_y bestimmt werden.

Bei mehrzelligen Hohlquerschnitten mit Zellen, die nicht in der Symmetrieachse liegen, können die Schubspannungen nur unter Berücksichtigung der Schubverformungen und der Erhaltung der Verträglichkeitsbedingungen berechnet werden. Dazu müssen diese Zellen zum statisch bestimmten Grundsystem aufgeschnitten werden. Für diesen Querschnitt kann der Schubfluß T_0 bestimmt werden. In jeder aufgeschnittenen Zelle i wird ein ringsum laufender konstanter Schubfluß T_i angesetzt. Die Längsverschiebungen an den Schnittstellen u_i ergeben sich aus

$$u_i = \frac{1}{G} \oint_i T_0 \cdot \frac{ds}{t}.$$ Infolge $T_j = 1$ ergibt sich an der Stelle i die Verschiebung $u_{i,j} = \frac{1}{G} \int_{s_{i,j}} \frac{ds}{t}.$

Aus den i-Verträglichkeitsbedingungen $\sum_{j=1}^{n} T_j u_{i,j} + u_i = 0$ ergibt sich ein lineares Gleichungs-

system für die unbekannten Schubflüsse T_i. Der Schubfluß T ergibt sich aus $T = T_0 + \sum_i T_i.$

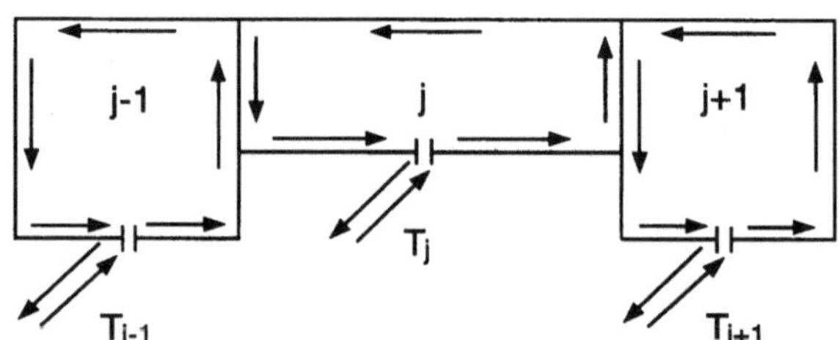

Bild 3-5
Mehrzelliger Hohlquerschnitt

Beim Tragfähigkeitsnachweis nach E-E ist zu zeigen, daß die maximale Vergleichsspannung

$$\max\sigma_{v,Sd} \leq f_{y,Rd} = \frac{f_y}{\gamma_M}$$ ist. Dies ist der Nachweis auf der „Spannungsebene". Meist über-

sichtlicher ist jedoch der Nachweis auf der „Querschnittsebene". Hier ist mit einzeln auftreten-den Schnittgrößen zu zeigen, daß

$$N_{Sd} \leq N_{el,Rd} = A \cdot f_{y,Rd} = A \frac{f_y}{\gamma_M},$$

$$M_{Sd} \leq M_{Rd} = \min W \cdot \frac{f_y}{\gamma_M} \quad \text{und}$$

$$Q_{Sd} \leq Q_{Rd} = A_Q \cdot \tau_{y,Rd} = A_Q \cdot \frac{f_y}{\sqrt{3}\gamma_M}.$$

Treten diese Schnittgrößen kombiniert auf, so ist dies beim Nachweis zu berücksichtigen. Dies gilt vor allem bei einer Kombination von Normalkraft N_{Sd} und Biegemoment M_{Sd}. Aus der Umkehr der Formel

$$\sigma_{Sd} = \frac{N_{Sd}}{A} + \frac{M_{Sd}}{W} = \frac{1}{W}\left(M_{Sd} + \frac{W}{A} \cdot N_{Sd}\right)$$

erhält man mit der Kernweite $k = \dfrac{W}{A}$ aus den Bemessungsschnittlasten das Kernpunktsmoment

$M_{k,Sd} = M_{Sd} + k \cdot N_{Sd}$. Die Nachweise für den unteren und den oberen Rand des Querschnitts sind in folgender Form zu führen:

$$M_{k,Sd} \leq W \cdot f_{y,Rd} = W \cdot \frac{f_y}{\gamma_M} \, ,$$

3.3.3 Plastische Beanspruchbarkeit des Querschnitts

Überschreiten bei Verformungen die Dehnungen die Fließdehnung ε_y, so treten unter Beibehaltung der Bernoulli-Hypothese Fließzonen auf, in denen die Spannung gleich f_y ist. Hier muß wieder beachtet werden, daß Querschnitte im Druckbereich lokal ausbeulen können. Aus diesem Grunde werden bei Tragfähigkeitsnachweisen von Querschnitten vier Querschnittsklassen eingeführt, die vom Breiten/Dicken-Verhältnis der druckbeanspruchten Teile und deren Lagerungsbedingungen abhängen.

Querschnitte der Klasse 1 gestatten die Beanspruchung bis alle Querschnittsfasern die Streckgrenze im Zug- und Druckbereich erreichen und haben darüberhinaus hinreichend große Verformbarkeit in diesem Zustand, ohne daß die Beanspruchbarkeit abnimmt. Querschnitte der Klasse 2 gestatten zwar die Beanspruchung bis alle Querschnittsfasern die Streckgrenze im Zug- und Druckbereich erreichen, Aussagen über die Verformbarkeit werden allerdings nicht gemacht. Querschnitte der Klasse 3 gestatten nur die elastische Beanspruchung bis zum Erreichen der Streckgrenze in der höchst beanspruchten Faser. Querschnitte der Klasse 4 zeigen lokales Beulversagen im Druckbereich bereits bei elastischer Beanspruchung. Durch Reduktion der Querschnitte im Druckbereich gelingt es, diese Querschnitte auf Querschnitte der Klasse 3 zurückzuführen (siehe 3.6.8).

Kriterien für die Querschnittsklassen nach EC 3 gibt die Tabelle 3-4. Die höchste Querschnittsklasse des Teilquerschnitts bestimmt die Querschnittsklasse des Gesamtquerschnitts.

Zugbeanspruchte Querschnitte sind immer der Klasse 1 zuzuordnen.

Wird die plastische Querschnittstragfähigkeit beim Tragfähigkeitsnachweis ausgenützt (E-P oder P-P), so muß außerdem für den Werkstoff gelten:

$$\frac{f_u}{f_y} \geq 1,2 \, , \quad \frac{\varepsilon_u}{\varepsilon_y} \geq 20, \quad \delta_5 \geq 15\%,$$

was für alle allgemeinen Baustähle für Stahlbauten nach EN 10025 erfüllt ist. Die Stellen, an denen sich Fließgelenke bilden, müssen außerdem seitlich gehalten werden, da im Fließzustand an diesen Stellen keine Seitensteifigkeit mehr vorhanden ist.

Tabelle 3-4 Maximale b/t-Verhältnisse druckbeanspruchter Querschnittsteile nach EC 3-1-1 Tab. 5.3.1 [19]

		Stegblechteile: (beidseitig gestützte Teile, rechtwinkelig zur Biegeachse)			Flanschteile: (beidseitig gestützte Teile parallel zur Biegeachse)		Flanschteile: (einseitig gestützte Teile)		

QSK	Querschnitts-form	Stegblech beansprucht auf Biegung	Stegblech beansprucht auf Druck	Stegblech beansprucht auf Druck u. Biegung	Querschnitt beansprucht auf Biegung	Querschnitt beansprucht auf Druck	Flansch beansprucht auf Druck	Flansch beansprucht auf Druck und Biegung: Flanschende in Druckbereich	Flansch beansprucht auf Druck und Biegung: Flanschende in Zugbereich
Spannungs-Verteilung über Querschnittsteil und Querschnitt (Druck positiv)		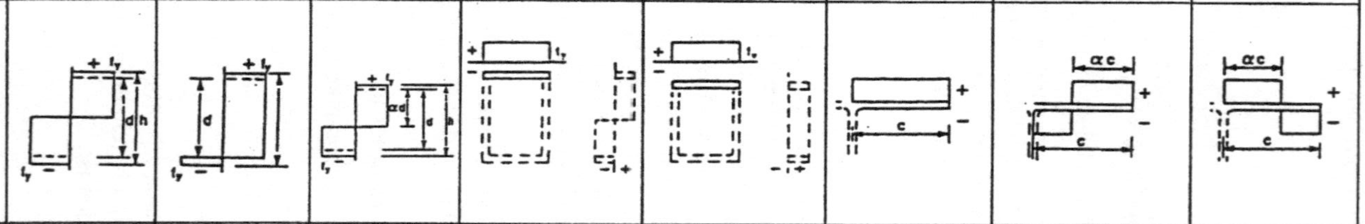							
1	gewalzt geschweißt	$d/t_w \le 72\varepsilon$	$d/t_w \le 33\varepsilon$	für $\alpha > 0{,}5$: $d/t_w \le 396\varepsilon/(13\alpha-1)$ für $\alpha < 0{,}5$: $d/t_w \le 36\varepsilon/\alpha$	$(b-3t_f)/t_f \le 33\varepsilon$ $b/t_f \le 33\varepsilon$	$(b-3t_f)/t_f \le 42\varepsilon$ $b/t_f \le 42\varepsilon$	$c/t_f \le 10\varepsilon$ $c/t_f \le 9\varepsilon$	$c/t_f \le 10\varepsilon/\alpha$ $c/t_f \le 9\varepsilon/\alpha$	$c/t_f \le 10\varepsilon/(\alpha\sqrt{\alpha})$ $c/t_f \le 9\varepsilon/(\alpha\sqrt{\alpha})$
2	gewalzt geschweißt	$d/t_w \le 83\varepsilon$	$d/t_w \le 38\varepsilon$	für $\alpha > 0{,}5$: $d/t_w \le 456\varepsilon/(13\alpha-1)$ für $\alpha < 0{,}5$: $d/t_w \le 41{,}5\varepsilon/\alpha$	$(b-3t_f)/t_f \le 38\varepsilon$ $b/t_f \le 38\varepsilon$	$(b-3t_f)/t_f \le 42\varepsilon$ $b/t_f \le 42\varepsilon$	$c/t_f \le 11\varepsilon$ $c/t_f \le 10\varepsilon$	$c/t_f \le 11\varepsilon/\alpha$ $c/t_f \le 10\varepsilon/\alpha$	$c/t_f \le 11\varepsilon/(\alpha\sqrt{\alpha})$ $c/t_f \le 10\varepsilon/(\alpha\sqrt{\alpha})$
Spannungs-Verteilung über Querschnittsteil und Querschnitt (Druck positiv)		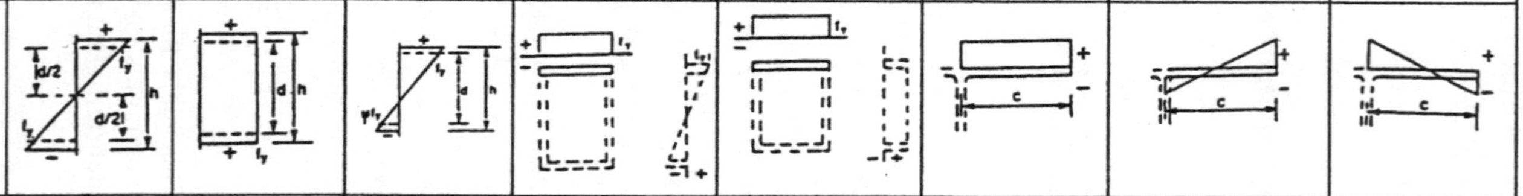							
3	gewalzt geschweißt	$d/t_w \le 124\varepsilon$	$d/t_w \le 42\varepsilon$	für $\psi > -1$: $d/t_w \le 42\varepsilon/(0{,}67+0{,}33\psi)$ für $\psi \le -1$: $d/t_w \le 62\varepsilon(1-\psi)\sqrt{(-\psi)}$	$(b-3t_f)/t_f \le 42\varepsilon$ $b/t_f \le 42\varepsilon$	$(b-3t_f)/t_f \le 42\varepsilon$ $b/t_f \le 42\varepsilon$	$c/t_f \le 15\varepsilon$ $c/t_f \le 14\varepsilon$	$c/t_f \le 23\varepsilon\sqrt{k_\sigma}$ $c/t_f \le 21\varepsilon\sqrt{k_\sigma}$	k_σ siehe Tabelle 5.3.3
$\varepsilon = \sqrt{235/f_y}$		f_y	235	275	355				
		ε	1	0,92	0,81				

PLASTISCHE GRENZTRAGFÄHIGKEIT DES QUERSCHNITTS BEI NORMALKRAFTBEANSPRUCHUNG

Die elastische Grenztragfähigkeit des Querschnittes bei Normalkraftwirkung N_{el} ist erreicht, wenn in der ersten Faser die Normalspannung $\sigma = f_y$ ist. Damit folgt $N_{el} = A \cdot f_y$. Da dabei aber auch alle Querschnittsfasern die Streckgrenze erreichen, folgt $N_{el} = N_{pl} = A \cdot f_y$.

Bei Normalkraftbeanspruchung weist der Querschnitt keine plastischen Reserven auf.

PLASTISCHE GRENZTRAGFÄHIGKEIT DES QUERSCHNITTS BEI BIEGEMOMENTENBEANSPRUCHUNG

Unter der Wirkung eines Biegemomentes M ist die elastische Grenztragfähigkeit des Querschnittes M_{el} erreicht, wenn $M_{el} = \min W \cdot f_y$ ist.

Wie Bild 3-6 zeigt, ist darüber hinaus bei Annahme der Bernoullihypothese eine Laststeigerung möglich, bis alle Fasern die Streckgrenze erreichen.

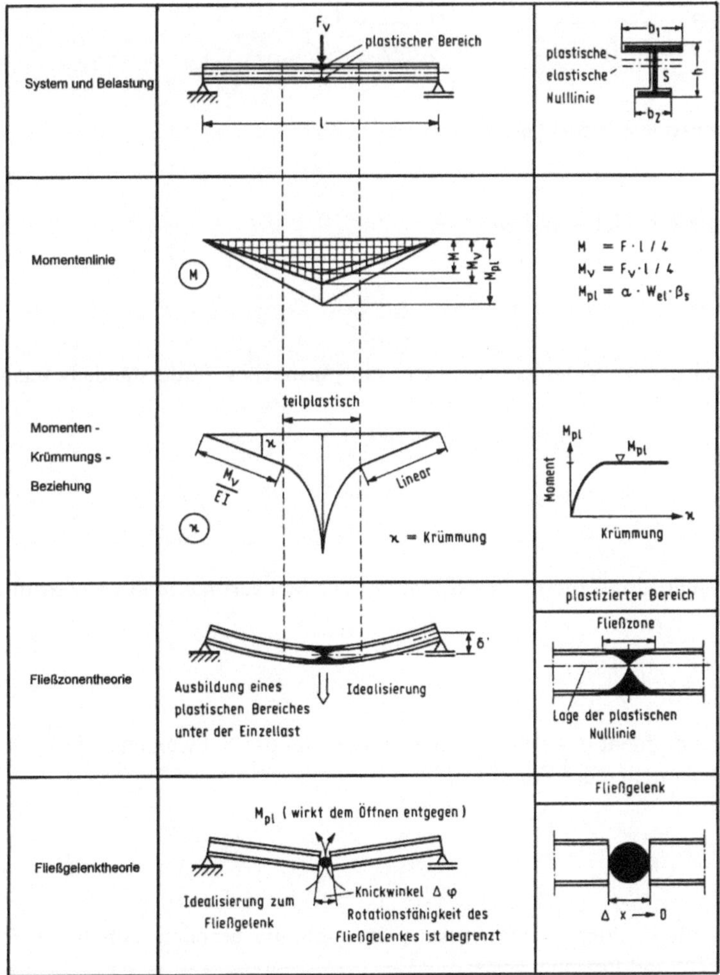

Bild 3-6
Laststeigerung bis zur plastischen Grenzlast

Aus Gleichgewichtsgründen verschwindet bei Momentenbeanspruchung die resultierende Längskraft. Die Nullinie für das vollplastische Moment M_{pl} liegt in der Flächenhalbierenden. Für einfachsymmetrische Querschnitte tritt somit beim Übergang vom elastischen zum plastischen Bereich eine Verschiebung der Nullinie von der Schwerlinie zur Flächenhalbierenden auf. Die Resultierenden der gleichsinnig beanspruchten Querschnittsteile liegen daher in deren Schwerpunkten (Bild 3-7).

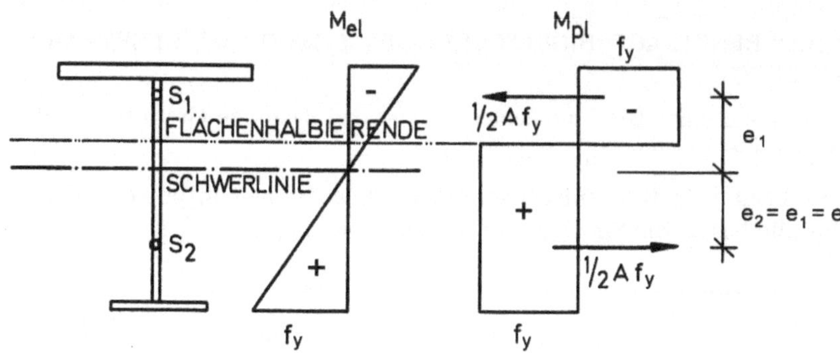

Bild 3-7 Vollplastizierter einfachsymmetrischer Querschnitt

Das plastische Grenzmoment ergibt sich somit zu

$$M_{pl} = \frac{1}{2}A \cdot (e_1 + e_2) \cdot f_y = A \cdot e_1 \cdot f_y \ .$$

Führt man analog zum „elastischen" Widerstandsmoment ein plastisches Widerstandsmoment W_{pl} mit

$$M_{pl} = W_{pl} \cdot f_y \quad \text{ein, so wird}$$

$$W_{pl} = \frac{1}{2}A(e_1 + e_2) = A \cdot e_1 \ .$$

Bei doppeltsymmetrischem Querschnitt bleibt die Nullinie in der Schwerlinie, und es wird mit $e_1 = e_2 = e$.

$$W_{pl} = \frac{1}{2}A \cdot 2e = 2S_y,$$

wobei S_y das statische Flächenmoment des halben Querschnittes um die Schwerachse darstellt. Als Formbeiwert α_{pl} bezeichnet man das Verhältnis

$$\alpha_{pl} = \frac{M_{pl}}{M_{el}} = \frac{W_{pl}}{W_{el}}.$$

Für einige in der Praxis wichtige, doppeltsymmetrische Querschnitte ergeben sich folgende plastische Widerstandsmomente und Formbeiwerte:

– Rechteckquerschnitt

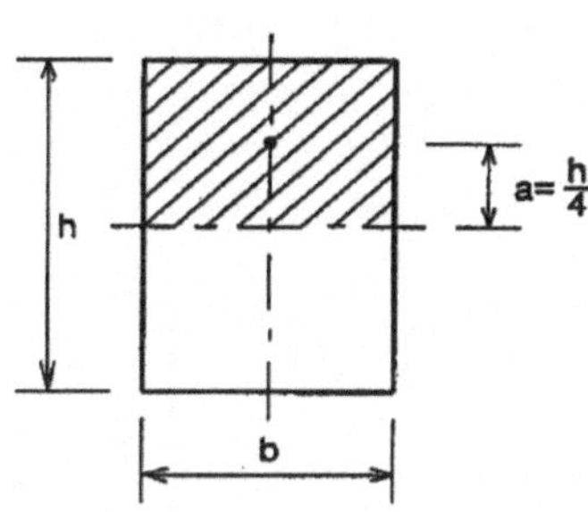

$$W_{pl} = 2S_y = 2 \cdot b \cdot \frac{h}{2} \cdot \frac{h}{4} = \frac{bh^2}{4}$$

$$W = \frac{bh^2}{6}$$

$$\alpha_{pl} = \frac{W_{pl}}{W} = \frac{\dfrac{bh^2}{4}}{\dfrac{bh^2}{6}} = 1,5$$

– Doppeltsymmetrischer I-Querschnitt um die starke Achse

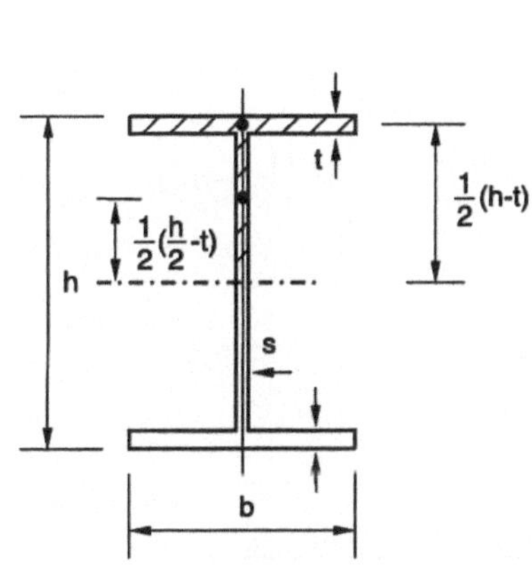

$$W_{pl} = 2S_y = 2\left(bt \cdot \frac{1}{2}(h-t) + s \cdot \frac{h-2t}{2} \cdot \frac{h-2t}{4}\right) =$$

$$= b \cdot t(h-t) + \frac{s}{4}(h-2t)^2.$$

Für $t \ll h$ folgt

$$W_{pl} \approx b \cdot t \cdot h + \frac{sh^2}{4}.$$

$$W = \frac{I}{\dfrac{h}{2}} \approx \frac{2}{h}\left(2bt \cdot \frac{h^2}{4} + \frac{s \cdot h^3}{12}\right) = b \cdot t \cdot h + \frac{sh^2}{6}$$

$$\alpha_{pl} = \frac{W_{pl}}{W} = \frac{b \cdot t \cdot h + \dfrac{sh^2}{4}}{b \cdot t \cdot h + \dfrac{sh^2}{6}} = \frac{1 + \dfrac{s \cdot h}{4bt}}{1 + \dfrac{s \cdot h}{6bt}}.$$

Für wirtschaftliche I-Querschnitte liegt α_{pl} zwischen 1,10 und 1,20. Für warmgewalzte Profile beträgt $\alpha_{pl} \approx 1,15$.

– Doppeltsymmetrischer Kastenquerschnitt

Es gelten die gleichen Formeln wie für den I-Querschnitt, wenn man sich die beiden Stege in der Mitte zusammengeschoben denkt.

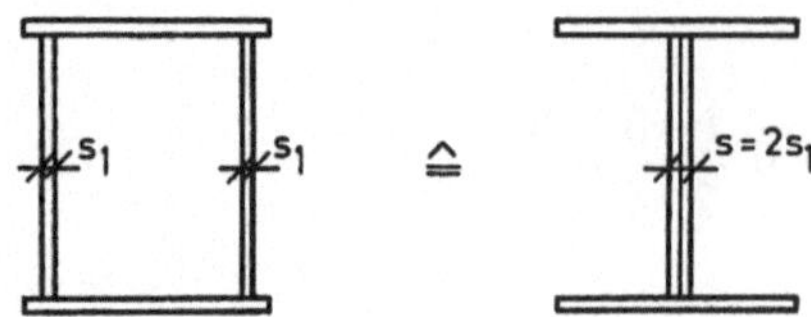

– **Doppeltsymmetrischer I-Querschnitt um die schwache Achse**

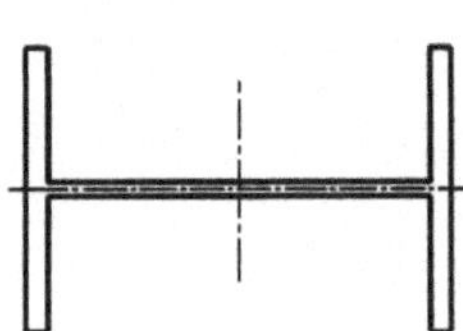

$$W_{pl} = 2S_y = \frac{2b^2 t}{4}$$

$$W = \frac{2b^2 t}{6}$$

$$\alpha_{pl} = \frac{W_{pl}}{W} = 1,5$$

– **Rohrquerschnitt**

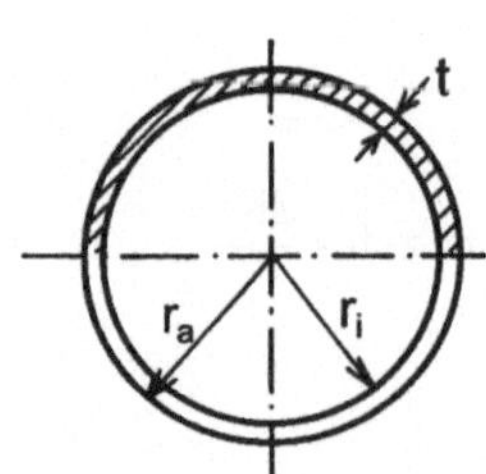

$$W_{pl} = 2S_y = 2\left(\frac{r_a^2 \pi}{2} \cdot \frac{4r_a}{3\pi} - \frac{r_i^2 \pi}{2} \cdot \frac{4r_i}{3\pi}\right) = \frac{4}{3}\left(r_a^3 - r_i^3\right)$$

$$W = \frac{1}{r_a} \cdot \frac{\pi}{4}\left(r_a^4 - r_i^4\right)$$

$$\alpha_{pl} = \frac{\frac{4}{3}\left(r_a^3 - r_i^3\right)}{\frac{1}{r_a} \cdot \frac{\pi}{4}\left(r_a^4 - r_i^4\right)} = \frac{16 r_a}{3\pi} \cdot \frac{r_a^2 + r_a r_i + r_i^2}{(r_a^2 + r_i^2) \cdot (r_a + r_i)}.$$

Für den Vollkreisquerschnitt mit $r_a = r$, $r_i = 0$ folgt

$$W_{pl} = \frac{4}{3} r^3$$

$$\alpha_{pl} = \frac{16}{3\pi} \approx 1,70.$$

Für den dünnwandigen Rohrquerschnitt mit $r_a \approx r_i \approx r$.

$$\alpha_{pl} = \frac{16r}{3\pi} \cdot \frac{3r^2}{2r^2 \cdot 2r} = \frac{4}{\pi} \approx 1,27.$$

PLASTISCHE GRENZTRAGFÄHIGKEIT DES QUERSCHNITTS BEI QUERKRAFT-BEANSPRUCHUNG

Infolge Querkraftbeanspruchung ist die Grenztragfähigkeit des Querschnittes erreicht, wenn in den in Richtung der Querkraft angeordneten Querschnittsteilen das Fließen infolge Schubspannungen auftritt. Aufgrund der von Mises´schen Fließhypothese tritt bei einer Schubspannung

$$\tau_y = \frac{f_y}{\sqrt{3}} \quad \text{Fließen ein.}$$

Bei I-Profilen mit Querkraft in Richtung des Steges erhält man daher mit der Stegfläche A_w.

$$Q_{pl} = A_w \cdot \frac{f_y}{\sqrt{3}} \; .$$

Bei I-Profilen mit Querkraft in Richtung der Gurte ergibt sich mit der Fläche A_f eines Gurtes

$$Q_{pl} = 2A_f \cdot \frac{f_y}{\sqrt{3}} .$$

PLASTISCHE INTERAKTION DES QUERSCHNITTS ZWISCHEN NORMALKRAFT N, BIEGEMOMENT M UND QUERKRAFT Q

• M-Q-Interaktion

Infolge einer Querkraft entsteht in den Stegen, die in Richtung der Querkraft liegen, die Schubspannung $\tau = \dfrac{Q}{A_w}$.

Aus der Fließbedingung $\sigma^2 + 3\tau^2 = f_y^2$ erhält man Fließen im Steg, wenn die Normalspannung σ_w den Wert

$$\sigma_w = \sqrt{f_y^2 - 3\tau^2} \quad \text{erreicht.}$$

Führt man die plastische Grenztragfähigkeit für die Querkraft ein

$$Q_{pl} = A_w \cdot \frac{f_y}{\sqrt{3}},$$

so erhält man

$$\tau = \frac{Q}{Q_{pl}} \cdot \frac{f_y}{\sqrt{3}}$$

und daraus $\quad \sigma_w = f_y \sqrt{1 - \left(\dfrac{Q}{Q_{pl}}\right)^2} = \eta \cdot f_y,$

mit $\quad \eta = \sqrt{1 - \left(\dfrac{Q}{Q_{pl}}\right)^2} \leq 1.$

Demnach wird bei Wirkung einer Querkraft Q das Fließen im Steg bei einer Normalspannung σ_w erreicht, die nur den η-fachen Wert der Streckgrenze f_y aufweist.

Anstelle der verminderten Spannung $\eta \cdot f_y$ auf die volle Stegfläche kann jedoch auch die η-fache Stegfläche mit der Streckgrenze f_y gesetzt werden. Für Biegemoment (und Normalkraft) steht dann nur der Querschnitt mit der η-fachen Stegfläche zur Verfügung, während die $(1-\eta)$-fache Stegfläche zur Aufnahme der Querkraft dient (Bild 3-8).

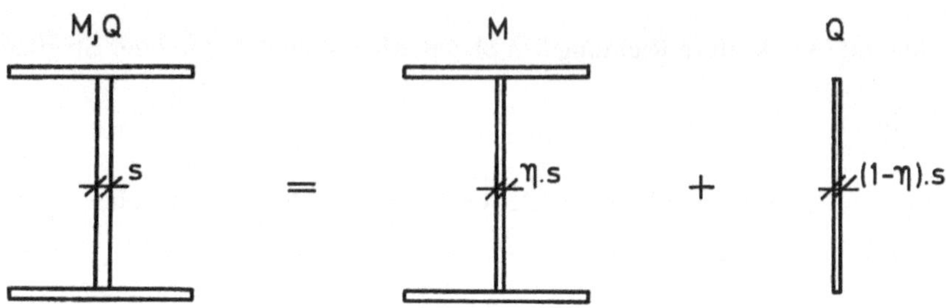

Bild 3-8 Reduzierte Stegfläche bei M–Q–Interaktion

Für $\quad Q \leq 0,5 \cdot Q_{pl} \quad$ wird die Abminderung $\quad \eta \geq \sqrt{1-0,5^2} = 0,866 \quad$ und $\quad 1-\eta \leq 0,134$. Da der Einfluß der Stegfläche auf M_{pl} bei I-Trägern meist unter 20% liegt, beträgt die Abminderung vom M_{pl} infolge Q weniger als $20 \cdot 0,134 = 2,7\%$ und kann daher unberücksichtigt bleiben.

• M-N-Interaktion

Bei doppeltsymmetrischen Querschnitten ist die M-N-Interaktion durch Aufteilung der Fließspannungsblöcke anzugeben (Bild 3-9).

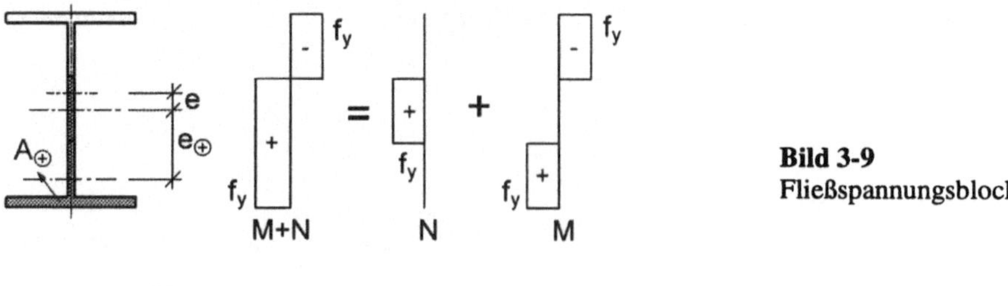

Bild 3-9
Fließspannungsblock

$$M = M_{pl} - \frac{N}{2} \cdot 2e = M_{pl} - N \cdot e$$

e: Schwerpunktsabstand der halben von der Normalkraft beanspruchten Fläche

Bei einfachsymmetrischen Querschnitten wird angenommen, daß die Normalkraft in der Schwerlinie angreift. Infolge der Beanspruchung durch ein Biegemoment M und eine Normalkraft N treten im Zustand der Grenztragfähigkeit in allen Fasern Normalspannungen auf, deren Betrag gleich der Fließgrenze f_y ist. Die Nullinie muß innerhalb des Querschnitts liegen.

Durch die Nullinie wird der Querschnitt in einem zugbeanspruchten Teil mit der Fläche $A_\oplus$ und dem Schwerpunktsabstand $e_\oplus$ und in einen druckbeanspruchten Teil geteilt.

Die Normalkraft erhält man

$$N = \int_A \sigma dA = A_\oplus f_y + (A - A_\oplus)(-f_y) = 2A_\oplus f_y - A \cdot f_y = 2A_\oplus f_y - N_{pl}$$

Bei gegebener N erhält man umgekehrt $A_\oplus = \dfrac{N + N_{pl}}{2f_y}$, für die $e_\oplus$ bestimmt werden kann.

Aus Bild 3-9 ergibt sich

$$M = 2 \cdot A_\oplus \cdot e_\oplus \cdot f_y = (N + N_{pl})e_\oplus$$

Tabelle 3-5 [8] gibt für übliche Querschnitte die M-N-Q-Interaktion an. Der EC 3 gibt Näherungsformeln für die M-N-Q-Interaktion der Querschnitte an.

ENTLASTUNG DES QUERSCHNITTS

Bei Entlastung folgt die Spannung dem Hookeschen Gesetz. Wird ein über die Streckgrenze belasteter Querschnitt entlastet, müssen vom Spannungszustand im elastisch-plastischen Zustand die infolge dieser Schnittgrößen auftretenden elastischen Spannungen abgezogen werden. Bei Beanspruchung mit einem Biegemoment $M > M_{el}$ bleibt auch bei der Entlastung ein Eigenspannungszustand zurück.

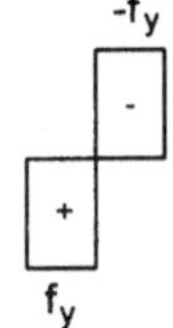

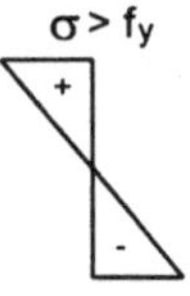

Bild 3-10
Eigenspannungszustand nach Entlastung

TRAGFÄHIGKEITSNACHWEIS

Der Tragfähigkeitsnachweis für Querschnitte der Klassen 1 und 2 ist erbracht, wenn

$$N_{Sd} \leq N_{pl,Rd} = \frac{N_{pl}}{\gamma_M} = \frac{A \cdot f_y}{\gamma_M}$$

$$M_{Sd} \leq M_{pl,Rd} = \frac{M_{pl}}{\gamma_M} = \frac{W_{pl} \cdot f_y}{\gamma_M}$$

$$Q_{Sd} \leq Q_{pl,Rd} = \frac{Q_{pl}}{\gamma_M} = \frac{A_w \cdot f_y}{\sqrt{3} \cdot \gamma_M}$$

Bei kombinierter Beanspruchung dürfen N_{Sd}, M_{Sd} und Q_{Sd} die Bemessungswerte der Interaktionsbeziehung

$$(N,M,Q)_{pl,Rd} = \frac{(N,M,Q)_{pl}}{\gamma_M}$$

nicht überschreiten.

Tabelle 3-5 Interaktionsbedingungen für T-, I-, Π- und □-Querschnitte bei einachsiger Biegung und Längskraft sowie für ◯-Querschnitte bei zweiachsiger Biegung und Längskraft (Druck positiv) nach [15]

		1	2	3	4
		Biegung um y-Achse		Biegung um z-Achse	Biegung um y- und z-Achse
		einfachsymmetrisch	doppelsymmetrisch		
1	Querschnittsform	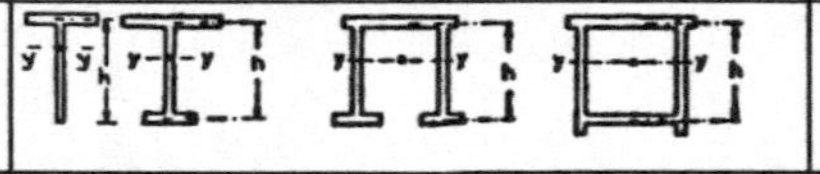 (T-, I-, Π-, □-Querschnitte)	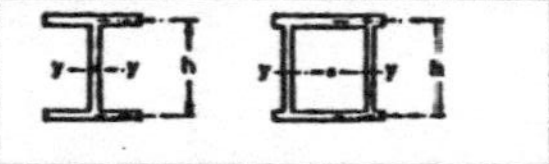 (I-, □-Querschnitte)	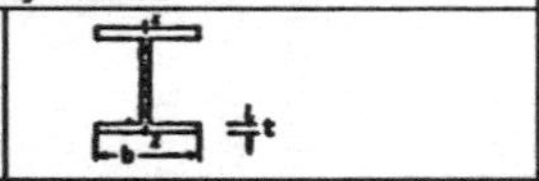 (I-Querschnitt, b, t)	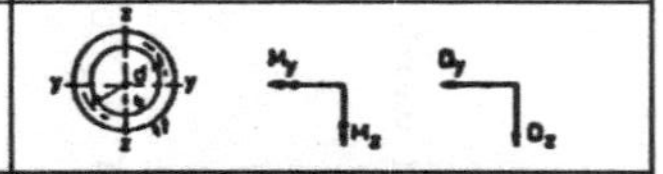 (Kreisringquerschnitt, d; M_y, Q_y; M_z, Q_z)
2	Festlegungen	h Abstand der Gurtschwerpunkte A_3 Fläche des Steges bzw. beider Stege zusammen, wobei als Steghöhe h anzusetzen ist A_1 Gurtfläche auf Momentendruckseite A_2 Gurtfläche auf Momentenzugseite M Betrag des Biegemoments N Längskraft, Druck pos., Zug neg. Q Betrag der Querkraft	h Abstand der Gurtschwerpunkte A Querschnittsfläche A_S Fläche des Steges bzw. beider Stege zusammen, wobei als Steghöhe h anzusetzen ist M,N,Q Beträge von Biegemoment, Längs- und Querkraft	b Gurtbreite A_G Fläche eines Gurts ($A_G = bt$) A_S Fläche des Steges ($A_S = A - 2A_G$) M,N,Q Beträge von Biegemoment, Längs- und Querkraft	d Durchmesser bezogen auf Blechmittelachse t Wanddicke M_y, Q_z Schnittkräfte aus Biegung um y-Achse M_z, Q_y Schnittkräfte aus Biegung um z-Achse N Betrag der Längskraft
3	Vorwerte	$Q_{pl} = A_3 \beta_S/\sqrt{3}$ $Q/Q_{pl} \le \tfrac{1}{3}: \eta = 1$ $Q/Q_{pl} > \tfrac{1}{3}: \eta = \sqrt{1-(Q/Q_{pl})^2}$ $A_r = A_1 + A_2 + \eta A_3$ $\delta_1 = A_1/A_r,\ \delta_2 = A_2/A_r,\ \delta_3 = \eta A_3/A_r$ $N_{pl,Q} = A_r \beta_S$	$Q_{pl} = A_S \beta_S/\sqrt{3}$ $Q/Q_{pl} \le \tfrac{1}{3}: \eta = 1$ $Q/Q_{pl} > \tfrac{1}{3}: \eta = \sqrt{1-(Q/Q_{pl})^2}$ $A_r = A - (1-\eta) A_S$ $\delta = \eta A_S/A_r$ $N_{pl,Q} = A_r \beta_S$ $M_{pl,Q} = \frac{2-\delta}{4} h N_{pl,Q}$	$Q_{pl} = 2A_G \beta_S/\sqrt{3}$ $Q/Q_{pl} \le \tfrac{1}{2}: \eta = 1$ $Q/Q_{pl} > \tfrac{1}{2}: \eta = \sqrt{1-(Q/Q_{pl})^2}$ $A_r = 2\eta A_G + A_S$ $\delta = A_S/A_r$ $N_{pl,Q} = A_r \beta_S$ $M_{pl,Q} = \frac{1-\delta}{2} b N_{pl,Q}$	$Q = \sqrt{Q_y^2 + Q_z^2},\ M = \sqrt{M_y^2 + M_z^2}$ Bed.: Q etwa senkrecht zur Achse von M stehend $Q_{pl} = 2dt\,\beta_S/\sqrt{3}$ $Q/Q_{pl} \le \tfrac{1}{2}: \eta = 1$ $Q/Q_{pl} > \tfrac{1}{2}: \eta = \sqrt{1-(Q/Q_{pl})^2}$ $A_r = \eta \pi d t$ $N_{pl,Q} = A_r \beta_S$ $M_{pl,Q} = \frac{d}{\pi} N_{pl,Q}$
4	Gültigkeitsbereich und Interaktionsbedingungen	I $1 - 2\delta_2 \le \tfrac{N}{N_{pl,Q}} \le 1$; $\frac{M}{h N_{pl,Q}} \le (\delta_1 + \tfrac{1}{2}\delta_3)(1 - \tfrac{N}{N_{pl,Q}})$ II $2\delta_1 - 1 \le \tfrac{N}{N_{pl,Q}} \le 1 - 2\delta_2$; $\frac{M}{h N_{pl,Q}} \le (\delta_2 + \tfrac{1}{2}\delta_3)(1 - \tfrac{N}{N_{pl,Q}}) - \tfrac{1}{4}\delta_3(1 - 2\delta_2 - \tfrac{N}{N_{pl,Q}})^2$ III $-1 \le \tfrac{N}{N_{pl,Q}} \le 2\delta_1 - 1$; $\frac{M}{h N_{pl,Q}} \le (\delta_2 + \tfrac{1}{2}\delta_3)(1 + \tfrac{N}{N_{pl,Q}})$	I $0 \le \tfrac{N}{N_{pl,Q}} \le \delta$; $\frac{M}{M_{pl,Q}} + \frac{1}{1-(1-\delta)}\left(\tfrac{N}{N_{pl,Q}}\right)^2 \le 1$ II $\delta \le \tfrac{N}{N_{pl,Q}} \le 1$; $\frac{M}{M_{pl,Q}}(1 - \tfrac{\delta}{2}) + \tfrac{N}{N_{pl,Q}} \le 1$	I $0 \le \tfrac{N}{N_{pl,Q}} \le \delta$; $\frac{M}{M_{pl,Q}} \le 1$ II $\delta \le \tfrac{N}{N_{pl,Q}} \le 1$; $\frac{M}{M_{pl,Q}} + \left(\frac{1 - N/N_{pl,Q}}{1 - \delta}\right)^2 \le 1$	$\frac{M}{M_{pl,Q}} \le \cos\left(\frac{N}{N_{pl,Q}} \cdot \frac{\pi}{2}\right)$
5	Beispiel eines Kurvenverlaufes	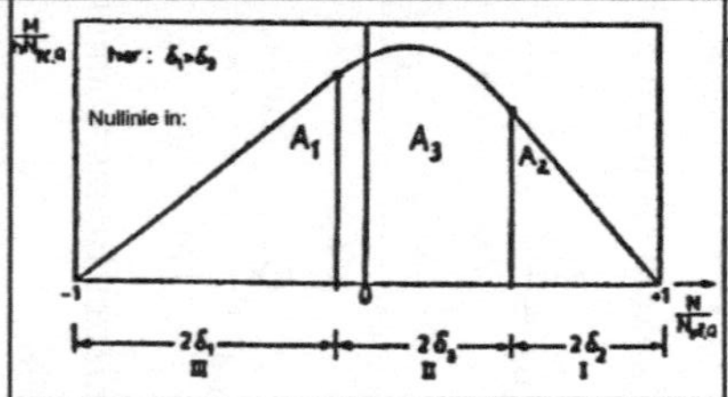 (Kurve $M/M_{pl,Q}$ über $N/N_{pl,Q}$; hier: $\delta_1 > \delta_2$; Nullinie in: A_1, A_3, A_2; Bereiche III $2\delta_1$, II $2\delta_3$, I $2\delta_2$)	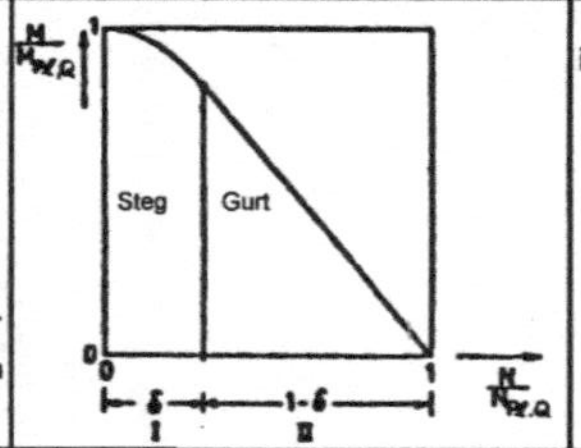 (Kurve; Bereiche I δ Steg, II $1-\delta$ Gurt)	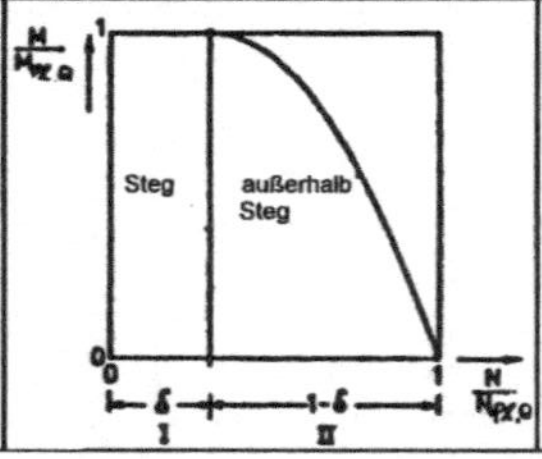 (Kurve; Bereiche I δ Steg, II $1-\delta$ außerhalb Steg)	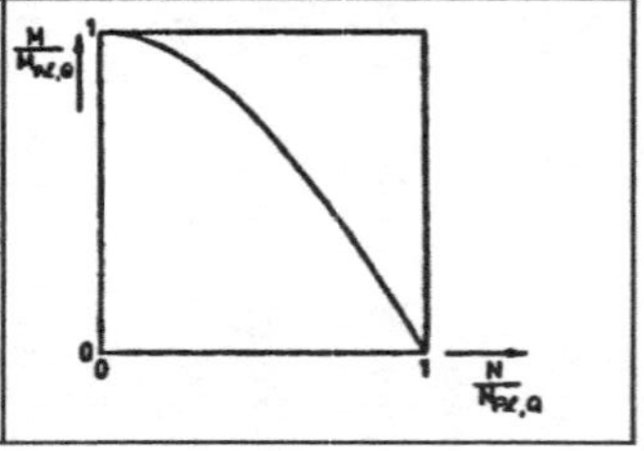 (Kurve $M/M_{pl,Q}$ über $N/N_{pl,Q}$)

3.3.4 Plastische Grenztragfähigkeit des Systems

Wirken in einem Querschnitt Schnittgrößen, bei deren Zusammenwirken die Grenztragfähigkeit des Querschnittes erreicht ist, so bilden sich bei Stäben aus dem zähplastischen Stahl Fließmechanismen (Fließgelenke) aus. Eine Beurteilung des Tragverhaltens ebener Systeme, die gut mit Versuchen übereinstimmt, läßt sich mit der Fließgelenktheorie erreichen, bei der an Stellen, an denen die Grenztragfähigkeit des Querschnitts erreicht wird, örtlich konzentrierte (punktförmige) Fließgelenke angenommen werden.

Als plastische Grenzlast ist jene (proportional gesteigerte) Lastkombination zu bezeichnen, bei der das Tragwerk oder ein Teil davon nach Ausbildung einer hinreichenden Zahl von Fließgelenken zur kinematischen Kette mit einem Freiheitsgrad wird. Dabei wird vorausgesetzt, daß alle vor dem letzten Gelenk sich ausbildenden Fließgelenke ausreichende Verformungs-(Rotations-)kapazität aufweisen und somit Querschnitte der Klasse 1 sind und das letzte Fließgelenk an einem Querschnitt der Klasse 1 oder 2 auftritt. Sicherzustellen ist auch, daß die Stäbe im Grenzzustand der Tragfähigkeit nicht durch seitliche Biegung und Verdrehung (Biegedrillknicken) versagen und die Fließgelenke seitlich gehalten sind.

Sind diese Voraussetzungen erfüllt, kann der Tragfähigkeitsnachweis nach der schrittweisen elastischen Berechnung geführt werden. Dabei wird zunächst mit dem Bemessungswert der maßgeblichen Lastkombination die elastische Systemberechnung geführt. Bleiben die damit ermittelten Bemessungswerte der Schnittgrößen in allen Bereichen innerhalb der Bemessungswerte der plastischen Querschnittstragfähigkeit, so ist der Tragfähigkeitsnachweis erfüllt. Überschreiten die Bemessungswerte der Schnittgrößen in einigen Bereichen die Bemessungswerte der plastischen Querschnittstragfähigkeit, so ist an der höchstbeanspruchten Stelle jedes Bereiches ein Fließgelenk anzunehmen. Wird dabei das Gesamtsystem oder ein Teilsystem kinematisch, so kann für diese Lastkombination der Tragsicherheitsnachweis nicht erbracht werden. Das Tragwerk muß verstärkt werden. Wird durch die Einführung der Fließgelenke das System nicht kinematisch, so sind an den Gelenkstellen die Differenzschnittgrößen $S_{Sd} - S_{pl,Rd}$ anzubringen und das System unter Berücksichtigung der Fließgelenke elastisch zu rechnen. Die Schnittgrößen sind mit der ersten Systemberechnung zu überlagern und mit dem Bemessungswert der Querschnittstragfähigkeit zu kontrollieren. Treten weitere Überschreitungen auf, so sind wieder Fließgelenke einzuführen und der Vorgang ist zu wiederholen. Kann schließlich ein Gleichgewichtszustand erreicht werden, der noch zu keiner kinematischen Kette führt, ist der Tragfähigkeitsnachweis erbracht. Ist dies nicht möglich, so muß das Tragwerk verstärkt werden.

Zur Abschätzung der plastischen Grenzlast und damit auch zum Nachweis der Tragfähigkeit dienen die Traglastsätze. Vor allem der Statische Satz wird häufig angewandt, um den Tragfähigkeitsnachweis zu führen, da dabei aus einer statisch bestimmten Rechnung unter Beachtung der Gleichgewichtsbedingungen jedoch ohne Beachtung der Verträglichkeitsbedingungen eine untere Schranke für die plastische Grenzlast gefunden werden kann.

TRAGLASTSÄTZE

Die plastische Grenzlast Q_{pl} eines Systems bei proportionaler Steigerung eines Belastungszustandes genügt folgenden Bedingungen:

1. Das Gleichgewicht wird in allen Teilen erfüllt.

2. Für alle Querschnitte gilt $|S| \leq S_{pl}$

   $|S|$ ist die absolute Beanspruchung infolge der vorhandenen Schnittgrößen

   S_{pl} ist jener Schnittgrößenzustand, der im Querschnitt zu einem Fließmechanismus führt.

3. Das System hat einen kinematischen Zustand mit genau einem Freiheitsgrad erreicht (zwangsläufige kinematische Kette).

4. An allen Fließmechanismen wird positive Dissipationsarbeit geleistet, d.h. Spannungen und Verzerrungen am Fließmechanismus wirken in die gleiche Richtung. Infolge Materialplastizierung wird Energie an die Umgebung abgegeben (= dissipiert).

- Einzigkeitssatz

Der Einzigkeitssatz sagt aus, daß es bei einem System genau eine plastische Grenzlast Q_{pl} gibt, bei der alle Bedingungen 1. bis 4. erfüllt sind.

Zur Abschätzung dieser plastischen Grenzlast Q_{pl} dienen der Statische Satz und der Kinematische Satz.

- Statischer Satz

Der Statische Satz sagt aus, daß für alle Belastungszustände Q_{stat}, die die Bedingungen 1., 2. und 4. erfüllen, gilt: $Q_{stat} \leq Q_{pl}$. Jede Belastung Q_{stat} stellt also eine untere Schranke für die plastische Grenzlast Q_{pl} dar und liegt somit auf der sicheren Seite. Die elastischen Verträglichkeitsbedingungen brauchen dabei nicht erfüllt zu werden.

Der Statische Satz ist von großer Wichtigkeit für den Tragsicherheitsnachweis von Konstruktionen aus dem zähplastischen Werkstoff Stahl sowohl für Systeme, Bauteile, als auch für Details, wie z.B. Anschlüsse, Stöße, Ecken, Auflager usw. Aufgrund dieses Satzes wird z.B. die plastische Grenzlast des Querschnitts nicht überschritten, wenn eine beliebig angenommene Spannungsverteilung mit den Schnittgrößen im Gleichgewicht steht und in keiner Querschnittsfaser die Fließspannung überschreitet. Der Statische Satz sagt auch aus, daß jede angenommene Verminderung der Steifigkeit des Systems (z.B. Einführung weiterer Gelenke) die plastische Grenzlast nicht erhöht und jede Vergrößerung der Steifigkeit des Systems (z.B. Verstärkung von Querschnitten) die plastische Grenzlast nicht vermindert.

- Kinematischer Satz

Der Kinematische Satz sagt aus, daß für einen Belastungszustand Q_{kin}, der die Bedingungen 1., 3. und 4. erfüllt, gilt: $Q_{kin} \geq Q_{pl}$. Der Belastungszustand Q_{kin} stellt daher eine obere Schranke für die plastische Grenzlast dar.

In Tabelle 3-6 wird eine Übersicht über die üblichen Berechnungsverfahren für den Tragsicherheitsnachweis – bei Beschränkung auf kleine Verschiebungen – gegeben.

Tabelle 3-6 Berechnungsverfahren für den Tragsicherheitsnachweis von Tragwerken
(Theorie kleiner Verschiebungen)

Verfahren	Charakteristik	Last-Verschiebungsdiagramm
Elastizitätstheorie **1. Ordnung** **(E-Th. 1. Ord.)** Anwendung: Vor-, Nachteile:	Gleichgewicht am unverformten System, Superposition gültig (Linerität) Stat. best. bzw. unbest. Systeme ohne große N-Beanspruchung (N/Ncr < 0,10) auch zum Gebrauchstauglichkeits- und Ermüdungsnachweis u.U. unwirtschaftlich (keine Nutzung von plast. Systemreserven)	
Fließgelenkstheorie **1. Ordnung** **(FG-Th. 1. Ordnung)** Anwendung: Vor-, Nachteile:	Gleichgewicht am unverformten System, Superpos. i.a. nicht mehr gültig (jedoch zwischen den einzelnen FG linear elast. Verhalten) Traglastsätze anwendbar Stat. unbest. Systeme unter vorwiegend ruhender Belastung ohne Stabilitätsgefährdung die aufgrund der QSK ausreichendes Verformungsvermögen aufweisen um Kräfteumlagerungen zu ermöglichen Ausnützung der Systemreserven-Systemfestigkeit bis zur Traglast	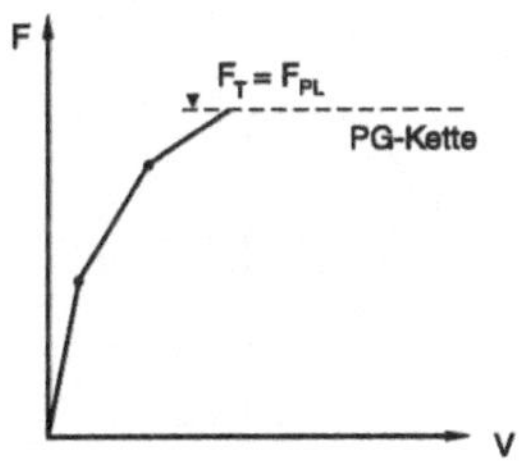
Elastizitätstheorie **2. Ordnung** **(E-Th. 2. Ord.)** Anwendung: Vor-, Nachteile:	Gleichgewicht am verformten System, Superpos. i.a. nicht mehr möglich (nichtlin. Last-Verschiebungspfad) Stat. best. und unbest. Systeme unter großer N-Beanspruchung Unter Ansatz von zur 1. Knickform affinen Vorverformungen direkter Stabilitätsnachweis des Systemes möglich (Spannungsnachweis mit SG. n. Th. 2. Ord.), Kenntnis der 1. Eigenform bei komplizierten Systemen rechenaufwendig	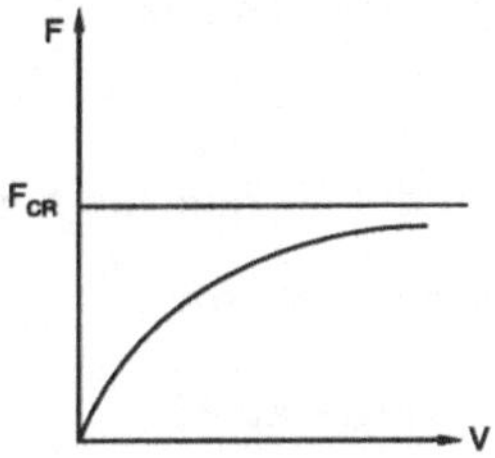
Fließgelenkstheorie **2. Ordnung** **(FG-Th. 2. Ordnung)** Anwendung: Vor-, Nachteile:	Gleichgewicht am verformten System, Superpos. nicht mehr möglich (zw. den einzelnen FG Berechnung nach E-Th. 2. Ord.) Traglastsätze unter alleiniger Berücksichtigung des Gleichgewichtes nicht anwendbar Stat. unbest. Systeme unter vorwiegend ruhender Belastung und großer N-Beanspruchung Ausnützung von plast. Reserven auch bei stabilitätsgefährdeten Systemen, hoher Rechenaufwand, nötige theor. Kenntnisse des Anwenders von Programmen	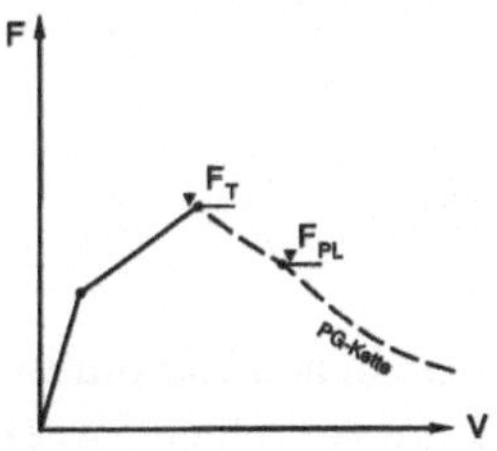

3.4 Tragfähigkeitsnachweis für Stabtragwerke mit allgemeinen Querschnitten und allgemeiner Belastung

3.4.1 Elastische Beanspruchung des Querschnitts auf Biegung

Auch bei Stäben mit allgemeinen Querschnitten wird die Stabachse als Verbindungslinie der Schwerpunkte angenommen. Der Schwerpunkt ist dadurch gekennzeichnet, daß die statischen Flächenmomente des Gesamtquerschnitts bezüglich jeder beliebigen Achse durch den Schwerpunkt verschwinden.

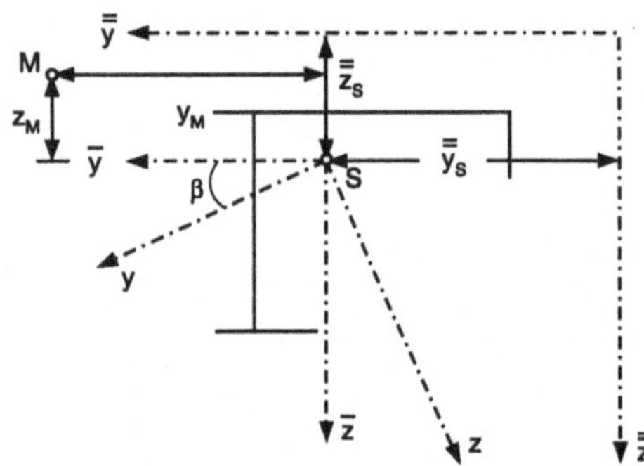

Bild 3-11
Bezeichnungen

$$\int\limits_A y\,dA = 0, \int\limits_A z\,dA = 0$$

Aus Bild 3-10 kann die Koordinatentransformation abgelesen werden.

$$y = \bar{y}\cos\beta + \bar{z}\sin\beta$$

$$z = -\bar{y}\sin\beta + \bar{z}\cos\beta$$

$$\text{Mit } \begin{vmatrix} \cos\beta & \sin\beta \\ -\sin\beta & \cos\beta \end{vmatrix} = 1 \quad \text{folgt auch} \quad \int\limits_A \bar{y}\,dA = \int\limits_A \bar{z}\,dA = 0$$

Da $\bar{y} = \bar{\bar{y}} - \bar{\bar{y}}_S$ und $\bar{z} = \bar{\bar{z}} - \bar{\bar{z}}_S$, ergeben sich die Koordinaten des Schwerpunktes $\bar{\bar{y}}_S$ und $\bar{\bar{z}}_S$

$$\text{zu } \int\limits_A \left(\bar{\bar{y}} - \bar{\bar{y}}_S\right) dA = 0 \rightarrow \bar{\bar{y}}_S = \frac{\int\limits_A \bar{\bar{y}}\,dA}{A} \quad \text{und analog} \quad \bar{\bar{z}}_S = \frac{\int\limits_A \bar{\bar{z}}\,dA}{A} \ .$$

Die maximalen und minimalen Trägheitsmomente treten für Schwerachsen in einem um den Winkel β gedrehten System y,z auf

$$\text{mit } \tan 2\beta = \frac{2I_{\bar{y}\bar{z}}}{I_{\bar{z}} - I_{\bar{y}}} \ .$$

Die Achsen y und z, bei denen $I_{yz} = 0$ ist, werden Hauptachsen genannt, die zugehörigen Trägheitsmomente Hauptträgheitsmomente.

$$I_{z,y} = \frac{I_{\bar{y}} + I_{\bar{z}}}{2} \pm \frac{1}{2}\left[\left(I_{\bar{z}} - I_{\bar{y}}\right)^2 + 4I_{\bar{yz}}^2\right]^{0,5}.$$

Die allgemeine Beanspruchung des Stabes führt – bezogen auf die Hauptachsen – zu folgenden Schnittgrößen:

Normalkraft	N
Querkräfte	Q_y, Q_z
Torsionsmoment	$M_x = M_T$
Biegemomente	M_y, M_z,

wobei folgende Zusammenhänge bestehen:

$$Q_y = -\frac{dM_z}{dx}, \; Q_z = \frac{dM_y}{dx}.$$

Ist $M_x = 0$, lassen sich – bezogen auf die Hauptachsen – die Normalspannung σ

$$\sigma = \frac{N}{A} + \frac{M_y}{I_y} \cdot z - \frac{M_z}{I_z} \cdot y \quad \text{und die Schubspannung} \quad \tau = -\frac{Q_y \cdot S_z}{I_z \cdot t} - \frac{Q_z \cdot S_y}{I_y \cdot t}$$

angeben. Der Angriffspunkt der resultierenden Schubspannung und somit der Querkräfte fällt nur bei zentralsymmetrischen Profilen (mit dem Sonderfall der doppeltsymmetrischen Profile) mit dem Schwerpunkt zusammen. Bei einfachsymmetrischen Profilen liegt er auf der Symmetrieachse, jedoch nicht im Schwerpunkt, bei allgemeinen Profilen außerhalb der Hauptachsen. Dieser Punkt (y_M, z_M) wird als Schubmittelpunkt M bezeichnet.

Aus der Gleichgewichtsbedingungssumme $\Sigma M_S = 0$ folgt

$$Q_y \cdot z_M = \int_A \left(\tau_{xy}^{Qy} \cdot z - \tau_{xz}^{Qy} \cdot y\right)dA, \quad Q_y \cdot y_M = \int_A \left(-\tau_{xy}^{Qz} \cdot z + \tau_{xz}^{Qz} \cdot y\right)dA,$$

bzw.

$$y_M = -\frac{1}{Q_z} \int_A \left(\tau_{xy}^{Qz} \cdot z - \tau_{xz}^{Qz} \cdot y\right)dA, \quad z_M = \frac{1}{Q_y} \int_A \left(\tau_{xy}^{Qy} \cdot z - \tau_{xz}^{Qy} \cdot y\right)dA.$$

τ_{xy}^{Qz} ist die Schubspannungskomponente in Richtung y infolge Q_z.

3.4.2 Elastische Stäbe mit ausgewählten Querschnitten unter Torsionsbeanspruchung

Aus Kapitel 3.4.1 geht hervor, daß Stäbe mit beliebigem Querschnitt unter allgemeiner Belastung nicht nur durch die Schnittgrößen N, Q_y, Q_z, M_y, M_z, sondern auch durch ein Torsionsmoment M_T beansprucht werden können. Die für die Technische Biegelehre sehr brauchbare Hypothese vom Ebenbleiben der Querschnitte nach der Verformung kann für die Torsion allgemeiner Querschnitte nicht mehr aufrecht erhalten werden. Die Querschnitte werden sich bei Torsion unter Erhaltung der Querschnittsform verwölben. Die Form der Verwölbung ist von der Gestalt des Querschnittes abhängig. Können sich <u>alle</u> Querschnitte eines Stabes unbehindert verwölben oder tritt aufgrund der Querschnittsgestalt keine Verwölbung auf, können Torsionsmomente nur durch Schubspannungen τ_p – den primären oder St.Venantschen Schubspannungen – übertragen werden. Können sich nicht alle Querschnitte eines Stabes unbehindert verwölben, so treten infolge Wölbbehinderung längsgerichtete Normalspannungen σ_w auf, die über den Querschnitt integriert keine äußeren Schnittlasten ergeben (Gleichgewichtsgruppe). Da sich diese Spannungen entlang der Stabfaser verändern, ergeben sich aufgrund der Gleichgewichtsbedingung $\Sigma F_x = 0$ die über die Profildicke konstanten, sekundären Schubspannungen τ_w.

Es gibt drei Arten von wölbfreien Querschnitten:

1. Kreis- und Kreisringquerschnitte mit dem Schubmittelpunkt im Zentrum.

2. Dünnwandige, polygonale, einzellige Hohlquerschnitte, wenn sich die Resultierenden aus den in jedem Eckpunkt des Polygons aufgetragenen Vektoren, deren Länge der Dicke entspricht, in einem Punkt, dem Schubmittelpunkt schneiden (Bild 3-12).

3. Aus zwei oder mehreren dünnen Rechtecken zusammengesetzte Profile, deren Mittellinien sich in einem Punkt schneiden mit dem Schubmittelpunkt im Schnittpunkt der Mittellinien.

Wölbfreie Querschnitte, die auf Torsion beansprucht werden, erfahren bei freier Drillachse nur primäre (St.Venantsche) Schubspannungen. Alle Querschnitte, die nicht zu den drei oben genannten Gruppen gehören, können in Abhängigkeit von der Belastung und den Lagerungsbedingungen unter Torsionsbeanspruchung Normalspannungen, sowie primäre und sekundäre Schubspannungen erleiden. Die Stabtheorie, die sich mit der Ermittlung dieser Spannungen befaßt, ist die Theorie der Wölbkrafttorsion, auch Biegetorsion oder Zwängungsdrillung genannt.

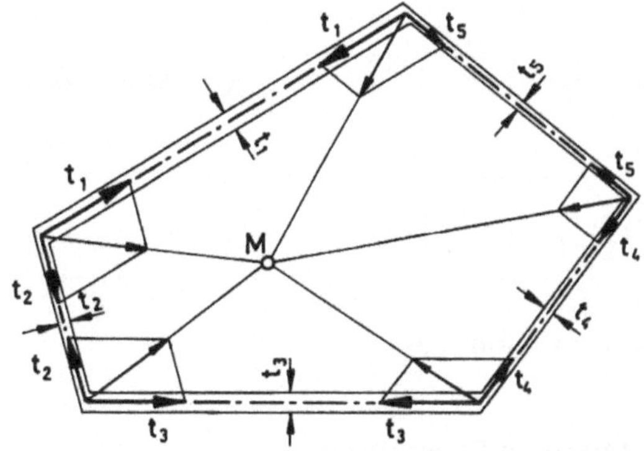

Bild 3-12
Wölbfreier, dünnwandiger Hohlquerschnitt

Bei geschlossenen Hohlquerschnitten sind die Verwölbungen bei Torsion im allgemeinen gering. Es überwiegen die primären Schubspannungen. Diese Querschnitte werden daher als „wölbarm" bezeichnet. Die Wölbspannungen sind meist vernachlässigbar. In der Praxis werden deshalb bei geschlossenen Hohlquerschnitten im allgemeinen nur die primären Schubspannungen berücksichtigt.

Für wölbfreie und wölbarme Querschnitte lassen sich die primären Schubspannungen τ_p in folgender Weise berechnen:

– Kreis- und Kreisringquerschnitte

Aufgrund der Rotationssymmetrie werden die Schubspannungen infolge eines Torsionsmomentes gleichmäßig, linear von der Mitte ansteigend, über den Querschnitt verlaufen (Bild 3-13).

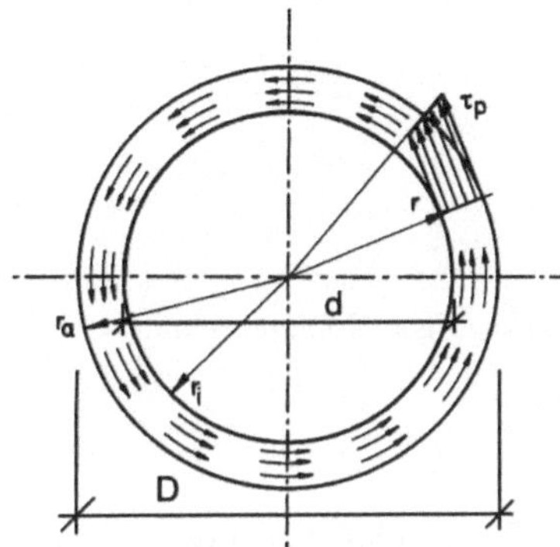

Bild 3-13
Kreisringquerschnitt

Mit dem Ansatz $\tau_p(r) = k \cdot r$ erhält man aus der Schnittlast

$$M_T = \int_A \tau_p \cdot r\,dA = k \cdot \int_{r_i}^{r_a} r^2 \cdot dA = k \cdot I_p\,.$$

Mit dem polaren Trägheitsmoment $\quad I_p = I_y + I_z = \pi \cdot \dfrac{r_a^4 - r_i^4}{2} = \pi \dfrac{D^4 - d^4}{32}$

ergibt sich die Konstante $\quad k = \dfrac{M_T}{I_p}\quad$ und damit $\quad \tau_p = \dfrac{M_T}{I_p} \cdot r \quad$ bzw. $\quad \max \tau_p = \dfrac{M_T}{I_p} \cdot r_a\,.$

Der Drillwinkel ϑ eines Stabes mit der Länge l unter einem konstanten Torsionsmoment läßt sich einfach aufgrund des Prinzips der virtuellen Kräfte angeben.

Ein virtuelles Torsionsmoment $\overline{M}_T = 1$ leistet am Stab mit der Länge l die Arbeit

$$1 \cdot \vartheta = \int_l \int_A \tau_{p\overline{M}_T} \cdot \gamma_{M_T}\,dA\,dl$$

$\tau_{p\overline{M}_T}\quad$ ist die Schubspannung infolge des virtuellen Momentes $\overline{M}_T = 1$,

$\gamma_{M_T}\quad$ ist die Schubverzerrung infolge des ursächlichen Momentes M_T.

$$\tau_{p\overline{M}_T} = \frac{1}{I_p} \cdot r$$

$$\gamma_{M_T} = \frac{\tau_p}{G} = \frac{M_T}{G \cdot I_p} \cdot r$$

$$\vartheta = \int_l \int_A \frac{1}{I_p} \cdot r \cdot \frac{M_T}{G \cdot I_p} \cdot r \cdot dA\,dl = \frac{M_T}{G J_p^2} \cdot l \cdot \int_A r^2 \cdot dA = \frac{M_T}{G J_p} \cdot l$$

– Dünnwandige Hohlquerschnitte

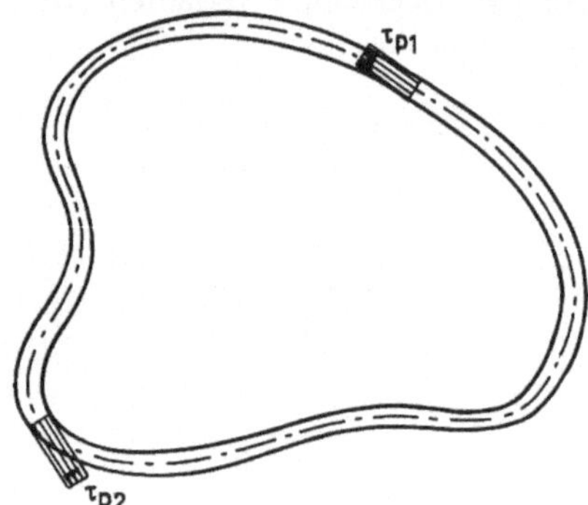

Bild 3-14
Schub im dünnwandigen Hohlquerschnitt

Aufgrund der Dünnwandigkeit kann vorausgesetzt werden, daß die Schubspannungen konstant über die Querschnittsdicke verlaufen. Da die Oberfläche schubfrei angenommen wird und aufgrund der Gleichheit der Schubspannungen keine Schubspannungskomponente im Querschnitt normal zum Rand auftreten kann, müssen die Schubspannungen dem Rand parallel folgen (Bild 3-14).

Schneidet man ein Element dieses Stabes heraus (Bild 3-14), so folgt aus der Gleichgewichtsbedinung $\Sigma F_x = 0$:

$$\tau_{p1} \cdot t_1 \cdot dx - \tau_{p2} \cdot t_2 dx = 0 \quad \text{oder} \quad \tau_{p1} \cdot t_1 = \tau_{p2} \cdot t_2 = T = \text{const.}$$

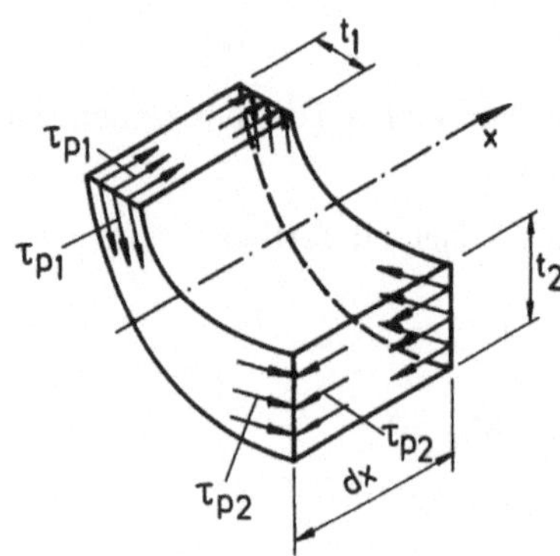

Bild 3-15
Gleichgewicht am Stabelement

Idealisiert wird angenommen, daß der Schubfluß in der Mitte des Profils wirkt. Es ergibt sich bezogen auf einen beliebig angenommenen Punkt B das Torsionsmoment dM_T aus dem Umfangselement ds (Bild 3-16):

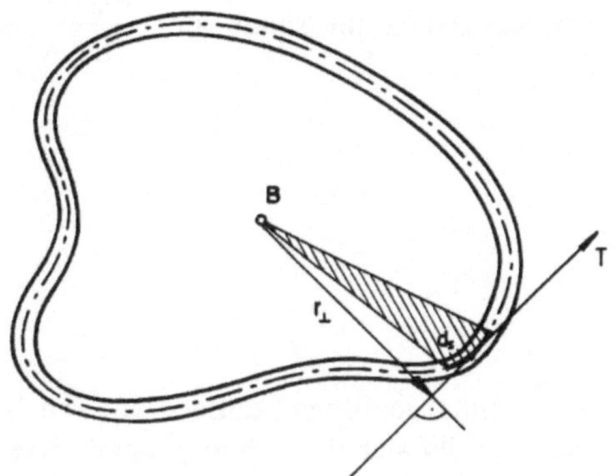

Bild 3-16
Schubfluß im dünnwandigen Hohlquerschnitt

$dM_T = T \cdot r_\perp \cdot ds$, $r_\perp ds$ ist die doppelte schraffierte Fläche.

$M_T = \oint T \cdot r_\perp ds = T\oint r_\perp ds.$

$\oint$ bedeutet, daß rings um die Länge der Profilmittellinie integriert wird.

Das Ringintegral $\oint r_\perp ds$ über den gesamten Umfang stellt die doppelte von der Profilmittellinie umschlossene Fläche A_0 dar.

Daraus folgt

$$M_T = T \cdot 2A_o$$

bzw. $T = \dfrac{M_T}{2A_o}$ mit $\tau_p = \dfrac{M_T}{2A_o t}$ und

$$\max \tau_p = \frac{M_T}{2A_o \cdot \min t} .$$

Diese Gleichung wird auch 1. Bredtscher Satz genannt.

Um die Drillwinkel ϑ eines Stabes der Länge l eines dünnwandigen Hohlprofiles mit konstantem Torsionsmoment M_T zu bestimmen, wird wieder der Satz von den virtuellen Kräften angewandt.

$$1 \cdot \vartheta = \int_l \int_A \tau_{p\overline{M}_T} \cdot \gamma_{M_T} \cdot dA dl$$

$$\tau_{p\overline{M}_T} = \frac{1}{2A_o \cdot t}$$

$$\gamma_{M_T} = \frac{\tau_{M_T}}{G} = \frac{M_T}{G \cdot 2A_o \cdot t}$$

$$dA = t \cdot ds$$

$$\vartheta = \frac{M_T \cdot l}{G \cdot 4A_o^2} \cdot \oint \frac{1}{t^2} t ds = \frac{M_T \cdot l}{4A_o^2 G} \cdot \oint \frac{ds}{t}$$

Führt man analog zum Kreisquerschnitt einen Drillwiderstand I_d ein, sodaß $\vartheta = \dfrac{M_T \cdot l}{GI_d}$ ist,

dann ergibt sich $\quad I_d = \dfrac{4A_o^2}{\displaystyle\oint \dfrac{ds}{t}}$.

Diese Beziehung heißt 2. Bredtscher Satz.

– Dünne Rechteckquerschnitte

Dünnwandige Rechteckquerschnitte können wie Querschnitte aus dünnwandigen Rohren betrachtet werden. Unter Anwendung der Bredtschen Sätze ergibt sich die Schubspannung linear über die Dicke verlaufend mit dem maximalen Wert τ_p am Rand

$$\tau_p = \frac{M_T}{\dfrac{bt^2}{3}} \quad \text{und mit dem Drillwiderstand} \quad I_d = \frac{bt^3}{3}.$$

Daraus folgt die Schubspannung am Rand

$$\tau_p = \frac{M_T}{I_d} \cdot t$$

und der Drillwinkel ϑ eines Stabes der Länge l mit konstantem Torsionsmoment M_T:

$$\vartheta = \frac{M_T}{GI_d} \cdot l .$$

Da in der Mittellinie keine Schubspannungen wirken, bleibt der Querschnitt eben und rechtwinkelig zur Stabachse.

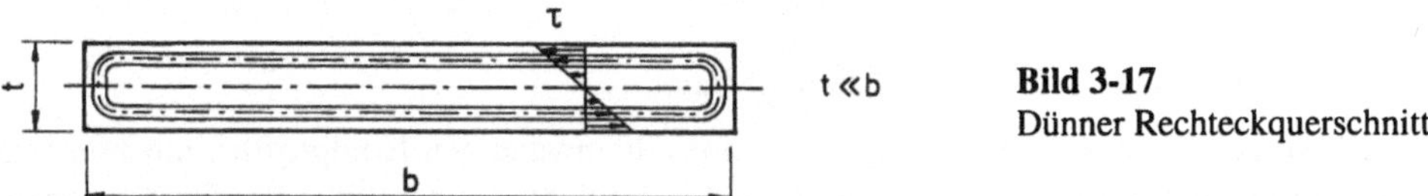

Bild 3-17
Dünner Rechteckquerschnitt

Wird ein Stab mit einem Profil verdrillt, das aus zwei oder mehreren dünnen Rechtecken, die sich in einem Punkt schneiden, besteht, so bleiben die Rechtecke eben. Da jedes Rechteck rechtwinkelig zur Längsachse bleibt, steht der Gesamtquerschnitt rechtwinkelig auf jene Achse, die den Rechtecken gemeinsam ist – das ist die Verbindungsachse der Schnittpunkte.

Für offene Profile, die aus i dünnwandigen Rechtecken mit der Breite b_i und der Dicke t_i zusammengesetzt sind, wird der St.Venantsche Drillwiderstand I_d die Summe der Einzelwiderstände $I_d = \dfrac{1}{3}\sum_i b_i \cdot t_i^3$. Da die aus mehr als zwei dünnen Rechtecken zusammengesetzten Profile, die sich nicht in einem Punkt schneiden, nicht mehr wölbfrei sind, spielt zur Abtragung von Torsionsmomenten im allgemeinen der Wölbwiderstand die entscheidende Rolle (siehe Bild 3-20).

Bei wölbfreien Querschnitten ist der Drillwinkel ϑ umgekehrt proportional dem St.Venantschen Drillwiderstand. Bei nichtwölbfreien Querschnitten gilt diese Aussage nur für den beiderseits freien Stab mit gegengleichen Endtorsionsmomenten (Bild 3-18).

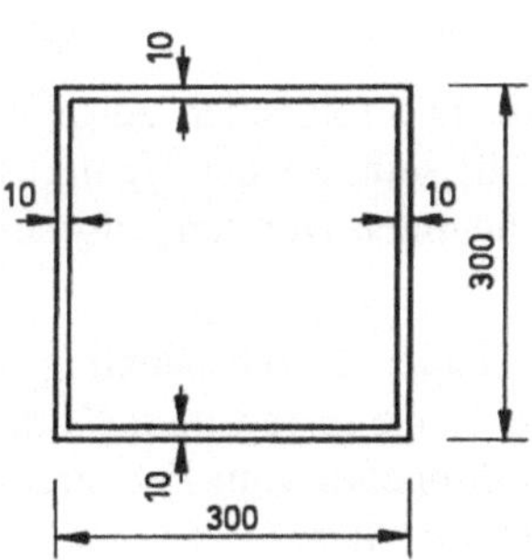

Bild 3-18
Stab mit gegengleichen Endtorsionsmomenten

Da der St.Venantsche Drillwiderstand bei geschlossenen Profilen weitaus größer als bei offenen Profilen ist, beträgt auch die Verdrillung eines freien Stabes unter Endtorsionsmomenten mit offenem Profil das Vielfache der Verdrillung vom geschlossenen Profil.

Beispiel: Drillwiderstand

$$I_d = \frac{4 \cdot (30{,}0^2)^2}{4 \cdot \dfrac{30}{1{,}0}} = 27000 \, cm^4 \qquad \text{geschlossenes Profil,}$$

$$I_d = 4 \cdot \frac{1}{3} \cdot 30{,}0 \cdot 1{,}0^3 = 40 \, cm^4 \qquad \text{geschlitztes Profil.}$$

Für den Stab im oben gezeigten Beispiel wird daher die Verdrillung des längsgeschlitzten Profiles das $27000/40 = 675$fache des geschlossenen Profiles betragen. Ganz anders verhält sich jedoch ein offenes Profil, wenn die Verwölbung behindert wird, wie z.B. beim beiderseits gabelgelagerten I-Träger unter Belastung nach Bild 3-19.

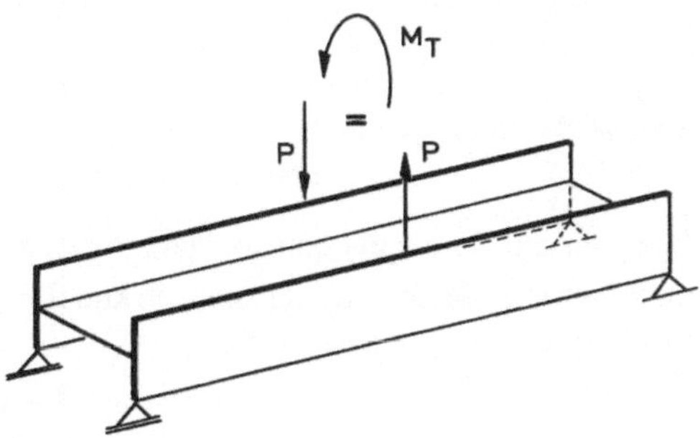

Bild 3-19
Torsionsbeanspruchung eines I-Trägers

Ein in der Mitte angreifendes Torsionsmoment, zerlegt in ein Kräftepaar, beansprucht die Flansche auf Biegung. In jedem Flansch entsteht ein gegengleich gerichtetes Biegemoment. Das Produkt aus Biegemoment und Abstand zum anderen Biegemoment wird als Bimoment bezeichnet.

Die Abtragung des Torsionsmomentes erfolgt durch gegensinnige Flanschbiegung und somit überwiegend durch Normalspannungen (Bild 3-20).

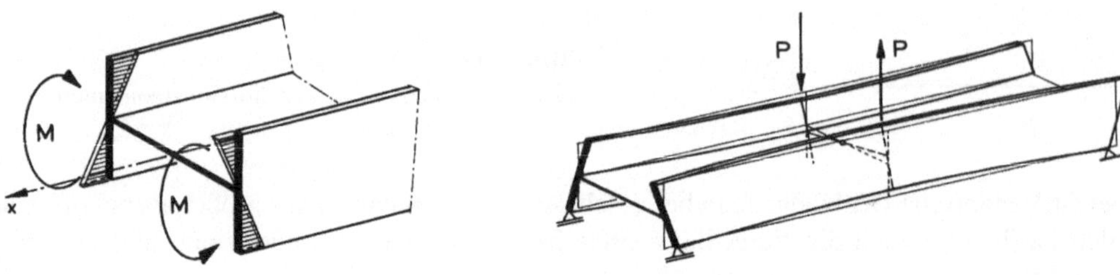

Bild 3-20 Verformung eines I-Trägers infolge Torsionsmomentenbeanspruchung

Aus Bild 3-20 ist zu erkennen, daß sich der Querschnitt verwölbt. Die folgenden Angaben wollen keine Einführung in die Theorie der Wölbkrafttorsion [1,2,9] sein, sondern lediglich einige Begriffe erklären, die bei Biegedrillknicknachweisen in den heutigen Normen aufscheinen.

Der Schubmittelpunkt ist nicht nur der Angriffspunkt der resultierenden Schubspannungen, sondern auch das Drehzentrum des Querschnitts bei Torsion. Die Einheitsverwölbung oder Sektorordinate eines dünnwandigen offenen Querschnitts kann als doppelte, vom Fahrstrahl, der an der Profilmittellinie entlangfährt, überstrichenen Fläche gedeutet werden.

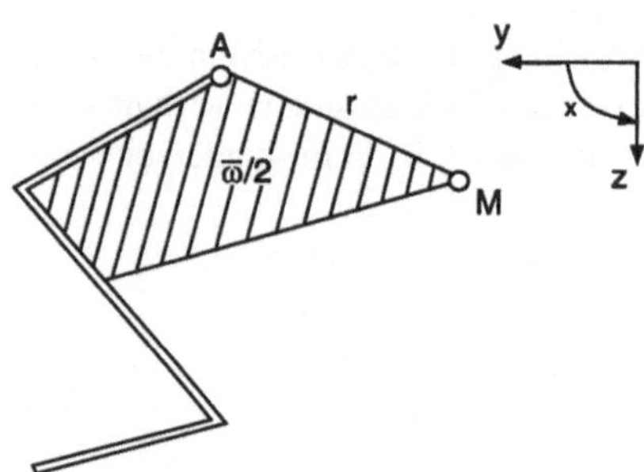

Bild 3-21
Wölbordinate Deutung

Damit kann für jeden Punkt die Sektorordinate ϖ bezogen auf M angegeben werden. Analog zum Schwerpunkt kann jene Sektorordinate ω bestimmt werden, für die das statische Sektorflächenmoment $\int_A \omega \cdot dA = 0$ wird.

$$\text{Aus} \quad \omega = \varpi - \varpi_A \quad \text{folgt} \quad \bar{\omega}_A = \frac{\int_A \bar{\omega}\,dA}{A} \quad ; \qquad [\omega] = m^2$$

Der Wölbwiderstand C_M (auch $A_{\omega\omega}$, I_ω) ergibt sich analog dem Trägheitsmoment aus der Sektorordinate

$$C_M = \int_A \omega^2 dA \qquad [C_M] = m^6.$$

Daraus ergibt sich die bei allen Wölbkraft- und Biegedrillknickberechnungen wichtige Größe der Wölbsteifigkeit $E \cdot C_M$. Für Walzprofile geben moderne Profiltabellen auch die Wölbwiderstände an.

3.4.3 Plastische Beanspruchbarkeit des Querschnitts

Bei allgemeiner Beanspruchung eines Stabes mit allgemeinem Profil wird meist der Tragsicherheitsnachweis nach dem Verfahren E-E auf der Spannungsebene geführt, da die Ermittlung der plastischen Querschnittswiderstände für die Bildung von räumlichen Fließgelenken schwierig ist und nur mit aufwendigen Programmen durchführbar ist. Bei doppeltsymmetrischen Querschnitten, die auf zweiachsige Biegung ohne Torsion beansprucht werden, kann nach [8] für I- und Rechteck-Hohlquerschnitte die plastische Grenztragfähigkeit bestimmt werden.

3.5 Grenzen der Anwendbarkeit der Stabtheorie

Sind die am Anfang dieses Abschnittes genannten Voraussetzungen nicht gegeben, darf die Stabtheorie nicht mehr angewandt werden. Dieser Fall tritt in der Praxis ein, wenn z.B.

– die Trägerhöhe größer als etwa 1/5 der Trägerstützweite ist,
– die Gurtplattenbreite größer als etwa 1/10 der Trägerstützweite ist,
– die Erhaltung der Querschnittsform nicht gewährleistet ist,
– die Stabachse stark gekrümmt ist (Krümmungsradius klein gegen die fünffache
  Trägerhöhe).

In allen diesen Fällen muß, um brauchbare Ergebnisse zu erhalten, anstatt nach der vereinfachten Stabtheorie nach der Scheiben- bzw. Faltwerkstheorie gerechnet werden, wo auch die Schubverformungen berücksichtigt werden. Für Träger mit breiten Gurten kann jedoch der Anwendungsbereich der Stabtheorie durch die Einführung der „mitwirkenden oder mittragenden Breite" erweitert werden.

Bei Trägern mit breiten Gurten unter Querkraftbiegung tritt infolge der Schubverformung ein Abfall der Normalspannungen in den Gurten vom Steganschluß zu den freien Rändern hin ein (Bild 3-22).

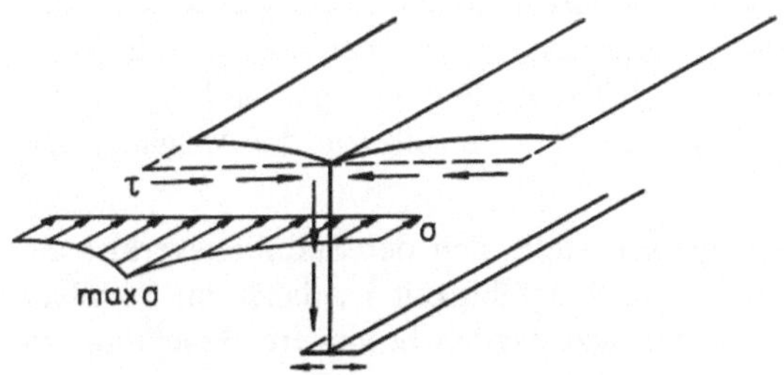

Bild 3-22
Schubverzerrung und Normalspannungsverteilung in breiten Gurten

Im allgemeinen interessiert nur die maximale Spannung im Gurt. Um diese zu erhalten, wird nun anstelle des wahren Querschnittes mit der Gurtbreite 2b ein Querschnitt mit der mitwirkenden und mittragenden Breite $2b_m$ nach der Stabtheorie behandelt, ohne daß sich dadurch die Spannungen im Steg oder Untergurt ändern dürfen. Bei einstegigen einfach-symmetrischen Trägern mit Endquersteifen und freien Gurträndern kann die mitwirkende Breite aus der Umwandlung der „Spannungsfläche" im Gurt in ein flächengleiches „Spannungsrechteck" berechnet werden (Bild 3-23).

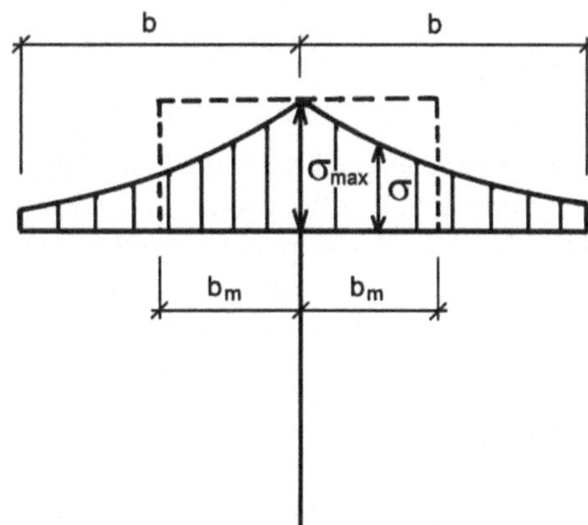

$$\int_0^b \sigma(y) \cdot t\, dy = b_m \cdot t \cdot \max\sigma \rightarrow b_m = \frac{\int_0^b \sigma(y)\, dy}{\max\sigma}$$

Bild 3-23
Mitwirkende Gurtbreite beim symmetrischen T-Querschnitt

Da die Querkraft und damit die Schubverformung von der Form der Momentenlinie abhängt, hängt auch die mitwirkende Breite von der Momentenform ab.

Diagramme zur Ermittlung der mitwirkenden Breite bringt z.B. der EC 3-1-5. Genauere und umfassendere Angaben über die mitwirkende Breite und ihre Anwendung sind [10] zu entnehmen.

3.6 Stabilitätsnachweise

3.6.1 Grundlagen

Bei allen durch Druckspannungen beanspruchten Tragwerken ist der Nachweis der Tragfähigkeit gegen Verlust der Stabilität zu erbringen. Stabilitätsverlust kann am Gesamtsystem, an einzelnen Bauteilen, aber auch an Teilen von Bauteilen, auftreten. Ein stabiler Zustand ist dadurch gekennzeichnet, daß nach Aufbringen einer hinreichend kleinen Störung das System wieder in seinen Ausgangszustand zurückkehrt. Bei Baukonstruktionen ist der Verlust der Stabilität dadurch gekennzeichnet, daß zu einem Lastzustand mindestens zwei dazu im Gleichgewicht stehende Verschiebungszustände existieren. Bei jeder Störung an der Stabilitätsgrenze, die die Verschiebung vergrößert, kehrt das System nicht mehr von selbst in die Ausgangslage zurück.

Bei der Analyse von Schadensfällen an Stahlbauwerken stellt sich der Stabilitätsverlust als häufigste Ursache heraus. Dieser Art des Verlustes der Tragfähigkeit ist daher im Stahlbau nicht nur im Endzustand, sondern auch in allen Montagezuständen besondere Beachtung zu schenken.

Der Stabilitätsnachweis wird hier auf Stäbe und auf ebene Platten als Bestandteil dieser Stäbe eingeschränkt [1,11,12]. Bezüglich der Stabilität von Schalentragwerken wird auf die einschlägige Literatur verwiesen. Nur hingewiesen wird auch auf Durchschlagprobleme, die bei Stabtragwerken in der Praxis eher selten vorkommen.

Besonderes Augenmerk hat der Stahlbau bei Stabilitätsproblemen auf die Modellbildung zu legen, die mit der Realität soweit übereinstimmen muß, daß die Rechenergebnisse nicht auf der unsicheren Seite liegen. Andererseits kann eine konstruktive Veränderung (zusätzliche Steifen, Festhaltungen usw.) oft eine sehr aufwendige Berechnung ersparen.

Wie allgemein in diesem Abschnitt wird auch hier zunächst der einfache Stab als ebenes System, dann das ebene Stabwerk mit der Belastung in der Ebene mit Symmetrie der Stabquerschnitte zur Stabwerksebene, schließlich das allgemeine Versagen des Stabes (Biegedrillknicken) und als Abschluß das Stabilitätsversagen ebener Platten behandelt.

3.6.2 Zentrisch gedrückter Knickstab

Für den ideal geraden, beiderseits gelenkig gelagerten (gewichtslosen) Stab konstanter Biegesteifigkeit EI mit einer in Stabachse angreifenden Druckkraft N, die ihre Richtung auch nach dem Ausknicken beibehält, hat bereits Euler 1744 die kritische Last unter Vernachlässigung der Stabdehnung angegeben. Dazu werden die Gleichgewichtsbedingungen am verformten Stab erfüllt (Bild 3-24).

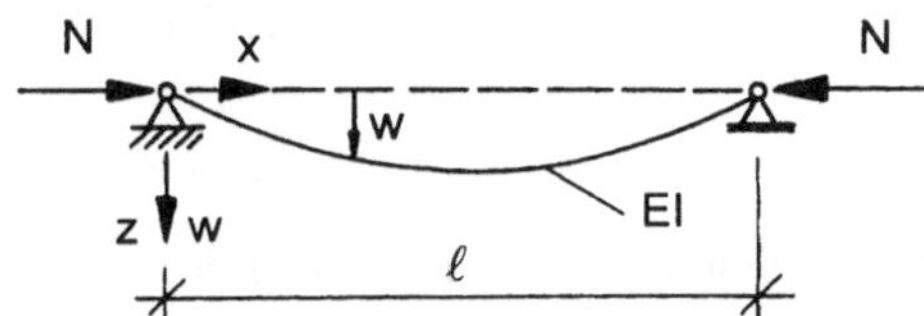

Bild 3-24
Zentrisch gedrückter Knickstab

Das Biegemoment M an der Stelle x des um w(x) ausgelenkten Stabes beträgt

$$M(x) = N \cdot w(x).$$

Aus der Krümmungsbeziehung $\quad w''(x) = -\dfrac{M(x)}{EI} = -\dfrac{N \cdot w(x)}{EI}$

folgt die das Problem beschreibende Differentialgleichung

$$w'' + \frac{N \cdot w}{EI} = 0 \quad \text{mit den beiden geometrischen Randbedingungen } w(0) = w(\ell) = 0.$$

Setzt man $\varepsilon = \ell \sqrt{\dfrac{N}{EI}}$ bzw. $\dfrac{N}{EI} = \dfrac{\varepsilon^2}{\ell^2}$, so lautet die (homogene, lineare) Differentialgleichung 2. Ordnung

$$w'' + \frac{\varepsilon^2}{\ell^2} \cdot w = 0.$$

Die allgemeine Lösung $w(x) = A\sin\dfrac{\varepsilon x}{\ell} + B\cos\dfrac{\varepsilon x}{\ell}$

befriedigt (wie durch Differenzieren und Einsetzen zu zeigen ist), die Differentialgleichung und enthält auch die zur Anpassung an die beiden Randbedingungen erforderlichen Konstanten A und B.

Aus der ersten Randbedingung $w(0) = 0$ folgt $A\sin 0 + B = 0$ und daraus $B = 0$.

Aus der zweiten Randbedingung $w(\ell) = 0$ ergibt sich $A\sin\varepsilon = 0$.

Um diese Randbedingung zu erfüllen, ist entweder $A = 0$ oder $\varepsilon = n\cdot\pi$ mit n = 0, ±1, ±2, ... Für $A = 0$ oder $n = 0$ folgt $w(x) = 0$, die gerade Gleichgewichtslage.

Für $n \neq 0$ folgt jedoch $\varepsilon = n\pi = \ell\sqrt{\dfrac{N}{EI}}$ und daraus

$$N = N_{cr} = \frac{n^2\pi^2 EI}{\ell^2}$$

die ideale kritische Knicklast, deren Kleinstwert mit n = 1 beträgt

$$N_{cr} = \frac{\pi^2 EI}{\ell^2}\,.$$

Bei DIN 18800, Teil 2, wird für N_{cr} statt EI der Bemessungswert $(EI)_d = \dfrac{EI}{\gamma_M}$ verwendet.

Bei diesem Wert N_{cr} ergibt sich neben der geraden Stabachse mit w = 0 eine benachbarte Stabachse mit der Ausbiegung $w = A\sin\dfrac{\pi x}{\ell}$. Die benachbarte Stabachse kann nur der Form nach (Sinushalbwelle), jedoch nicht der Größe nach (keine Aussage über A!) angegeben werden. Bei der Last N_{cr} sind also zwei Gleichgewichtslagen des Stabes möglich. Es handelt sich um eine sogenannte Verzweigung des Gleichgewichtes (Bild 3-25).

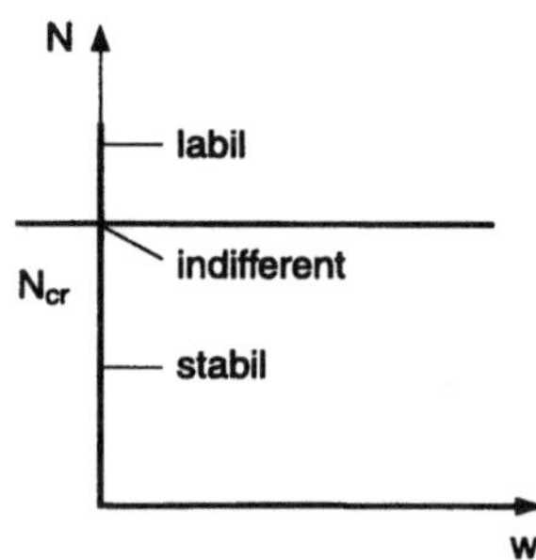

Bild 3-25
Verzweigung des Gleichgewichtes

Aus der Verzweigungslast N_{cr} läßt sich die zugehörige Verzweigungsspannung σ_{cr} berechnen:

$$\sigma_{cr} = \frac{N_{cr}}{A} = \frac{\pi^2 EI}{\ell^2 A}\,.$$

Mit dem Trägheitsradius $i = \sqrt{\dfrac{I}{A}}$ wird die Schlankheit λ eines Stabes

$\lambda = \dfrac{\ell}{i}$ definiert. Daraus folgt die Gleichung der Eulerhyperbel : $\sigma_{cr} = \dfrac{\pi^2 E}{\lambda^2}$ (Bild 3-26).

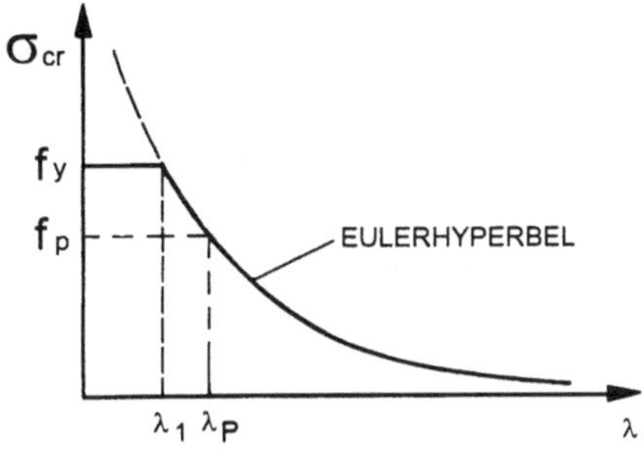

Bild 3-26
$\sigma_{cr} - \lambda$-Diagramm

Für Stäbe mit ideal elastisch-ideal plastischem Werkstoff gilt die Eulerhyperbel solange

$\sigma_{cr} \leq f_y$ ist. Die zur Fließgrenze f_y gehörige Schlankheit beträgt $\lambda_1 = \pi \sqrt{\dfrac{E}{f_y}}$. Als bezogene

Schlankheit $\overline{\lambda}$ wird das Verhältnis $\overline{\lambda} = \dfrac{\lambda}{\lambda_1}$ bezeichnet.

Für Stahl S 235 beträgt $\lambda_1 = \pi \sqrt{\dfrac{E}{f_{y,S235}}} = \pi \sqrt{\dfrac{210000}{235}} = 93,9$, für Stähle höherer Festigkeit

$\lambda_1 = 93,9 \sqrt{\dfrac{f_{y,S235}}{f_y}} = 93,9 \cdot \varepsilon$ mit $\varepsilon = \sqrt{\dfrac{f_{y,S235}}{f_y}}$.

$$\overline{\lambda} = \frac{\lambda}{\lambda_1} = \frac{\pi \sqrt{\dfrac{E}{\sigma_{cr}}}}{\pi \sqrt{\dfrac{E}{f_y}}} = \sqrt{\frac{f_y}{\sigma_{cr}}} = \sqrt{\frac{A \cdot f_y}{A \cdot \sigma_{cr}}} = \sqrt{\frac{N_{pl}}{N_{cr}}} \ .$$

Vom ideal geraden, ideal elastischen Stab werden die Begriffe der Verzweigungslast N_{cr}, der Schlankheit λ und der bezogenen Schlankheit $\overline{\lambda}$ abgeleitet. Diesen perfekten Stab gibt es jedoch in der Natur nicht. Jeder Stab weist Abweichungen von den im Modell angenommenen Bedingungen auf, die Imperfektionen genannt werden. Es werden geometrische Imperfektionen, wie z.B. geometrische Abweichungen von der geraden Stabachse oder nicht genau mittiger Kraftangriff, und strukturelle Imperfektionen, wie z.B. Eigenspannungszustände, Inhomogenität und Anisotropie des Materials unterschieden. Das tatsächliche Tragverhalten wird daher durch ein Modell mit Imperfektionen besser beschrieben, wobei bei einfachen Stäben geometrische und strukturelle Imperfektionen durch eine geometrische Ersatzimperfektion in Form einer

Sinuslinie ($e = e_0 \cdot \sin\dfrac{\pi \cdot x}{\ell}$) angenommen werden. Die Gleichgewichtsbedingung bezogen auf den verformten Stab lautet:

$$EIw'' = -M = -N(w + e).$$

Daraus folgt mit $\varepsilon = \ell\sqrt{\dfrac{N}{EI}}$ die Differentialgleichung

$$w'' + \frac{\varepsilon^2}{\ell^2} \cdot w = -\frac{\varepsilon^2}{\ell^2} \cdot e = -\frac{\varepsilon^2}{\ell^2} \cdot e_0 \cdot \sin\frac{\pi x}{\ell} \qquad \text{mit der allgemeinen Lösung}$$

$$w = A\sin\frac{\varepsilon x}{\ell} + B\cos\frac{\varepsilon x}{\ell} + \frac{\varepsilon^2}{\pi^2 - \varepsilon^2} \cdot e_0 \sin\frac{\pi x}{\ell} \qquad \text{und den Randbedingungen}$$

$$w(0) = 0 \quad \text{und} \quad w(\ell) = 0.$$

Durch Einsetzen der Randbedingungen ergibt sich

$$w(x) = \frac{\varepsilon^2}{\pi^2 - \varepsilon^2} \cdot e_0 \cdot \sin\frac{\pi x}{\ell}.$$

Damit ergeben sich die Schnittgrößen

$$N(x) = N \quad \text{und}$$

$$M(x) = N(w + e) = N\left(\frac{\varepsilon^2}{\pi^2 - \varepsilon^2} + 1\right)e_0 \sin\frac{\pi x}{\ell} = \frac{1}{1 - \dfrac{\varepsilon^2}{\pi^2}} N \cdot e_0 \cdot \sin\frac{\pi x}{\ell} =$$

$$= \frac{1}{1 - \dfrac{N\ell^2}{\pi^2 EI}} N \cdot e_0 \cdot \sin\frac{x}{\ell} = \frac{1}{1 - \dfrac{N}{N_{cr}}} \cdot N \cdot e_0 \cdot \sin\frac{\pi x}{\ell}$$

$$\text{und} \quad \max M = \frac{1}{1 - \dfrac{N}{N_{cr}}} \cdot N \cdot e_0.$$

Das Moment, bezogen auf die ausgebogene Stabachse (Theorie 2. Ordnung), ist gleich dem Moment, bezogen auf die unverformte Stabachse (Theorie 1. Ordnung), multipliziert mit dem Vergrößerungsfaktor $\dfrac{1}{1 - \dfrac{N}{N_{cr}}}$ (Dischingerfaktor).

Der Grenzzustand der Tragfähigkeit bei M und N Beanspruchung wird erreicht, wenn die Schnittgrößen N und max M die Querschnittsinteraktionskurve erreichen. Für einen I-Querschnitt, bei dem der Steg vernachlässigt wird, ergibt die Gerade nach Bild 3-27 die Interaktionskurve nach der Gleichung

$$\frac{M}{M_{pl}} + \frac{N}{N_{pl}} = 1 \quad \text{mit} \quad M_{pl} = N_{pl} \cdot \frac{h}{2} \quad \text{und} \quad i = \sqrt{\frac{I}{A}} = \frac{h}{2}.$$

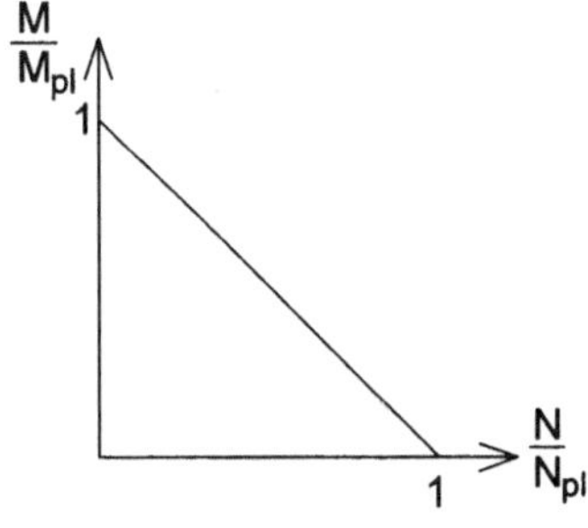

Bild 3-27
Lineare M-N-Interaktion

Setzt man die Schnittgrößenberechnung in die Interaktion ein, erhält man

$$\frac{1}{1 - \dfrac{N}{N_{cr}}} \cdot \frac{N}{N_{pl}} \cdot \frac{e_0 \, 2}{h} + \frac{N}{N_{pl}} = 1.$$

Mit $e_0 = \ell/m$ (z.B. $\ell/600$), $\dfrac{N}{N_{pl}} = \chi$, $\dfrac{N_{pl}}{N_{cr}} = \overline{\lambda}^2$ und $\dfrac{e_0}{\dfrac{h}{2}} = \dfrac{\ell/m}{i} = \overline{\lambda} \cdot \dfrac{\lambda_1}{n} = \alpha \cdot \overline{\lambda}$ folgt

über

$$\frac{1}{1 - \chi \cdot \overline{\lambda}^2} \cdot \chi \cdot \alpha \overline{\lambda} + \chi = 1 \quad \text{die quadratische Gleichung für } \chi$$

$$\chi^2 \cdot \overline{\lambda}^2 - \chi \cdot \left(1 + \alpha \cdot \overline{\lambda} + \overline{\lambda}^2\right) + 1 = 0. \quad \text{Setzt man} \quad \phi = \frac{1}{2}\left(1 + \alpha \cdot \overline{\lambda} + \overline{\lambda}^2\right),$$

so ergibt sich

$$\chi_{1,2} = \frac{1}{\phi \pm \sqrt{\phi^2 - \overline{\lambda}^2}}.$$

Da $\chi \leq 1$ sein muß, folgt $\chi = \dfrac{1}{\phi + \sqrt{\phi^2 - \overline{\lambda}^2}}$.

Auf der Basis dieser Annahme wurden Knickuntersuchungen mit einer großen Anzahl von Stäben mit unterschiedlichen Querschnitten und verschiedenen Imperfektionen durchgeführt und danach eine Zuordnung der Querschnitte zu den Knickspannungskurven a bis d nach Tabelle 3-7 vorgenommen, die sich durch den Imperfektionsbeiwert α unterscheiden.

Tabelle 3-7 Knickspannungslinien nach EC 3 Tabelle 5.5.3 [19]

Zuordnung der Querschnitte zu den Knickspannungslinien			
Querschnitt	Begrenzungen	Ausweichen rechtwinkelig zur Achse	Knickspannungslinie
Gewalzte I – Profile	$h/b > 1{,}2$:		
	$\quad t_f \le 40$ mm	y–y	a
		z–z	b
	40 mm $< t_f \le 100$ mm	y–y	b
		z–z	c
	$h/b \le 1{,}2$:		
	$\quad t_f \le 100$ mm	y–y	b
		z–z	c
	$\quad t_f > 100$ mm	y–y	d
		z–z	d
Geschweißte I – Querschnitte	$t_f \le 40$ mm	y–y	b
		z–z	c
	$t_f > 40$ mm	y–y	c
		z–z	d
Hohlprofile	Warmgefertigt	jede	a
	kaltgeformt bei Ansatz von f_{yb}	jede	b
	kaltgeformt bei Ansatz von f_{ya}	jede	c
Geschweißter Kastenquerschnitt	Allgemein, außer bei	jede	b
	dicken Schweißnähten und $b/t_f < 30$	y–y	c
	$h/t_w < 30$	z–z	c
U –, L –, T – u. Vollquerschnitte		jede	c

Demnach wird der Knicknachweis für zentrisch gedrückte Stäbe in folgender Form geführt:

$$N_{Sd} \leq N_{b,Rd} = \chi \cdot \beta_A \frac{A \cdot f_y}{\gamma_M}$$

mit

$$\chi = \frac{1}{\phi + \sqrt{\phi^2 - \overline{\lambda}^2}} \quad \text{jedoch } \chi \leq 1,$$

und $\quad \phi = \frac{1}{2} \cdot \left(1 + \alpha\left(\overline{\lambda} - 0{,}2\right) + \overline{\lambda}^2\right);$

$\beta_A = 1$ für Querschnitte der Klasse 1, 2 und 3, $\beta_A = \dfrac{A_{eff}}{A}$ für Querschnitte der Klasse 4,

$$\overline{\lambda} = \sqrt{\frac{\beta_A A \cdot f_y}{N_{cr}}} = \frac{\lambda}{\lambda_1} \sqrt{\beta_A} \ .$$

3.6.3 Ersatzstabverfahren

Hat ein stabilitätsgefährdeter Stab der Länge L andere Randbedingungen als der beiderseits gelenkig gelagerte Einfeldstab (Eulerfall II), so kann das Knickproblem des zu untersuchenden Stabes auf diesen Eulerstab zurückgeführt werden, indem man statt diesem Stab einen beiderseits gelenkig gelagerten Ersatzstab mit gleichen Querschnittswerten A und I und gleicher idealer kritischer Last N_{cr} einführt. Der Ersatzstab erhält somit die Knicklänge $\ell = \beta \cdot L$ mit $\beta = \sqrt{\dfrac{\pi^2 EI}{L^2 N_{cr}}}$. Für Einzelstäbe mit anderen Randbedingungen ergeben sich die Knicklängen nach Bild 3-28.

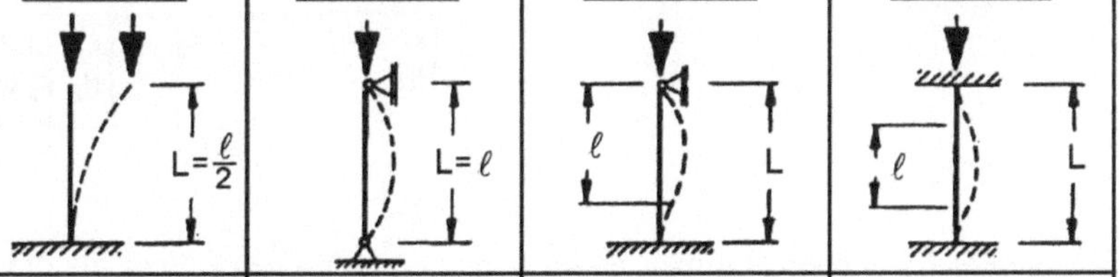

	Eulerfall I	Eulerfall II	Eulerfall III	Eulerfall IV
	$L = \frac{\ell}{2}$	$L = \ell$	ℓ L	ℓ L
Knickbedingung und kleinster Eigenwert ε	$\cos \varepsilon = 0$ $\varepsilon = \frac{\pi}{2}$	Ersatzstab $\sin \varepsilon = 0$ $\varepsilon = \pi$	$\dfrac{\varepsilon}{\tan \varepsilon} = 1$ $\varepsilon = 4{,}493 = \dfrac{\pi}{0{,}699}$	$\cos \varepsilon = 1$ $\varepsilon = 2\pi$
Knicklänge ℓ	$2{,}0 \cdot L$	L	$\sim 0{,}7 \cdot L$	$0{,}5 \cdot L$

Bild 3-28 Eulerfälle

Die folgende Tabelle 3-8 gibt für unverschiebliche und die Tabelle 3-9 für verschiebliche Rahmentragwerke eine sehr einfache Berechnungshilfe für die Knicklänge von Stäben.

Tabelle 3-8 Knicklängen von unverschieblichen Rahmen; nach [16]

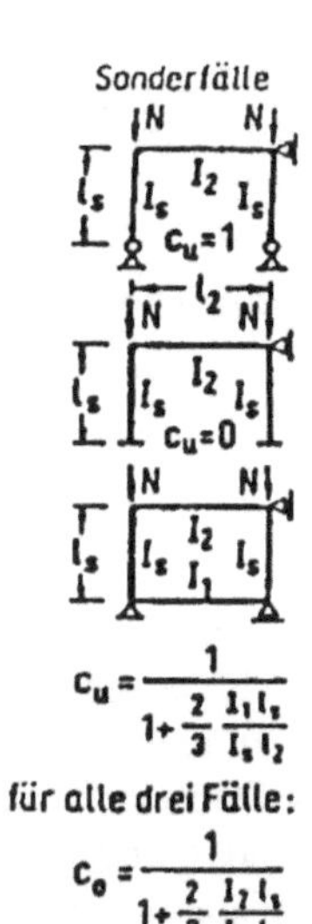

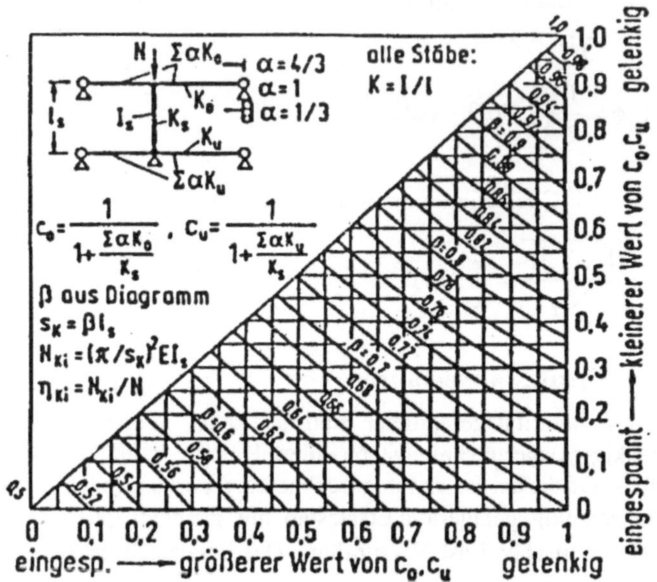

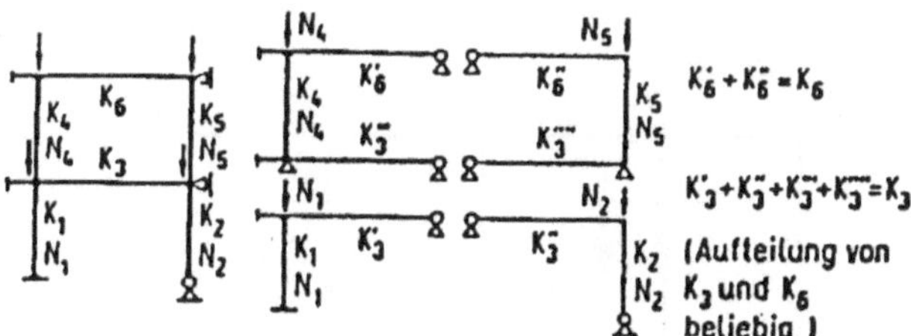

Bei unverschieblichen Rahmen ist die Knicklänge immer kleiner als die Stablänge und liegt je nach der Randbedingung zwischen 0,5 und 1,0 L. Bei verschieblichen Rahmentragwerken ist dagegen die „Stockwerksknicklänge" in Abhängigkeit von der Biegesteifigkeit der Riegel und von den Randbedingungen immer größer als die Stablänge L. Umfangreiche Tabellen zur Ermittlung der Knicklängen nach dem Ersatzstabverfahren für die üblichen Tragwerke des konstruktiven Ingenieurbaus gibt [1] an.

Tabelle 3-9 Knicklängen von verschieblichen Rahmen, nach [16]

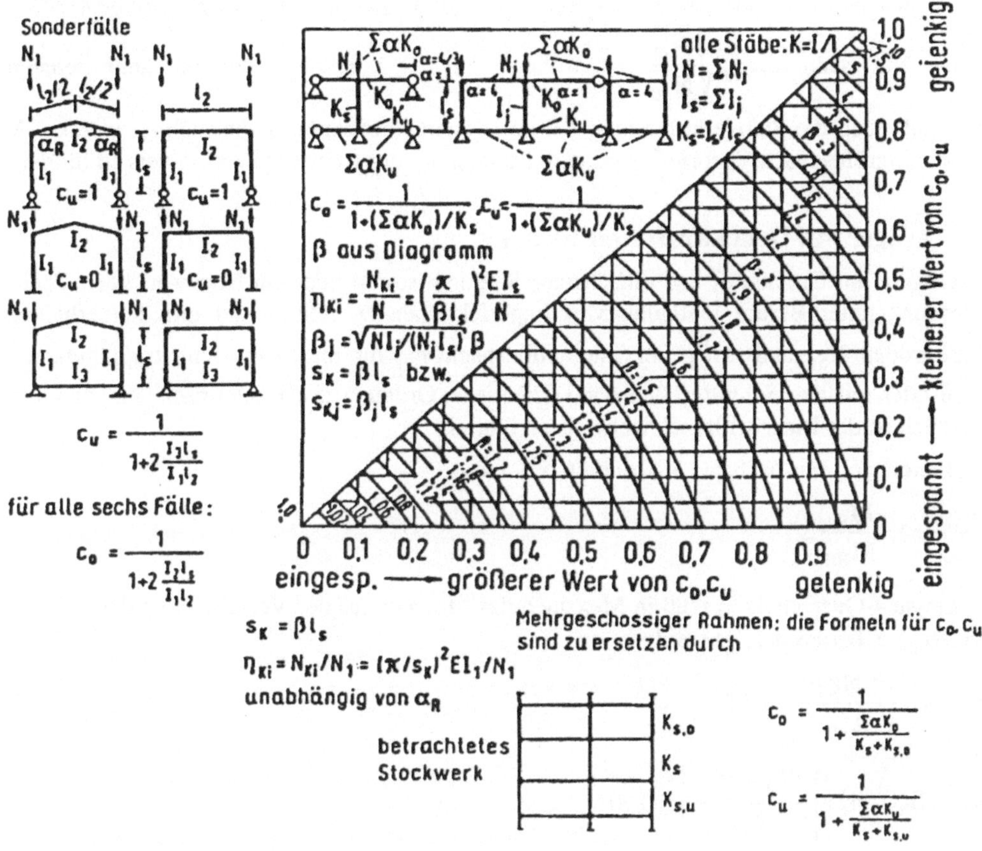

3.6.4 Gesamtstabilität von Tragwerken

Bei allen Tragwerken ist zusätzlich zum Stabilitätsnachweis für das Bauteil der Stabilitätsnachweis für das gesamte Tragwerk zu führen. Nach EC 3 darf dieser Nachweis für „seiten-
steife" Tragwerke entfallen. Das sind Tragwerke, deren Knoten seitlich unverschieblich festgehalten sind. Die allgemeine Methode zum Nachweis der Gesamtstabilität von Tragwerken ist
die Berechnung nach Theorie 2. Ordnung, nach den Verfahren E-E, E-P oder P-P (Querschnittsklassen beachten) unter Berücksichtigung von Imperfektionen. Die ungünstigste Wirkung der Imperfektionen ergibt sich, wenn diese affin zur Knickfigur zugehörig zur ersten Verzweigungslast des perfekten Tragwerks angesetzt werden. Die Knickfigur ist zwar der Form
nach bestimmt, der Größe nach jedoch nur bis auf einen Parameter. Setzt man die größte Verformung der Knickfigur durch eine Imperfektionsgröße fest, so sind sämtliche Imperfektionen
damit bestimmt.

Anstelle mit Imperfektionen kann auch am perfekten System mit äquivalenten Ersatzlasten
gearbeitet werden. Diese sind bei Stäben mit parabelförmiger Vorkrümmung als Gleichlast p
und bei Stäben mit Schiefstellung als Kräftepaar $N \cdot \phi$ anzusetzen, um die gleiche Momenten-
wirkung zu erzielen.

Bei verschieblichen Rahmentragwerken, bei denen die Knickfigur im Prinzip bekannt ist, werden für den Nachweis der Gesamtstabilität im allgemeinen nur Stabschiefstellungen berücksichtigt. Nur wenn $\bar{\lambda} > 0,5\sqrt{\dfrac{N_{pl}}{N_{Sd}}}$ ist, wobei λ mit der Knicklänge der Stablänge berechnet wird, muß auch die Stabverkrümmung bei der Systemberechnung berücksichtigt werden. Mit den Schnittgrößen nach Theorie 2. Ordnung ist dann nur der Querschnittsnachweis zu führen.

3.6.5 Träger mit Druckkraft und Biegung

Bei Trägern mit Druckkraft und einachsiger Biegung ist entweder ein Nachweis nach Theorie 2. Ordnung unter Berücksichtigung von Imperfektionen zu führen und mit den erhaltenen Schnittgrößen N_{Sd} und M_{Sd}^{II} der Interaktionsnachweis für die Querschnittstragfähigkeit zu führen oder mit den Schnittgrößen nach Theorie 1. Ordnung der Bauteilnachweis zu führen. Zusätzlich ist der Biegedrillknicknachweis zu führen.

Der Bauteilnachweis nach EC 3 Abschnitt 5.5. lautet

$$\frac{N_{Sd}}{N_{b,Rd}} + k \cdot \frac{M_{Sd}}{M_{Rd}} \leq 1$$

Bei Klasse 4-Querschnitten muß in M_{Sd} auch das Moment aus der Verschiebung der Schwerlinien $N_{Sd} \cdot e$ berücksichtigt werden.

$$k = 1 - \mu \cdot \frac{N_{Sd}}{\chi \cdot A_{eff} \cdot f_y} \leq 1,5$$

$$\mu = \bar{\lambda}(2\beta_M - 4) + \left[\frac{W_{pl} - W_{el}}{W_{el}}\right] \leq 0,90$$

Der Wert in [ ] wird nur bei Klasse 1 und 2-Querschnitten berücksichtigt.

β_M ist ein Momentenbeiwert, der abhängig vom Momentenverlauf (einschließlich $N_{Sd} \cdot e$) im EC 3 Bild 5.5.3 geregelt wird und der zwischen 1,3 und 2,5 liegt.

Bei zweiachsiger Biegung ist nachzuweisen:

$$\frac{N_{Sd}}{minN_{b,Rd}} + k_y \cdot \frac{M_{y,Sd}}{M_{y,Rd}} + k_z \cdot \frac{M_{z,Sd}}{M_{z,Rd}} \leq 1$$

k_y und k_z werden für jede Richtung unabhängig mit μ_y und μ_z analog wie oben bestimmt.

3.6.6 Mehrteilige Druckstäbe

Mehrteilige Druckstäbe bestehen aus mindestens zwei durchgehenden Profilen, die durch Elemente schubsteif verbunden sind. Sind diese Elemente fachwerkartig, sprechen wir von Gitterstäben, sind sie rahmenartig, von Rahmenstäben.

Für die Ermittlung der Querschnittswerte wird der Querschnitt aller durchgehenden Profile herangezogen. Schneidet eine Hauptachse alle Profile, wird sie Stoffachse genannt; schneidet eine Hauptachse nicht alle Profile, wird sie stofffreie Achse genannt.

Das Knicken um die Stoffachse wird wie das Knicken einteiliger Stäbe nachgewiesen.

Beim Knicken um die stofffreie Achse muß die Schubnachgiebigkeit der Verbindungselemente berücksichtigt werden, da diese wesentlich größer als die Schubnachgiebigkeit durchlaufender, vollwandiger Stege ist.

Die Differentialgleichung des beiderseits gelenkig gelagerten Eulerstabes mit Berücksichtigung der Schubnachgiebigkeit lautet:

$$E \cdot I \cdot w'' + \gamma \cdot N \cdot w = 0$$

$$\text{mit} \quad \gamma = \frac{1}{1 - \dfrac{N}{S_v}}$$

S_v: Schubsteifigkeit bei Querkraftverformung – jene Querkraft, die den Gleitwinkel 1 erzeugt.

Damit ergibt sich die Verzweigungslast wie beim Eulerstab

$$\gamma \cdot N_{cr,Q} = \frac{\pi^2 EI}{\ell^2} \, ,$$

$$\frac{1}{1 - \dfrac{N_{cr,Q}}{S_v}} \cdot N_{cr,Q} = \frac{\pi^2 EI}{\ell^2} = N_{cr} \, , \quad N_{cr,Q} = \frac{N_{cr}}{1 + \dfrac{N_{cr}}{S_v}} \, .$$

Die zur Verzweigungslast zugehörige Eigenform ist die Sinushalbwelle $w(x) = A \sin \dfrac{\pi x}{\ell}$.

Das Biegemoment nach Theorie 2. Ordnung M^{II} erhält man aus dem Biegemoment nach Theorie 1. Ordnung M^I durch Multiplikation mit dem Dischingerfaktor:

$$M^{II} = \frac{1}{1 - \dfrac{N}{N_{cr,Q}}} \cdot M^I = \frac{1}{1 - \dfrac{N}{N_{cr}}(1 + \dfrac{N_{cr}}{S_v})} \cdot M^I = \frac{1}{1 - \dfrac{N}{N_{cr}} - \dfrac{N}{S_v}} \cdot M^I$$

Das maximale Biegemoment ergibt sich bei einer sinusförmigen Imperfektion mit dem Stich e_o in Feldmitte:

$$\max M^{II} = \frac{1}{1 - \dfrac{N}{N_{cr}} - \dfrac{N}{S_v}} \cdot N \cdot e_0 \, .$$

Für e_o wird in EC 3 1/500 der Knicklänge angegeben. Die maximale Querkraft ergibt sich an den Auflagern:

$$Q^{II} = \frac{dM^{II}}{dx} = \frac{d(\max M^{II} \sin \frac{\pi x}{\ell})}{dx} = \frac{\pi}{\ell} \cdot \max M^{II} \cos \frac{\pi x}{\ell} \, ,$$

$$\max Q^{II} = \frac{\pi}{\ell} \cdot \max M^{II} \, .$$

Die Schubsteifigkeit S_v und die Kräfte in den Ausfachungsstäben lassen sich aus der Querkraft Q ermitteln.

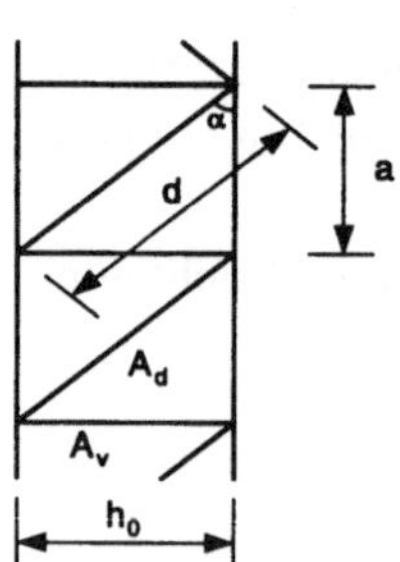

A_d: Fläche einer Diagonale
A_v: Fläche eines Pfostens
n: Anzahl der parallelen Gitterebenen

Kräfte in den Ausfachungsstäben infolge Querkraft Q:

Diagonale: $N_d = \dfrac{Q}{n \cdot \sin\alpha} = \dfrac{Q \cdot d}{n \cdot h_0}$,

Pfosten: $N_v = -\dfrac{Q}{n}$.

Die Verschiebung w_Q wird nach dem Satz der virtuellen Kräfte berechnet. Die virtuelle Kraft $\overline{Q}_1 = 1$ auf eine Gitterebene ruft die virtuellen Stabkräfte $\overline{N}_d = \dfrac{d}{h_o}$ und $\overline{N}_v = -1$ in den Ausfachungsstäben hervor.

$$w_Q = \frac{Q \cdot d}{n \cdot h_0} \cdot \frac{d}{h_0} \cdot \frac{d}{EA_d} + \left(-\frac{Q}{n}\right)(-1) \cdot \frac{h_0}{EA_v} = \frac{d^3}{nEA_d \cdot h_0^2}\left(1 + \frac{A_d \cdot h_0^3}{A_v \cdot d^3}\right) \cdot Q.$$

Für den Gleitwinkel $\dfrac{w_Q}{a} = 1$ folgt $Q = S_v$.

$$S_v = \frac{nEA_d \cdot ah_0^2}{d^3\left(1 + \dfrac{A_d}{A_v} \cdot \dfrac{h_0^3}{d^3}\right)}$$

Bei anderen Fachwerkformen ergibt sich die Schubsteifigkeit S_v analog.

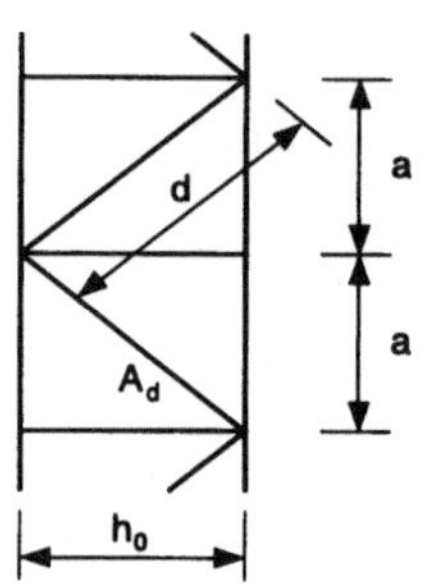

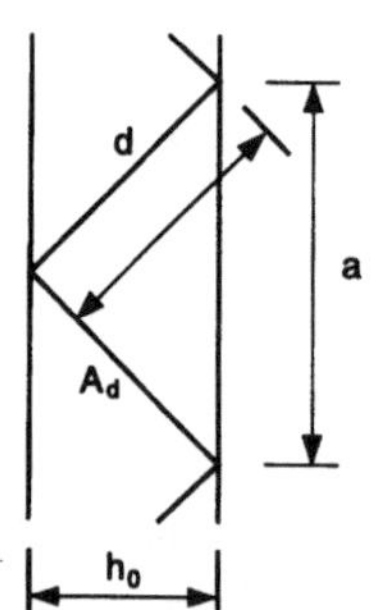

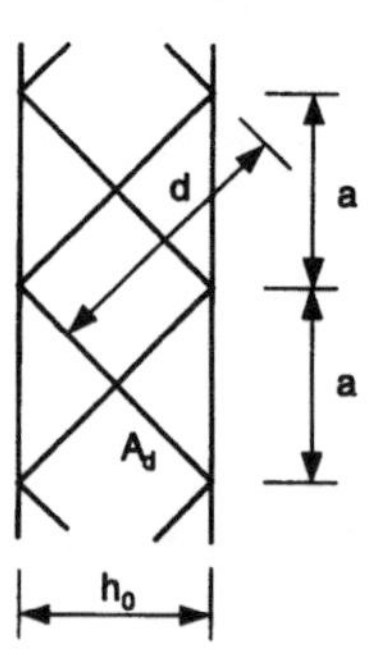

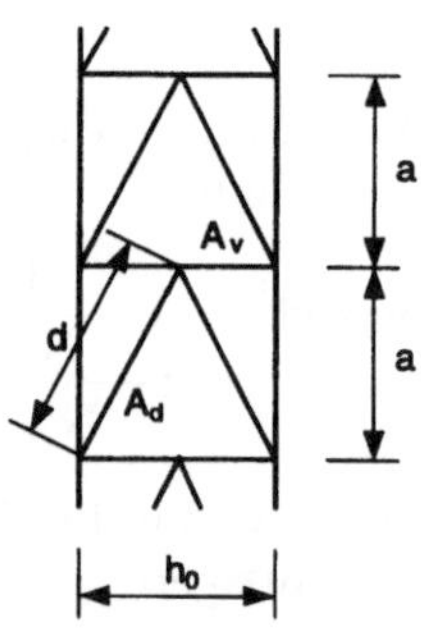

$$S_v = \frac{nEA_d \cdot ah_0^2}{d^3} \qquad S_v = \frac{nEA_d \cdot ah_0^2}{2d^3} \qquad S_v = \frac{2nEA_d \cdot ah_0^2}{d^3} \qquad S_v = \frac{nEA_d \cdot ah_0^2}{2d^3\left(1 + \dfrac{A_d}{A_v} \cdot \dfrac{h_0^3}{8d^3}\right)}$$

Die Schubsteifigkeit S_v und die Beanspruchung der Bindebleche eines Rahmenstabes lassen sich aus der Querkraft Q ermitteln.

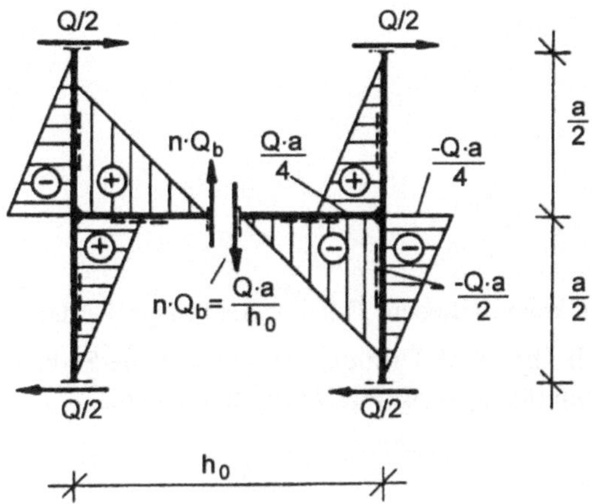

Die Querkraft in einem Bindeblech bei n parallelen Bindeblechebenen beträgt

$$Q_b = 2\frac{Q \cdot a}{4} \cdot \frac{2}{h_0} \cdot \frac{1}{n} = Q \cdot \frac{a}{n \cdot h_0} \; .$$

Das Biegemoment im Bindeblech beträgt im Abstand z von der Stabachse

$$M_b = Q_b \cdot z \; .$$

Die Verschiebung w_Q infolge der Querkraft Q ergibt sich nach dem Satz der virtuellen Kräfte. Die virtuelle Kraft $\bar{Q} = 1$ auf den Stab ruft die virtuellen Momente in den angegebenen Bauteilen hervor:

$$w_Q = 4 \cdot \frac{1}{3} \cdot \frac{Q \cdot a}{4} \cdot \frac{a}{4} \cdot \frac{a}{2} \cdot \frac{1}{EI_f} + 2 \cdot \frac{1}{3} \cdot \frac{Q \cdot a}{2} \cdot \frac{a}{2} \cdot \frac{h_0}{2} \cdot \frac{1}{n \cdot EI_b} =$$

$$= \left(\frac{a^3}{24 \cdot EI_f} + \frac{a^2 \cdot h_0}{12 \cdot n \cdot EI_b} \right) \cdot Q = \frac{a^2}{24 \cdot EI_f} \cdot \left(1 + \frac{2 \, I_f}{n \, I_b} \cdot \frac{h_0}{a} \right) \cdot a \cdot Q$$

Für den Gleitwinkel $\dfrac{w_Q}{a} = 1$ folgt $Q = S_v$, $\quad S_v = \dfrac{24 EI_f}{a^2 \left(1 + \dfrac{2 I_f}{n I_b} \cdot \dfrac{h_0}{a} \right)} \; .$

Will man den Knicknachweis des Rahmenstabes auf den Knicknachweis des Einzelstabes zwischen den Bindeblechen reduzieren, dann darf die für den Rahmenstab anzusetzende Schubsteifigkeit den Wert nicht überschreiten, der bei maximaler Normalkraft zum Schubversagen führt.

Dies ist erreicht, wenn $\gamma = \infty$ und damit $\dfrac{N}{S_v} = 1$ wird.

Somit gilt zusätzlich $S_v \leq \max N = 2N_{1,cr} = \dfrac{2\pi^2 EI_f}{a^2} \, .$

Für $\dfrac{nI_b}{h_0} \geq 10\dfrac{I_f}{a}$ folgt

$$\frac{2I_f}{nI_b}\cdot\frac{h_0}{a} \leq \frac{1}{5} = 0{,}20,$$

$$S_v = \frac{24EI_f}{a^2(1+0{,}20)} = \frac{20EI_f}{a^2} \approx \frac{2\pi^2 EI_f}{a^2}.$$

Die Bindeblechverformung kann in diesem Fall vernachlässigt werden.

Mit den Schnittgrößen nach Theorie 2. Ordnung werden nun die Stäbe nachgewiesen. Infolge N und M^{II} ergibt sich in den Gurten von zweiteiligen Gitterstäben:

$$N_f = \frac{N}{2} + \frac{M^{II}}{h_0.}$$

Der Knicknachweis des Gesamtstabes ist erfüllt, wenn der Knicknachweis des Einzelstabes mit der Knicklänge a erfüllt ist.

In zweiteiligen Rahmenstäben ergibt sich als Gurtkraft

$$N_f = \frac{N}{2} + \frac{M^{II}}{I_{eff}}\cdot\frac{h_0}{2}\cdot A_f,$$

$$I_{eff} = A_f\cdot\frac{h_0^2}{2} + 2\mu I_f$$

mit der der Knicknachweis mit der Knicklänge a zu führen ist. μ ist dabei ein von der Stabschlankheit λ abhängiger Abminderungsbeiwert zwischen 0 und 1.

Die Füllstäbe bei Gitterstäben und die Bindebleche bei Rahmenstäben werden mit der Querkraft max Q^{II} nachgewiesen.

3.6.7 Biegedrillknicken

Als Biegedrillknicken wird die Instabilität eines Stabes bezeichnet, bei der am Verzweigungspunkt des Gleichgewichtes bei Formtreue des Querschnitts die Biegeverformung mit einer Stabverdrehung gekoppelt ist. Biegedrillknicken ist somit der allgemeinste Fall des Stabknickens. Biegedrillknicken kann nicht nur bei gedrückten Stäben, sondern auch bei Biegestäben auftreten, bei denen nur Teile des Querschnitts gedrückt werden.

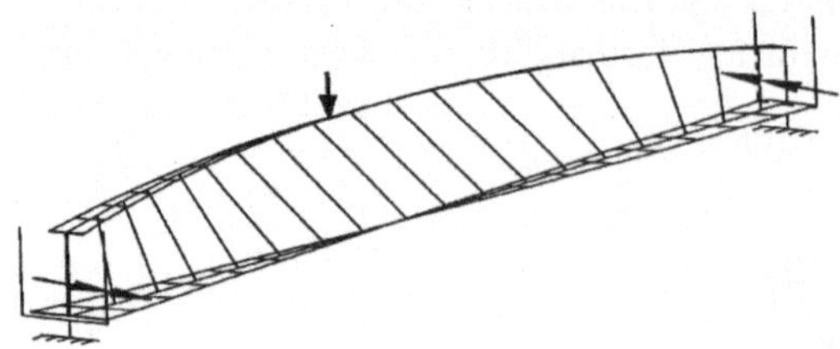

Bild 3-29
Biegedrillknicken eines Stabes

Zentrisch gedrückte, an beiden Enden unverschieblich gelagerte Stäbe mit

- geschlossenen Querschnitten,

- offenen Profilen, die durch fachwerk- oder rahmenartige Verbindungen zu torsionssteifen Stäben zusammengeschlossen werden,

- doppeltsymmetrischen I-Profilen mit b ≥ h

- Winkel-, T- und Kreuzquerschnitte mit h/t ≤ 0,2 l (λ ist die Schlankheit des Stabes)

sind nur auf Biegeknicken zu untersuchen. Bei offenen, unsymmetrischen, zentrisch gedrückten Stäben ist immer das Biegedrillknicken maßgebend.

Bei Biegeträgern ist nach EC 3 der Biegedrillknicknachweis in folgender Form (lateral torsional buckling LT) analog dem Knicknachweis zu führen.

$$\max M_{Sd} \le M_{b,Rd} = \chi_{LT} \cdot \beta_W \cdot W_{pl} \cdot f_y / \gamma_M$$

$M_{b,Rd}$ Bemessungswert des Biegemomentes gegen Biegedrillknicken

$\beta_W = 1$ für Querschnitte der Klassen 1 und 2

$\beta_W = W_{eff,el}/W_{pl}$ für Querschnitte der Klassen 3 und 4

Wie beim Biegeknicken ergibt sich $\chi_{LT} = \dfrac{1}{\phi_{LT} + \sqrt{\phi_{LT}^2 - \overline{\lambda}_{LT}^2}}$ jedoch $\chi_{LT} \le 1$,

$$\phi_{LT} = \frac{1}{2}\left(1 + \alpha_{LT}\left(\overline{\lambda}_{LT} - 0,2\right) + \overline{\lambda}_{LT}^2\right)$$

Die Imperfektionsbeiwerte α_{LT} betragen:

$\alpha_{LT} = 0,21$ für Walzprofile (Knickspannungslinie a)

$\alpha_{LT} = 0,49$ für geschweißte Profile (Knickspannungslinie c)

$$\overline{\lambda}_{LT} = \sqrt{\frac{\beta_W \cdot W_{pl} \cdot f_y}{M_{cr}}} = \frac{\lambda_{LT}}{\lambda_1} \cdot \sqrt{\beta_W}$$

M_{cr} ist das nach der Elastizitätstheorie ermittelte ideale Biegedrillknickmoment (Verzweigungsmoment). Die Ermittlung von M_{cr} bzw. λ_{LT} kann nach Anhang F zu EC 3 bzw. nach [1,9] erfolgen. Dabei ist zu beachten, daß M_{cr} nicht nur von den Randbedingungen und der Momentenform, sondern auch von der Lage des Angriffspunktes der Querbelastung im Querschnitt abhängt. Durch seitlich unverschiebliche Festhaltungen des Druckgurtes und/oder verdrehsteife Festhaltung des Trägers kann $M_{b,Rd}$ sehr wirksam erhöht werden, da als maßgebliche Länge L der Abstand zwischen den Festhaltungen eingeht. Ein plausibler Nachweis kann im allgemeinen als Knicknachweis des gedrückten Querschnittteiles um die schwache Biegeachse geführt werden.

Bei zweiachsig auf Biegung beanspruchten Stäben ist der Biegedrillknicknachweis in folgender Form zu führen:

$$\frac{N_{Sd}}{N_{b,Rd}} + k_{LT} \cdot \frac{M_{y,Sd}}{M_{y,b,Rd}} + k_z \cdot \frac{M_{z,Sd}}{M_{z,Rd}} \le 1 \ , \text{ mit } \ k_{LT} = 1 - \frac{\mu_{LT} N_{Sd}}{\chi_z A f_y} \le 1 \ ,$$

$$\mu_{LT} = 0,15 \cdot \overline{\lambda}_z \cdot \beta_{MLT} - 0,15 \le 0,90 \ .$$

3.6.8 Beulen

Dem Knicken von Stabtragwerken entspricht bei Flächentragwerken das Stabilitätsproblem des Beulens. Der allgemeine Fall des Schalenbeulens wird im folgenden eingeschränkt auf ebene Flächentragwerke behandelt, die im Grundzustand nur in ihrer Ebene beansprucht werden (Scheiben).

Beulen eines ebenen Bleches kann sowohl unter Druckspannungen als auch unter Schubspannungen, die Hauptdruckspannungen hervorrufen, erfolgen. Überschreiten die Breiten/Dicken-Verhältnisse von Querschnittsteilen die Grenzwerte für Klasse 3, so wird ein Ausbeulen dieser Klasse-4-Querschnitte unter Druckspannungen vor dem Erreichen der Fließgrenze in der höchstbeanspruchten Faser auftreten. Um der Gefahr des Ausbeulens zu begegnen, werden Klasse-4-Querschnitte mit effektiven Breiten in der Druckzone berechnet und die so reduzierten Querschnitte wie Klasse-3-Querschnitte behandelt. Die Abminderung der Querschnittsfläche erfolgt durch Multiplikation der Breite der Druckzone b_c mit einem Abminderungsfaktor ρ, der von der Plattenschlankheit $\overline{\lambda}_p$ abhängt. Analog wie beim Knickstab ergibt sich

$$\overline{\lambda}_p = \sqrt{\frac{f_y}{\sigma_{cr}}} \; .$$

σ_{cr} ist die kritische Plattenbeulspannung, das ist die Verzweigungsspannung einer ideal ebenen, ideal zentrisch belasteten, ideal elastischen Platte, die proportional zur gegebenen Beanspruchung belastet wird:

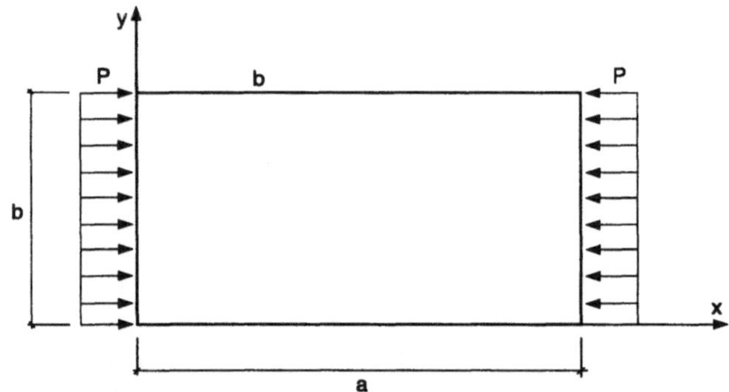

Bild 3-30
Rechteckplatte

Um ein einfaches Beispiel für eine Verzweigungsspannung anzugeben, wird die allseits unverschieblich, gelenkig gelagerte Rechteckplatte mit konstanter Druckspannung nach Bild 3-29 behandelt. Ausgangspunkt ist die Differentialgleichung der querbelasteten, dünnen, elastischen, isotropen Platte

$$\frac{\partial^4 w}{\partial x^4} + 2\frac{\partial^4 w}{\partial x^2 \partial y^2} + \frac{\partial^4 w}{\partial y^4} = \frac{p}{N} ; \qquad \text{w: Durchbiegung,}$$
$$\qquad\qquad\qquad\qquad\qquad\qquad\qquad \text{p: Querbelastung der Platte,}$$

$$N = \frac{t^3}{12(1-\mu^2)} \qquad\qquad \text{Plattensteifigkeit (t Plattendicke).}$$

Eine Belastung der Querränder mit σ führt zur Abtriebskraft

$$p = \underbrace{-\sigma \cdot t}_{\text{bezogene Kraft}} \cdot \underbrace{\frac{\partial^2 w}{\partial x^2}}_{\text{Krümmung}} \cdot$$

Zur Lösung der Differentialgleichung

$$\frac{\partial^4 w}{\partial x^4} + 2\frac{\partial^4 w}{\partial x^2 \partial y^2} + \frac{\partial^4 w}{\partial y^4} = -\frac{\sigma \cdot t}{N} \cdot \frac{\partial^2 w}{\partial x^2}$$

wird der Ansatz gewählt $\quad w = \sum_{m=1}^{\infty} \sum_{n=1}^{\infty} A_{m,n} \cdot \sin\frac{m\pi x}{a} \cdot \sin\frac{n\pi y}{b},$

der alle Randbedingungen ($w_{\text{Rand}} = 0$, $w''_{\text{Rand}} = 0$) befriedigt. Dieser Ansatz stellt auch eine Lösung der Differentialgleichung dar.

Für alle $A_{m,n}$ ist die Differentialgleichung erfüllt, wenn

$$\left(\frac{m\pi}{a}\right)^4 + 2 \cdot \left(\frac{m\pi}{a}\right)^2 \left(\frac{n\pi}{b}\right)^2 + \left(\frac{n\pi}{b}\right)^4 = \frac{\sigma_{cr} t}{N}\left(\frac{m\pi}{a}\right)^2 \cdot$$

Die Verzweigungsspannung σ_{cr} ergibt sich damit zu

$$\sigma_{cr} = \frac{\pi^2 N}{t} \cdot \left(\frac{a}{m}\right)^2 \left\{\left(\frac{m}{a}\right)^2 + \left(\frac{n}{b}\right)^2\right\}^2 = \frac{\pi E t^2}{12(1-\mu^2)b^2}\left(\frac{mb}{a} + \frac{an^2}{bm}\right)^2 \cdot$$

Mit dem Seitenverhältnis $\alpha = \dfrac{a}{b}$ ergibt sich die minimale Verzweigungsspannung min σ_{cr} bei n = 1

$$\min\sigma_{cr} = \frac{\pi^2 E t^2}{12(1-\mu^2)b^2}\left(\frac{m}{\alpha} + \frac{\alpha}{m}\right)^2 \cdot$$

In dieser Form mit der Eulerschen Beulspannung $\quad \sigma_e = \dfrac{\pi^2 E t^2}{12(1-\mu^2)b^2}$

und einem dimensionslosen Beulwert k_σ, der im Falle der Rechteckplatte mit konstanter σ_x-Beanspruchung $\quad k_\sigma = \dfrac{m}{\alpha} + \dfrac{\alpha}{m}\quad$ wird, wird die ideale kritische Beulspannung $\sigma_{cr} = k_\sigma \cdot \sigma_e$ dargestellt. In Abhängigkeit von m ergibt sich min k_σ nach Bild 3-31 typisch als Girlanden-kurve.

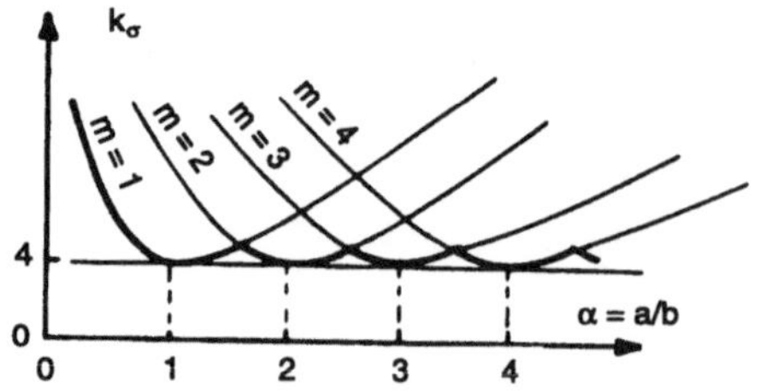

Bild 3-31
Beulwerte

Für Platten mit linearer Druckspannungsverteilung, wobei σ_1 die größte Druckspannung (Druck positiv) und σ_2 die Spannung am anderen Rand darstellt, und hinreichend großem α ergibt sich $\sigma_{cr} = k_\sigma(\psi) \cdot \sigma_e$ mit

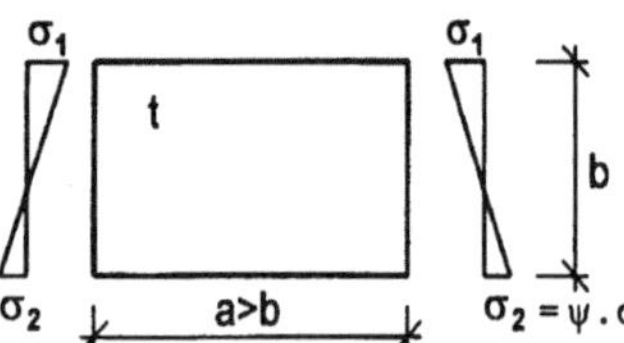

$$\psi = \frac{\sigma_2}{\sigma_1} \qquad \text{Spannungsverhältnis}$$

$$k_\sigma = k_\sigma(\psi) \qquad \text{Beulwert [13,14]}$$

Bei vierseitig gelagerten Platten mit $\alpha > 1$ beträgt

$$k_\sigma = \frac{16}{\left[(1+\psi)^2 + 0{,}112 \cdot (1-\psi)^2\right]^{0,5} + (1+\psi)} \qquad \text{für } 1 \geq \psi \geq -1$$

$$k_\sigma = 5{,}98 \cdot (1-\psi)^2 \qquad \text{für } -1 > \psi > -2$$

Bei dreiseitig gelagerte Platten mit $\alpha > 1$ für σ_1 am gelagerten Rand

$$k_\sigma = 0{,}57 - 0{,}21 \cdot \psi + 0{,}07 \cdot \psi^2 \qquad \text{für } 1 \geq \psi \geq -1,$$

für σ_1 am freien Rand

$$k_\sigma = \frac{0{,}578}{\psi + 0{,}34} \qquad \text{für } 1 > \psi > 0,$$

$$k_\sigma = 1{,}7 - 5 \cdot \psi + 17{,}1 \cdot \psi^2 \qquad \text{für } 0 \geq \psi > -1.$$

Die bezogene Plattenschlankheit $\overline{\lambda}_p$ beträgt

$$\overline{\lambda}_p = \sqrt{\frac{f_y}{\sigma_{cr}}} = \sqrt{\frac{f_y \cdot 12(1-\mu^2)b^2}{k_\sigma \cdot \pi^2 E t^2}} = \frac{b/t}{\sqrt{\dfrac{210000 \cdot \pi^2}{235 \cdot 12(1-0{,}3^2)}} \sqrt{\dfrac{f_{y,S235}}{f_y}} \sqrt{k_\sigma}} = \frac{b/t}{28{,}4 \cdot \varepsilon \cdot \sqrt{k_\sigma}} .$$

Überschreiten die Breiten/Dicken-Verhältnisse von gedrückten Querschnittsteilen die Grenzwerte der Klasse 3, so werden diese Klasse 4-Querschnitte vor dem Erreichen der Druck-Streckgrenze ausbeulen. Um der Gefahr des Ausbeulens zu begegnen, werden Klasse-4 Querschnitte mit effektiven Breiten $b_{eff} = \rho \cdot b_c$ berechnet. b_c ist die Breite der Druckzone, ausgehend vom unverschieblich gehaltenen Rand.

Für $\overline{\lambda}_p \leq 0{,}673$ beträgt $\rho = 1$ und für $\overline{\lambda}_p > 0{,}673$ beträgt $\rho = \dfrac{\overline{\lambda}_p - 0{,}22}{\overline{\lambda}_p^2}$.

Die so reduzierten Querschnitte mit der Fläche A_{eff} und dem Trägheitsmoment I_{eff} werden wie Klasse 3-Querschnitte (E-E) behandelt. Bei Normalkraftbeanspruchung muß das Versetzungsmoment infolge Verschiebung der Schwerlinie berücksichtigt werden.

Infolge von Schubspannungen, die Hauptdruckspannungen hervorrufen, kann ebenfalls ein Blech ausbeulen. Der Nachweis darf entfallen, wenn $b/t \leq 30\varepsilon\sqrt{k_\tau}$ ist. k_τ ist der Beulwert für Schubbeulen.

$$k_\tau = 4 + \frac{5{,}34}{(a/b)^2} \quad \text{für} \quad a/b < 1, \quad k_\tau = 5{,}34 + \frac{4}{(a/b)^2} \quad \text{für} \quad a/b \geq 1.$$

Der Nachweis kann auf zwei Arten geführt werden:

1. nach der Zugfeldmethode,

2. nach dem vereinfachten Verfahren unter Berücksichtigung überkritischer Auswirkungen.

Die Zugfeldmethode ergibt den Versuchswerten sehr naheliegende Ergebnisse. Infolge der Schubspannungen entstehen Hauptzug- und Hauptdruckspannungen. Beult das Feld infolge der Hauptdruckspannungen aus, dann bilden die Diagonalen in Richtung der Hauptzugspannungen, die Flansche und die Quersteifen ein Fachwerksystem, bei dem nachzuweisen ist, daß die einzelnen Teile samt ihren Anschlüssen die auftretenden Kräfte vor Erreichen der plastischen Grenztragfähigkeit übertragen können. Nähere Angaben enthält EC 3, Abschnitt 5.6.4.

Hier wird nur auf das vereinfachte Verfahren eingegangen, das analog zum Beulen unter Druckspannung abgehandelt wird.

Die bezogene Stegblechschlankheit $\overline{\lambda}_w$ ergibt sich

$$\overline{\lambda}_w = \sqrt{\frac{\tau_y}{\tau_w}} = \sqrt{\frac{f_y/\sqrt{3}}{\tau_w}} ,$$

$$\tau_w = k_\tau \cdot \frac{\pi^2 E t^2}{12(1-\mu^2)b^2} ,$$

$$\overline{\lambda}_w = \sqrt{\frac{f_y \cdot 12(1-\mu^2)b^2}{\sqrt{3}k_\tau \cdot \pi^2 E I^2}} = \frac{b/t}{\sqrt{\dfrac{210000\pi^2\sqrt{3}}{235\cdot 12(1-0{,}3^2)}}\sqrt{\dfrac{f_{y,S235}}{f_y}}\sqrt{k_\tau}} = \frac{b/t}{37{,}4\cdot\varepsilon\sqrt{k_\tau}} .$$

Für

$$\overline{\lambda}_w \leq 0,8 \qquad \text{beträgt} \qquad \tau_{ba} = \frac{f_y}{\sqrt{3}},$$

$$\text{für} \quad 0,8 < \overline{\lambda}_w \leq 1,2 \qquad \text{beträgt} \qquad \tau_{ba} = \left[1 - 0,625(\overline{\lambda}_w - 0,8)\right]\frac{f_y}{\sqrt{3}},$$

$$\text{für} \quad \overline{\lambda}_w < 1,2 \qquad \text{beträgt} \qquad \tau_{ba} = \frac{0,9}{\overline{\lambda}_w} \cdot \frac{f_y}{\sqrt{3}}.$$

Es ist nachzuweisen, daß der Bemessungswert der Querkraft Q_{Sd} die Schubbeulfestigkeit $Q_{ba,Rd}$ nicht übersteigt.

$$Q_{Sd} \leq Q_{ba,Rd} = b \cdot t_w \cdot \tau_{ba} / \gamma_{M1}.$$

Wirken Moment und Querkraft gleichzeitig, so ist die Querschnittstragfähigkeit mit der Interaktionsformel nachzuweisen, wobei anstelle von $Q_{pl,Rd} \rightarrow Q_{ba,Rd}$ zu setzen ist.

Bei sehr großem Druckgurt mit der Fläche A_{fc} und sehr dünnem Steg mit der Fläche A_w ist noch das örtliche Knicken von Flanschen nachzuweisen mit

$$b/t \leq k \cdot \frac{E}{f_y} \cdot \sqrt{\frac{A_w}{A_{fc}}}, \qquad
\begin{aligned}
&k = 0,3 \qquad &&\text{für Klasse 1 Flansche} \\
&k = 0,4 \qquad &&\text{für Klasse 2 Flansche} \\
&k = 0,55 \qquad &&\text{für Klasse 3 und 4 Flansche}
\end{aligned}$$

Besondere Regeln sind für den **Stabilitätsnachweis bei querbeanspruchten Stegen** einzuhalten. Dieser Beanspruchungsfall tritt immer an den Auflagern auf, wo bei Trägern mit Stegbreite/Stegdicke b/t > 69ε immer Quersteifen anzuordnen sind. Bei querbeanspruchten Stegen kann plastisches Stauchen oder Stegblechkrüppeln, das ist eine plastische Ausbeulung im Anschlußbereich des Steges an den Gurt, auftreten oder es kann das Gesamtfeld ausbeulen. Zum Nachweis gegen alle drei Versagensformen sind im EC 3 einfache Formeln gegeben.

Kann der Tragfähigkeitsnachweis gegen Beulen nicht erbracht werden, so sind entweder die Bleche dicker vorzusehen, bei Beulung im plastischen Bereich die Materialfestigkeiten zu erhöhen oder die Bleche auszusteifen. Die wirksamste Anordnung von Aussteifungen wäre in Richtung der Hauptdruckspannungen. Aus fertigungstechnischen Gründen werden jedoch Träger im allgemeinen durch Quer- und Längssteifen ausgesteift. Wenn diese auf einer Seite des Bleches angeordnet werden, laufen im allgemeinen die Längssteifen durch, die Quersteifen werden ausgeschnitten und aufgekämmt. Um diese Druchdringungen zu vermeiden, können auch die Quersteifen auf der einen und die Längssteifen auf der anderen Seite des Bleches angeordnet werden.

Der Beulnachweis für ausgesteifte Bleche wird im EC 3-1-5 geregelt.

3.7 Gebrauchstauglichkeitsnachweis

Verformungen und Schwingungen sind die maßgeblichen Größen für die Grenzzustände der Gebrauchstauglichkeit.

Verformungen dürfen die vertraglich vereinbarten oder behördlich vorgeschriebenen Grenzwerte nicht überschreiten. Um Verformungen angeben zu können, muß als Ausgangszustand die geometrische Sollform der Konstruktion festgelegt werden.

Die Sollform soll im allgemeinen erreicht werden

– unter der Wirkung aller ständigen Lasten,
– bei einer Temperatur von +10 °C (in unserer Klimazone etwa das Jahresmittel),
– nach dem Abklingen zeitabhängiger Formänderungen (z.B. Kriechen und Schwinden).

Ein Tragwerk nimmt somit eine Sollform bei einem bestimmten Spannungszustand ein. In der Werkstatt wird das Tragwerk jedoch frei von Spannungen infolge äußerer Einwirkungen hergestellt. Die Form eines Tragwerkes im spannungslosen Zustand wird Werkstattform genannt. Sie unterscheidet sich von der geometrischen Sollform, die sich unter den eingangs genannten Wirkungen einstellt. Die Werkstattform wird gewonnen, indem von der geometrischen Sollform die Verschiebungen infolge aller ständigen Einwirkungen abgezogen werden. So muß z.B. ein Träger, der unter ständiger Last gerade sein soll, nach der Biegelinie infolge ständiger Last überhöht werden (Bild 3-32).

Bei n-fachen statisch unbestimmten Systemen können im Zustand ständige Last n voneinander unabhängige Schnittgrößen frei gewählt werden, um mit den ständigen Einwirkungen den Schnittgrößenzustand „ständige Last" zu ergeben. Diesem Zustand „ständige Last" entspricht nach der Elastizitätstheorie genau ein Verschiebungszustand. Trägt man diesen Verschiebungszustand von der geometrischen Sollform in negativer Richtung auf, so erhält man die Werkstattform. Diese führt unter den ständigen Einwirkungen zum gewollten Schnittgrößenzustand „ständige Last", einer Kombination von ständig wirkender Belastung mit Systemvorspannung.

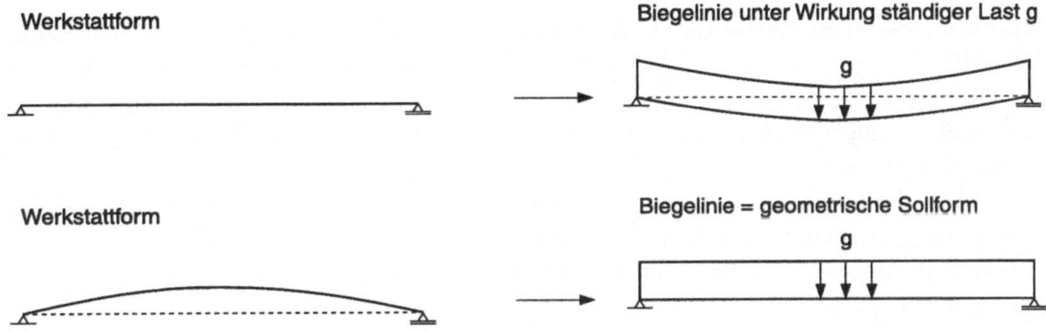

Bild 3-32 Werkstattform – geometrische Sollform

Grenzwerte der Verformungen können die Durchbiegung, die Tangentenneigung, die Verkrümmung, sowie die horizontale Verformung betreffen.

Schwingungen, Vibrationen und Schwankungen dürfen keine Schäden an Einrichtungen und Bauteilen verursachen und die Nutzung des Bauwerkes (Unbehagen der Nutzer) nicht beeinträchtigen.

Deshalb dürfen die Eigenfrequenzen von Bauwerken unter Eigengewicht und häufig auftretender Nutzlast bestimmte Grenzwerte nicht unterschreiten. Die Eigenfrequenz von Tragwerken muß sich von Erregerfrequenzen deutlich unterscheiden um Resonanz zu vermeiden.

Für den federnd gelagerten Massenpunkt ergibt sich die 1. Eigenfrequenz zu

$$f = \frac{\sqrt{g}}{2\pi\sqrt{\delta_{g+p}}} \quad \text{bzw.} \quad f^{[Hz]} \approx \frac{5}{\sqrt{\delta_{g+p}^{[cm]}}} \ .$$

$g = 9{,}81 \ m/s^2$ ... Fallbeschleunigung

δ_{g+p} ... Durchbiegung infolge Eigengewicht und häufig auftretender Nutzlast

Diese Formel kann näherungsweise auch für alle Systeme angesetzt werden, wenn die Belastung (g+p) in Richtung der (geschätzten) 1. Eigenform angesetzt wird und δ_{g+p} die damit berechnete maximale Durchbiegung ist.

Bei regelmäßig begangenen Decken (z.B. Büros) muß daher die unterste Eigenfrequenz über 3 Hz liegen ($\delta_1 + \delta_2 \leq 28$ mm); bei rhythmisch beanspruchten Decken (z.B. Turnsäle) muß die unterste Eigenfrequenz über 5 Hz liegen ($\delta_1 + \delta_2 \leq 10$ mm).

3.8 Ermüdung – Dauerfestigkeit – Betriebsfestigkeit – Bruchmechanik

3.8.1 Allgemeines

Häufige Lastwechsel führen zum Bruch unter niedrigerer Beanspruchung als bei einmaliger Belastung.

Wöhler untersuchte bereits ab 1859 experimentell den Bruch von Eisenbahnwagenachsen und fand, daß vor allem die Differenz der Spannungen (Schwingbreite) für den vorzeitigen Bruch maßgebend ist.

Es ist bis heute nicht gelungen eine theoretische Lösung des Ermüdungsproblems mit quantitativer Aussage zu finden. Die Grundlagen für den Ermüdungsnachweis können nur über die Auswertung systematischer Versuche gefunden werden.

Die wichtigsten Einflußfaktoren sind:

- Grad der Kerbwirkung

- Schwingbreite, Spannungsverhältnisse

- Anzahl und Art der Beanspruchungen

Die Stahlsorte hat fast keinen Einfluß, d.h. alle Baustähle zeigen bei gleichen Kerben (z.B. Schweißverbindungen) nahezu die gleiche Dauerfestigkeit. Bei geringen Lastspielzahlen gewinnt die Baustahlsorte an Bedeutung.

Der Ermüdungsfestigkeitsnachweis ist nur für Konstruktionen, welche nicht vorwiegend ruhend belastet sind, erforderlich. Es sind dies im wesentlichen Eisenbahnbrücken, Krane und Kranbahnen.

3.8.2 Begriffe

Periodische Beanspruchung

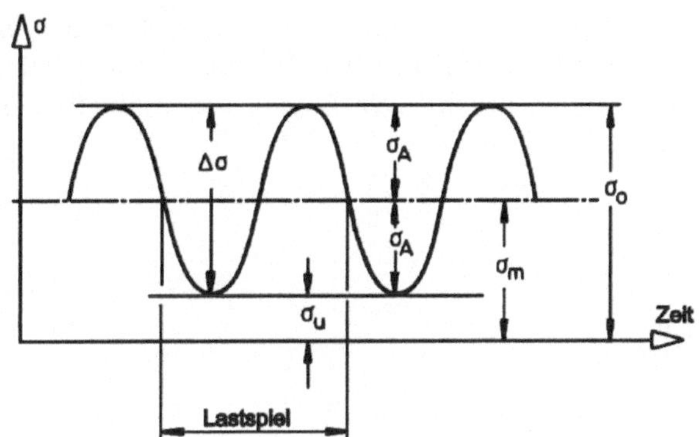

Bild 3-33
Periodische Beanspruchung

Parameter der periodischen Beanspruchung

Oberspannung	σ_o
Unterspannung	σ_u
Mittelspannung	$\sigma_m = 1/2(\sigma_o + \sigma_u)$
Spannungsamplitude, Spannungsausschlag	$\sigma_A = 1/2(\sigma_o - \sigma_u)$
Schwingweite, Schwingbreite	$\Delta\sigma = \sigma_o - \sigma_u = 2 \cdot \sigma_A$
Spannungsverhältnis:	$\kappa = \min\sigma / \max\sigma$

$\max\sigma$ ist der größte Absolutwert, $\min\sigma$ der kleinste Absolutwert. Beide Werte sind jedoch mit ihrem Vorzeichen einzusetzen. κ liegt zwischen -1 und $+1$. Außerdem muß angegeben werden, ob $\max\sigma$ eine Zug- oder Druckspannung ist.

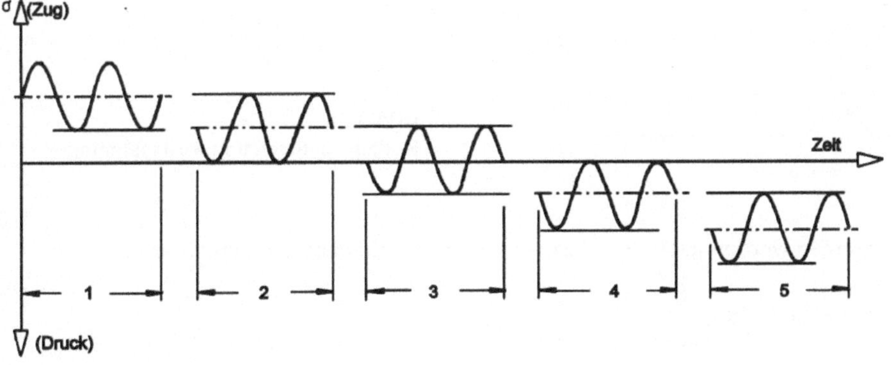

1:	Zugschwellbeanspruchung	$\sigma_o > 0;\ \sigma_u > 0$
2:	Zugursprungsbeanspruchung	$\sigma_o > 0;\ \sigma_u = 0$
3:	Reine Wechselbeanspruchung	$\sigma_o = -\sigma_u$
4:	Druckursprungsbeanspruchung	$\sigma_o = 0;\ \sigma_u < 0$
5:	Druckschwellbeanspruchung	$\sigma_o < 0;\ \sigma_u < 0$

Bild 3-34 Arten der Beanspruchung

3.8.3 Bruchentstehung

Ausgehend von Kerben (oder Fehlstellen) beginnen Anrisse. Mit dem ersten Anriß wird der Querschnitt geschwächt und die Kerbwirkung am Rißende verstärkt. Bei weiterer Beanspruchung schreitet der Riß von der Kerbe aus in Schritten fort. Dieses schrittweise Brechen läßt sich an den Rastlinien in der Bruchfläche erkennen. Der Bruch der Restfläche tritt plötzlich verformungslos ohne Vorankündigung auf (spröder Bruch). Der Beginn der Rißbildung ist meist nicht zu erkennen .

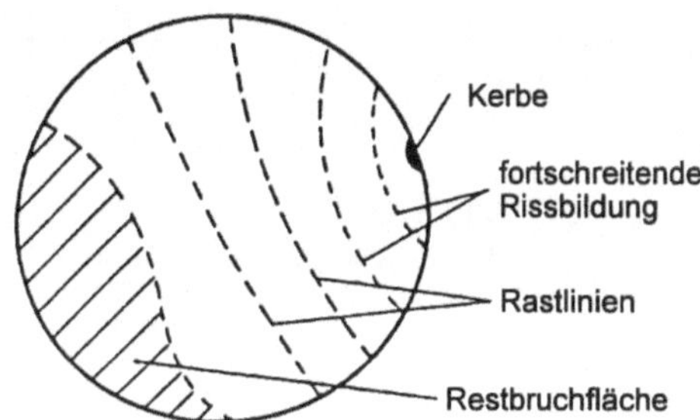

Bild 3-35
Bruchfläche [1]

3.8.4 Gestaltfestigkeit von Bauteilen

Der werkstoffmechanische Ursprung des Dauerbruches liegt in örtlichen plastischen Wechselverformungen im Bereich von Kerben.

Kerben erzeugen Spannungsspitzen, siehe Bild 3-36

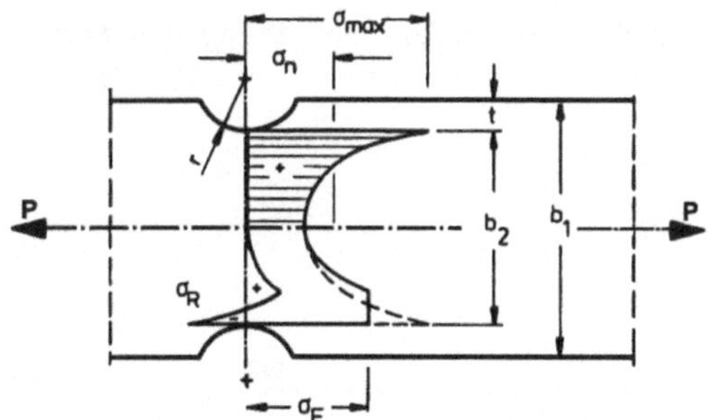

Bild 3-36
Kerbspannungen und Restspannungen

Die Kerbspannungen werden nach den Gesetzen der Elastizitätstheorie berechnet.

$$\sigma_{max} = \alpha_K \sigma_n = \alpha_K \frac{P}{F_{netto}}$$

Übersteigt σ_{max} die Fließgrenze σ_F, so tritt örtliches Plastizieren im Kerbgrund auf, und es stellt sich das Spannungsdiagramm im Bild 3-36 (untere Hälfte) ein.

Bei Entlastung verbleibt ein Restspannungszustand σ_R, der eine „Druckvorspannung" im Kerbgrund erzeugt. Sind weitere Belastungen in der gleichen Richtung wie die erste (Zugschwellbereich), so „hilft" der Restspannungszustand. Tritt eine Lastumkehr ein (Wechselbereich), so wirkt der Restspannungszustand „belastend". Es tritt verstärkte Plastizierung ein. Wie bei einem Draht, der hin und her gebogen wird, tritt frühzeitiger Anriß ein. Durch den Anriß wird die Kerbwirkung verstärkt, die Restfläche kleiner und die Spannung im Kerbgrund nimmt zu. Es tritt sodann ein Rißfortschritt mit wachsender Geschwindigkeit ein und schließlich der Bruch im Restquerschnitt.

Die Beanspruchung im Bauwerk setzt sich aus Spannungen aus Gleichgewichtsbedingungen (kraftschlüssige Beanspruchung) und Spannungen infolge von Zwängungen und anderen Deformationsbehinderungen (formänderungsschlüssige Beanspruchung) zusammen. Es treten außerdem mehrachsige Kerbspannungszustände auf, die – wenn sie gleichgerichtet sind – den Fließbeginn verzögern.

Bei Schweißkonstruktionen treten folgende Einflüsse hinzu:

- Gefügeumwandlung in der wärmebeeinflußten Zone
- Schweißeigenspannungen
- Schweißverformungen

3.8.5 Die Zeitfestigkeit – die Wöhlerlinie

Werden mit einer Anzahl von gleichen Probestücken Versuche unter periodischer Beanspruchung durchgeführt, wobei die Unterspannung σ_u für alle Proben gleichgehalten wird, die Oberspannung σ_0 jedoch bei jeder Probe anders ist, so kann die Anzahl der Lastspiele bis zum Bruch gezählt werden. Jene Oberspannung σ_0, die bei gegebener Probeform und festgehaltener Unterspannung bei N Lastspielen zum Bruch führt, wird Zeitfestigkeit σ_R (N) bezeichnet. Die Dauerfestigkeit σ_D ist jene Oberspannung, die unendlich oft ertragen wird. Die Funktion $\sigma_R = \sigma_R$ (N) wird als Wöhlerkurve oder Ermüdungsfestigkeitskurve bezeichnet. Da die Versuchsergebnisse stark streuen, werden zur Bestimmung der Wöhlerkurven auf jeder Beanspruchungsstufe mehrere Versuche durchgeführt und gleiche Fraktilwerte durch Kurven verbunden. Im Stahlbau wird die Lastspielzahl für die Dauerfestigkeit je nach Konstruktionsdetail mit $N_D = 5 \cdot 10^6$, $N_D = 10^7$ oder bei Schubbeanspruchung mit $N_D = 10^8$ definiert.

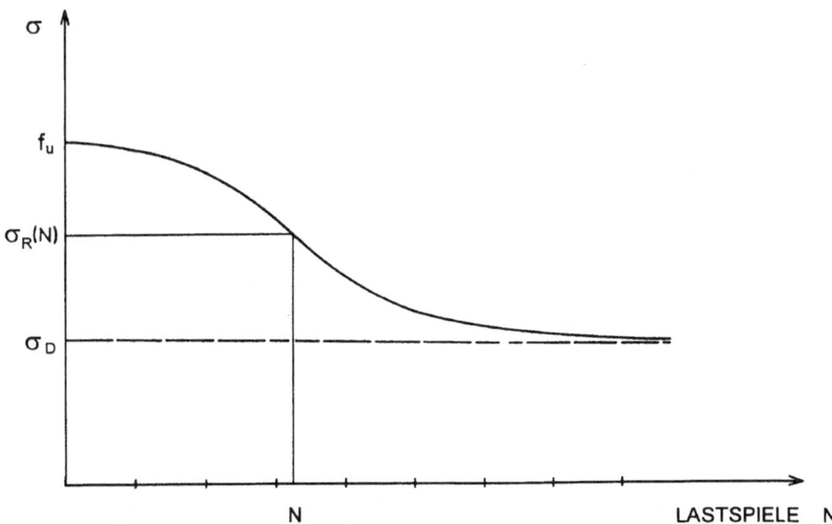

Bild 3-37 Wöhlerlinie

Da der Einfluß der Mittelspannung gering ist, sind im EC 3 die Ermüdungsfestigkeitskurven nicht für σ_R, sondern für $\Delta\sigma_R = \sigma_u - \sigma_o$ unter Vernachlässigung des Mittelspannungseinflusses im doppelt logarithmischen Maßstab als 5% Fraktile in Abhängigkeit von der Kerbgruppe für $N \geq 10^4$ aus zwei Geraden dargestellt. Für die Gerade zwischen $10^4 \leq N \leq N_D$ läßt sich ein einfacher analytischer Zusammenhang angeben:

$$\tan\beta = m = \frac{\log N_D - \log N}{\log\Delta\sigma_R - \log\Delta\sigma_D} \quad \text{mit} \quad m = 3$$

Daraus folgt

$$\log N = \log N_D + m \cdot \log\Delta\sigma_D - m \cdot \log\Delta\sigma_R$$

Mit den Konstanten $\log N_D + m \cdot \log\Delta\sigma_D = \log a$ folgt

$$\Delta\sigma_R = \left(\frac{a}{N}\right)^{\frac{1}{m}} \quad \text{und} \quad N = \frac{a}{\Delta\sigma_R^m}$$

Da die Dauerfestigkeit σ_D nur für periodische Beanspruchungen gilt, Schwingweiten oberhalb der Dauerfestigkeit jedoch eine Schädigung und damit ein Absinken der Dauerfestigkeit bewirken, ergibt sich als untere Grenze der Dauerfestigkeit bei Vorschädigung der Schwellenwert der Ermüdungsfestigkeit $\Delta\sigma_L$ bei $N_L = 10^8$. Um dieses Absinken der Dauerfestigkeit näherungsweise zu berücksichtigen, wird zwischen der Dauerfestigkeit $\Delta\sigma_D$ und dem Schwellenwert der Ermüdungsfestigkeit $\Delta\sigma_L$ ein linearer Verlauf mit m = 5 angenommen. Die für die Widerstandsseite maßgeblichen Ermüdungsfestigkeitskurven hängen vom Konstruktionsdetail im Punkt des Querschnittes ab, für den der Nachweis geführt wird. Das Konstruktionsdetail bestimmt die Kerbgruppe, die dem $\Delta\sigma_R$ bei $N = 2 \cdot 10^6$ entspricht. Der Berechnung sind die nach dem Verfahren E-E ermittelten Nennspannungen (ohne Berücksichtigung der örtlichen Kerbwirkung) oder die um den geometrischen Kerbfaktor korrigierte Nennspannungen, der die geometrischen Abweichungen erfaßt, die bei der Einstufung des Konstruktionsdetails nicht berücksichtigt werden, zugrunde zu legen.

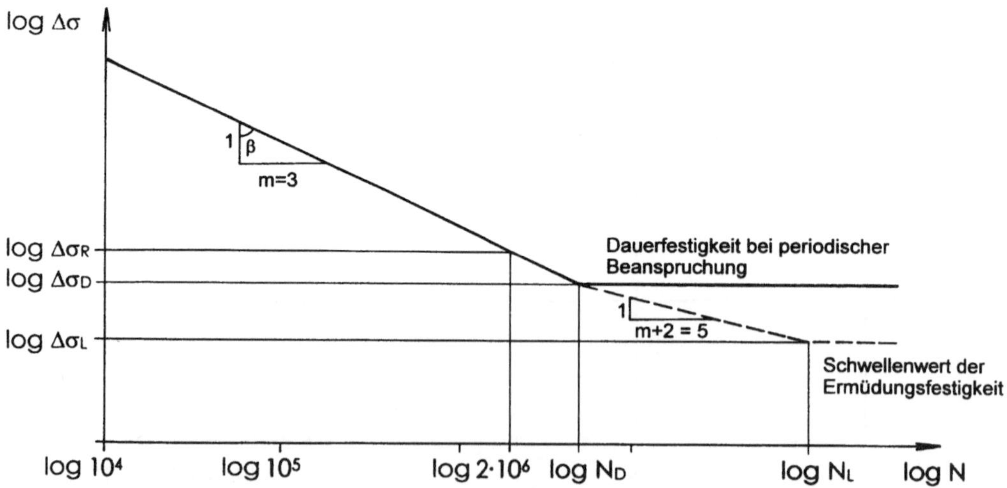

Bild 3-38 Ermüdungsfestigkeitskurve nach EC 3 [1]

3.8.6 Faktoren, die die Ermüdungsfestigkeit beeinflussen

Die Ermüdung einer Probe wird im wesentlichen von folgenden Faktoren beeinflußt:

1. von der Schwingbreite $\Delta\sigma$
2. vom Grad der Kerbwirkung
3. von den Eigenspannungen
4. von der Vorbelastung (Sie kann eine Erhöhung von σ_D bewirken.)
5. von der Art der Betriebsspannung (Lastkollektiv)
6. von der Mittelspannung σ_m
7. von Korrosionsvorgängen

Bei korrosionsempfindlichen Stählen unter hoher ständiger Zugbeanspruchung kann zusätzlich Spannungsrißkorrosion ausgelöst werden. Die Wöhlerlinie zeigt dann keine Dauerfestigkeit im Sinne einer unendlich oft ertragbaren Spannungsamplitude, d.h. die Dauerfestigkeit geht gegen Null, es verbleibt eine „Korrosions-Zeitfestigkeit".

3.8.7 Dauerfestigkeitsdiagramm

Je nach Art der Auswertung sind unterschiedliche Darstellungen zweckmäßig.

In allen Dauerfestigkeitsdiagrammen wird die maximale Spannung σ_D durch die Streckgrenze σ_F begrenzt, da die statische Tragfähigkeit auf diese Spannung bezogen wird.

Die üblichste Form der Darstellung ist das Dauerfestigkeitsdiagramm nach Smith.

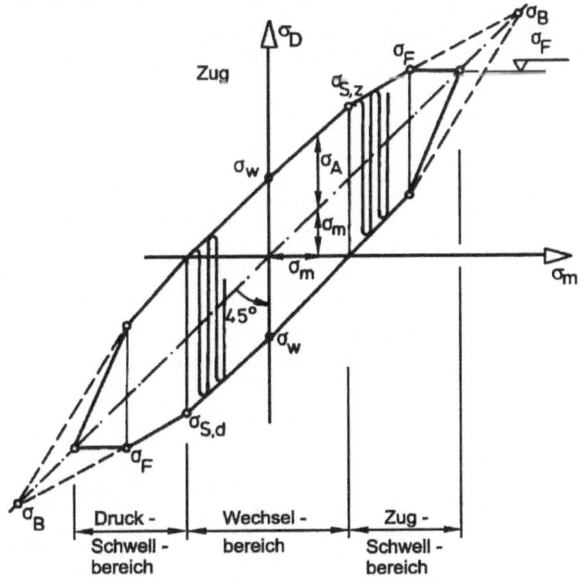

Die Oberspannung σ_D wird als Funktion der Mittelspannung

$$\sigma_m = \frac{\sigma_o + \sigma_u}{2}$$

aufgetragen.

σ_W = Wechselfestigkeit
σ_{Sz} = Zugschwellfestigkeit
σ_{Sd} = Druckschwellfestigkeit
σ_F = Streckgrenze
σ_B = Bruchspannung

Bild 3-39 Dauerfestigkeitsdiagramm nach Smith

3.8.8 Betriebsfestigkeit

Betriebsfestigkeit ist die Ermüdungsfestigkeit eines Bauteiles unter wirklichkeitsnahen Betriebsbedingungen wie

- regellose Folge von Belastungen unterschiedlicher Größe, Häufigkeit und Reihenfolge (Lastkollektive) mit selten auftretenden Höchstwerten über der Dauerfestigkeit,

- Berücksichtigung einer begrenzten Nutzungsdauer,

- Berücksichtigung der Versagenswahrscheinlichkeit.

Die Betriebsfestigkeit läßt sich ermitteln

a)   durch Messung der tatsächlichen Beanspruchung und Simulation in der Prüfmaschine. Dieses Verfahren ist z.B. im Fahrzeug- und Flugzeugbau üblich, wo an Prototypen die Beanspruchungen im Betrieb festgestellt werden können.

b)   über Spannungsakkumulationshypothesen, mit der das aus dem Lastkollektiv ermittelte Beanspruchungskollektiv hinsichtlich des Beginns eines Ermüdungsbruches mit der periodischen Beanspruchung und somit über die Wöhlerkurve verglichen werden kann. Dieses Verfahren ist im Bauwesen und im Großmaschinenbau üblich, wo Einzeltragwerke oder nur geringe Stückzahlen gleicher Konstruktionen gefertigt werden.

Lastkollektive werden durch Beobachtung und Messung der einen Bauteil beanspruchenden Lasten ermittelt und durch Extrapolation der Meßdaten auf die geplante Lebensdauer festgelegt. Aus den Lastkollektiven werden im Bauwesen die Beanspruchungskollektive nach dem Verfahren E-E berechnet. Um die Beanspruchungskollektive auszuwerten, begnügt man sich im allgemeinen mit $\Delta\sigma$ als einzigem Parameter. Mit Hilfe besonderer Zählverfahren (Rainflow- oder Reservoirmethode) wird aus dem Beanspruchungskollektiv das Spannungsschwingbreitenkollektiv ermittelt, das angibt, wie oft eine Schwingbreite $\Delta\sigma_i$ auftritt.

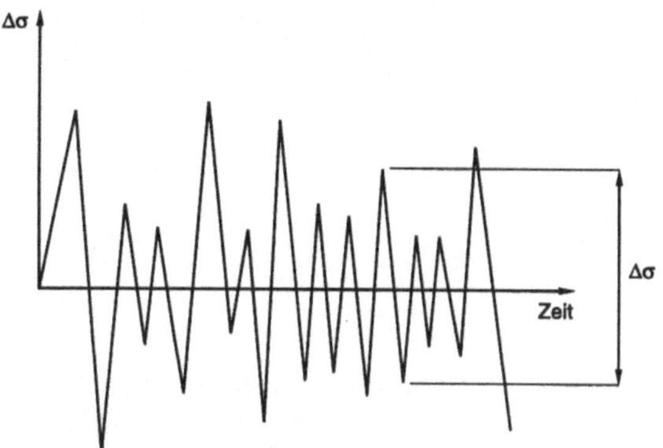

Bild 3-40
Beanspruchungskollektiv

Bei der Reservoir-Zählmethode wird folgende Modellvorstellung verwendet:

- das Diagramm wird mit Wasser gefüllt,

- am tiefsten Punkt 1 des Reservoirs wird das Wasser abgelassen; die Höhe des „Wasserstandes" beträgt $\Delta\sigma_1$ und entspricht einem vollen Schwingspiel mit der Spannungsdifferenz $\Delta\sigma_1$,

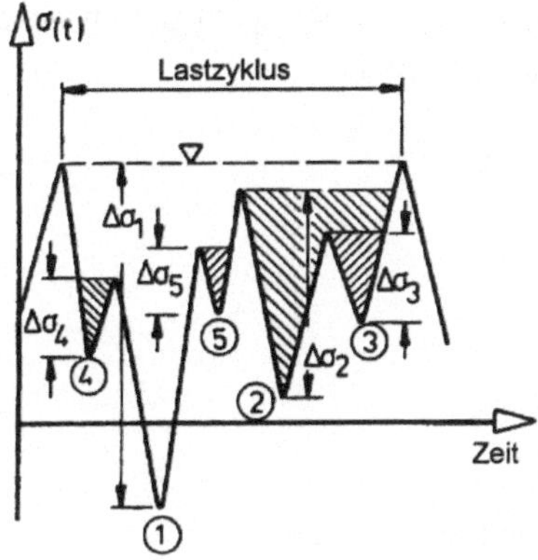

Bild 3-41
Reservoir-Zählmethode

- in der gleichen Weise werden die restlichen (noch gefüllten) Kammern des Reservoirs nacheinander entleert und die „Wasserstände" $\Delta\sigma_2$, $\Delta\sigma_3$ usw. ermittelt.

- die einzelnen Spannungsdifferenzen werden zu „Stufen" zusammengefaßt, die Stufen nach ihrer Größe geordnet und in ein Diagramm (siehe Bild 3-42) eingetragen. N ist die Anzahl der Schwingspiele, bei welchen $\Delta\sigma$ erreicht oder überschritten wird (Summenhäufigkeitsdiagramm).

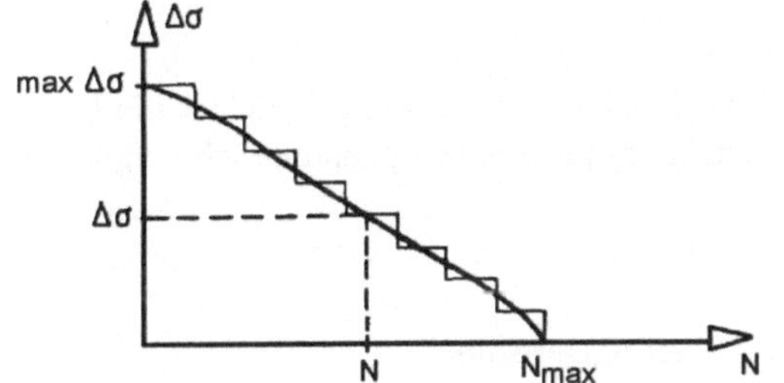

Bild 3-42
Summenhäufigkeitsdiagramm der
Spannungsdifferenzen $\Delta\sigma$

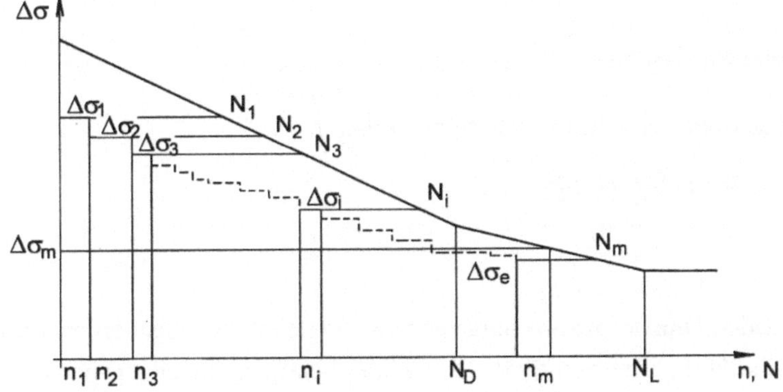

Bild 3-43 Schadensakkumulationshypothese von Palmgren und Miner [1]

Mit Hilfe der Miner-Regel kann ein gegebenes Spannungsschwingbreitenspektrum in eine schadensäquivalente Spannungsschwingbreite $\Delta\sigma_E$ umgewandelt werden.

Aus der Gleichung für die Wöhlerkurve

$$N = \frac{a}{\Delta\sigma_R^m}$$

folgt über die Miner-Regel

$$\sum \frac{n_i}{N_i} = \sum \frac{n_i \cdot \Delta\sigma_i^m}{a} = 1$$

Eine Spannungschwingbreite $\Delta\sigma_E$ mit N_E ruft eine Schädigung hervor, wenn

$$N_E \cdot \Delta\sigma_E^m = a$$

Daraus folgt

$$N_E \cdot \Delta\sigma_E^m = \sum n_i \cdot \Delta\sigma_i^m$$

und

$$\Delta\sigma_E = \left(\frac{\sum n_i \cdot \Delta\sigma_i^m}{N_E} \right)^{\frac{1}{m}}$$

als schadensäquivalente Spannungsschwingbreite.

Für die praktische Anwendung wird für Bauwerke mit bekanntem Belastungskollektiv die Lastspielzahl N_E nach der Nutzungsdauer und die schadensäquivalente Spannungsschwingbreite $\Delta\sigma_E$ aus max$\Delta\sigma$ und einem Beiwert α berechnet

$$\Delta\sigma_E = \alpha \cdot max\Delta\sigma$$

Vielfach wird auch $N_E = 2 \cdot 10^6$ definiert und $\Delta\sigma_E$ darauf umgerechnet.

Die Berechnung der Beiwerte α wird in den einschlägigen Normen festgelegt.

Die Aussagen gelten analog auch für Schubspannungen.

3.8.9 Ermüdungsnachweis

Der Ermüdungsnachweis nach EC3 ist wie folgt zu führen:

$$\gamma_{Ff} \cdot \Delta\sigma_E \leq \frac{\Delta\sigma_R (\text{Kerbgruppe}, N_E)}{\gamma_{M_F}}$$

mit

$\Delta\sigma_E$, N_E schadensäquivalente Spannungsschwingbreite mit der zugehörigen Lastspielzahl

γ_{Ff} Teilsicherheitsbeiwert für die Ermüdungsbelastung, im allgemeinen $\gamma_{Ff} = 1{,}0$

γ_{M_F} Teilsicherheitsbeiwert für die Ermüdungsfestigkeit

Kerb-gruppe	Konstruktionsdetail	Beschreibung	Anforderung
160	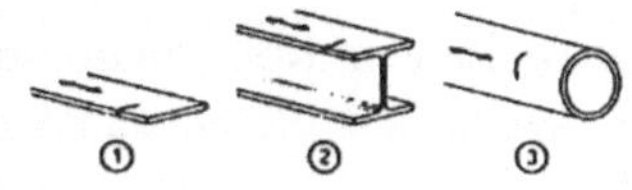	**Gewalzte und gepresste Erzeugnisse** 1) Bleche und Flachstähle 2) Walzprofile 3) Nahtlose Rohre (siehe Tabellen 9.8.6 und 9.8.7)	1) bis 3) Scharfe Kanten, Fehler in der Oberfläche und Walzfehler sind durch Schleifen zu beseitigen.
140	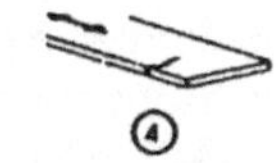	**Gescherte oder brenngeschnittene Bleche** 4) Maschinell brenngeschnittener oder gescherter Werkstoff ohne regelmäßige Brennriefen	4) Alle sichtbaren Randkerben sind zu beseitigen 5) Nachträglich bearbeiten, um Randkerben zu beseitigen
125		5) Maschinell brenngeschnittener Werkstoff mit seichten und regelmäßigen Brennriefen	4) und 5) - Keine Ausbesserungen durch Verfüllen mit Schweißgut - Einspringende Ecken (Neigungswinkel < 1:4) sind durch Schleifen zu bearbeiten - Die Spannungen an Öffnungen sind auf den Nettoquerschnitt bezogen zu bestimmen.
125	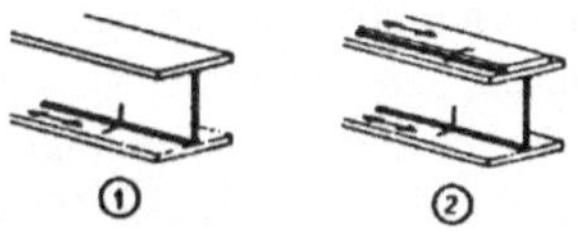	**Durchgehende Längsnähte** 1) Mit Automaten beidseitig durchgeschweißte Nähte. Für Schweißnähte, die nachweisbar frei von erkennbaren Fehlern sind, darf die Kerbgruppe 140 angewendet werden. 2) Mit Automaten geschweißte Kehlnähte. Die Enden von aufgeschweißten Gurtplatten sind gemäß Kerbfall 5) in der Tabelle 9.8.5 zu behandeln.	1) und 2) Es dürfen keine Schweißnahtansatzstellen vorhanden sein, ausgenommen bei Durchführung einer Reparaturarbeit mit anschließender Überprüfung der Reparaturschweißung.
112		3) Mit Automaten geschweißte Doppelkehlnähte oder beidseitig durchgeschweißte Nähte mit Ansatzstellen. 4) Mit Automaten einseitig durchgeschweißte Naht mit Wurzelunterlage, aber ohne Ansatzstellen.	4) Wenn dieser Kerbfall Ansatzstellen aufweist, ist er in die Kerbgruppe 100 einzuordnen.
100	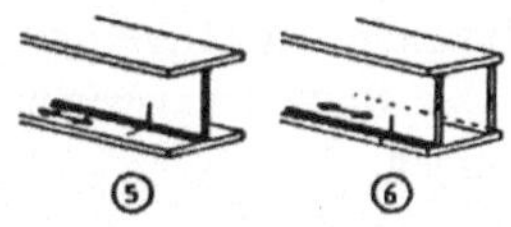	5) Von Hand geschweißte Kehlnähte oder durchgeschweißte Nähte 6) Von Hand oder mit Automaten einseitig durchgeschweißte Nähte, speziell bei Hohlkästen.	6) Zwischen Flansch und Stegblech ist eine sehr gute Passgenauigkeit erforderlich. Dabei ist das Stegblech so anzuschrägen, dass die Wurzel ausreichend und ohne Herausfließen von Schweißgut erfasst werden kann.
80	$t \leq 12\,\text{mm}$ 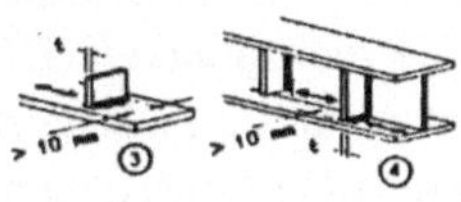	**Quernähte** 3) Das Schweißnahtende sollte mehr als 10mm vom Blechrand entfernt sein. 4) Vertikalsteifen an einen Walzträger oder geschweißten Bauteilen geschweißt.	4) Die Spannungsschwingbreite sollte mit den Hauptspannungen berechnet werden, wenn die Steife am Stegblech endet.
71	$t > 12\,\text{mm}$ 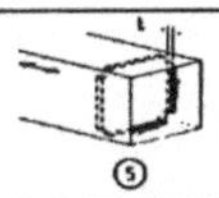	5) Querschotte in Kastenträgern am Flansch oder Stegblech geschweißt.	

Bild 3-44 Kerbgruppen lt. EC3 (Auszug aus Tab. 9.8.1 bis 9.8.7) [1]

γ_{Mf} = 1,00 bis 1,35 abhängig davon, ob die betrachtete Stelle schwer zugänglich ist und ob beim Ermüdungsbruch begrenzte Folgen auftreten (schadenstolerant) oder ob das ganze Tragwerk versagt (nicht schadenstolerant).

$\Delta\sigma_R$ ist die Kerbfallklasse und ist entsprechend dem nachzuweisenden Konstruktionsdetail den Tabellen 9.8.1 bis 9.8.7 von EC 3 zu entnehmen. Einen Auszug aus diesen Tabellen enthält Bild 3-44.

Es ist zu beachten, daß der Ermüdungsnachweis immer nur eine Querschnittsfaser (Punkt) einer Konstruktion betrifft, da nur anhand der gegebenen Merkmale diese einer Kerbgruppe zugeordnet werden kann. Von ausschlaggebender Bedeutung für die Wirtschaftlichkeit einer Konstruktion ist die Wahl von Konstruktiondetails mit hoher Kerbgruppe bei hoher Beanspruchung und die Verlegung von Details mit geringer Kerbgruppe an Stellen niedriger Beanspruchung des Tragwerkes.

3.8.10 Hinweise zur Bruchmechanik

Die Bruchmechanik kombiniert mathematisch-physikalische Methoden mit metallurgischen Konzepten bei der Erklärung der Vorgänge beim Brechen und Trennen eines Körpers.

Die Notwendigkeit zur genaueren Untersuchung der Bruchvorgänge in den verschiedensten Materialien hat zur Entwicklung der Bruchforschung als eigener Disziplin geführt. Dabei ist die Bruchmechanik nicht allein Teilgebiet der Mechanik, sondern erstreckt sich über die Materialtechnologie, angewandte Mechanik und das Ingenieurwesen. Die Ingenieurwissenschaft trägt zur Last- und Spannungsanalyse bei, die angewandte Mechanik liefert die Spannungsverteilung an der Rißspitze sowie die elastischen und plastischen Deformationsanteile des Materials in der Umgebung der Rißspitze. Die Materialtechnologie befaßt sich mit dem Bruchvorgang im mikrostrukturellen Bereich.

Die Aufgabenstellung, mit welcher sich die Bruchmechanik beschäftigt, ist folgende:

In einem Bauteil wird ein Riß festgestellt. Die Bruchmechanik soll Antwort auf die Frage geben, ob sich dieser Riß nicht ausdehnt – also für den Bauteil unschädlich ist – oder ob er sich durch wiederholte Beanspruchung verlängert und zum frühzeitigen Versagen des Bauteiles führen kann. Die Tatsache, daß die Spannungsintensität an der Rißspitze mit zunehmender Rißlänge im allgemeinen ansteigt, führt zur zeitlich beschleunigten Rißausbreitung im Bauteil. Das Tragvermögen des gerissenen Bauteiles sinkt mit zunehmender Rißlänge und die aktuelle Traglast kann die ursprünglich projektierte unterschreiten. Der Bauteil entspricht nicht mehr den gestellten Anforderungen und es kann zum Versagen kommen.

Die Bewertung kann mittels Spannungsintensitätsfaktor K, mittels Rißspitzenaufweitung δ (CTOD – cracktip opening displacement) oder mit Hilfe des J-Integrals durchgeführt werden. Entscheidend dafür ist, welcher Werkstoffkennwert für die Bruchzähigkeit (Bruchzähigkeit K_{ic}, kritische Rißaufweitung δ_{Ic} oder kritischer Wert des J-Intergrals J_{ic}) zur Verfügung steht. Der einmal festgelegte Weg muß jedoch für die gesamte Bewertung konsequent beibehalten werden.

Von der Bruchmechanik werden Antworten auf folgende Fragen erwartet:

1) Wie groß ist die verbleibende Festigkeit des Bauteiles als Funktion der Rißlänge?

2) Welche Rißlänge kann bei der gegebenen Betriebsbeanspruchung toleriert werden, d.h. welches ist die kritische Rißlänge?

3) Wie lange braucht ein Riß, um von der Anfangslänge bis zur kritischen Länge anzuwachsen?

4) Wie groß dürfen die materialeigenen bereits zum Zeitpunkt des Betriebsanfanges existierenden Mikrorisse im Bauteil sein?

5) Wie oft soll ein Bauelement auf Rißbildung und auf Rißausbreitung untersucht werden?

6) Welche Maßnahmen – kurzfristig und langfristig – können zur Behebung der Bruchgefahr getroffen werden?

Da es im Rahmen dieses Buches nicht möglich ist nach diesen grundsätzlichen Hinweisen auf weitere Details der Bruchmechanik einzugehen wird bezüglich der konkreten Anwendung auf die Literatur [22] verwiesen.

Literatur zu Kapitel 3:

[1] Petersen, C.: Statik und Stabilität der Baukonstruktionen; Friedrich Vieweg & Sohn Verlagsgesellschaft m.b.H., Braunschweig, 2. Auflage 1982

[2] Roik, K.: Vorlesungen über Stahlbau, Grundlagen; Verlag Wilhelm Ernst & Sohn, Berlin – München, 2. Auflage

[3] Petersen, C.: Stahlbau; Friedrich Vieweg & Sohn Verlagsgesellschaft m.b.H., Braunschweig, 1993

[4] Stahl im Hochbau; Verlag Stahleisen m.b.H., Düsseldorf, 14. Auflage 1987, Herausgeber: Verein Deutscher Eisenhüttenleute

[5] Schuëller, G.: Einführung in die Sicherheit und Zuverlässigkeit von Tragwerken; Verlag Wilhelm Ernst & Sohn, Berlin – München, 1981

[6] Spaethe, G.: Die Sicherheit tragender Baukonstruktionen; 2. Auflage 1992, Springer   Verlag Wien New York

[7] Klingmüller, O., Bourgund, U.: Sicherheit und Risiko im Konstruktiven Ingenieurbau; Fried. Vieweg & Sohn Verlagsgesellschaft m.b.H., Braunschweig, 1992

[8] Rubin, H.: Interaktionsbeziehungen...; Stahlbau 47 (1978), S. 76-85, S. 145-151, S. 174-281

[9] Roik, K., Carl, J., Lindner, J.: Biegetorsionsprobleme gerader dünnwandiger Stäbe; Verlag von Wilhelm Ernst & Sohn, Berlin 1972

[10] Schmidt, H., Peil, U.: Berechnung von Balken mit breiten Gurten; Springer-Verlag Berlin, Göttingen, Heidelberg, New York, 1976

[11] Pflüger, A.: Stabilitätsprobleme der Elastostatik; Springer-Verlag Berlin, Göttingen, Heidelberg, New York, 3. Auflage 1975

[12] Bažant, Z., Cedolin, L.: Stability of Structures; Oxford University Press 1991

[13] Klöppel, K., Scheer, J.: Beulwerte ausgesteifter Rechteckplatten; Wilhelm Ernst & Sohn, Berlin-München, 1960 (Band 1)

[14] Klöppel, K., Möller, K.H.: Beulwerte ausgesteifter Rechteckplatten; Wilhelm Ernst & Sohn, Berlin-München, 1968 (Band 2)

[15] Stahlbau – Handbuch, Band 1 Teil A, Teil B ; Stahlbau- Verlags- GmbH, Köln, 3. Auflage 1996

[16] Rubin, H.: Näherungsweise Bestimmung der Knicklängen und Knicklasten von Rahmen nach E DIN 18800 Teil 2; Stahlbau 58 (1989), S. 103 – 109.

[17] Ramberger, G., Schnaubelt, S.: Stahlbau, Manz Verlag 1997.

[18] ENV 1991-1 EUROCODE 1: Grundlagen der Tragwerksplanung und Einwirkungen auf Tragwerke, Teil 1: Grundlagen der Tragwerksplanung.

[19] ENV 1993-1-1 EUROCODE 3: Bemessung und Konstruktion von Stahlbauten, Teil 1-1: Allgemeine Bemessungsregeln, für den Hochbau.

[20] EN 10025 Warmgewalzte Erzeugnisse aus unlegierten Baustählen – Technische Lieferbedingungen

[21] EN 10113 Warmgewalzte Erzeugnisse aus schweißgeeigneten Feinkornbaustählen

[22] Rosssmanith, H.: Grundlagen der Bruchmechanik, Springer Verlag Wien, New York, 1982

4 Konstruktionselemente

In diesem Kapitel werden die grundlegenden Elemente dargestellt aus denen die Stahlbauwerke bestehen. Ihre fertigungsgerechte Konstruktion setzt die Kenntnis der Technologie des Stahlbaues voraus, wie sie im Kapitel 2 vorgestellt ist. Die Grundlagen der Berechnung sind im Kapitel 3 zusammengestellt, besondere Hinweise für die einzelnen Elemente werden in diesem Kapitel und bei den verschiedenen Bauwerkskapiteln geboten. Bei den Bauwerken sind auch die speziellen Anforderungen der Fachnormen und Hinweise und Beispiele für die dem Bauzweck angepaßte Form der Konstruktionselemente zu finden.

Bei der Darstellung der Konstruktionselemente wird unterschieden zwischen den *Regelelementen* mit charakteristischem Querschnitt und Spannungsverlauf, den *Knotenelementen*, die der Verbindung der Regelelemente mit anderen Bauteilen oder besonderen lokalen Krafteinleitungen dienen und sich daher in der Form und Berechnung vom Regelelement unterscheiden. Schließlich die eigentlichen Verbindungselemente, wie Schrauben und Schweißnähte deren Funktion und Nachweis weitgehend unabhängig vom jeweiligen Konstruktionselement beschrieben werden kann.

4.1 Druckstäbe

Die Beanspruchbarkeit von Druckstäben wird durch die Knickgefahr bestimmt. Nur für sehr gedrungene Stäbe mit einer bezogenen Schlankheit $\overline{\lambda} \leq 0{,}2$ ist kein Stabilitätsnachweis erforderlich.

Es sind daher für Druckstäbe Querschnitte zu wählen, die bei minimaler Fläche möglichst große Trägheitsradien aufweisen.

Die Bilder 4-1, 4-2, 4-4 enthalten eine Auswahl der für Stahlkonstruktionen üblichen Querschnittsformen.

Es sind dies

- einteilige Querschnitte aus L-, U- oder I-Profilen, sowie Rund- Quadrat- oder Rechteckrohren (siehe Bild 4-1),

- zwei- oder mehrteilige Querschnitte, die aus L- oder U-Profilen zusammengesetzt sind (siehe Bild 4-2). Je nach Ausführung der Querverbindungen wird zwischen Rahmen- oder Gitterstäben unterschieden (siehe Bild 4-3),

- aus Blechen und/oder Walzprofilen zusammengesetzte Querschnitte. Bei dieser Art der Querschnittswahl kann der Einfluß verschiedener Knicklängen in y- und z-Richtung berücksichtigt und ein für beide Richtungen optimales Profil entworfen werden. Durch aufgeschweißte Lamellen lassen sich diese Querschnitte auch leicht verstärken.

Bild 4-1 Einteilige Querschnitte für Druckstäbe

Bild 4-2 Mehrteilige Querschnitte für Druckstäbe

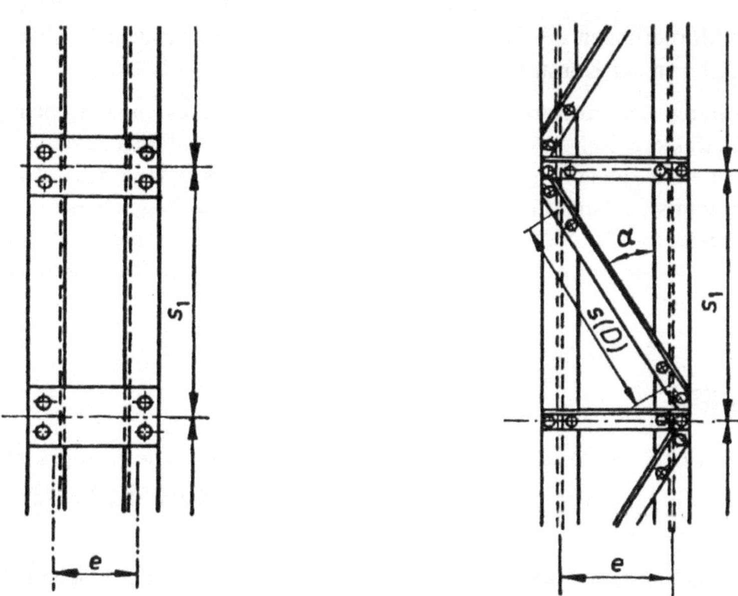

Bild 4-3 Rahmen und Gitterstäbe

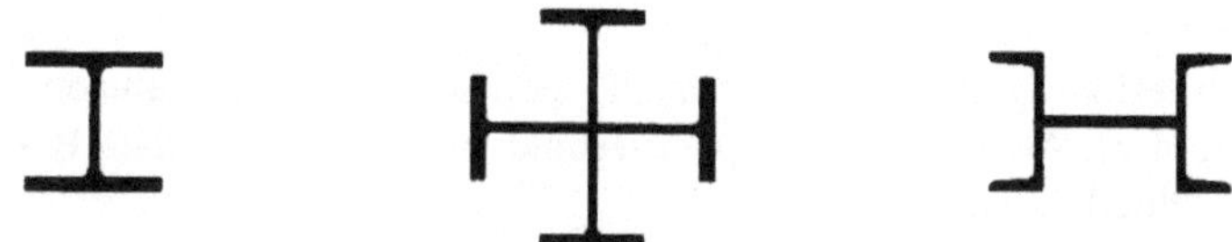

Bild 4-4 Zusammengesetzte Querschnitte für Druckstäbe

Zu beachten ist das Ausweichen des Profiles normal zu beiden Hauptachsen des Querschnittes, wobei je nach Gesamtsystem für beide Richtungen die gleichen oder unterschiedliche Knicklängen gelten können.

Für Stabsysteme ist entweder der Tragsicherheitsnachweis für das Gesamtsystem zu führen oder es kann aus der elastisch berechneten Traglast des Systems die maßgebende Knicklänge ermittelt und mit dieser der Tragsicherheitsnachweis für den Ersatzstab geführt werden.

Für Druckstäbe kann der Nachweis für den Bruttoquerschnitt geführt werden, wenn nicht übergroße Löcher oder Langlöcher vorhanden sind.

Der Tragsicherheitsnachweis ist entsprechend den in Kapitel 3 gegebenen Grundlagen zu führen. Es wird besonders darauf hingewiesen, daß für Druckstäbe der Einfluß von Exzentrizitäten in den Anschlüssen im Tragsicherheitsnachweis zu berücksichtigen sind. Dies gilt besonders für einteilige Querschnitte, die nicht in der Schwerachse des Profils angeschlossen sind.

Bei Druckstäben kann bei entsprechender Bearbeitung (mindestens Sägeschnitt) die Druckkraft durch Kontakt übertragen werden. Zugspannungen, die sich aus der Überlagerung von Druckkraft und Biegemoment nach Theorie 2. Ordnung unter Berücksichtigung von Imperfektionen ergeben, sind jedoch durch entsprechende Verbindungsmittel zu übertragen. Die gegenseitige Lage der Bauteile ist zu sichern, wobei diese Sicherung (Knaggen etc.) für mindestens 25% der Druckkraft in Querrichtung wirkend, bemessen sein muß. Stöße ohne vollständigen Kontakt sind für die Druckkraft und das Moment nach Theorie 2. Ordnung unter Berücksichtigung der Imperfektion zu bemessen.

4.2 Zugglieder

Für Zugglieder sind alle für Druckstäbe angegebenen Querschnitte anwendbar; da ihre Steifigkeit nur von untergeordneter Bedeutung ist, können jedoch auch kompaktere Querschnitte ausgeführt werden.

Entscheidend für die Wahl der Querschnitte ist die Möglichkeit einfacher Anschlüsse, die möglichst verhindern, daß die Beanspruchbarkeit des Stabes für die große Stablänge durch den kurzen Anschlußbereich eingeschränkt wird.

Beispiele für einteilige Zugstäbe:

- Rundstähle

Bild 4-5 Rundstähle mit verschiedenen Anschlußmöglichkeiten

- Flachstähle
  Der Anschluß von Flachstählen erfolgt durch Schrauben, eventuell mit Verstärkung im Lochbereich, oder durch Schweißen. Für horizontal liegende Flacheisen sind die Durchbiegungen zu beachten. Flacheisen sollten daher wenn möglich nur in vertikaler Stellung verwendet werden.

- Rohre
  Wie für Druckstäbe sind auch für Zugstäbe Rund- Quadrat- oder Rechteckrohre oft verwendete Profilformen. Einige Anschlußmöglichkeiten von Rohren enthält Bild 4-6.

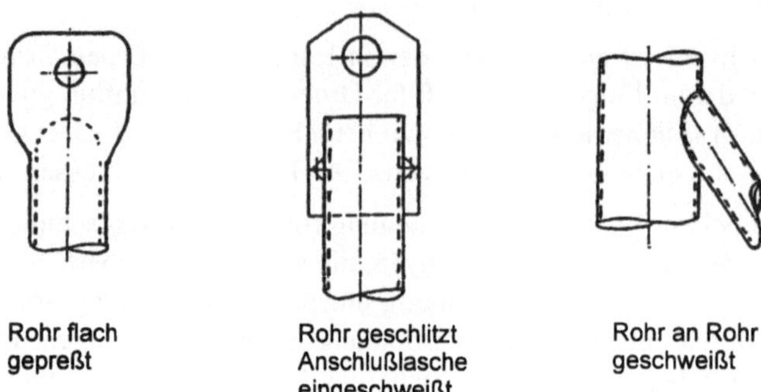

Bild 4-6 Rohre mit verschiedenen Anschlußmöglichkeiten

- Seile
  Seile sind heute wirtschaftlich möglich, da die Anschlußteile in Form von Preßhülsen einfach hergestellt werden können. Seile müssen vorgespannt werden. Zu beachten ist die kleine Dehnsteifigkeit, da die hohen Festigkeiten zu kleinen Querschnitten führen.

Anschlüsse und Stöße müssen zumindest die vorhandene Zugkraft übertragen. Sie sollen so
ausgebildet werden, daß

- der Schwerpunkt der Verbindungsmittel mit dem des Stabquerschnittes zusammenfällt

- jeder Querschnittsteil anteilig angeschlossen wird.

4.3 Biegestäbe

Biegestäbe sind Konstruktionselemente, die besonders geeignet sind, rechtwinklig zur Trägerachse einwirkende Kräfte durch Biegung zu übertragen. Die Schnittkräfte sind daher überwiegend Biegemomente und Querkräfte.

Wesentlich für die Bemessung ist ein hohes Trägheitsmoment um die Biegeachse bei kleinem
Gewicht. Am zweckmäßigsten wird ein doppelsymmetrischer I-Querschnitt gewählt, der auch
konstruktiv vorteilhaft ist. In Frage kommen auch einfachsymmetrische I-Querschnitte und T-,
sowie U-förmige und Hohl-Querschnitte.

Die Herstellung dieser *Regelelemente* kann durch Walzen, Schweißen oder Kanten erfolgen.
Walzprofile sind bis 1000mm Höhe genormt, sie können durch Blechgurte verstärkt werden.
Träger größerer Höhe müssen aus Blechen zusammengefügt werden. Sind solche Blechträger
mit zwei Stegen ausgeführt (Kastenquerschnitt), so sind sie besonders für Torsionsbeanspruchung geeignet.

Sonderformen mit besonderer Stegausbildung sind z.B. Wabenträger und Wellsteg-, bzw. Tra-
pezstegträger, näheres im Kapitel 5. Verbundträger werden im Abschnitt 4.7 behandelt.

Vom statischen System her werden sie als Einfeldträger, Gelenkträger, Durchlaufträger oder als
Teil eines Stabwerkes (Rahmenstab, Fachwerkgurt) ausgeführt.

Trägerauflager, Trägerstöße und -anschlüsse, Trägerkreuzungen und andere lokale Krafteinleitungen werden als *Knotenelemente* wieder gesondert zu behandeln sein.

4.3.1 Nachweise des Regelelements

(siehe auch Kapitel 3 Berechnungsgrundlagen)

GEBRAUCHSTAUGLICHKEITSNACHWEIS (siehe Abschnitt 3.7)

TRAGFÄHIGKEITSNACHWEIS (siehe Abschnitt 3.3 und 3.4)

Folgende Nachweise sind für Biegestäbe erforderlich:

- Beanspruchbarkeit der Querschnitte, evtl. unter kombinierter Belastung
- Biegedrillknicken
- Schubbeulen des Stegbleches
- Ermüdungssicherheit bei nicht vorwiegend ruhender Belastung; für Hochbauten ist der Nachweis im allgemeinen nicht erforderlich (siehe Kap. 6 Brückenbau und Kap. 8 Kranbau)
- Bei geschweißten Trägern die Sicherheit der Schweißverbindungen (siehe 4.9)

Anmerkungen zu den Berechnungsverfahren

Die Bestimmung der Schnittgrößen in einem Tragwerk kann sowohl durch eine elastische als auch durch eine plastische Berechnung erfolgen.

Die Schnittgrößen werden normalerweise mit Hilfe der Theorie I. Ordnung bestimmt, wobei die plangemäße Geometrie des Tragwerkes als Grundlage dient.

Die elastische Schnittgrößenberechnung setzt voraus, daß das Material über den gesamten Belastungsbereich dem Hookeschen Gesetz folgt und daß mit Beginn der Plastifizierungen die Tragfähigkeit eines Querschnittes erreicht ist.

Die plastische Schnittgrößenberechnung berücksichtigt die Umlagerung der Spannungen innerhalb der verschiedenen Querschnittsbereiche. Im Tragwerk kommt es zur Ausbildung von plastischen Gelenken, aus denen sich eine Fließgelenkkette bilden kann (siehe 3.3.3).

Tabelle 4-1 Berechnungsverfahren (vgl. 3.3.4)

Berechnungsverfahren nach Art des Tragwerks und dem Verhalten der Verbindungen		
Art der Tragwerke	**Berechnungsverfahren**	**Verbindungsform**
Gelenktragwerke	alle	gelenkig
Biegeweiche Durchlauf- und Rahmentragwerke	elastisch	gelenkig verformbar unverformbar
	Fließgelenkverfahren nach Theorie I. Ordnung	gelenkig teiltragfähig volltragfähig
	elastisch-plastische Berechnungsverfahren	gelenkig teiltragfähig-verformbar teiltragfähig-unverformbar volltragfähig-verformbar volltragfähig-unverformbar

Bei Auftreten von Normalkräften sind geometrische und strukturelle Imperfektionen, welche die Beanspruchung vergrößern, die Nachgiebigkeit der Verbindungen, sofern deren Vernachläßigbarkeit nicht erkennbar ist, und planmäßige Außermittigkeiten zu berücksichtigen. Praktisch unvermeidbare Imperfektionen sind durch entsprechende Ansätze zu berücksichtigen, insbesonders zur Berechnung aussteifender Systeme. Näheres siehe im Abschnitt 4.6 Rahmen.

Querschnittsklassen: (näheres siehe 3.3.3)

Querschnitte werden nach dem Verhältnis b/t der druckbeanspruchten Teile in 4 Klassen eingeteilt. Die Einstufung erfolgt i.a. nach dem ungünstigsten Teil, alternativ darf auch eine Auflistung der Flansch- und Stegblecheinstufung erfolgen.

Die bei der Bildung von Fließgelenken auftretenden großen Verdrehungen (Knickwinkel) müssen vom Querschnitt ertragen werden, ohne daß einer seiner Teile ausfällt. Diese Eigenschaft nennt man Rotationsvermögen.

Tabelle 4-2 Querschnittsklassen

Klasse 1	Querschnitte bilden plastische Gelenke mit ausreichendem Rotationsvermögen für plastische Berechnung
Klasse 2	weisen plastische Widerstände mit begrenztem Rotationsvermögen auf
Klasse 3	die Streckgrenze wird nur in der gedrückten Randfaser erreicht, plastische Reserven können wegen örtlichen Beulens nicht genützt werden
Klasse 4	Widerstand gegen Momenten- oder Druckbeanspruchung muß unter Berücksichtigung des Beulens bestimmt werden (wirksame Breiten)

BEANSPRUCHBARKEIT DER QUERSCHNITTE

Querschnittswerte

Der Bruttoquerschnitt ergibt sich aus den Nennwerten der Abmessungen, größere Löcher (z.B. Langlöcher) sind zu berücksichtigen.

Im Zugbereich ist der Nettoquerschnitt mittels Schnitt (evtl. Zickzacklinie) durch die Löcher zu ermitteln (siehe ENV 1993-1-1, 5.4.2.2). Bei einschenkeligen Winkelanschlüssen gelten besondere Regeln (siehe ENV 1993-1-1, 6.5.2.3 und 6.6.10).

Bemessungswerte der Beanspruchbarkeit (Widerstand des Querschnitts):

$\Rightarrow$ zur Erinnerung: Bemessungswert...Index $_d$; Beanspruchbarkeit...Index $_R$

<u>einaxiale Biegung:</u> $M_{Sd} \leq M_{c,\,Rd}$

Klasse 1 + 2 $M_{Rd} = W_{pl} \cdot f_y / \gamma_M$ mit $\gamma_M = 1{,}1$

Klasse 3 $M_{Rd} = W_{el} \cdot f_y / \gamma_M$

Klasse 4 $M_{Rd} = W_{eff} \cdot f_y / \gamma_M$

Ein Lochabzug im Zugflansch ist nicht zu berücksichtigen, wenn

$0{,}9 \cdot (A_{f\,net} / A_f) \geq (f_y / f_u) \cdot (\gamma_{M2} / \gamma_{M0})$; andernfalls darf A_f so reduziert werden, daß die Bedingung erfüllt wird. A_f : Flanschfläche

<u>zweiaxiale Biegung:</u> Es ist analog zu den bei Biegung und Längskraft angegebenen Formeln vorzugehen.

<u>Querkraft:</u> $V_{Sd} \leq V_{pl,Rd}$

$V_{pl,Rd} = A_v \cdot (f_y / \sqrt{3}) / \gamma_{M0}$; A_v: wirksame Schubfläche

Last in Stegebene:

    gewalzte I- und H-Profile $A_v = A - 2bt_f + (t_w + 2r)\, t_w \approx 1{,}04\, h\, t_w$

    geschweißte Profile $A_v = \Sigma\, (dt_w)$

    Rohre $A_v = 2A/\pi$

    gewalzte Rechteckprofile $A_v = Ah/(b+h)$

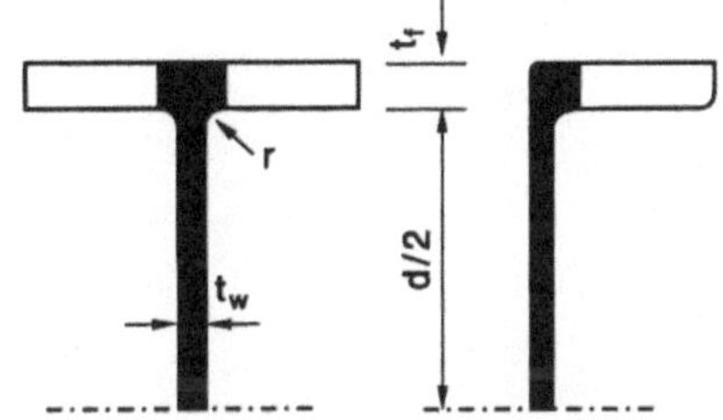
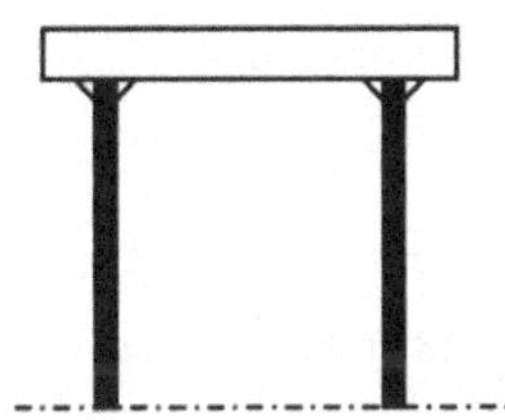

Bild 4-7
wirksame Schubflächen

Ein Lochabzug darf entfallen, wenn $A_{v,net} \leq (f_y/f_u)A_v$, sonst darf A_v so angenommen werden, daß die Bedingung erfüllt ist.

Ein Nachweis gegen Schubbeulen darf entfallen, wenn

    bei nicht ausgesteiften Stegblechen $d/t_w > 69e$; $e = (235/f_y)^{0,5}$

    bei ausgesteiften Stegblechen $d/t_w > 30e\sqrt{k}$; k : Schubbeulwert

<u>Biegung und Querkraft:</u> $M_{Sd} \leq M_{V,Rd}$ (vgl. 3.3.3, S. 87)

    für $V_{Sd} > 0{,}5\ V_{pl,Rd}$ ist das Grenzmoment für Biegung abzumindern

    bei gleichen Flanschen und Biegung um die Hauptachse auf

        $M_{V,Rd} = (W_{pl} - \rho A_V^2/4t_w)\, f_y/\gamma_{M0}$;   jedoch $M_{V,Rd} \leq M_{c,Rd}$

        mit $\rho = (2V_{Sd} / V_{pl,Rd} - 1)^2$

    in den anderen Fällen ist $M_{V,Rd}$ als plastisches Grenzmoment zu berechnen,

        wobei für A_v mit einer reduzierten Streckgrenze $(1 - \rho) \cdot f_y$ zu rechnen ist;

        jedoch $M_{V,Rd} \leq M_{c,Rd}$ (Grenzmoment bei reiner Biegung).

<u>Biegung und Längskraft:</u> $M_{Sd} \leq M_{N,Rd}$

    (vgl. 3.3.3, S. 88ff.)

    Beim Nachweis der Querschnitte sind die Querschnittsklassen zu beachten.

Klasse 1 und Klasse 2:

    Bei kleinen Längskräften ($N_{Sd} \leq 0{,}25\ A\ f_y$ oder $N_{Sd} \leq 0{,}5\ A_{steg}\ f_y$) darf eine Abminderung von $M_{pl,Rd}$ vernachlässigt werden.

    Bei doppelsymmetrischen I-Querschnitten ohne Schraubenlöcher gilt mit

        $N_{pl,Rd}$ ...Bemessungskraft bei Längskraft, $n = N_{Sd} / N_{pl,Rd}$;

        und $a = (A - 2bt_f) / A$, jedoch $a \leq 0{,}5$

$$M_{Ny,Rd} = M_{pl.y, Rd} (1 - n) / (1\text{-}0{,}5\ a),\ \text{jedoch}\ M_{Ny,Rd} \le M_{pl.y, Rd}$$

$$M_{Nz, Rd} = M_{pl.z, Rd} \dots \text{für}\ n \le a$$

$$M_{Nz, Rd} = M_{pl.z, Rd} \cdot (1 - (n\text{-}a)^2 / (1\text{-}a)^2)\ \ \dots \text{für}\ n > a$$

Bei doppelsymmetrischen Kastenquerschnitten wird

$$M_{Ny,Rd} = M_{pl.y, Rd} (1 - n) / (1 - 0{,}5\ a_w);\quad a_w = (A - 2bt_f) / A$$

$$M_{Nz, Rd} = M_{pl.z, Rd} (1 - n) / (1 - 0{,}5\ a_f);\quad a_f = (A - 2ht_w) / A$$

für Rundrohre gilt folgende Näherung

$$M_{N,Rd} = 1{,}04\ M_{pl, Rd} (1 - n^{1,7})$$

bei zweiaxialer Biegung darf folgendes Interaktionskriterium angewandt werden

$$\frac{N_{Sd}}{N_{pl,Rd}} + \frac{M_{ySd}}{M_{ply,Rd}} + \frac{M_{zSd}}{M_{plz,Rd}} \le 1$$

Klasse 3:

Da $\sigma_{x,Ed} \le f_{yd}$ sein muß, mit $f_{yd} = f_y / \gamma_{M0}$

gilt für Querschnitte ohne Schraubenlöcher

$$\frac{N_{Sd}}{Af_{yd}} + \frac{M_{y,Sd}}{W_{el,y} f_{yd}} + \frac{M_{z,Sd}}{W_{el,z} f_{yd}} \le 1$$

Klasse 4:

Die wirksamen Querschnittswerte sind mit den wirksamen Breiten nach den Tabellen 5-2 und 5-3 [ENV 1993-1-1] zu bestimmen. Da $\sigma_{x,Ed} \le l_{yd}$ sein muß, mit $f_{yd} = f_y/\gamma_{M1}$ gilt für Querschnitte ohne Schraubenlöcher

$$\frac{N_{Sd}}{Af_{yd}} + \frac{M_{y,Sd} + N_{Sd} \cdot e_{Ny}}{W_{eff,y} f_{yd}} + \frac{M_{z,Sd} + N_{Sd} \cdot e_{Nz}}{W_{eff,z} f_{yd}} \le 1$$

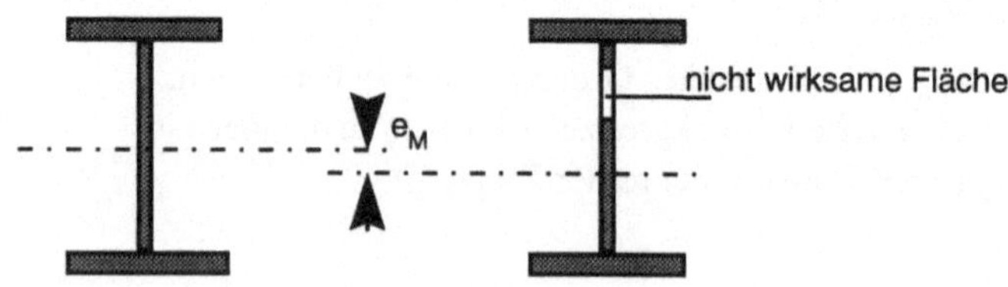

Bild 4-8
Querschnitte der Klasse 4,
wirksame Flächen

Biegung, Querkraft und Längskraft:

Tritt neben Biegung und Längskraft auch eine Querkraft auf, deren Wert größer als 50% der plastischen Grenzkraft des Querschnitts ist, so soll für die Interaktion zwischen Biegung und Längskraft mit einer abgeminderten Streckgrenze $(1 - \rho) \cdot f_y$ bei der wirksamen Schubfläche A_v gerechnet werden. Wobei $\rho = (2V_{Sd} / V_{pl,Rd} - 1)^2$

BEANSPRUCHBARKEIT FÜR BAUTEILE BEI KOMBINIERTER BELASTUNG

(siehe auch Abschnitt 4.6 Rahmen und 5.2 Bauteile des Stahlhochbaues)

<u>Biegung und Druckkraft:</u>

Klasse 1 und 2:

$$\frac{N_{Sd}}{\chi_{min} A f_y / \gamma_{M1}} + \frac{k_y M_{y,Sd}}{W_{pl,y} f_y / \gamma_{M1}} + \frac{k_z M_{z,Sd}}{W_{pl,z} f_y / \gamma_{M1}} \leq 1$$

$k_y = 1 - \mu_y N_{Sd} / \chi_y A f_y$; $\qquad$ jedoch $k_y \leq 1,5$

$\qquad$ mit $\mu_y = \overline{\lambda}_y (2\beta_{My} - 4) + (W_{pl,y} - W_{el,y}) / W_{el,y}$; $\qquad$ jedoch $\mu_y \leq 0,9$

$k_z = 1 - \mu_z N_{Sd} / \chi_z A f_y$; $\quad$ jedoch $k_z \leq 1,5$

$\qquad$ mit $\mu_z = \overline{\lambda}_z (2\beta_{Mz} - 4) + (W_{pl,z} - W_{el,z}) / W_{el,z}$; $\quad$ jedoch $\mu_z \leq 0,9$

χ_{min} ist der kleinere Wert von χ_y und χ_z .

Die Faktoren χ sind ENV 1993-1-1, Tab. 5.5.2 zu entnehmen.

Die Werte von β_M sind ENV 1993-1-1, Bild 5.5.3 zu entnehmen.

Klasse 3:

für Klasse 3 ist in den obigen Formeln W_{pl} durch W_{el} zu ersetzen

$\qquad$ k wie oben mit $\quad \mu_y = \overline{\lambda}_y (2\beta_{My} - 4)$; $\qquad$ jedoch $\mu_y \leq 0,9$

$\qquad\qquad\qquad\qquad\quad \mu_z = \overline{\lambda}_z (2\beta_{Mz} - 4)$; $\qquad$ jedoch $\mu_z \leq 0,9$

Klasse 4:

$$\frac{N_{Sd}}{\chi_{min} A_{eff} f_y / \gamma_{M1}} + \frac{k_y (M_{y,Sd} + N_{Sd} e_{Ny})}{W_{eff,y} f_y / \gamma_{M1}} + \frac{k_z (M_{z,Sd} + N_{Sd} e_{Nz})}{W_{eff,z} f_y / \gamma_{M1}} \leq 1$$

k und χ wie oben bestimmen, jedoch mit A_{eff} statt A und zur Bestimmung von β wird $N_{Sd} e_N$ zu M_{Sd} hinzugefügt.

<u>Biegung und Zugkraft:</u>

Die Zugkraft $N_{t,Sd}$ und das Biegemoment werden überlagert, wobei $N_{t,Sd}$ mit $\psi_{vec} = 0,8$ abgemindert wird.

Die Druckrandspannung wird bestimmt mit $\sigma_{com,Ed} = M_{Sd} / W_{com} + \psi_{vec} N_{t,Sd} / A$, das wirksame Ersatzmoment $M_{eff,Sd} = \sigma_{com,Ed} M_{Sd}$. Nachzuweisen ist

$M_{eff,Sd} \leq M_{b,Rd}$; $\qquad$ mit $M_{b,Rd}$ ... Grenzwert gegen Biegedrillknicken

BIEGEDRILLKNICKEN

(siehe auch 3.6.5 und 3.5.7)

Der Nachweis ist nicht erforderlich, wenn der Druckgurt eines Biegeträgers durchgehend gegen seitliches Ausweichen gehalten ist, oder wenn bei diskreter seitlicher Haltung $\overline{\lambda}_z \leq 0,4$.

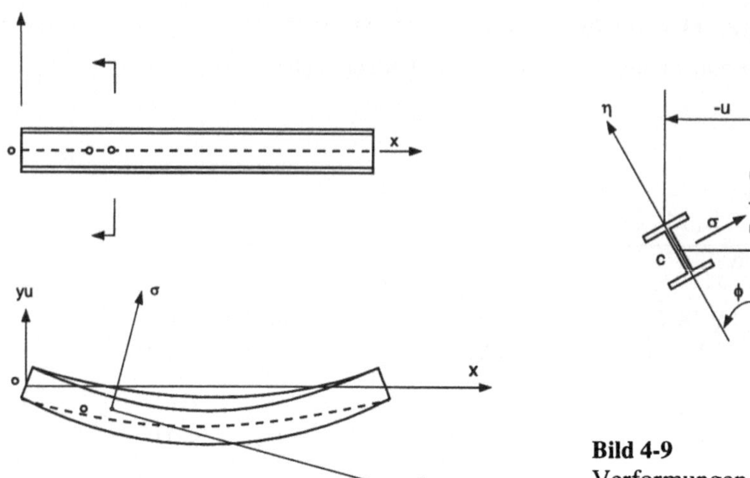

Bild 4-9
Verformungen beim Biegedrillknicken

BEULNACHWEIS

SCHUBBEULEN (siehe 3.6.8)

Ein Nachweis ist nicht erforderlich für unausgesteifte Stegbleche mit $d\,/\,t_w \le 69 \cdot e$ und für ausgesteifte Stegbleche mit $d\,/\,t_w \le 30 \cdot e \cdot k_\tau^{0,5}$.

Stegbleche mit $d\,/\,t_w > 69 \cdot e$ sind mit Quersteifen an den Enden auszubilden. Die Quersteifen sollten mit Hilfe der Zugfeldmethode nachgewiesen werden.

Bemessungsverfahren: (vgl. Abschnitt 3.6)

Tabelle 4-3 Schubbeulfestigkeit und Schubbeulwert

Schubbeulfestigkeit τ_{ba} als Funktion von $\overline{\lambda}_w = (d\,/t_w)\,/\,(37{,}4\ e\ k_\tau^{0,5})$	
$\overline{\lambda}_w \le 0{,}8$	$\tau_{ba} = f_{yw}\,/\,\sqrt{3}$
$\overline{0{,}8} < \overline{\lambda}_w < 1{,}2$	$\tau_{ba} = [\,1 - 0{,}625\,(\,\overline{\lambda}_w - 0{,}8)](f_{yw}\,/\,\sqrt{3}\,)$
$\overline{\lambda}_w \ge 1{,}2$	$\tau_{ba} = [\,0{,}9\,/\,\overline{\lambda}_w\,](f_{yw}\,/\,\sqrt{3}\,)$
Schubbeulwert k_τ	
$k_\tau = 5{,}34$	Stegbleche mit Quersteifen nur an den Auflagern
$k_\tau = 4 + 5{,}34\,/\,(a/d)^2$	Stegbleche mit Quersteifen an den Auflagern und Zwischenquersteifen mit $a/d < 1$
$k_\tau = 5{,}34 + 4\,/\,(a/d)^2$	Stegbleche mit Quersteifen an den Auflagern und Zwischenquersteifen mit $a/d \ge 1$

- *Zugfeldmethode*
  Für $1 < a\,/\,d < 3$ und bei ausreichender Verankerung des Zugfeldes durch die Nachbarfelder oder Endsteifen darf der Nachweis nach der *Zugfeldmethode* geführt werden.
  a: lichter Abstand zwischen den Quersteifen,

d: Stegblechhöhe

Die Zugfeldmethode wird in ENV 1993-1-1, 5.6.4 ausführlich beschrieben.

- *Vereinfachtes Verfahren* unter Berücksichtigung überkritischer Auswirkungen darf für Stegbleche von I-Profilen angewandt werden, wenn an den Auflagern Quersteifen angeordnet sind.

Der Grenzwert gegen Schubbeulen ist

$$V_{ba,\,Rd} = d \cdot t_w \cdot \tau_{ba} \, / \, \gamma_{M1}$$

Interaktion zwischen Querkraft, Biegemoment und Längskraft

Wenn die Flansche allein das gesamte Biegemoment und die Längskraft aufnehmen können, so ist kein weiterer Nachweis zu erbringen.

Wenn $V_{Sd} > 0{,}5 \, V_{ba,\,Rd}$, dann sollte nachgewiesen werden:

$$M_{Sd} \leq M_{f,\,Rd} + (M_{pl,\,Rd} - M_{f,\,Rd}) \, [\, 1 - (2 V_{Sd} / V_{ba,\,Rd} - 1)^2]$$

Quersteifen

Endsteifen leiten die Auflagerkraft in das Stegblech. Sie werden als Kopfplatte oder als Doppelsteife ausgebildet.

Zwischenquersteifen sollen ein Trägheitsmoment haben von

$$I_z \geq 1{,}5 \, d^3 \, t_w^3 \, / \, a^2 \qquad \text{für } a \, / \, d < \sqrt{2}$$

$$I_z \geq 0{,}75 \, d \, t_w^3 \qquad\quad \text{für } a \, / \, d \geq \sqrt{2}$$

Der Knicknachweis der Quersteifen wird geführt unter Verwendung der Knickspannungslinie c mit einer Knicklänge $l \geq 0{,}75$ d.

Der wirksame Querschnitt wird mit einer mitwirkenden Stegfläche von $15 \cdot t_w$ Länge beiderseits der Quersteife ermittelt. Die Exzentrizität von einseitigen Steifen ist zu berücksichtigen.

Für Steifen die Lasten einleiten, soll auch ein Querschnittsnachweis geführt werden.

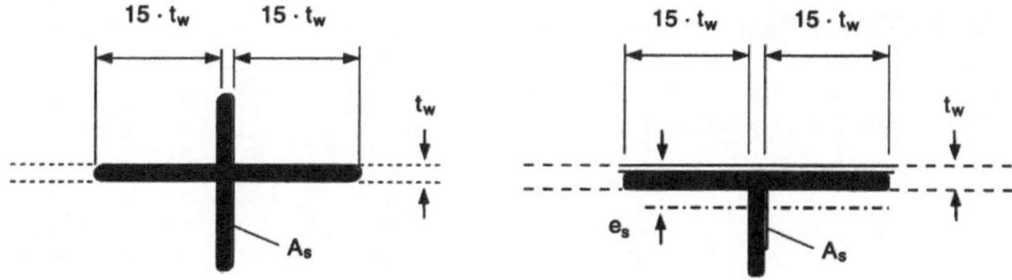

Bild 4-10 Wirksamer Steifenquerschnitt

Örtliches Knicken von Trägerflanschen

wird vermieden, wenn $\quad d \, / \, t_w \leq k \, (E \, / \, f_{y\,f})(A_w \, / \, A_{f\,c})^{0{,}5}$, wobei

$k = 0{,}3$	für Flansche der Klasse 1	A_w: Stegblechfläche
$k = 0{,}4$	für Flansche der Klasse 2	$A_{f\,c}$: Fläche des Druckflansches
$k = 0{,}55$	für Flansche der Klasse 3	$f_{y\,f}$: Streckgrenze des Druckflansches
	und 4	

4.3.2 Nachweise der Knotenelemente

Querbelastung von Stegblechen (vgl. ENV 1993-1-1; 5.4.10, 5.7)

Querdruckspannungen entstehen bei lokaler, konzentrierter Lasteinleitung in das Stegblech oder an Bauteilkreuzungen. Es sind zusätzlich das erweiterte Fließkriterium zu erfüllen und die Nachweise gegen Stegblechkrüppeln und Beulen des Stegbleches zu führen.

$$\left[\frac{\sigma_{xM,Ed}}{f_{yd}}\right]^2 + \left[\frac{\sigma_{z,Ed}}{f_{yd}}\right]^2 - k\left[\frac{\sigma_{x,Ed}}{f_{yd}}\right]\left[\frac{\sigma_{z,Ed}}{f_y}\right] \leq 1 - \beta_m - \rho$$

mit $\beta_m = M_{w\,Sd} / M_{pl,\,Rd}$, wobei $M_{pl,\,Rd} = 0,25\ t_w\ d^2\ f_y / \gamma_{M0}$

       $k = 1 - \beta_m$ für $\sigma_{zM,\,ED} / \sigma_{z,\,Rd} \leq 0$

       $k = 0,5\ (1 + \beta_m)$ für $\sigma_{zM,\,ED} / \sigma_{z,\,Rd} > 0$ und $\beta_M \leq 0,5$

       $k = 1,5\ (1 - \beta_m)$ für $\sigma_{zM,\,ED} / \sigma_{z,\,Rd} > 0$ und $\beta_M > 0,5$

       $\rho = [2V_{Sd} / V_{pl,\,Rd} - 1]^2$, wobei für $V_{Sd} < 0,5\ V_{pl,\,Rd}$, $\rho = 0$ gesetzt werden darf.

Die wirksame Größe von σ_z darf bei einer Punktlast unter Annahme einer gleichmäßigen Verteilung über die Länge s ermittelt werden, wobei s der kleinere Wert von der Stegblechhöhe d und des Abstandes a der Quersteifen ist.

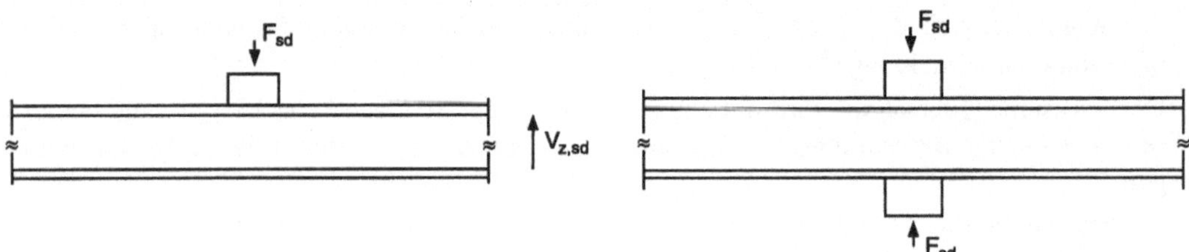

Bild 4-11 Art der Lasteintragung

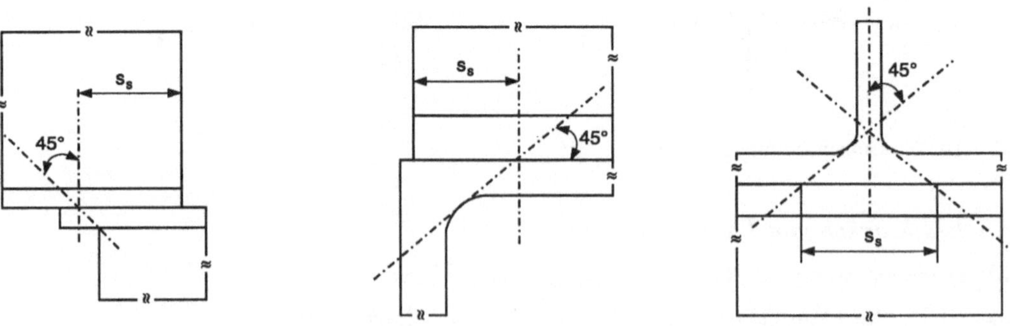

Bild 4-12 Lastverteilungsbreite s_s

Plastisches Stauchen

Der Grenzwert gegen plastisches Stauchen $R_{y\,Rd}$ lautet

$$R_{y\,Rd} = (s_s + s_y)\, t_w\, f_{y\,w}\, /\, \gamma_{M1}$$

mit $\quad s_y = 2\, t_f\, (b_y / t_w)^{0,5}\, (f_{y\,f} / f_{y\,w})^{0,5}\, [1 - (\sigma_{f,\,Ed} / f_{y\,f})^2]^{0,5}$,

dabei darf b_f nicht größer als $25\, t_f$ angenommen werden.

Stegblechkrüppeln

ist eine Form des lokalen Beulens und ist nachzuweisen bei Lasteintragung an einem Flansch. Der Grenzwert gegen Stegblechkrüppeln $R_{a,\,Rd}$ lautet

$$R_{a,\,Rd} = 0,5\, t_w^2\, (E\, f_{yw})^{0,5}\, [(t_f / t_w)^{0,5} + 3(t_w / t_f) \cdot (s_s / d)]\, /\, \gamma_{M1}$$

jedoch darf s_s / d nicht größer als $0,2$ angesetzt werden.

Der Widerstand gegen Krüppeln kann durch Längssteifen erhöht werden. Bei gleichzeitiger Beanspruchung durch Biegemomente sollen folgende Bedingungen erfüllt sein:

$$F_{Sd} \leq R_{a,\,Rd}$$

$$M_{Sd} \leq M_{c,\,Rd}$$

$$\frac{R_{sd}}{R_{a,Rd}} + \frac{M_{sd}}{M_{c,Rd}} \leq 1,5$$

Beulen des Gesamtfeldes

Der Grenzwert gegen Beulen ist für eine wirksame Breite b_{eff} eines virtuellen gedrückten Bauteils mit der Knickspannungslinie c und $\beta_A = 1$ zu berechnen. Der Flansch, durch den die Last geführt wird, soll seitlich gestützt werden, die Knicklänge des virtuellen Bauteils ist entsprechend den Randbedingungen zu bestimmen.

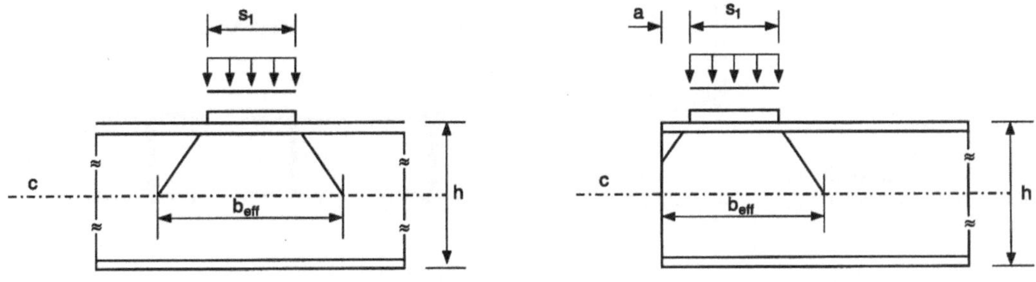

Bild 4-13 Wirksame Breite b_{eff}

4.3.3 Konstruktive Gestaltung der Regelelemente

Kantprofile

werden in Pressen aus Flachblechen kalt geformt.

Nach der Form unterscheidet man Z-, U-, C-, Hut-, Rechteck-, Quadrat-, Sonderprofile und zusammengesetzte Querschnitte. Ihre Abmessungen und Querschnittswerte können den Profiltafeln der Erzeuger entnommen oder eigene Profile entwickelt werden.

Für Schweißverbindungen wird meistens das Punkt- oder MAG-Verfahren eingesetzt. Bei der Verwendung von Verbindungsmitteln wie Blind- oder Rohrnieten, selbstschneidenden Blechschrauben, wo ein normgemäßer Nachweis nicht möglich ist, erfolgt die Bemessung nach auf Versuchen basierenden Zulassungen.

Zur Vermeidung des Beulens werden hohe Bleche mit Sicken versehen, die Blechränder mit Lippen versteift. Auf die Stabilitätsnachweise ist besonders zu achten.

Sie werden häufig als Pfettenträger, für Unterkonstruktionen von Verkleidungen und allgemein im Stahlleichtbau eingesetzt. (siehe Abschnitt 5.5 Leichtbau)

Walzprofilträger

sind genormt, ihre Abmessungen und Querschnittswerte können daher Profiltafeln entnommen werden.

Durch geeignete Schnittführung im Steg können voutenförmige Träger, aber auch Wabenträger aus den Grundprofilen geschweißt werden.

Verstärkungen können mit, durch Flankenkehlnähte oder Schrauben verbundene, Gurtplatten erfolgen. Verstärkungen des Steges durch eingepaßte Bleche sollen aus Kostengründen vermieden werden.

Für die im Hochbau übliche Beanspruchung ist die Beulsicherheit i.a. ausreichend, Beulgefahr nur bei hohen örtlichen Lasteinwirkungen.

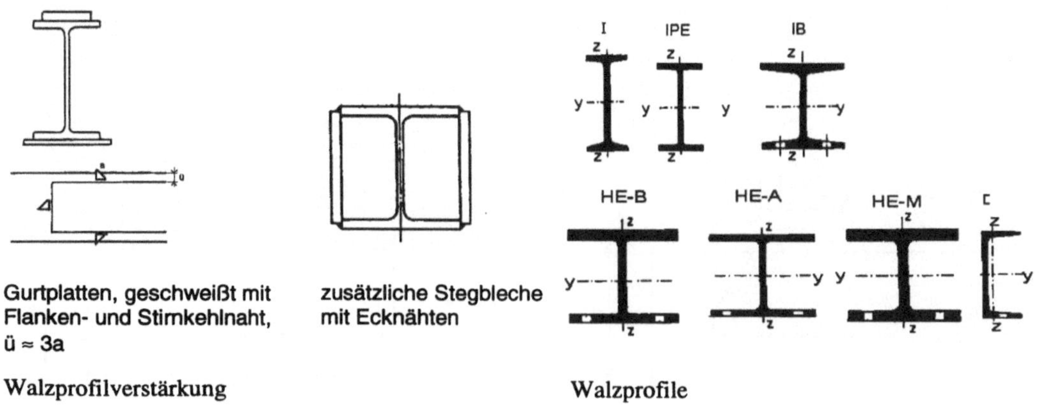

Gurtplatten, geschweißt mit
Flanken- und Stirnkehlnaht,
ü ≈ 3a

zusätzliche Stegbleche
mit Ecknähten

Walzprofilverstärkung   Walzprofile

Bild 4-14 Walzträger

Blechträger

werden den statischen, konstruktiven und fertigungstechnischen Erfordernissen folgend ausgebildet. Die früher übliche Verbindung der Gurtbleche mit dem Stegblech durch Halswinkel und Nieten findet heute nur bei der Restaurierung von historisch wertvollen Bauten Anwendung. In der Regel werden die Gurt- und Stegbleche durch Halskehlnähte verschweißt, an Stellen örtlicher Krafteinleitung sind jedoch oft durchgeschweißte Nähte erforderlich.

Die Anpassung an den Momenten- und Querkraftverlauf kann auf verschiedene Art erfolgen:

- Veränderung der Trägerhöhe durch fischbauchartig gekrümmte Gurte oder voutenförmig durch Knicken der Gurte.

- Vergrößerung der Gurtfläche durch zwei oder mehr Gurtbleche, die durch Flanken- und Stirnkehlnähte verbunden werden, oder durch Einsetzen dickerer Gurte mittels durchgeschweißter Quernaht.

- Verstärkung des Steges, das kann durch Einsetzen dickerer Stegbleche, fallweise auch durch Übergang zu zwei Stegblechen, oder bei Beulgefahr durch Längs- und Quersteifen erfolgen.

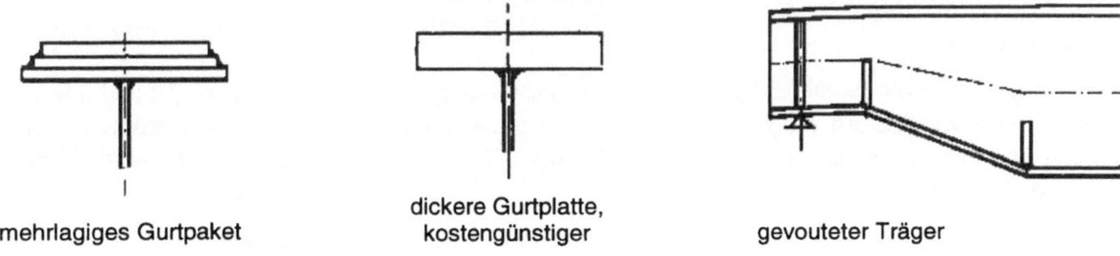

Bild 4-15 Blechträger, Trägerformen und Gurtverstärkung

Die Herstellung von im Grundriß oder räumlich gekrümmten Trägern ist bei entsprechender Ausrüstung der Werkstätte kein grundsätzliches Problem. Der Mehraufwand ergibt sich aus den erforderlichen Haltevorrichtungen, dem Einsatz von Pressen und von Schweißgeräten für Zuschnitte und Stöße, ob polygonale oder stetig gekrümmte Formgebung gefordert ist und wird bei Einzelfertigung relativ hoch. Bei nicht abwickelbaren Flächen steigt der Aufwand erheblich.

Bei großen Trägerhöhen, wie im Brückenbau, sind Längsstöße der Stege notwendig. Sie können als Stumpfstoß oder billiger als Überlappungsstoß ausgeführt werden. Die Schweißung wird heute auch für Montagestöße der Niet- oder Schraubverbindung vorgezogen, ist aber bei der Einrichtung der Baustelle zu berücksichtigen.

Aussteifungen des Stegbleches sind im allgemeinen erforderlich an Stellen der

- Krafteinleitung, wie bei Auflagern, Anschlüssen und Trägerkreuzungen;
- Kraftumlenkung, wie bei geknickten oder gebogenen Gurten, um die Umlenkkräfte aufzunehmen;
- Beulgefahr bei dünnen Blechen;
- Querbeanspruchung, wie bei orthotropen Platten.

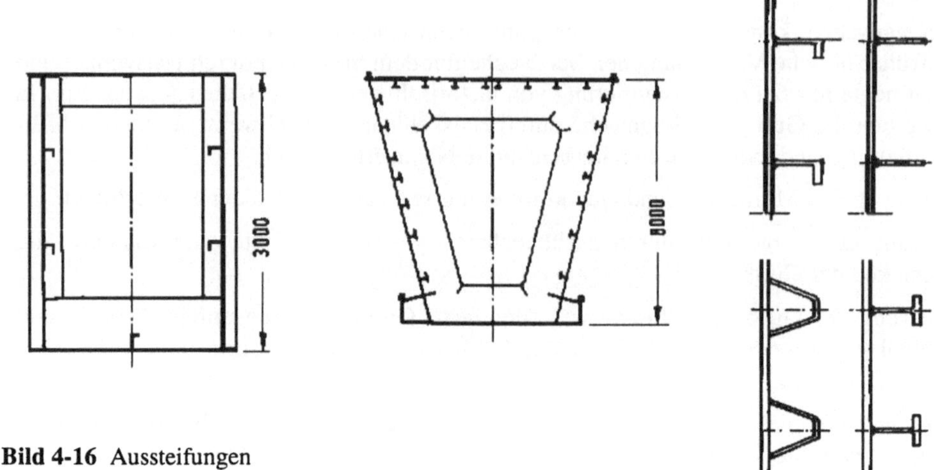

Bild 4-16 Aussteifungen

4.3.4 Konstruktive Gestaltung der Knotenelemente

Auflagerungen

Die Auflagerung muß die statischen Voraussetzungen bezüglich Verdrehung und Verschiebung erfüllen; die Auflagerkraft muß sowohl in den Träger, als auch in die Unterkonstruktion ohne Schaden eingeleitet werden. Gegen Biegedrillkippen (Kippen) muß der Obergurt seitlich gehalten werden.

Die direkte Auflagerung auf massive Wände ist daher nur für kleine Kräfte möglich, da die Grenzspannungen für Mauerwerk oder Beton eingehalten werden müssen. Die Stützweite der Träger ist in diesem Fall mit der um 5%, mindestens jedoch um 12 cm vergrößerten lichten Weite anzunehmen. Auf die Anordnung von Auflagersteifen kann hier meist verzichtet werden, insbesondere wenn keine Stähle höherer Festigkeit verwendet werden. (vgl. Abschnitt 5.1)

Für größere Kräfte und Lagerbewegungen (Richtwerte: V > 100 kN, u > 3 mm, φ > 0,1%) gelangen Kippleisten eventuell mit gewölbter Oberfläche und Knaggen zur Lagesicherung oder Elastomerlager zur Anwendung. Damit sind Lagerkräfte bis etwa 12000 kN, Verdrehungen bis 3% und Verschiebungen bis 70% der Dicke des Elastomerkörpers erreichbar.

Bis etwa 15000 kN können stählerne Punktkipp-, Linienkipp- oder Rollenlager wirtschaftlich angewendet werden.

Bei sehr weit gespannten Trägern oder im Brückenbau werden Neoprentopflager oder Kalottenlager eingesetzt; durch Anordnung einer Gleitkonstruktion können diese Punktkipplager auch zu verschieblichen Lagern ausgestaltet werden.

Zur Einleitung der Auflagerkraft in den Unterbau wird die Aufstandsfläche erforderlichenfalls durch Unterlagsplatten, Trägerroste oder besondere Lagerkörper (Klinker, Stahlbetonquader) der Festigkeit des Unterbaus entsprechend vergrößert.

Bei negativen Auflagerkräften kann die Einleitung über Zuganker oder durch Gegenlager geschehen. Es ist auf eine ausreichend große Auflast zu achten und die Standsicherheit der Gesamtkonstruktion bis zur Bodenfuge zu untersuchen. Konstruktive Lösungen sind analog jenen bei eingespannten Stützen.

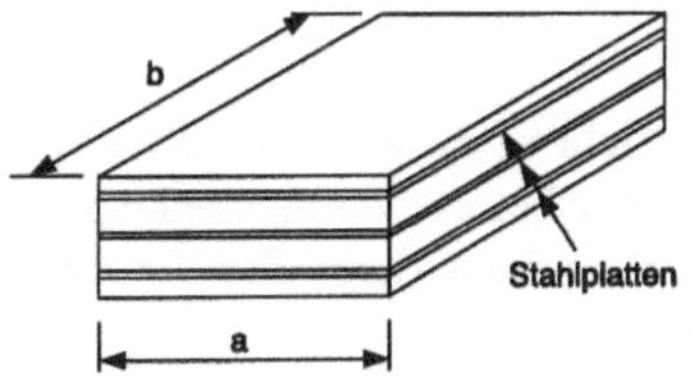

Bewehrtes Elastomerlager

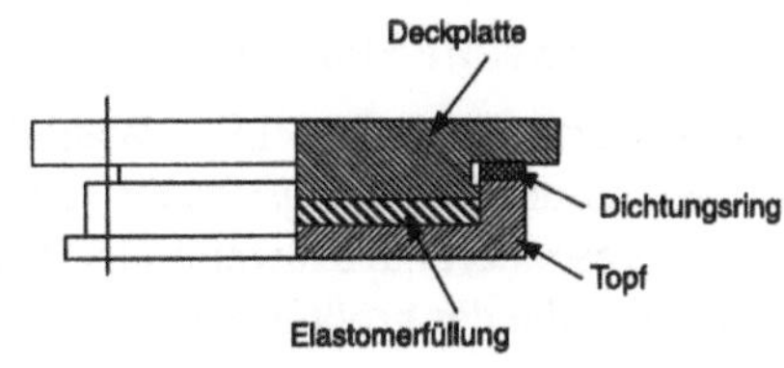

Elastomer-Topflager (vgl. Bild 6-23)

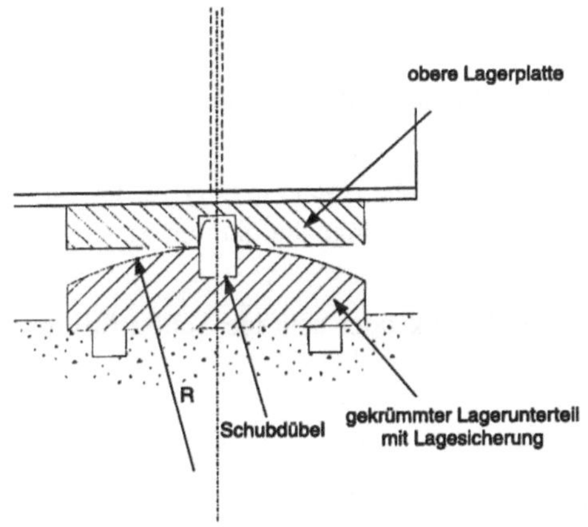

Kipplager

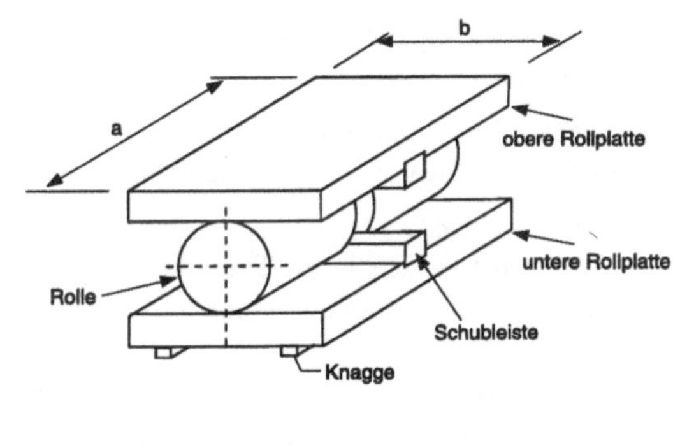

Rollenlager

Bild 4-17 Lager

Trägerstöße

Die Ausführung erfolgt nach drei Grundformen:

- der geschweißte Stumpfstoß
- der geschraubte (genietete) Laschenstoß
- der geschraubte Kopfplattenstoß

Stumpfstoß   Laschenstoß   Kopfplattenstoß

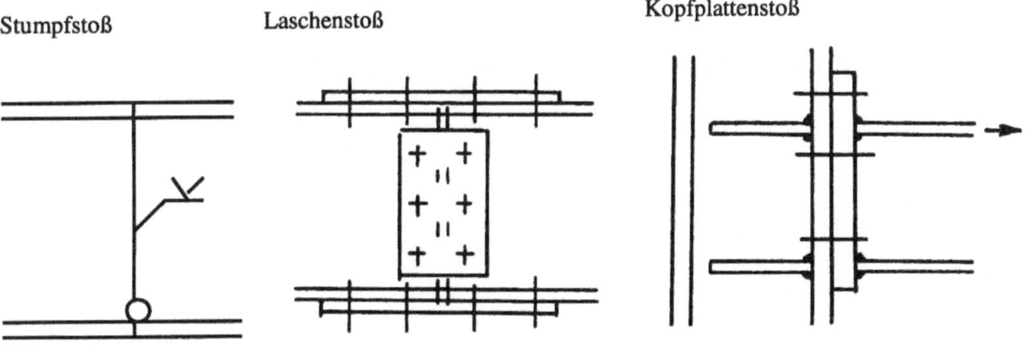

Der geschweißte Stumpfstoß

Voraussetzung ist die richtige Wahl der Stahlgüte. Aus statischer Sicht ist diese Form zu bevorzugen, da der Spannungsverlauf dem Regelbereich entspricht und nur bei Ermüdungsbeanspruchung gesondert nachzuweisen ist. Sie ist i.a. auch kostengünstiger als die anderen Stoßformen. An der Stelle der größten Materialausnützung ist ein Stoß zu vermeiden.

Bei Blechträgern sollen die Halsnähte im Stoßbereich offen bleiben und erst auf der Baustelle nach der Gurtnaht geschweißt werden.

Beim Übergang von der Stegnaht zur Gurtnaht ist die Stumpfschweißung fehleranfällig und fordert große Sorgfalt und Prüfung. Bei hoher Beanspruchung und wenn ein Ermüdungsnachweis erforderlich ist, vermeidet man diese Nahtkreuzung durch eine Stegblechbohrung zumindest beim Zuggurt (Bild 4-18).

Der Stoß von Längssteifen soll durch Einsetzen von Paßstücken nach dem Schweißen der Stegnaht erfolgen.

Montagestöße werden vorteilhaft in der Werkstätte vorbereitet, ihr Nachteil liegt in der Notwendigkeit in Zwangslagen zu schweißen und der Schwierigkeit Ungenauigkeiten auszugleichen.

Der Stoß wird senkrecht zu Trägerachse geführt. Eine zick-zack oder schräge Schnittführung erhöht nicht die Tragfähigkeit, sondern nur die Kosten.

Der Laschenstoß

Die Laschen decken den Stoß möglichst direkt und zweiseitig symmetrisch und leiten die Kräfte über die Schrauben von einem Trägerende zum anderen.

Zur Berechnung ist zunächst der maßgebende Bemessungswert der Schnittgrößen an der Stoßstelle zu ermitteln. Bei veränderlichem Verlauf ist der größere Wert im Schwerpunkt der Verbindungsmittel an einem der beiden Trägerenden zu nehmen.

Die Schnittgrößen werden den Teilquerschnitten zugeordnet und dann Gurt- und Stegstöße nachgewiesen. Da die Biegesteifigkeit der Gurte und ihr Schubspannungsanteil vernachlässigbar klein sind, wird dem Steg die gesamte Querkraft zugewiesen. Es ergeben sich damit folgende Teilschnittlasten:

Obergurt (upper flange):
$$N_{fu} = \sigma_2 \cdot A_{fu} = N \cdot A_{fu} / A + M \cdot (A_{fu} 183\ z_2) / I$$

Steg (web):
$$N_w = \sigma_5 \cdot A_w = n \cdot A_w / A + M \cdot A_w \cdot z_5 / I$$
$$M_w = (\sigma_6 - \sigma_3) \cdot W_w / 2 = (N / A + M \cdot z_6 / I - N / A - M \cdot z_3 / I) \cdot I_w / h_w =$$
$$= M \cdot I_w / I$$
$$Q_w = Q$$

Untergurt (lower flange):
$$N_{fl} = \sigma_7 \cdot A_{fl} = N \cdot A_{fl} / A + M \cdot A_{fl} \cdot z_7 / I$$

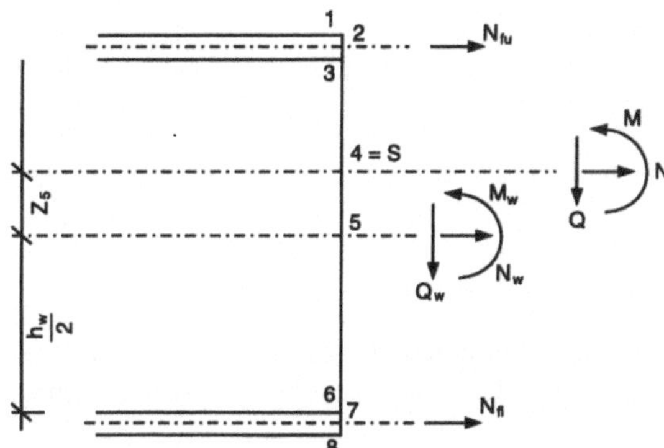

Bild 4-19
Schnittgrößen des Stoßes und
Teilschnittlasten

Mit den Teilschnittlasten können die Laschen und Verbindungsmittel gewählt werden, sowie die übertragbare Kraft des einzelnen Verbindungsmittels $F_{1,Rd}$ berechnet werden.

Die *Gurtstöße* werden in der Regel symmetrisch ausgeführt. Die erforderliche Anzahl der Schrauben (Nieten) $n = N_f / F_{1,Rd}$.

Bei mehreren Gurtblechen ist es oft vorteilhaft einen *Stufenstoß* mit mittelbarer Stoßdeckung auszubilden. Dabei ist auf der Seite der mittelbaren Deckung die Anzahl der Schrauben $n´ = (1 + 0,3\ m) \cdot n$, wobei m die Anzahl der Zwischenlagen ist.

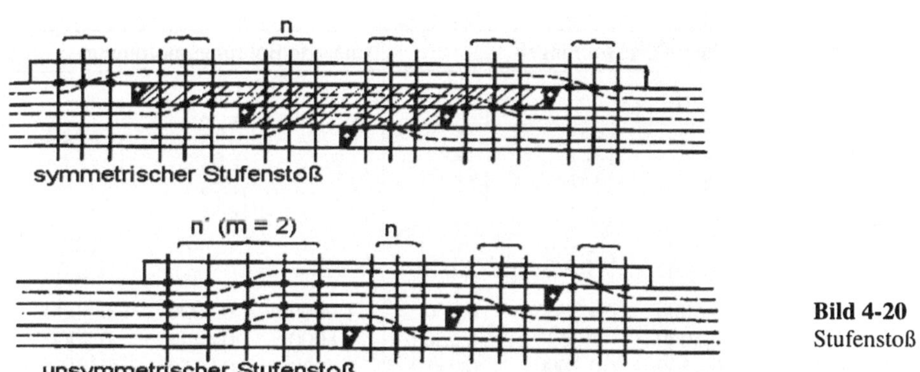

Bild 4-20
Stufenstoß

Der *Stegstoß* wird zweischnittig ausgeführt, die Laschenhöhe ist so zu wählen, daß die Laschen nicht in die Ausrundung, bzw. in die Halsnähte ragen und ein Schraubenbild wird zunächst angenommen.

Infolge des Momentes M_w beträgt die Kraft in einer Schraube $F_{i(M)} = k \cdot r_i$ mit $M_w = k \cdot \Sigma r_i^2$.

Es wird angenommen, daß die Schraubenkraft proportional zur Entfernung vom Schwerpunkt des Schraubenbildes ist und normal zum Radiusvektor wirkt. Bei hohen Stößen darf i.a. die vertikale Komponente dieser Kraft vernachlässigt werden, sind außerdem die vertikalen Schraubenabstände gleich, so kann vereinfacht die horizontale Komponente der Schraubenkraft mit $F_{i,x\ (M)} = M_w \cdot f / h$ gerechnet werden. h ist der Abstand zwischen oberster und unterster Schraube, f ist der Tabelle 4-4 zu entnehmen. Die im Stegstoß wirkende Querkraft und die Normalkraft wird auf alle Schrauben gleich verteilt angenommen:

$$F_{i,z\ (Q)} = Q_w / n \ , \ \ F_{i,\ x\ (N)} = N_w / n$$

Für die gesamte Schraubenkraft ergibt sich mit

$$F_i = \sqrt{\left(F_{i,x(N)} + F_{i,x(M)}\right)^2 + \left(F_{i,z(Q)} + F_{i,z(M)}\right)^2}$$

Es ist nachzuweisen, daß

$$\max F_i = F_1 \leq F_{1,Rd}$$

Der Kopfplattenstoß

dient wie der Laschenstoß der Übertragung der Kräfte von einem Trägerende auf das andere. Es können dabei auch Träger verschiedener Höhe verbunden werden, wobei die Weiterleitung der Druckkraft eine Hilfskonstruktion erfordert.

Konstruktive Hinweise: Die Kopfplatten sollen durch Kehlnähte mit den Trägerenden verschweißt werden, eine mit dem Gurt bündige Ausführung ist aufwendiger und zumindest beim Zuggurt zu vermeiden. Die Schrauben sind möglichst nahe dem anzuschließenden Gurt und Steg anzuordnen. Die Aufnahme der Zugkraft soll durch zwei Schraubenreihen symmetrisch zur Wirkungslinie der Kraft erfolgen. Zu dicke oder ausgesteifte Kopfplatten bewirken eine ungleiche Verteilung der Schraubenkräfte und vermindern die Tragfähigkeit des Anschlusses. Druckkräfte werden durch Kontakt weitergeleitet, der Kontakt ist daher sicherzustellen. Die Verwendung von vorgespannten Schrauben (GV-Verbindung) ist empfehlenswert.

Tabelle 4-4   f-Werte für Stöße

Größte Schraubenzahl z in einer Reihe	parallele Anordnung der Bohrungen				versetzte Bohrungsanordnung		
	$f=\dfrac{6(z-1)}{z(z+1)}$	$f=\dfrac{3(z-1)}{z(z+1)}$	$f=\dfrac{2(z-1)}{z(z+1)}$	$f=\dfrac{3(z-1)}{2z(z+1)}$	$f=\dfrac{6(z-1)}{z(2z-1)}$	$f=\dfrac{2(z-1)}{z^2}$	$f=\dfrac{3(z-1)}{z(2z-1)}$
2	1,0000	0,5000	0,3333	0,2500	1,0000	0,5000	0,5000
3	1,0000	0,5000	0,3333	0,2500	0,8000	0,4444	0,4000
4	0,9000	0,4500	0,3000	0,2250	0,6429	0,3750	0,3214
5	0,8000	0,4000	0,2667	0,2000	0,5333	0,3200	0,2667
6	0,7143	0,3571	0,2381	0,1786	0,4542	0,2784	0,2271
7	0,6429	0,3214	0,2143	0,1607	0,3956	0,2449	0,1978
8	0,5833	0,2917	0,1944	0,1458	0,3500	0,2188	0,1750
9	0,5333	0,2667	0,1778	0,1333	0,3137	0,1975	0,1569
10	0,4909	0,2455	0,1636	0,1227	0,2842	0,1800	0,1421
11	0,4545	0,2273	0,1515	0,1136	0,2597	0,1653	0,1299
12	0,4231	0,2115	0,1410	0,1058	0,2391	0,1528	0,1196
13	0,3956	0,1978	0,1319	0,0989	0,2215	0,1420	0,1108
14	0,3630	0,1815	0,1210	0,0907	0,2064	0,1327	0,1032
15	0,3500	0,1750	0,1167	0,0875	0,1931	0,1244	0,0966
16	0,3309	0,1654	0,1103	0,0827	0,1815	0,1172	0,0907
17	0,3137	0,1569	0,1046	0,0784	0,1711	0,1107	0,0856
18	0,2982	0,1491	0,0994	0,0746	0,1619	0,1049	0,0810
19	0,2841	0,1421	0,0947	0,0711	0,1536	0,0997	0,0768
20	0,2714	0,1357	0,0905	0,0679	0,1462	0,0950	0,0731

Bei vorwiegend *ruhender Beanspruchung* ist die Bemessung von Kopfplatte und Schrauben immer nach dem selben Versagensmodell vorzunehmen.

Bei *dynamischer Beanspruchung* empfiehlt sich die Bemessung nach dem jeweils ungünstigeren Modell. Für die Schweißnähte ist die Ermüdungsfestigkeit nachzuweisen.

Detailregelungen sind dem Annex J.3 [EC 3] zu entnehmen.
Für den Hochbau sind Regelausführungen im DStV-DASt Typenkatalog [4] zu finden.
Siehe auch Abschnitt 4.8.4 Kraftübertragung in Stirnplattenverbindungen.

Anschlüsse und Kreuzungen

Bei Trägerrosten für Decken oder Bühnen können die Querträger auf den Hauptträgern aufliegen oder zwischen diesen liegen.

Im ersten Fall sind die Auflagerkräfte zu übertragen und die gegenseitige Lage durch Schrauben oder Schweißnähte zu sichern. Bei Walzprofilen kann meist auf eine Aussteifung beim Lager verzichtet werden, bei dünnen Stegen ($h/t_w > 60$) ist die Sicherheit gegen plastisches Stauchen und örtliches Beulen des Stegbleches nachzuweisen. Der Grenzwert gegen plastisches Stauchen und der Grenzwert gegen Stegblechkrüppeln wird nach EC3 5.7.3 ermittelt.

Liegen die Querträger zwischen den Hauptträgern, so werden sie bevorzugt gelenkig angeschlossen. Das kann mittels Winkeln oder mit Kopfplatte geschehen. Bei bündig liegenden Flanschen sind Ausklinkungen erforderlich, diese kann man vermeiden durch den Anschluß über Quersteifen im Hauptträger. Allerdings ist dann eine große Exzentrizität des Anschlusses ($M = Q \cdot a$) zu berücksichtigen.

$\Rightarrow$ Konstruktionsbeispiele siehe Abschnitt 5.5.2 Vollwandträger.

Sind die Querträger als Durchlaufträger vorgesehen, so ist der Anschluß biegesteif auszubilden. Die Gurte der Querträger werden durch Schweißung oder über verschraubte Laschen angeschlossen. Druckkräfte können über Kontakt weitergeleitet werden, die Zuglasche muß allenfalls durch eine Ausnehmung im Steg des höheren Trägers durchgeführt werden.

$\Rightarrow$ Konstruktionsbeispiele siehe in den Abschnitten 5.2.5 Rahmen und 5.4.2 Stahlgeschoßbau-Konstruktion.

Die konstruktive Ausbildung der Verbindungen soll dem statischen Modell des Gelenks bzw. der Einspannung entsprechen:

Im gelenkigen Anschluß dürfen keine Momente entstehen, die dem Bauwerk schädlich sind. Der biegesteife Anschluß darf nur Deformationen aufweisen, deren Einfluß auf die Schnittkräfte und Verformung des gesamten Tragwerkes vernachlässigbar ist.

Ist das nicht der Fall, so spricht man von einer teiltragfähigen oder verformbaren Verbindung. Bei nicht erprobten Ausführungen soll deren Rotationsvermögen ermittelt werden und ist bei der Tragwerksberechnung durch Federn oder Reduktion der Biegesteifigkeit bzw. Schubsteifigkeit im Knotenbereich zu modellieren. Für Träger-Stützen-Anschlüsse sind im Annex J zum EC 3 Bemessungs- und Konstruktionsregeln gegeben.

Regelausführungen findet man im Typenkatalog des DStV-DASt, die für die konstruktive Arbeit und als Bemessungshilfe dienlich sind.

Ausnehmungen und Ausklinkungen

Sofern Ausklinkungen erforderlich sind, ist der Nachweis der Tragfähigkeit am geschwächten Querschnitt zu erbringen. Es wirken die Anschlußschnittkräfte, das sind in der Regel die Querkraft und das Biegemoment aus der Exzentrizität. Die einspringenden Ecken sollen ausgerundet sein, zweckmäßig wird zunächst ein Loch gebohrt und die Ausklinkung dann mit geraden Schnitten hergestellt. Bei Einsatz von Brennschneideapparaten erübrigt sich das Bohren von Löchern.

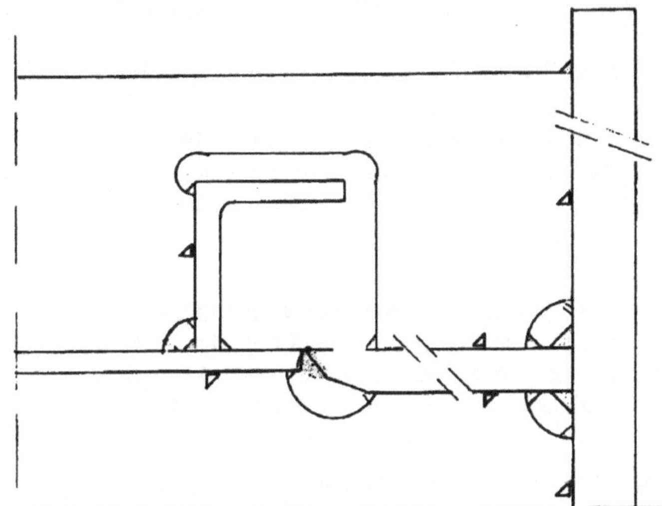

Bild 4-21
Ausklinkungen

Berechnungsbeispiele sind in [2] und [3] nachzulesen.

Ausnehmungen in Trägerstegen werden zur Durchführung von Installationen quer zur Trägerlage, für Handlöcher und Durchstiege erforderlich. Von der Lage der Durchbrüche innerhalb des Trägers, ihrer Größe und von der Querkraftbeanspruchung hängt es ab, ob Verstärkungen des geschwächten Querschnitts notwendig sind und wie diese zu berechnen sind. Für den Schubspannungsnachweis ist der reduzierte Stegquerschnitt in Rechnung zu stellen. Örtliche Spannungserhöhungen durch Kerbwirkung sind meist nur bei Ermüdungsbeanspruchung von Einfluß, können aber die Beulsicherheit vermindern. Verstärkungen werden durch Einsetzen dickerer Bleche im Lochbereich, Einfassen des Lochrandes und bei größeren Öffnungen durch Anordnen von Längs- und Quersteifen konstruktiv gelöst.

Bei langen Ausnehmungen erfordert die Querkraft eine Rahmenwirkung. Die Kräfte bei Vierendeel-Rahmenwirkung können näherungsweise durch Annahme der Momentennullpunkte in den Mitten der Gurtabschnitte und Pfosten bestimmt werden. Die plastische Grenztragfähigkeit ergibt sich aus der Bildung eines Gelenkviereckes durch Fließgelenke an den Ausschnittsecken. Bei kreisförmigen Löchern geht der Bildung von Fließgelenken eine Streckung des Loches voraus.

Versuche ergaben eine deutlich höhere Tragkraft als die berechnete Grenzkraft. Zum Teil ist das auf die gegenüber dem Rechenwert tatsächlich höhere Festigkeit und zum anderen Teil auf eine Materialverfestigung infolge der großen Rotation bei der Fließgelenkbildung zurückzuführen, wodurch es zu Sprödbrüchen kommt. In der Praxis empfiehlt sich daher die Grenzkraft nach der Fließgelenktheorie ohne den abmindernden Einfluß der M-N-Q-Interaktion zu berechnen. Konstruktiv ist auf eine gute Ausrundung von Ecken zu achten. Bei dünnen und hohen Stegen ist durch Anordnen von Vertikalsteifen beiderseits der Ausnehmung das Versagen infolge Stegbeulen zu verhindern.

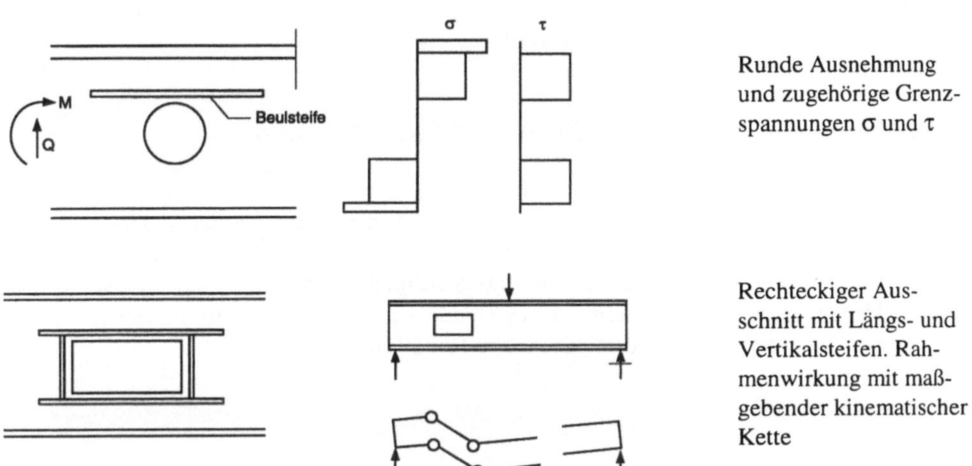

Runde Ausnehmung
und zugehörige Grenz-
spannungen σ und τ

Rechteckiger Aus-
schnitt mit Längs- und
Vertikalsteifen. Rah-
menwirkung mit maß-
gebender kinematischer
Kette

Bild 4-22 Ausnehmungen

4.4 Torsionsstäbe

4.4.1 Torsionsmomente

In diesem Abschnitt sollen nun Stäbe behandelt werden, die zur Aufnahme von Torsionsmomenten besonders geeignet sind. Torsionsmomente treten immer dann auf, wenn Einwirkungen nicht durch den Schubmittelpunkt gehen.

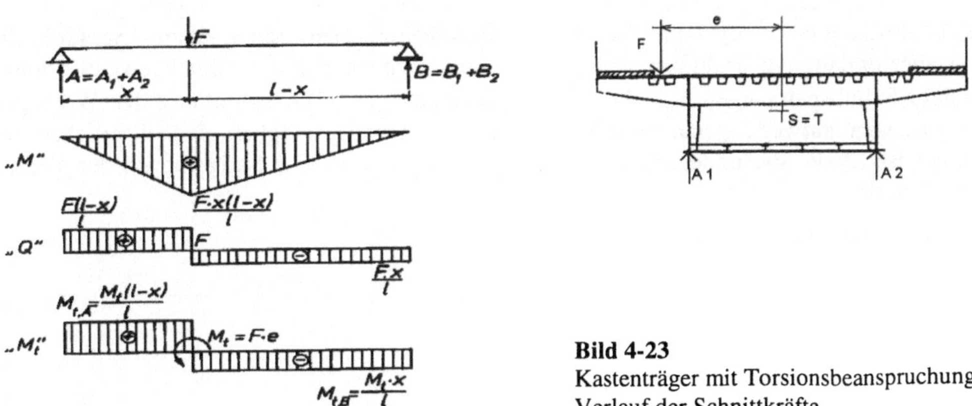

Bild 4-23
Kastenträger mit Torsionsbeanspruchung,
Verlauf der Schnittkräfte

Die Verteilung des Torsionsmomentes erfolgt bei St.Venantscher Torsion mit der Formänderungsbedingung:

$$\varphi_t = M_{tA} \cdot \vartheta \cdot x = M_{tB} \cdot \vartheta \cdot (l- x)$$

und der Gleichgewichtsbedingung : $M_t = M_{tA} + M_{tB}$

Für den Einfeldt-Träger mit konstantem Querschnitt ergibt sich damit, daß die Torsionsmomente analog dem Querkraftverlauf ermittelt werden können.

4.4.2 St.Venantsche oder reine Torsion und Wölbkrafttorsion

St. Venantsche Torsion

oder „reine" Torsion liegt vor, wenn Wölbspannungen vernachlässigt werden dürfen. Das ist der Fall, wenn eine Verwölbung nicht behindert wird oder wölbfreie, bzw. wölbarme Querschnitte verwendet werden. Das ist z.B. bei den im Stahlhochbau verwendeten dünnwandigen geschlossenen Hohlquerschnitten meistens der Fall und es genügt die Ermittlung der primären Schubspannungen, sie nehmen vom Mittelpunkt zum Rand linear zu.

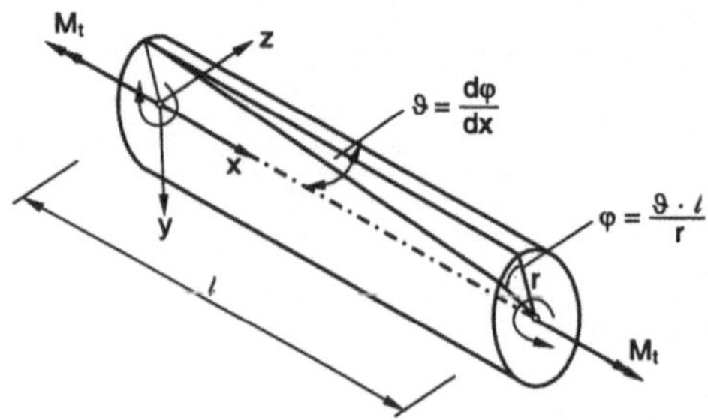

Bild 4-24
Drillung und Verdrehungswinkel

Wölbkrafttorsion

Im allgemeinen bleiben die Querschnitte nicht eben, diese Verwölbung wird durch die Nachbarquerschnitte meistens behindert, so daß längsgerichtete Normalspannungen σ_ω auftreten. Diese Wölbspannungen ergeben, über den Querschnitt integriert, keine äußeren Schnittkräfte. Da sie aber entlang der Stabfaser veränderlich sind, ergeben sich aus Gleichgewichtsgründen sekundäre Schubspannungen τ_ω, die Wölbschubspannungen. Die Ermittlung der Wölbspannungen ist sehr aufwendig und zum Teil nur näherungsweise möglich. Jedoch ergeben sich durch die Be-, bzw. Verhinderung von Verwölbungen beträchtliche Steigerungen der Verdrillungsfestigkeit.

Ausführliche Literaturhinweise in [2].

4.4.3 Torsionsschubspannungen

Ein anschauliches Bild des Spannungsverlaufs liefert das hydrodynamische Gleichnis. Der Querschnitt kann als Behälter angesehen werden, in dem eine ideale Flüssigkeit im Sinne des Torsionsmomentes einen ebenen Strömungszustand einnimmt (dv/dt = 0, dv/dx ≠ 0). Die Tangenten an die Stromlinien geben die Richtung der Schubspannungen. Man erkennt unmittelbar, daß geschlossen zusammenhängende Querschnitte für das gleiche Torsionsmoment kleinere Spannungen erfordern als offene geschlitzte Querschnitte und daher günstiger sind.

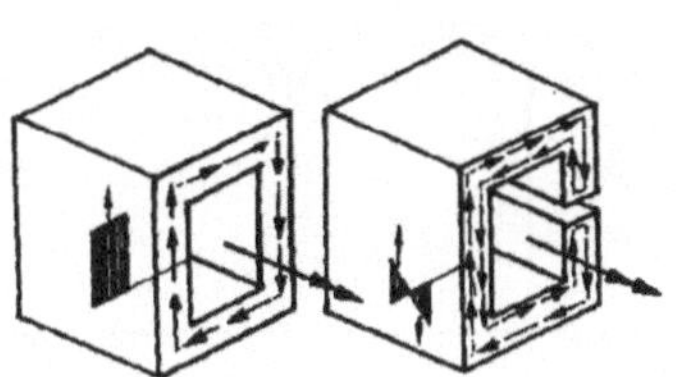

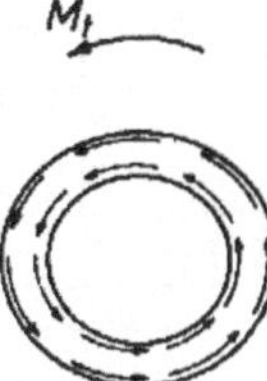

Bild 4-25 Hydrodynamisches Gleichnis

Die Formänderungen bei reiner Torsion werden unter Voraussetzung des Hookeschen Gesetzes $\gamma = \tau / G$ ermittelt. Der Verdrehungswinkel der beiden Stabenden ist

$$\varphi = M_T \cdot l / G \cdot I_T,$$

mit G = Schubmodul, I_T = Torsionsträgheitsmoment, l = Stablänge.

Für einige Profile ist das Torsionsträgheitsmoment der Tabelle 4-5 zu entnehmen.

$\Rightarrow$ Näheres zur Torsionsbeanspruchung siehe im Abschnitt 3.4.2.

Tabelle 4-5 Querschnittswerte und Schubspannungen der St. Venantschen Torsionstheorie

Querschnitt	Torsionsträgheits-moment I_T	Torsionsschub-spannung $\tau_{T,max}$	Korrekturfaktoren		
	$I_T = \Sigma I_{ti}$ $\quad = \eta_{3,1}\, b\, h_0^3 +$ $\quad\quad \eta_{3,2}\, b_0^3\, h +$ $\quad\quad \eta_{3,3}\, b\, h_u^3$; für Walzprofile: $I_T = \xi \cdot 1/3 \cdot \Sigma\, b^3 \cdot h$	$\tau_{max} = M_T \cdot b_{max}/I_T$		ξ	
			I	1,22	
			HE	1,16	
			IPE	1,33	
			$\subset$	1,12	
			$\perp$	1,12	
			L	1,03	
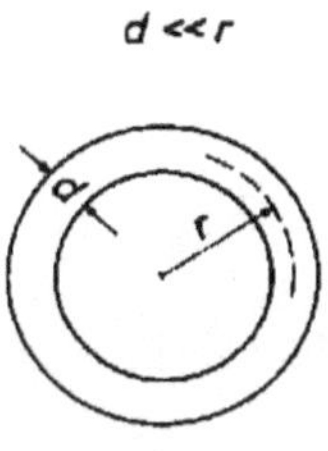	$I_T = \dfrac{4A_0^2}{\displaystyle\oint_u \frac{ds}{d}}$ $A_0 = r^2\pi$ $I_T = 2\, r^2\, \pi\, d$	$\tau = M_T/(2A_0 d)$ *Formel von Bredt* $\tau_{max} = M_T/(2r^2\pi d)$			
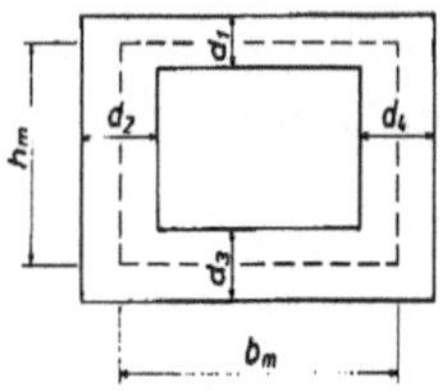	$I_T = \dfrac{4A_0^2}{\displaystyle\oint_u \frac{ds}{d_i}}$ $A_0 = b_m \cdot h_m$ $I_T = 4\,A_0^2/\,(b_m/d_1 +$ $\quad h_m/d_2 + b_m/d_3 +$ $\quad\quad h_m/d_4)$	$\tau_i = M_T/(2A_0 d_i)$ $\tau_{max} = M_T/(2A_0 d_{min})$			
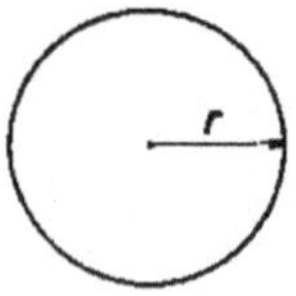	$I_T = r^4\pi/2$	$\tau_{max} = M_T \cdot r_1/I_T$			

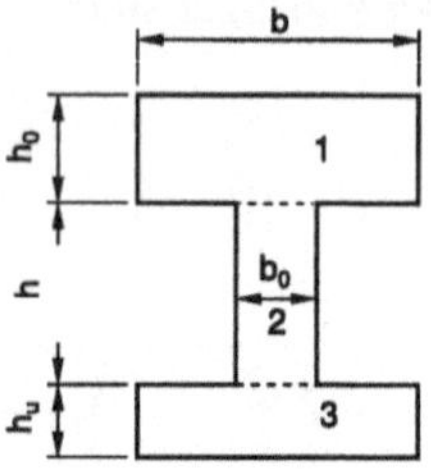

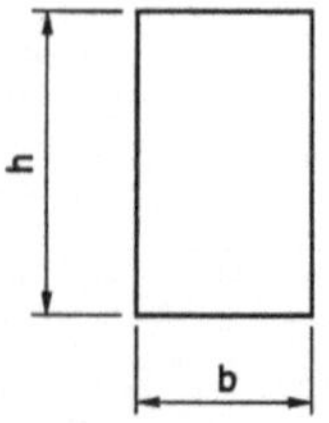	$I_T = \eta_3 h b^3$ $b \le h$ $\tau_{max} = \eta_1 M_T/hb^2$ $\tau_{b,max} = \eta_2 \tau_{max}$	h/b	1	2	4	8	10
		η_1	4,81	4,06	3,55	3,26	3,20
		η_2	1,00	0,80	0,75	0,74	0,74
		η_3	0,14	0,23	0,28	0,31	0,31

4.4.4 Konstruktive Hinweise

Zu beachten ist, daß die Profilform durch Querschotte, besonders an Lasteinleitungsstellen zu sichern ist. Die Einflüsse infolge Form und Anordnung der Schotte, der Schubverformung, von entlang der Stabachse veränderlichen Querschnitten oder einer gekrümmten Stabachse sind im Brückenbau und bei außergewöhnlichen Bauten zu beachten.

Ausführliche Literaturhinweise in [2].

Hohlquerschnitte können auch fachwerkartige Wände haben. Besonders im Brückenbau ist der Untergurt von kastenförmigen Trägern oft als Fachwerkverband oder rahmenartig ausgebildet. Für die Berechnung als Torsionsträger ist es zweckmäßig den Verband als ein Ersatzblech mit der Dicke t_E (siehe Tabelle 4-6) zu denken. Die Dicke wird so bestimmt, daß das Ersatzblech die gleiche Verschiebung γ aufweist, wie der reale Verband. Auch im Mastbau wird vorteilhaft mit diesen ideellen Ersatzblechen gerechnet.

Anwendungsbeispiele findet man in den Kapiteln: Stahlhochbau, Brückenbau, Kranbau.

Tabelle 4-6 Verbände und Ersatzblechdicken

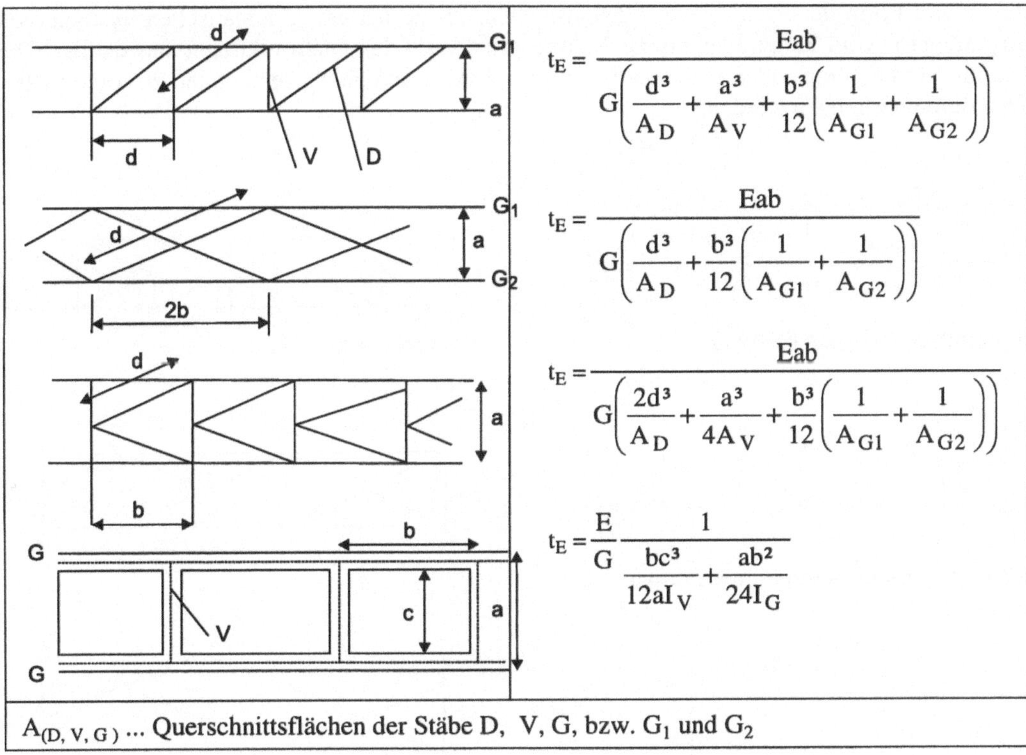

$$t_E = \frac{Eab}{G\left(\dfrac{d^3}{A_D} + \dfrac{a^3}{A_V} + \dfrac{b^3}{12}\left(\dfrac{1}{A_{G1}} + \dfrac{1}{A_{G2}}\right)\right)}$$

$$t_E = \frac{Eab}{G\left(\dfrac{d^3}{A_D} + \dfrac{b^3}{12}\left(\dfrac{1}{A_{G1}} + \dfrac{1}{A_{G2}}\right)\right)}$$

$$t_E = \frac{Eab}{G\left(\dfrac{2d^3}{A_D} + \dfrac{a^3}{4A_V} + \dfrac{b^3}{12}\left(\dfrac{1}{A_{G1}} + \dfrac{1}{A_{G2}}\right)\right)}$$

$$t_E = \frac{E}{G}\cdot\frac{1}{\dfrac{bc^3}{12aI_V} + \dfrac{ab^2}{24I_G}}$$

$A_{(D, V, G)}$ ... Querschnittsflächen der Stäbe D, V, G, bzw. G_1 und G_2

4.5 Fachwerkträger

4.5.1 Gestaltung und Berechnung

Fachwerkträger sind Biegeträger, die aus geraden Stäben gebildet werden. Im Gegensatz zu den Vollwandträgern, die Öffnungen erhalten können, ist das Fachwerk gekennzeichnet durch eine offene Netzstruktur.

Daraus ergeben sich als *Vorteile* die leichte Durchführung von Leitungen, geringe Schattenwirkung, die Durchsicht erweckt auch optisch den Eindruck der Leichtigkeit und der tatsächlich geringere Materialverbrauch gegenüber Vollwandträgern.

Die Vielzahl von Teilen aus denen ein Fachwerk gebildet wird hat den *Nachteil* einer arbeitsintensiven Fertigung. Die steigenden Lohnkosten bei stagnierenden Materialkosten haben daher die Verwendung von Fachwerken stark eingeschränkt. Erst durch den Computereinsatz bei Entwurf (CAD), Arbeitsvorbereitung und zur Steuerung von Fertigungsmaschinen (CIM) können die Vorteile des Fachwerks ökonomisch genutzt werden. Besonders gilt das für räumliche Stabwerke, zu deren Berechnung und Optimierung Programme erhältlich sind.

Die äußere Form der Fachwerke ist grundsätzlich frei gestaltbar. Alle statischen Systeme von Biegeträgern, vom Kragträger bis zu Rahmen sind auch für Fachwerkträger anwendbar. Die Ausführung kann ein- oder zweiwandig erfolgen, zweiwandige Träger können zu torsionssteifen Röhren verbunden werden.

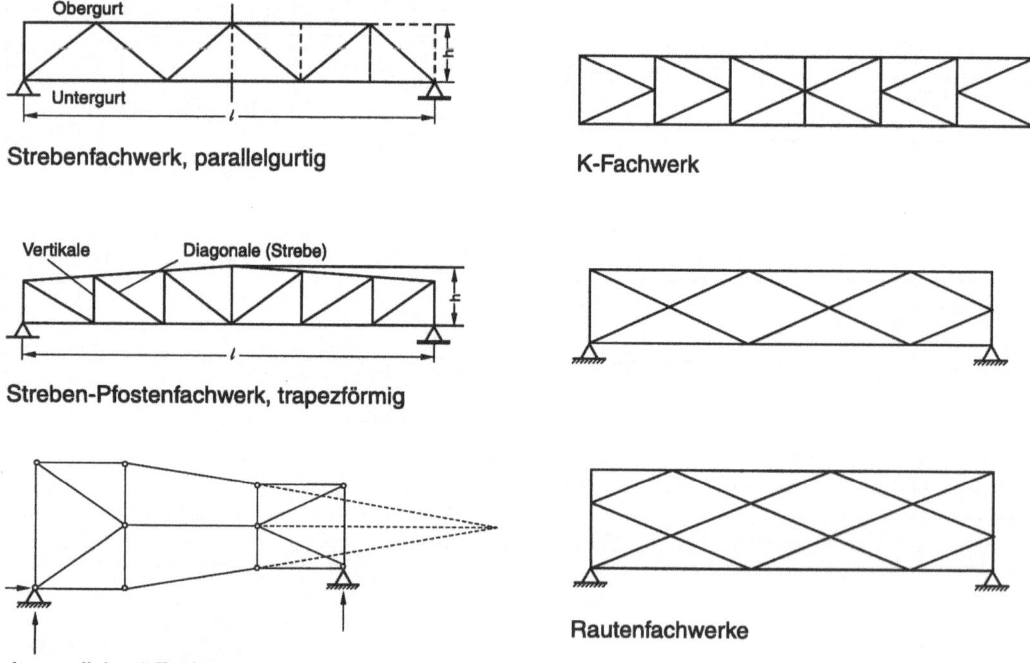

Bild 4-26 Fachwerknetze

Bei den hier näher behandelten ebenen Trägern werden vorwiegend parallele Gurte, aber auch dem Momentenverlauf angepaßte polygonale Gurte ausgeführt. Für Hauptträger werden einfache Dreiecksnetze, wie Streben oder Streben-Pfosten Fachwerke bevorzugt. Bei Aussteifungsverbänden werden häufig K-Fachwerke, einfache Rautennetze oder Pfostenfachwerke mit gekreuzten Diagonalen ausgeführt. Werden aus dem unverschieblichen Dreiecksnetz durch Stabvertauschung andere Formen gebildet, ist darauf zu achten, daß keine kinematische Kette entsteht.

Die Gurtstäbe werden möglichst über die Trägerlänge durchlaufend ausgebildet. Stöße werden bei Profilabstufungen und aus Montage-, bzw. Transportgründen ausgeführt. Geeignete Querschnitte sind I-, T-, U-, L- Profile, Rund- und Rechteckrohre. Für Füllstäbe werden bei reiner Zugbeanspruchung auch Rund- und Flachstähle verwendet.

Für größere Spannweiten werden die Träger mit einer *Überhöhung* gefertigt, deren Stich f meist gleich der Durchbiegung infolge ständiger Last und einem Teil der Nutzlast gesetzt wird. Die Teilüberhöhungen y rechnet man z.B. nach der Parabelfunktion

$$y = 4 \cdot x \cdot x_1 \cdot f / l^2;$$ die Fertigung erfolgt mit entsprechend längeren Diagonalen.

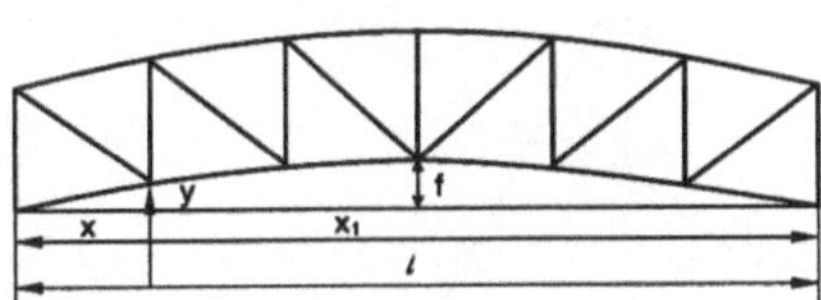
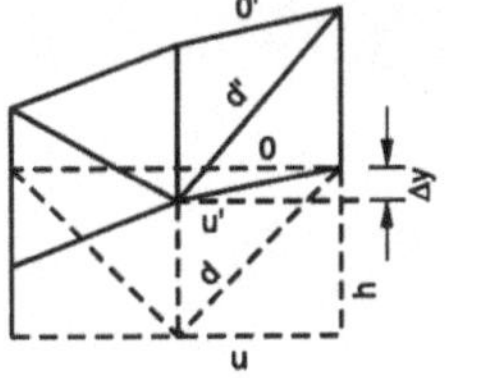

Bild 4-27 Überhöhung

Die Ermittlung der *Stabkräfte* erfolgt im Regelfall unter der Annahme, daß sich die Stabachsen in einem ideal reibungsfreien Knotengelenk schneiden. Im realen Knoten sind die Stäbe durch Schrauben oder Schweißnähte meist über ein Knotenblech verbunden. Dadurch ist die Stabverdrehung im Knoten behindert und es entstehen Nebenspannungen. Diese sind um so größer je steifer die Füllstäbe und die Knoten sind. Im allgemeinen Hochbau können die *Nebenspannungen* vernachlässigt werden. Bei dynamisch beanspruchten Konstruktionen, die einen Ermüdungsnachweis erfordern, ist die Ermittlung der Nebenspannungen infolge der Drehsteifigkeit der Knoten angebracht und auf eine möglichst kerbfreie Ausbildung zu achten.

Biegespannungen in Stäben, die sich aus einer Exzentrizität des Anschlusses ergeben oder auch infolge Lasteinwirkung zwischen den Knoten, sind immer beim Nachweis zu berücksichtigen.

Die *Knicklänge* von Gurtstäben ist in der Fachwerksebene gleich der Systemlänge und aus der Fachwerksebene gleich dem Abstand der seitlichen Haltungen zu setzen. Die Knicklänge der Füllstäbe aus der Fachwerksebene ist deren Systemlänge L, für Knicken in der Fachwerksebene darf sie mit 0,9 L angesetzt werden, wenn der Anschluß mit mindestens zwei Schrauben oder gleichwertig erfolgt. Zum Stabilitätsnachweis siehe 3.6.2ff.

4.5.2 Knoten und Anschlüsse

Die Verbindungen können geschraubt oder geschweißt werden. In beiden Fällen sind Stabkreuzungen mit einem Winkel kleiner als 30° zu vermeiden, da solche konstruktiv kaum fehlerfrei ausgeführt werden können.

Knotenbleche sollen möglichst klein sein, wobei eine symmetrische Einleitung der Stabkräfte zu beachten und die Anschlüsse kurz zu halten sind.

Die Anschlußkraft des Knotenbleches ergibt sich als Resultierende aller am Knotenblech zusammengeführten Stäbe. Die Wirkungslinien aller Kräfte sollen sich im Knotenblech schneiden. Daher ist z.B. die Anordnung des Pfettenträgers (Kraft P) im Bild 4-28 ungünstig. Das Moment $P \cdot e$ sollte vermieden werden.

Die *Exzentrizität* zwischen Stabachse und Rißlinie der Bohrungen führt zu Momenten, die i.a. im Knotenblech aufgenommen werden. Momente aus verschiedenen Anschlüssen können sich gegenseitig aufheben oder müssen einem Stab zugeordnet werden.

In manchen Fällen ist die Knotenausbildung fertigungstechnisch einfacher, wenn der Schnittpunkt der Stabachsen nicht auf der Gurtachse liegt. Die dabei entstehenden Stabmomente dürfen nicht vernachlässigt werden. Bei Querschnittssprüngen von Gurtstäben wird das Fachwerksnetz in die gemittelte Stabachse gelegt, die Abweichungen von dieser gemittelten Schwerachse dürfen bei der Berechnung außer acht gelassen werden.

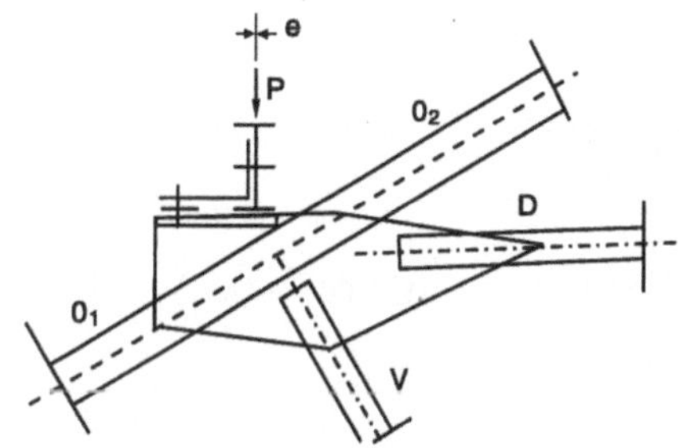

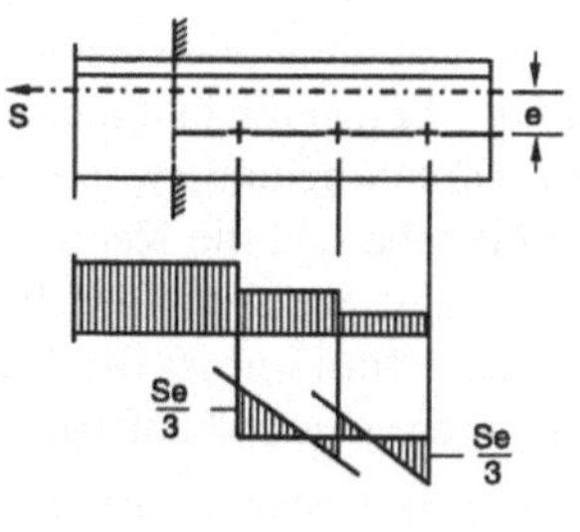

Anschlußkraft R des Knotenblechs an die Gurte

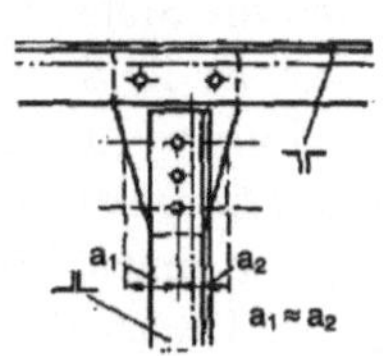

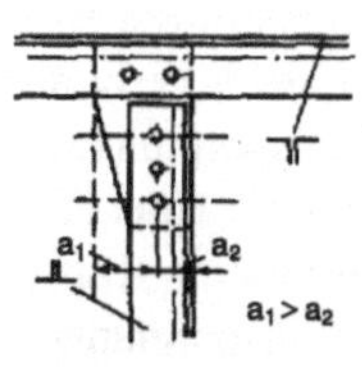

symmetrische Krafteinleitung

richtige   ungünstige

Momente im Knotenblech

Bild 4-28 Knotenblech

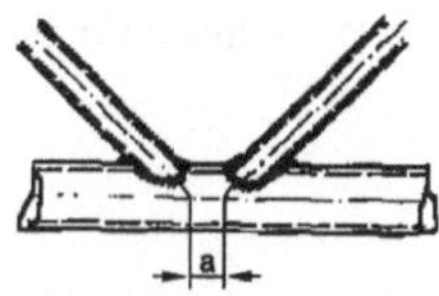

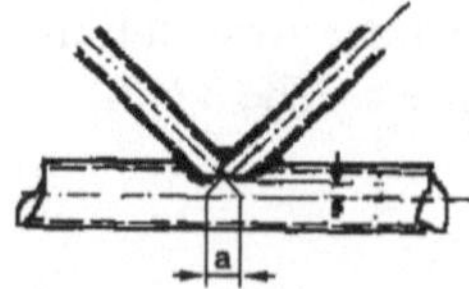

Bild 4-29
Anschlüsse mit Exzentrizitäten

Einspringende Ecken von Knotenblechen sollen zur Vermeidung von Kerbwirkungen gerundet ausgeführt werden.

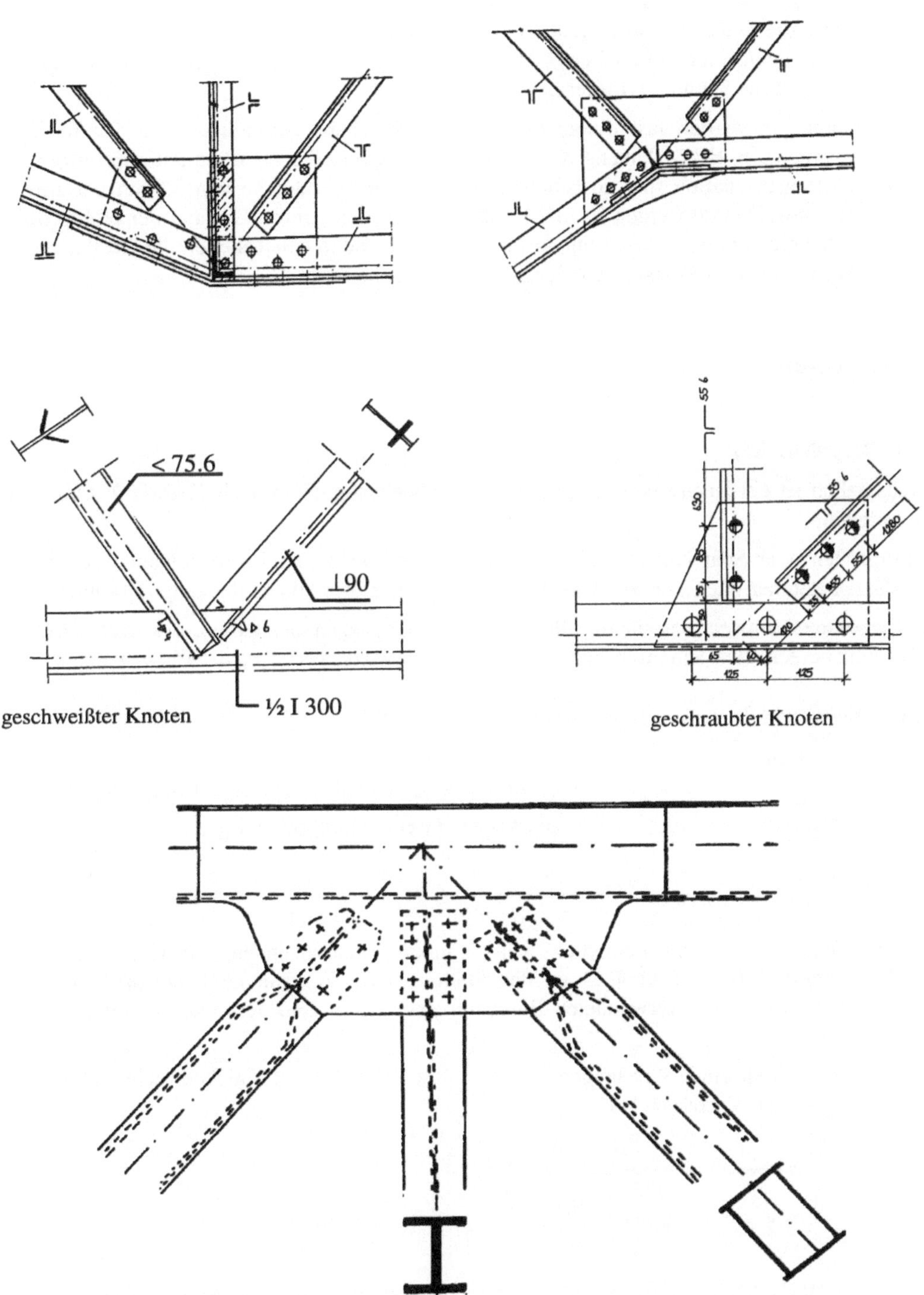

Bild 4-31 Knotenbeispiele

Fachwerke aus Rund- und Rechteckrohren

Die gegen Korrosion zu schützenden Oberflächen sind kleiner als bei gleichfesten offenen Querschnitten, die Stabenden sind dicht zu verschließen. Rohrverschneidungen sind bei Rundrohren mit im allgemeinen räumlichen Schnittkurven aufwendiger zu fertigen als bei Rechteckrohren, die nur ebene Schnitte erfordern.

Die Verbindungen werden fast immer geschweißt. Für ebene Anschlüsse sind ausführliche Anwendungsregeln in EC 3, Anhang K angegeben. Die schweißtechnischen Anforderungen an die Werkstoffeigenschaften sind zu beachten, eine Mindestwanddicke von 2,5 mm ist einzuhalten. Die Schweißnähte werden i.a. als Kehlnähte über den ganzen Umfang der Hohlprofile geführt. Abhängig von der Ausführungsform der Knoten sind in den Tabellen die Gestaltfestigkeiten in Form von Grenzlängskräften der Streben angegeben.

4.6 Rahmen

4.6.1 Biegeknicken

Grundsätzlich ist ein Nachweis mit einer Schnittgrößenbestimmung nach Theorie 2. Ordnung zu empfehlen.

Schnittgrößen oder Spannungen infolge der Bemessungswerte der Einwirkungen werden am *imperfekten* Rahmen nach Theorie 2. Ordnung berechnet. Dafür gibt es Rechenprogramme.

Der Sicherheitsnachweis besteht im allgemeinen in der Gegenüberstellung der nach Theorie 2. Ordnung berechneten Schnittgrößen S_d aus den Bemessungswerten F_d der Einwirkungen

beim Nachweisverfahren	mit den
Elastisch-Elastisch	elastischen Grenzschnittgrößen R_d (oder entsprechend auf der Ebene der Spannungen)
Elastisch-Plastisch	plastischen Grenzschnittgrößen R_d

$$S_d \leq R_d \,.$$

Die für Stäbe mit unverschieblichen Knotenpunkten anzusetzenden Imperfektionen sind in EC 3 festgelegt. Nach Bild 4-32 ist das Stichmaß der Vorkrümmung entsprechend der Knickspannungslinie, dem verwendeten Berechnungsverfahren und dem Querschnittstyp festzulegen.

Beispielsweise ist für einen 9 m langen Stab IPE 400 aus S 235 bei Knicken rechtwinklig zur y-Achse anzusetzen (Verfahren E-E):

$$\bar{\lambda} = \frac{\lambda}{\lambda_1} = \frac{1}{\sqrt{\dfrac{I_y}{A}} \cdot \lambda_1} = \frac{900}{\sqrt{\dfrac{23130}{84,5}} \cdot 93,9} = 0,58$$

Mit $\gamma_{M1} = 1{,}10$ (laut Nationalen Anwendungsdokument zu EC 3) und Knickspannungslinie a ist

$$k_\gamma = (1 - 0,23) + 2 \cdot 0,23 \cdot 0,58 = 1,037$$

$$w_{0,D} = 0,21(0,58-0,2)\,1,037 \cdot \frac{1160}{84,5}$$

$$= 1,136 \text{ cm} \triangleq \frac{1}{792}$$

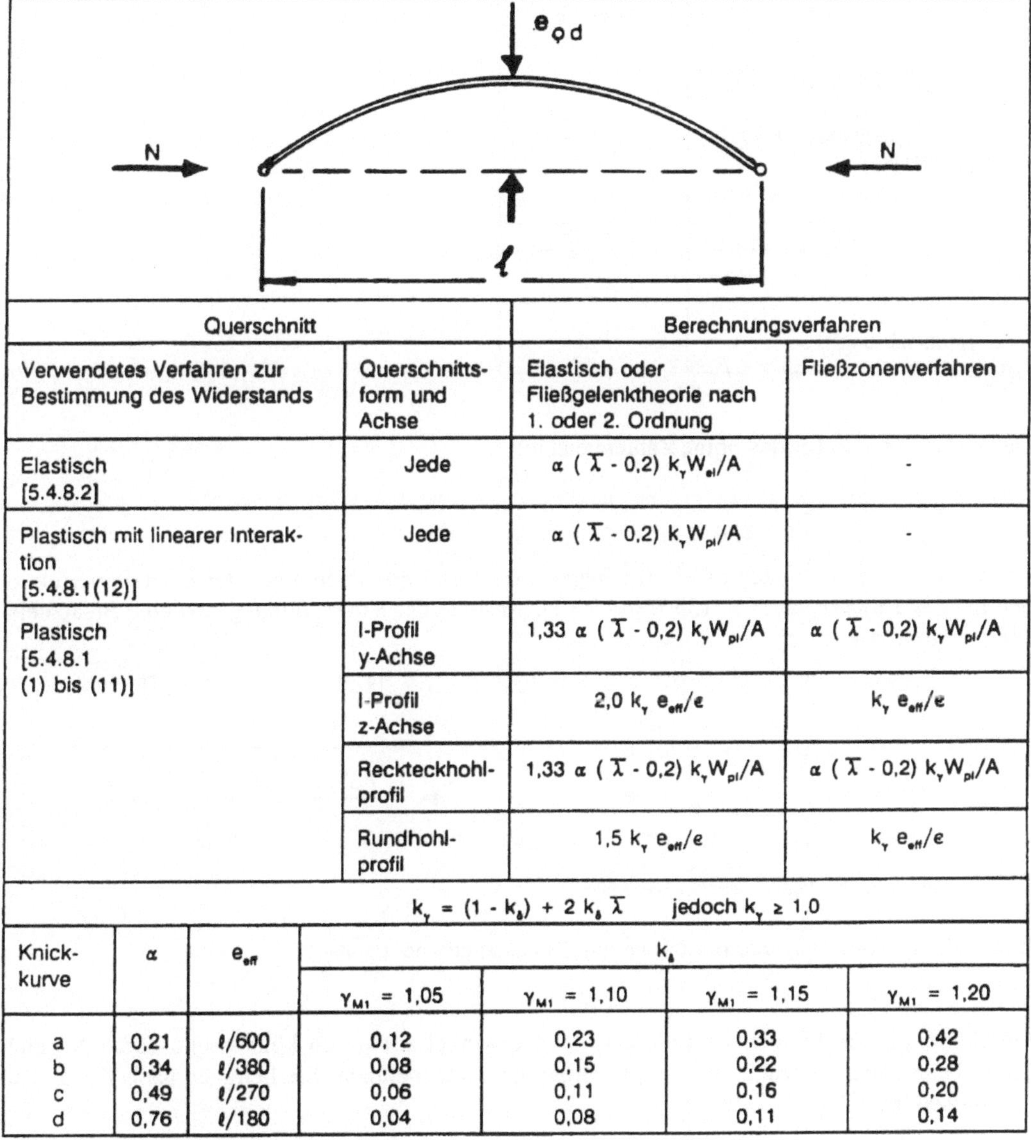

Querschnitt		Berechnungsverfahren	
Verwendetes Verfahren zur Bestimmung des Widerstands	Querschnittsform und Achse	Elastisch oder Fließgelenktheorie nach 1. oder 2. Ordnung	Fließzonenverfahren
Elastisch [5.4.8.2]	Jede	$\alpha\,(\bar{\lambda} - 0,2)\,k_\gamma W_{el}/A$	-
Plastisch mit linearer Interaktion [5.4.8.1(12)]	Jede	$\alpha\,(\bar{\lambda} - 0,2)\,k_\gamma W_{pl}/A$	-
Plastisch [5.4.8.1 (1) bis (11)]	I-Profil y-Achse	$1,33\,\alpha\,(\bar{\lambda} - 0,2)\,k_\gamma W_{pl}/A$	$\alpha\,(\bar{\lambda} - 0,2)\,k_\gamma W_{pl}/A$
	I-Profil z-Achse	$2,0\,k_\gamma\,e_{eff}/e$	$k_\gamma\,e_{eff}/e$
	Reckteckhohlprofil	$1,33\,\alpha\,(\bar{\lambda} - 0,2)\,k_\gamma W_{pl}/A$	$\alpha\,(\bar{\lambda} - 0,2)\,k_\gamma W_{pl}/A$
	Rundhohlprofil	$1,5\,k_\gamma\,e_{eff}/e$	$k_\gamma\,e_{eff}/e$

$$k_\gamma = (1 - k_\delta) + 2\,k_\delta\,\bar{\lambda} \qquad \text{jedoch } k_\gamma \geq 1,0$$

Knickkurve	α	e_{eff}	k_δ			
			$\gamma_{M1} = 1,05$	$\gamma_{M1} = 1,10$	$\gamma_{M1} = 1,15$	$\gamma_{M1} = 1,20$
a	0,21	$\ell/600$	0,12	0,23	0,33	0,42
b	0,34	$\ell/380$	0,08	0,15	0,22	0,28
c	0,49	$\ell/270$	0,06	0,11	0,16	0,20
d	0,76	$\ell/180$	0,04	0,08	0,11	0,14

Bei Bauteilen mit ungleichförmigem Querschnitt ist der Wert W_{el}/A bzw. W_{pl}/A in der Mitte der Knicklänge ℓ zu verwenden.

Bild 4-32 Bemessungswerte der Stichmaße $e_{0,d}$ nach EC 3

Zum Vergleich wird an dieser Stelle auch die wesentlich einfachere Regelung in DIN 18800/2 angegeben. Für das Nachweisverfahren E-E brauchen nur 2/3 der Ersatzimperfektionen nach Tab. 4-7 angesetzt werden. Bei Tragsicherheitsnachweisen für mehrteilige Stäbe ist die Ersatzimperfektion nach Zeile 5 der Tabelle dagegen stets unvermindert anzusetzen.

	Stabart	Stich w_0, v_0 der Vorkrümmung	
1	**Einteilige Stäbe** mit Querschnitten, denen folgende Knickspannungslinie zugeordnet ist. a	$l/300$	**Tabelle 4-7**
2	b	$l/250$	
3	c	$l/200$	
4	d	$l/150$	
5	**Mehrteilige Stäbe**	$l/500$	

Danach ergibt sich für das obige Zahlenbeispiel

$$w_{0,D} = \frac{2}{3} \cdot \frac{1}{300} = \frac{1}{450},$$

also deutlich mehr als nach EC 3. Zur Begründung der Vereinfachungen der Ersatzimperfektionen in DIN 18800 s. auch S. 155 ff in [4.6.1]. Anstelle der Vorkrümmung darf eine Ersatzbelastung angesetzt werden.

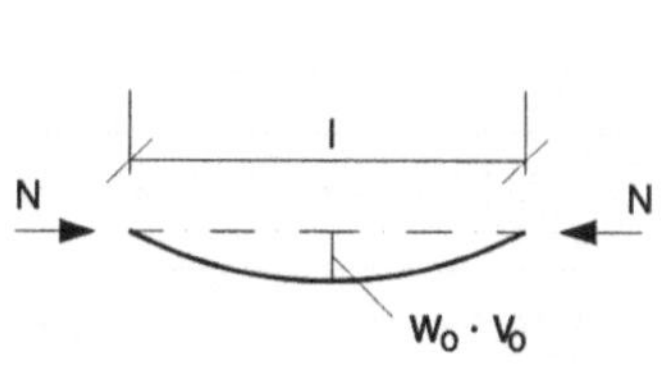

quadratische Parabel oder sin-Halbwelle

Bild 4-33 Vorkrümmung und Ersatzbelastung (bei quadratischer Parabel)

Für Stäbe, die am verformten Rahmen Stabdrehwinkel aufweisen können und durch Normalkräfte beansprucht werden, sind Vorverdrehungen anzunehmen. Sie betragen nach EC 3, Teil 1-1, Abschnitt 5.2.4.3

$$\varphi = k_c \cdot k_s \varphi_0$$

mit $$\varphi_0 = \frac{1}{200}$$

$$k_c = \sqrt{0,5 + \frac{1}{n_c}} \leq 1$$

$$k_s = \sqrt{0,2 + \frac{1}{n_s}} \leq 1$$

wobei

n_c –   Anzahl der Stützen in einer Ebene und

n_s –   Anzahl der Geschosse

Bei der Bestimmung von n_c sind nur die Stützen zu berücksichtigen, die mindestens eine Druckkraft N_{Sd} von 50% der mittleren Druckkraft pro Stütze übertragen. Nur solche Stützen, die durch alle Geschosse n_s gehen, dürfen in n_c mitgezählt werden. Nur die Decken- oder Dachträger, die mit allen zu n_c gerechneten Stützen verbunden sind, dürfen bei der Bestimmung von n_s berücksichtigt werden.

Zum Vergleich wird wiederum die Regelung aus DIN 18800 angegeben. Danach beträgt die Vorverdrehung

–   für einteilige Stäbe

$$\varphi_0 = \frac{1}{200} r_1 \cdot r_2$$

–   für mehrteilige Stäbe

$$\varphi_0 = \frac{1}{400} r_1 \cdot r_2$$

Darin ist $r_1 = \sqrt{\dfrac{5}{l}}$ ein Reduktionsfaktor für Stäbe oder Stabzüge mit $l > 5$ m, wobei l die Systemlänge des vorverdrehten Stabes L bzw. Stabzuges L_r in m ist. Maßgebend ist jeweils derjenige Stab oder Stabzug, dessen Vorverdrehung sich auf die betrachtete Beanspruchung am ungünstigsten auswirkt.

Ein weiterer Reduktionsfaktor $r_2 = \dfrac{1}{2}\left(1 + \sqrt{\dfrac{1}{n}}\right)$ dient zur Berücksichtigung von n voneinander unabhängigen Ursachen für Vorverdrehung von Stäben und Stabzügen. Bei der Berechnung des Reduktionsfaktors r_2 für Rahmen darf in der Regel für n die Anzahl der Stiele des Rahmens je Stockwerk in der betrachteten Rahmenebene eingesetzt werden. Stiele mit geringer Normalkraft zählen dabei nicht. Als Stiele mit geringer Normalkraft gelten solche, deren Normalkraft kleiner als 25% der Normalkraft des maximal belasteten Stieles im betrachteten Geschoß und der betrachteten Rahmenebene ist.

Beispiel

EC 3   DIN 18800

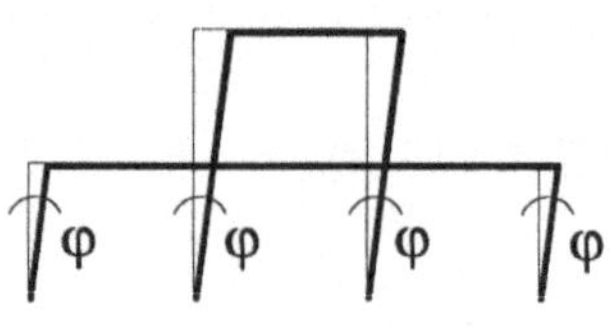

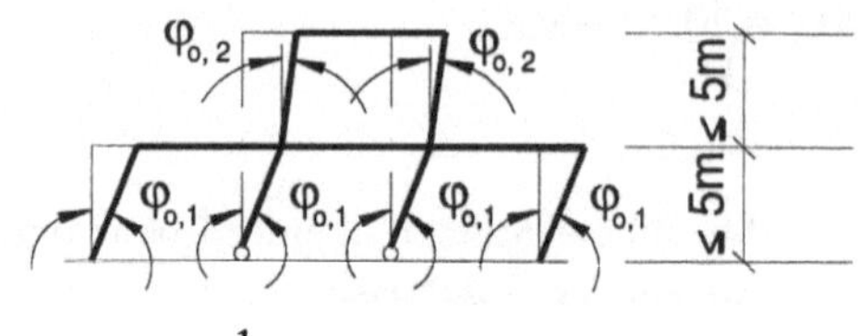

$$\varphi = k_c \cdot k_s \frac{1}{200}$$

$$\varphi_{0,2} = r_2 \frac{1}{200} \quad \text{mit} \quad n = 2$$

$$\text{mit } n_c = 2 \quad \text{und} \quad n_s = 2$$

$$\varphi_{0,1} = r_2 \frac{1}{200} \quad \text{mit} \quad n = 4$$

Bild 4-34 Zum Ansatz der Ersatzimperfektionen

Anstelle der Vorverdrehung darf eine Ersatzbelastung angesetzt werden (Bild 4-35).

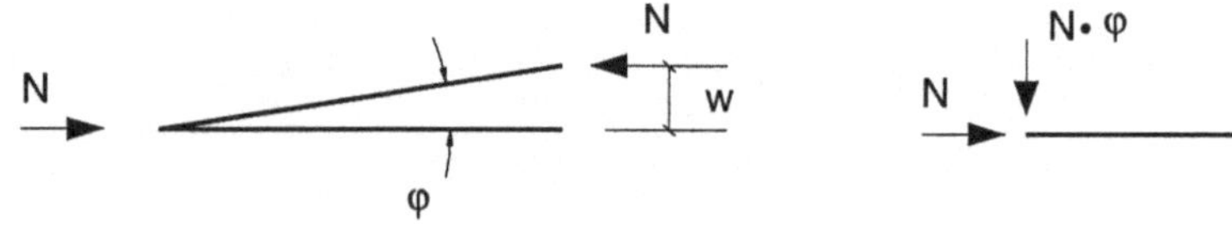

Bild 4-35 Vorverdrehung und Ersatzbelastung

Betrachtet man imperfekte Stabwerke, müßten für alle Einzelstäbe Vorkrümmungen und für die verschieblichen Stabwerke zusätzlich Vorverdrehungen angesetzt werden. Um den Rechenaufwand gering zu halten, heißt es in DIN 18800/2, El. 207, daß für Stäbe, die am verformten Stabwerk Stabdrehwinkel aufweisen können und eine Stabkennzahl $\varepsilon > 1{,}6$ haben, zusätzlich zu den Vorverdrehungen auch die Vorkrümmung in ungünstigster Richtung anzusetzen ist.

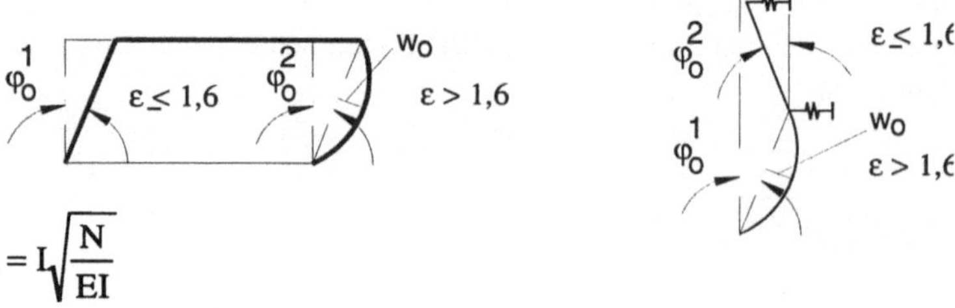

$$\varepsilon = L \sqrt{\frac{N}{EI}}$$

Bild 4-36 Beispiele für die gleichzeitige Berücksichtigung von Vorkrümmung und Vorverdrehung nach
          DIN 18800/2

Beispiel:

Zur Veranschaulichung des Nachweisverfahrens wird die Zahlenrechnung für das in Bild 4-37 dargestellte System durchgeführt:

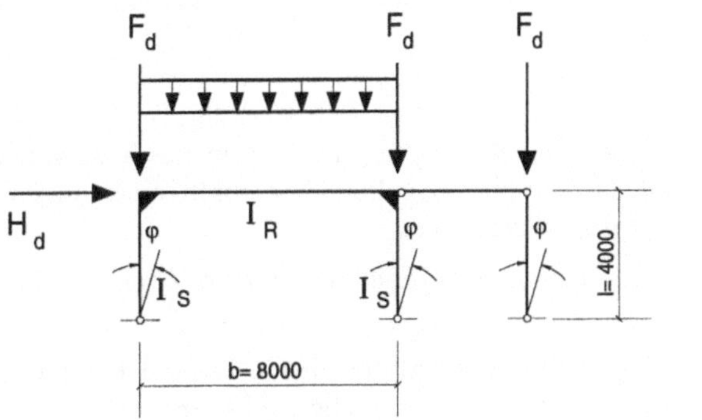

F_d = 300 kN
q_d = 30 kN/m
H_d = 30 kN
(Bemessungswerte)
Stütze, Riegel: IPE 400,
Stahl S 235
I_S = I_R = 23130 cm⁴
A = 84,5 cm²
i = 16,5 cm
W = 1160 cm³

Bild 4-37 Rahmensystem

Bei reiner Druckbeanspruchung wäre der Querschnitt IPE 400 in Querschnittsklasse 3 nach EC 3, Tab. 5.3.1 einzuordnen. Daher wird zunächst (auf der sicheren Seite liegend) das Verfahren E-E angewendet.

– Imperfektionen

Vorkrümmung (nach DIN 18800)

$$(EI)_d = EI / \gamma_M = \frac{21000 \cdot 23130}{1,1} = 4,4157 \cdot 10^8 \, kNcm^2$$

$$\varepsilon = 1 \cdot \sqrt{\frac{N}{(EI)_d}} = 400 \cdot \sqrt{\frac{300 + 30 \cdot 8 / 2}{4,4157 \cdot 10^8}} = 0,39 < 1,6 \,,$$

d.h. der Ansatz von Vorkrümmungen ist nicht erforderlich.

Vorverdrehung

EC 3   DIN 18800

$$k_c = \sqrt{0,5 + \frac{1}{3}} = 0,91 \qquad\qquad r_1 = 1 \qquad (da \; l < 5 \; m)$$

$$k_s = \sqrt{0,2 + 1} > 1 \rightarrow k_s = 1 \qquad\qquad r_2 = \frac{1}{2}\left(1 + \sqrt{\frac{1}{3}}\right) = 0,788$$

$$\varphi = \frac{1}{200} \cdot 0,91 \cdot 1 = \frac{1}{220} \qquad\qquad \varphi_0 = \frac{1}{200} \cdot 1 \cdot 0,788 = \frac{1}{253}$$

Nachweisverfahren E-E:

$$\varphi_0 = \left(\frac{2}{3}\right) \cdot \frac{1}{253} = \frac{1}{380}$$

Ansatz der Vorverdrehung in ungünstiger Richtung, s. Bild 4-38.

− Horizontale Ersatzlast H_E:

$$H_E = H_d + \sum_1^3 N_i \cdot \varphi \qquad\qquad N_i: \text{ Stieldruckkräfte}$$

$$H_E = 30 + (3 \cdot 300 + 30 \cdot 8) \cdot \frac{1}{220} = 35 \text{ kN} \qquad (33 \text{ kN})$$

Die Schnittkraftberechnung nach Theorie 2. Ordnung erfolgt iterativ. Dazu wird das Tragwerk im verformten Zustand betrachtet und das Gleichgewicht formuliert. Innerhalb eines jeden Iterationsschrittes wird jedoch nach Theorie 1. Ordnung gerechnet.

Die weitere Zahlenrechnung erfolgt nach EC 3, die Klammerwerte enthalten zum Vergleich die Ergebnisse nach DIN 18800.

Im ersten Iterationsschritt wird die horizontale Verschiebung f (infolge H_E) in Höhe der Riegelachse nach Theorie 1. Ordnung mittels Arbeitsgleichung berechnet (siehe Bild 4-38).

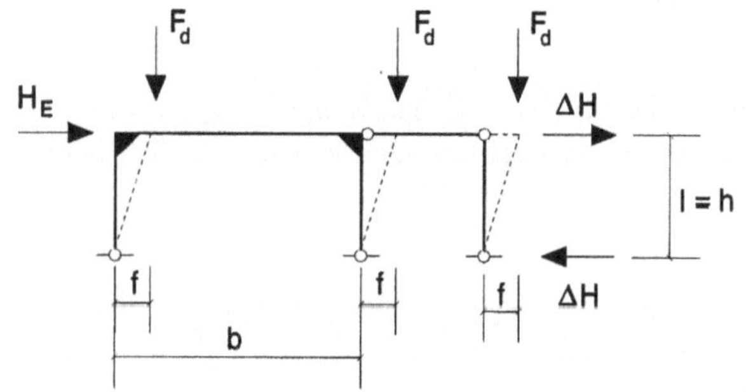

Bild 4-38
Tragwerk im verformten Zustand

$$f = \frac{1}{12} \cdot \left[\frac{2 \cdot h^3}{(EI_s)_d} + \frac{b \cdot h^2}{(EI_R)_d} \right] H_E = k \cdot H_E$$

mit

$$k = \frac{1}{12} \cdot \left[\frac{2h^3}{(EI_s)_d} + \frac{b \cdot h^2}{(EI_R)_d} \right]$$

$$k = \frac{1}{12} \cdot \left[\frac{2 \cdot 400^3}{4{,}4157 \cdot 10^8} + \frac{800 \cdot 400^2}{4{,}4157 \cdot 10^8} \right] = 0{,}04831 \text{ cm / kN}$$

$$f = H_E \cdot k = 35 \cdot 0{,}04831 = 1{,}6908 \text{ cm} \qquad (1{,}5943 \text{ cm})$$

Durch die Horizontalverschiebung f entsteht aus den Vertikalkräften am Gesamtsystem ein zusätzliches Moment, welches statisch äquivalent durch ein Kräftepaar ΔH ersetzt wird.

$$(3 \cdot F_d + q_d \cdot b) \cdot f = \Delta H \cdot 1$$

$$\Delta H = (3 \cdot F_d + q_d \cdot b) \frac{f}{1}$$

$$\Delta H = (3 \cdot 300 + 30 \cdot 8) \frac{1{,}6908}{400} = 4{,}8188 \, kN \quad (4{,}5437 \, kN)$$

$$(\text{Zuwachs})$$

Diese Horizontalkraft ΔH erzeugt ihrerseits wiederum eine Horizontalverschiebung Δf usw.!

$$\Delta f = \Delta H \cdot k = 4{,}8188 \cdot 0{,}04831 = 0{,}2328 \, cm \quad (0{,}2195 \, cm)$$

$$\Delta\Delta H = (3 \cdot F_d + q_d \cdot b) \frac{\Delta f}{l} = (3 \cdot 300 + 30 \cdot 8) \frac{0{,}2328}{400} = 0{,}6634 \, kN \, (0{,}6256 \, kN)$$

$$\Delta\Delta f = \Delta\Delta H \cdot k = 0{,}6634 \cdot 0{,}04831 = 0{,}0321 \, cm \quad (0{,}0302 \, cm)$$

Berechnung des Vergrößerungsfaktors α:

$$\alpha = \frac{1}{1-q}$$

1. Schritt

$$q = \frac{\Delta f}{f} = \frac{0{,}2328}{1{,}6908} = 0{,}138 \qquad (0{,}138)$$

2. Schritt

$$q = \frac{\Delta\Delta f}{\Delta f} = \frac{0{,}0321}{0{,}2328} = 0{,}138 \qquad (0{,}138)$$

Bei diesem System kann die Iteration nach dem ersten Schritt abgebrochen werden.

$$\alpha = \frac{1}{1-0{,}138} = 1{,}16$$

Die Schnittkräfte nach Theorie 2. Ordnung ergeben sich dann zu

$$S^{II} = S^I \cdot \alpha \, .$$

Mit diesen Schnittkräften ist in der Rahmenebene der Nachweis zu führen, daß die Grenznormalspannung an der höchst beanspruchten Stelle des Rahmens nicht überschritten wird.

$$\sigma^{II} = \frac{N^{II}}{A} + \frac{M^{II}}{W} \leq \frac{f_{y,k}}{\gamma_M}$$

Im Beispiel erfahren *nur* die Schnittgrößen infolge *Horizontallast* (H_E) eine Vergrößerung nach Theorie 2. Ordnung.

Zu den Schnittgrößen nach Theorie 1. Ordnung vgl. Bild 4-39.

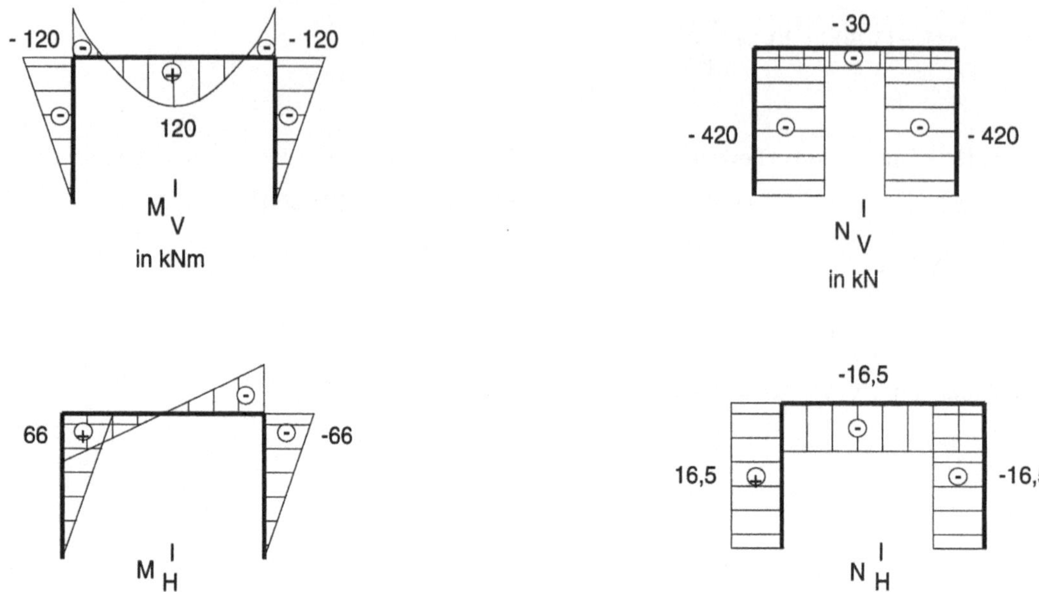

Bild 4-39 Schnittgrößen nach Theorie 1. Ordnung aus Vertikal- und Horizontallasten

Die größte Beanspruchung (Theorie 2. Ordnung) ergibt sich für die rechte Rahmenecke (Stiel):

$$N^{II} = N^I_V + N^I_H \cdot \alpha = -420 - 16,5 \cdot 1,16 = -439,1 \text{ kN}$$

$$M^{II} = M^I_V + M^I_H \cdot \alpha = -120 - 66 \cdot 1,16 = -196,6 \text{ kNm}$$

$$\sigma^{II} = \frac{-439,1}{84,5} - \frac{196,6 \cdot 10^2}{1160} = -22,1 \text{ kN}/\text{cm}^2 > \frac{f_{y,k}}{\gamma_M}$$

(geringfügige Überschreitung)

Trotz unterschiedlichem Ansatz der Imperfektionen in EC 3 und DIN 18800 ist das Endergebnis praktisch identisch.

Da sich der biege- und druckbeanspruchte Querschnitt in Querschnittsklasse 2 einstufen läßt, darf das Verfahren E-P angewendet werden, mit dem der Tragsicherheitsnachweis eingehalten wird. Ein Nachweis gegen Schubbeulen ist nicht erforderlich. Der Tragsicherheitsnachweis für Biegedrillknicken ist noch zu erbringen.

4.6.2 Biegedrillknicken

In Übereinstimmung mit den Prinzipien von EC 3 können ähnlich wie beim Biegeknicken auch für den Grenzzustand des Biegedrillknickens (BDK) zwei alternative Tragsicherheitsnachweise durchgeführt werden:

– nach Theorie 2. Ordnung nach den Verfahren E-E, E-P, P-P mit dem Ansatz von geometrischen Ersatzimperfektionen,

– an dem gedanklich aus dem Gesamtsystem herausgeschnittenen Einzelstab (Bild 4-40) mit Traglastkurven und Ersatzstabverfahren.

Angaben zum zweiten Verfahren enthält Abschnitt 3.6.7, dagegen sind die Ersatzimperfektionen in EC 3 nicht geregelt. Im Nachweis nach Theorie 2. Ordnung genügt es nach DIN 18800/2, El. 202, lediglich eine Vorkrümmung (aus der Rahmenebene) anzusetzen, die halb so groß ist wie beim Biegeknicken. Andere Ersatzimperfektionen dürfen vernachlässigt werden.

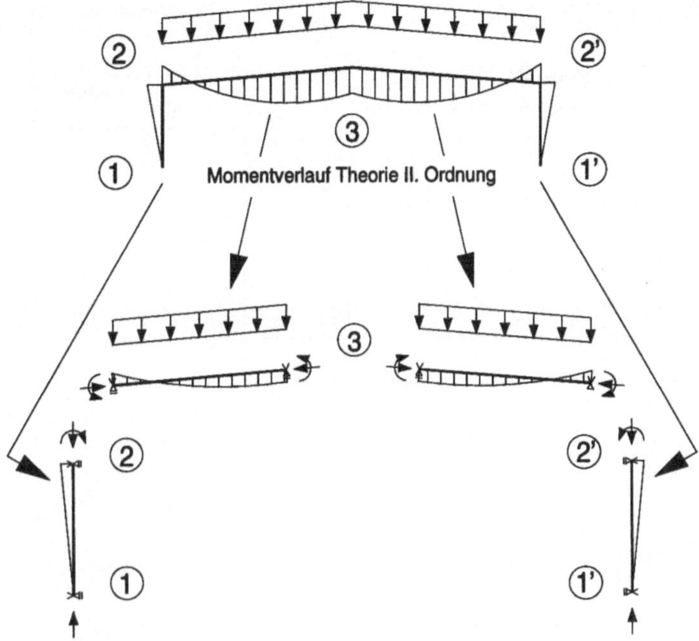

Bild 4-40 Vom Gesamtsystem zu Einzelstäben [4.6.2]

Für den Einzelstab wird in der Regel Gabellagerung angenommen, d.h.

– Verdrehung tritt nicht auf,

– Torsionsmomente können aufgenommen werden.

Die beim BDK entstehenden Torsionsmomente werden zwar nicht berechnet, müssen jedoch von der Gabellagerung an andere Konstruktionsteile, z.B. Pfetten rechtwinklig zur Rahmenebene, weitergeleitet werden können. Siehe dazu [4.6.1].

Die Berechnung von $\overline{\lambda}_{LT}$ über M_{cr} (ideelles Biegedrillknickmoment, in das u.a. Querschnittswerte und Lastangriffshöhe eingehen!) ist aufwendig. Erst spät erfährt man, ob (wegen $\overline{\lambda}_{LT} \leq 0.4$) auf einen BDK-Nachweis hätte verzichtet werden können.

DIN 18800/2, El. 310 läßt anstelle des genauen BDK-Nachweises zu, den Druckgurt einschließlich 1/5 des Steges als Knickstab nachzuweisen. Dieser vereinfachte Nachweis erfüllt die allgemeinen Regeln des EC 3 und kann damit angewendet werden. Voraussetzung ist, daß der Druckgurt in bestimmten Abständen c seitlich unverschieblich gehalten wird. Die Nachweisgleichung

$$\overline{\lambda} = \frac{c \cdot k_c}{i_{z,f} \cdot \lambda_1} \le 0,5 \frac{M_{pl,y,Rd}}{M_{y,Sd}}$$

mit $i_{z,f}$-Trägheitsradius des Gurtes mit Steganteil, um die Stegachse z führt für S 235 ($\lambda_1 = 93,9$) und $k_c = 1$ zu:

$$i_{z,f} \ge \frac{c}{46,95}$$

	Normalkraftverlauf	k_c
1	max N	1,00
2	max N	0,94
3	max N	0,86
4	max N $-1 \le \psi \le 1$ ψ max N	$\dfrac{1}{1,33 - 0,33\,\psi}$

D.h., in diesem Fall ist kein BDK-Nachweis erforderlich. Die Auswertung für einige Profile lautet:

Profil	$i_{z,f}$ (cm)	c (cm)
IPE 200	2,52	118
IPB1 200	5,32	250
IPE 600	5,41	254
IPB1 1000	7,41	348

Bei

$$\overline{\lambda} > 0,5 \frac{M_{pl,y,Rd}}{M_{y,Sd}}$$

ist die Bedingung

$$\frac{0,843 \cdot M_{y,Sd}}{\chi M_{pl,y,Rd}} \le 1$$

zu erfüllen.

Aus Diagrammen wie Bild 4-41 läßt sich bei bekannten $\overline{\lambda}_{z,f}$ (dort $\overline{\lambda}_1$ genannt) direkt $\overline{\lambda}_{LT}$ (dort $\overline{\lambda}_M$ genannt) ablesen.

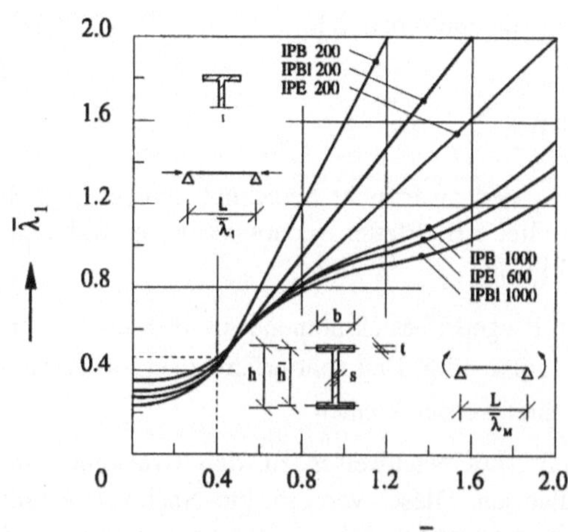

Bild 4-41

Beziehung zwischen $\overline{\lambda}_{LT}$ und $\overline{\lambda}_1$ [4.6.1]

Daß die Einzelstabbetrachtung nur eine Näherung für das tatsächliche Verhalten des Rahmens darstellt, erkennt man aus der FE-Simulation auf Bild 4-42. Sie zeigt, daß der Rahmenstiel, ein Riegelbereich und die Rahmenecke trotz Wandriegel, Dachpfetten und einiger Flanschstreben (vgl. Abschnitt 5) seitlich ausweichen (Zahlenangaben in mm).

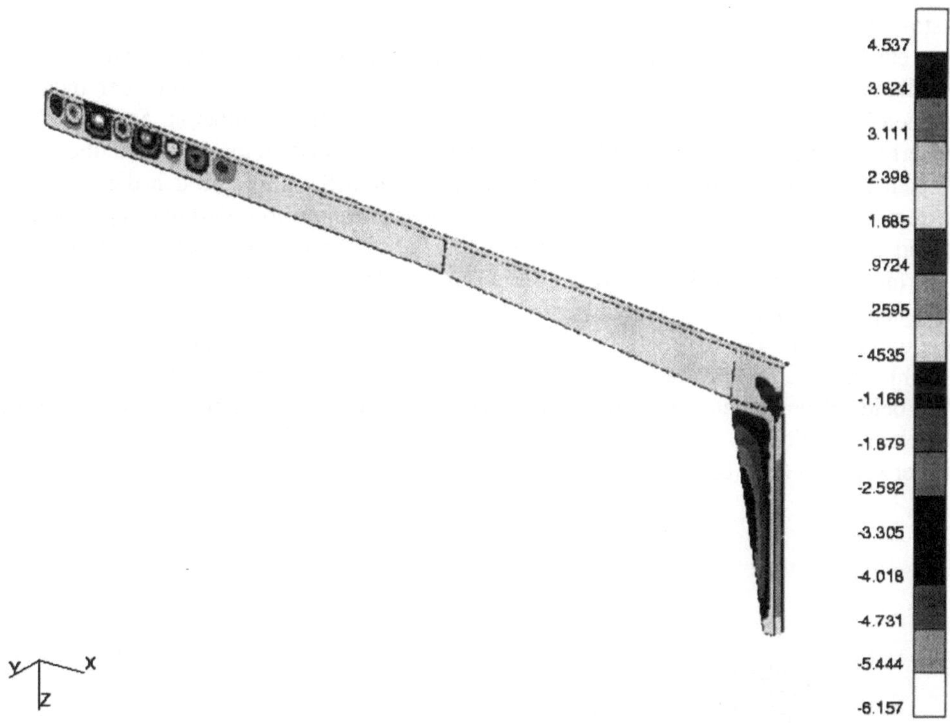

Bild 4-42 Biegedrillknicken einer Hallenrahmenhälfte [4.6.3]

4.7 Verbundbau

4.7.1 Allgemeines und Begriffsbestimmungen

Verbundbauten sind Bauwerke deren Tragwirkung durch gemeinsames Wirken verschiedener Werkstoffe (Baustoffe) zu Stande kommt. Dabei können Teile des Bauwerkes (Decken, Träger, Stützen etc.) aus einheitlichen Materialien bestehen oder selbst „Verbundbauteile" sein. Zu Verbundbauteilen im weiteren Sinn zählen alle Bauteile die selbst aus zwei oder mehr verschiedenen Baustoffen bestehen, wie faserverstärkte Kunststoffe, Stahlbeton, Stahlfaserbeton, Glasfaserbeton und schließlich Kombinationen von Baustahl und Beton bzw. Stahlbeton. Mit der letzten Kombination, den Verbundbauteilen im engeren Sinn, befaßt sich dieses Kapitel. Nach dem EC 4 (ENV 1994-1) „Bemessung und Konstruktion von Verbundtragwerken aus Stahl und Beton" [4.7.1] sind Verbundbauteile tragende Bauteile, deren Elemente aus Beton und warmgewalztem oder kaltgeformtem Baustahl bestehen und bei denen Verbundmittel (Dübel) den Schlupf und die Trennung der Einzelelemente Stahl und Beton begrenzen. Die Verbindung zur Übertragung von Längsschubkräften zwischen dem Beton bzw. Stahlbeton und dem Stahl eines Verbundbauteiles muß eine ausreichende Tragfähigkeit und Steifigkeit besitzen, um beide Komponenten zusammen als einen tragenden Bauteil zu bemessen und wird als Verdübelung bezeichnet. Als Dübel finden im Verbundbau Kopfbolzendübel oder Schenkeldübel Verwendung (vgl. Bild 4-43).

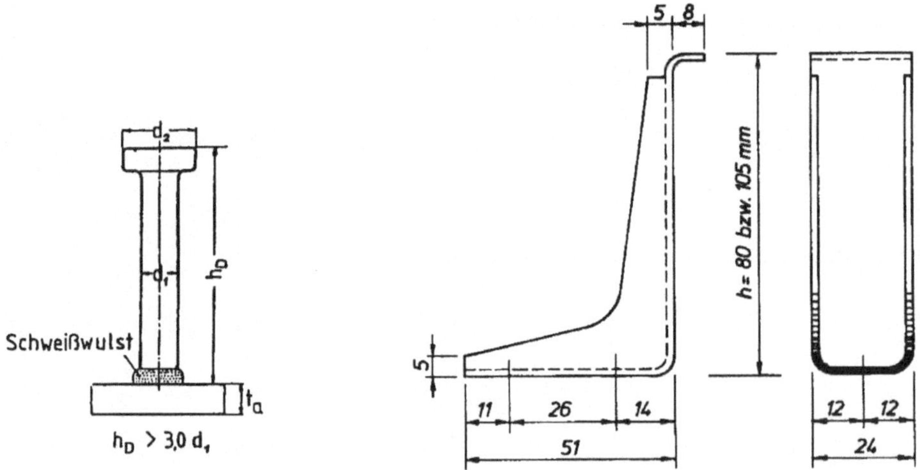

Bild 4-43 Kopfbolzendübel, Schenkeldübel

Für die Bemessung von Verbundbauteilen gelten für den Stahlteil die Baustoffkennwerte und Teilsicherheitsbeiwerte der vorhergehenden Abschnitte. Für das Beton- bzw. Stahlbetonbauteil gelten die Kennwerte die im Eurocode 4 angeführt sind und sinngemäß vom EC 2 (ENV 1992-1-1 Berechnung und Bemessung von Stahlbeton- und Spannbetontragwerken) [4.7.2] übernommen sind.

Als wichtigster Kennwert für den Beton ist die Betonfestigkeitsklasse anzusehen, deren Zuordnung auf der charakteristischen Zylinderdruckfestigkeit f_{ck} in einem Alter von 28 Tagen beruht. Die Zylinderdruckfestigkeit muß mindestens 20 N/mm² betragen. Dieser Zylinderdruckfestigkeit werden weitere Kennwerte des Betons wie die Würfelfestigkeit, die mittlere Zugfestigkeit f_{ctm}, die charakteristischen Zugfestigkeiten $f_{ctk0,05}$ und $f_{ctk0,95}$ sowie der Mittelwert des Sekantenmoduls E_{cm} für Kurzzeitbelastung gemäß der folgenden Tabelle 4-8 zugeordnet.

Tabelle 4-8 Kennwerte des Betons

Beton-festigkeitsklasse	C20/25	C25/30	C30/37	C35/45	C40/50	C45/55	C50/60
F_{ck}	20	25	30	35	40	45	50
f_{ctm}	2,2	2,6	2,9	3,2	3,5	3,8	4,1
$f_{ctk0,05}$	1,5	1,8	2,0	2,2	2,5	2,7	2,9
$f_{ctk0,95}$	2,9	3,3	3,8	4,2	4,6	4,9	5,3
E_{cm}	29	30,5	32	33,5	35	36	37

Der zweite Zahlenwert der Betonfestigkeitsklasse bedeutet die der Zylinderdruckfestigkeit entsprechende Würfeldruckfestigkeit. Die Festigkeiten sind in N/mm², die mittleren Elastizitätsmoduln sind in kN/mm² angegeben.

Für das Schwinden des Betons dürfen in üblichen Fällen, wenn wegen der Zusammensetzung des Betons oder wegen Umweltbedingungen keine außergewöhnlichen Werte erwartet werden, als Endschwindmaß ε_{cs} näherungsweise folgende Werte angenommen werden:

- bei trockener Umgebung (außerhalb oder innerhalb von Gebäuden, ausgenommen betongefüllte Bauteile) $\varepsilon_{cs} = 325 \cdot 10^{-6}$
- bei anderer Umgebung und in betongefüllten Bauteilen $\varepsilon_{cs} = 200 \cdot 10^{-6}$

Diese Größen sind Rechenwerte zur Erfassung der Auswirkungen von Schwindverformungen. Die Temperaturdehnzahl α_T ist für Normalbeton mit $10 \cdot 10^{-6}$ /K in Rechnung zu stellen.

Für den Nachweis des Grenzzustandes der Tragfähigkeit ist für Beton der Teilsicherheitsbeiwert mit $\gamma_c = 1{,}50$ zu berücksichtigen.

Im Gegensatz zum Baustahl verformt sich Beton schon bei üblichen Temperaturen unter langdauernder Belastung. Diese Verformung wird als „Kriechen" bezeichnet und beträgt in Abhängigkeit von der Umgebungsfeuchtigkeit etwa das 1,5- bis 2,5-fache der unter dieser Belastung auftretenden elastischen Verformung. Diese Verformung infolge „Kriechens" ist in der Regel bei Verbundkonstruktionen zu berücksichtigen.

Wenn für die Bemessung keine hohe Genauigkeit erforderlich ist, darf das Kriechen in der statischen Berechnung durch Ersetzen der Betonquerschnittsfläche A_c durch eine äquivalente wirksame Stahlfläche A_c / n berücksichtigt werden. Dabei bedeutet die Reduktionszahl

$n = E_s / E_c'$ ein fiktives E-Modulverhältnis. In der Regel darf $E_c' = E_{cm} / 2$ angenommen werden, wobei E_{cm} entsprechend der Festigkeitsklasse der Tabelle 4-8 zu entnehmen ist.

Als Bewehrung für Stahlbetonteile von Verbundbauteilen werden in der Regel Rippenstähle (Stäbe oder geschweißte Bewehrungsmatten) mit hohem Verbund verwendet, deren Eigenschaften (Oberfläche, Duktilität und Schweißbarkeit) im EC 2 näher beschrieben sind. Die Festigkeitskennwerte des Bewehrungsstahles (Betonstahles) werden durch die Stahlsorte, d.h. den Wert der charakteristischen Streckgrenze f_{sk} in N/mm^2 angegeben. Zur Bemessung von Verbundbauteilen darf als Elastizitätsmodul E_s der Wert für Baustahl mit $E_s = 210 \; kN/mm^2$ angenommen werden. Mit diesen beiden Werten kann die bilineare Spannungs-Dehnungslinie des Betonstahles wie folgt (s. Bild 4-44) angegeben werden.

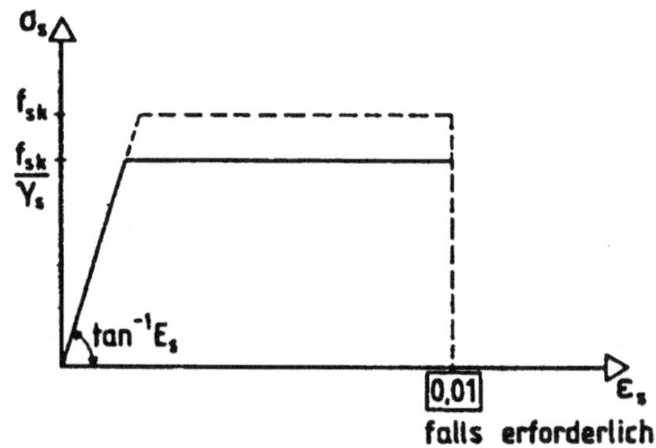

Bild 4-44 Spannungs-Dehnungslinie des Bewehrungsstahles

Für den Nachweis des Grenzzustandes der Tragsicherheit ist für den Bewehrungsstahl (Betonstahl) der Teilsicherheitsbeiwert mit $\gamma_s = 1{,}15$ in Rechnung zu stellen.

Die charakteristischen Streckgrenzen f_{sk} sind in EC 4 nicht angegeben und sind bis zum Erscheinen der EN 10080 je nach Stahlsorte mit 500 N/mm^2 oder 550 N/mm^2 zu berücksichtigen. Die Kennwerte und Abmessungen der bei Verbunddecken verwendeten Profilbleche sind in Kapitel 5.5.3 angegeben.

4.7.2 Verbundplatten

Verbundplatten sind im allgemeinen Teile einer Verbunddecke, sie können aber auch allein eine Decke auf entsprechenden Unterstützungen bilden.

Eine Verbundplatte besteht aus einem Profilblech in Verbund mit einer bewehrten oder unbewehrten Betonplatte. Die Lastabtragung einer Verbundplatte erfolgt wie bei einer Rippenplatte bzw. Rippendecke, daher kann auch die Berechnung sinngemäß erfolgen. Die Verbundplatte kann wie eine einachsig bewehrte Stahlbetonplatte bemessen werden, wobei das Profilblech als Zugbewehrung wirkt. Dies gilt bei vollständiger Verdübelung unabhängig davon, ob eine kontinuierliche Verdübelung oder nur eine Endverdübelung vorliegt.

Die Traglast einer Verbundplatte kann unabhängig von der Belastungsgeschichte bestimmt werden.

Das Bild 4-45 zeigt den Querschnitt einer typischen Verbundplatte mit Trapezblech samt den üblichen Bezeichnungen.

Da das Profilblech einer Verbundplatte bei der Herstellung als Schalung für den Beton dient, muß es zunächst für diese Aufgabe bemessen werden, wofür in der Regel nur elastische Verfahren anzuwenden sind. Außer dem Frischbetongewicht sollte für die Bemessung des Profilbleches noch eine fiktive zusätzliche Nutzlast (Baulast!) von rund. 1,0 kN/m^2 berücksichtigt werden.

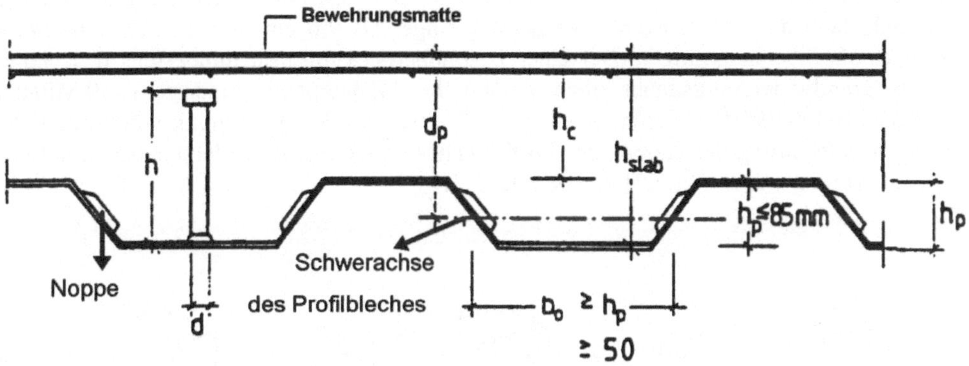

Bild 4-45 Hauptabmessungen einer typischen Verbundplatte mit Profilblech

Die Querschnittswerte des Profilbleches sind für den Nachweis der Tragfähigkeit sowie den Nachweis der Gebrauchstauglichkeit entsprechend Kapitel 5.5.3 in Rechnung zu stellen.

Die Durchbiegung des Profilbleches infolge seines Eigengewichtes und dem Frischbetongewicht, aber ohne Baulast, soll nicht größer als L/180 oder 20 mm sein. Dabei bedeutet L die effektive Stützweite zwischen den Unterstützungen. In diesem Zusammenhang gelten auch Hilfsunterstützungen als Unterstützungen. Diese Grenzwerte dürfen überschritten werden, wenn größere Durchbiegungen die Tragfähigkeit oder die Nutzung der Decke nicht beeinträchtigen und wenn das zusätzliche Betongewicht infolge der Durchbiegung des Profilbleches bei der Bemessung berücksichtigt wird.

Wenn die Durchbiegung der Untersicht von Bedeutung ist (z.B. ästhetische Gründe, Nutzung) kann es notwendig sein, die oben genannten Grenzwerte zu reduzieren.

Nach dem Einbringen und dem Erhärten des Betons sollen beide Baustoffe zusammen als Verbundplatte wirken. Dies ist nur möglich wenn zwischen Profilblech und Beton eine Verbundwirkung vorhanden ist, die Längsschubkräfte zwischen den beiden Baustoffen übertragen kann. Die reine Haftung zwischen Profilblech und Beton darf dafür nicht in Rechnung gestellt werden. Die Verbundwirkung zwischen Profilblech und Beton ist gemäß EC 4 durch eine oder mehrere der folgenden Maßnahmen zu gewährleisten (vgl. Bild 4-46):

a) Mechanischer Verbund infolge von Deformationen im Profilblech (Sicken oder Noppen)

b) Reibungsverbund bei Profilblechen mit hinterschnittener Querschnittsform

c) Endverankerungen durch aufgeschweißte Kopfbolzendübel oder Schenkeldübel, jedoch nur in Kombination mit a) oder b)

d) Endverankerungen durch Verformung der Rippen an den Enden der Profilbleche, jedoch nur in Kombination mit b)

Die Mindestgesamtdicke **h** bzw. **h$_{slab}$** (vgl. Bild 4-45) von Verbundplatten beträgt 8,0 cm. Dabei darf die Dicke **h$_c$** des Betons oberhalb der Rippe des Profilbleches (ohne Erhöhungen) nicht geringer als 4,0 cm sein. Wirkt die Verbundplatte als Gurt eines Verbundträgers oder als Windverband, dann darf die Gesamtdicke nicht geringer als 9,0 cm sein und der Abstand **h$_c$** nicht weniger als 5,0 cm betragen. Bei einer Betonüberdeckung von mindestens **h$_c$ = 5,0 cm** beträgt die Brandwiderstandsdauer ohne zusätzliche Maßnahmen mindestens 30 Minuten. Durch größere Betonüberdeckungen, größere Gesamtdicken oder Anordnung von zusätzlichen Bewehrungen in Richtung der Rippen des Profilbleches können Brandwiderstandsdauern bis zu 180 Minuten erreicht werden [4.7.3] und Kapitel 2.5.1.

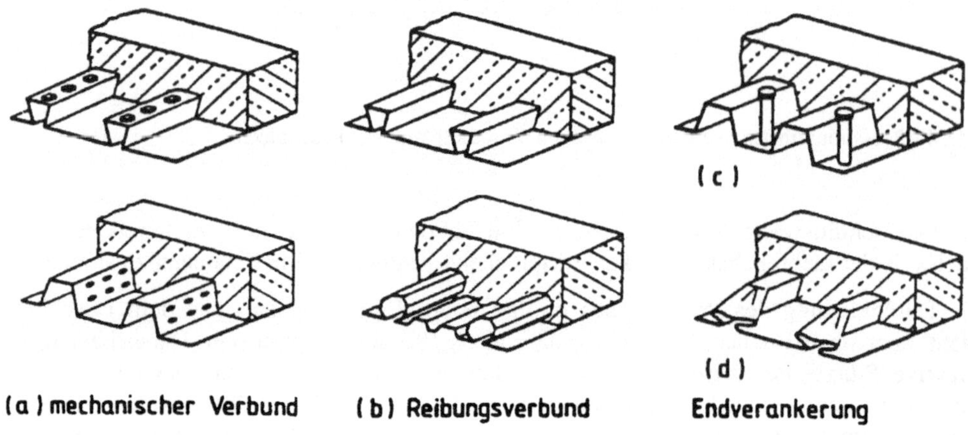

Bild 4-46 Typische Verbundwirkungen bei Verbundplatten.

Zur Verteilung von Einzel- oder Linienlasten ist quer zu den Profilblechrippen eine Bewehrung (Querbewehrung) auf oder über dem Profilblech, am zweckmäßigsten als Bewehrungsmatte, (vgl. Bild 4-45) erforderlich. Der Querschnitt dieser konstruktiven Querbewehrung muß mindestens 0,2 % der Fläche des Betons oberhalb der Rippen betragen. Diese konstruktive Querbewehrung ist ausreichend, solange der charakteristische Wert der Nutzlast als Einzellast 7,5 kN oder als Flächenlast 5,0 kN/m^2 nicht überschreitet. Treten größere Nutzlasten auf, so ist die Größe der Querbewehrung gemäß den Regeln des EC 2 zu bestimmen.

Ebenso gelten für Bewehrungen, die innerhalb der Höhe **h$_c$** des Betons liegen, für die maximalen Stababstände die Vorschriften des EC 2, die dabei auf die Gesamtplattendicke **h** zu beziehen sind. Solche Bewehrungsstäbe sind in Rippenrichtung dann erforderlich, wenn die Verbundplatte durchlaufend wirkt und über den Unterstützungen negative Biegemomente auftreten, die eine obenliegende Bewehrung erfordern.

Es können aber auch Bewehrungsstäbe in den Rippen der Profilbleche angeordnet werden, einerseits um die Biegetragfähigkeit der Verbundplatte im Feldbereich zu vergrößern oder um andererseits, wie schon erwähnt, die Brandwiderstandsdauer zu erhöhen. Auf jeden Fall ist dabei auf eine ausreichende Betonummantelung des Bewehrungsstabes zu achten.

Bei Auflagerung von Verbundplatten auf Stahl oder Beton sollte die Auflagertiefe mindestens 7,50 cm betragen, wobei die Auflagertiefe des endenden Profilbleches mindestens 5,0 cm betragen sollte. Durchlaufende oder sich überlappende Profilbleche sollten eine Auflagertiefe von mindestens 7,50 cm aufweisen.

Zur Ermittlung der Schnittgrößen in Verbundplatten werden in der Regel linear elastische Berechnungsverfahren mit oder ohne Momentenumlagerung verwendet, da sich diese sowohl für den Nachweis des Grenzzustandes der Gebrauchstauglichkeit als auch für den Nachweis des Grenzzustandes der Tragfähigkeit eignen. Wenn die Auswirkungen der Rißbildung des Betons bei durchlaufenden Verbundplatten vernachlässigt werden, dürfen die elastisch ermittelten Biegemomente über den Innenstützen um bis zu 30 % reduziert werden, wenn gleichzeitig eine entsprechende Vergrößerung der Feldmomente in den benachbarten Feldern erfolgt.

Eine Verbundplatte ist so zu bemessen, daß unter den Bemessungslasten kein Grenzzustand der Tragfähigkeit erreicht wird. Letzterer kann durch das Grenzmoment $M_{p,Rd}$ (Biegung), die Längsschubtragfähigkeit $V_{L,Rd}$ (Tragfähigkeit der Verbundfuge) oder die Grenzquerkraft $V_{V,Rd}$ bestimmt sein.

Das plastische Grenzmoment $M_{p,Rd}$ ist bei vollständiger Verdübelung zwischen dem Profilblech und dem Beton meist für die maximale Belastung als Feldmoment maßgebend. Liegt die Nullinie der Verbundplatte oberhalb des Profilbleches, was bei üblichen Plattendicken meist der Fall ist, so kann das Grenzmoment $M_{p,Rd}$ gemäß Bild 4.47 wie folgt berechnet werden:

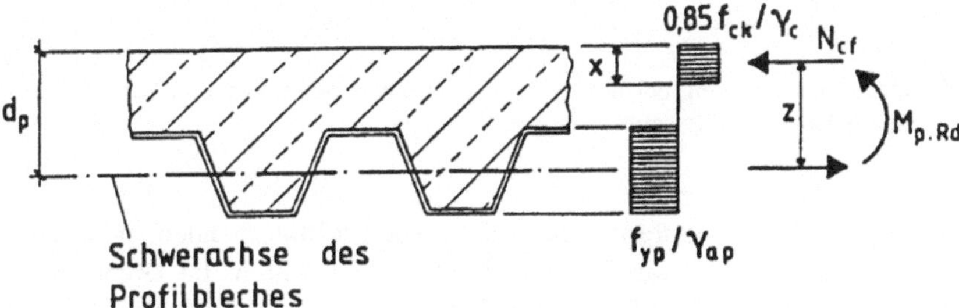

Bild 4-47 Spannungsverteilung bei positiver Momentenbeanspruchung und Lage der neutralen Achse oberhalb des Profilbleches

$$M_{p,Rd} = N_{cf}\left(d_p - 0,50 \cdot x\right) \quad \text{mit} \quad N_{cf} = \frac{A_p f_{yp}}{\gamma_{ap}}$$

Dabei bedeutet

A_p wirksame Querschnittsfläche des auf Zug beanspruchten Profilbleches

d_p Abstand der Oberkante der Verbundplatte bis zum Schwerpunkt der wirksamen Querschnittsfläche des Profilbleches

x Höhe des plastischen Spannungsblocks im Beton, die folgendermaßen bestimmt werden kann

$$x = \frac{N_{cf}}{b \cdot 0,85 \cdot f_{cd}}$$

b maßgebende Breite des Querschnitts

Bei höheren Profilblechen, die aber baupraktisch selten vorkommen, kann die neutrale Achse für positive Biegemomente in den Bereich des Profilbleches fallen (vgl. Bild 4-48). Die Größe des Grenzmomentes $M_{p,Rd}$ ist dann iterativ zu ermitteln, worauf hier nicht näher eingegangen wird. Liegen durchlaufende Verbundplatten vor, so müssen über den Unterstützungen, wie schon erwähnt, obenliegende Bewehrungen angeordnet werden. Das Grenzmoment ist dann wie für einen Stahlbetonquerschnitt gemäß EC 2 zu ermitteln wobei als Betondruckzone die betongefüllten Rippen des Profilbleches in Rechnung zu stellen sind.

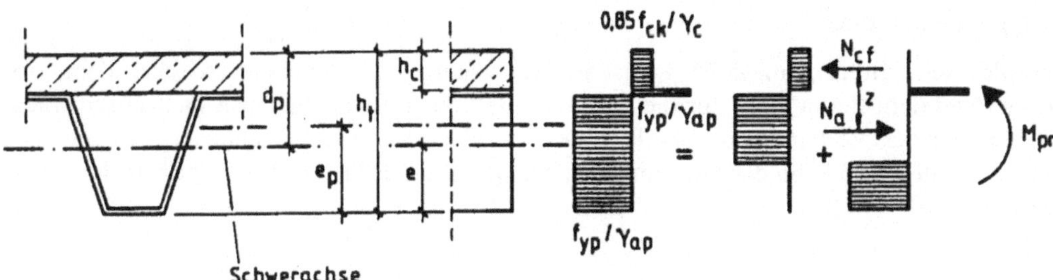

Bild 4-48 Spannungsverteilung bei positiver Momentenbeanspruchung und Lage der neutralen Achse innerhalb des Profilbleches.

Der Nachweis der Längsschubtragfähigkeit ist für alle Profilblechenden − also an Endauflagern und Zwischenauflagern mit zwei Profilblechenden − zu führen. Im Grenzzustand der Vollplastizierung im Feld ist die aufnehmbare Zugkraft N_{cf} im Profilblech durch Verbundmittel (Dübel) aufzunehmen.

Bei einer Endverankerung gemäß Bild 4-46c kann die Längsschubkraft mit Dübeln übertragen werden, wobei auf einen ununterbrochenen Kraftfluß Beton - Dübel - Profilblech geachtet werden muß (vgl. Bild 4-49). Die Aufnahme der Schubkraft durch Dübel und Profilblech ist nachzuweisen. Die Grenzlochleibungskraft des Profilbleches $P_{pb,Rd}$ kann dabei wie folgt bestimmt werden.

$$P_{pb,Rd} = \frac{k_0 \cdot d_{do} \cdot t \cdot f_{yp}}{\gamma_{Vs}} \qquad \text{mit} \qquad k_0 = 1 + \frac{d}{d_{do}} \leq 4,0$$

Dabei bedeuten:

$P_{pb,Rd}$ Grenzlochleibungskraft des Bleches bei Anordnung durchgeschweister Kopfbolzendübel am Blechrand

d_{do} Durchmesser des Schweißwulstes, der als 1,10 facher Durchmesser des Bolzenschaftes angesehen werden darf.

a   Abstand vom Mittelpunkt des Kopfbolzens bis zum Blechende, der nicht geringer als $2d_{do}$ sein sollte.

t   Dicke des Profilbleches

γ_{Vs} = 1,25 Teilsicherheitsbeiwert für den Längsschub.

f_{yp} charakteristischer Wert der Streckgrenze des Profilblechs

Die Grenzlochleibungskraft $P_{pb,Rd}$ muß bei Endverankerung immer größer als die Zugkraft im Profilblech N_{cf} sein.

Der Nachweis der Längsschubtragfähigkeit bei unvollständigen Verbund, bei dem das plastische Grenzmoment $M_{p,Rd}$ nicht immer aufgenommen werden kann, erfordert weitere Untersuchungen auf die hier nicht näher eingegangen werden soll (vgl. EC 4 Anhang E).

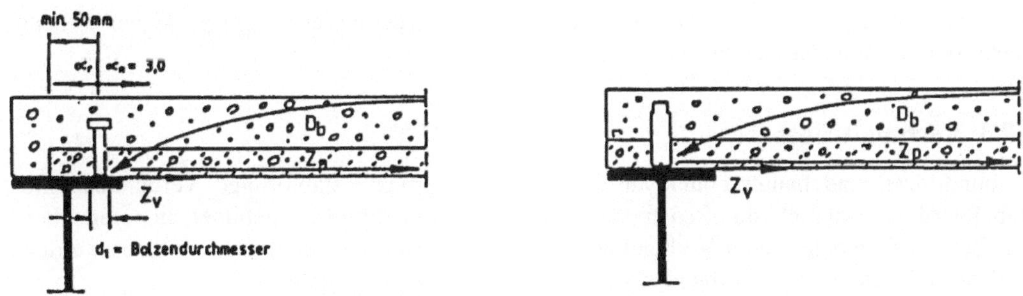

Z_v = aufnehmbare Zugkraft des Profilblechs an der Verankerung

Bild 4-49 Dübel durch Profilblech hindurch befestigt

Der Nachweis des Grenzzustandes der Tragfähigkeit im Hinblick auf die Querkraft hängt hauptsächlich vom Beton ab. Die Grenzquerkraft einer Verbundplatte $V_{pb,Rd}$ mit einer Breite gleich dem Abstand zwischen den Rippenmitten kann folgendermaßen ermittelt werden:

$$V_{V,Rd} = b_0 \cdot d_p \cdot \tau_{Rd} \cdot k_c (1,20 + 40 \cdot \rho)$$

Dabei bedeutet:

b_0 mittlere Rippenbreite (kleinste Rippenbreite bei hinterschnittener Profilblechgeometrie)

τ_{Rd} $= 0{,}25 \cdot f_{ctk}/\gamma_c$ Grenzwert der Bemessungsschubfestigkeit

f_{ctk} $= f_{ctk0{,}05}$ gemäß Tabelle 4-8

ρ $= A_p/b_0 \cdot d_p < 0{,}02$ ideelles Verhältnis der gezogenen Stahlfläche zur gedrückten Betonfläche

k_c $= (1{,}6 - d_p) \geq 1$,   wobei d_p in Meter einzusetzen ist.

Beim Grenzzustand der Gebrauchstauglichkeit müssen für Verbundplatten die Rißbreiten im Bereich negativer Momente und die Durchbiegungen nachgewiesen werden. Der Nachweis der Rißbreiten ist gemäß EC 2, Abschnitt 4.4.2 zu führen.

Verformungen dürfen die planmäßige Nutzung oder das Erscheinungsbild des Bauwerks nicht beeinträchtigen. Verbundbauteile sind so zu dimensionieren, daß die Durchbiegungen innerhalb entsprechender Grenzwerte liegen. Auf die empfohlenen Grenzwerte für die Durchbiegungen von Decken und Dächern in Hochbauten im EC 3, Pkt. 4.2.2. (vgl. auch 3.7 und 5) wird verwiesen. Der Nachweis der Durchbiegung δ_{max} im Endzustand ist in der Regel für die Oberseite der Verbundplatte zu führen. Die Berechnung der maximalen Durchbiegung wird in EC 4, 5.2.2 näher erläutert.

Durchbiegungsberechnungen dürfen entfallen, wenn das Verhältnis von Stützweite zu Nutzhöhe d_p nicht die Grenzwerte der zulässigen Biegeschlankheit nach EC 2, Tabelle 4.14 in der Spalte für gering beanspruchten Beton (d.h. $\rho < 0{,}005$) überschreitet. Für einfeldrige Verbundplatten entspricht dies $d_p > \ell\,/\,25$ und für durchlaufende Verbundplatten etwa $d_p > \ell\,/\,32$ wobei noch Innen- oder Randfelder zu unterscheiden sind.

4.7.3 Verbundträger

Verbundträger sind hauptsächlich auf Biegung beanspruchte stabförmige Verbundbauteile. Dabei wird das Stahlteil von offenen oder geschlossenen Stahlprofilen gebildet, an deren Obergurt Beton-, Stahlbeton- oder Verbundteile mit Verbundmitteln (Dübel) angeschlossen werden. Übliche Querschnitte von Verbundträgern sind in Bild 4-50 dargestellt.

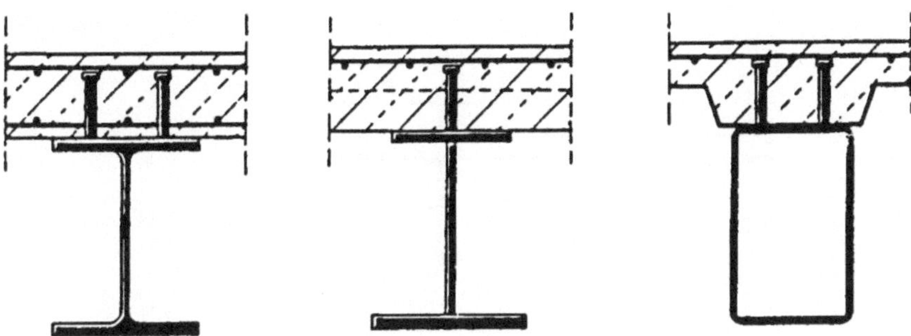

Bild 4-50 Typische Querschnitte von Verbundträgern

Das Stahlteil wird im weiteren, wie im EC 4, als symmetrisch um die schwache Achse vorausgesetzt. Um die horizontale (starke) Achse wird das Stahlprofil oft unsymmetrisch ausgebildet, da bei positiven Biegemomenten der Druck primär vom Stahlbetonteil aufgenommen wird und daher der obere Profilgurt deutlich kleiner sein kann als der allein den Biegezug übernehmende Untergurt. Der Druckgurt bei einfeldrigen Verbundträgern kann aus Stahlbeton bestehen oder selbst wieder eine Verbundplatte sein. Im letzteren Fall können die Rippen des Profilbleches entweder parallel oder orthogonal zu der Achse des Stahlprofiles liegen. Dies wird bei Verbunddecken der Fall sein, bei denen der Druckgurt des Verbundträgers gleichzeitig als Verbundplatte die Lasten in Querrichtung abträgt (vgl. Kapitel 5.4.3). Mit solchen Konstruktionen können große Räume wirtschaftlich überspannt werden.

Hat ein Träger drei oder mehr Auflager, so spricht man von „durchlaufenden Verbundträgern" solange zwischen den Unterstützungen (Stützen) und dem Träger keine wesentliche Biegemomente übertragen werden; anderenfalls würde es sich um einen Verbundrahmen handeln. Die bei durchlaufenden Verbundträgern über den Innenstützen auftretenden negativen Biegemomente müssen gemeinsam vom Stahlprofil und einer an der Oberseite der Stahlbetonplatte angeordneten Bewehrung aufgenommen werden. Diese Bewehrung kann entweder den Hauptanteil des auftretenden Biegemomentes wie bei einem Stahlbetonbalken aufnehmen und ist dann nach den Regeln des Stahlbetons (vgl. EC 2) durchzubilden oder sie kann gegebenenfalls nur als „konstruktive Bewehrung" zur Rißbreitenbeschränkung angeordnet werden. In diesem Fall muß das Biegemoment über der Stütze im wesentlichen vom Stahlteil übernommen werden.

Zur Ermittlung der Querschnittswerte des Verbundträgers und dessen Bemessung muß für das Stahlbetonteil bzw. die Verbundplatte für größere Abstände der Stahlprofile bei Biegung eine mitwirkende Plattenbreite ermittelt werden. Für Hochbauten gelten dafür die Angaben gemäß Bild 4-51 die vom EC 2 abweichen.

Die gesamte mitwirkende Breite b_{eff} des Stahlbetonflansches ergibt sich aus $b_{eff} = b_{e1} + b_{e2}$ wobei die Werte b_{e1} bzw. b_{e2} jeweils $b_e = l_0/8$ betragen, aber maximal b_1 bzw. b_2 erreichen dürfen. Die Größe l_0 bedeutet dabei den Abstand der Momentennullpunkte, der in Abhängigkeit vom statischen System und der betrachteten Stelle gemäß Bild 4-51 in Rechnung zu stellen ist. Bei Einfeldträgern bedeutet l_0 die Stützweite.

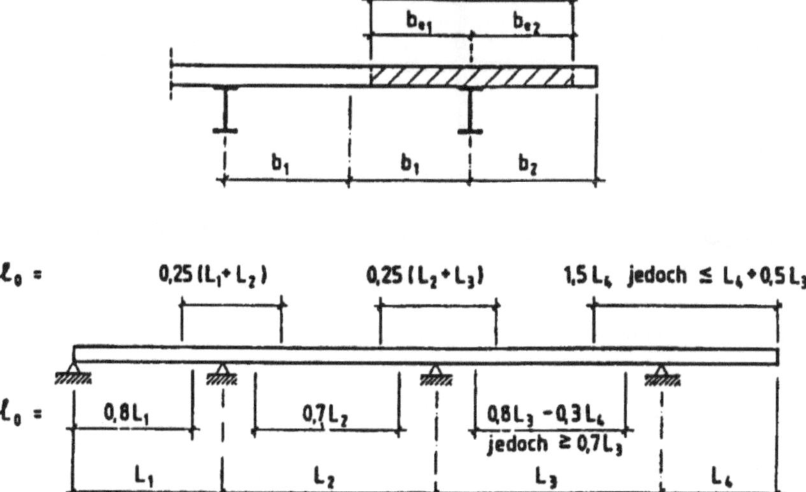

Bild 4-51 Mitwirkende Gurtbreite und äquivalente Stützweiten l_0

Die Biegesteifigkeiten eines Verbundquerschnittes sind mit ideellen Stahlquerschnitten zu ermitteln bei denen die Steifigkeiten des Bauteiles mit der Reduktionszahl „n" entsprechend Kapitel 4.7.2 abgemindert werden. Die Biegesteifigkeiten eines Verbundquerschnittes mit ungerissenem Betongurt werden mit E_aJ_1, solche mit gerissenem Betongurt werden mit E_aJ_2 bezeichnet.

Dabei bedeuten:

E_a Elastizitätsmodul des Baustahles

J_1 Trägheitsmoment des ideellen Verbundquerschnittes; Betonquerschnittsteile mit Zugspannungen sind dabei als ungerissen vorauszusetzen.

J_2 Trägheitsmoment des Gesamtstahlquerschnittes, der aus dem Baustahl- und dem Bewehrungsstahlquerschnitt besteht; Betonquerschnitte mit Zugspannungen sind dabei nicht zu berücksichtigen.

Für die Bemessung von Verbundträgerquerschnitten müssen für die Stahlprofile die Querschnittsklassen entsprechend dem EC 3 berücksichtigt werden. Sie hängen von der Art des Stahlprofils sowie der Lage des Betonteils (Gurt oder Kammerbeton) ab. In Abschnitt 4.3 und den Tabellen 4.1 und 4.2 des EC 4 sind ausführliche Angaben zur Einstufung in Querschnittsklassen zu finden.

Die folgende Ermittlung des Querschnittswiderstandes von Verbundträgern gegen Biegung setzt Symmetrie bezogen auf die Stegmittelfläche und ein in dieser Ebene wirkendes Biegemoment voraus. Entspricht die Geometrie des Stahlprofils der Klasse 1 oder der Klasse 2, vgl.

Kapitel 3.3.3, so kann der Bemessungswert des Biegemomentes $M_{pl,Rd}$ nach der Plastizitätstheorie bestimmt werden.

Wenn volle Verdübelung vorliegt, d.h. wenn die optimale Interaktion zwischen Stahlprofil, Beton und Bewehrung gegeben ist, dann kann das plastische Biegemoment $M_{pl,Rd}$ voll ausgenützt werden: Dieses erhält man entsprechend Bild 4-52, wenn die Spannung im Stahlprofil bei Zug oder Druck den Bemessungswert der Fließgrenze f_y/γ_a und in der Längsbewehrung die Spannung f_{sk}/γ_s (Bemessungswert des Bewehrungsstahles) annimmt. Dies gilt sowohl im Zug- als auch im Druckbereich, wobei Druckbewehrungen im Beton auch vernachlässigt werden dürfen. Gedrückte Profilbleche sind zu vernachlässigen. Liegen gezogene Profilbleche mit ihren Rippen in Richtung des Stahlprofiles, so können sie mit ihrem effektiven Querschnitt mit dem Bemessungswert ihrer Fließspannung f_y/γ_{ap} berücksichtigt werden.

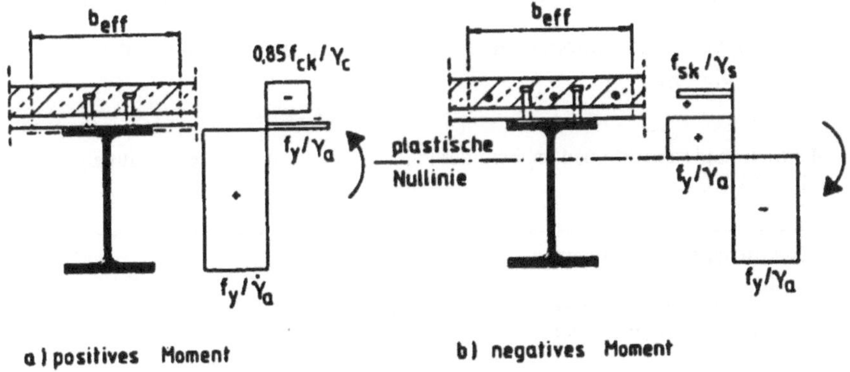

Bild 4-52 Plastische Spannungsverteilung mit orthogonal zur Trägerachse verlaufenden Profilblechen und plastischer Nullinie im Stahlprofil.

Die Tragfähigkeit des gedrückten Betongurtes folgt aus einem Spannungsblock mit $0,85 \cdot f_{ck}/\gamma_c$ der konstant über die ganze Höhe zwischen der plastischen neutralen Achse und der am stärksten gedrückten Betonfaser reicht.

Bei nur teilweiser Verdübelung muß das plastische Moment reduziert werden, wofür nähere Angaben im EC 4 enthalten sind. Dort sind auch weitere Hinweise für die Bestimmung des Bemessungswertes des elastischen Querschnittswiderstandes gegen Biegung zu finden, für den auch das Kriechen des Betons zu berücksichtigen ist. Dem Bemessungswert des plastischen Biegemomentes $M_{pl,Rd}$ des Verbundquerschnittes ist beim Nachweis der Tragsicherheit der Bemessungswert des einwirkenden Biegemomentes M_{Sd} gemäß $M_{Sd} \leq M_{pl,Rd}$ gegenüber zu stellen. Bei einfeldrigen Verbundträgern kann der Bemessungswert in der üblichen Weise aus den Gleichgewichtsbedingungen ermittelt werden.

Für durchlaufende Verbundträger dürfen die Schnittgrößen nach dem Fließgelenkverfahren 1. Ordnung berechnet werden, wenn die im EC 4, Pkt. 4.5.2 festgehaltenen Voraussetzungen erfüllt sind, auf die hier nicht näher eingegangen werden kann. Eine Ermittlung der Schnittgrößen bei durchlaufenden Verbundträgern auf der Basis einer elastischen Berechnung ist stets

zulässig und wird daher auch am häufigsten verwendet. Dabei wird unabhängig von der Größe
der Beanspruchungen ein lineares Spannungsdehnungsverhalten vorausgesetzt, wobei die Zugfestigkeit des Betons vernachlässigt werden darf. Werden solche Verbundträger in Hochbauten
verwendet, so darf die Biegesteifigkeit des ungerissenen Querschnittes E_aJ_1 (vgl. S. 192) über
die gesamte Länge angesetzt werden. Alternativ darf im Bereich von Zwischenauflagern über
15 % der Länge der angrenzenden Felder die Biegesteifigkeit des gerissenen Querschnittes
E_aJ_2 (vgl. S. 192) in den restlichen Trägerbereichen die Biegesteifigkeit E_aJ_2 in Rechnung
gestellt werden. Diese beiden Verfahren werden als „elastische Berechnung ohne Berücksichtigung der Rißbildung" bzw. als „elastische Berechnung mit Berücksichtigung der Rißbildung"
bezeichnet.

Die mit einem linear elastischen Materialverhalten ermittelten Biegemomente dürfen umgela-
gert werden, wenn die so bestimmte Momentenverteilung mit den Lasten im Gleichgewicht
steht und die Einflüsse aus der Rißbildung des Betons, aus dem nichtelastischem Materialverhalten und aus den örtlichen Stabilitätsverhalten des Stahlteiles berücksichtigt werden.

Für die Abminderung von Stützenmomenten sind die in der nachstehenden Tabelle 4-9 angegebenen Prozentwerte zulässig.

Tabelle 4-9 Maximal zulässige Momentenabminderung von elastisch ermittelten Stützmomente [Tab.
4.3, S. 64, EC 4]

Querschnittsklasse im negativen Momenten- bereich (vgl. S. 196)	1	2	3	4
Elastische Berechnung ohne Bereichs der Rißbildung	40 %	30 %	20 %	10 %
Elastische Berechnung mit Berücksichtigung der Rißbildung	25 %	15 %	10 %	0 %

Für Verbundträger in denen alle Querschnitte der Klasse 1 oder 2 entsprechen, dürfen die
Stützmomente bei elastischer Berechnung ohne Berücksichtigung der Rißbildung um bis zu
10 % und bei elastischer Berechnung mit Berücksichtigung der Rißbildung um bis zu 20 %
vergrößert werden.

Bei durchlaufenden Verbundträgern ist für Flansche von Stahlträgern, die mit Betongurten
entsprechend verdübelt sind, kein Biegedrillnachweis zu führen, wenn die Breite des Betongurtes nicht kleiner als die Höhe des Stahlträgers ist. In allen anderen Fällen ist für gedrückte
Flansche ein Biegedrillnachweis gemäß EC 4 Pkt. 4.6.2 bzw. Pkt. 4.6.3 zu führen.

Zur Aufnahme der Querkraft wird in der Regel die Mitwirkung des Betonquerschnittes nicht
berücksichtigt, so daß der Bemessungswert der Querkraft allein vom Stahlträger aufzunehmen
ist. Der Nachweis erfolgt dann entsprechend dem EC 3 und wird in den entsprechenden Abschnitten dieses Buches behandelt. Die Rißbildung in Betongurten von Verbundträgern ist
praktisch unvermeidlich, wenn Betonquerschnittsteile auf Zug beansprucht werden. Dabei können diese Beanspruchungen sowohl durch Zwang als auch durch Last entstehen. Die Rißbildung ist so zu beschränken, daß die ordnungsgemäße Nutzung des Tragwerks sowie sein Erscheinungsbild als Folge von Rissen nicht beeinträchtigt werden. Um dies zu erreichen, ist eine

entsprechende risseverteilende Bewehrung anzuordnen. Dabei kann unter üblichen Umweltbedingungen eine Begrenzung der Rißbreiten auf 0,3 mm als ausreichend angesehen werden. Dies wird einerseits durch einen guten Verbund der Bewehrungsstäbe mit dem Beton (Rippenstähle!) und andererseits durch eine Begrenzung der Abstände bzw. der Durchmesser der Bewehrungsstäbe erreicht.

Wird im Bereich negativer Biegemomente (bei durchlaufenden Bauteilen) kein Nachweis der Rißbreitenbeschränkung geführt, dann sollte die innerhalb der mittragenden Breite des Betongurtes (vgl. Bild 4-51) angeordnete Längsbewehrung nicht geringer sein als

- 0,4 % der Betonfläche bei Trägern mit Eigengewichtsverbund

- 0,2 % der Betonfläche bei Trägern ohne Eigengewichtsverbund.

Der Querschnitt vorhandener Profilbleche ist dafür nicht zu berücksichtigen. Diese Bewehrung ist über eine Länge von einem Viertel der Spannweite zu jeder Seite einen Innenstütze oder über die Hälfte der Länge eines Kragarmes zu führen. Der Maximalabstand der Bewehrungsstäbe darf die Plattendicke h_c bzw. **15 cm** nicht überschreiten. Der Stabdurchmesser sollte nicht größer als 12 mm sein. Ergeben sich aus der Bemessung größere Stabdurchmesser bzw. größere Stahlquerschnitte, so sind entsprechende Nachweise gemäß EC 4 Punkt 5.3.2 bis 5.3.5 zu führen. Außer der Längsbewehrung im Bereich negativer Biegemomente ist im Betongurt von Verbundträgern über die ganze Trägerlänge eine Querbewehrung (d.h. quer zur Trägerachse) so anzuordnen, daß ein Versagen des Betongurtes infolge Längsschub bzw. örtlicher Krafteinleitung durch die Dübel vermieden wird. Eine detaillierte Erläuterung der entsprechenden Nachweise kann hier nicht erfolgen, sondern es muß auf Abschnitt 6 des EC 4 verwiesen werden. Jedenfalls sollte in der Querrichtung eine Mindestbewehrung von 0,2 % der jeweiligen Betonfläche vorgesehen werden.

Für die *Durchbiegungen von Verbundträgern* gelten die im EC 3 Pkt. 4.2.2 empfohlenen Grenzwerte für Decken und Dächer in Hochbauten. Durchbiegungen zufolge von Lasten, die nur auf den Stahlteil wirken, sind entsprechend den Regelungen des Stahlbaues zu bestimmen. Durchbiegungen infolge von Lasten, die auf den Verbundträger wirken, sind unter Anwendung elastischer Berechnungsverfahren zu ermitteln. Allerdings sind dabei die Einflüsse aus der Nachgiebigkeit der Verbundfuge, der Rißbildung und der Mitwirkung des Betons zwischen den Rissen, das Kriechen und Schwinden des Betons und die plastischen Verformungen der Bewehrungen in den Bereichen über Innenstützungen zu berücksichtigen. Nähere Angaben dazu können dem EC 4, Punkt 5.2 entnommen werden.

4.7.4 Verbundstützen

Verbundstützen sind Verbundbauteile, die vorwiegend auf Druck und mehr oder weniger stark auf Biegung beansprucht werden. Die Betonfüllungen bzw. die Betonummantelungen der Stahlprofile müssen über die ganze Stützenlänge bis zu den Anschlüssen durchgehen. Da Verbundstützen höhere Tragfähigkeiten als Stahlbetonstützen gleicher Abmessungen aufweisen, werden sie meist für hochbelastete Stützen, z.B. von Hochhäusern oder Skelettkonstruktionen vgl. 5.4, verwendet. Typische Querschnitte von Verbundstützen sind im Bild 4-53 dargestellt.

Man unterscheidet

- einbetonierte Querschnitte (das Stahlprofil ist vollständig von Beton umhüllt, Bild 4-53a);

- betongefüllte Querschnitte bzw. betongefüllte Hohlprofile (der Beton ist vollständig von Stahl umgeben, Bild 4-53d-f);

- teilweise einbetonierte Querschnitte (das Stahlprofil ist nur teilweise von Beton bedeckt, Bild 4-53b und c).

Das Betonteil von Verbundstützen kann unbewehrt oder bewehrt sein, wobei in letzterem Falle die Bewehrung einerseits die Tragfähigkeit erhöhen und andererseits den Brandwiderstand verbessern kann. In manchen Fallen (Bild 4-53a, b) ist eine Bewehrung (Längsstäbe und Bügel) zur praktischen Ausführbarkeit unverzichtbar. Wird die Längsbewehrung für den Tragsicherheitsnachweis berücksichtigt, so ist ein Mindestbewehrungsgrad von 0,3 % der Betonfläche einzuhalten. Darüber hinaus darf ein größerer Bewehrungsgrad als 4 % der Betonfläche nicht in Rechnung gestellt werden. Im EC 4 sind zwei Bemessungsverfahren für Verbundstützen angegeben und zwar:

- ein allgemeines Verfahren in Punkt 4.8.2, das auch für Stützen mit unsymmetrischem Querschnitt oder bei über die Stützenlänge veränderlichen Querschnitten anwendbar ist

- ein vereinfachtes Verfahren in Punkt 4.8.3 für Stützen mit doppeltsymmetrischem und über die Stützenlänge konstantem Querschnitt. Dieses Verfahren basiert auf den Europäischen Knickspannungs-Kurven nach dem EC 3 (vgl.3.6.2).

Beide Bemessungsverfahren gelten nur für Einzelstützen in seitensteifen Tragwerken, d.h. Einzelstützen, welche die Bedingungen des Abschnittes 5.2.5.2 des EC 3 erfüllen.

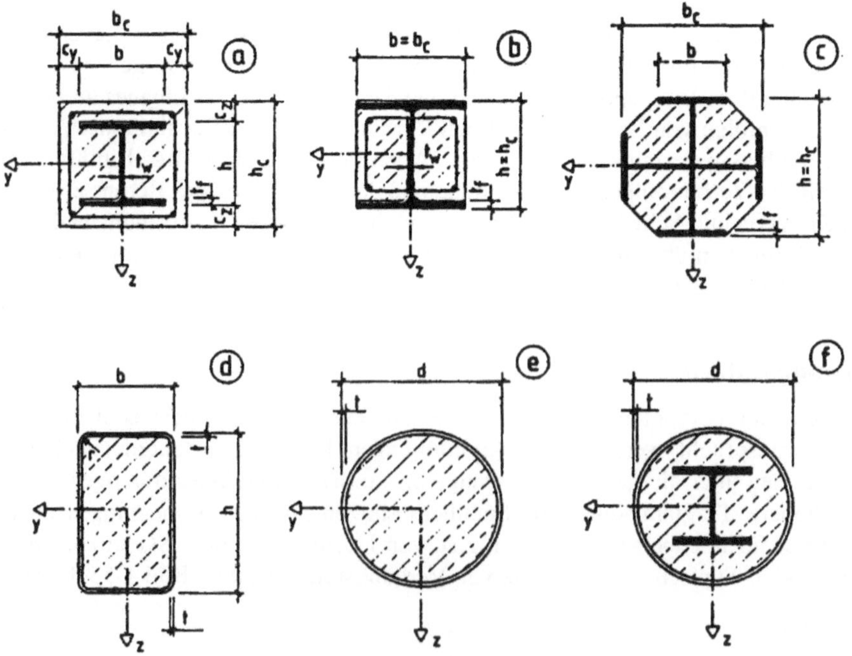

Bild 4-53 Typische Querschnitte von Verbundstützen mit ihren Bezeichnungen

Nachfolgend wird nur das vereinfachte Verfahren mit seinen wesentlichsten Aussagen wiedergegeben.

Bei diesem Verfahren sind für die Bewehrung für vollständig einbetonierte Stahlprofile (vgl. Bild 4-53) folgende Betondeckungen einzuhalten:

- in y-Richtung $40 \text{ mm} \leq c_y \leq 0{,}4 \cdot b_1$,
- in x-Richtung $40 \text{ mm} \leq c_z \leq 0{,}3 \cdot h_1$.

Größere Betondeckungen dürfen zwar ausgeführt, aber rechnerisch nicht berücksichtigt werden. Bei der Anordnung der Bewehrungen sind außerdem die entsprechenden Regelungen des EC 2 zu beachten.

Wird auf eine Anrechnung der Längsbewehrung für den Nachweis der Tragsicherheit der Verbundstütze verzichtet und liegen übliche Umweltbedingungen vor, so darf die folgende Bewehrungsanordnung als ausreichend angesehen werden:

- eine Längsbewehrung mit mindestens 8 mm Stabdurchmesser und maximalen Stababständen von 250 mm
- Bügel mit einem Mindeststabdurchmesser von 6 mm und einem Maximalabstand von 200 mm
- Geschweißte Bewehrungsmatten dürfen einen kleinsten Stabdurchmesser von 4 mm aufweisen.

Darüber hinaus soll der Querschnittsparameter δ (der den Anteil des Stahlprofils charakterisiert) zwischen 0,2 und 0,9 liegen. Dieser Parameter ist definiert mit

$$\delta = \frac{A_a \cdot \dfrac{f_y}{\gamma_a}}{N_{pl,Rd}}$$

Dabei bedeutet $\mathbf{N_{pl,Rd}}$ die plastische Grenznormalkraft eines Verbundquerschnittes. Sie wird im allgemeinen aus den plastischen Grenznormalkräften der einzelnen Querschnittsanteile wie folgt ermittelt:

$$N_{pl,Rd} = A_a \frac{f_y}{\gamma_a} + A_c \frac{0{,}85 \cdot f_{ck}}{\gamma_c} + A_s \frac{f_{sk}}{\gamma_s}$$

Hierbei sind

- A_a, A_c, A_s die Querschnittsflächen des Profilstahls, des Betons und der Längsbewehrung
- f_y, f_{ck}, f_{sk} die Festigkeiten der entsprechenden Baustoffe (vgl. Kapitel 4.7.1)
- $\gamma_a, \gamma_c, \gamma_s$ die Teilsicherheitsbeiwerte im Grenzzustand der Tragfähigkeit.

Zur Bestimmung der plastischen Grenznormalkraft $\mathbf{N_{pl,Rd}}$ von betongefüllten Hohlprofilen darf anstelle von $\mathbf{0{,}85 \cdot f_{ck}}$ mit $\mathbf{f_{ck}}$ gerechnet werden.

Schließlich soll bei Anwendung des vereinfachten Verfahrens der bezogene Schlankheitsgrad $\overline{\lambda}$ den Wert **2,0** nicht überschreiten. Den bezogenen Schlankheitsgrad für die betrachtet Biegeachse erhält man aus

$$\overline{\lambda} = \sqrt{\frac{N_{pl,R}}{N_{cr}}}$$

wobei $\mathbf{N_{pl,R}}$ den charakteristischen Wert der plastischen Normalkrafttragfähigkeit bedeutet. Er ergibt sich aus der vorher angegebenen plastischen Grenznormalkraft $\mathbf{N_{pl,Rd}}$, wenn dort die Teilsicherheitsbeiwerte γ_a, γ_c und γ_s mit **1,0** eingesetzt werden.

Die Größe $\mathbf{N_{cr}}$ ist die kritische Normalkraft einer Stütze gemäß

$$N_{cr} = \frac{\pi^2 (EJ)_e}{l}$$

Die wirksame elastische Biegesteifigkeit $(\mathbf{EJ})_e$ eines Querschnittes einer Verbundstütze folgt für kurzzeitige Einwirkungen aus

$$(EJ)_e = E_a J_a + 0{,}8 \cdot E_{cm} \frac{J_c}{\gamma_c} + E_s J_s$$

Darin bedeutet

- J_a, J_c, J_s das Trägheitsmoment des Profilstahles, des ungerissen vorausgesetzten Betons und der Bewehrung für die betrachtete Biegeachse.
- E_a und E_s die Elastizitätsmoduli des Profilstahles und der Bewehrung.
- $0{,}8.E_{cm}J_c/\gamma_c$ die wirksame Biegesteifigkeit des Betons, worin für $\mathbf{E_{cm}}$ der Sekantenmodul nach Tabelle 4-8 und für den Sicherheitsbeiwert der Betonsteifigkeit $\gamma_c = \mathbf{1{,}35}$ einzusetzten ist.

Für die Berücksichtigung des Langzeitverhaltens des Betonteiles sind weitere Angaben nach EC 4 zu berücksichtigen.

Die Knicklänge l darf dabei für an den Stützenenden unverschieblich gehaltene Einzelstützen auf der sicheren Seiten liegend, mit der Systemslänge $\mathbf{L}$ eingesetzt werden. Für Rahmenstützen bzw. genauere Ermittlungen sind entsprechende Angaben im EC 4 und EC 3 zu finden.

Sind die angeführten Bedingungen erfüllt, so kann mit Hilfe der plastischen Grenznormalkraft $\mathbf{N_{pl,Rd}}$ die Tragfähigkeit einer Stütze für zentrische Druckkräfte einfach nachgewiesen werden. Eine ausreichende Tragfähigkeit für zentrischen Druck ist nachgewiesen, wenn für beide Hauptachsen

$$N_{Sd} \leq \chi \cdot N_{pl,Rd}$$

gilt. Dabei ist χ ein Abminderungsfaktor der vom bezogenen Schlankheitsgrad $\overline{\lambda}$ und von der zugehörigen europäischen Knickspannungskurve nach EC ENV 1993-1-1, Tabelle 5.5.2 (vgl. Kapitel 3.6.2) abhängt. Zugehörige Knickspannungslinien sind:

- Kurve a   für betongefüllte Hohlprofile

- Kurve b   für vollständig oder teilweise einbetonierte I-Profile mit Biegung um die starke Achse des Stahlprofiles
- Kurve c   für vollständig oder teilweise einbetonierte I-Profile mit Biegung um die schwache Achse des Stahlprofiles.

Treten zu der Normalkraft noch Biegemomente hinzu, so ist im allgemeinen für jede der Symmetrieachsen des Querschnittes der Nachweis mit dem entsprechenden Schlankheitsgrad, den zugehörigen Biegemomenten und Tragfähigkeiten zu führen. Dies ist nur mit Hilfe von Interaktionskurven möglich und soll nur prinzipiell für Druck und einachsige Biegung mit den Bildern 4-54 und 4-55 gezeigt werden. Die Punkte der Interaktionskurve in Bild 4-54 dürfen unter der Annahme rechteckiger Spannungsblöcke für die Stahl- und Betonspannungen sinngemäß zu Bild 4-55 berechnet werden.

Bild 4-55 zeigt ein einbetoniertes I-Profil bei Biegung um die starke Achse des Profiles mit den Spannungsverteilungen die den Punkten A bis D der Interaktionskurve Bild 4-54 zugeordnet sind. Vereinfacht darf die Interaktionskurve durch einen Polygonzug (gestrichelte Linie in Bild 4-54) ersetzt werden. Weitere Angaben zur Berechnung der Punkte A bis D sind im Anhang C des EC 4 enthalten.

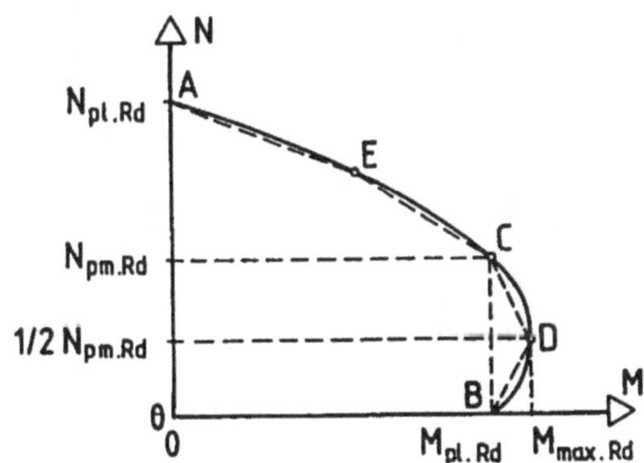

Bild 4-54 Interaktionskurve für Druck und einachsige Biegung

Für detaillierte Angaben zur Führung der Nachweise bei Druck und Biegung wird auf den EC 4 verwiesen.

Treten Querkräfte bei Verbundstützen auf, so darf die Bemessungsquerkraft V_{Sd} dem Stahlprofil allein zugewiesen werden. Soll die Bemessungsquerkraft auf das Stahlprofil und den Beton aufgeteilt werden, so ist sinngemäß wie bei Verbundträgern vorzugehen. Dies gilt ebenso für den Einfluß der Querkraft auf das Grenzmoment des Stahlprofiles.

Abschließend sei noch darauf hingewiesen, daß die Anschlüsse von Verbundträgern an Verbundstützen in der Regel stahlbaumäßig ausgeführt werden, vgl. Kapitel 5.4.2 und daher dem entsprechend zu berechnen sind. Allerdings ist durch konstruktive Maßnahmen (Dübel o.ä) dafür zu sorgen, daß die angeschlossenen Kräfte auch vom Stahlteil in das Betonteil übertragen werden. Dafür wird auch auf die einschlägige Literatur [4.7.4], [4.7.5] verwiesen.

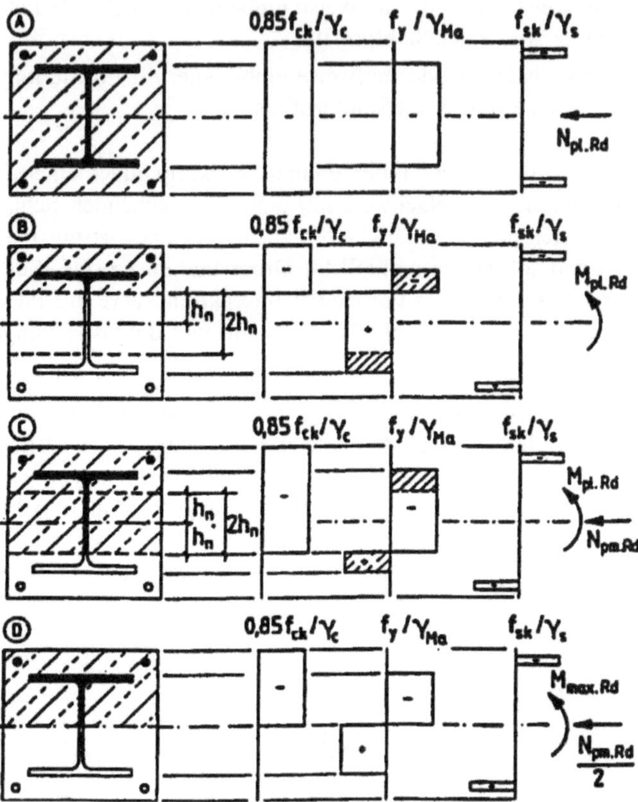

Bild 4-55 Spannungsverteilungen zur Interaktionskurve Bild 4-54

Schließlich ist festzuhalten, daß für alle Verbundbauteile auch der Teil 1-2 des EC 4 „Tragwerksbemessung für den Brandfall" zu beachten ist [4.7.6].

4.8 Schraubverbindungen

EC 3, Teil 1-1 enthält folgende Einteilung von Schraubverbindungen

– Beanspruchung quer zur Schraubenachse:

Kategorie A: Scher-Lochleibungs (SL-) Verbindungen.

Kategorie B: Gleitfeste Verbindung im Grenzzustand der Gebrauchstauglichkeit. Diese Verbindung darf unter Gebrauchslasten nicht gleiten, wohl aber im Tragzustand, wo sie als SL-Verbindung wirkt.

Kategorie C: Gleitfeste Verbindung im Grenzzustand der Tragfähigkeit. Bei dieser Verbindung wird verlangt, daß kein Gleiten im Grenzzustand der Tragfähigkeit auftritt.

– Beanspruchung parallel zur Schraubenachse auf Zug:

Kategorie D: Nicht vorgespannte Verbindungen, (nicht erlaubt bei häufig veränderlicher Zugbeanspruchung und bei Lastumkehr).

Kategorie E: Vorgespannte Verbindungen.

Der Tragsicherheitsnachweis von Schraubverbindungen ist in EC 3, Teil 1-1, Abschnitt 6.5 geregelt. In Abhängigkeit von der Art der Beanspruchung ist der Nachweis hinsichtlich Abscheren, Lochleibung oder Zug zu führen.

4.8.1 Bemessung für Kräfte quer zur Schraubenachse

Abscheren

Die Grenzabscherkraft ist aus den nachfolgenden Gleichungen zu ermitteln:

– Wenn der glatte Teil des Schaftes in der Scherfuge liegt:

$$F_{v,Rd} = \frac{0{,}6 f_{ub} A}{\gamma_{Mb}} \quad \text{für Festigkeitsklasse 4.6, 5.6, und 8.8 bzw.}$$

$$F_{v,Rd} = \frac{0{,}5 f_{ub} A}{\gamma_{Mb}} \quad \text{für Festigkeitsklasse 4.8, 5.8, 6.8 und 10.9}$$

– Wenn der Gewindeteil des Schaftes in der Scherfuge liegt:

$$F_{v,Rd} = \frac{0{,}6 f_{ub} A_s}{\gamma_{Mb}}$$

Darin sind

A : Schaftquerschnittsfläche der Schraube
A_S : Spannungsquerschnittsfläche der Schraube
f_{ub} : Zugfestigkeit der Schraube
$\gamma_{Mb} = 1{,}25$

Die Beiwerte 0,5 bzw. 0,6 sind aus Versuchsergebnissen hergeleitet und geben das Verhältnis von Abscherfestigkeit zu Zugfestigkeit an. Nachzuweisen ist, daß die Abscherkraft $F_{v,S,d}$ je Scherfuge und je Schraube die Grenzabscherkraft $F_{v,Rd}$ nicht überschreitet.

$$F_{v,Sd} \leq F_{v,Rd}$$

Die Grenzabscherkräfte der Schrauben einer Verbindung dürfen innerhalb eines Anschlusses addiert werden. Die Grenzabscherkraft einer zweischnittigen Schraubenverbindung, bei der in einer Scherfuge der Schaft- und in der anderen der Gewindequerschnitt liegt, ergibt sich beispielsweise als Summe der einzelnen Grenzabscherkräfte in den beiden Scherfugen.

– Die Grenzabscherkräfte für eine Scherfläche im Schaft liegen zwischen:
rohe Schraube M 12, 4.6
$$F_{v,Rd} = 1{,}2^2 \cdot \pi / 4 \cdot 0{,}6 \cdot 40 / 1{,}25 = 21{,}7 \text{ kN}$$

Paßschraube M 36, 10.9
$$F_{v,Rd} = 3{,}7^2 \cdot \pi / 4 \cdot 0{,}5 \cdot 100 / 1{,}25 = 430{,}1 \text{ kN}$$

Diese Grenzabscherkräfte unterscheiden sich deutlich von denen nach DIN 18800 (24,7 kN bzw. 537,6 kN).

– Bei einer zweischnittigen Verbindung verdoppelt sich die Grenzabscherkraft.

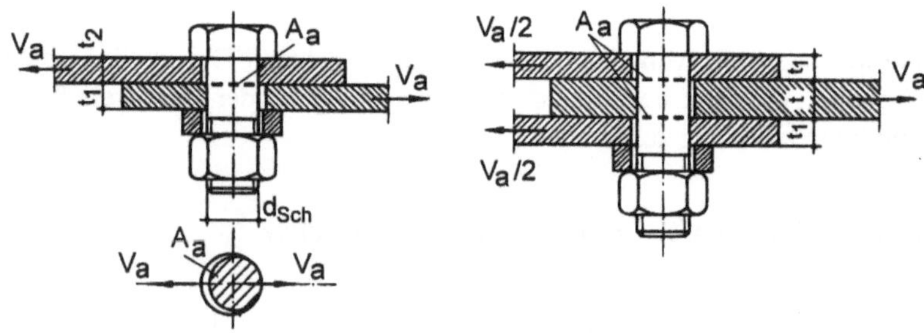

Bild 4-56 Ein- und zweischnittige Schraubenverbindung

Lochleibung

Das Versagen der zu verbindenden Bauteile soll am Beispiel der symmetrischen zweischnittigen Verbindung mit einer Schraube erläutert werden. Um Versagen der innen liegenden Lamelle zu erreichen, werden die Versuche mit relativ dicken Außenlamellen und relativ kräftigen Schrauben durchgeführt [10]. Zur Bezeichnung der Rand- und Lochabstände siehe Bild 4-57.

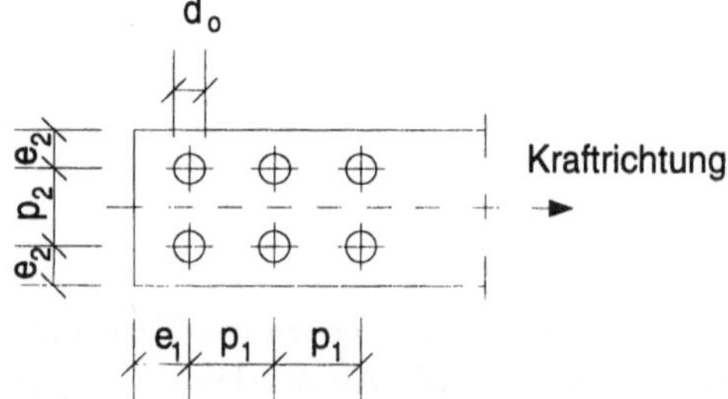

Bild 4-57
Bezeichnung der Rand- und Lochabstände nach EC 3, Teil 1-1, Bild 6.5.1

Das Versagen ist stark von den Randabständen e_1 in Kraftrichtung und e_2 quer zur Kraftrichtung abhängig:

- Im Fall sehr großer Randabstände in beiden Richtungen kann man die Verbindung praktisch nicht zerstören: vor der Schraube wird der Werkstoff zusammengeschoben und verdickt. Die Last kann bei Vergrößerung der Verschiebung etwa auf gleicher Höhe gehalten werden. Einen Riß in der Lamelle gibt es erst dann, wenn die Schraube in den Bereich des Querrandes der Lamelle kommt.

- Wenn die Abstände e_2 kleiner werden, versagt bzw. reißt schließlich der Nettoquerschnitt neben dem Schraubenloch. Die Größe der Traglast wird vom Randabstand e_2 abhängig.

In Bild 4-59 sind die Ergebnisse für die angegebenen Parameter in Abhängigkeit von e_2 auf der Abszisse dargestellt. Wenn e_1 dabei recht groß gehalten wird, etwa über

$e_1 = 3{,}0 \cdot d$, so fällt die Traglast ab, wenn e_2 etwa unter $2{,}1 \cdot d$ fällt.

Bei hinreichend kleinen Randabständen versagt die Lamelle also durch Bruch, wobei drei Brucharten zu unterscheiden sind:

- **Zugbruch**, wenn e_2/d klein
- **Scherbruch** (zwei Risse), wenn e_1/d klein aber e_2/d größer
- **Biegebruch** (1 Riß), etwa wenn e_2/d klein und e_1/d klein

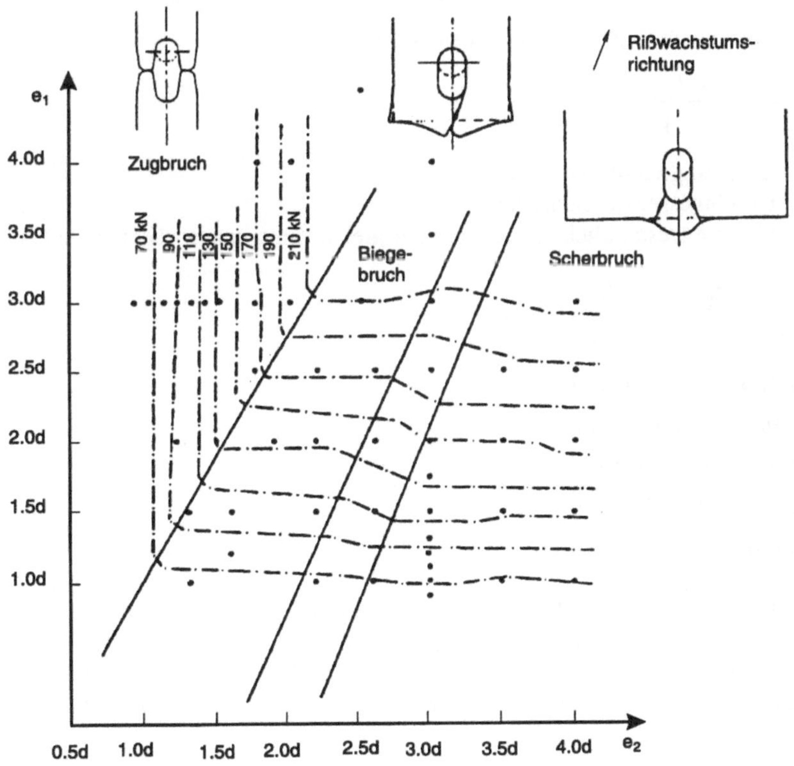

Bild 4-58 Einfluß der Randabstände auf das Versagen einer Lamelle in einer Einschraubenverbindung

- Wenn die Abstände e_1 kleiner werden, versagt – reißt – schließlich der Querschnitt vor dem Schraubenloch durch Biegebruch, oder der Werkstoff vor dem Schraubenloch wird bei noch kleineren Werten e_1 mit einem zweischnittigen Scherbruch herausgeschoben. Die Traglast wird vom Randabstand e_1 abhängig.

In Bild 4-58 sind die Ergebnisse für die angegebenen Parameter auch in Abhängigkeit von e_1 auf der Ordinate dargestellt. Wenn e_2 dabei recht groß gehalten wird – etwa über $2{,}1 \cdot d$ – fällt die Traglast ab, wenn e_1 etwa unter $e_1 = 3{,}0 \cdot d$ fällt.

- Schließlich ist aus Bild 4-58 ablesbar, wie die Traglast fällt, wenn sowohl der Randabstand e_1 unter $3{,}0 \cdot d$ als auch der Randabstand e_2 unter $2{,}1 \cdot d$ fällt.

Für die Praxis werden Kleinstwerte für die Randabstände (auch für die Lochabstände) vorgegeben (siehe Abschnitt 2.3.5). Diese sind zum Teil so klein, daß der Einfluß auf die Tragfähigkeit berücksichtigt werden muß. Außerdem gibt es Größtwerte für Abstände. Diese sind entweder aus Gründen der Korrosionssicherheit (Vermeiden von Wasser in Spalten) vorgegeben oder zum Vermeiden lokalen Beulens.

Die Bemessung auf Lochleibung erfordert umfangreichere Regeln, um den Einfluß der Rand- und Lochabstände auf die Tragfähigkeit der Lamellen zu erfassen. Dabei erscheinen die beschriebenen Versagensarten nicht explizit im Nachweis, sondern werden unter dem aus der Vergangenheit übernommenen Begriff „Lochleibung" zusammengefaßt.

Die Grenzlochleibungskraft je Schraube ist zu ermitteln aus

$$F_{b,Rd} = \frac{2{,}5 \cdot \alpha \cdot f_{ub} \cdot d \cdot t}{\gamma_{Mb}}$$

f_u : Zugfestigkeit des Grundwerkstoffes
d : Durchmesser der Schraube
t : kleinste Gesamtdicke (Summe) aller gleichsinnig beanspruchten Dicken

$$\alpha = \min\left(\frac{e_1}{3d_o}, \quad \frac{p_1}{3d_o} - \frac{1}{4}, \quad \frac{f_{ub}}{f_u}, \quad 1{,}0\right);$$

$$1{,}2 \cdot d_o \le e_1 \le \max\left(12 \cdot t; 150\,\text{mm}\right)$$
$$1{,}5 \cdot d_o \le e_2 \le \max\left(12 \cdot t; 150\,\text{mm}\right)$$
$$2{,}2 \cdot d_o \le p_1 \le \min\left(14 \cdot t; 200\,\text{mm}\right)$$
$$3{,}0 \cdot d_o \le p_2 \le \min\left(14 \cdot t; 200\,\text{mm}\right)$$

e_1, p_1, d_o siehe Bild 4-58.

Wird der Randabstand auf $e_2 = 1{,}2\,d_o$ und/oder der Schraubenabstand auf $p_2 = 2{,}4\,d_o$ abgemindert, so ist die Grenzlochleibungskraft $F_{b,Rd}$ auf $2/3$ des oben berechneten Wertes abzumindern. Für Zwischenwerte $1{,}2\,d_o < e_2 \le 1{,}5\,d_o$ bzw. $2{,}4\,d_o \le p_2 \le 3{,}0\,d_o$ dürfen die Grenzlochleibungskräfte $F_{b,Rd}$ linear interpoliert werden. Der Tragsicherheitsnachweis je Schraube lautet

$$F_{v,Sd} \le F_{b,Rd}$$

Die Grenzlochleibungskräfte der Schrauben einer Verbindung dürfen innerhalb eines Anschlusses addiert werden.

In der ungestützten Verbindung nach Bild 4-59 wirkt die Längskraft F außermittig auf die Lamellen. Das führt zu mit der Last wachsenden Biegeverformungen der Lamellen und Schrägstellungen der Schraube.

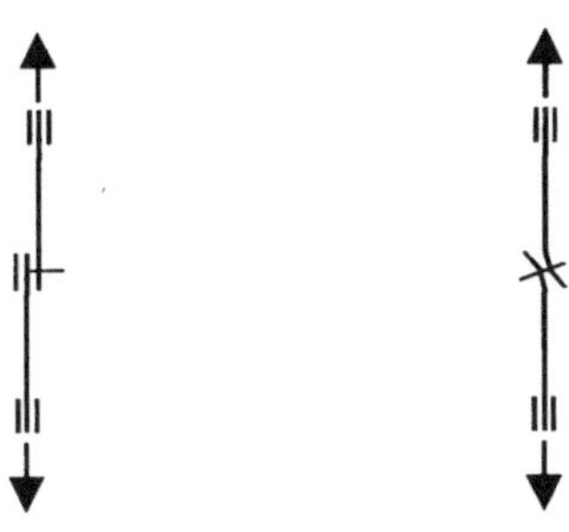

Bild 4-59
Tragverhalten einer ungestützten Schraubenverbindung

Ungestützte Schraubenverbindungen können infolge der mit steigenden Verformungen steigenden Längskräfte durch Herauskröpfen von Blech aus einer Lamelle versagen, wenn die Schrauben relativ kräftig bemessen, die Lamellen dagegen dünn sind und hinreichend große Randabstände haben.

Um ein Ausreißen der Schraube zu vermeiden, ist die Schraube mit Unterlegscheiben unter dem Kopf und der Mutter zu versehen. Die Grenzlochleibungskraft $F_{b,Rd}$ ist zu begrenzen auf

$$F_{b,Rd} \leq \frac{1,5\, f_u\, dt}{\gamma_{Mb}}$$

„Duktilität" von Schraubenverbindungen

Die wichtige Eigenschaft des Werkstoffes Stahl, vor dem Versagen durch Bruch große Verformungen zu erleiden, seine Duktilität, soll auch in Verbindungen möglichst gesichert sein. Damit können örtliche Überbeanspruchungen durch Umlagerungen ausgeglichen werden.

In Schraubenverbindungen treten mit dem Versagen der zu verbindenden Teile („Lochleibungs"-versagen) aus zähem Baustahl immer große Verformungen auf. Das ist bei Versagen von Schrauben höherer Festigkeiten, hier der Festigkeitsklasse 8.8 und besonders 10.9, nicht der Fall. Daher sollen Schraubenverbindungen mit hochfesten Schrauben so konstruiert werden, daß der Stahlquerschnitt im Bereich der Verbindung bei einer seiner drei Versagensmöglichkeiten fließt, bevor die Schrauben brechen.

Mehrere Schrauben in Kraftrichtung hintereinander

Im Bereich des elastischen Verhaltens kann das Tragverhalten an Modellen mit Grenzannahmen studiert werden. Dafür wird angenommen, daß voll eingepaßte Schraubenverbindungen vorliegen.

Nach Bild 4-60 wird im Fall 1 eine Verbindung mit starren Laschen (z.B. aus Glas) und weichen Schrauben (z.B. aus Gummi) betrachtet. Im Fall 2 werden die Werkstoffe vertauscht.

Fall 1:   Laschen starr (Glas)   **Fall 2:**   Laschen weich (Gummi)
                Schrauben weich (Gummi)   Schrauben starr (Glas)

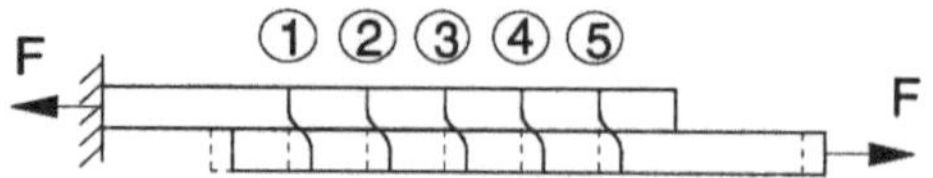
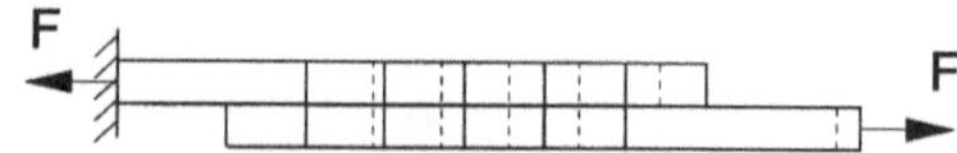

Die Tatsache „keine Dehnung in den Laschen" ergibt:

Alle Schraubenverformungen gleich, also alle Schrauben gleich beansprucht, also

$$S_1 = \ldots = S_n = F/n$$

Die Tatsache „keine Verformungen in den Schrauben" ergibt:

Wegen starrer Verbindung der Lamellen treten in einander gegenüberliegenden Lamellenabschnitten gleiche Verlängerungen und damit gleiche Kräfte auf. Wegen Antimetrie müssen die Kräfte in allen Abschnitten zwischen den Schrauben in beiden Lamellen gleich sein. Diese Bedingung ist nur zu erfüllen durch:

$$S_{i+1} = \ldots = S_{n-1} = 0 \quad \text{und}$$
$$S_1 \quad = S_n = F/2$$

Bild 4-60   Betrachtungen einer Verbindung mit mehreren Schrauben in Kraftrichtung hintereinander im elastischen Bereich mit Grenzannahmen

Die Wirklichkeit liegt zwischen den beiden Grenzfällen: Größere Beanspruchung erhalten die Schrauben an den Enden der Schraubenreihe! – Elastische Berechnungen mit bestimmten Annahmen [11] führen z.B. auf Verteilungen der Schraubenkräfte nach Bild 4-61.

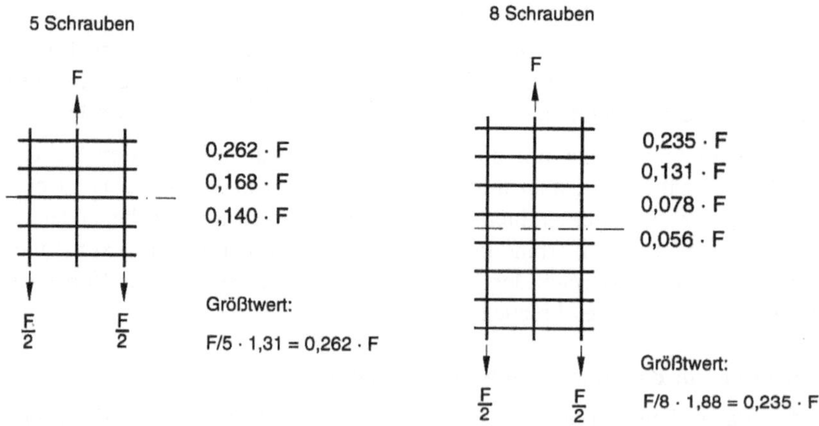

Bild 4-61   Verteilung der Schraubenkräfte bei 5 und bei 8 Schrauben in Kraftrichtung hintereinander

Bei Erreichen der Traglast der ganzen Verbindung liegen die Verhältnisse wegen des möglichen Traglastausgleiches durch Fließen anders als nach der Betrachtung mit linear-elastischem Verformungsverhalten.

Aus der Tatsache, daß sich im elastischen Zustand die Kräfte der am Ende einer Verbindung sitzenden Schrauben durch Erhöhung der Schraubenzahl nicht mehr nennenswert vermindern, ist die Grenzabscherkraft $F_{v,Rd}$ aller Verbindungsmittel bei einem Abstand L_j von mehr als $15 \cdot d$ zwischen den Achsen des ersten und letzten Verbindungsmittels (in Kraftrichtung) durch Multiplikation mit dem Faktor

$$\beta_{Lf} = 1 - \frac{L_j - 15\,d}{200\,d}, \quad \text{wobei } 0{,}75 \leq \beta_{Lf} \leq 1{,}0$$

abzumindern (zum Vergleich: DIN 18800 legt die Höchstzahl der Schrauben mit 8 fest).

Ähnliche, ungleiche Verteilungen des Kraftflusses in Verbindungen mit einer Erhöhung in den Endbereichen gibt es bei vielen Problemen des Ingenieurbaus, z.B. in Schweißnähten. Fallen die zu übertragenden Kräfte stetig an, ist keine Beschränkung der im Nachweis der Tragsicherheit zu berücksichtigenden Schraubenzahl erforderlich. Dies trifft zum Beispiel bei der Übertragung des stetig über die Trägerhöhe anfallenden Querkraftschubes im Stegblech nach Bild 4-62, Fall a für einen Anschluß oder Querstoß oder des stetig über den Trägerhals anfallenden Querkraftschubes und nach Bild 4-62, Fall b, für die Anordnung und Bemessung der Schrauben zur Verbindung von Steg und Gurt, zu.

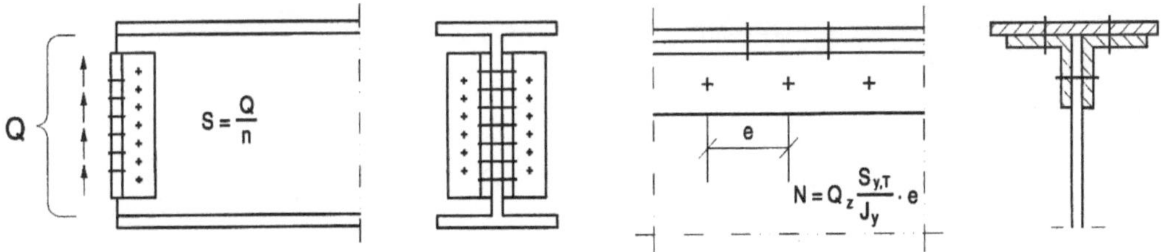

Bild 4-62 Schraubenanordnung bei stetig anfallenden Übertragungskräften in einem Biegeträger

Beispiel: Querkraftbeanspruchter Winkelanschluß (nach [4.8.4])

1. Abmessungen, Material, Einwirkung

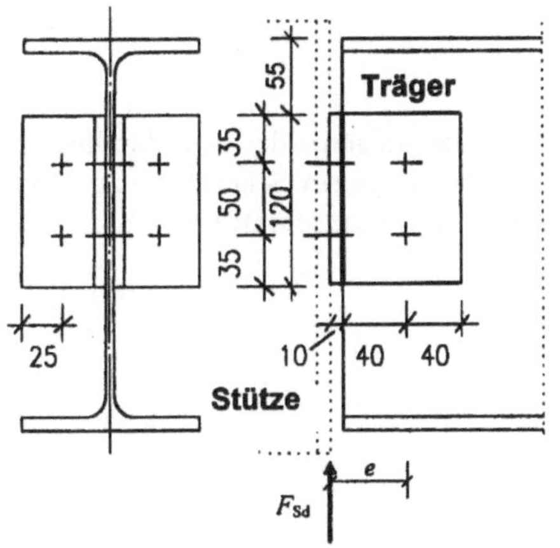

Träger:	IPE 400
Stütze:	HE 160 B
Winkel:	90 x 60 x 6
Schrauben:	M 16 - 4.6, roh, Schaft in der Scherfuge
Stahlsorte:	S 235
Einwirkungen:	$F_{Sd} = 50$ kN

Bild 4-63

2. Rand- und Lochabstände:

$$1{,}2 \cdot d_0 = 1{,}2 \cdot 18 = 22 \text{ mm} \le e_1 = 35 \text{ mm} \le \max\left(12 \cdot t;\, 150 \text{ mm}\right) = \max\,(12 \cdot 8{,}6;\, 150) = 150 \text{ mm}$$

$$1{,}5 \cdot d_0 = 1{,}5 \cdot 18 = 27 \text{ mm} \ge e_2 = 25 \text{ mm} \le \max\left(12 \cdot t;\, 150 \text{ mm}\right) = 150 \text{ mm}$$

$$2{,}2 \cdot d_0 = 2{,}2 \cdot 18 = 40 \text{ mm} \le p_1 = 50 \text{ mm} \le \min\left(14 \cdot t;\, 200 \text{ mm}\right) = \min\,(14 \cdot 8{,}6;\, 200) = 120 \text{ mm}$$

3. Ungünstige Schraubenbeanspruchung

Neben der Querkraft F_{sd} ist das Versatzmoment $F_{sd} \cdot e$ zu berücksichtigen, das als Kräftepaar den Schrauben zugewiesen wird.

Beanspruchung je Scherfläche:

aus Querkraft:

$$F_{v,Sd,v} = \frac{F_{Sd}}{4} = \frac{50}{4} = 12{,}5 \text{ kN}$$

aus Versatz „e":

$$F_{v,Sd,h} = \frac{F_{Sd} \cdot e}{2 \cdot p_1} = \frac{50 \cdot 5}{2 \cdot 5} = 25 \text{ kN}$$

Resultierende:

$$F_{v,Sd} = \sqrt{F_{v,Sd,v}{}^2 + F_{v,Sd,h}{}^2}$$

4. Beanspruchbarkeiten und Nachweis der Verbindungsmittel:

Abscheren:

$$F_{v,Sd} = 28{,}0 \text{ kN} \le F_{v,Rd} = 1{,}6^2 \cdot \pi/4 \cdot 0{,}6 \cdot 40/1{,}25 = 38{,}6 \text{ kN}$$

Lochleibung:

$$e_1 = 40 \text{ mm} \quad (\text{geschätzt für Resultierende } F_{v,Sd})$$

$$2\,F_{v,Sd} = 56{,}0 \text{ kN} < F_{b,Rd} = \frac{2{,}5 \cdot 0{,}74 \cdot 36 \cdot 1{,}6 \cdot 0{,}86}{1{,}25} = 73{,}3 \text{ kN}$$

5. Nachweis gegen Scherbruch

Um bei Querschnittsschwächungen das Abreißen von Trägerstegen oder Anschlußblechen infolge Querkraftbeanspruchung zu vermeiden, ist der Nachweis gegen Scherbruch zu führen (EC 3, Teil 1-1, Abschnitt 6.5.2.2). Die wirksame Scherbruchfläche ist schraffiert.

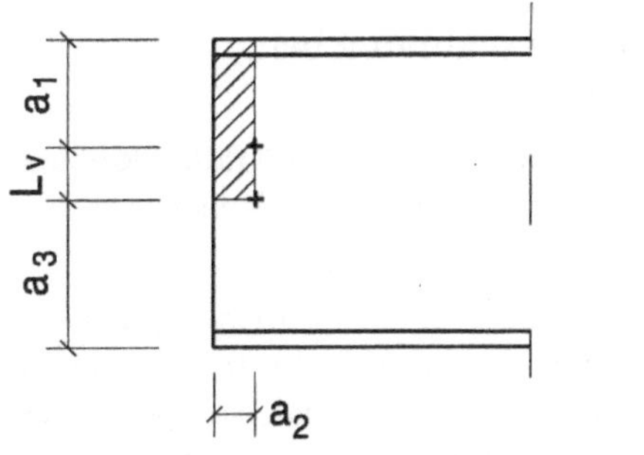

$$a_1 = 90 \text{ mm}$$
$$L_v = 50 \text{ mm}$$
$$a_3 = 130 \text{ mm}$$
$$a_2 = 40 \text{ mm}$$

Bild 4-64

$$L_1 = a_1 = 90 \text{ mm} \leq 5 \cdot d_o = 90 \text{ mm}$$

$$L_2 = (a_2 - k \cdot d_o) \cdot \frac{f_u}{f_y} = (40 - 0,5 \cdot 18)\frac{360}{235} = 47,5 \text{ mm}$$

$$(k = 0,5 \text{ für eine Schraubenreihe})$$

$$L_3 = L_v + a_1 + a_3 \leq (L_v + a_1 + a_3 - nd_o) \cdot \frac{f_u}{f_y}$$

$$(n - \text{Anzahl der Löcher auf der Abscherseite})$$

$$L_3 = 50 + 90 + 130 = 270 \text{ mm} \leq (270 - 2 \cdot 18) \cdot \frac{360}{235} = 358 \text{ mm}$$

$$L_{v,eff} = L_v + L_1 + L_2 \leq L_3$$

$$L_{v,eff} = 50 + 90 + 47,5 = 187,5 \text{ mm} \leq 270 \text{ mm}$$

$$A_{v,eff} = L_{v,eff} \cdot t_w = 18,75 \cdot 0,86 = 16,1 \text{ cm}$$

$$V_{eff,Rd} = \frac{A_{v,eff} \cdot f_y}{\sqrt{3} \cdot \gamma_{Mo}} = \frac{16,1 \cdot 23,5}{\sqrt{3} \cdot 1,1} = 199 \text{ kN} > F_{Sd} = 50 \text{ kN}$$

Analoge Nachweise sind für die beiden Schenkel der Anschlußwinkel zu erbringen.

Kurzer Schenkel

Langer Schenkel

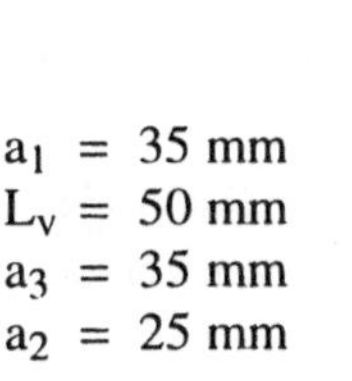

$$a_1 = 35 \text{ mm}$$
$$L_v = 50 \text{ mm}$$
$$a_3 = 35 \text{ mm}$$
$$a_2 = 25 \text{ mm}$$

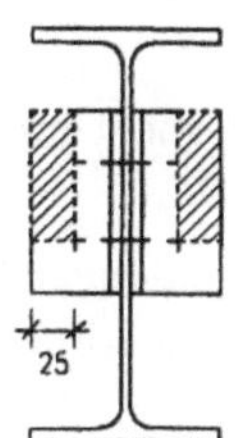

$$a_1 = 40 \text{ mm}$$
$$L_v = 0 \text{ mm}$$
$$a_3 = 50 \text{ mm}$$
$$a_2 = 35 \text{ mm}$$

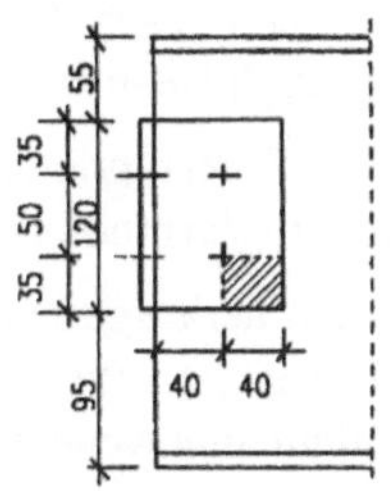

Bild 4-65

4.8.2 Verhalten von Schraubenverbindungen mit Vorspannung bei Beanspruchungen quer zur Schraubenachse

Durch kräftige Vorspannung hochfester Schrauben kann zur Übertragung von Kräften Reibung zwischen Lamellen mobilisiert werden. Dafür braucht der Schraubenschaft nicht an den Schraubenlochwandungen anzuliegen.

Nach Bild 4-66 ist die bis zum Gleiten der Verbindung aufnehmbare Kraft offensichtlich von der Größe der Vorspannung $F_{p,Cd} = 0{,}7 \cdot f_{ub} \cdot A_s$, der Reibungszahl μ (0,50 bis 0,20, abhängig von der Reibflächenbearbeitung) zwischen den zu verbindenden Teilen und der Zahl n der Reibflächen – ähnlich wie bei den nicht vorgespannten Schrauben von der Schnittigkeit m – abhängig. Die Gleitlast beträgt somit

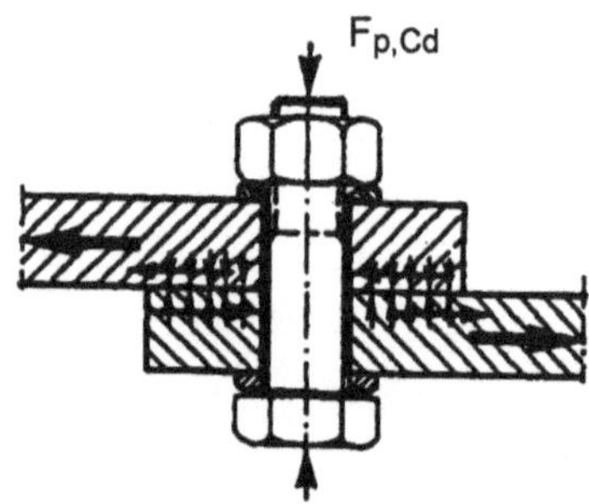

Bild 4-66
Prinzip der GV-Verbindung

$$F_{s,Rd} = \frac{k_s \cdot n \cdot \mu}{\gamma_{Ms}} F_{p,Cd}$$

Der Beiwert k_s beträgt bei Löchern mit normalem Lochspiel 1,0; er kann für Langlöcher bis auf 0,7 abfallen. Als Teilsicherheitsbeiwert ist anzusetzen:

γ_{Ms} = 1,25   für Tragfähigkeitsnachweis

   = 1,10   für Gebrauchtauglichkeitsnachweis

Da eine nennenswerte Gleitlast nur mit einer kräftigen Vorspannung zu erzielen ist, wird die Verbindung gleitfeste, vorgespannte Verbindung, abgekürzt GV-Verbindung, (im Falle von Paßschrauben GVP-Verbindung) genannt. Die GV-Verbindung erlaubt zusätzliche Kraftübertragung durch Beanspruchung auf Abscheren und Lochleibung.

Nach dem Überschreiten der Gleitlast ist die Traglast noch nicht erreicht, da die Verbindung dann als SL-Verbindung (oder SLP-Verbindung) tragen kann.

Es hat sich herausgestellt, daß vorgespannte Schraubenverbindungen in Bezug auf die Tragsicherheit weniger wirtschaftlich sind als normale SL- und SLP-Verbindungen und daher von der Praxis nicht angewendet werden.

Für die Gebrauchstauglichkeit (kleinere Verformungen bei nicht eingepaßten Schrauben) und in ermüdend beanspruchten Verbindungen können vorgespannte Schraubenverbindungen große Vorteile bringen.

4.8.3 Verhalten von Schraubenverbindungen ohne und mit Vorspannung bei Beanspruchungen in Richtung der Schraubenachse

Bemessung von Schrauben auf Zug

mit der Grenzzugkraft je Schraube von

$$F_{t,Rd} = \frac{0{,}9\,f_{ub} \cdot A_s}{\gamma_{Mb}},$$

lautet der Tragsicherheitsnachweis

$$F_{t,Sd} \le F_{t,Rd}$$

Bemessung von Schrauben, die gleichzeitig auf Zug und auf Abscheren beansprucht werden

Nach Versuchsergebnissen müssen Schrauben in SL-Verbindungen, die gleichzeitig auf Abscheren und auf Zug beansprucht werden, folgende Interaktionsbedingung erfüllen:

$$\frac{F_{v,Sd}}{F_{v,Rd}} + \frac{F_{t,Sd}}{1{,}4 \cdot F_{t,Rd}} \le 1{,}0$$

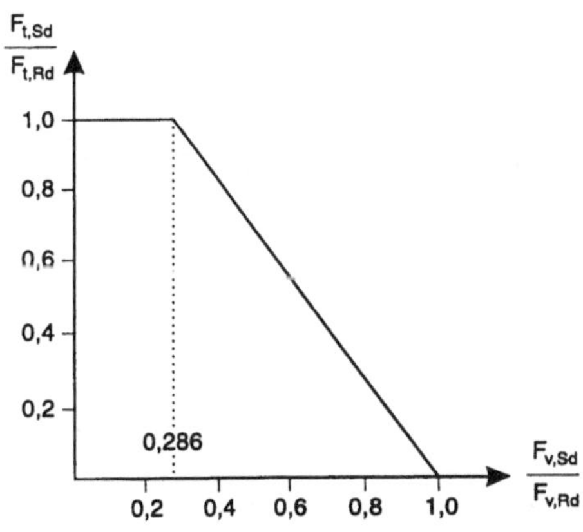

Bild 4-67
Interaktion bei gleichzeitiger Beanspruchung auf Zug und Abscheren

Zu Regeln für gleitfeste Verbindungen s. EC 3-1-1, Abschnitt 6.5.8.4.

4.8.4 Kraftübertragung in Stirnplattenverbindungen

In zugbeanspruchten Schraubenverbindungen können Abstützkräfte entstehen, die die Beanspruchungen in der Verbindung beeinflussen.

Ein Beispiel für die Beeinflussung der Beanspruchungen einer Verbindung ist der T-Stoß (T-Stummel) von Zugstäben: Abhängig von den Abmessungen der Schrauben und der Stirnplatte können im Bereich der Stirnplattenkante Abstützkräfte K entstehen. Die Abstützkräfte K und die Zugkraft F stehen mit den Schraubenzugkräften im Gleichgewicht, (Bild 4-68).

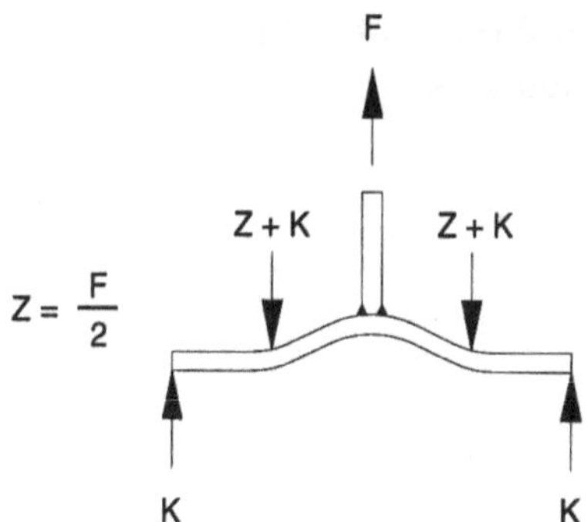

$$Z = \frac{F}{2}$$

Bild 4-69a zeigt einen biegesteifen Riegelanschluß mit überstehender Stirnplatte. In Verlängerung der Riegelflansche ist die Stütze durch Rippen ausgesteift. Schneidet man den schraffier-
ten Bereich (Bild 4-69b) gedanklich heraus, erhält man den T-Stoß. Für dessen Tragverhalten
liegen experimentelle und theoretische Untersuchungen vor.

In Abhängigkeit von Kopfplattendicke und Schraubendurchmesser gibt es für den plastischen
Grenzzustand 3 Versagensmechanismen (Bild 4-69c):

A: Starke Kopfplatten und/oder schwache Schrauben

B: Schwache Kopfplatten und/oder starke Schrauben

C: Ausgewogene Bemessung von Kopfplatte und Schrauben

Die dazugehörigen Grenzzugkräfte des T-Stoßes sind ebenfalls angegeben. Die nachfolgende
vereinfachte Berechnung erfolgt in Übereinstimmung mit den Grundsätzen in EC 3, Teil 1-1,
Abschnitt 6.1.4.

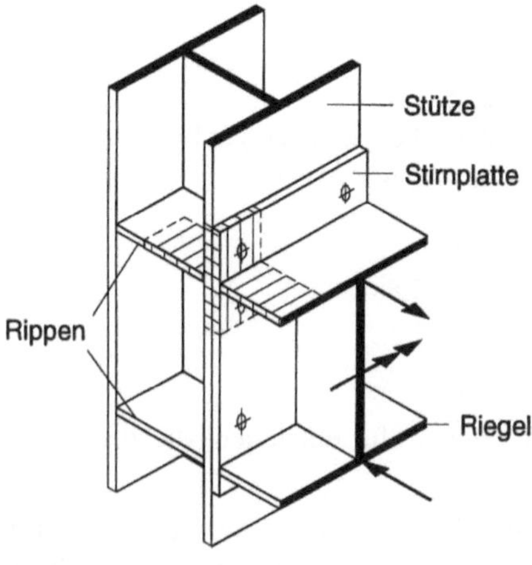

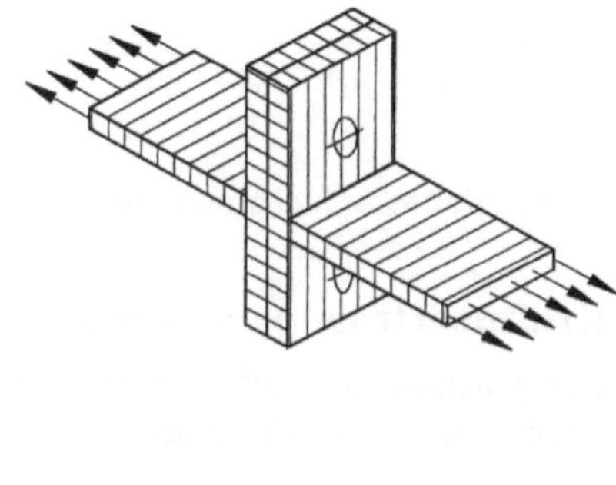

a)   b)

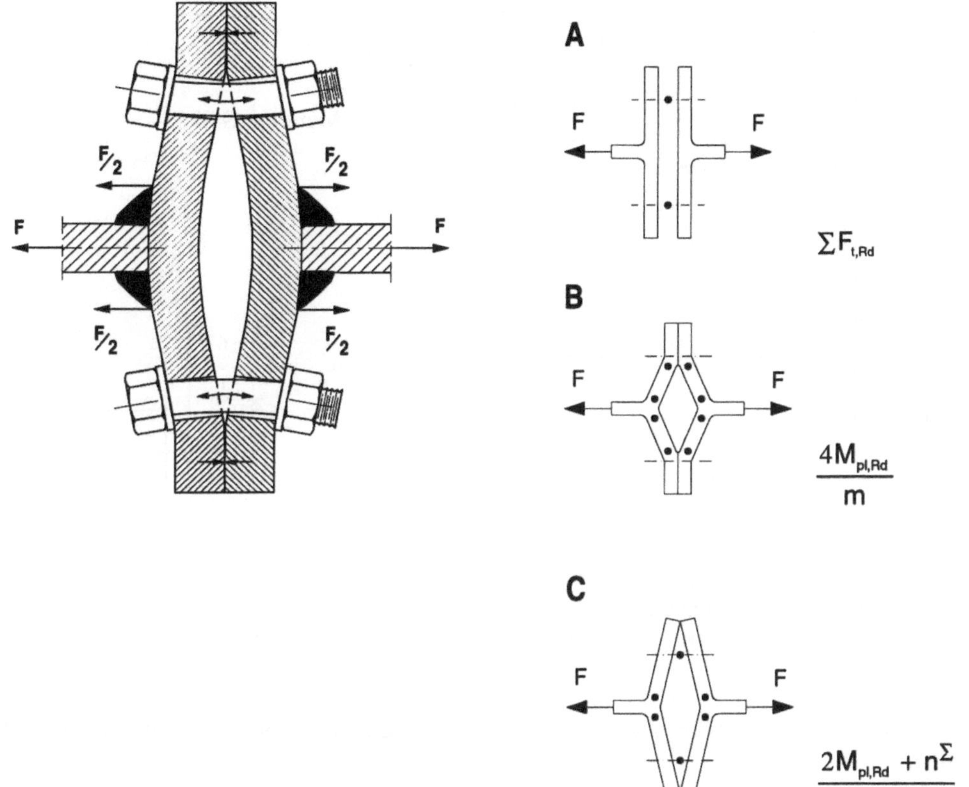

Bild 4-69 Zum T-Stoß

Beispiel:

Die Tragsicherheit des Kopfplattenstoßes (SLV) einer biegesteifen, unverformbaren Riegel-Stützen-Verbindung ist nachzuweisen. Die Beanspruchung beträgt:

$M_{Sd} = 18000$ kNcm, $\quad V_{Sd} = 200$ kN

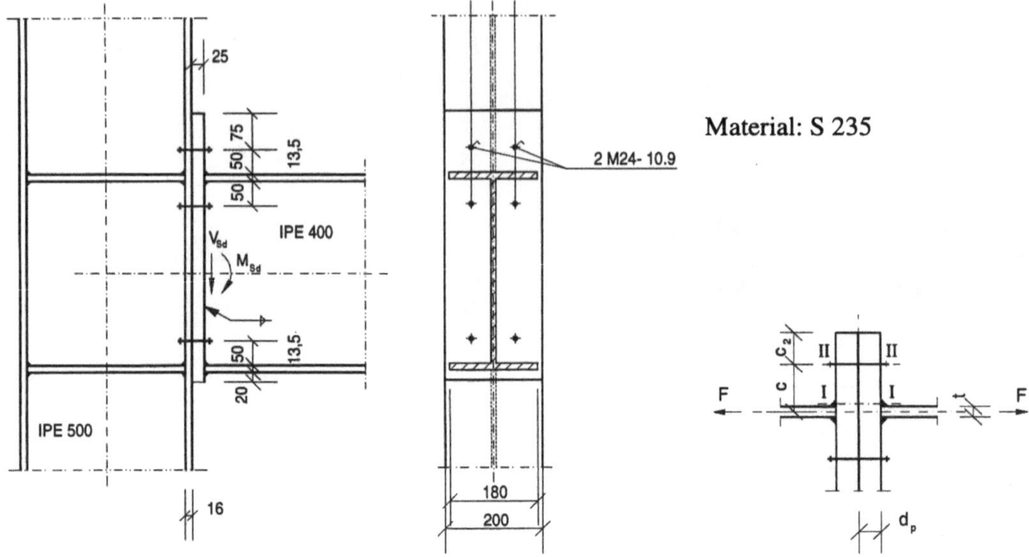

Bild 4-70   Riegel-Stützen-Verbindung
Anmerkung: Praxisgerecht wäre eine Kopfplattendicke von 20 mm

Zunächst werden der Abstand der plastischen Gelenke (c_1) und der obere Stirnplattenüberstand c_2 bestimmt.

$$c_1 = c - 0,5 \cdot t_G - 0,5\, d_{Sch} = 5,7 - 0,5 \cdot 1,35 - 0,5 \cdot 2,4 \; = 3,83 \text{ cm}$$

$$c_2 = 5,0 \text{ cm} > c_1 \rightarrow c_1 \text{ ist maßgebend (Empirie)} \rightarrow c_2 = 3,83 \text{ cm}$$

Grenzzugkraft des Kopfplattenanschlusses (4 Schrauben):

$$B_{t,Rd} = \min \begin{cases} F_{t,Rd} = 0,9 \cdot 100 \cdot 3,53/1,25 = 254,2 \text{ kN} \\[2mm] B_{p,Rd} = 0,6 \cdot \pi \cdot 4,31 \cdot 1,6 \cdot 36/1,25 = 374,3 \text{ kN} \end{cases}$$

$$B_{t,Rd} = 254,2 \text{ kN} \quad \text{(für eine Schraube)}$$

Die Bemessungswerte des Moments und der Querkraft im vollplastischen Zustand lauten im Schnitt I-I:

$$M_{I,Pl,d} = \frac{b \cdot d_p^2}{4} \cdot \frac{f_{y,k}}{\gamma_M} = \frac{20 \cdot 2,5^2}{4} \cdot \frac{24}{1,1} = 681,8 \text{ kNcm}$$

$$V_{I,Pl,d} = b \cdot d_p \cdot \frac{f_{y,k}}{\gamma_M \cdot \sqrt{3}} = 20 \cdot 2,5 \frac{24}{1,1 \cdot \sqrt{3}} = 629,9 \text{ kNcm}$$

Analog ist unter Berücksichtigung der Schraublöcher im Schnitt II-II:

$$M_{II,Pl,d} = \frac{\left(b - n \cdot d_L\right)}{4} d_p^2 \cdot \frac{f_{y,k}}{\gamma_M} = \frac{\left(20 - 2 \cdot 2,5\right)}{4} \cdot 2,5^2 \frac{24}{1,1} = 511,4 \text{ kNcm}$$

$$V_{II,Pl,d} = (b - nd_L)\, d_p \cdot \frac{f_{y,k}}{\gamma_M \cdot \sqrt{3}} = (20 - 2 \cdot 2,5)\, 2,5 \frac{24}{1,1 \cdot \sqrt{3}} = 472,4 \text{ kN}$$

Die Abminderung des vollplastischen Moments im Schnitt I-I infolge der Querkraft führt über den Abminderungsfaktor

$$\kappa_I = \sqrt{1 - \left(V_I / V_{pl}\right)^2} \quad \text{mit}$$

$$V_I = \frac{F}{2} = \frac{465,7}{2} = 232,9 \text{ kN} \,,$$

wobei sich die Kraft F aus der Aufteilung des Momentes auf die Gurte ergibt:

$$F = \frac{18000}{40 - 1,35} = 465,7 \text{ kN}$$

$$\kappa_1 = \sqrt{1 - \left(232,9/629,9\right)^2} = 0,929 \quad \text{zu}$$

$$M_{I,Pl,Q} = 0,929 \cdot 681,8 = 633,5 \text{ kNcm.}$$

Das abgeminderte vollplastische Moment $M_{II,pl,Q}$ im Schnitt II-II ist noch unbekannt.

Nun wird das durch die Zugbeanspruchung verursachte Biegemoment in der Kopfplatte, Schnitt I-I, bestimmt.

$$\frac{F}{2} \cdot c_1 = 232,9 \cdot 3,83 = 891,8 \text{ kNcm} > 633,5 \text{ kNcm}$$

Da dieses Biegemoment nicht kleiner ist als $M_{I,pl,Q}$ heißt das: Im Schnitt I-I entsteht ein Fließ-gelenk. Aus der Schraubenbeanspruchung folgt Fließen im Schnitt I-I. Es entstehen Kontakt-kräfte K. Da dieses Biegemoment sogar $M_{I,pl,Q}$ überschreitet, sind aus Gleichgewichtsgründen Kontaktkräfte K anzusetzen. Vereinfachend wird angenommen, daß die Fuge bis auf den Rand klafft. Die Kontaktkräfte werden daher am Stirnplattenrand angesetzt. Im Schnitt II-II gilt:

$$K = \frac{(F/2)c_1 - M_{I,pl,Q}}{c_2} = \frac{232,9 \cdot 3,83 - 633,5}{3,83} = 67,5 \text{ kN}$$

$$\kappa_{II} = \sqrt{1 - \left(67,5 / 472,4\right)^2} = 0,980$$

$$M_{II,Pl,Q} = 0,98 \cdot 511,4 = 501,2 \text{ kNcm}$$

$$K = 67,5 \text{ kN} < \frac{M_{II,pl,Q}}{c_2} = \frac{501,2}{3,83} = 130,9 \text{ kN}$$

Die Kontaktkräfte verursachen kein Fließgelenk im Schnitt II-II, d.h. es liegt Fall C auf Bild 4-69 vor. Bei reiner Zugbeanspruchung von

$$N = \frac{F}{4} + \frac{K}{2} = \frac{465,7}{4} + \frac{67,5}{2} = 150,2 \text{ kN}$$

lautet der Tragsicherheitsnachweis für die Schrauben:

$$\frac{N}{F_{t,Rd}} = \frac{150,2}{254,2} = 0,59 < 1$$

Die Querkraft wird vereinfachend nur dem Schraubenpaar im Druckbereich zugewiesen.

$$V = \frac{200}{2} = 100 \text{ kN} \quad \text{(eine Schraube)}$$

Grenzabscherkraft:

$$F_{v,Rd} = 0,5 \cdot 100 \cdot 4,52 / 1,25 = 181 \text{ kN}$$

Grenzlochleibungskraft:

$$F_{b,Rd} = 2,0 \cdot 36 \cdot 2,4 \cdot 1,6 = 276,5 \text{ kN}$$

Anmerkung: Für diese Verbindung wäre noch nachzuweisen, daß im Grenzzustand der Gebrauchstauglichkeit Gleiten nicht auftritt.

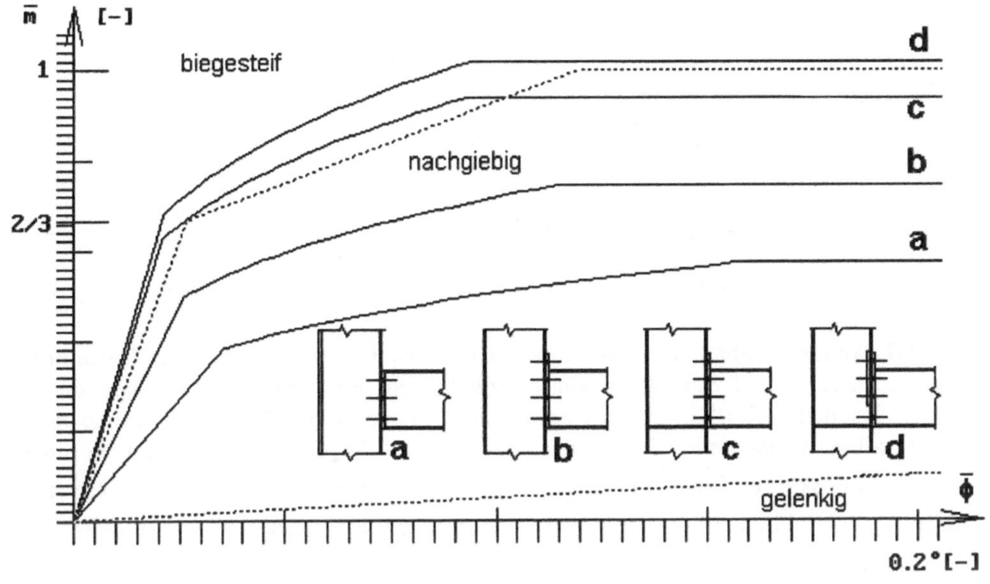

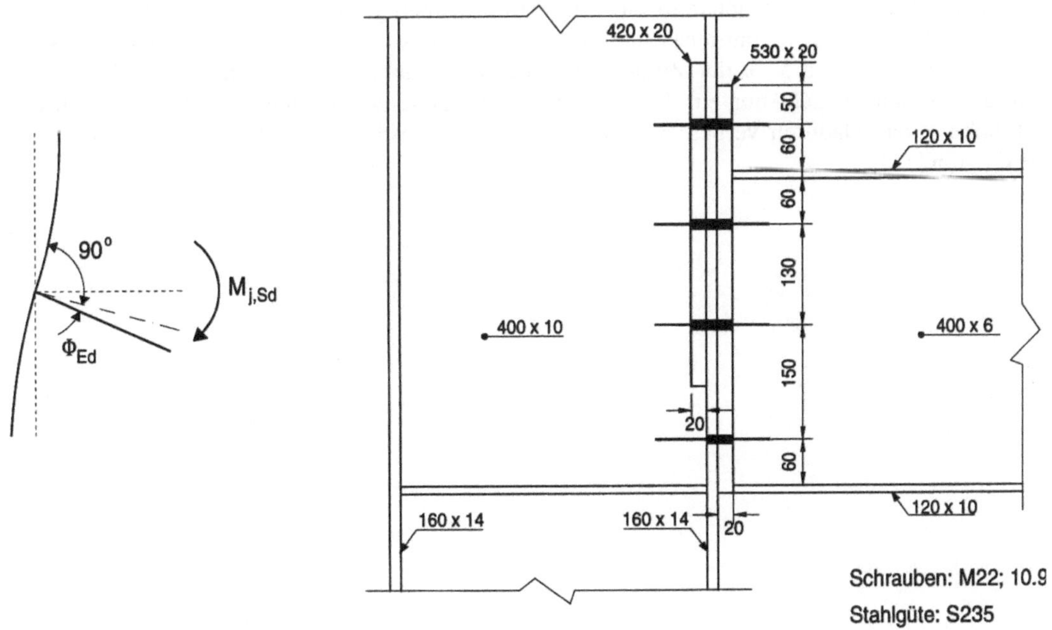

Bild 4-71 Tragverhalten verschiedener Verbindungsmöglichkeiten

$$V_a/V_{a,R,d} = 100 / 176 = 0,57 < 1$$

$$V_I = 100 \text{ kN}$$

$$e_2 > 1,5\, d_L \quad \text{und} \quad e_3 > 3 d_L$$

$$\alpha_1 = 1,1 \cdot \frac{75}{25} - 0,3 = 3$$

$$V_{I,R,d} = 2,5 \cdot 2,4 \cdot 3 \cdot \frac{24}{1,1} = 392,7 \text{ kN}$$

$$V_I / V_{I,R,d} = 100/392,7 = 0,25 < 1$$

EC 3, Teil 1-1, Annex J enthält ein verbessertes (aber aufwendiges) Verfahren zur Bestimmung der Beanspruchbarkeit und Steifigkeit von Verbindungen. Rechenprogramme (wie das am Lehrstuhl für Stahlbau der BTU Cottbus erarbeitete Programm JOINT) erlauben eine rasche Optimierung aller Bestandteile der Verbindung. Bild 4-71 zeigt beispielhaft normierte Momenten-Rotationskurven ($\overline{m} - \overline{\phi}$) für verschiedene Verbindungsausführungen sowie deren Klassifizierung im Hinblick auf die Steifigkeit (hier: nachgiebig, biegesteif).

4.8.5 Bedeutung der Vorspannung für das Verhalten von Schrauben bei nicht vorwiegend ruhender Beanspruchung

Schrauben ohne Vorspannung sind wegen der hohen Kerbwirkung in den Gewinden gegen schwingende Längsbelastungen besonders empfindlich. Dies gilt ganz besonders für hochfeste Schrauben. Weitgehend unabhängig von der Mittelspannung und vom Werkstoff beträgt der dauernd ertragbare Spannungsausschlag bei Schrauben etwa von M20 bis M30 nur 40 bis 50 N/mm^2, also nur etwa 5 % der Zugfestigkeit einer Schraube 10.9. Werden Schrauben planmäßig vorgespannt, geht nur ein Teil der Differenz der schwingenden Längsbelastung in die Schraube selbst. Dadurch verbessert sich die Ermüdungsfestigkeit der Verbindung. Einzelheiten dazu in [12].

4.9 Schweißverbindungen

4.9.1 Grundlagen

Für Schweißnähte ist der Tragsicherheitsnachweis (TN) nach EC 3, Teil 1-1, Abschnitt 6.6 und – sofern für dynamisch beanspruchte Bauteile verlangt – der Ermüdungsnachweis (EN) zu führen.

Dazu werden benötigt:

- die anzuschließenden Bemessungsschnittgrößen,
- die Querschnittsabmessungen der Naht,
- die Bemessungswerte der Beanspruchbarkeit.

Querschnittswerte der Naht:

In EC 3, wird hinsichtlich der Berechnung zwischen

- durchgeschweißten Nähten und
- nicht durchgeschweißten Nähten

unterschieden.

Die Tragfähigkeit einer durchgeschweißten Naht entspricht jener des schwächeren der zu verbindenden Teile (Bild 4-72). Ein TN für die Naht kann entfallen, da er ohnehin für den Werkstoff geführt werden muß. Ein EN ist zu führen.

Nahtart		Bild	Rechnerische Nahtdicke a
Stumpfnaht			
D(oppel) HV-Naht (K-Naht)		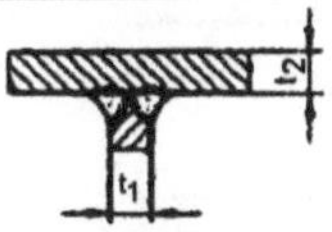	$a = t_1$
HV-Naht	Kapplage gegengeschweißt	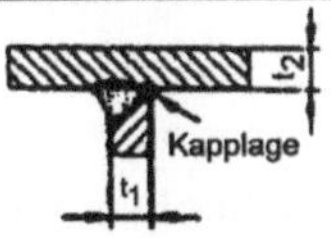	
	Wurzel durchgeschweißt	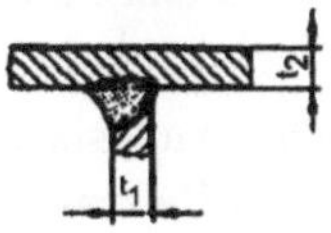	

Bild 4-72 Rechnerische Schweißnahtdicken a bei durch- oder gegengeschweißten Nähten

Bei nicht durchgeschweißten Nähten sind die Spannungen in der wirksamen Nahtfläche zu ermitteln, die konzentriert in der Wurzellinie anzunehmen ist. Die wirksame Nahtfläche ist das Produkt aus Nahtdicke a und Nahtlänge l. Die Nahtdicke a von Kehlnähten ist gleich der Höhe des in die Naht einschreibbaren, gleichschenkligen Dreiecks (Bild 4-73a). Bei einer Kehlnaht mit tiefem Einbrand darf eine vergrößerte Nahtdicke (Bild 4-73b) in der Berechnung berücksichtigt werden, wenn die Einbrandtiefe durch eine Verfahrensprüfung sichergestellt wird.

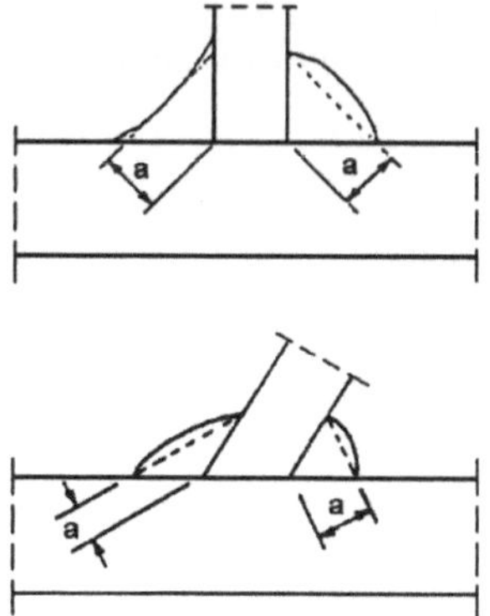
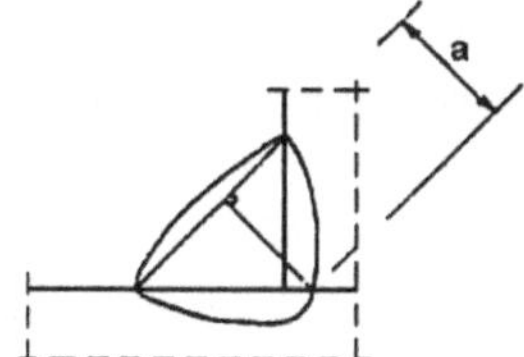

Bild 4-73 Zur Kehlnahtdicke

Beispiele zum Ansatz der Nahtdicke bei nicht durchgeschweißten Stumpfnähten gibt Bild 4-74.

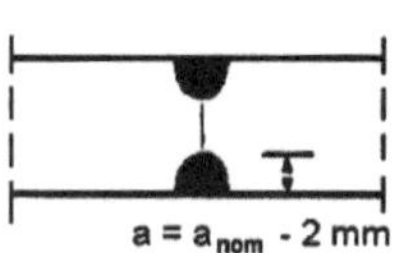

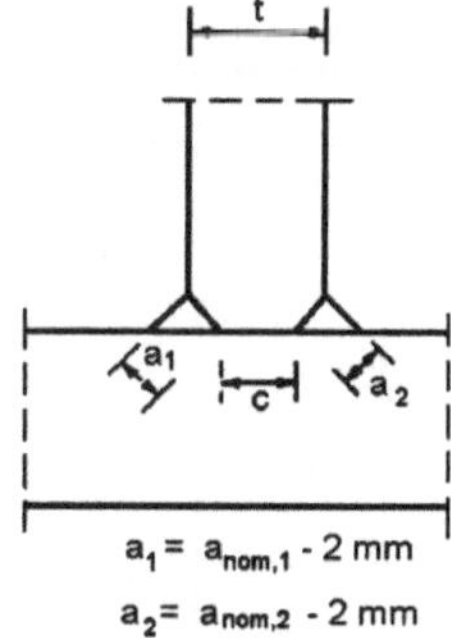

Bild 4-74
Nahtdicke bei nicht durchgeschweißten Stumpfnähten

Die Nahtlänge l ist die planmäßige Länge der Naht ohne Abzug von Endkratern. Die Mindestlänge einer Kehlnaht beträgt min $l = \max (6 \cdot a, 40\ \text{mm})$. Bei Längen oberhalb von 150a ist zu beachten, daß die Grenzschweißnahtspannungen abzumindern sind.

Spannungen, die nicht zur Erfüllung der Gleichgewichtsbedingungen im Nahtquerschnitt notwendig sind, Spannungen aus der von anliegenden Bauteilen erzwungenen Mitverformung und Schweißeigenspannungen brauchen beim TN nicht berücksichtigt zu werden.

Die Schweißnaht kann als in der Wurzellinie in eine Anschlußebene geklappt angenommen werden. Dann werden aus den Bemessungsspannungen im Grundwerkstoff die Beanspruchungen in der Schweißnaht berechnet, die zu einer Resultierenden (Vergleichswert) zusammengefaßt werden:

$$\sigma_{vw,Sd} = \sqrt{\sigma_{\perp,Sd}^2 + \tau_{II,Sd}^2 + \tau_{\perp,Sd}^2} \ .$$

Zur Festlegung der Schweißnahtspannungen $\sigma_\perp$, $\sigma_\|$, $\sigma_\perp$ und $\tau_\|$ dient Bild 4-75:

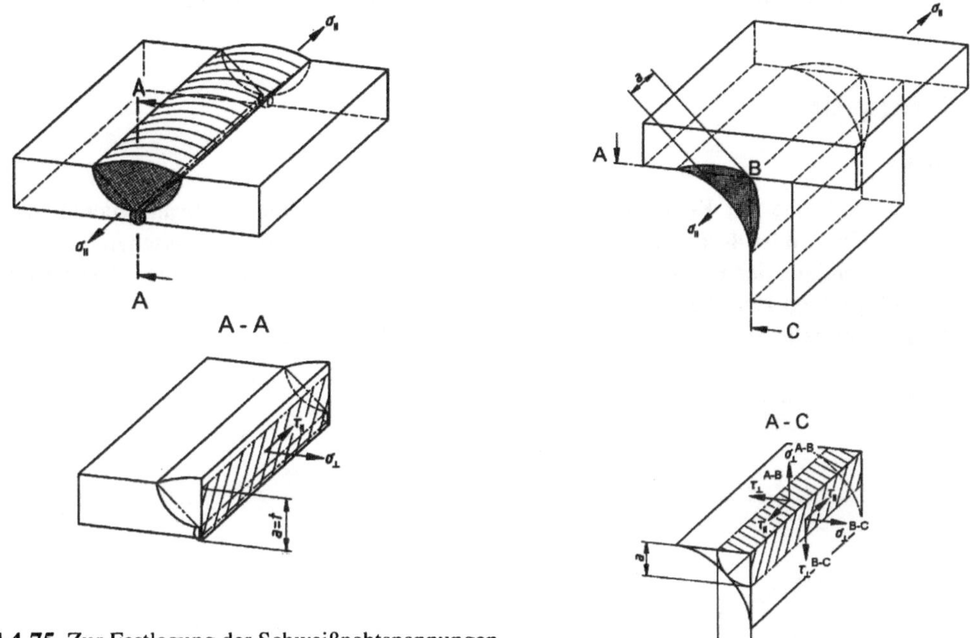

Bild 4-75 Zur Festlegung der Schweißnahtspannungen

Diese Nachweisgleichung ist im Gegensatz zur Gleichung für die Vergleichsspannung empirisch begründet. Versuche haben gezeigt, daß im Vergleichswert die Spannung $\sigma_\|$ nicht berücksichtigt werden muß.

Es wird nachgewiesen, daß die so ermittelte Beanspruchung kleiner als die Beanspruchbarkeit $f_{vw,d}$ ist:

$$\sigma_{vw,Sd} \le f_{vw,d} = \frac{f_u}{\sqrt{3} \cdot \beta_w \cdot \gamma_{Mw}} ,$$

f_u –   kleinste Zugfestigkeit der verbundenen Teile,

β_w –   Korrelationsfaktor (β_w = 0,8 bis 1,0),

γ_{Mw} –   1,25 (da auf Zugfestigkeit bezogen).

Die Grenzschweißnahtspannung wird in EC 3 (anders als in DIN 18800) aus der Zugfestigkeit sowie zusätzlichen Sicherheitselementen berechnet. Die Ergebnisse unterscheiden sich nur minimal von denen nach DIN 18800.

	β_w	$f_{vw,d}$ (kN/cm^2)
S 235	0,8	20,8
S 355	0,9	26,2
S 420	1,0	23,1
S 460	1,0	24,5

Hinsichtlich der Grenzschweißnahtspannung unterscheidet sich EC 3 von DIN 18800 weiterhin dadurch, daß nicht zwischen Nähten mit „Nahtgüte nachgewiesen" und „Nahtgüte nicht nachgewiesen" unterschieden wird. EC 3 läßt uneingeschränkt die volle Tragfähigkeit der Bauteile zu.

4.9.2 Beispiele

Beispiel 1

Betrachtet wird eine mit Kehlnähten auf ein Blech aufgeschweißte, zugbeanspruchte Lasche (Bild 4-76). Die Bilder 4-76b und c zeigen die Bruchformen in der Ebene zwischen Lasche und Blech sowie entlang der Kanten der Lasche mit den dazugehörigen Spannungen. Die tatsächliche Bruchform liegt zwischen den beiden Versagensbildern. Bei der Berechnung darf eine über alle Nähte gemittelte Spannung vorausgesetzt werden. Das führt zu

$$\tau_{II} = \tau_{\perp} = \frac{F}{\Sigma al} \leq f_{vw,d}$$

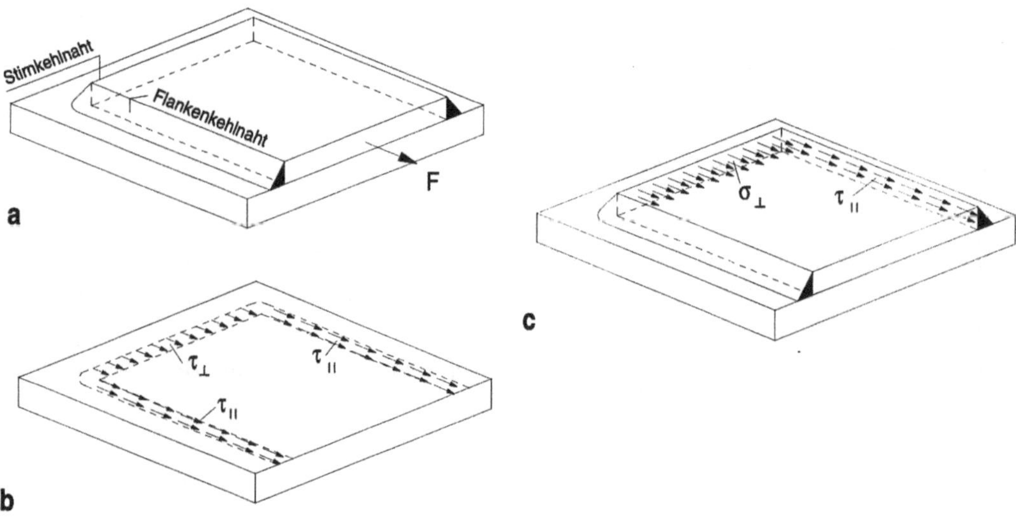

Bild 4-76 Spannungsbestimmung an Kehlnähten

Beispiel 2

Halskehlnähte erhalten dieselbe Normalspannung σ_{II} wie die benachbarten Fasern des Grundmaterials. Ein Tragsicherheitsnachweis für unter Schubspannungen τ_{II} ist ausreichend.

$$\sigma_{II} = \frac{N_d}{A} \pm \frac{M_d}{I} z$$

$$\tau_{II} = \frac{V_d \cdot S_{Gurt}}{I \cdot 2a} \leq f_{vw,d}$$

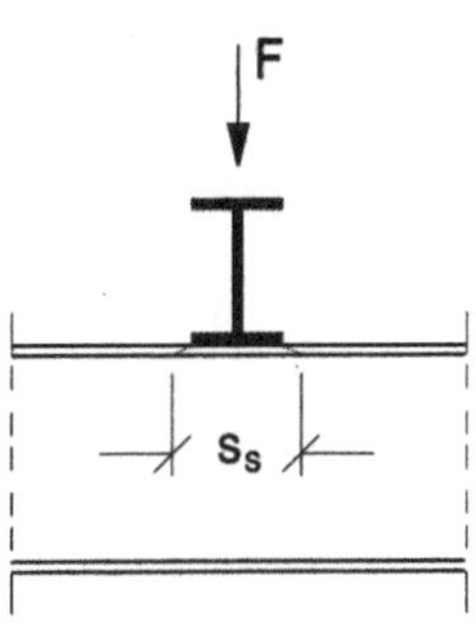

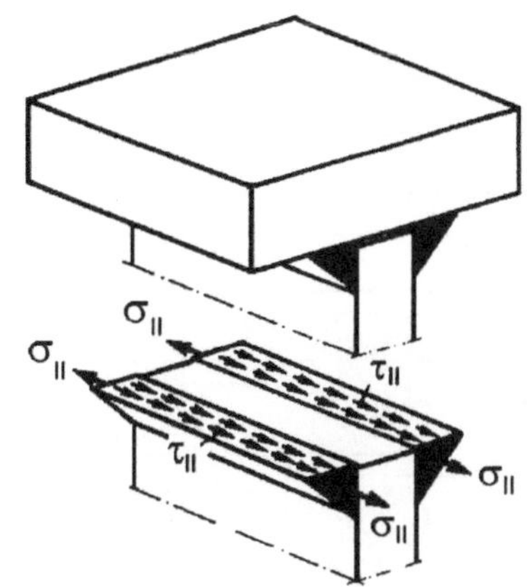

Bild 4-77
Spannungsbestimmung an Halskehlnähten

Erfolgt die Belastung als konzentrierte Einzellast, ist zusätzlich

$$\sigma_\perp \quad \frac{F_d}{2s_s \cdot a}$$

und schließlich

$$\sigma_{vw,Sd} = \sqrt{\sigma_\perp^2 + \tau_{II}^2} \le f_{vw,d}$$

nachzuweisen.

Beispiel 3

T-Stöße sind planmäßig für die Übertragung von (Bild 4-78)

– Querkräften V in Längsrichtung der Naht mit Spannungen τ_{II} bzw. quer zur Naht mit $\tau_\perp$ sowie

– Biegemomenten M und Normalkräften N vom Steg in den Gurt mit Normalspannungen $\sigma_\perp$ vorgesehen. Gleichungen zur Spannungsermittlung s. Bild 4-79.

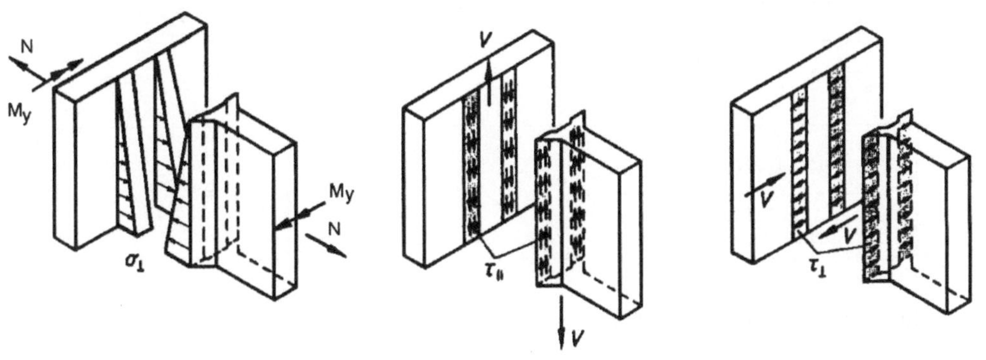

Bild 4-78 Spannungsbestimmung an Kehlnähten

Stoßart Nahtart	Konstruktionsform u. Schnittgrößen	Querschnittswerte	Schweißnahtspannungen
Stumpfstöße durchgeschweißte Stumpfnähte	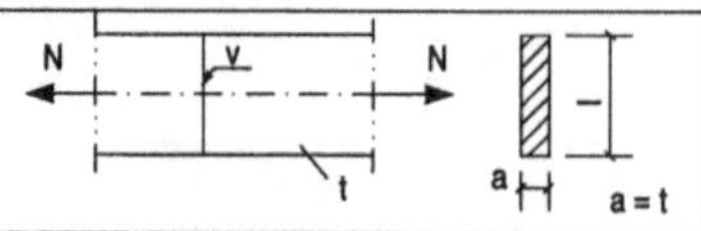 $N \leftarrow \;V\; \rightarrow N$, $a = t$	$A_w = a \cdot l$	$\sigma_\perp = \dfrac{N}{A_w}$
	M, V, $a = t$	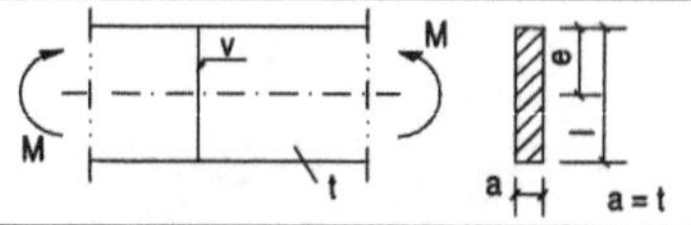 $I_w = \dfrac{a \cdot l^3}{12}$	$\sigma_\perp = \dfrac{M}{I_w} \cdot e$
	V, $a = t$	$A_w = a \cdot l$	$\tau_{||} = \dfrac{V}{A_w}$

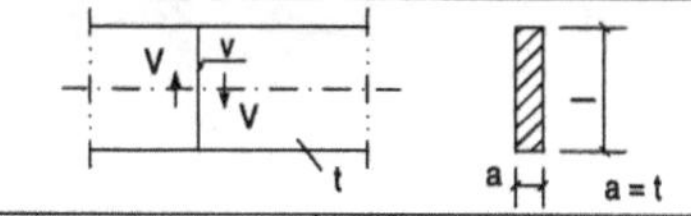

T-Stöße durchgeschweißte Stumpfnähte, Kehlnähte	Stumpfnaht	Kehlnaht	Stumpfnaht	Kehlnaht	Schweißnahtspannungen
	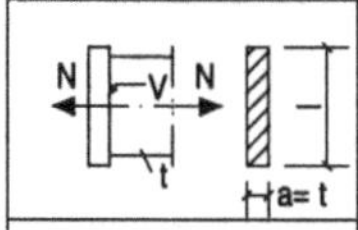 $N \leftarrow V \rightarrow N$, $a = t$	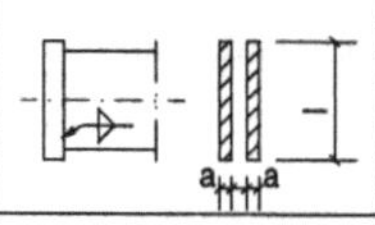 $a \; a$	$A_w = a \cdot l$	$A_w = 2a \cdot l$	$\sigma_\perp = \dfrac{N}{A_w}$
	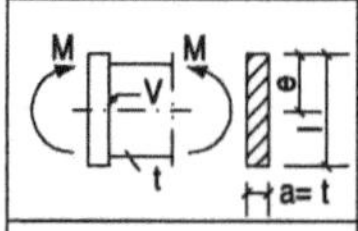 M, V, $a = t$	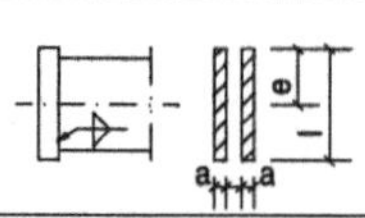 $a \; a$	$I_w = \dfrac{a \cdot l^3}{12}$	$I_w = \dfrac{2a \cdot l^3}{12}$	$\sigma_\perp = \dfrac{M \cdot e}{I_w}$
	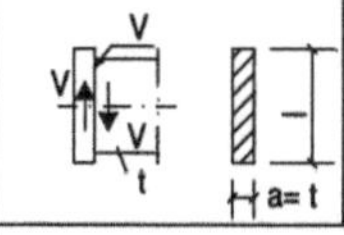 V, $a = t$	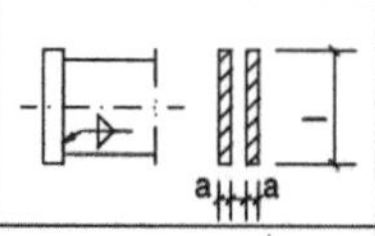 $a \; a$	A_w - Nahtfläche $\quad$ S_w - statisches Moment $\quad$ I_w - Nahtträgheitsmoment		$\tau_{||} = \dfrac{V \cdot S_w}{I_w \sum a}$ oder $\tau_{||} = \dfrac{V}{A_w}$

Geschweißte Vollwandträger Kehlnähte (Halsnähte)	Konstruktionsform	Querschnittswerte	Schweißnahtspannungen
	F, s_s	$A_w = 2a \cdot s_s$	$\sigma_\perp = \dfrac{F}{A_w}$
	V, A_G, e_G	$S_G = A_G \cdot e_G$	$\tau_{||} = \dfrac{V \cdot S_G}{l \cdot 2a}$

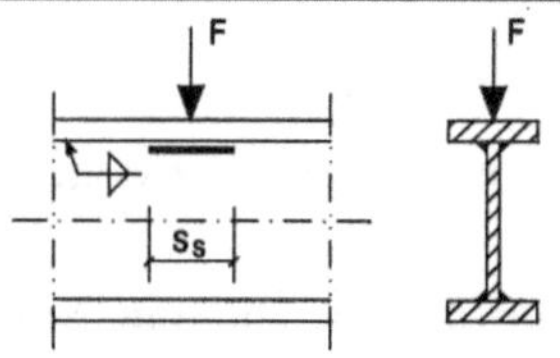

Anschluß Kehlnähte	Konstruktionsform	Querschnittswerte	Schweißnahtspannungen
	$N \longrightarrow$	$A_w = \sum a \cdot l$	$\tau_{||} = \dfrac{N}{A_w}$

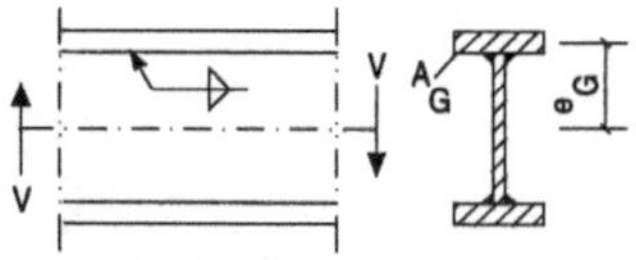

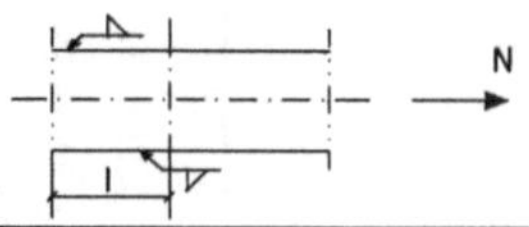

Bild 4-79 Übersicht Schweißnahtspannungen

Beispiel 4

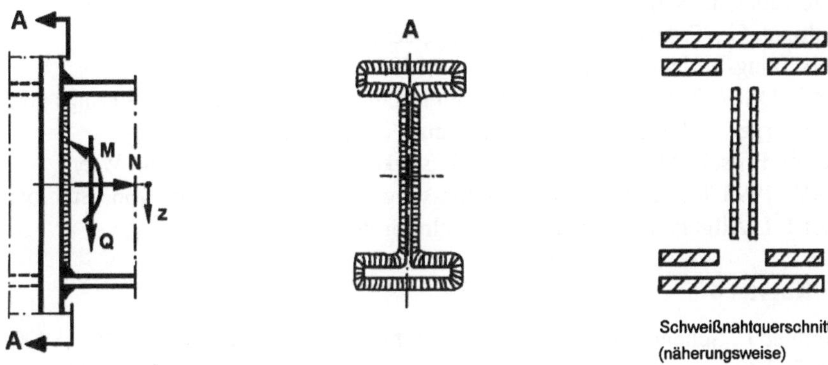

Bild 4-80 Biegesteifer Anschluß mit Kehlnähten

Für den vereinfachten Schweißnahtquerschnitt werden die Querschnittswerte A_w, I_w ermittelt und der Spannungsnachweis geführt.

$$\sigma_\perp = \frac{N}{A_w} \pm \frac{M}{I_w} \cdot z$$

Die Querkraft wird der durch ihre Lage dazu besonders geeigneten Doppelkehlnaht des Trägerstegs zugewiesen.

$$\tau_{II} = \frac{Q}{A_{wSteg}}$$

Schließlich ist der Nachweis $\sigma_{v,w,Sd} \leq f_{vw,d}$ zu führen.

Literatur zu Kapitel 4-3:

[1]   Handbuch für die Berechnung kaltgeformter Stahlbauteile, Verlag Stahleisen
[2]   Petersen, Ch.: Stahlbau, Vieweg 1993
[3]   Valtinat, G.: Tragverhalten und Tragkapazität ausgeklinkter Walzträger..,
          Forschungsbericht Heft 5, TU Hamburg 1995
[4]   DASt-DStV: Typisierte Verbindungen im Stahlhochbau, Stahlbau Verlags GmbH
[5]   Ramberger, Schnaubelt: Stahlbau, Manz Verlag, Wien 1997
[6]   Böhm, Fritsch: Statik einschließlich Festigkeitslehre, Manz Verlag, Wien
[EC 3]   ENV 1993-1-1 Eurocode 3: Bemessung und Konstruktion von Stahlbauten –
          Teil 1-1: Allgemeine Bemessungsregeln für den Hochbau

Literatur zu Kapitel 4-6:

[4.6.1]   Lindner J., Scheer J. u. Schmidt H.: Stahlbauten-Erläuterungen zu DIN 18800 Teil 1
          bis Teil 4, 2. Auflage. Beuth Verlag mbH und Ernst & Sohn, Berlin 1994
[4.6.2]   Osterrieder, P.: Biegedrillknicken mit Beispielen. Vortragsmanuskript BBIT, Cott-
          bus 1994
[4.6.3]   Pasternak H., Schilling S., Hänchen H.: Neue Untersuchungen zum Biegedrillknik-
          ken gevouteter Hallenrahmen. Stahlbau 67 (1998) Heft 10

Literatur zu Kapitel 4-7:

[4.7.1]   Eurocode 4 (ENV 1994-1-1), Bemessung und Konstruktion von Verbundtragwerken
          aus Stahl und Beton, August 1994
[4.7.2]   Eurocode 2 (ENV 1992-1-1) Planung von Stahlbeton- und Spannbetontragwerken,
          Dezember 1992
[4.7.3]   Richtlinien für den Brandwiderstandsnachweis von Blechverbunddecken. Österrei-
          chischer Stahlbauverband, Wien 1993
[4.7.4]   Roik, K.: Verbundkonstruktionen, Stahlbau-Handbuch Band 1, Stahlbau, Verlags
          GmbH, Köln 1982
[4.7.5]   Jungbluth, O.: Verbund- und Sandwichtragwerke, Springer-Verlag, Berlin-Heidel-
          berg 1986
[4.7.6]   Dorn, T.; Haß, R.; Kordina, K.: Brandverhalten von Verbundstützen und -trägern,
          Mitteilungen Institut für Bautechnik 4 / 1988

Literatur zu Kapitel 4-8:

[4.8.1]   Scheer, J., u.a.: Zur „Lochleibungsbeanspruchung" in Schraubenverbindungen.
          Stahlbau 56 (1987) 129-136
[4.8.2]   Bleich, F.: Theorie und Berechnung der eisernen Brücken. Berlin: Springer 1924
[4.8.3]   Petersen, Chr.: Stahlbau, 3. Auflage, Vieweg, Braunschweig/Wiesbaden 1994
[4.8.4]   Falke, J: Tragwerke aus Stahl nach Eurocode 3. Beuth Verlag GmbH, Berlin,
          Werner Verlag GmbH, Düsseldorf, 1996

5 Stahlhochbau

5.1 Grundsätzliches zur Standsicherheit und den Einwirkungen

5.1.1 Zur Standsicherheit

Bei der Konzeption und für den Standsicherheitsnachweis jedes Tragwerkes kann helfen, sich immer folgender, selbstverständlich zu erfüllender Forderung bewußt zu sein:

– Jede für ein Bauwerk mögliche Einwirkung, z.B. jede horizontale und jede vertikale Last, muß sicher in den Baugrund geleitet werden.

– Bei der Wahl des Tragsystems ist auf eindeutige Ableitung der Kräfte Wert zu legen.

– Exzentrizitäten und Spannungsverhältnisse in Bereich von Kraftkonzentrationen sind sorgfältig zu untersuchen und Instabilitätsgefahren besonders zu beachten.

Zur Eindeutigkeit der Lastabtragung

In statisch unbestimmten Systemen entstehen Schnittgrößen u.a. auch durch Veränderung der Randbedingungen. Die Schnittgrößen sind daher bei unsicherer Voraussage, z.B. von Setzungen oder unsicherer Abschätzung von Steifigkeiten, nicht eindeutig bestimmbar.

Beispiel:

Im Bergwerksenkungsgebiet wird man i.a. statisch bestimmt gelagerte Tragwerke statisch unbestimmt gelagerten vorziehen.

Zu Exzentrizitäten

Exzentrische Anschlüsse oder Abweichungen der Schwerlinien von Stäben von den Systemlinien der Tragstruktur können gelegentlich Konstruktionen sehr vereinfachen. Exzentrizitäten führen aber i.a. zu zusätzlichen Beanspruchungen und sind daher zu berücksichtigen.

Zu Kraftkonzentrationen

An Krafteinleitungs- und -umlenkungsstellen entstehen oft komplizierte Beanspruchungszustände. Oft kann man z.B. größere Blechdicken wählen oder Aussteifungen anordnen und dadurch auf eine genauere Analyse verzichten. Umgekehrt kann eine genauere Analyse ergeben, daß Verstärkungen durch Aussteifungen entbehrlich sind.

Zu Instabilitäten

Es ist nicht nur die ausreichende Stabilitätssicherheit der Bauteile selbst zu beachten. Vielmehr ist auch die gegenseitige Wirkung von einzelnen Bauteilen aufeinander zu verfolgen:

Stabilität ist immer ein Systemproblem, beim Zusammenwirken mehrerer ein gemeinsames Problem der zusammenwirkenden Systeme.

Beispiel:

Durch die Schrägstellung von Pendelstützen infolge horizontaler Lasten (z.B. Wind) können sich die auf die Stützen wirkenden vertikalen Lasten stabilitätsgefährdend auf andere Stützen auswirken.

Grundsätzliches zur Aussteifung

Die Standsicherheit von Bauwerken wird heute i.a. durch örtlich konzentrierte Aussteifungs-konstruktionen erzielt. So werden z.B. über horizontale Verbände oder Trapezblechscheiben und vertikale Verbände oder Wandscheiben in Hallen oder über Treppenhaustürme in mehr-stöckigen Gebäuden die Windkräfte und gegebenenfalls die Erdbebenkräfte abgeleitet, und es wird mit ihnen die Stabilisierung des gesamten Gebäudes und auch von Bauteilen erreicht.

5.1.2 Zu den Einwirkungen

Einwirkungen auf Hochbauten sind

– **Ständige Lasten,** z.B. Eigenlasten der Konstruktion

– **Veränderliche Lasten,** z.B.
  – Nutzlasten
  – Schnee- und Windlasten
  – Temperaturänderungen
  – gegebenenfalls Setzungen (können auch ständige Lasten sein)
  – spezielle Lasten aus der Nutzung, wie z.B. Kranlasten

– **Außergewöhnliche Lasten** wie z.B.
  Anprall von Fahrzeugen (Gabelstaplern) und Erdbebenlasten.

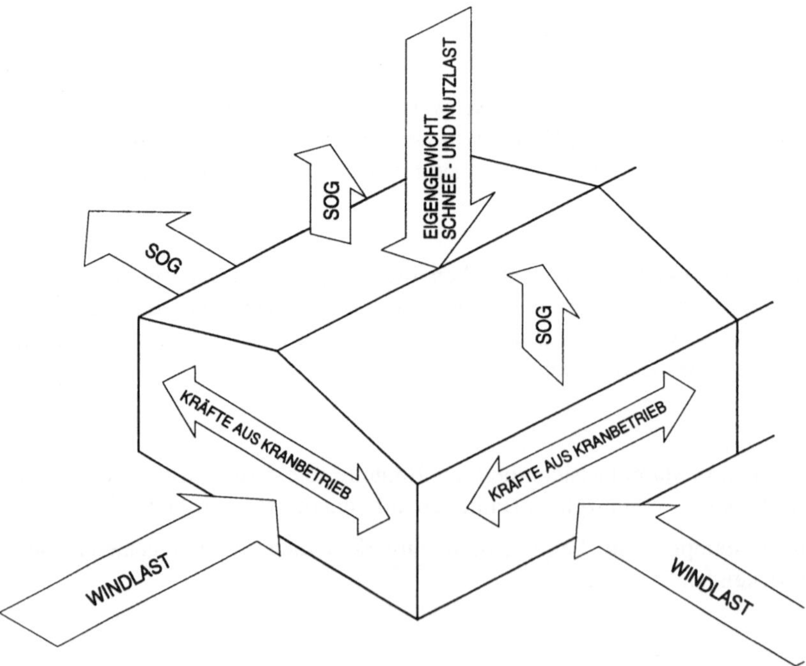

Bild 5-1
Einwirkungen auf
Halle mit Kran

Allgemeine Einwirkungen sind in Normen festgelegt. Die Angaben sind einfach nachvollziehbar, wie z.B. die Abhängigkeit der wetterabhängigen Lasten vom Ort des Bauwerkes (Meeresnähe, Höhe über N.N.). Daher genügen hier nur wenige Hinweise.

Zu den ständigen Lasten

Die Eigenlasten tragender und nicht tragender Bauteile (des Ausbaus) werden i.a. nach EC 1, Teil 2.1 ermittelt. Die dort angegebenen Werte sind einzuhalten, falls nicht im Einzelfall eine genauere Ermittlung möglich ist. Nicht normierte Lasten, z.B. aus Ausrüstungsgegenständen in gewerblichen Bauten, sind vom Nutzer verbindlich anzugeben.

Für die Eigenlasten der tragenden Bauteile ist man zunächst auf Schätzungen angewiesen, zumindest dann, wenn Erfahrungen fehlen. Daher ist nachträglich zu prüfen, ob die getroffenen Annahmen korrigiert werden müssen. Oft führen auch Änderungen beim Ausbau nachträglich zu Änderungen für die tragenden Bauteile. Der Einfluß von Lasterhöhungen ist besonders sorgfältig und vollständig zu verfolgen.

Zu den veränderlichen Lasten

Verkehrslasten, das sind die nicht ständigen Lasten für die Nutzung des Bauwerkes, sind i. a. als Regellasten in EC 1, Teil 2.1 festgelegt. Es sind vertikale Lasten auf Dächern, Decken und Treppen und waagerechte Verkehrslasten, z.B. auf Geländer, angegeben. – Horizontalstöße auf Stützen und Wände, z.B. aus Anprall von Straßenfahrzeugen, gehören zu den Sonderlasten.

Nicht normierte Lasten aus Nutzung sind vom Nutzer verbindlich anzugeben. Angaben zu den wetterabhängigen Lasten findet man für Schnee und Wind in EC 1, Teil 2.3 und 2.4.

Windlasten werden als Produkt aus den 4 Faktoren

- Staudruck q (kN/m^2),

- Expositionsbeiwert c_e, abhängig von der Höhe über Gelände und der Geländeart,

- aerodynamischer Beiwert c_f (dimensionslos), abhängig von der Form des vom Wind getroffenen Baukörpers oder Bauteiles und

- Fläche (m^2) oder f (m^2/m) der vom Wind getroffenen Fläche berechnet.

Bei der Auswertung der Windkanalversuche ergeben sich die Formbeiwerte als Mittelwerte über die jeweils betrachtete Fläche. Belastungsspitzen – von Bedeutung für die Bemessung der Verkleidung und insbesondere deren Befestigungen – können erst bei Bezugnahme auf entsprechend kleinere Teilflächen, wie Rand- und Eckzonen von Gebäuden, dargestellt werden. Deshalb werden bis zu drei verschiedene Außendruckbeiwerte c_p unterschieden:

- Beiwerte als Mittelwert für größere Teilflächen (z.B. für Wandfläche oder Dachfläche);

- Beiwerte für lokal höher beanspruchte Teilflächen (z.B. für Rand- u. Eckzonen);

- Beiwerte für kurzfristige Spitzenbeanspruchung innerhalb der örtlich bereits höher beanspruchten Teilflächen (z.B. für Dacheindeckung und deren Befestigung).

Bei Hallenrahmen treten bereichsweise Winddruck oder -sog auf. Die in den Normen angegebenen aerodynamischen Lastbeiwerte sind obere Fraktilen. Daher ist zu beachten, daß ihr Ansatz dann zu reduzieren ist, wenn angesetzter Windsog zu einer Reduzierung von Beanspruchungen führt.

Bei Dächern mit geneigten Teilen sind mögliche Anhäufungen der Schneelasten s durch Abgleiten von Schneemassen und bei Dächern mit strukturierter Oberfläche (Oberlichtern, Dachsprünge) Schneeverwehungen zu beachten. Es muß auch untersucht werden, ob einseitig auf s/2 verminderte Schneelasten zu höheren Beanspruchungen führen.

Zu den Sonderlasten (außergewöhnliche Einwirkungen)

Für die Aufnahme von Sonderlasten, wie z.B. Anprall von Straßenfahrzeugen oder Gabelstaplern, reichen geringere Tragsicherheiten als für die Aufnahme von planmäßigen Lasten aus, da ein Teil der Zuverlässigkeit in der geringen Wahrscheinlichkeit ihres Auftretens steckt.

5.2 Bauteile des Stahlhochbaus

5.2.1 Pfetten und Wandriegel

Allgemeines

Zwei Bauweisen im Bereich von Dach und Wand konkurrieren in den letzten Jahren miteinander.

– Entweder wird die Hülle aus Traggliedern mit großen Stützweiten gebildet, die sich im Dach direkt von Riegel zu Riegel und in der Wand entweder vertikal direkt von der Traufe zum Fundament oder horizontal direkt von Stiel zu Stiel spannen (Bild 5-2).

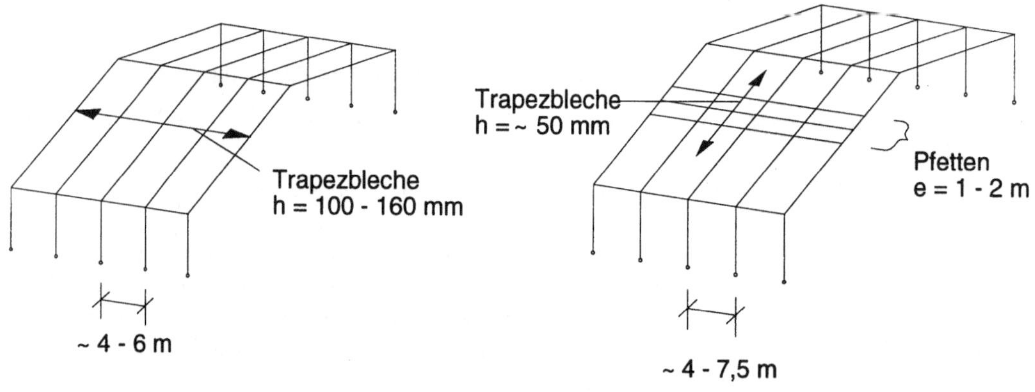

Bild 5-2 Binderdach   **Bild 5.3** Pfettendach

– Oder die Hülle wird aus Traggliedern mit kleineren Stützweiten gebildet, die sich auf Zwischentragglieder stützen, im Dach auf Pfetten und in der Wand auf Wandriegel (Bild 5-3).

Die Pfetten stützen also die Dachhaut und leiten die Dachlasten auf die Binder weiter. Da die Dachbinder normalerweise keine genügende Seitensteifigkeit besitzen, werden die gedrückten Bindergurte über die Pfetten auf den aussteifenden Dachverband abgestützt. Neben der Biegung werden damit mindestens einige Pfetten durch Normalkräfte beansprucht. Bild 5-4 verdeutlicht diese Tragwirkung.

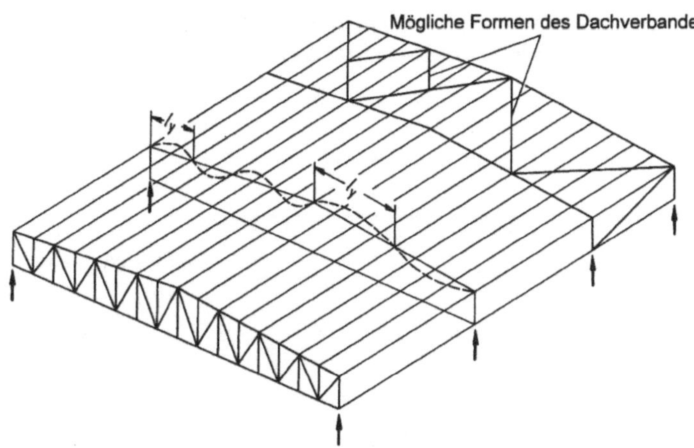

Bild 5-4
Stabilisierung der Bindergurte
durch Dachverband und
Pfetten [5.2.13]

Die Wandriegel ihrerseits übernehmen die auf die Fassaden wirkenden Windkräfte. Dagegen trägt die Wandverkleidung ihre Eigenlast meist selbst. Zudem haben die Wandriegel die Fassadenstützen gegen Knicken in der Wandebene zu sichern, wobei eine Verbindung zu den Wandverbänden erforderlich ist. Pfettenlose Dachkonstruktionen bzw. riegellose Wandkonstruktionen sind bei ausreichender Biege- und Schubsteifigkeit der Dach- und Wandverkleidung möglich.

Querschnitte für Pfetten

Als Querschnitte kommen zunächst die warmgewalzten I- und U-Profile in Frage. Aus wirtschaftlichen Gründen werden die IPE-Profile bevorzugt. Außerdem gibt es verschiedene kaltgewalzte Profile, die zur Verwendung als Pfetten und Wandriegel entwickelt worden sind. Siehe Abschnitt 5.4.

Einteilung nach statischen Systemen

Bei Pfetten kommen alle statischen Systeme vor, da sie jeweils verschiedene Vorteile bringen:

– Einfeldpfetten

Vorteil: einfache Montage von den jeweiligen Unterkonstruktionen aus, einfache Befestigung, da kein biegesteifer Stoß. Biegedrillknicken kann durch Aktivierung der Dachhaut ausgeschlossen werden.

Nachteil: im allgemeinen größere Durchbiegungen und mehr Stahlgewicht als bei anderen Systemen.

Die Bemessung erfolgt heute entweder nach dem Verfahren Elastisch-Plastisch (EC 3, Abschnitt 5.4.8.1, zweiachsige Biegung) oder mit Bemessungshilfen, z.B. [5.2.1].

Traufpfetten sind in der Regel Einfeldpfetten.

– Gelenkpfetten

Kommen bei warmgewalzten und bei kaltgewalzten Trägern vor. Gelenkpunkte können in den Ort der Momentennullpunkte gedachter Durchlaufpfetten gelegt werden. Dann erhält man Momentenverteilungen wie bei diesen, hat jedoch ein statisch bestimmtes System.

Vorteile: Durch Wahl der Lage der Gelenkpunkte ist es möglich, die Beträge der Feld- und
Stützmomente möglichst gleich werden zu lassen (Bild 5-5). α wird so gewählt, daß
möglichst gut gilt:

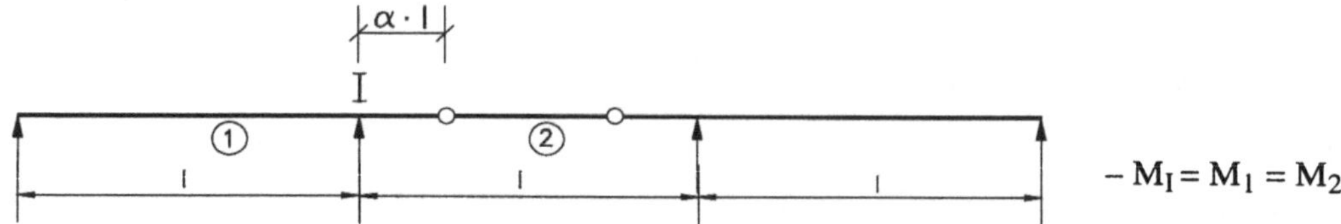

$$-M_I = M_1 = M_2$$

Bild 5-5 System für Gelenkpfetten

Oft kommt man zu guten Lösungen, wenn man in den Endfeldern ein größeres Profil wählt.

– Die Transportlängen der Pfetten bleiben relativ klein.

Nachteile:

– Die Herstellung der Gelenke während der Montage erfordert besondere Vorkehrungen, da
der Ort der Gelenke im allgemeinen nicht unmittelbar zugänglich ist.

– Die Gelenkausbildung ist aufwendig. Für warmgewalzte Pfetten ist sie typisiert [5.2.2]. Ein
Beispiel für IPE-Träger 140 bis 200 zeigt Bild 5-6.

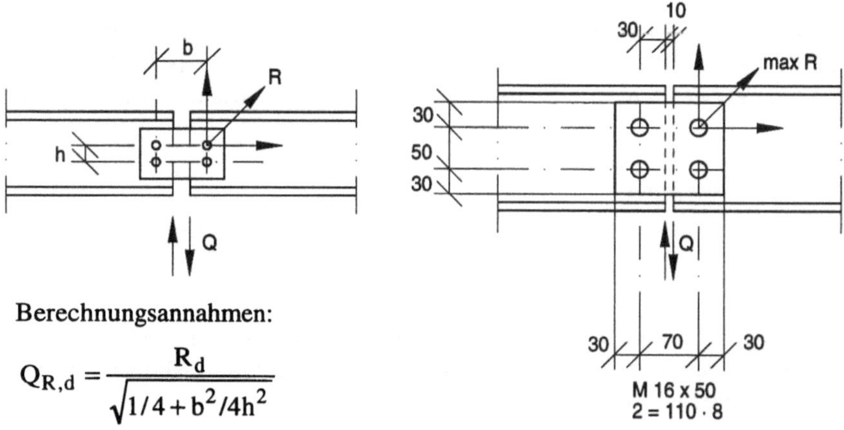

Berechnungsannahmen:

$$Q_{R,d} = \frac{R_d}{\sqrt{1/4 + b^2/4h^2}}$$

Bild 5-6 Typisierter Pfettenstoß nach [5.2.2] (R_d – Beanspruchbarkeit einer Schraube)

Beachten:

– Wenn Pfetten Pfosten von Dachverbänden sind, dürfen im Verbandsfeld keine Gelenke
angeordnet werden.

– Systeme mit Kettenreaktionen sind zu vermeiden (Bild 5-7).

Falsch

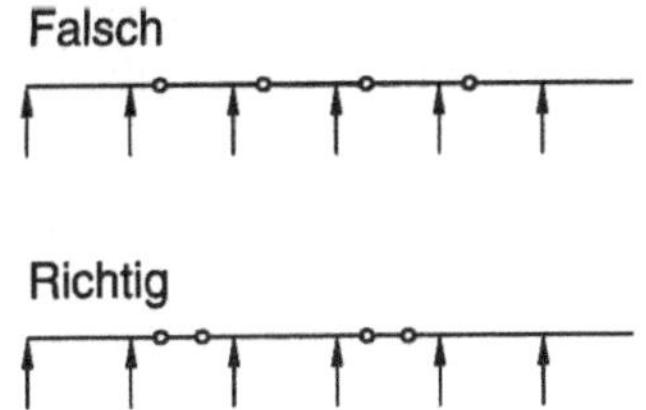

Richtig

Bild 5-7
Falsche und richtige Anordnung der Gelenke

– Durchlaufpfetten

Warmgewalzte Pfetten können nach dem Verfahren Plastisch-Plastisch bemessen werden, zumindest dann, wenn vorwiegend einachsige Biegung vorliegt, Hilfen [5.2.1]. Zu beachten sind bei dieser hohen Ausnutzung die relativ großen Durchbiegungen. Sie können für die Bemessung maßgebend werden. Man vermeidet zu große Lieferlängen durch Stöße. Diese müssen biegesteif ausgeführt werden. Sie werden im allgemeinen in Bereiche mit kleinen Biegemomenten gelegt.

Pfetten für geneigte Dächer – Problem des Dachschubes

Eine lotrechte Anordnung der Pfetten wäre bei warmgewalzten Profilen statisch am vorteilhaftesten, da die Hauptbelastung aus Eigengewicht und Schnee das Profil rechtwinklig zur Hauptachse mit dem großen Trägheits- und dem großen Widerstandmoment treffen würde. Im allgemeinen werden Pfetten dennoch rechtwinklig zur Dachebene angeordnet, da der Einbau der für eine lotrechte Stellung notwendigen keilförmigen Zwischenstücke sehr teuer ist und auch zwischen Dachhaut und Pfetten Ausgleichstücke erforderlich wären.

Durch die geneigte Anordnung (Bild 5-8) muß die Pfettenbelastung in zwei Komponenten in Richtung der Hauptachsen aufgeteilt werden. Die Komponente

$$q_z = w + (g + s) \cdot \cos \alpha$$

trifft das Profil günstig, dagegen verursacht die Komponente

$$\left| q_y \right| = (g + s) \cdot \sin \alpha$$

wegen des kleinen Widerstandmomentes große Biegespannnungen σ_x und wegen des kleinen Trägheitsmomentes I_z große Durchbiegungen parallel zur Dachebene. Die Komponenten q_y nennt man Dachschub.

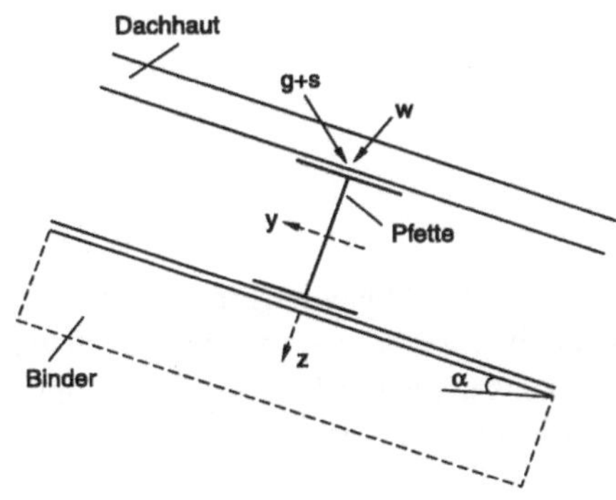

Bild 5-8
Zum Dachschub

Wegen der biegesteifen Dacheindeckung wird die Verdrehung der Pfette weitgehend verhindert. In den Berechnungen darf der Dachschub im Schwerpunkt des Profils oder in der Ebene der Zugstangen angesetzt werden.

Die Bedeutung des Dachschubes soll durch einige Zahlenwerte für eine Pfette IPE 200 deutlich gemacht werden:

Dachneigung α		**3%**		**7%**		**10%**	
Verhältnis w / (g+s)	0	0,2	0,4	0,2	0,4	0,2	0,4
q_y / q_z	0	0,044	0,037	0,102	0,088	0,147	0,125
$\sigma(q_y)$ / $\sigma(q_z)$ (W_z / W_y = 0,100)	0	0,44	0,37	1,02	0,88	1,47	2,35

Ergebnis:

Die durch die Neigung verursachten Spannungen haben die gleiche Größenordnung wie die beim nicht geneigten Dach. Daher werden besondere Vorkehrungen getroffen:

Nach Bild 5-9 verkürzt man durch den Einbau von Pfettenaufhängungen (auch Schlaudern genannt) die Stützweite für die Last q_y, im allgemeinen auf etwa 1/3 des Binderabstandes 1, (in Sonderfällen auch nur auf die Hälfte). Damit reduziert man die Biegemomente M_z auf rd. 10 %.

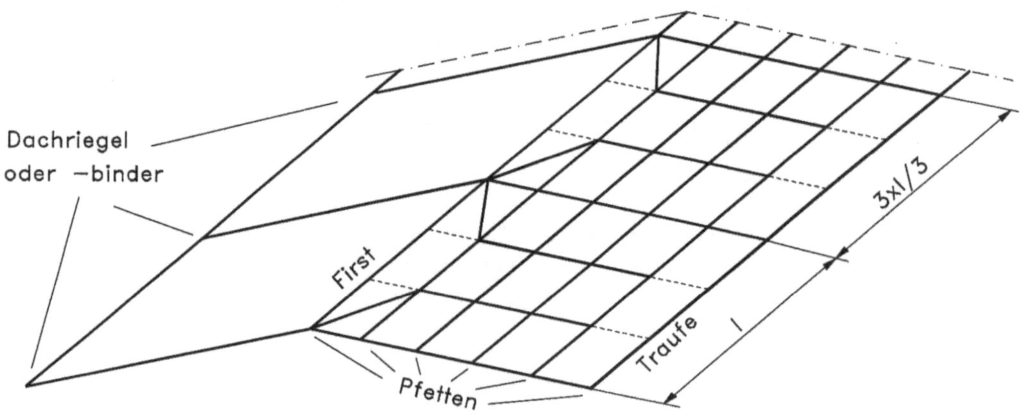

Bild 5-9 Anordnung der Pfettenaufhängungen

Bedeutsam für diese Lösung ist eine einfache Konstruktion für die Abhängungen und ihre Anschlüsse. Wegen ihrer großen Bedeutung für den Stahlhallenbau gehören sie zu den „Typisierten Verbindungen" [5.2.2]. Die Pfettenabhängungen aus Rundstählen Ø12 mm haben umgerechnet auf das heutige Sicherheitskonzept eine Beanspruchbarkeit von ca. 12 kN, die aus Rundstählen Ø16 mm ca. 31 kN.

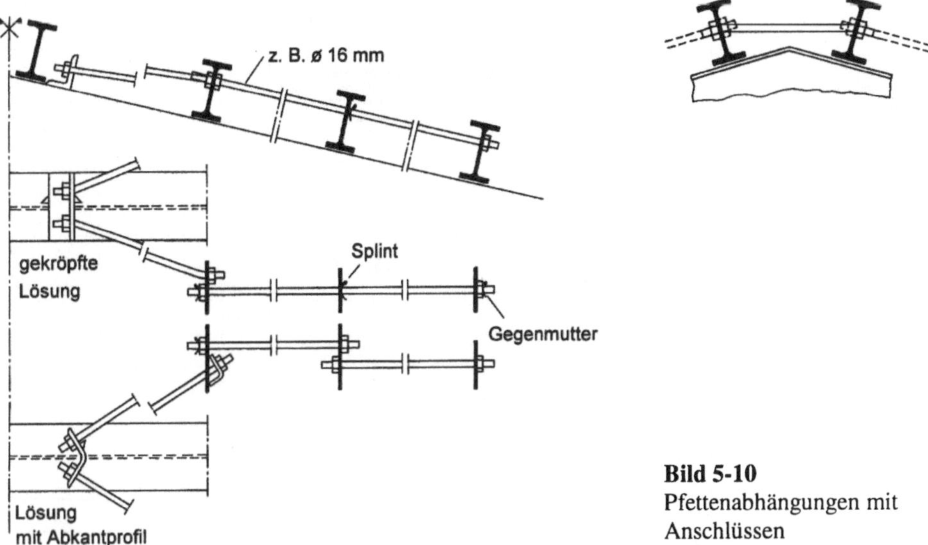

Bild 5-10
Pfettenabhängungen mit
Anschlüssen

Alternativ läßt sich mit Hilfe von Hängestreben (Bild 5-11) erreichen, daß der Dachschub nicht von den Dachpfetten aufgenommen werden muß, sondern direkt zu den Riegeln weitergeleitet werden kann.

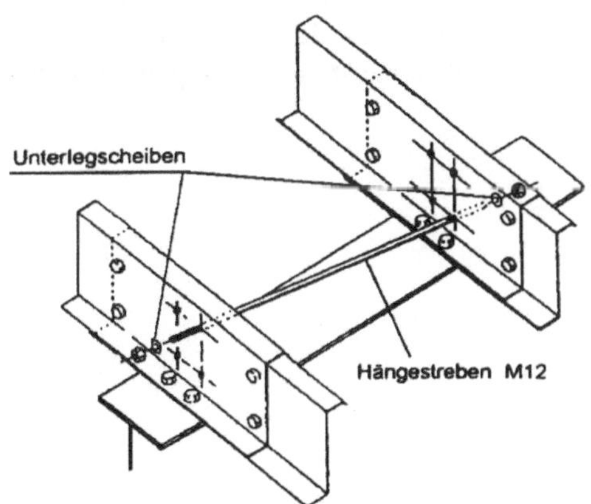

Bild 5-11
Hängestreben zwischen den Dachpfetten [5.2.3]

Als weitere Alternative kann der Dachschub von der Dachschale selbst aufgenommen und in die Randglieder (z.B. Firstpfette) eingeleitet werden.

Zur Befestigung der Pfetten auf der Unterkonstruktion

Zur wirtschaftlichen Gestaltung von Dächern mit Pfetten gehört deren einfache Befestigung auf der Unterkonstruktion. Hierfür werden Pfettenschuhe, auch Pfettenstühle genannt, benutzt.

Für *warmgewalzte* Pfetten gibt es in den „Typisierten Verbindungen" zwei Standardlösungen. Bild 5-12 zeigt eine von 3 Ausführungen der verbreitetsten Lösung.

Ausführung: B

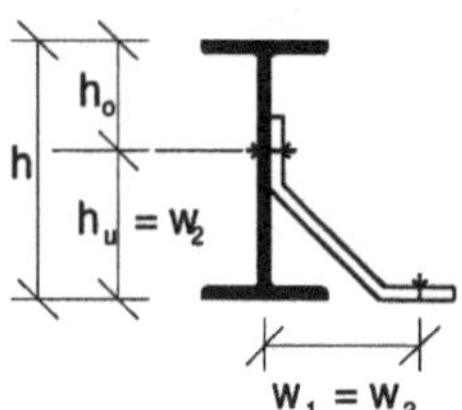

Bild 5-12
Typisierter Pfettenstuhl
nach [5.2.2]

Zeilen - Nr.	Pfettenschuh			Pfettenanschluß	B (außermittiger Anschluß)		
	Abgewickelte Länge l	Blechdicke t	$w_1 = w_2$	Schrauben nach DIN 7990 mit Scheibe nach DIN 7989 Ø x Länge	Profilhöhe h	h_u (= w_2)	h_o
	mm	mm	mm	mm	mm	mm	mm
1	95	5	40	(M 12 x 35)[2]	—	—	—
2	112	6	50	N 16 x 35 [3]	80	50	30
3	136	8	60		100	60	40
4	150	8	70	M 16 x 40	120	70	50
5	166	8	80	M 16 x 40	120	80	40
6					140	80	60
7	190	8	90	M 16 x 45	140	90	50
8					160	90	70
9	208	10	100	M 16 x 45	160	100	60
10					180	100	80

Werden Pfetten (als Pfosten von Verbänden) zur Aufnahme von Normalkräften herangezogen, sind sie direkt auf der Unterkonstruktion zu befestigen.

Wandriegel

Der Wandriegel kann gegenüber der Stütze vorgesetzt ausgeführt werden (Bild 5-13a). Diese Lösung gestattet es, die Wandriegel auch als Durchlaufträger auzubilden. Sollen Außenflansche der Wandriegel und Stützen bündig abschließen, führt dies meist zu gelenkigen Anschlüssen (Bild 5-13b).

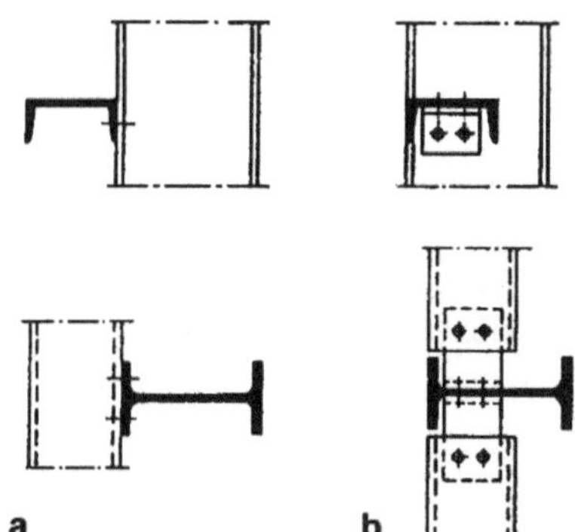

a   b

Bild 5-13
Befestigung von Wandriegeln

5.2.2 Vollwandträger

Vollwandträger wurden bereits in Abschnitt 4.3 behandelt. Hier wird ergänzend auf hochbautypische Verbindungen (mit Stützen) und Auflager von Trägern eingegangen. Der geschraubte Querkraftanschluß von Vollwandträgern aus Walzprofilen ist in den „Typisierten Verbindungen im Stahlbau" [5.1.5.2]. vereinheitlicht. Beispiele für derartige Standardlösungen sind in Bild 5-14 wiedergegeben. Bei den Nachweisen sind die Versatzmomente aus der Anschlußexzentrizität zu beachten.

Geschraubte Anschlüsse

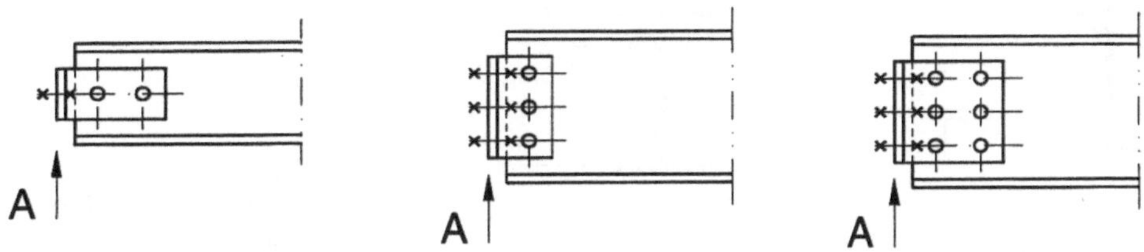

Bild 5-14 Geschraubte Querkraftanschlüsse nach [5.2.2]

Diese Anschlüsse erlauben einfach bei Schraubenverbindungen mit einem Lochspiel von 1 oder 2 mm, Ungenauigkeiten bei der Montage auszugleichen.

Eine Vereinfachung der Anschlüsse nach Bild 5-14 wird durch einseitige Steglaschen gesucht, die an die Stützen angeschweißt werden (Bild 5-15). Der Nachteil der nur einschnittigen Ausnutzung der Schrauben wird durch Einsparungen bei der Konstruktion mehr als ausgeglichen.

Die dargestellten Lösungen erlauben den Anschluß von Trägern an Stützen oder Unterzüge, letzteres aber noch nicht in der oft erforderlichen Form mit bündiger Lage von Oberkante Träger und Oberkante Unterzug.

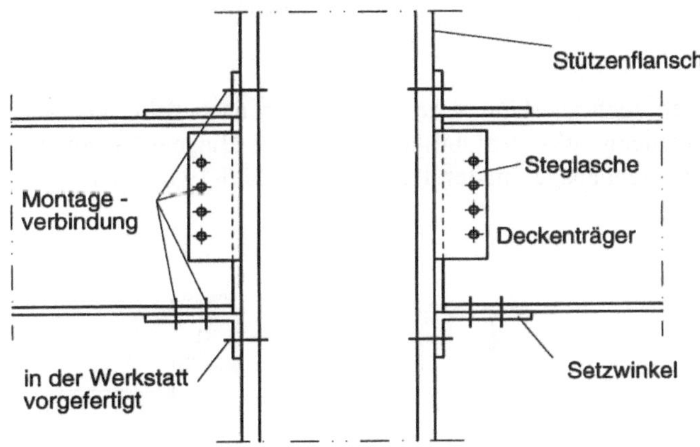

Bild 5-15
Einseitige Steglaschen zum Querkraftanschluß nach [5.2.4]

Daher müssen für diesen Fall, z.B. für die Auflagerung von Gitterrosten, die Träger ausgeklinkt werden. Hierbei muß ausreichende Tragsicherheit im Schnitt S-S nach Bild 5-16 nachgewiesen werden.

Es handelt sich wegen der im Vergleich zu den Querschnittsabmessungen kurzen maßgebenden Länge um ein Scheibenproblem. Dennoch kann man den Ausklinkungsbereich im Fall vorwiegend ruhender Beanspruchungen, bei dem ein Ausgleich durch Plastizieren möglich ist, mit den Verfahren der technischen Biegelehre mit ausreichender Zuverlässigkeit bemessen, wenn man am Ausklinkungsende die Schubspannung mit $\tau = A / (h' \cdot t)$ berechnet. Im Fall wiederholter Beanspruchungen muß man wegen der Kerben vorsichtig bemessen.

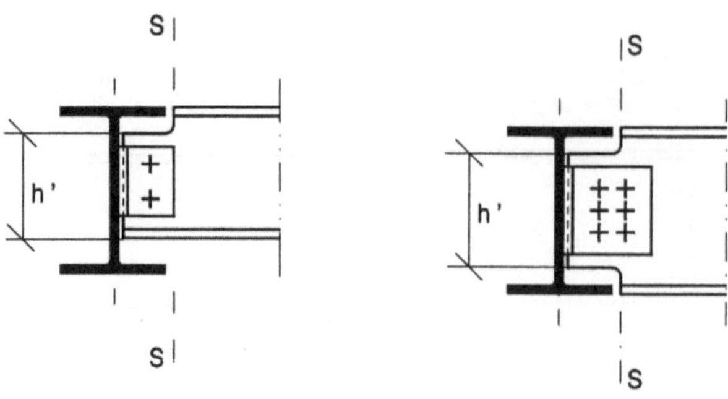

Bild 5-16
Ausklinkungen: Zum
Nachweis

Es kommen auch angeschweißte Stirnplatten in Frage. Hierbei ist aber an Toleranzen zu denken, die z.B. ausgeglichen werden können, indem man Minderlängen vorgibt und Futterbleche für die Montage bereitstellt.

Schweißnähte zum Anschluß der Stirnplatten werden ebenfalls als typisierte Verbindungen [5.2.2] geregelt (Bild 5-17).

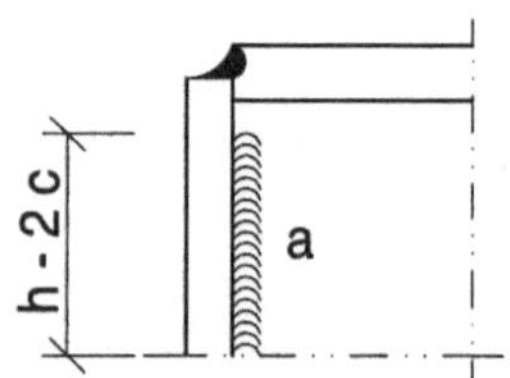
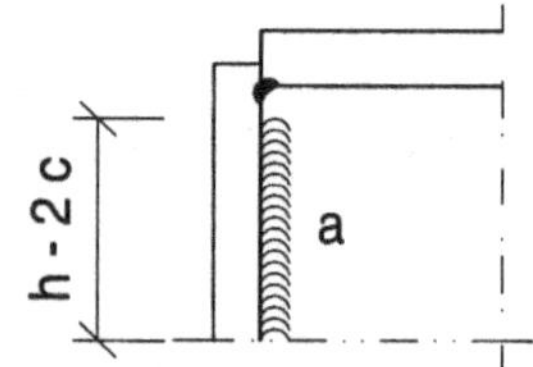

Bild 5-17
Anschweißen von Stirn-
platten für Querkraft-
anschlüsse

Zur Einsparung von Werkstoff werden auch „verkümmerte" Stirnplatten nach Bild 5-18 verwendet. – Zum Einfluß von Ausklinkungen auf die Stabilität (Gefahr des Biegedrillknickens) vgl. [5.2.5]. In [5.2.6] werden Vorteile nicht ausgeklinkter Träger nach Bild 5-19 untersucht.

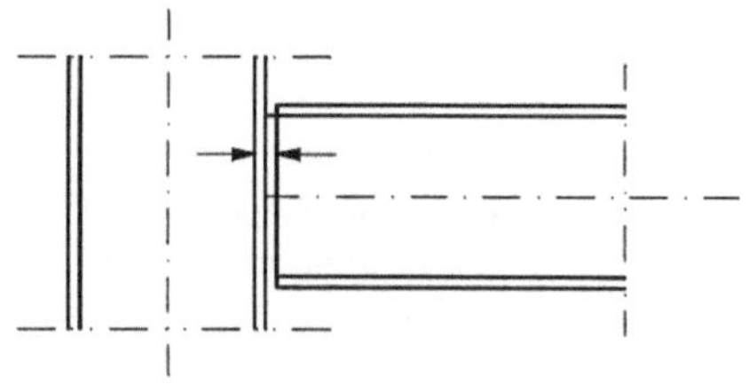

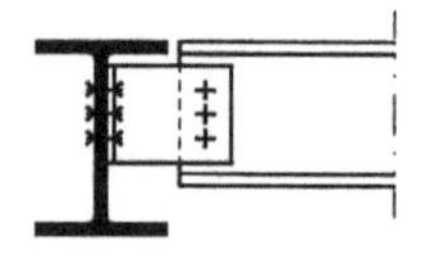
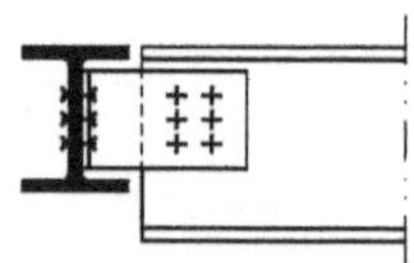

Bild 5-18 „Verkümmerte" Stirnplatten

Bild 5-19 Einseitig bündige Trägeranschlüsse
ohne Ausklinkungen

Bild 5-20 zeigt eine gelenkige Knaggen-Auflagerung. Die Lagesicherung der Träger erfolgt entweder durch Aussparungen oder durch Schrauben.

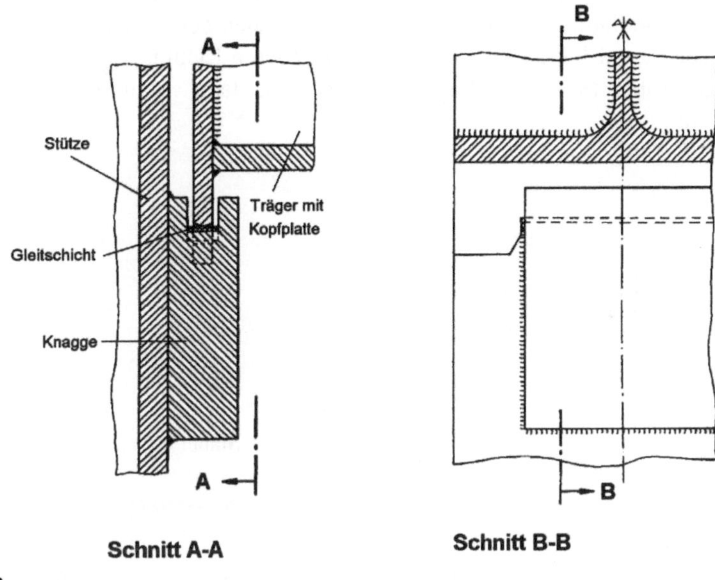

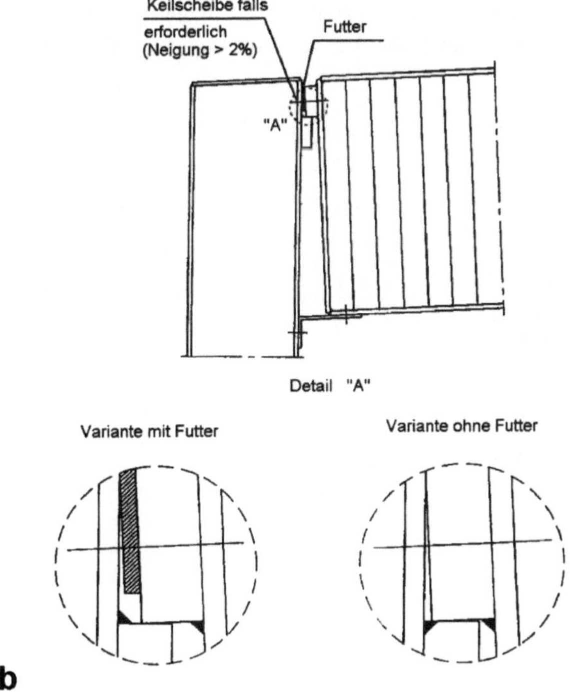

Bild 5-20 Knaggen-Auflagerung [5.2.7], [5.2.8]

Einfachste Lagerungen erhält man in der sogenannten Stapelbauweise, indem Träger unmittelbar auf Unterzüge aufgelegt werden (Bild 5-21). Die Bauweise bietet oft günstige Möglichkeiten für die Verlegung von Installationsleitungen, indem sie zwischen den Unterzügen in einer Richtung und zwischen den darauf liegenden Trägern in der anderen Richtung geführt werden. Aussteifungen an den Kreuzungsstellen sind teuer und daher nur dann vorzusehen, wenn sie rechnerisch erforderlich sind.

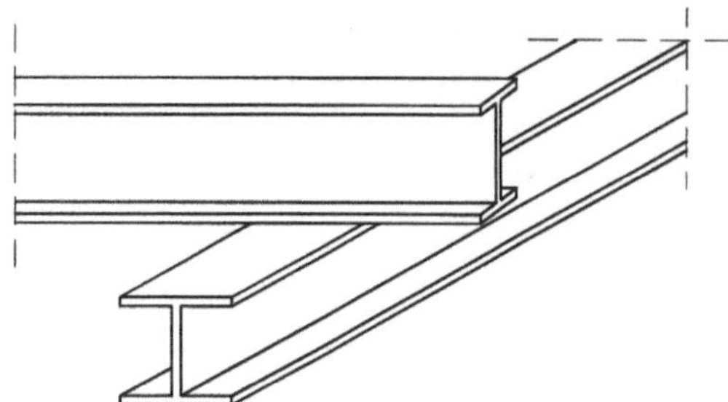

Bild 5-21
Trägerauflager in Stapelbauweise

Bei schweren, ausgesteiften Konstruktionen und bei großen Spannweiten ist zu prüfen, ob zur Vermeidung einer Verlagerung der Lastübertragung in Randbereiche der Kontaktfläche Zentrierleisten eingebaut werden müssen. Diese können einfach als Rechteckleisten (Bild 5-22, links) vorgesehen werden, deren Ränder plastizieren und somit selbständig die Zentrierung verbessert wird. Es werden aber auch Zentrierleisten mit balligen Oberflächen gewählt (Bild 5-22, Mitte). Schließlich kommt auch der Einbau von Lagern, z.B. Elastomerlagern, in Frage (Bild 5-22, rechts).

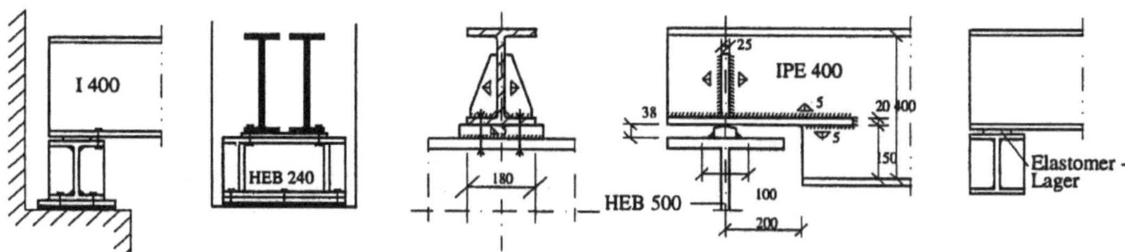

Bild 5-22 Zur Zentrierung der Lasten an Auflagern

Beispiel: Bemessung von Lasteinleitungsrippen

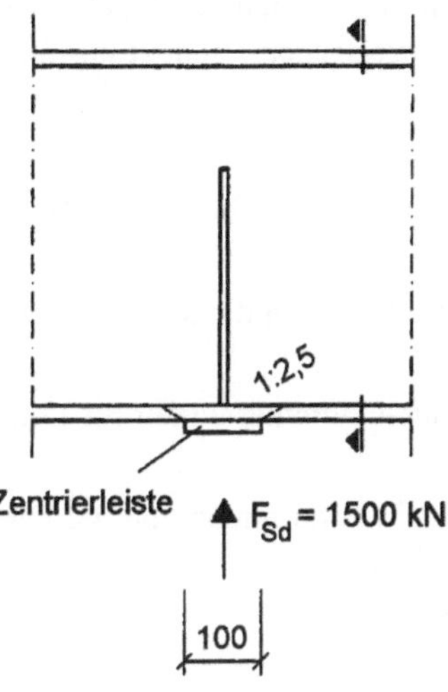

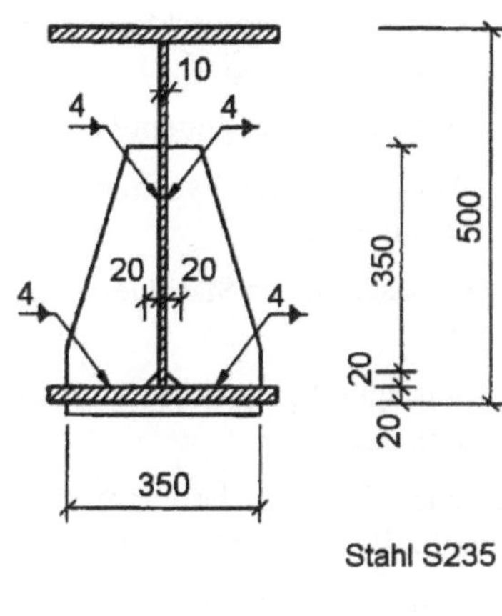

Bild 5-23 Auflager mit Lasteinleitungsrippen

Länge der Kontaktzone zwischen Gurt und Steg

$$l_1 = 10 + 2 \cdot 2,0 \cdot 2,5 = 20,0 \text{ cm}$$

Vom Steg aufnehmbare Kraft (= Fließen, da $\dfrac{d}{t_w} = \dfrac{500}{10} = 50 < 69$)

$$F_{R,d1} = \frac{20,0 \cdot 1,0 \cdot 24,0}{1,1} \cong 436 \text{ kN}$$

Von der Rippe aufzunehmende Kraft

$$F_{R,d2} = 1500 - 436 \cong 1064 \text{ kN}$$

Länge der Kontaktzone zwischen Gurt und Rippe

$$l_2 = \frac{1}{2} \left(35 - 1,0 - 2 \cdot 2,0 \right) = 15,0 \text{ cm}$$

Rippendicke

$$t_r \geq \frac{1064 \cdot 1,1}{2 \cdot 15,0 \cdot 23,5} = 1,66 \text{ cm} \rightarrow \text{ gewählt: } 2 \text{ cm}$$

Rippenhöhe (bei 4,0 mm Schweißnahtdicke zwischen Rippe und Steg, $\beta_w = 0,8$)

$$h \geq \frac{1064 \cdot 0,8 \cdot 1,25}{4 \cdot 0,4 \cdot 36/\sqrt{3}} = 32 \text{ cm} \rightarrow \text{ gewählt: } 35 \text{ cm}$$

5.2.3 Fachwerke

Fachwerke werden im Hallenbau als Träger (selten auch Rahmen) und Verbände (vgl. Abschnitt 5.3) eingesetzt. Fachwerkträger und -rahmen haben ihre frühere Bedeutung allerdings nicht beibehalten können (vgl. 4.5).

Vorteile der Fachwerkträger gegenüber Vollwandträgern sind:

– Einfache Anpassung der Systeme an die Bauaufgabe, z.B. Dreieckbinder für Hallen mit größerer Dachneigung.

– Einfache Anpassung der Stabquerschnitte für Gurte und Füllstäbe an die auftretenden Beanspruchungen.

– Lichtdurchlässigkeit gegenüber Vollwandträgern, damit auch Durchlässigkeit für Leitungen, Klimaanlagen usw..

– Wenn gleiche oder ähnliche Fachwerkträger in größerer Zahl vorkommen und die Fertigung typisiert und z.B. mit Vorrichtungen rationalisiert werden kann.

– Im allgemeinen größere Wirtschaftlichkeit bei größeren Stützweiten.

Der früher oft herausgestellte Vorteil handlicher und für den Transport günstiger Einzelelemente, nämlich der Stäbe, geht heute zunehmend verloren, da Fachwerke i.a. nur dann wirtschaftlich hergestellt werden können, wenn die überwiegende Zahl der Knoten in der Werkstatt geschweißt wird. Bessere Transportmöglichkeiten erlauben heute den Transport größerer Einheiten, also auch ganzer Fachwerkträger oder Fachwerkträgerabschnitte.

Bild 5-24 zeigt eine moderne leichte Stahlhalle für ein Regallager [5.2.9]. Der Zweigelenkfachwerkrahmen und die Verbandstäbe bestehen aus Rechteckhohlprofilen. Die Knoten des Fachwerkrahmens sind geschweißt ausgeführt.

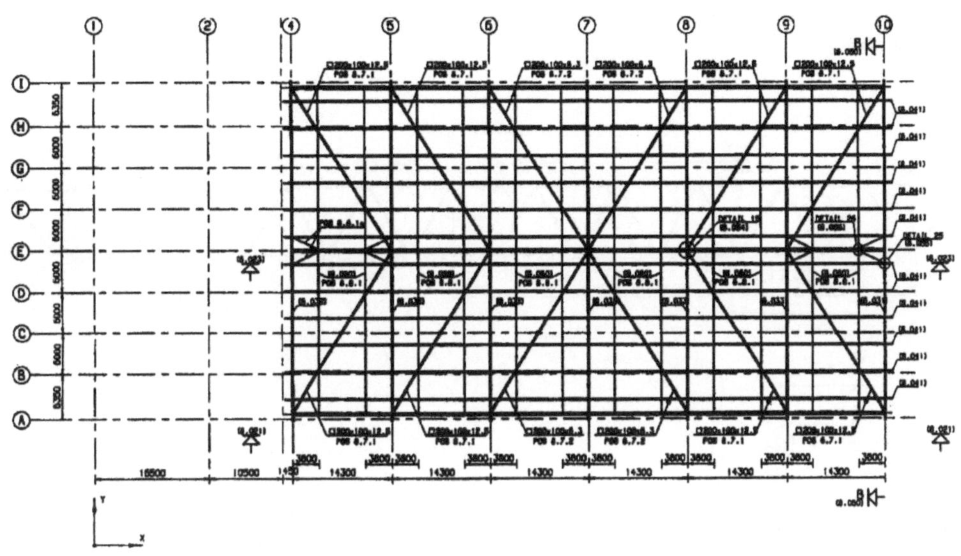

a

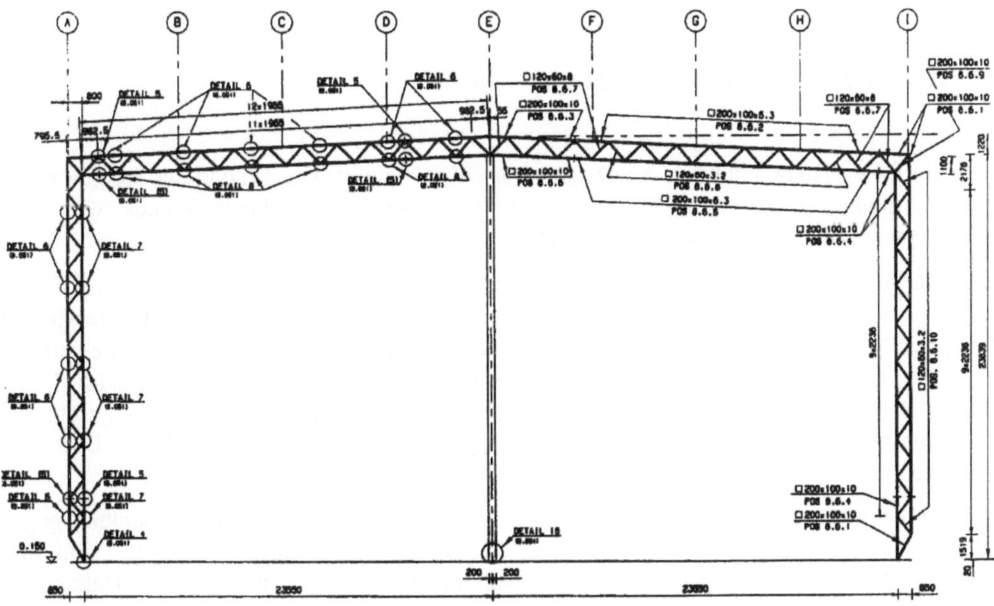

b

Bild 5-24 Tragstruktur einer Regallagerhalle **a)** Draufsicht, **b)** Querschnitt

Bild 5-25 zeigt die Dachpfetten dieser Halle, die als Fachwerk mit einer Stützweite von 14300 mm und einer Bauhöhe von 1070 mm (Systemmaß) ausgeführt wurden. Analog ist der Wandriegel aufgebaut.

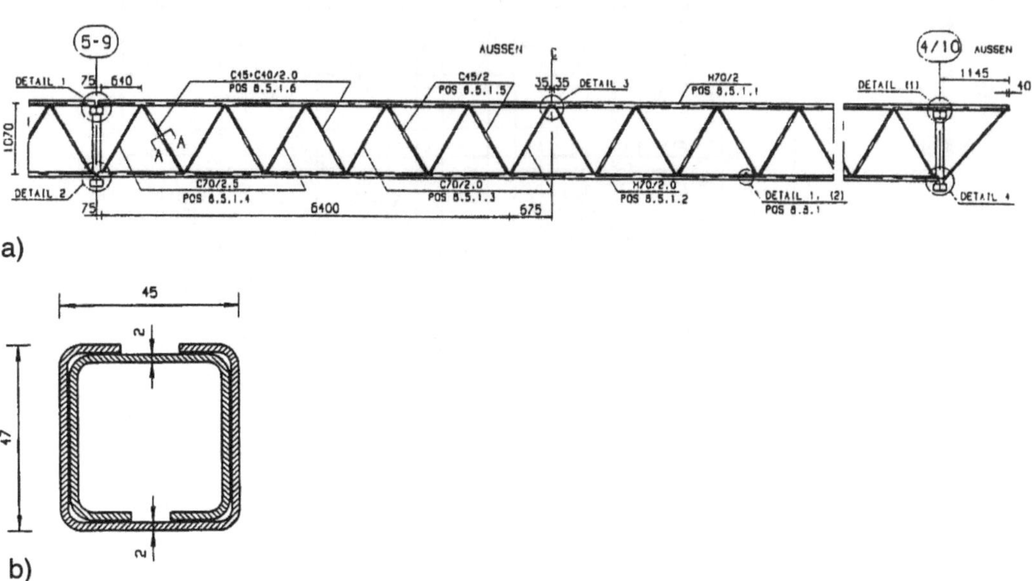

Bild 5-25 Fachwerkpfetten, **a**) System, **b**) Doppel-Diagonale

Die Gurte haben Hutquerschnitt, die Diagonalen C-Querschnitt. Die Wände der kaltgewalzten Stäbe sind mindestens 2 mm dick. Bei größeren Kräften werden die Diagonalen aus zwei ineinandergelegten Stäben mit C-Profil gebildet (Bild 5-25b).

Die einfache Knotenausbildung zeigt Bild 5-26: Ein IBO-Gelenkbolzen Ø 22 wird durch gestanzte Löcher Ø 22 in die beiden zueinander parallelen Wänden der schmalen Diagonale („Innenstab") mit einem planmäßigen Lochspiel von 0,5 mm gesteckt. Die Wände der breiten Digonale („Außenstab") und des Gurtes werden durch Innensechskant-Schrauben, im dargestellten Fall M 16, die von beiden Seiten in das Innnengewinde des Gelenkbolzens geschraubt werden, angeschlossen. Die in Wirklichkeit vorhandenen Unterlegscheiben sind im Bild 5-26 nicht gezeigt.

Die Dachpfetten sind durch Zugstangen Ø 16 in den beiden äußeren Viertelspunkten gegen seitliches Ausweichen gesichert (Bild 5-24a). Bei der Montage würden die 14300 mm weit gespannten Wandpfetten wegen geringer Seitensteifigkeit erheblich durchhängen. Daher werden sie etwa in den beiden äußeren Viertelspunkten mit Hilfe von an beiden Pfettengurten durchgeführter Zugstangen Ø 16, die am Randpfosten der Dachverbände (Rohr) befestigt sind, aufgehängt. Die Länge der Zugstangen kann mit Hilfe einer Gewindehülse justiert werden. Die Zugstangen werden in der Bodenplatte verankert. Einzelheiten in [5.2.9].

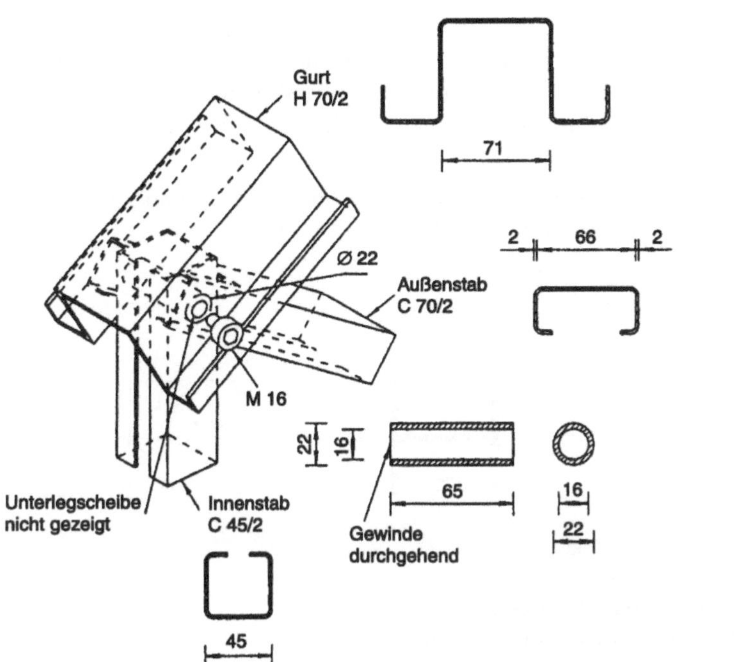

Bild 5-26
Pfettenknoten

5.2.4 Stützen

Stützen tragen vorwiegend Kräfte auf Druck ab. Der Idealfall ist die Stütze mit planmäßig mittiger Normalkraft, die nur bei querlastfreien Pendelstützen vorliegt. Die planmäßig mittige Lasteinleitung verlangt Konstruktionen an Kopf und Fuß, die eine Zentrierung gewährleisten.

Oft ist die planmäßig mittige Beanspruchung gestört, da z.B. Querlasten angreifen (Windlasten in Wandstielen von Hallen), da die Fußlagerung nicht ideal gelenkig ausgeführt wird oder Konsollasten von Kranbahnen außermittig angreifen.

Im Stahlhallenbau dominieren Zweigelenkrahmen. Die Entwicklung im sonstigen Stahlhochbau ist u.a. dadurch gekennzeichnet, daß Pendelstützen wegen ihrer einfachen Gestaltung und einfacher Fundamente bevorzugt werden. Aussteifungen und die Ableitung von Horizontallasten, z.B. aus Wind, werden an wenigen Stellen konzentriert, die Pendelstützen werden über Riegel angehängt.

Als Pendelstützen eignen sich von den Walzprofilen besonders die der HE-B (= IPB)-Reihe, da bei ihnen der Unterschied zwischen den beiden Trägheitsradien am kleinsten ist.

Wenn zu den Normalkräften Biegemomente, z.B. aus Windlast auf Wandstiele oder Kragmomenten aus Kranbahnkonsolen, hinzukommen, können auch IPE-Profile vorteilhaft sein.

Für Stützen kommen auch Hohlprofile in Frage. Die Anschlußmöglichkeiten für Querträger sind schlechter, insbesondere bei Rundrohren. Sie eignen sich besonders für Pendelstützen mit Kopf- und Fußplatten.

Einteilige Stützen

Gelenkige Stützenfüße

I-förmige Querschnitte erlauben wegen der offenen Profilform mit rechtwinklig zueinander stehenden, parallelwandigen Teilen einfache Anschlüsse. Die Fußausbildung ist für einfache Ansprüche, wie sie bei Pendelstützen häufig vorliegen, einfach (Bild 5-27): Anschweißen der Fußplatte mit Kehlnähten.

Die Übertragung von Druckkräften durch Kontakt nach EC 3, Abschnitt 6.8.2, führt zu kleinen Nahtdicken und bringt daher wirtschaftliche Vorteile [5.2.10] und [5.2.11].

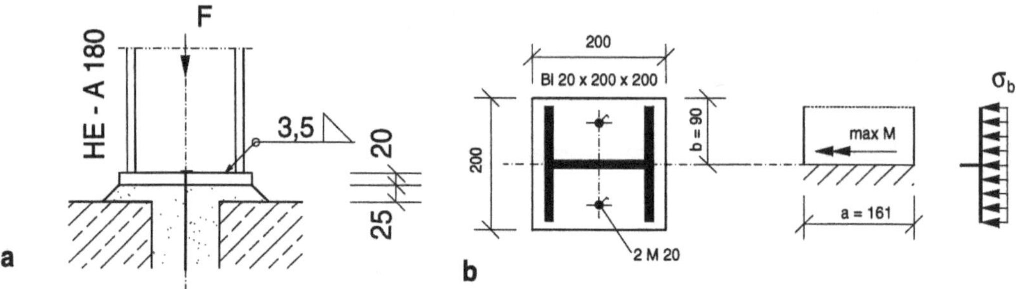

Bild 5-27 a) HEB-Stütze mit Fußplatte ohne Überstand
  b) Berechnung der Fußplatte als dreiseitig gelagerte Platte

Zur Verringerung der Betonpressung unter der Fußplatte kann es notwendig sein, die Platte deutlich größer als das die Stütze umschreibende Rechteck auszuführen (Bild 5-28). Damit treten größere Biegemomente in der Platte auf. Um die Fußplattendicke klein zu halten, waren früher Aussteifungen selbstverständlich. Heute werden wegen des geringen Fertigungsaufwandes und der kleinen Konstruktionshöhe unausgesteifte Fußplatten angestrebt. Nur wenn bei großen Biegemomenten Dicken von etwa 60 mm überschritten würden, werden ausgesteifte Fußkonstruktionen verwendet.

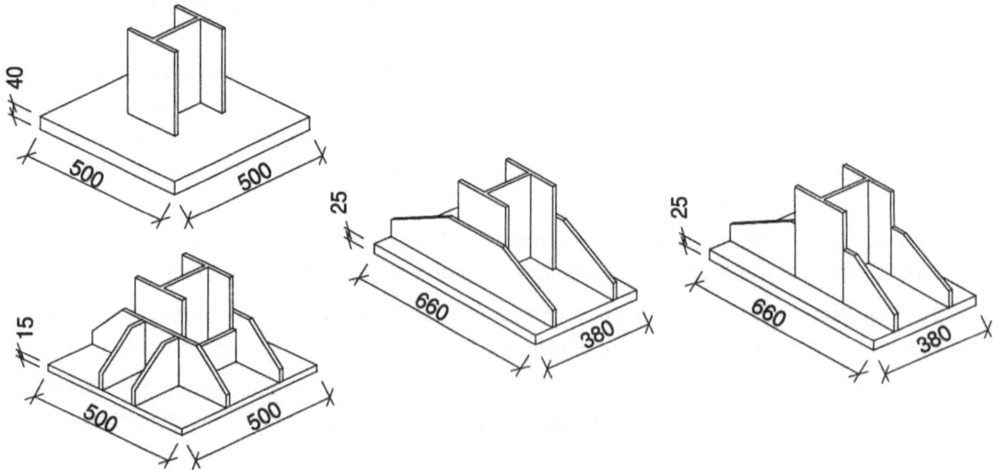

Bild 5-28 Nicht ausgesteifte und ausgesteifte Fußplatten mit Überstand

Empfehlenswert ist, die Plattendicken auf die zu bevorzugenden Nenndicken warmgewalzter Breitflachstähle nach Abschnitt 2.1 aufzurunden: 20, 25, 30, 40, 50, 60 mm. Mit Rücksicht auf die Plattensteifigkeit sollte eine Dicke von 20 mm nicht unterschritten werden. Wenn die Fußplatte den Umriß des Stützenschaftes nicht oder wenig überragt, empfiehlt es sich, sie als Platte zu betrachten (Bild 5-27 b).

Die Platte wird von unten durch gleichmäßige Betonpressung σ_b belastet und ist an den Profilkanten des Stützenschaftes liniengelagert. Die Biegemomente in den so gebildeten Plattenfeldern können z. B. [5.2.12] entnommen werden.

Wenn die Fußplatte deutlich größer als der Profilumriß ist, werden die wirksamen Teilflächen der Fußplatte in der Seitenansicht als Balken behandelt. Nur die versteiften Fußplattenflächen (A_1, A_2) werden als wirksam angenommen.

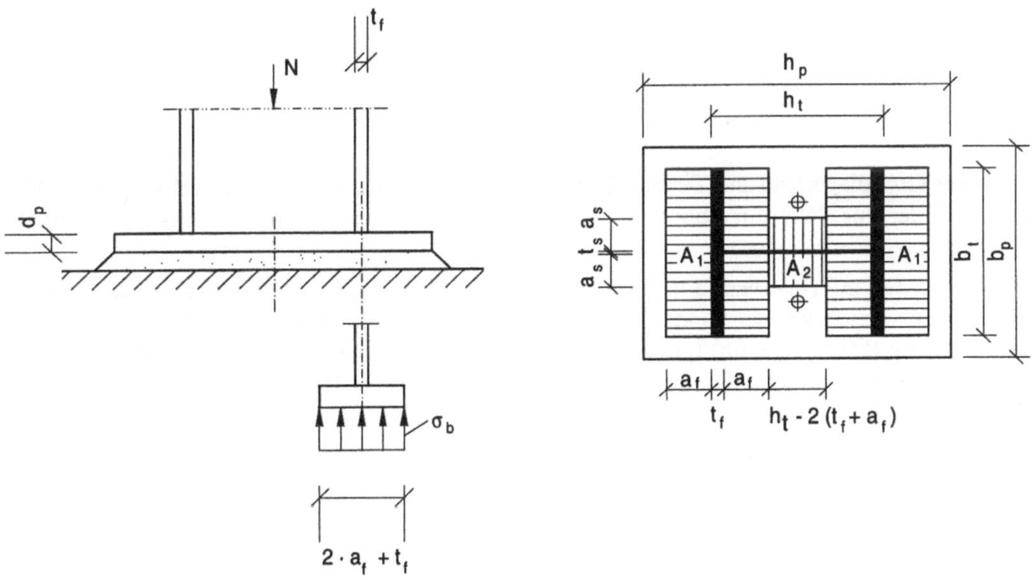

Bild 5-29 Stützenfuß mit überstehender Fußplatte

Die Bemessung erfolgt nach dem Verfahren Elastisch-Plastisch. Dem größten Biegemoment, ermittelt nach der Elastizitätstheorie, wird das Moment der Fußplatte im plastischen Zustand gegenübergestellt.

$$\max M \;\leq\; \mathrm{red}\, M_{pl}$$

Es bedeuten:

M; V Schnittgrößen entlang des Flansches, bezogen auf 1cm Breite

$$\max M = \sigma_b \cdot a_f^2 / 2; \quad V = \sigma_b \cdot a_f$$

M_{pl}; V_{pl} vollplastisches Moment und vollplastische Querkraft der Fußplatte

$$M_{pl} = f_{y,d} \cdot d_p^2 / 4; \quad V_{pl} = (f_{y,d} / \sqrt{3}) \cdot d_p$$

red M_{pl} infolge Interaktion abgemindertes vollplastisches Moment

$$\text{red } M_{pl} = \sqrt{1 - (V/V_{pl})^2} \cdot M_{pl}$$

Bemessung

1. Wählen $a_f < \dfrac{h_t}{2} - t_f$

2. Aufstandsfläche ΣA und Betondruckspannung σ_b berechnen.

3. Zur Vorbemessung Querkrafteinfluß auf das vollplastische Moment zunächst vernachlässigen.

$$\max M = M_{pl} \;\Rightarrow\; \text{erf } d_p = a_f \cdot \sqrt{\frac{2\sigma_b}{f_{y,d}}}$$

   d_p auf volle 5 bzw. 10 mm aufrunden.

4. Tragsicherheitsnachweis für die Platte.

Auf dieser Grundlage sind die Tafeln in [5.2.2] aufgestellt, die Angaben für erforderliche Abmessungen der Fußplatten in Abhängigkeit von Normalkraft und Betonfestigkeitsklasse enthalten.

EC 3 enthält den informativen (d.h. nicht verbindlichen) Anhang L zur Bemessung von Stützenfüßen. Über die wirksame Fundamentfläche $a_1 \cdot b_1$, den Konzentrationsfaktor k_j und die Grenzpressung (Mörtel, Beton) f_j in der Lagerfuge lassen sich die zusätzliche Lagerbreite c und schließlich die wirksamen Fußplattenflächen A_{eff} berechnen (s.a. [5.2.25]).

$$a_1 = \min \begin{Bmatrix} a + 2\,a_r \\ 5\,a \\ a + h \\ 5\,b_1 \end{Bmatrix},\; a_1 \geq a,$$

$$b_1 = \min \begin{Bmatrix} b + 2\,b_r \\ 5\,b \\ b + h \\ 5\,a_1 \end{Bmatrix},\; b_1 \geq b,$$

$$k_j = \sqrt{\frac{a_1\,b_1}{a\,b}},$$

$$f_j = \frac{0{,}67\; k_j\; f_{ck}}{\gamma_c},$$

$$c = t\sqrt{\frac{f_y}{3 f_j\, \gamma_{M0}}},$$

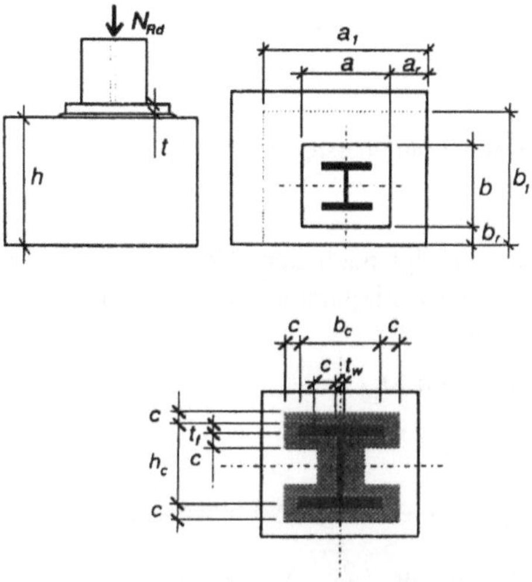

$$A_{eff} = [\min(b;\, b_c + 2c)] \times [\min(a;\, h_c + 2c)] - [\max[\min(b;\, b_c + 2c) - t_w - 2c;0]] \times [\max(h_c - 2t_f - 2c;0)]$$

Bild 5-30 Zur Berechnung von Stützenfüßen nach EC 3, Annex J

Zur Berechnung ausgesteifter Fußplatten s. [5.2.12]. Zur Lagesicherung müssen Fußplatten verankert werden (Bild 5-31). Dazu werden die Fußplatten mit Hilfe von Ankerschrauben, die sich mit ihren aufgebogenen Enden um einbetonierte Rundstähle oder Winkel („Ankerbarren") legen, mit dem Fundament verbunden.

Zu unterscheiden ist zwischen Ausführungen, bei denen die Lage der Anker vor der Montage genau fixiert werden kann und so die Anker fest einbetoniert werden können (Bild 5-31a) und der in den meisten Fällen zu erhaltenen Möglichkeit, die Konstruktion nach der Montage auszurichten (Bild 5-31b).

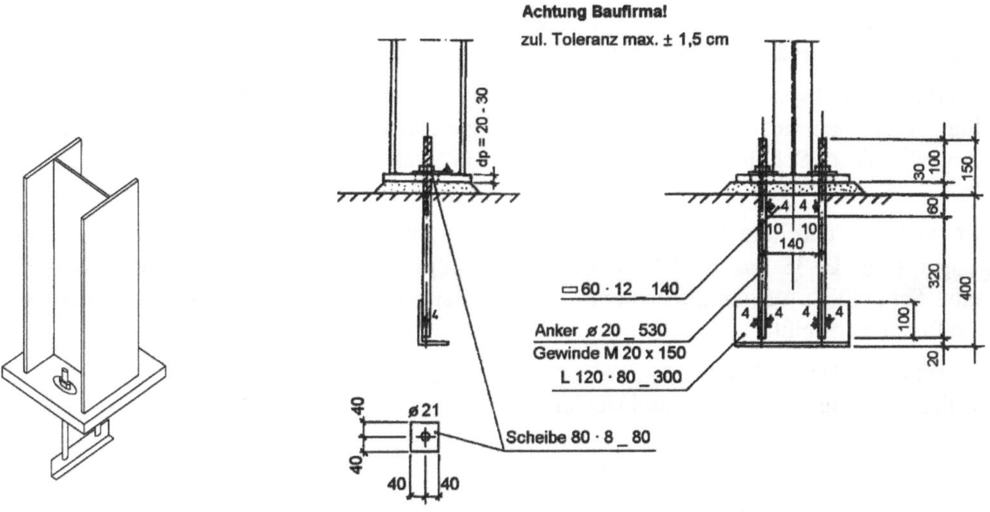

a)

b)

Bild 5-31 Verankerung von Stützen nach [5.2.2]
            (anstelle des Rundstahles ⌀ 30 werden auch Winkelprofile verwendet)

Bei der Lösung mit der Möglichkeit nachträglichen Ausrichtens ist das Fundament mit Ankerbarren und Ankerkanälen versehen. Die Stütze wird auf Futterblechen abgesetzt (auf Bild 5-31b
nicht gezeichnet).

Die Ankerschrauben werden in die Winkel eingehakt und handfest angezogen. Im Montagezustand ergibt sich damit eine Hilfseinspannung, die häufig Abspannungen unnötig macht. Nach
dieser Grobausrichtung folgt die Feinjustierung. Dabei werden die Bautoleranzen des Funda-
ments durch Unterfütterungskeile ausgeglichen und die Ankerschrauben nachgestellt.

Die so entstehende Fuge (Mindesthöhe 20 mm) wird zusammen mit den Ankerkanälen nach
beendetem Ausrichten vergossen, die Unterlegeplatten werden nach Erhärten des hochwertigen
Vergußbetons entfernt. Nachteilig ist bei dieser Lösung die Gefahr, daß es zu einer Schiefstellung der Ankerschrauben (z. B. durch beim Betonieren verschobene Ankerbarren) kommt.

Eine Verbesserung kann einfach erzielt werden, wenn die Ankerschrauben in einer „Schablone"
gehalten werden, an die ggf. bereits eine Schubrippe (Schubdübel) angeschweißt ist (Bild 5-
32). Aufgabe dieser Schubrippe ist es, Querkräfte am Stielfuß sicher in das Fundament zu leiten.

Nach Nivellieren und dem Vergießen des Ankerkanals wird die Stütze mit der mit größeren
Bohrungen (z.B. Ø 35 mm bei M24) versehenen Fußplatte aufgesetzt, ausgerichtet und ver-
schraubt. Schließlich werden „Schablone" und Fußplatte mittels Kehlnaht (zur Aufnahme der
Querkräfte) verschweißt.

An die Fußplatte läßt sich auch das im Hallenbau gelegentlich verwendete Zugband (zur Aufnahme des Horizontalabschubs) anschweißen.

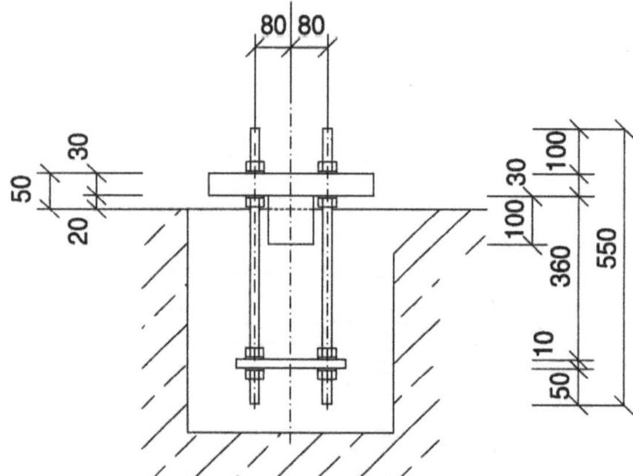

Bild 5-32
Stützenverankerung mit
Schablone

Fest einbetonierte Anker vermeiden die bauseits nicht geschätzten Aussparungen. Voraussetzung hierfür sind außer kleineren Ausführungstoleranzen (max ± 15 mm) größere Ankerlochdurchmesser in der Fußplatte (d_L = 60 bis 70 mm). In [5.2.2] sind folgende Zuordnungen zwischen Plattendicke d_P, Ankerdurchmesser d und Ankerlochdurchmesser d_L vorgesehen:

d_P in mm		20		30		40	50	60
d in mm		20	24	20	24	24	24	30	30
d_L in mm		23	28	23	28	28	28	35	35
	einbetonierte Anker	60	70	60	70	70	70		−

In einfachen Fällen können auch Dübel in Bohrlöchern ausreichen. Wenn große Bewegungen zu erwarten sind, kann eine konstruktive Durchbildung der Fußgelenke erforderlich werden. Dies kann mit Zentrierleisten geschehen, die ein Linienkipplager bilden.

In den in Bild 5-33 gezeigten Konstruktionen ist die u.U. erforderliche Aussteifung der Stütze zu beachten, ferner die Schubrippe, mit der Querkräfte am Stielfuß sicher in das Fundament geleitet werden.

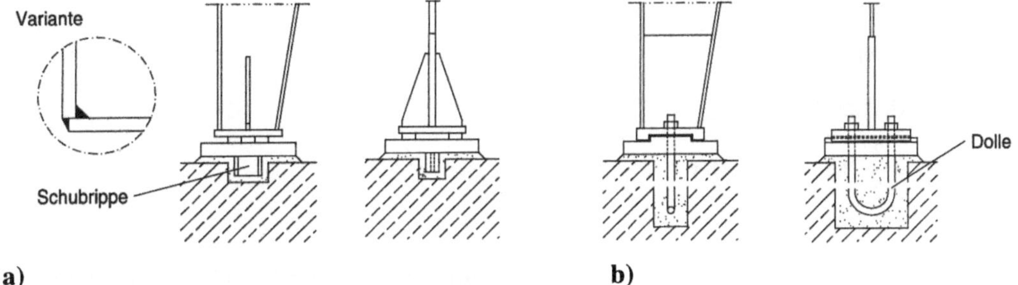

Bild 5-33 Gelenkige Lagerung mit großer Bewegungsmöglichkeit nach [5.2.13]

Zur Einleitung der Horizontallasten in den Beton werden auch Dollen verwendet. Hierfür sind viele Untersuchungen durchgeführt und publiziert worden [5.2.14, 5.2.15], von denen die theoretischen wegen anderer Steifigkeitsverhältnisse als bei Stützeneinspannungen nicht von einer linearen Pressungsverteilung ausgehen.

Eingespannte Stützenfüße

Falls ein Biegemoment von einer Stütze in das Fundament übertragen werden muß, wird im allgemeinen wegen wirtschaftlicher Vorteile ein Köcherfundament ausgeführt (Bild 5-34).

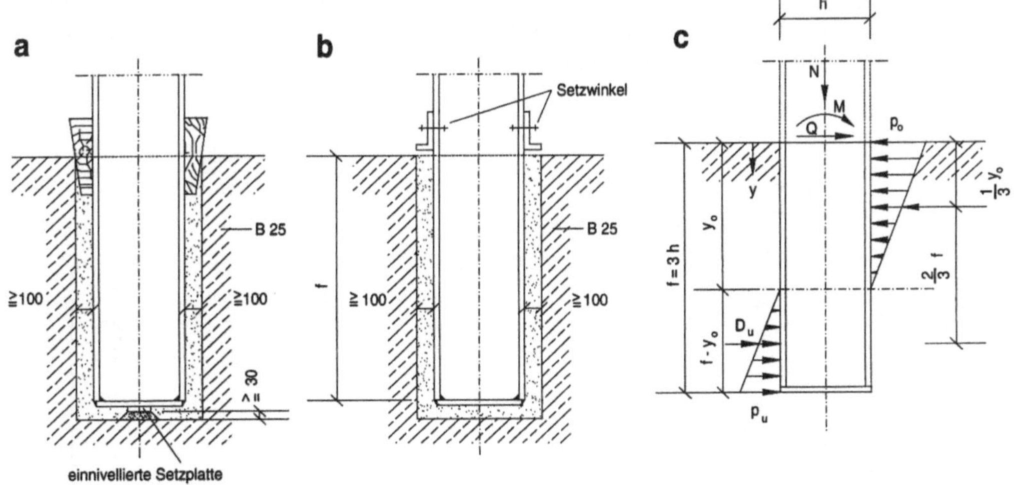

Bild 5-34 Stützenfuß-Einspannung im Köcherfundament **a)** Aufsetzen auf eine Nivellierplatte und Festlegung bei der Montage durch Holzkeile **b)** Bei tieferen Aussparungen sind Setzwinkel anzuordnen **c)** Berechnungsannahmen für den Nachweis der Fußeinspannung

Bei der Konstruktion von Köchereinspannungen ist auf Möglichkeiten zum Einrichten der Stützen zu achten, ebenso auf eine Lagesicherung des Stützenfußes vor dem Einbetonieren. Das kann z.B. über angeheftete Winkelprofile erfolgen, die nach dem Vergießen und Erhärten wieder abgetrennt werden. Die Einrichtung geschieht über (u.U. keilförmige) Futter.

Es wird eine dreiecksförmige Pressungsverteilung angenommen. Da Einbindetiefen $f > 3h$ wirkungslos sind, wird vorgeschlagen, $f = 3h$ zu wählen und die Pressungsnullinie zu bestimmen.

$$y_0 = \frac{M + 2 \cdot Q/(3 \cdot f)}{(M + Q \cdot f/2)} \cdot \frac{f}{2}$$

Damit liegt D_U und D_O fest

$$D_U = \frac{3}{2} \cdot (M + Q \cdot y_0/3)/f$$

$$D_O = D_U + Q$$

und die Betonpressung kann kontrolliert werden. Mit der Pressungsverteilung $p(y)$ unterhalb Fundamentoberkante wird

$$p(y) = p_0 \cdot \frac{y_0 - y}{y_0}, \quad p_0 = \frac{2 \cdot D_o}{y_0 \cdot b} \qquad b = \text{Flanschbreite}$$

$$Q(y) = Q - [p_0 \quad p(y)] \cdot y/2$$

und

$$M(y) = M + Q \cdot y - [p_0 + 0,5 \cdot p(y)] \cdot b \cdot y^3/3$$

Die maximale Querkraft darf auf 2/3 abgemindert werden. Danach kann die Stütze nachgewiesen werden.

Bemessungshilfen – unter einer anderen Annahme für die Pressungsverteilung – findet man in einer Ergänzung zu [5.2.2] aus dem Jahr 1984. Zur Abschalung der Köcher werden zunehmend profilierte Schalungsköcher aus Stahltrapezprofilen verwendet (Bild 5-35). Die Profilierung verbessert den Verbund zwischen Beton und Verguß.

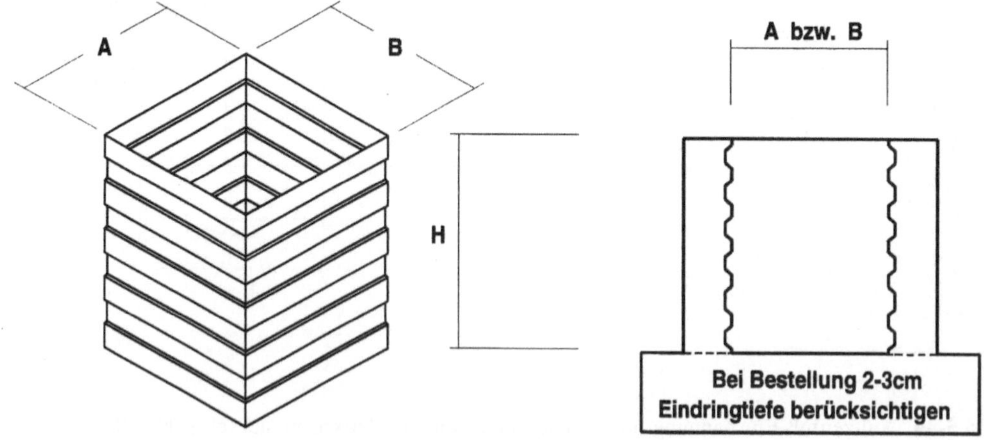

Bild 5-35 Zur Abschalung von Köchern

Bei größeren Einspannmomenten oder wegen der Notwendigkeit, Nachstellmöglichkeiten (Setzungen, Bergsenkungen!) zu erhalten, muß oft eine Einspannung über vertikale Zuganker vorgesehen werden (Bild 5-36). Die Stütze wird entweder direkt über dicke Fußplatten oder indirekt analog zu Bild 5-28 über Schaftbleche und dünnere Fußplatten auf Kontakt und Zug in Verankerungen angeschlossen.

Bei großen Momenten treten an die Stelle der Schaftbleche Fußträger (Bild 5-36). – Die Querkräfte werden wieder über eine Schubrippe in den Beton geleitet.

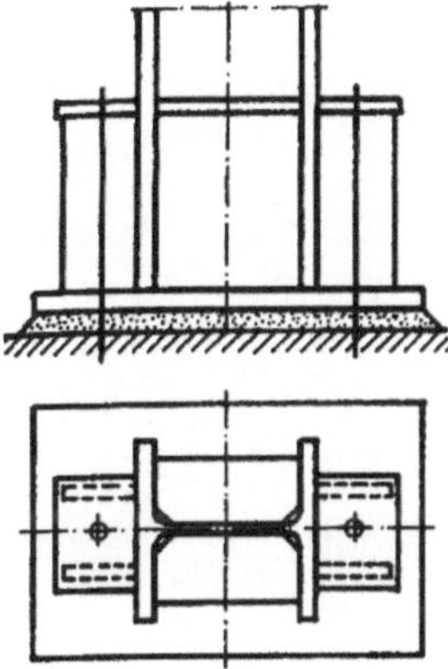

Bild 5-36
Eingespannter Stützenfuß

Nimmt man die Betonpressung σ_b näherungsweise über $c = a/4$ gleichmäßig verteilt an, liegen alle Hebelarme fest, und man errechnet die Ankerkraft Z_A und die Betondruckkraft D aus den Gleichgewichtsbedingungen (Bild 5-37).

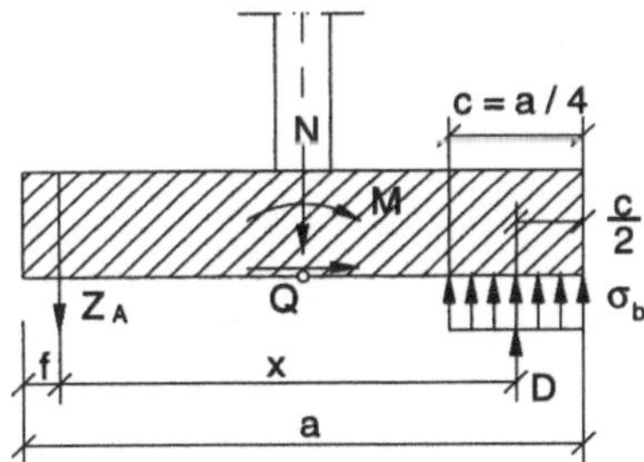

Bild 5-37
Kraftwirkungen am eingespannten Stützenfuß

Unter diesen Voraussetzungen muß der Stützenfuß im Hinblick auf die Grenzpressung $\beta_{R,d} = \beta_R/\gamma_M$ des Betons die folgende Länge aufweisen:

$$a \geq \frac{\max N}{b \cdot \beta_{R,d}} \left(1 + \sqrt{\frac{6 \cdot M \cdot b \cdot \beta_{R,d}}{\max N^2}} \right)$$

Hierin ist b die Breite der Fußplatte. Die größte Ankerzugkraft erhält man aus

$$Z_A = [\, M - N \cdot (a - c)/2 \,]/x$$

und die größte Druckkraft aus

$$D = [\, M + N \cdot (a/2 - f) \,]/x$$

Die Auswertung der Gleichung erfolgt für die kleinste Normalkraft bei größtmöglichem Moment, für größtmögliche Schnittgrößen M und N.

Übertragung der Querkraft Q

Der Stützenschaft gibt Q über die Stegnähte an die Fußplatte ab, die sie über die Schubrippe HEB 140 ($I = 1510$ cm^4) nach erfolgtem Verguß in das Fundament (Beton B10) leitet (Bild 5-38). Wegen der schwierig kontrollierbaren Verhältnisse in der Aussparung, wird die Horizontalkraft zu 2/3 auf den vorderen und zu 1/3 auf den hinteren Flansch verteilt und die Grenzpressung $\beta_{R,d}$ mit dem Faktor 1,15 abgemindert.

$$a \approx 8{,}6 \text{ cm}$$

$$\sigma_b = \frac{2/3 \cdot 70}{8{,}6 \cdot 11{,}0} = 0{,}49 \text{ kN/cm}^2 < \frac{\beta_{R,d}}{1{,}15} = \frac{0{,}7}{1{,}15} = 0{,}61 \text{ kN/cm}^2$$

Am Rundungsbeginn im Steg (Punkt A) ist

$$M_A = 70 \cdot 11/2 = 385 \text{ kNm}$$

Die Spannungen betragen

$$\sigma_x = \frac{385 \cdot 9{,}2/2}{1510} = 1{,}17 \text{ kN}$$

$$\sigma_z = -\frac{46{,}7}{110{,}7} = -6{,}06 \text{ kN/cm}^2$$

$$\tau_m = \frac{70}{0{,}7 \cdot 12{,}8} = 7{,}81 \text{ kN/cm}^2$$

$$\sigma_v = \sqrt{1{,}17^2 + 6{,}06^2 - (-6{,}06 \cdot 1{,}17) + 3 \cdot 7{,}81^2} = 15{,}1 \text{ kN/cm}^2$$

und der Spannungsnachweis lautet

$$\sigma_v = 15{,}1 \text{ kN/cm}^2 < f_{y,d} = 21{,}1 \text{ kN/cm}^2$$

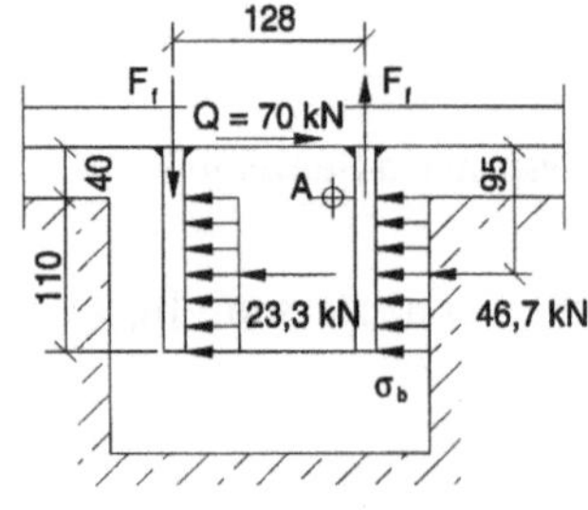

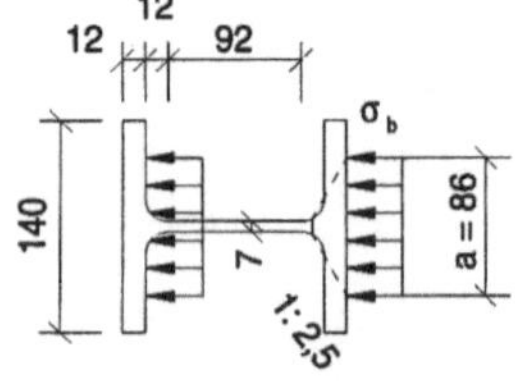

Bild 5-38
Kraftwirkungen am Dübel des Stützenfußes

In das Fundament leitet man die Zugkräfte in der Regel über Ankerbarren ein (Bild 5-39). Da bei einem Haken am unteren Ankerende bei der Zugkrafteinleitung Biegemomente auftreten würden, dürfen nur Hammerschrauben nach DIN 7992 verwendet werden, deren Hammerkopf eine zentrische Krafteinleitung gewährleistet.

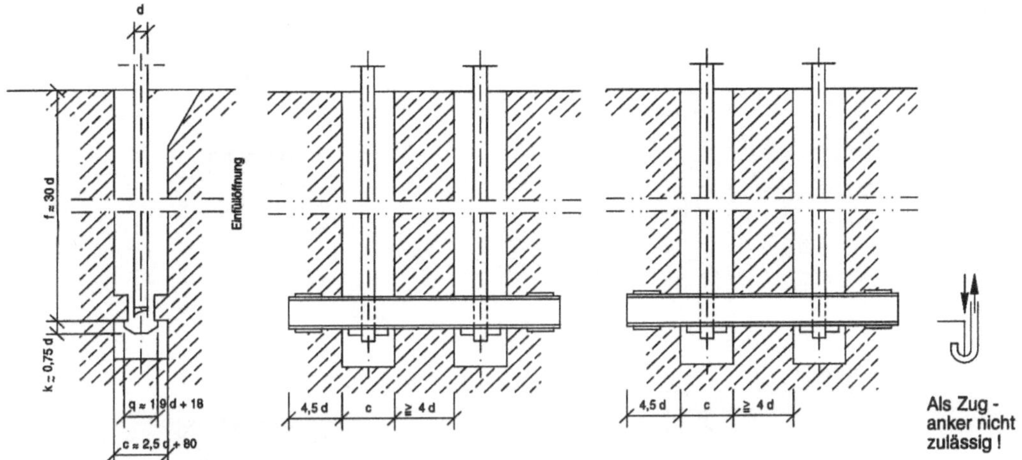

Bild 5-39 Zuganker für eingespannte Stützen; ungefähre Abmessungen für Ankerkanäle und -barren (genaue Maße s. DIN 7992)

Anker	M 24	M 30	M 36	M 42	M 48	M 56	M 64	M 72
Barrenprofile	] [65	] [65	] [80	] [100	] [120	] [160	] [180	] [200

Stützenköpfe

Analog zum Stützenfuß gibt es für die Stützenkopfausbildung zwei konstruktive Lösungen: Die Flächenlagerung (Bild 5-40) und die zentrische Lagerung (Bild 5-41) [5.2.16].

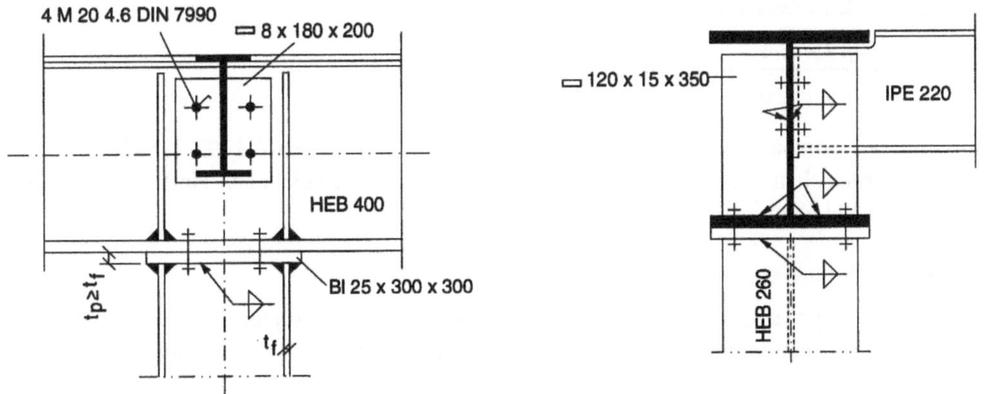

Bild 5-40 Stützenkopfplatte mit Flächenlagerung

Die zylindrisch bearbeitete Zentrierleiste gibt ihre Last durch Kontakt an die Kopfplatte ab.

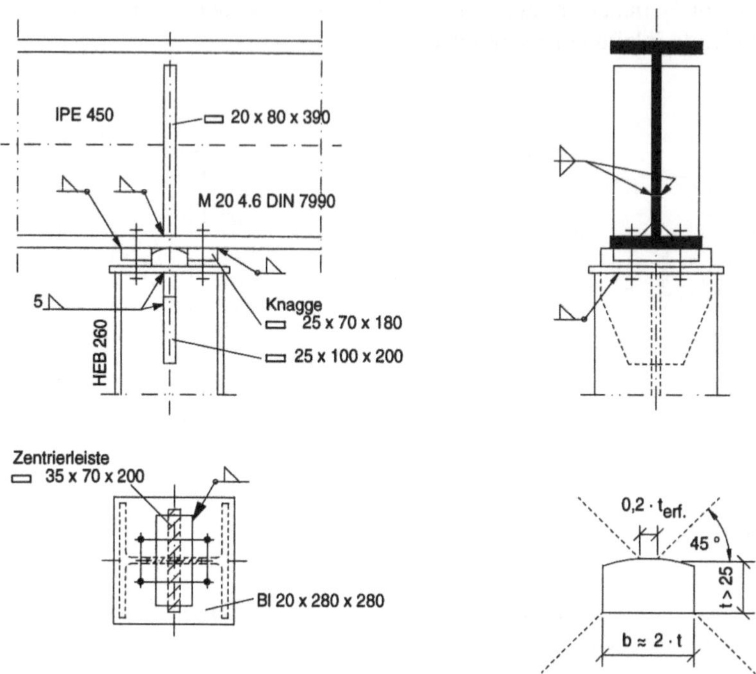

Bild 5-41 Unterzuglagerung auf Zentrierleiste, Lastausbreitung

Ihre Länge l erhält bei einer Auflast F_d mit Rücksicht auf die Biegebeanspruchung die Dicke

$$t \geq \frac{1,5 \cdot F_d}{l \cdot f_{y,d}} \quad \text{und} \quad t \geq 25 \text{ mm}$$

Die Breite der Zentrierleiste wird mit b = 2t angenommen. Der Krümmungsradius r der zylindrisch gewölbten Oberfläche beträgt nach Hertz

$$r \geq \frac{0,175 \cdot E \cdot F_d}{(1 \cdot \sigma_{H,k}/\gamma_M)^2} \quad \text{in cm}$$

Nach dem Nationalen Anwendungsdokument (NAD) zu DIN V ENV 1993-1-1 EC 3 betragen die charakteristischen Werte $\sigma_{H,k}$ zur Berechnung des Grenzdrucks nach Hertz 80 kN/cm^2 für S 235 bzw. 100 kN/cm^2 für S 355.

Mehrteilige Stützenquerschnitte

Zur Vergrößerung der Traglast können unter Beibehaltung des Stützenquerschnittes die Querschnittsteile auseinandergerückt werden. Zwei Möglichkeiten der Ausbildung kommen nach Bild 5-42 in Frage. Die Vergitterungen sind im Hochbau i.a. Winkelprofile.

Mehrteilige Stützen verursachen hohen Bearbeitungsaufwand in den Werkstätten. Daher findet man sie heute vorwiegend dann, wenn eine Serienproduktion möglich ist.

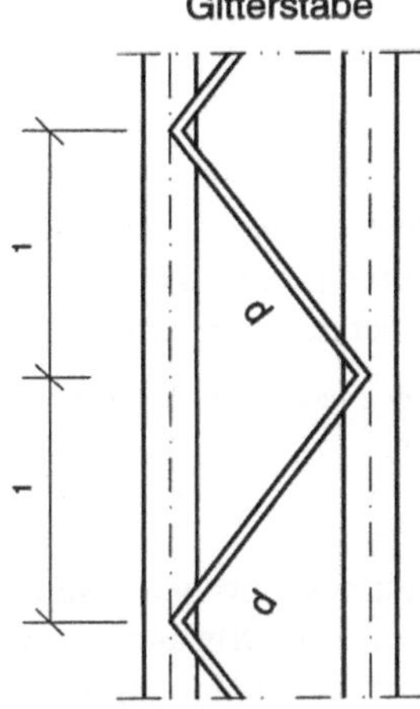

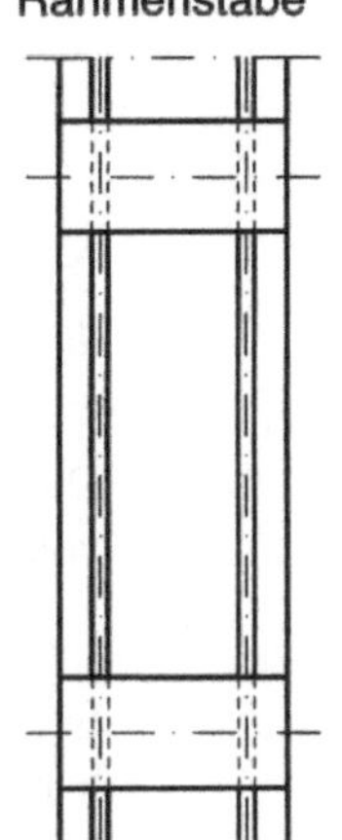

Bild 5-42
Zweiteilige Stäbe

5.2.5 Rahmen

Rahmensysteme

Einflüsse

Die Betrachtung von Rahmensystemen wird hier auf die einfachen Fälle einstöckiger Rahmen beschränkt.

Verschiedene statische Systeme kommen in Frage. Ihre Wahl ist im Einzelfall von einer Reihe von Einflüssen abhängig. Die wichtigsten sind:

- Bodenverhältnisse (Aufnahme des Horizontalschubes, Einspannung von Rahmenstielen möglich?)

- Abmessungen (Zwang aus Temperaturdifferenzen vorhanden? Bauhöhen vertretbar?)

- Montageverfahren (Standsicherheit während der Montage vorhanden?)

- Belastung (Große Horizontallasten erfordern u.U. Fußeinspannungen der Rahmenstiele.)

- Konstruktionsaufwand (Aufwendige Herstellung kommt nur für entsprechend ausgerüstete Stahlbaubetriebe in Frage.)

Betrachtungen an einfeldrigen Rahmen

Statisch bestimmte Rahmen

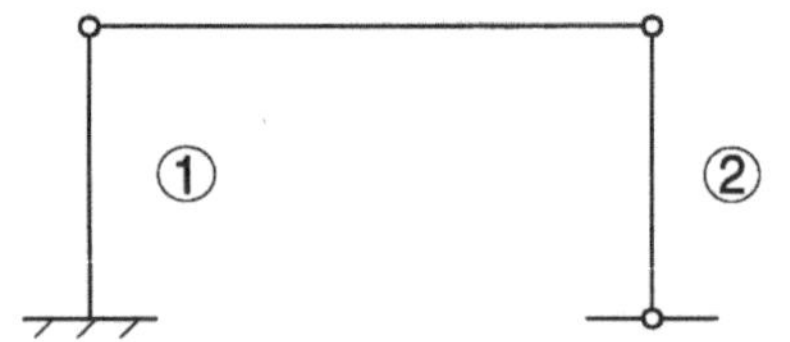

Derartige Systeme können ohne Zwang Bodensetzungen und -verdrehungen sowie Längenänderungen aus Temperatur aufnehmen.

Die angependelte Stütze 2 ist beim Nachweis von Stütze 1 zu beachten.

Eine Variante dieses Systems kam beim Neubau der derzeit größten Schiffbauhalle in Stralsund [5.2.17] zur Anwendung (Bild 5-43b). Dabei wurden die Stützen in Achse F erst oberhalb der Kranbahn des Portalkrans (ab 22,5m) als Pendelstützen ausgeführt.

Eine Variante mit Verlagerung der Biegesteifigkeit in eine Rahmenecke bei schlechten Bodenverhältnissen ist der Dreigelenkrahmen.

Bild 5-43 Statisch bestimmte Rahmen

Einfach statisch unbestimmte Rahmen

Symmetrie bringt Vorteile in konstruktiver Hinsicht. Bei typischen Rahmenabmessungen im Hallenbau ist diese Lösung setzungsunempfindlich.

Bild 5-44 Zweigelenkrahmen

Besonders vorteilhaft ist der im Hallenbau sehr verbreitete Zweigelenkrahmen mit geneigten Riegeln, da der H-Schub im First einen größeren Hebelarm als an der Ecke vorfindet und dort das positive Feldmoment stark reduziert.

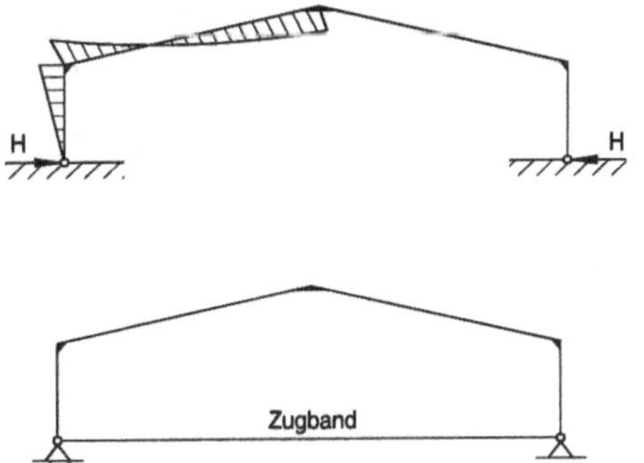

Das Tragwerk nähert sich in seiner Form an die Stützlinie an und hat daher relativ kleine Biegemomente. Temperatur bringt Beanspruchung aus Zwang.

Falls der Boden den H-Schub nicht aufnehmen kann, kann man Zugbänder zur Aufnahme einbauen. Bei späterem Umbau nicht zerstören!

Bild 5-45 Zweigelenkrahmen mit geneigten Riegeln

Mehrfach statisch unbestimmte Lösungen

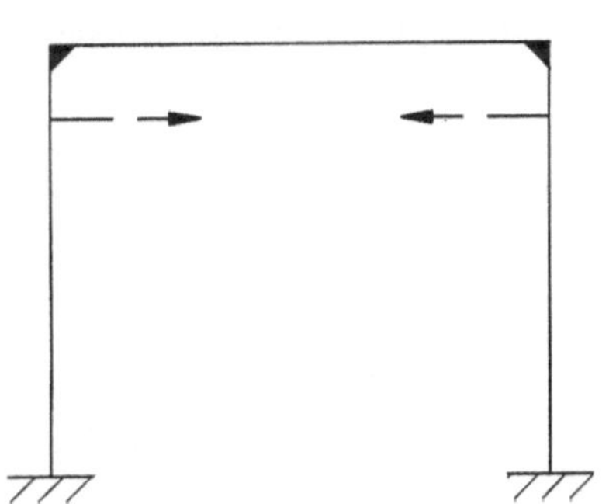

Die Systemwahl ist auch von der Größe der äußeren H-Lasten, z.B. aus Kranseitenstoß, abhängig. Insbesondere bei hohen Gebäuden kann ein eingespannter Rahmen von Vorteil sein, da sich die Biegemomente aus H-Kräften auf alle vier Ecken verteilen.

Bei biegesteifen Rahmen mit relativ kurzen Stielen bringt eine kleine Nachgiebigkeit des Bodens allerdings einen starken Abbau des Rahmenschubes und damit eine Abnahme der negativen Eckmomente und eine Zunahme der positiven Momente im Riegel.

Betrachtungen zu zwei- und mehrfeldrigen Rahmen

Zweifeldrige Systeme werden im Hallenbau häufig als Zweigelenkrahmen mit Gelenkstab als Mittelstütze ausgeführt.

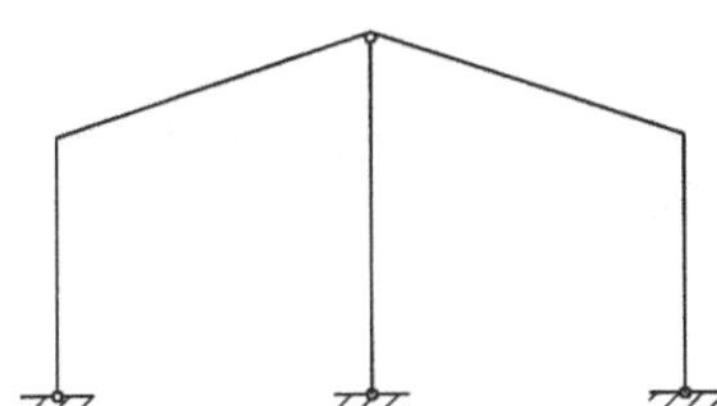

Bild 5-46
Hallenrahmen mit angependelter Mittelstütze

Die größeren Ausdehnungen der mehrfeldrigen Systeme erfordern i.a. auch genauere Untersuchungen für Zwang aus Temperatur, sofern er nicht durch statisch bestimmte Bauweise ausgeschlossen wird. Oft sind zu große Zwänge nur durch den Einbau von Dehnungsfugen zu vermeiden.

Statisch bestimmte Lösung

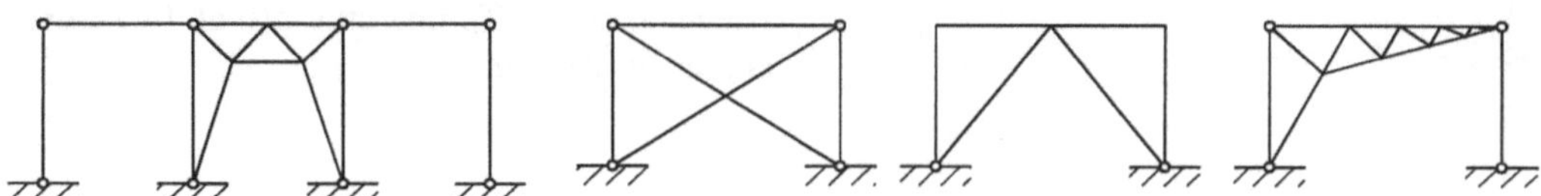

Bild 5-47 Formen von Verbänden und Portalen

Meistens reicht zur Aufnahme horizontaler Lasten und zur Sicherung der Stabilität des Systems nur eine biegesteif eingespannte Stütze nicht aus. Man kommt zu Verbänden oder rahmenartigen Aussteifungen (Bild 5-47).

Zum Temperaturzwang

Die Größe der Zwängung aus Temperaturänderung steigt mit der Vergrößerung der Steifigkeiten des Systems. Das soll an einem Beispiel mit unten eingespannten, oben an die Riegel gelenkig angeschlossenen Stützen erläutert werden.

Gesucht sind die Beanspruchungen im System nach Bild 5-48 infolge gleichmäßiger Temperaturänderung der Riegel.

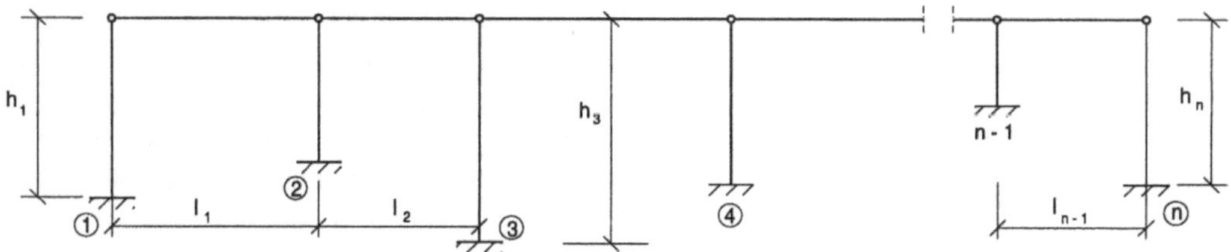

Bild 5-48 System zur Untersuchung des Temperaturzwanges

Zur Lösung der Aufgabe stehen – wie immer bei Aufgaben der Statik – drei Aussagegruppen zur Verfügung:

– Gleichgewichtsaussagen

– Verformungsaussagen, hier Elastizitätsaussagen

– Geometrische Aussagen (meistens mit der Unterstellung kleiner Verformungen, d.h. z.B. Bogenlänge = Sehnenlänge, zu Stabdrehwinkeln ϕ gehört $\sin \phi = \phi$ und $\cos \phi = 1$)

Kräftespiel infolge Temperaturänderung

– Gleichgewicht:

Die Summe aller horizontalen Kräfte H_i an den Stützenköpfen muß verschwinden (keine äußere Last):

$$\sum_{i=1}^{n} H_i = 0$$

– Verformungen, hier nach der Elastizitätstheorie:

Der Zusammenhang zwischen Stützenkopfverschiebung u_i und der Horizontalkraft H_i am Stützenkopf lautet:

$$u_i = \frac{1}{3} H_i \cdot h_i^{\,3} \cdot \frac{1}{(EI)_i}$$

– Geometrie:

Die Differenz der Stützenkopfverschiebungen zweier benachbarter Stützen muß gleich der Längenänderung des dazwischen liegenden Riegels sein.

Näherungsweise wird dabei der Anteil der elastischen Dehnung im Riegel i.a. vernachlässigbar sein:

$$u_{i+1} = u_i + \alpha_t \cdot \Delta t \cdot l_i + \underbrace{\frac{N_i \cdot l_i}{(E \cdot A)_i}}_{\text{i.a. vernachlässigbar}}$$

Zur Bestimmung der n Verschiebungen u_i und der n Kräfte H_i stehen $[1 + n + (n - 1)] = 2n$ Gleichungen zur Verfügung.

Bei langen Hallen ergeben sich Probleme durch die Längenänderungen infolge Temperatur-änderungen. Sie führen

– entweder im Falle freier Bewegungsmöglichkeiten zu großen Verformungen an den Hallen-enden (Bild 5-49)

– oder bei Behinderungen der Längenänderung zu Zwängungskräften bis in die Fundamente.

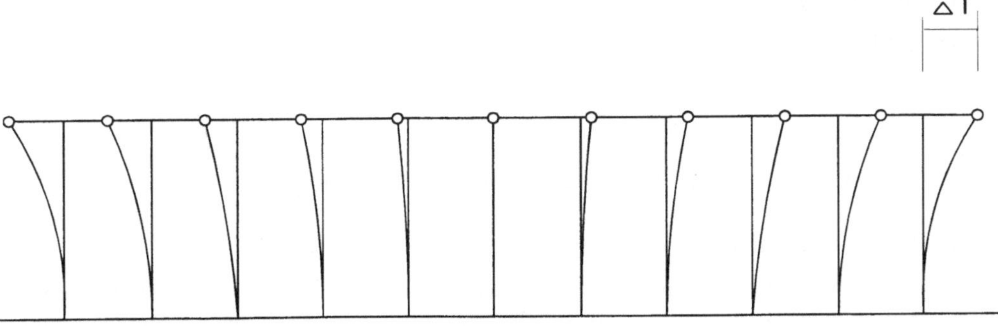

Bild 5-49 Durch Temperaturänderung verformtes System (alle Stützen eingespannt!)

Eingespannte Stützen sollten möglichst nur in der Mitte des Systems liegen, damit der Temperaturzwang klein bleibt: der natürliche Temperaturruhepunkt fällt dann gut oder genau mit der Festhaltung zusammen.

Bei sehr steifen Systemen spielt Temperaturzwang eine große Rolle. Er kann oft nicht durch Vergrößern der Querschnitte beseitigt werden, da die Vergrößerung den Zwang selbst vergrößert.

Beispiel

Biegemoment am Stielfuß:

$$M_t = \frac{\Delta l}{2} \cdot \frac{3EI}{h^2} = \frac{\alpha_t \cdot \Delta t \cdot l}{2} \cdot \frac{3EI}{h^2}$$

$$\sigma_t = \frac{M_t}{W} = \frac{3\alpha_t \cdot \Delta t \cdot l}{2h^2} \cdot \frac{EI}{W}$$

$$= \frac{1,5\alpha_t \cdot \Delta t \cdot l}{h^2} \cdot \frac{E\,h_{Profil}}{2}$$

Ergebnis: Die Spannung ist proportional zur Profilhöhe h_{Profil} des Stiels.

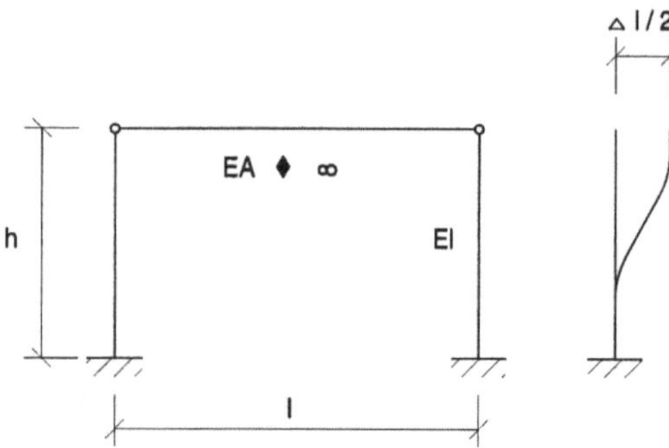

Bild 5-50
Beispiel für Untersuchung des
Temperaturzwanges

Eine Verstärkung des Profils bringt sogar höhere Spannungen aus Temperaturzwang, wenn die Profilhöhe dabei vergrößert wird:

Zahlenbeispiel: h = 5 m;   l = 30 m;   t = 50 °C

$$\sigma_t = 0,75 \cdot \frac{1,2 \cdot 10^{-5} \cdot 50 \cdot 3 \cdot 10^3 \cdot 2,1 \cdot 10^4}{5^2 \cdot 10^4} \cdot h_{Profil}$$

$$= 11,3 \cdot 10^{-2} \cdot h_{Profil} \quad (\; h_{Profil} \text{ in cm liefert } \sigma_t \text{ in kN/cm}^2\;)$$

Bei einer Bauhöhe des Stieles von 100 cm ergibt sich $\sigma_t = 11,3$ kN/cm^2.

Das System ist nur zu retten, wenn der Zwang reduziert, also z.B. ein Stiel weicher ausgebildet oder gelenkig gelagert wird. Großen entlastenden Einfluß auf das Ergebnis der Berechnung hat die Berücksichtigung der Bodenelastizität, vorwiegend der Drehbettung der Fundamente.

Bei Berechnung der Rahmen nach dem Traglastverfahren fällt der Einfluß der Zwängungen heraus. Die Anwendung des Traglastverfahrens setzt aber auf der einen Seite kompakte Querschnitte mit kleinen (b/t)-Verhältnissen voraus. Auf der anderen Seite muß nachgewiesen werden, daß nicht etwa Instabilitäten, z.B. Ausknicken der durch Zwang gedrückten Riegel, die Tragfähigkeit beeinträchtigen.

Bei nicht zu langen Hallen mag es wirtschaftlich sein, die Zwängungskräfte in Kauf zu nehmen und bei der Bemessung zu berücksichtigen. Die Anordnung von konstruktiv sorgfältig durchgebildeten Dehnfugen – auch für die Hülle (Dach- und Wandhaut) – ist allerdings im Falle großer Längen (grobes Richtmaß ca. 100 m) im allgemeinen nicht zu umgehen.

Die Ausbildung der Dehnfuge im Dach zeigt Bild 5-51. Die Verschieblichkeit der Pfetten ist durch Langlöcher gesichert. Die benachbarten, nicht miteinander verbundenen Dachpaneele werden im Bereich der Fuge mit einer biegsamen PVC-Kappe abgedichtet.

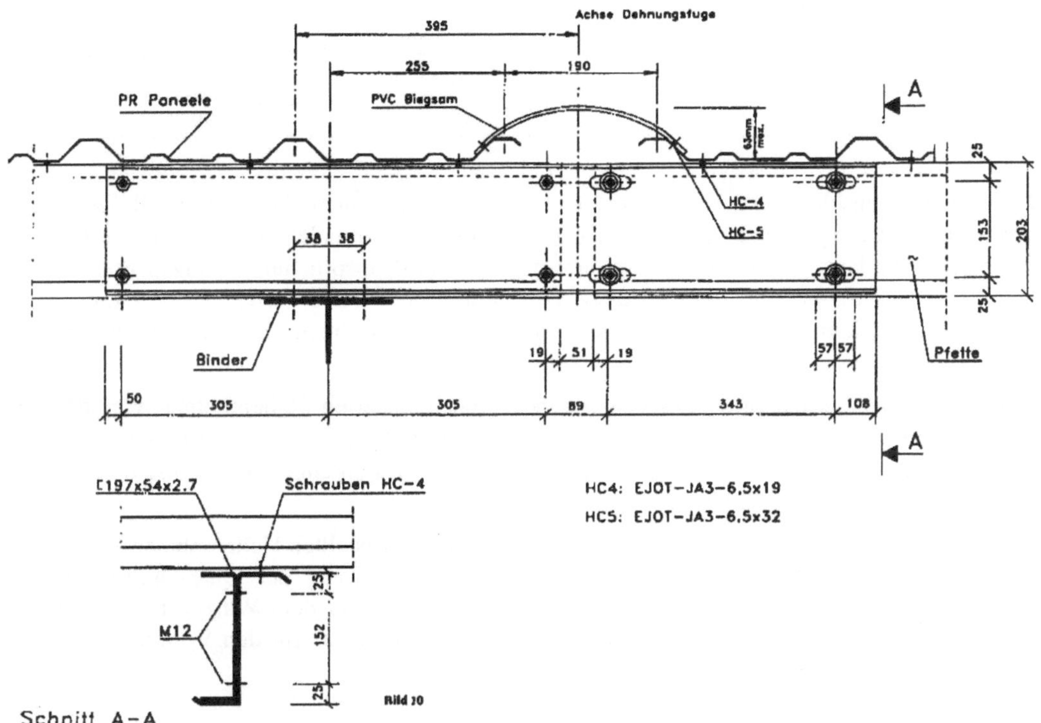

Bild 5-51 Dehnungsfuge an den Dachpfetten nach [5.2.3]

Rahmenkonstruktionen

Die Konstruktionsteile der Rahmen, d.h. Riegel und Stiele sind i.a. Vollwandträger. Riegel werden erst bei größeren Spannweiten und Stiele sehr selten als Fachwerkträger ausgebildet. Die Stielfüße können eingespannt oder gelenkig gelagert werden.

Anpassung der Querschnitte an die auftretenden Schnittgrößen

Je nach Ausrüstung der Stahlbautriebe entstehen wirtschaftliche Rahmenkonstruktionen zwischen den Extremen

– durchgehende Walzprofile für Riegel und Stiele und

– möglichst gute Anpassung der Querschnitte an die auftretenden Schnittgrößen durch veränderliche Bauhöhe, Stufung der Stegblechdicke, Stufung der Gurtabmessungen.

Tabelle 5-1 gibt eine Orientierung zur Profilwahl für Hallenrahmen.

Tabelle 5-1 Hallenrahmen (Zweigelenkrahmen) charakt.
Wert der Dachlast 1,25 kN/m², Dachneigung ≤ 10°, Traufhöhe 5,50 m,

Spannweite (m)	Binderabstand (m)	Gewählte Profile	
		Stütze	Riegel
10	5	IPE 270	IPE 240
20	6	HEA 320	IPE 360
30	6,25	HEB 500	IPE 450

Trotz Bemessungshilfen [5.2.18] hat die Kostensituation bisher nicht dazu geführt, Rahmen mit durchgehenden Riegeln und Stielen in größerem Maß unter normalen Bedingungen verkaufen zu können. Die Bemessung von Rahmen mit nicht an die Beanspruchungen angepaßten Querschnitten erfordert für eine wirtschaftliche Ausbildung Nachweise nach dem Verfahren Plastisch-Plastisch, damit die Systemreserven, die hier besonders hoch sind, ausgenutzt werden (z.B. [5.2.19]).

Stark angepaßte Querschnitte kommen besonders bei typisierten Hallenrahmen vor, da die aufwendige Fertigung wegen der Serie rationalisiert werden kann, z.B. durch Einsatz automatisierter Schweißverfahren unter Verwendung spezieller Vorrichtungen zum Zusammenfügen und -halten der Lamellen für Gurte und Steg.

Ein Beispiel [5.2.20] für einen aus geschweißten Profilen hergestellten Hallenrahmen zeigt Bild 5-52. Die Querschnitte sind I-förmig. Erst durch die Anpassung der Querschnitte an die Schnittgrößen wird der geschweißte Trägerquerschnitt gegenüber dem Walzprofil wirtschaftlich. Sie ist aber wegen der höheren Fertigungskosten kein Maßstab für den Vorteil gegenüber der Verwendung von Walzprofilen.

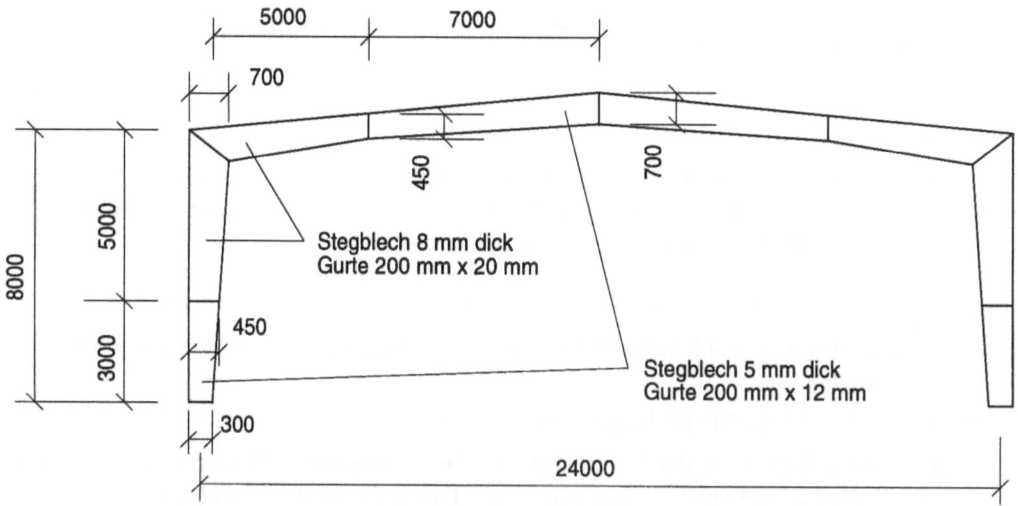

Bild 5-52 An Schnittgrößen angepaßter geschweißter Hallenrahmen

Würde für den im Bild 5-52 gezeigten Rahmen für Riegel und Stiele Walzträger verwendet werden, würden für beide Profile IPE 600 erforderlich. Das Gewicht würde dann 4880 kg anstelle von 3140 kg gemäß der dargestellten geschweißten Ausführung, also das 4880/3140 = 1,55 fache betragen.

Ein weiterer wichtiger wirtschaftlicher Vorteil geschweißter Träger im Bereich des Hochbaus besteht in der Verwendungsmöglichkeit von Stahl S 355. Mit gewalzten Profilen kann S 355 oft nicht verwendet werden, da man wegen der relativ geringen Bauhöhe die Gebrauchstauglichkeit nicht erreicht, d.h. im allgemeinen Verformungsbeschränkungen nicht einhält. Geschweißte Träger können mit der dafür erforderlichen größeren Bauhöhe ausgeführt werden.

Seit einigen Jahren werden Rahmen auch aus geschweißten Trägern mit dünnwandigen, trapez- bzw. wellenförmig profilierten Stegen (sog. Trapez- bzw. Wellstegträgern) hergestellt. Aus fertigungstechnischen Gründen ist die Bauhöhe dieser Träger konstant.

Ausbildung von Rahmenecken

Für die Rahmeneckausbildung kommen grundsätzlich zwei Lösungen in Frage (Bild 5-53):

a Durchführen des unteren Riegel- und des inneren Stützenflansches

b Anordnung einer Aussteifung im Gehrungsschnitt

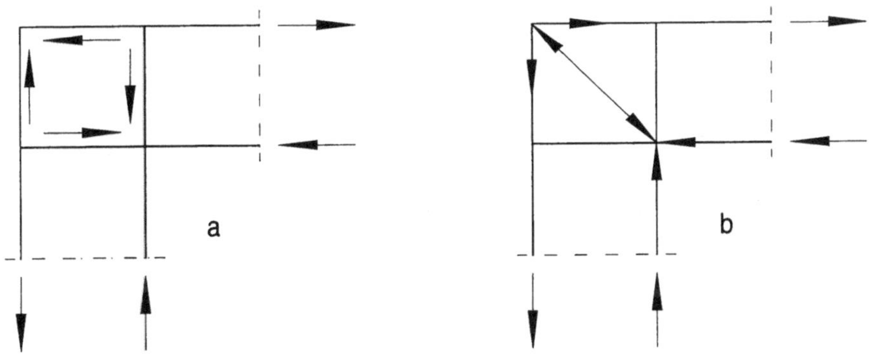

Bild 5-53 Die beiden Grundlösungen für Rahmenecken

Das Gleichgewicht für die Gurtkräfte aus dem die Rahmenecke beherrschenden Biegemoment wird im Fall a durch den Schubfluß des Stegbleches in der Rahmenecke und im Fall b durch die Druckkraft in der schräg angeordneten Aussteifung erreicht (vgl. auch [5.2.21].

Beide Grundlösungen kommen in der Praxis vor. Die Wahl wird von den Stahlbauunternehmen mit verschiedenen Argumenten begründet, wobei unterschiedliche, z.B. auf Werkstattaus- rüstung und Montageverfahren beruhende Beurteilungen der Wirtschaftlichkeit eine Rolle spielen.

Fall a

Das Eckfeld (Bild 5-54) wird begrenzt durch die Flanschmittellinien von Riegel und Stiel. Für den Schubbeanspruchungsnachweis des Eckfeldes und die Berechnung der Stiel/Riegel- verbindung sind nicht die Schnittgrößen im Systempunkt maßgebend, sondern diejenigen, die an den Rändern des Eckfeldes auftreten. Dabei wird angenommen, daß Biegemomente und Längskräfte allein von den Flanschen übertragen werden, in den Stegen also nur Querkräfte wirken.

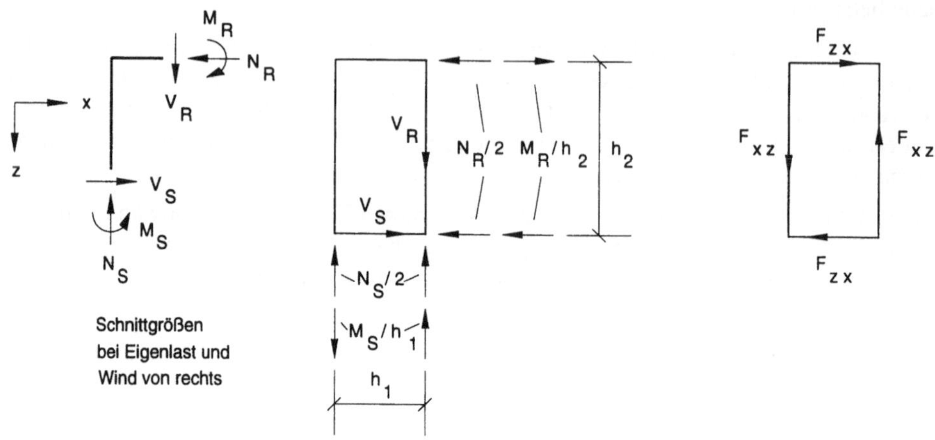

Bild 5-54 Zur Eckfeldberechnung

Schubkräfte im Stegblech

$$F_{xz} = \frac{M_s}{h_1} - \frac{N_s}{2} = \frac{M_s}{h_1} \quad \frac{N_s}{2} - V_R$$

$$F_{zx} = \frac{M_R}{h_2} - \frac{N_R}{2} = \frac{M_R}{h_2} + \frac{N_R}{2} - V_S$$

Schubfluß

$$T_{xz} = \frac{F_{xz}}{h_2} = T_{xz} = \frac{F_{zx}}{h_1}$$

Schubspannungen (t = Stegdicke)

$$\tau = \frac{Txz}{t} = \frac{Tzx}{t} + \frac{N_s}{2} - V_R$$

Meist genügt es, nur M_S und M_R bei der Schubspannungsberechnung zu berücksichtigen. Ist die Bedingung nicht erfüllt, sind, wenn man von Diagonalsteifen absieht, dickere Stege erforderlich. Eine Variante – die einseitige Verstärkung des Eckblechs – zeigt Bild 5-55.

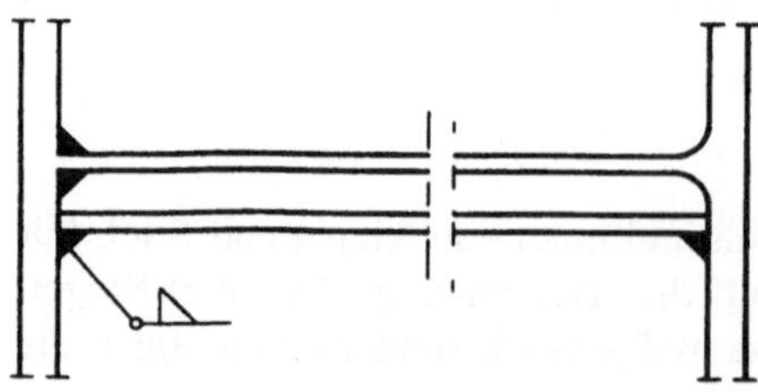

Bild 5-55
Einseitige Eckblechverstärkung

Ein Verfahren zur Berechnung von Rahmenecken mit schlanken Stegen enthält [5.2.22]. Für den Fall b ist bei unter dem Winkel δ geneigtem Riegel der Gehrungswinkel α zu bestimmen, damit sich die Außenkanten der Gurte auf der Mittellinie der Eckaussteifung schneiden (Bild 5-56).

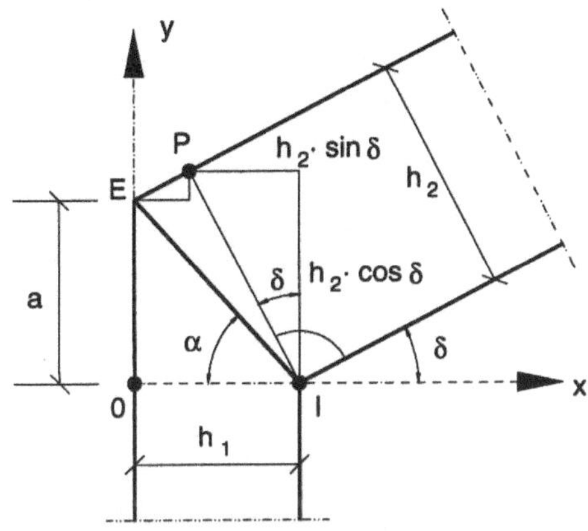

Bild 5-56
Zur Bestimmung des Gehrungswinkels α

Bei der Herleitung ist P der Endpunkt eines rechtwinkligen Schnittes durch den Riegel, wenn der Anfangspunkt I ist.

$$\tan \alpha = a / h_1$$

Im (x;y) - Kreuz durch den Punkt 0 gelten:

$$x_P = h_1 - h_2 \cdot \sin; \quad y_P = h_2 \cdot \cos \delta$$

$$x_E = 0 \qquad y_E = y_P - x_P \cdot \tan \delta$$

$$= h_2 \cdot \cos \delta - (h_1 - h_2 \cdot \sin \delta) \cdot \tan \delta$$

Mit $\quad a = y_E \quad$ folgt $\qquad \tan \alpha = \dfrac{y_E}{h_1} = \{ h_2 \cdot \cos \delta - (h_1 - h_2 \cdot \sin \delta) \cdot \tan \delta \} / h_1$

$$= \{ h_2 / h_1 \} \cdot \cos \delta - \tan \delta + \{ h_2 / h_1 \} \cdot \frac{\sin^2 \delta}{\cos \delta}$$

$$\tan \alpha = \frac{h_2 / h_1 - \sin \delta}{\cos \delta}$$

2 Sonderfälle

- $\delta = 0$: $\quad \tan \alpha = h_2 / h_1$

- $h_1 = h_2$: $\quad \tan \alpha = \{ 1 - \sin \delta \} / \cos \delta$

Unterschieden werden müssen ferner Lösungen, bei denen

c ein Baustellenstoß zwischen Riegel und Stiel unmittelbar in der Rahmenecke liegen soll von solchen, bei denen

d die Rahmenecke in der Werkstatt geschweißt und der Stoß aus der Rahmenecke herausgelegt wird.

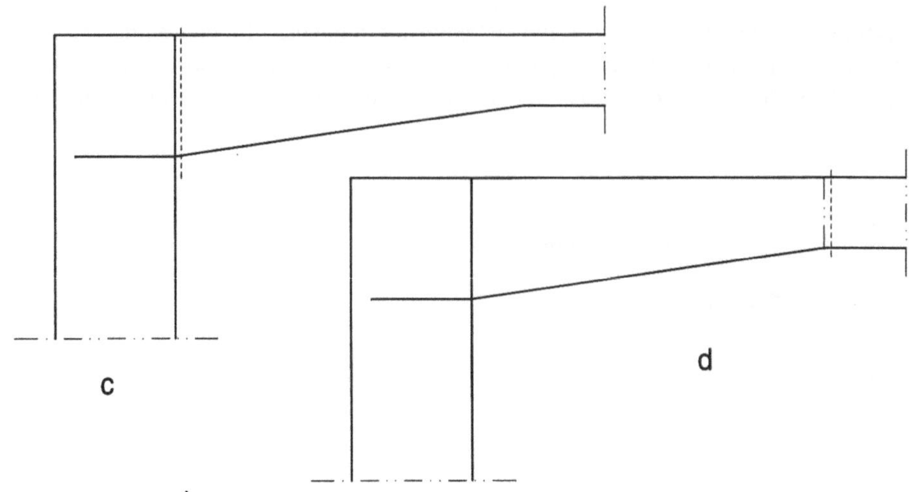

Bild 5-57 Zur Lage des Baustellenstoßes im Bereich von Rahmenecken

Vorteil der Lösung d: Baustellenstoß fällt in den Bereich geringerer Beanspruchungen, hier im Riegel in die Nähe des Momentennullpunktes. Nachteil: Die Fertigungseinheiten sind nicht mehr stabförmig, womit Transport und i.a. Montage erschwert werden.

Bei geknickten oder gekrümmten Gurten (Bild 5-58) ist immer zu prüfen, ob Aussteifungen in den Stegen erforderlich werden, um die Umlenkkräfte in den Gurten abzufangen. Der Steg könnte ohne Aussteifung ggf. ausbeulen.

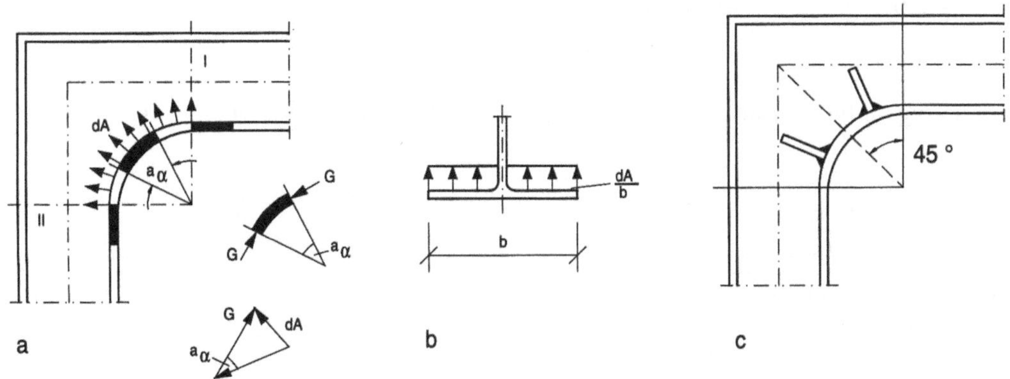

Bild 5-58 Gekrümmter Gurt

In den Schnitten I und II werden die Kräfte des Innengurts angesetzt. Näherungsweise wird angenommen, daß deren Mittelwert G über die kreisförmige Gurtlänge wirksam ist. Daraus folgt die kontinuierliche Abtriebskraft (Bild 5-58a)

$$\Delta A = G\, d\alpha$$

Diese Kraft verteilt sich auf die Gurtbreite b und bewirkt Querbiegung der auskragenden Gurtbleche (Bild 5-58b). Durch Radialrippen kann diese Biegebeanspruchung weitgehend aufgehoben werden (Bild 5-58c). Die Abtriebskraft pro Rippe ist

$$A \approx \int_{\alpha_R} G\,d\alpha = G\,\hat{\alpha}_R \;,\; \text{d.h. z.B.} \quad A = G \cdot \frac{\pi}{4} \quad \text{bei} \quad \alpha_R = 45.$$

Ein Teil der Abtriebskraft kann direkt dem Steg zugewiesen werden.

Beispiele für Möglichkeiten der Eckausbildung

Bild 5-59 zeigt die einfache, von mehreren Stahlbauunternehmen bevorzugte Lösung mit Kombination (b - c), also ein Baustellengehrungsstoß.

Vorteile: Wenige Bauteile (Aussteifungen sind gleichzeitig Stirnplatten für den Stoß). Wirtschaftlich, wenn Schrauben außerhalb der Gurte (große Hebelarme) angeordnet werden können.

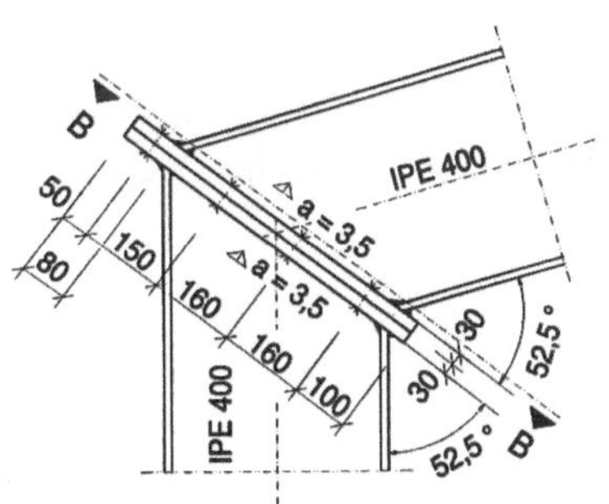

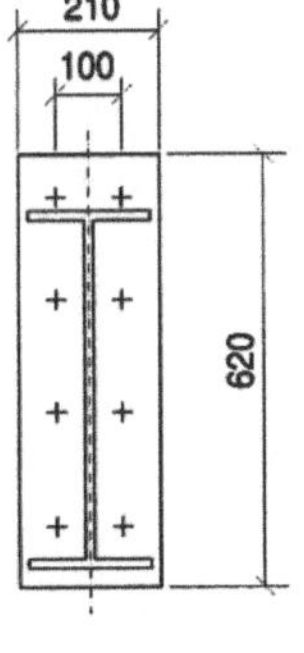

Schnitt B - B

Bild 5-59
Geschraubter Stirnplattenstoß als
Gehrungsstoß in einer Rahmenecke

Eine ebenfalls verbreitete Lösung ist die Kombination a - c, also der Baustellenstoß mit Rahmenecke zwischen den vier Gurten bzw. Gurtfortsetzungen. Dabei kann die Stoßfuge vertikal
auf der Innenseite des Stieles (Bild 5-60) oder horizontal in der Höhe Unterkante Riegel liegen
(Bild 5-61). Die erste Lösung hat Vorteile, da der Riegel an der Rahmenecke im allgemeinen
eine größere Bauhöhe als der Stiel hat und damit die größeren inneren Hebelarme zu weniger
oder kleineren Schrauben führen. Die zweite Lösung bringt Vorteile in der Montage, da der
Riegel auf den Stiel abgesetzt werden kann. Bild 5-60 zeigt Lösungen mit beidseitig auskragenden bzw. bündigen Kopfplatten (rechts für den Sonderfall eines Rahmens aus Wellstegträgern).

Die Riegelvoute in der Rahmenecke auf Bild 5-60 dient zur Aufnahme des großen Eckbieg-
moments. Die zusätzliche Zuglasche vergrößert die Steifigkeit der Rahmenecke erheblich. Auf
ihre Berücksichtigung beim Tragsicherheitsnachweis wird i.a. verzichtet.

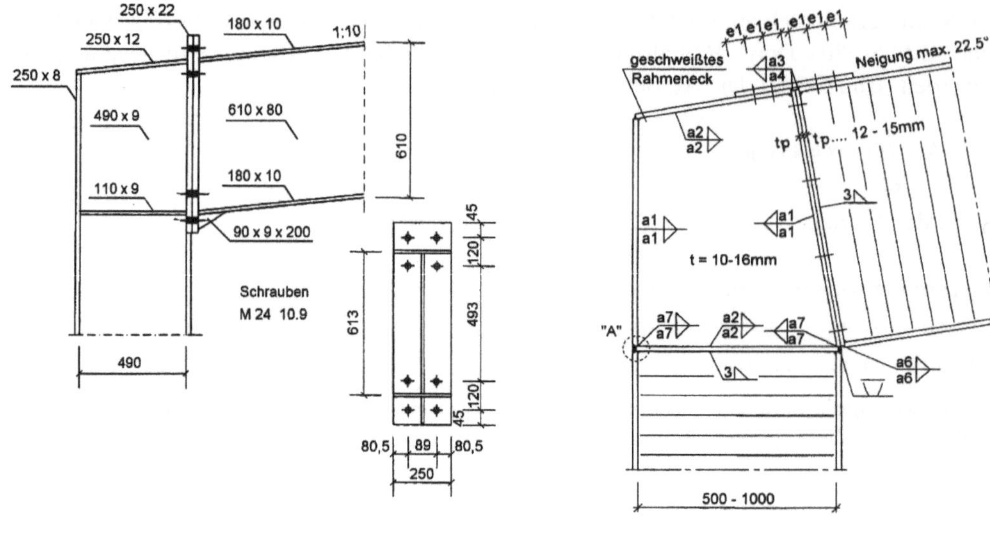

Bild 5-60 Rahmenecke mit vertikalem Kopfplattenstoß ohne **a** [5.2.23] und mit zusätzlicher Zuglasche **b** und **c** [5.2.8]

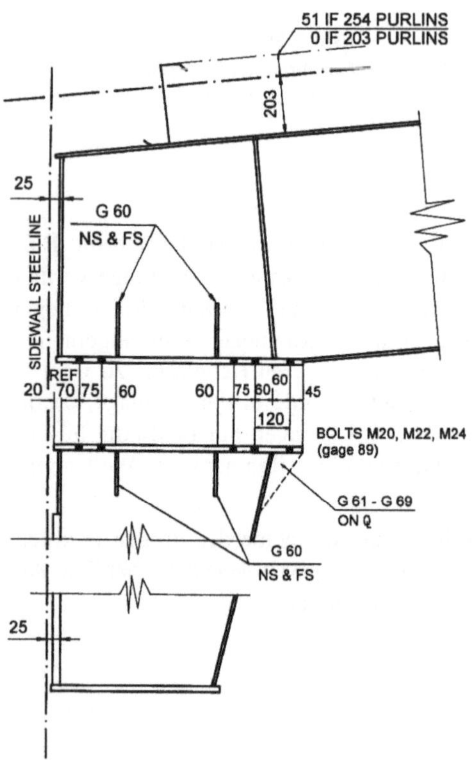

Bild 5-61
Rahmenecke mit horizontalem Kopfplattenstoß [5.2.23]

Die Kombination a-d (Bild 5-62) ist eine Alternative zu den Lösungen auf den Bildern 5-60 und 5-61. Sie ist interessant für Hersteller, die Walzprofile verwenden.

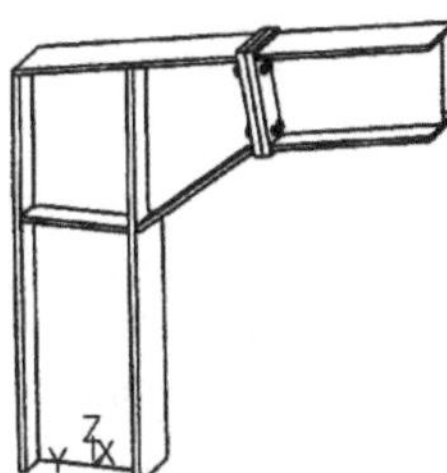

Bild 5-62
Lösung mit Stoß außerhalb der Rahmenecke

Einige Hallenhersteller versuchen bewußt, Rahmenecken möglichst einfach auszubilden. Dadurch werden diese möglicherweise nachgiebig. Beispiele für den geschraubten Firststoß (mit überstehenden Kopfplatten) zeigt Bild 5-63.

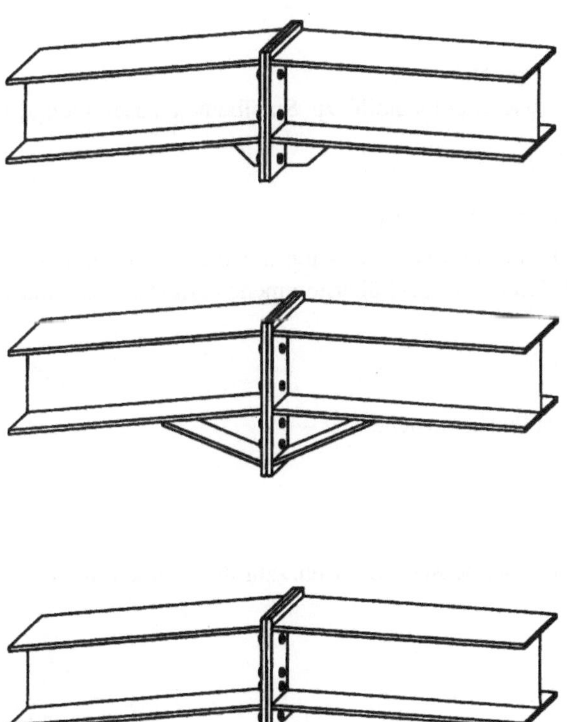

Bild 5-63
Geschraubter Firststoß

Bild 5-64 zeigt, wie der Innenstützbereich eines Durchlaufträgers an die großen Biegemomente im kurzen Bereich links und rechts von der Auflagerachse angepaßt werden kann.

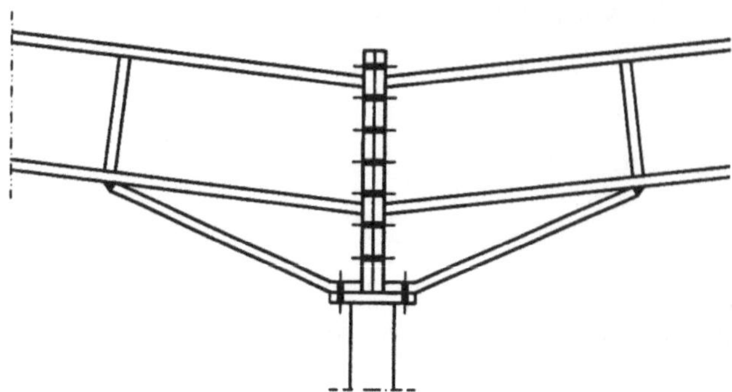

Bild 5-64
Innenstützenbereich eines Durchlaufträgers

5.2.6 Hallenzubehör

Angaben zum Hallenzubehör wie Treppen und Tore findet man z.B. in den Merkblättern des Stahlinformationszentrums. Zu Treppen s. [5.2.24].

5.3 Eingeschossige Bauwerke

Vorwiegend an Stahlhallen wird gezeigt, wie Stahlbauteile zu Stahlbauten zusammengefügt werden.

5.3.1 Aussteifungen – Möglichkeiten und Beispiele

Die Ableitung von Horizontalkräften und die Stabilisierung kann auf drei grundsätzlich verschiedene Arten erfolgen. Sie werden mit den aus [5.3.1] übernommenen Bildern 5.65 und mit Bild 5-66 erläutert.

Einzelstabilisierung

Vorteil: Jede Stütze ist bei der Montage selbst standsicher.

Nachteil: Zwängungen

Reihenstabilisierung

Vorteil: Keine Zwängungen, Verringerung der Kosten, da Mehrzahl der Stützen nicht einge-
             spannt ist.

Nachteil: Aussteifung kann weich werden.

Scheibenstabilisierung

Für die Eintragung der Kräfte in mindestens 3 vertikale Scheiben ist eine durchgehende horizontale Dachscheibe erforderlich. Die vertikalen Scheiben können möglichst weit außen, z.B. in den Außenwänden angeordnet, aber auch konzentriert im Inneren des Gebäudes, z.B. aus den Wänden eines massiven Kernes, gebildet werden. Gegenüberstellung in bezug auf die Scheibenpositionierung:

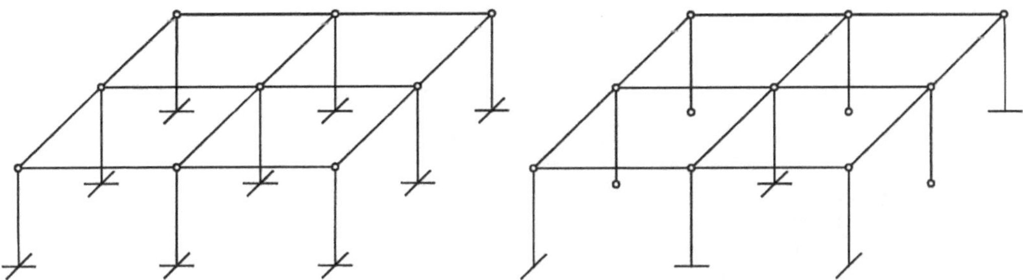

Bild 5-65 Einzel- und Reihenstabilisierung

Außen: vorteilhaft, da die beiden parallelen Scheiben großen Abstand voneinander haben.

Kern: ungünstig, da aus Horizontallasten, die auf den Kern bezogen außermittig angreifen, große Kräfte in den beiden parallelen Scheiben entstehen und das System weich ist. Das kann auf ein Stabilitätsproblem führen.

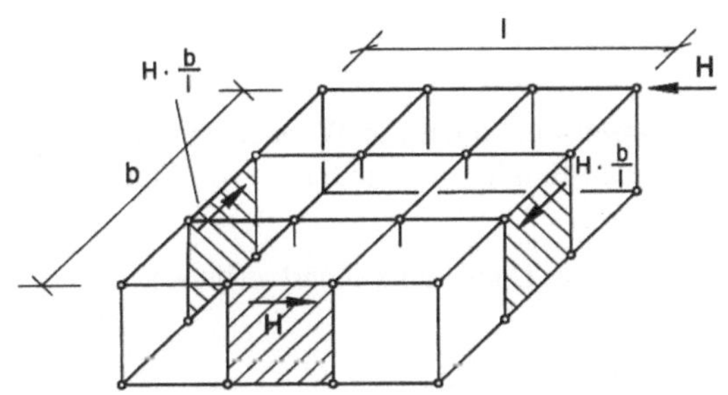

$H \cdot \dfrac{b}{l}$ wird bei großem l klein.

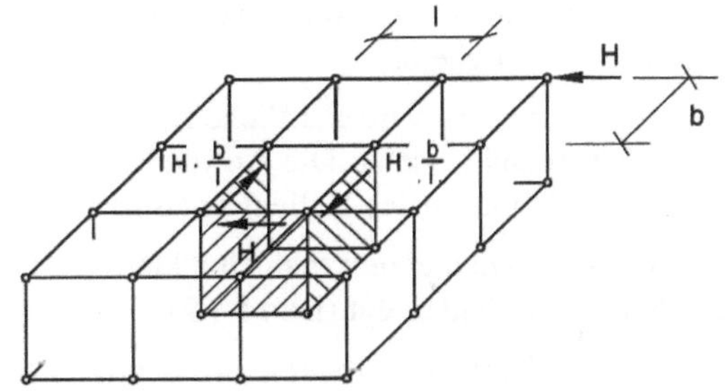

$H \cdot \dfrac{b}{l}$ wird bei kleinem l groß.

Bild 5-66 Scheibenstabilisierung, a in Außenwänden, b im Kern
(Die eingetragenen Kräfte sind Aktionen auf die Dachscheibe.)

Beispiele

Einzelstabilisierung

Durch ein festes Lager, zwei in einer Richtung bewegliche und ein allseitig bewegliches Lager sind Bewegungen aus Temperaturänderung (auch aus vertikalen Durchbiegungen) horizontal fast – wegen der Lagerreibung nicht völlig – unbehindert.

Auch hier muß die Dachscheibe vorhanden sein: es sind umlaufend im Dach Längs- und Querverbände angeordnet.

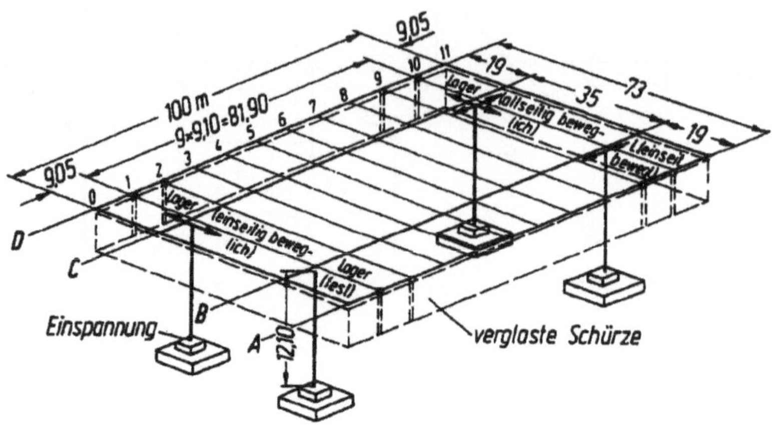

Bild 5-67 Eissporthalle Düsseldorf: Dachtragwerk auf Lagern, die auf eingespannten Stützen ruhen [5.3.3]

Scheibenstabilisierung

Das Dachtragwerk – ein Raumfachwerk – bildet die Dachscheibe. Typisch für Flugzeughallen sind drei Wandscheiben.

I.a. kommt man zu wirtschaftlichen Konstruktionen, wenn man auch die Wandscheiben durch Vertikalverbände ersetzt. Die Anwendung von Verbänden in allen 4 Wänden ist die Standardlösung für den normalen Hallenbau (Bilder 5.69 bis 5.70).

Bei kleinen Hallen erzielt man eine klare Lösung, wenn man Dach- und Wandverbände in eins der beiden Endfelder legt (Bild 5-69):

– die Wandverbände erhalten ihre Kräfte direkt vom Dachverband;

– bei der Montage kann man von einem Ende her von einer stabilen Konstruktion ausgehen;

– die Konstruktion ist in Längsrichtung fast zwängungsfrei, vielleicht eingeschränkt wegen der Scheibensteifigkeit der Fassadenkonstruktion.

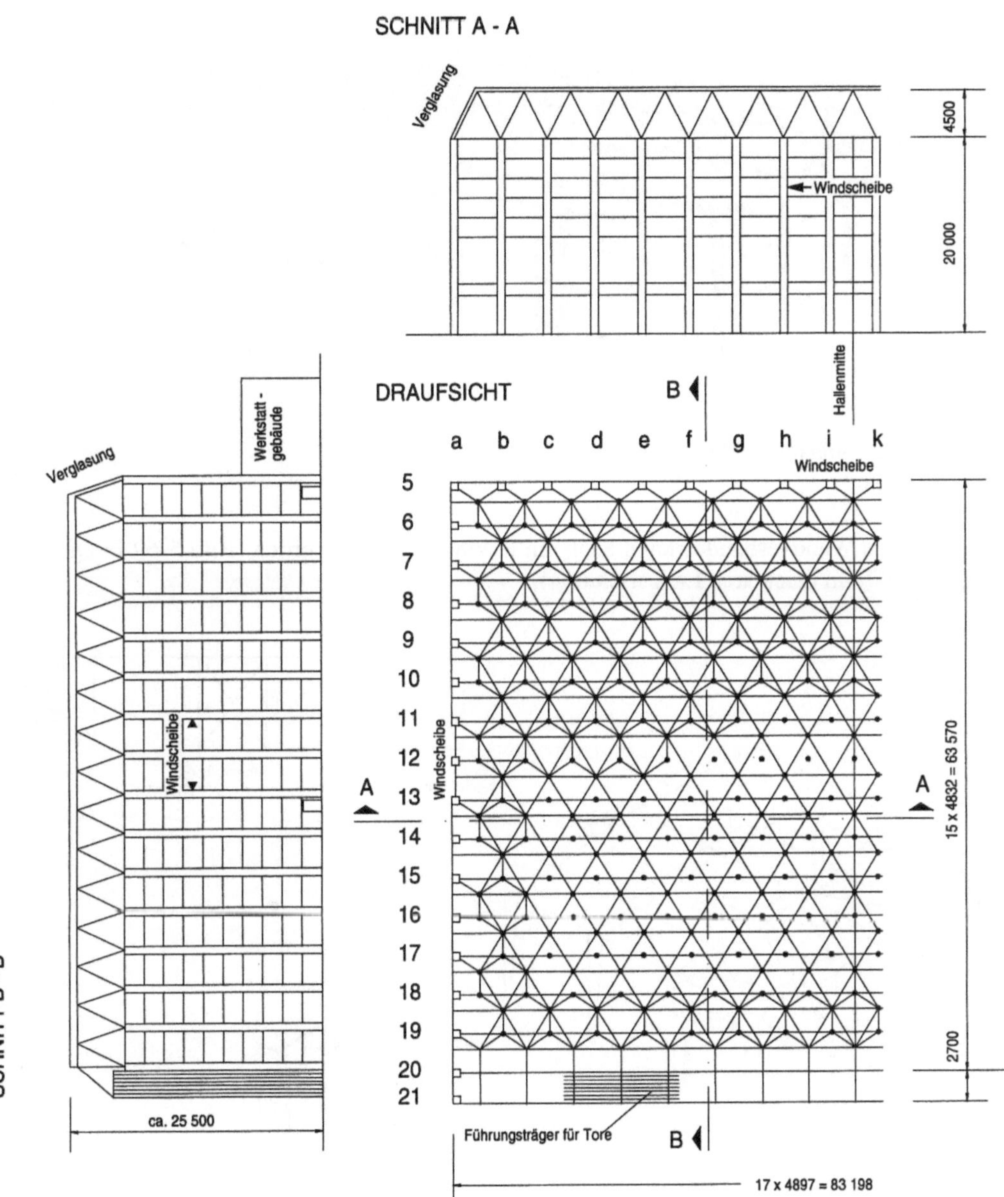

Bild 5-68 Wartungshalle auf dem Flughafen Frankfurt nach [5.3.3]

Bild 5-69 Standardhalle, Verbandsanordnung

Anstelle eines Wandverbandes kann auch ein Rahmen gewählt werden (Bild 5-69 in Querrichtung, Bild 5-70 in Quer- und Längsrichtung).

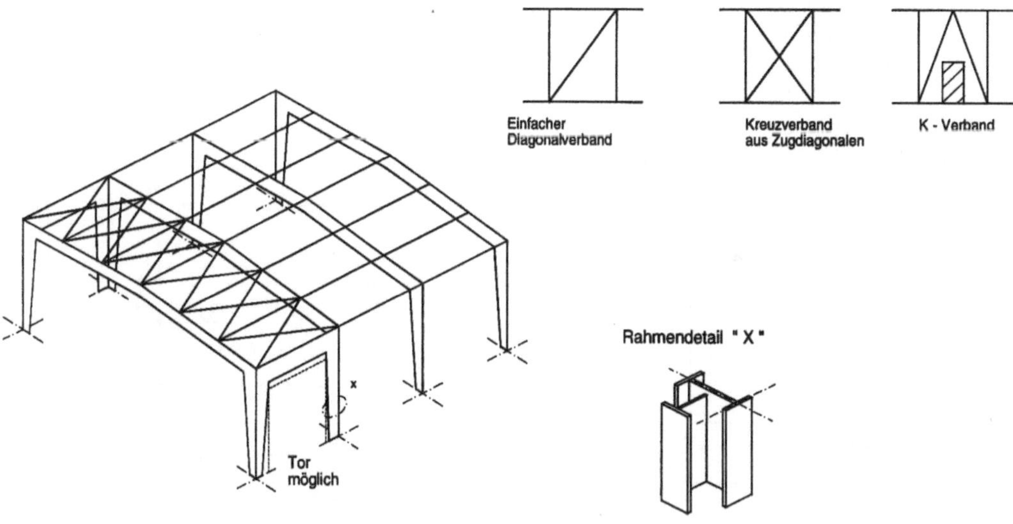

Bild 5-70 Halle mit Torrahmen [5.3.7]

In Querrichtung kommen als Wandscheiben-Ersatz anstelle von Zweigelenkrahmen selbstverständlich auch die anderen im Abschnitt 5.2 diskutierten Rahmenlösungen in Frage. Giebelwände werden als Stützen-Riegel-Systeme ausgebildet. Wenn die Halle für eine spätere Verlängerung vorgesehen werden soll, ist die Anordnung eines weiteren Binders erforderlich. Dann sind zum Zeitpunkt der Verlängerung lediglich die Zwischenstützen zu versetzen. Andernfalls wäre das letzte Dachfeld zu demontieren.

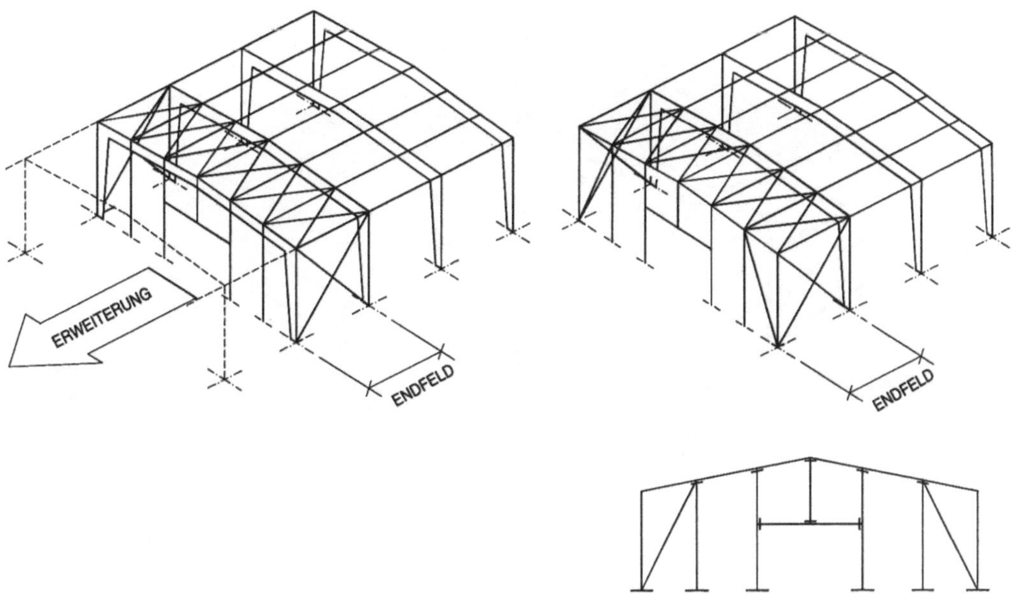

Bild 5-71 Endfeld mit Giebelwand a) mit Endrahmen, b) ohne Endrahmen

Nachteil der einfachen Lösung:

– Bei großer Hallenlänge werden die Verschiebungen infolge Temperatur am gegenüberliegenden Giebel relativ groß.

– Windlasten auf dem gegenüberliegenden Giebel beanspruchen die Pfetten in allen Feldern auf Druck

Die Nachteile können z.T. umgangen werden, wenn Dach- und Wandverbände in die Hallenmitte gelegt werden: die Verschiebungen an den beiden Giebeln werden halb so groß wie bei der anderen Lösung an dem Giebel, der der Verbandsseite gegenüber liegt. Fast alle Pfetten erhalten nach wie vor Normalkräfte aus Wind auf die Giebelwände. Der Nachteil dieser Lösung liegt oft in der Montage: die standsichere Konstruktion in Hallenmitte verlangt entweder Montage nach zwei Seiten oder Hilfskonstruktionen zur Stabilisierung während der Montage.

Im Bild 5-72 liegen Dachverband und Vertikalverbände in den Längswänden im zweiten Feld. Diese Lösung wird oft bevorzugt, da damit keine Verbandskräfte auf die leichten Eckstützen entfallen und so Zugverankerungen vermieden werden.

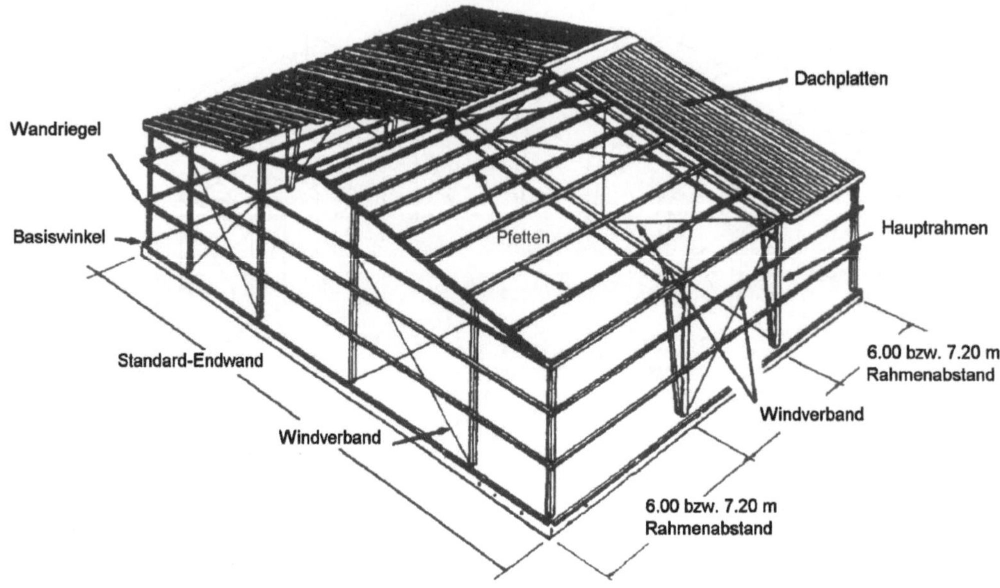

Bild 5-72 Halle mit Verbänden im zweiten Feld vom Giebel

5.3.2 Berechnung der Verbände

Bei der Bemessung der Verbände müssen einerseits die planmäßigen Horizontallasten abgetragen werden. Andererseits ist mit ihnen auch das ganze Tragwerk zu stabilisieren.

Windkräfte

Bild 5-73a zeigt eine windbeanspruchte Giebelwand und die daraus resultierenden Kräfte am Dach- und Wandverband. Die Verbände einschließlich der dazugehörigen Binder können als räumliches Stab-System oder als ebene Fachwerke betrachtet werden.

Die horizontalen Auflagerkräfte lauten

$$2\,(\,H_1 + H_2\,) = \sum_{i=1}^{n} W_i$$

Aus der Symmetrie des Dach- u. Wandverbandes folgt

$$H_1 = H_2 = 0{,}25 \sum_{i=1}^{n} W_i$$

Die vertikalen Auflagerkräfte betragen

$$V_1 = -V_2 = 0{,}5 \sum_{i=1}^{n} \frac{W_i \cdot h_i}{b}$$

mit h_i – Angriffshöhe der Kraft W_i (von Oberkante Fußplatte gemessen).

Nun wird ein ebener Ersatz-Dachverband berechnet (Bild 5-73b), aus Bild 5-73c werden die Umlenkkräfte im First bestimmt

$$\Delta V = 2\,G \cdot \sin\alpha = 2\,G \cdot \frac{d_1}{l_1}$$

mit G - Kraft im Obergurt (G = Z oder G = D) und α - Dachneigung. Diese Beanspruchung wird – ebenso wie R_w – zu den Wandverbänden weitergeleitet (Bild 5-73d).

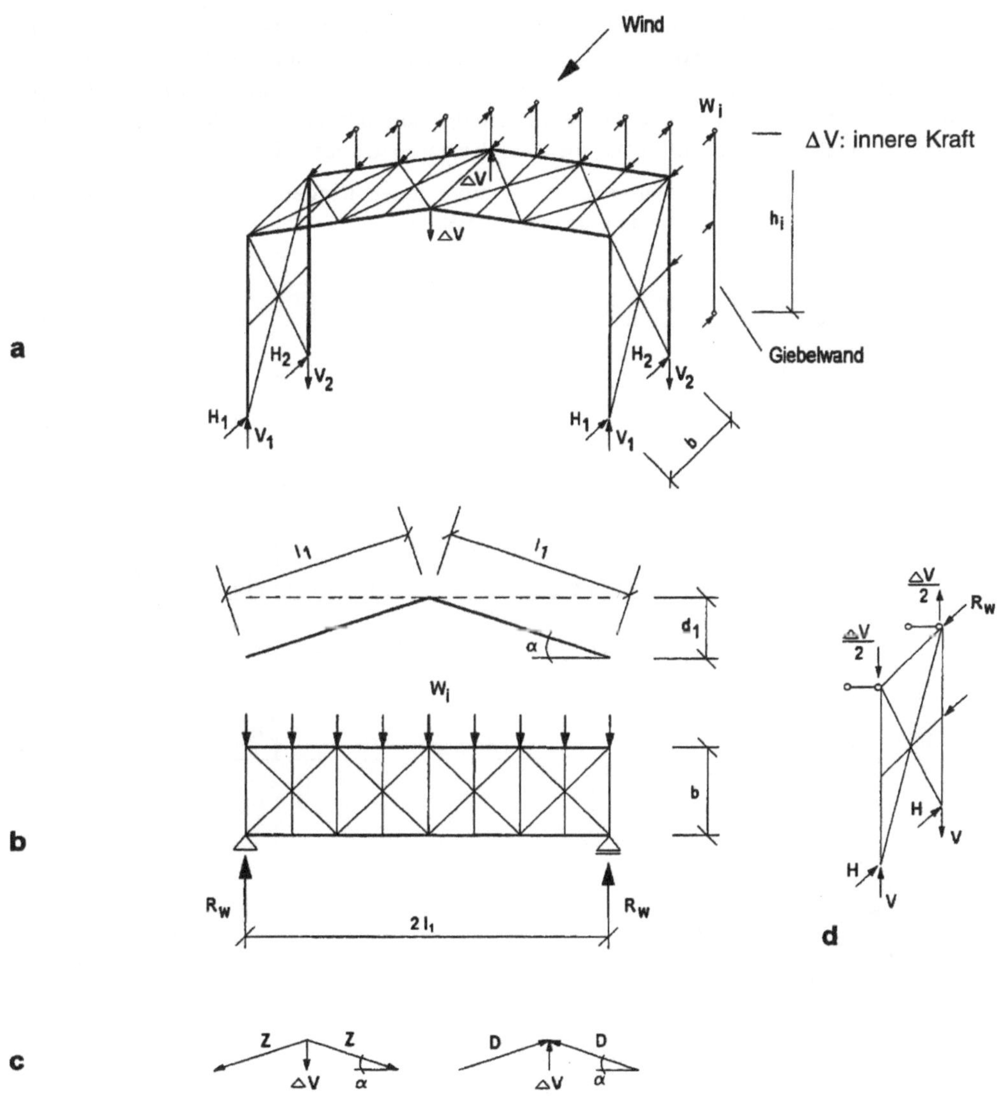

Bild 5-73 Zur Verbandsberechnung

Stabilisierungskräfte

Rahmen weisen auch aus ihrer Ebene Formabweichungen v(x) von der Sollage auf. Die Verbände müssen die daraus resultierenden sog. Stabilisierungskräfte aufnehmen. Lasten für die stabilisierenden Aussteifungen erhält man durch den Ansatz von Imperfektionen:

— für die Dachverbände in Form von Krümmungen der Bindeobergurte und

— für die Vertikalverbände in Form von Schiefstellungen für die Stiele.

Dachverband

In DIN 18800 wird analog zu Abschnitt 4.6 von vorverdrehten Binderhälften ausgegangen, anschließend wird die Auslenkung in Bindermitte als Bogenstich angesetzt. EC 3 enthält spezielle, von denen für Stabtragwerke abweichende Regelungen zum Ansatz von Stabilisierungskräften, die zu ähnlichen Ergebnissen wie die leichter handhabbare Verfahrensweise nach DIN 18000 führen. Daher wird nachfolgend die Verfahrensweise nach DIN 18800 erläutert.

Vereinfachend werden die Formabweichungen eines jeden Riegels als parabelförmig und die Druckkraft N im Obergurt als konstant angesetzt (Bild 5-74).

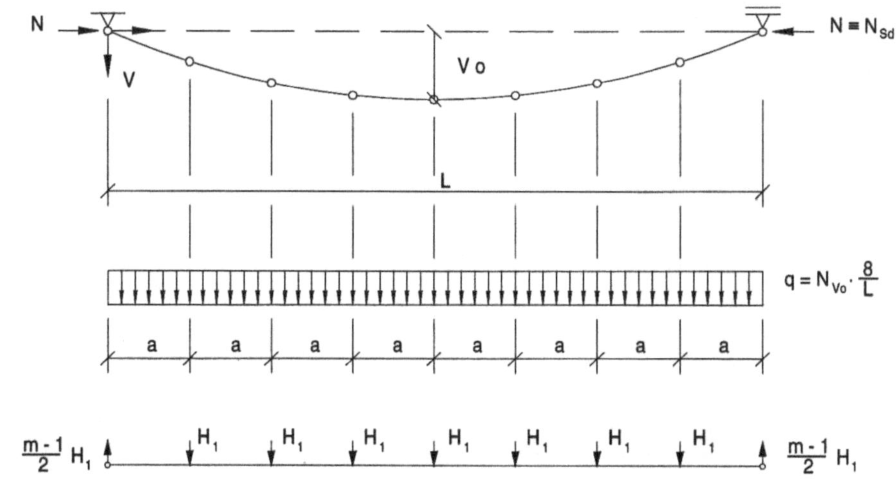

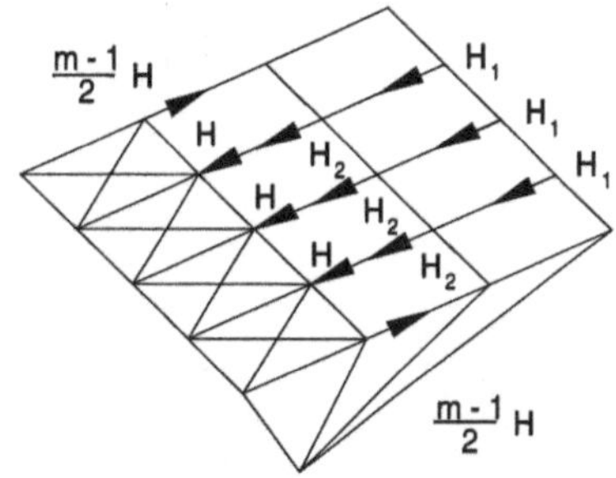

Bild 5-74 Zur Stabilisierung der Riegel

Nach DIN 18800 und [5.2.7], Abschnitt 3.7 wird ein „verallgemeinerter" Bogenstich von

$$v_0 = \frac{1}{200} \cdot \frac{L}{2} \cdot r_1 \cdot r_2$$

angesetzt mit r_1, r_2 nach El. 205, wobei r_1 mit der halben Verbandslänge (d.h. L/2) zu berechnen ist und unter n die Anzahl der mit einem Verband auszusteifenden Druckstäbe zu verstehen ist. Anstelle der parabelförmigen Vorkrümmung

$$v'' = -e \cdot \frac{8}{L^2}$$

kann man eine äquivalente Ersatzbelastung (= kontinuierliche Umlenkkraft) von

$$N \cdot v'' = N \cdot (-v_0 \cdot \frac{8}{L^2})$$

einführen. Die führt zu der Ersatzbelastung für einen Binder

$$q_{e,y} = \frac{N \, r_1 \, r_2}{50 \, L} \, .$$

Bei mehreren, von einem Verband zu stabilisierenden Bindern ist

$$q_{e,y} = \frac{\sum N \, r_1 \, r_2}{50 \, L} \, .$$

Die daraus resultierende Abtriebskraft $q_{a,y}$ nach Theorie 2. Ordnung erhält man näherungsweise durch Multiplikation mit dem Vergrößerungsfaktor.

Grundsätzlich muß unterschieden werden:

a) Schubmittelpunkt Rahmenriegel fällt mit Dachverbandsebene zusammen,

$$q_{a,y} = \frac{\sum N \, r_1 \, r_2}{50 \, L} \, \frac{1}{(1 - \sum N / N_{cr,d}^*)}$$

b) Schubmittelpunkt Rahmenriegel fällt *nicht* mit Dachverbandsebene zusammen.

$$q_{a,y}^* = \frac{\sum N \, r_1 \, r_2}{50 \, L} \cdot \frac{1}{\dfrac{N_{cr,v,d}^*}{\sum N} + 0{,}534 - \dfrac{\sum N}{N_{cr,d}^*}}$$

Der größere von beiden Werten ist maßgebend! Darin ist N_{cr}^* die ideale Knicklast des zu einem Ersatzstab „verschmierten" Verbandes.

$$N_{cr}^* = \frac{\pi^2 \, EI / L^2}{1 + \dfrac{\pi^2 EI}{L^2 S}}$$

EI = Biegesteifigkeit des Verbandes – Steiner Anteil (aus Binderobergurten)
S = Schubsteifigkeit (aus Verbandspfosten und -diagonalen)

Die Schubsteifigkeit für typische Verbandsformen enthält Abschnitt 3.6.6. Die Drillknicklast des Rahmenriegels bei gebundener Drehachse ist

$$N^*_{cr,v} = (GI_T + EI_w \pi^2/L^2)/h^2$$

GI_T: Torsionssteifigkeit,
EI_w: Wölbsteifigkeit,
h: Trägerhöhe des Rahmenriegels

Wird der Riegel mit der Länge L in m Unterlängen $a = L/m$ geteilt, trifft auf jeden Stützpunkt des Verbandes (= Innenpfette) die Kraft

$$H = q \frac{L}{m},$$

während die Randpfette des Verbandes eine (innere) Kraft (keine Auflagerkraft!) von

$$\frac{m-1}{2} H$$

aufnehmen muß. Durch die Vernachlässigung der Eigenbiegesteifigkeit des Obergurtes gegen seitliche Verbiegung und die Annahme N = konst liegt die Rechnung auf der sicheren Seite.

5.3.3 Beispiel

- Statisches System

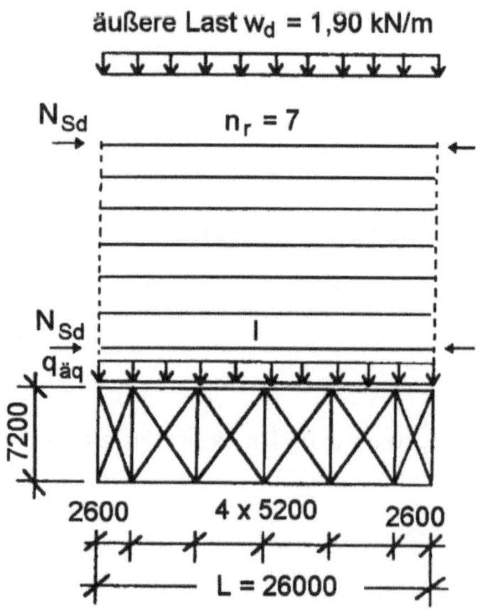

Rahmenbinder: HE 500 A

$M_{Sd} = 280\,kNm$
(Biegemoment im Rahmenriegel aus Vertikallast)

$$N_{Sd} = \frac{280}{\sim 0,5} = 560\,kN$$

(Druckgurt im Rahmenriegel – Obergurt)

Pfosten: HE 120 A, $A = 25,3\,cm^2$
Diagonalen: $\varnothing\,20$, $A = 3,14\,cm^2$
Stahlsorte: S 235

- Imperfektionen, Ersatzbelastung

$$r_1 = \sqrt{\frac{5}{26/2}} = 0,62$$

$$r_2 = \frac{1}{2}\left(1 + \sqrt{\frac{1}{7}}\right) = 0{,}69$$

$$q_{e,y} = q_{\ddot{a}q}\,\frac{7 \cdot 560 \cdot 0{,}62 \cdot 0{,}69}{50 \cdot 26} = 1{,}29 \text{ kN/m}$$

- Biege- und Schubsteifigkeit

  Fläche – Binderobergurt

  $A_G = 30 \cdot 2{,}3 = 69 \text{ cm}^2$

  b – Binderabstand

  EI – Biegesteifigkeit des Verbandes

$$I = 2\,A_G \cdot \left(\frac{b}{2}\right)^2 = 17884800 \text{ cm}^4$$

(Eigenbiegesteifigkeit der Binderobergurte vernachlässigt)

Da die Verbandsdiagonalen $\varnothing$ 20 bei Druck ausfallen, gehen nur die Zugdiagonalen in die Schubfestigkeit S ein.

$$S = \frac{7{,}2^2 \cdot 5{,}2}{\dfrac{(7{,}2+5{,}2)\frac{3}{2}}{3{,}14} + \dfrac{7{,}2^3}{25{,}3}} \cdot 21000 = 23800 \text{ kN}$$

- Ideale Knicklast

$$N^*_{cr,d} = \frac{\pi^2 \cdot 21000 \cdot 17884800 / 2600^2}{\left(1 + \dfrac{\pi^2 \cdot 21000 \cdot 17884800}{2600^2 \cdot 23800}\right) \cdot 1{,}1} = 20735 \text{ kN}$$

- Drillknicklast

$$N^*_{cr,v,d} = (8100 \cdot 309 + 21000 \cdot 5{,}643 \cdot 10^6 \cdot \pi^2 / 2600^2) / 50^2 \cdot 1{,}1 = 973 \text{ kN}$$

- Abtriebskraft (Theorie 2. Ordnung)

$$q_{a,y} = 1{,}29\,\frac{1}{1 - \dfrac{7 \cdot 560}{20735}} = 1{,}59 \text{ kN/m}$$

$$q^*_{a,y} = 1{,}29\,\frac{1}{973/2 \cdot 560 + 0{,}534 - 7 \cdot 560/20735} = 2{,}17 \text{ kN/m} \quad \text{(maßgebend)}$$

Die so ermittelte Abtriebskraft wird zur äußeren Last w_d addiert. Damit werden die Stabkräfte im Verband bestimmt.

Wandverband

Neben der Windlast ist die Horizontallast aus Schiefstellung zu beachten. Die beiden Dachver-
bands-Rahmenriegel müssen für die *Summe* der Normalkräfte in ihren Obergurten bemessen
werden (aus Vertikallast und Verbandswirkung).

$$\varphi_0 = \frac{1}{200} \cdot r_1 \cdot r_2$$

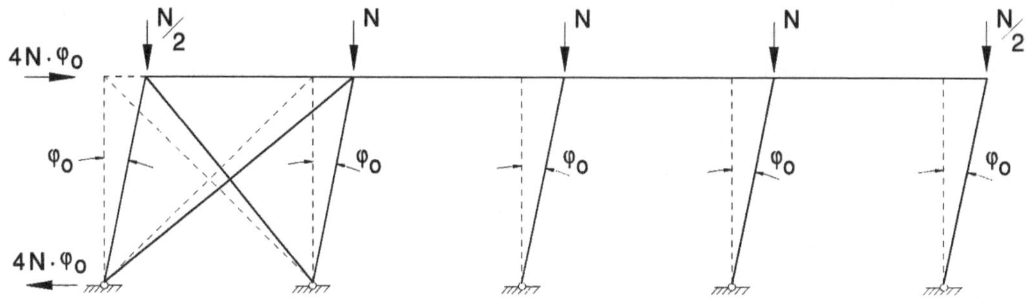

Bild 5-75 Zur Stabilisierung der Stiele (r_1, r_2 siehe Abschnitt 4.6)

5.3.4 Zur Berechnung von Hallen als räumliche Systeme

Bei sehr leichten Hallen mit außergewöhnlichen Abmessungen oder bei unregelmäßigen
Systemen empfiehlt sich die Berechnung eines räumlichen Stabsystems. Bild 5-76 und 5.77
zeigen, daß bei horizontaler Belastung die Auslenkung der Stiele auf der Lastangriffsseite grö-
ßer ist als auf der gegenüberliegenden. Grund dafür ist die Verformung der Dach- und Wand-
„Scheibe". Bild 5-76 verdeutlicht die Wirkung der Giebelverbände: die Stielauslenkung in
Giebelnähe ist kleiner als in Hallenmitte.

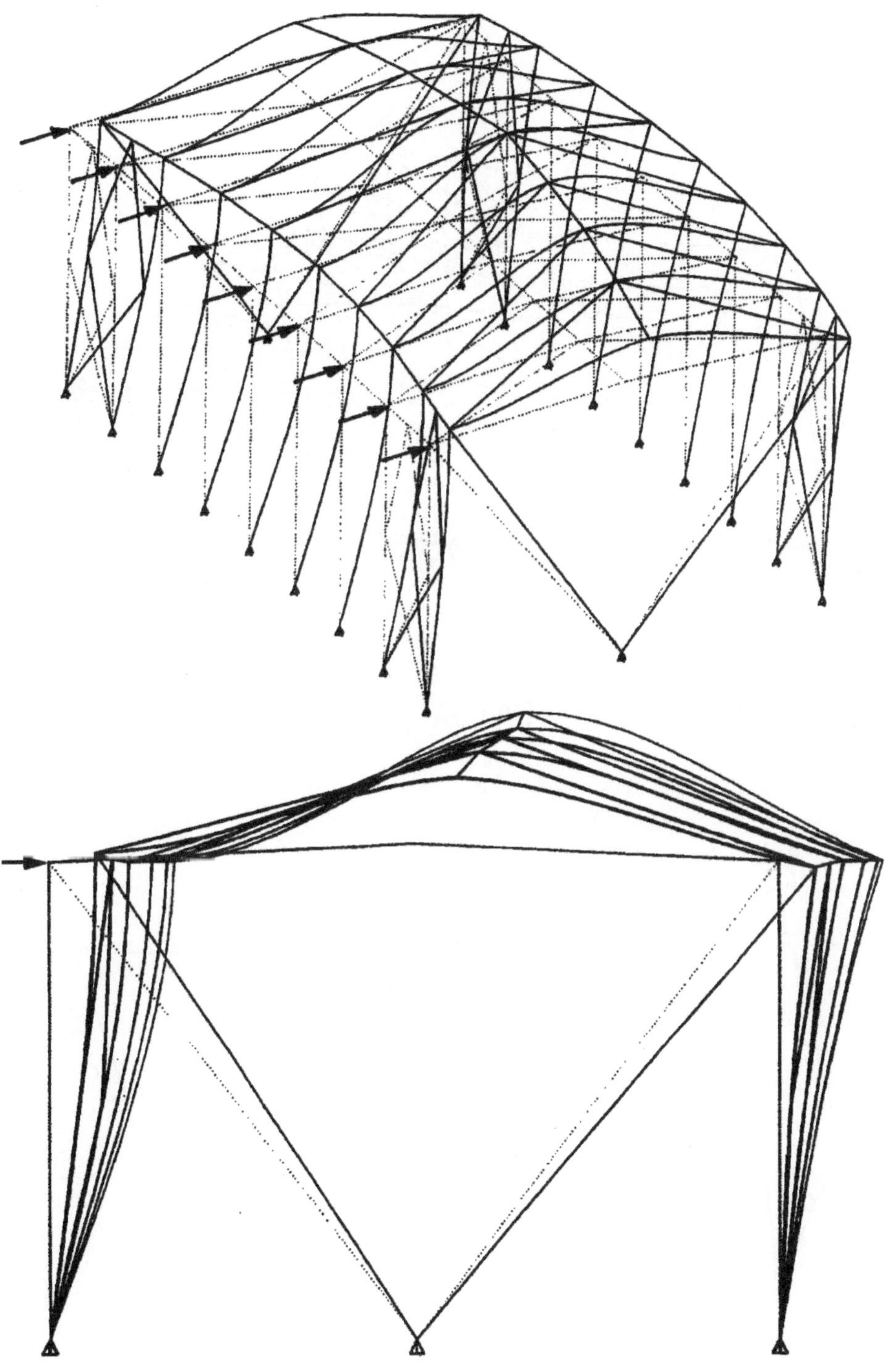

Bild 5-76 Halle unter Horizontallast in Querrichtung. Verformungen ca. 70fach überhöht

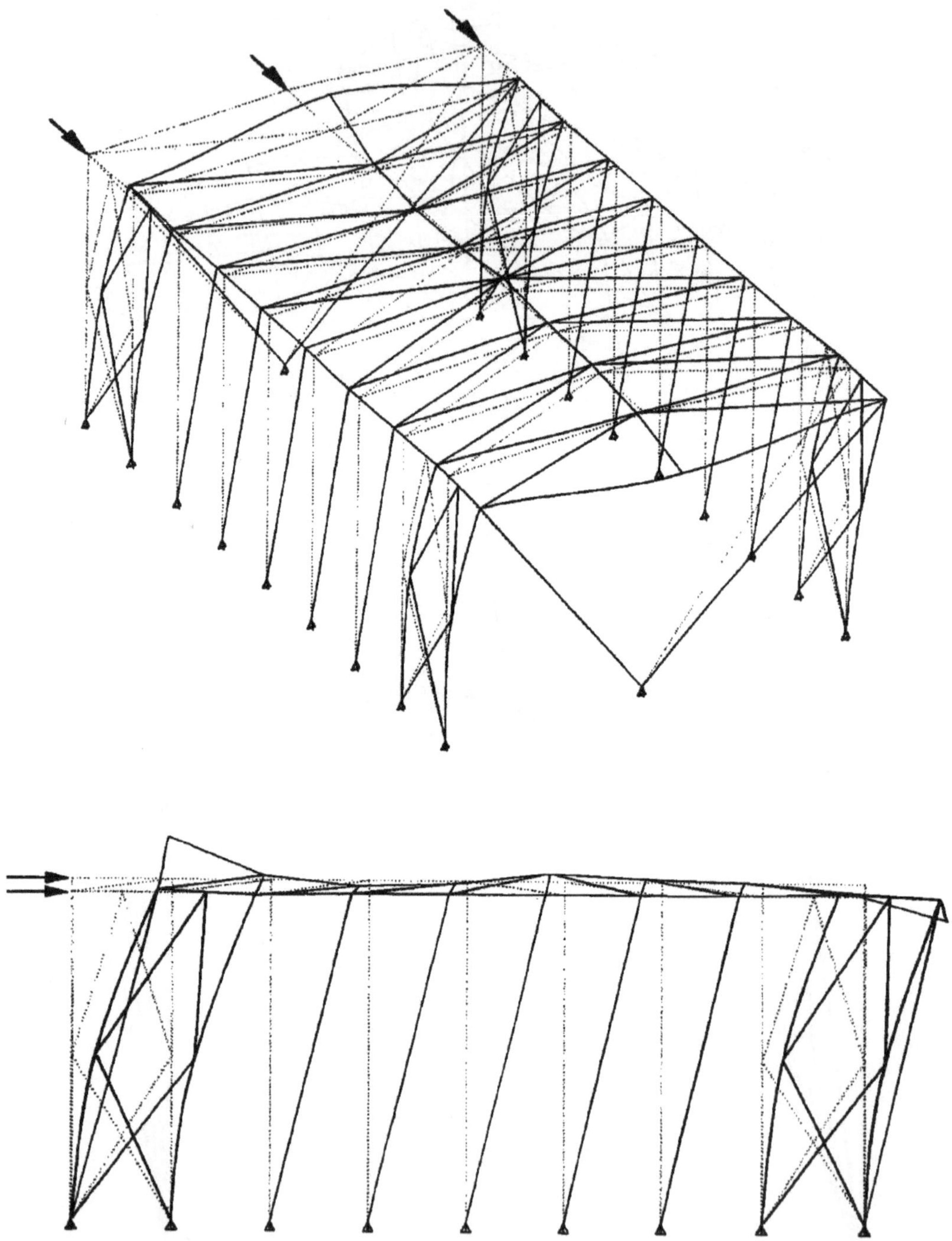

Bild 5-77 Halle unter Horizontallast in Längsrichtung. Verformungen ca. 50fach überhöht

5.3.5 Konstruktive Details

Bild 5-78a zeigt den Anschluß von Verbänden an eine Rahmenecke sowie den Anschluß eines Dach – Kreuzverbandes an einen Fachwerkobergurt bzw. eine Pfette, Bild 5-78b die Stabilisierung eines Hallenriegels durch sog. *Flanschstreben.* Insbesondere bei leichten, weitgespannten Pfetten erhält man mit dieser Lösung nur eine elastische Stützung des Riegel-Druckgurts.

Hinweis: Für den häufig vorkommenden Zweigelenkrahmen folgt aus der meist maßgebenden Einwirkungskombination (g+s), daß in weiten Bereichen der Untergurt (Riegel) und über die gesamte Höhe der Innengurt (Stütze) gedrückt wird. Deshalb ist der Einsatz von Flanschstreben (bei weitgespannten, leichten Hallen können auch je zwei Verbandsebenen für Dach und Wand erforderlich werden) notwendig.

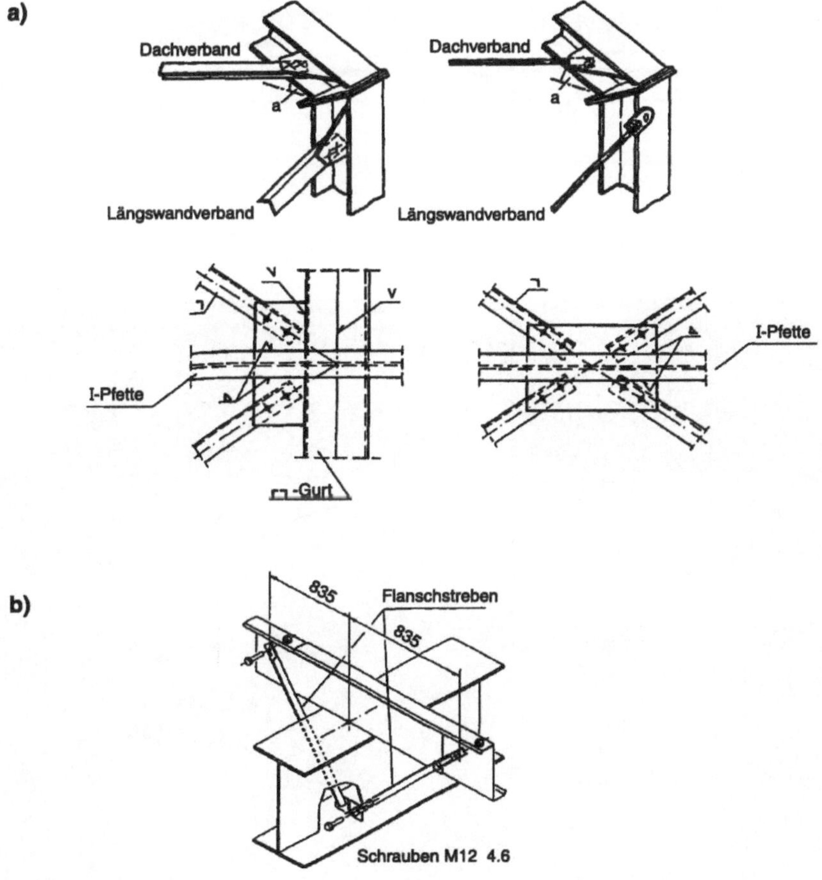

Bild 5-78 Konstruktive Details **a)** Verbände, **b)** Stabilisierung der Riegel durch Flanschstreben

Mehr zu konstruktiven Details von Hallen mit außergewöhnlichen Abmessungen in [5.3.8 und 5.3.9].

5.3.6 Außergewöhnliche Hallenbauwerke

Bei außergewöhnlichen Spannweiten und besonderen ästhetischen Ansprüchen kommen andere als die bisher behandelten Systeme zur Anwendung.

Bild 5-79 zeigt dazu beispielhaft zwei Bauwerke der 90er Jahre: die Messehalle 2 in Hannover mit an Pylonen abgehängten Dreigurtbindern (Spannweite 126 m) und die Neue Messe in Leipzig als Bogentragwerk (Spannweite 80 m). Zunehmende Bedeutung gewinnt dabei die Verbindung von Stahl und Glas.

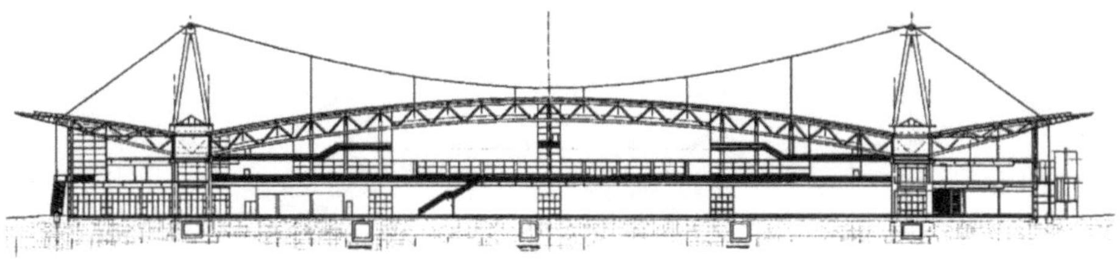

a)

b)

Bild 5-79 a) Messehalle 2, Hannover;   **b)** Neue Messe, Leipzig

5.4 Anmerkungen zu Stahlgeschoßbauten

Bild 5-79 zeigt ein Gebäude mit weitstehenden Stützen. Größere Spannweiten für die Deckenträger und kleinere für die Unterzüge führen zu einem wirtschaftlichen Tragwerk.

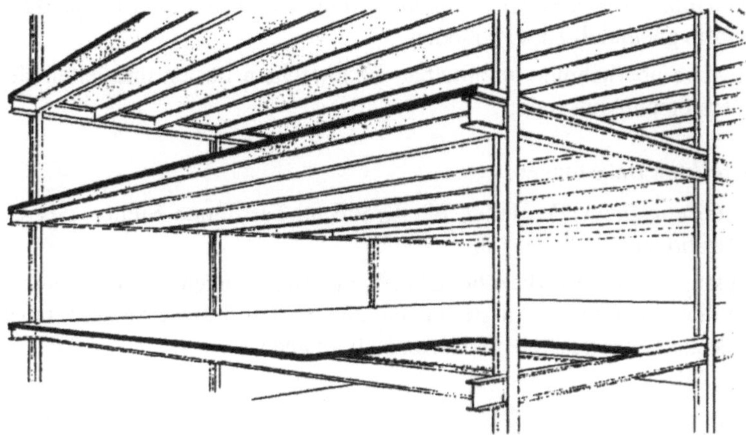

Bild 5-79 Beispiel eines Stahlgeschoßbaus

Stahlstützen sind raumsparend (Bild 5-80). Dies verdeutlicht der Vergleich der Außenmaße von Stahlbeton- und Stahlstützen, letztere mit kastenförmigem und vollem Querschnitt für Lasten von 1000 kN und 10000 kN bei einer Knicklänge von 3,60 m. Bei den Außenmaßen der Stahlstützen ist 25 mm Brandschutzbekleidung eingerechnet [5.4.1].

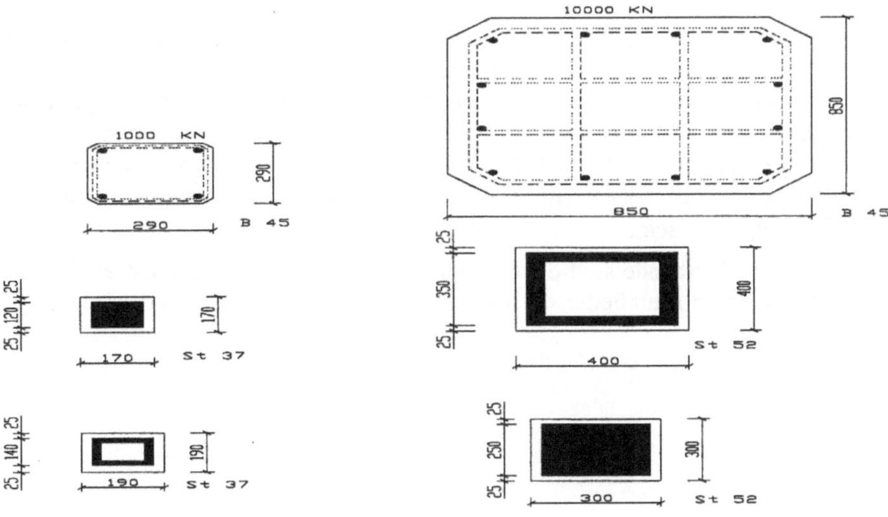

Bild 5-80 Vergleich der Abmessungen von Stahlbeton- und Stahlstützen nach [5.4.1]

5.4.1 Tragwirkung

Zum Abtragen der auf das Skelett einwirkenden Beanspruchungen dienen folgende Tragwerke:

Abtragen der lotrechten Lasten

a Die Stützen unterstützen die Decken in Punkten, tragende Wände in Linien. Beide leiten die lotrechten Kräfte gebündelt zum Erdboden.

b Die Deckentragwerke übernehmen unmittelbar die lotrechten Lasten und leiten sie waagerecht zu den Unterstützpunkten weiter.

Abtragen der waagerechten Belastungen.

c Senkrechte Aussteifungstragwerke leiten die Kräfte an bestimmte Stellen des Gebäudes gesammelt zum Erdboden.

d Waagerechte Aussteifungstragwerke übernehmen die Belastungen am Ort ihres Angriffs und leiten sie zu den senkrechten Aussteifungen. Aussteifungstragwerke sind dabei entweder die Geschoßdecken oder zusätzliche Horizontalverbände.

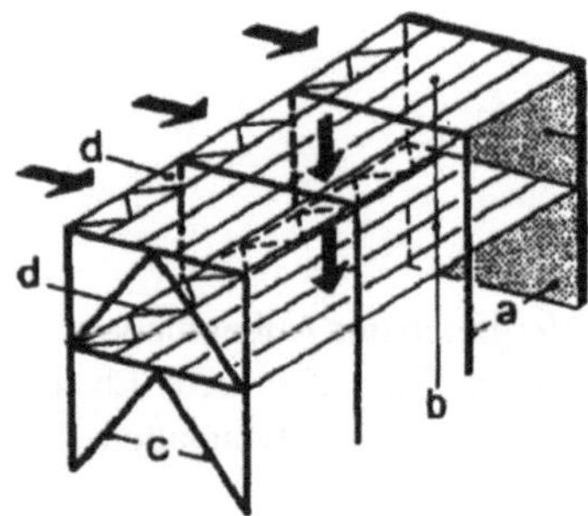

Bild 5-81
Tragwerke eines Skelettbaus

Im Stahlskelettbau dienen die Wände in der Regel nur dem Rauabschluß, horizontale Kräfte tragen sie nicht ab. Diese können vom Skelett durch Rahmenwirkung (Bild 5-82a) aufgenommen werden. Gewollte Rahmenwirkung erfordert biegesteife Stahlstützen und -riegel und biegesteife Anschlüsse. Dies erfordert größere Stahlquerschnitte als für das Abtragen vertikaler Lasten allein erforderlich ist. Ein Stahlskelett wird daher meist nicht durch Rahmenwirkung, sondem durch Wandscheiben ausgesteift. Die Scheiben können Stabfachwerke (Bild 5-82b) oder massive Wandscheiben sein.

Die „Gurte" der Vertikalverbände sind die Stützen, Deckenträger sind die Pfosten. Die Diagonalen sind meist besondere Bauglieder. In der Regel ist der breitere Verband wirtschaftlicher und steifer.

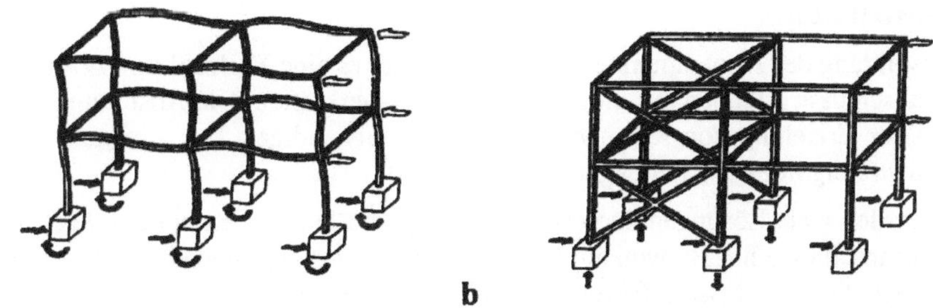

Bild 5-82 Aussteifung durch Rahmen und Fachwerke

Die Steifigkeit eines Fachwerkverbandes wird vergrößert, wenn seine Stäbe biegesteif ausgebildet und angeschlossen werden, so daß ein kombiniertes Fachwerkrahmensystem entsteht. Vertikalverbände können als im Boden eingespannte Biegeträger modelliert werden (Bild 5-83).

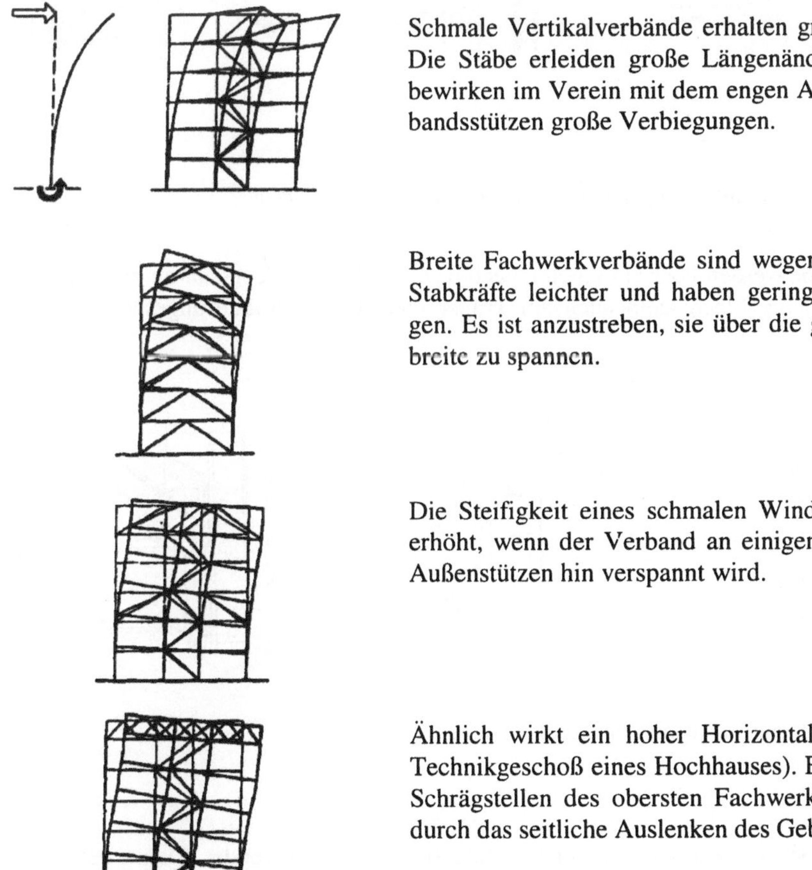

Schmale Vertikalverbände erhalten große Stabkräfte. Die Stäbe erleiden große Längenänderungen. Diese bewirken im Verein mit dem engen Abstand der Verbandsstützen große Verbiegungen.

Breite Fachwerkverbände sind wegen ihrer geringen Stabkräfte leichter und haben geringere Verformungen. Es ist anzustreben, sie über die ganze Gebäudebreite zu spannen.

Die Steifigkeit eines schmalen Windverbandes wird erhöht, wenn der Verband an einigen Stellen zu den Außenstützen hin verspannt wird.

Ähnlich wirkt ein hoher Horizontalträger (z.B. im Technikgeschoß eines Hochhauses). Er verringert das Schrägstellen des obersten Fachwerkriegels und dadurch das seitliche Auslenken des Gebäudes.

Bild 5-83 Zur Berechnung und Ausbildung von Verbänden

5.4.2 Konstruktion

Für die Ausbildung der Knotenpunkte Stütze-Riegel gibt es eine Vielzahl von Lösungen. Einfache Trägeranschlüsse erlauben nur die Aufnahme von Querkräften. Die Ausbildung biegesteifer Anschlüsse zur Erzielung von Rahmenwirkungen ist aufwendiger. Der Aufwand steigt, wenn die Rahmenwirkung in zwei Richtungen erforderlich ist.

In [5.4.1] werden viele Lösungen dargestellt und erläutert. Wir finden bei durchgehenden Stielen Querkraftanschlüsse mit Beiwinkeln und mit an die Stütze angeschweißten Laschen (Bild 5-84a,b), biegesteife Anschlüsse erfolgen meist über Kopfplatten (Bild 5-84c). Oft läßt man aus Produktions-, Transport-, und Montagegründen Stützen über mehrere Geschosse durchgehen.

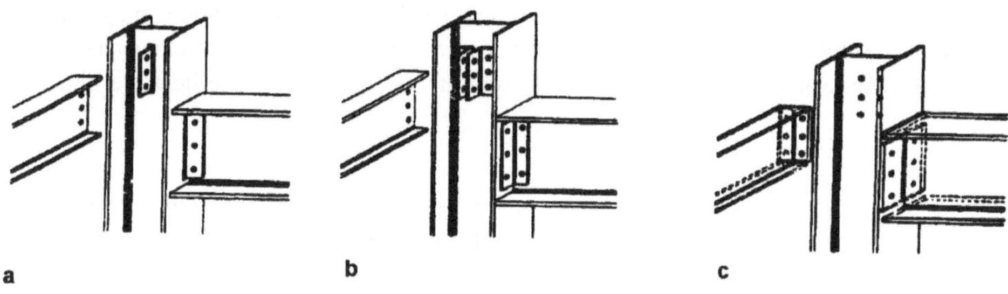

a   b   c

Bild 5-84 Knotenpunkt Stütze-Riegel, Lösungen mit durchgehenden Stielen

Die Verbandsstäbe werden über ein Knotenblech bzw. ein Knotenblechpaar an die Stütze angeschlossen; das Knotenblech kann auch am Träger und der Kopfplatte angeschweißt werden (Bild 5-85).

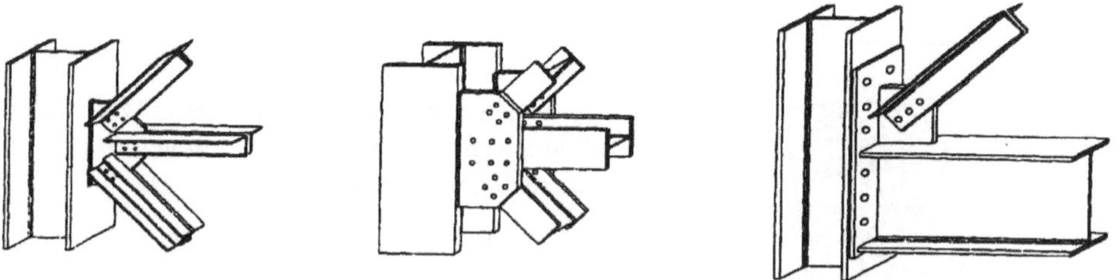

Bild 5-85 Anschluß von Verbandsstäben an eine Stütze

5.4.3 Decken

Beim Bau von Decken werden zunehmend Stahlprofilbleche verwendet. Damit verfolgt man verschiedene Ziele:

– Blech als verlorene Schalung verwenden und
– Blech als untere Feldbewehrung aktivieren.

Die derzeitige Situation ist dadurch geprägt, daß für den Einsatz als Schalung weitgehend alle kräftigeren Stahltrapezprofile grundsätzlich in Frage kommen, daß aber für sie für den notwendigen Verbund zwischen Blech und Beton noch keine preiswerten und gleichzeitig sicheren Lösungen existieren. Bei Verzicht auf Verbund ist das Trapezblech somit verlorene Schalung für eine konventionell ausgeführte Stahlbetondecke.

Umgekehrt werden in Sonderfällen auch sehr tragfähige Stahltrapezprofile als auch für den Endzustand tragend eingesetzt. Der Beton ist dann nur nichttragender Aufbeton. Der Aufbeton kann auch durch andere Konstruktionen ersetzt werden.

Eine Entwicklung der 90er Jahre ist die Hoesch-Additivdecke (Bild 5-86). Kennzeichen dieses Systems sind:

— das Hoesch-Trapezprofil TPR 200 (Bauhöhe 200 mm),
— der Stahlbetonkern, der eine Stahlbetonrippendecke erzeugt,

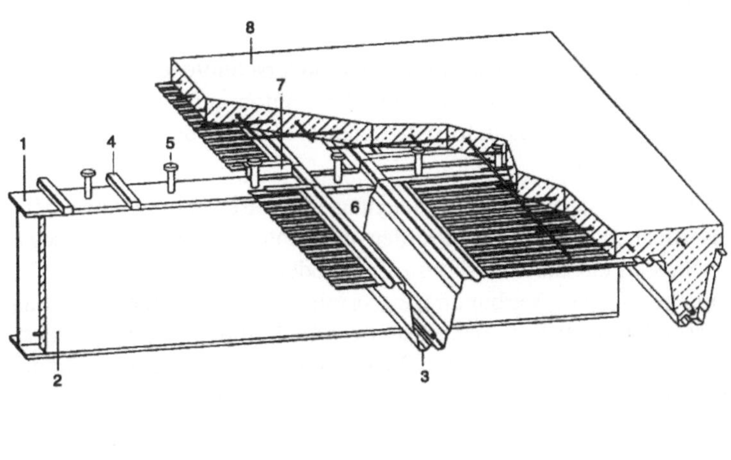

1 Stahlverbundträger	5 Kopfbolzendübel
2 Kammerbeton	6 Kunststoffabdichtkappe
3 Stahltrapezprofil	7 Z-Abdichtprofil
4 Stahlknagge	8 Stahlbetonrippendecke

Bild 5-86 Hoesch-Additivdecke [5.4.2]

— die Auflagerung der Decke auf dem Stahlträger durch eine spezielle Knaggenverbindung (dadurch reduzierte Bauhöhe der Decke),
— Biegetragfähigkeit des Stahltrapezprofils und der Betonrippendecke dürfen addiert werden (gegenüber konventionellen Betondecken Gewichtsersparnis ca. 40%, Nutzlasten bis 7,5 kN/m^2 ohne Schubbewehrung abtragbar).

Beträgt die Bauhöhe des Stahlträgers weniger als 200 mm, ergibt sich eine sog. Flachdecke (keine Unterzüge!). Kastenträger in Decken sind aus akustischen Gründen ungünstig.

Durch bereichsweises Schließen der Zellen von unten kann man derartige Konstruktionen vorteilhaft für die Unterbringung von Installationen verwenden. Bild 5-87 zeigt drei Beispiele aus dem Angebot der Fa. Thyssen, das erste für ein Stahltrapezblech mit 50 mm Bauhöhe, die beiden anderen für 100 mm Bauhöhe.

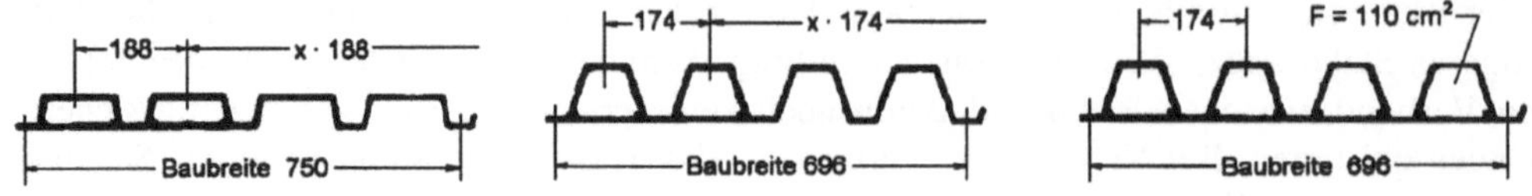

Bild 5-87 Beispiele für Stahltrapezbleche mit Aufbeton und Zellen für Führung von Installationen

Man erreicht mit dieser Bauart bei Zwei- oder Mehrfeldträgern für Nutzlasten von etwa 2 kN/m^2 bei 150 mm hohen Profilen mit 1,5 mm Wanddicke Stützweiten von knapp 6 m, bei Nutzlasten von 5 kN/m^2 unter gleichen Bedingungen etwa 4 m.

Um den Verbund zwischen Profilblech und Beton herzustellen, wurden drei verschiedene Wege beschritten, die teilweise kombiniert werden können:

– Flächenverbund durch Haftung,

– Verbund durch Noppen,

– Endverankerung.

Der Flächenverbund durch Haftung wird durch eine hinterschnittene Profilgeometrie gefördert, da sie das Ablösen des Betons vom Blech verhindert. Beton und Blech verkeilen sich so, daß Haftspannungen aktiviert werden. Durch zusätzliches Profilieren der Blechoberfläche (Noppen) wird dieser Effekt noch erhöht.

Die Endverankerung wirkt analog der Aufbiegung eines Bewehrungsstabes. Sie kann durch Flachdrücken des Blechendes (nur bei Profilen mit hinterschnittener Geometrie) durch Anschrauben oder -schießen auf die Unterkonstruktion oder Durchschweißen von Kopfbolzendübeln (nur bei Auflagerung auf Verbundträger) erfolgen. Eine Zulagebewehrung (> 1cm^2/m, kreuzweise), insbesondere quer zur Spannrichtung, ist allerdings immer erforderlich. Sie dient dem Ausgleich von Schwindkräften und zur Querverteilung der Belastung. Einige Systeme sind in Tabelle 5-2 zusammengefaßt. Zu Berechnungsgrundlagen von Verbunddecken nach EC 4 s. Abschnitt 4.7.

In Deutschland sind Bemessung und Ausbildung von Verbunddecken z.Z. in bauaufsichtlichen Zulassungen (z.B. Z-26.1-4 für die Holorib-Verbunddecke) geregelt, die u.a. auf DIN 1045 und DIN 18807 (siehe auch Abschnitt 5.5) zurückgreifen.

Tabelle 5-2 Verbunddecken – Übersicht

Typenbezeichnung	Verbundwirkung durch:	Höhe [mm]	Blechdicke [mm]	l_{mont} [m]*
Holorib	Flächenverbund Endverankerung	51	0,75/0,88/1,00	2,16
Super Rib	Flächenverbund Noppen	51	0,8/0,9/1,0/1,1/1,2	3,43
Haircol	Flächenverbund Noppen	56	0,75/0,88/1,0/1,13/1,25	2,61
Cofrastra	Flächenverbund Noppen	40 oder 70	0,75/0,85 oder 0,75/0,88/1,0	2,87

* Maximale Montagestützweite bei Verlegung als Einfeldträger mit größtmöglicher Blechdicke und Bauhöhe. Gesamtdeckendicke 18 cm, Nutzlast im Montagezustand p = 2,0 kN/m^2.

Während das Profilblech wegen des guten Verbundes im Endzustand als Feldbewehrung aktiviert werden kann, läßt es wegen seiner Schwäche während des Betonierens, d.h. vor dem Wirksamwerden des Verbundes, nur Stützweiten um 3 m zu und erfordert daher enge Unterstützung beim Bauen. Seit Einführung der DIN 18807 wird der Bauzustand während der Montage nicht mehr in der Zulassung des Verbunddeckenbleches geregelt. Er muß vielmehr entsprechend der Norm statisch nachgewiesen werden. Einige Blechhersteller verfügen über geprüfte Typenstatiken für den Bauzustand, die einen schnellen Nachweis „nach Tabelle" erlauben. Das Holorib-Profil ist im Bild 5-88 dargestellt. Es wird mit jeweils drei verschiedenen Blechdicken geliefert. Grenzstützweiten für den Montagezustand enthält Tab. 5.3.

Profil 51 / 150

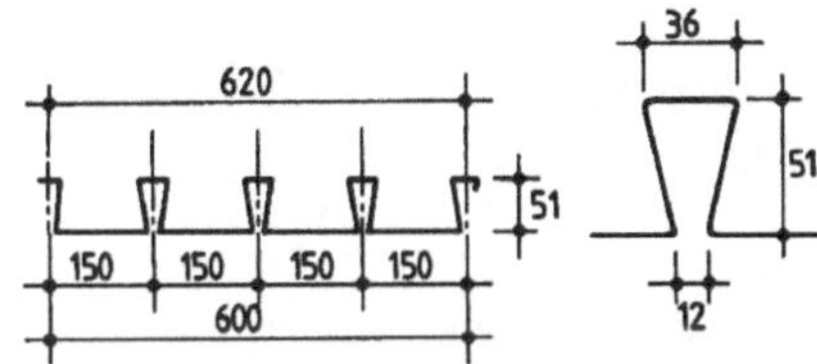

t_N	g	F	J_{ef}	e_o	e_u
mm	kN/m²	cm²/m	cm⁴/m	cm	cm
0,75	0,114	13,20	52,60	3,455	1,645
0,88	0,135	15,62	62,19	3,455	1,645
1,00	0,153	17,86	71,07	3,455	1,645

Bild 5-88
Querschnitte Holoribbleche

Tabelle 5-3 Grenzstützweiten für Dreifeldträger im Montagezustand (Nutzlast 2 kN/m²)

Deckendicke	Durchbiegungsbeschränkung	Profil		
		51/0,75	51/0,88	51/1,00
10	ohne	2,51	2,74	2,95
	l/300	2,20	2,32	2,42
14	ohne	2,05	2,49	2,68
	l/300	2,05	2,19	2,28
18	ohne	1,74	2,29	2,47
	l/300	1,74	2,07	2,77
22	ohne	1,51	2,10	2,31
	l/300	1,51	1,98	2,07

Die Bemessung für den Endzustand (Bild 5-89) erfolgt nach den bereits erwähnten Zulassungen. Für die Haircol 56S-Verbunddecke enthält die Zulassung (Z-26.1-28) zulässige Belastungen für den Endzustand.

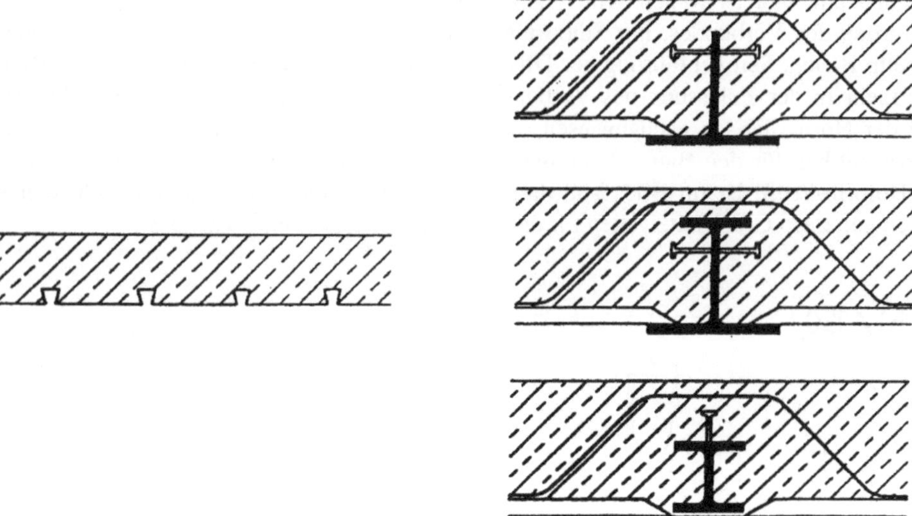

Bild 5-89 Holoribdecken als Flachdecken

Hervorzuhebende Eigenschaften von Verbunddecken sind:

– Einfache Verlegung, da bereits verlegte Bleche Arbeitsbühnen bilden. 3-Mann-Kolonne schafft 500 m^2/Tag.

– Gutes Verhalten im Brandfall. Holoribdecke $d = 10$ cm mit Stützbewehrung erreicht als Einfeldträger Feuerwiderstandsklasse R 90, als Mehrfeldträger R 120!

– Einfache Möglichkeit, Lasten bis 2 kN pro Abhänger aufzunehmen (Bild 5-90).

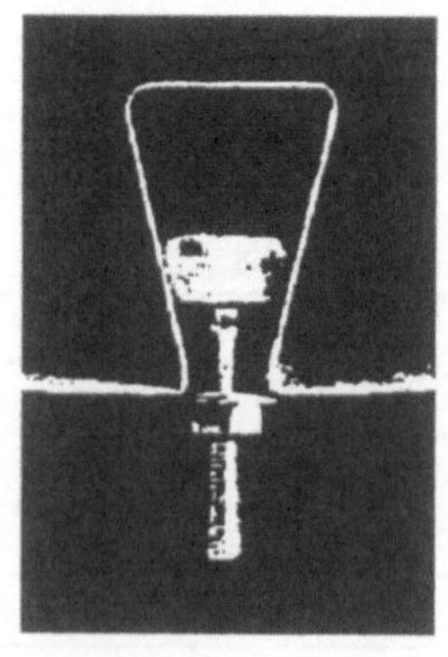

Bild 5-90
Aufhängen von Lasten
(z.B. Installationen, Unterdecken)
bei der Holoribdecke

5.5 Leichtbauweise

5.5.1 Einleitung

Definition

Unter dem Begriff „Leichtbau" werden alle jene Bauweisen zusammengefaßt, deren Ziel es ist, mit relativ geringem Materialeinsatz relativ große Spannweiten zu überbrücken. Dazu zählen vor allem Bauweisen unter Einsatz dünner Bleche, aber auch ebene Fachwerke aus Stahlleichtprofilen (z.B. Bild 5-26), Raumfachwerke und Seilkonstruktionen. Im Rahmen dieses Buches wird der Leichtbau eingeschränkt auf das Bauen mit dünnwandigen, kaltgeformten Blechelementen, entsprechend dem Umfang des Eurocode 3, Teil 1.3 [5.5.1] bzw. dem Umfang der DIN 18 807, Teile 1 bis 3 [5.5.2] und der DASt-Richtlinie 016, betrachtet [5.5.3].

Die beiden deutschen Normenwerke DIN 18 807 und DASt-Ri. 016 beruhen bereits auf dem Konzept des Nachweises der Tragsicherheit und der Gebrauchstauglichkeit. Es wurde dabei lediglich ein globaler Sicherheitsbeiwert γ anstatt der Teilsicherheitsbeiwerte γ_F und γ_M zu grunde gelegt. Die Anwendung der Normenwerke [5.5.2] und [5.5.3] im Rahmen der neuen Stahlbaunormen DIN 18 800 wird in der Anpassungsrichtlinie [5.5.4] geregelt. Im wesentlichen stimmen der Eurocode 3-1-3 und die deutschen Normenwerke überein.

Anwendungsgebiete

Bei der Anwendung kann zunächst zwischen flächigen Bauteilen – Trapezblechen und Kassettenprofilen – und stabartigen Bauteilen – Pfetten, Regalprofilen, Kantprofilen, etc. – unterschieden werden. Eine weitere Unterscheidung kann nach der Herstellung getroffen werden: In Serie gefertigte, gerollte Bauteile und Kantprofile „nach Maß". Eine Übersicht über die Anwendung zeigt Bild 5-91.

Vormaterial

Als Ausgangsmaterial für kontinuierlich gerollte Profile dienen kaltgewalzte Blechbänder aus speziell für die Kaltumformung geeigneten Stahlqualitäten mit Fließgrenzen von 220 bis 420 N/mm². Die Bleche werden in Coils geliefert und sind im allgemeinen bandverzinkt oder bandverzinkt und beschichtet. Die Blechdicken liegen zwischen 0,6 mm (= korrosionsschutzbedingte Untergrenze) bis etwa 3 mm (= produktionsbedingte Obergrenze).

Für gekantete Profile von 3 bis ca. 6 mm Dicke kommen auch warmgewalzte Bleche aus allgemeinem Baustahl zur Anwendung. (Siehe auch 2.1).

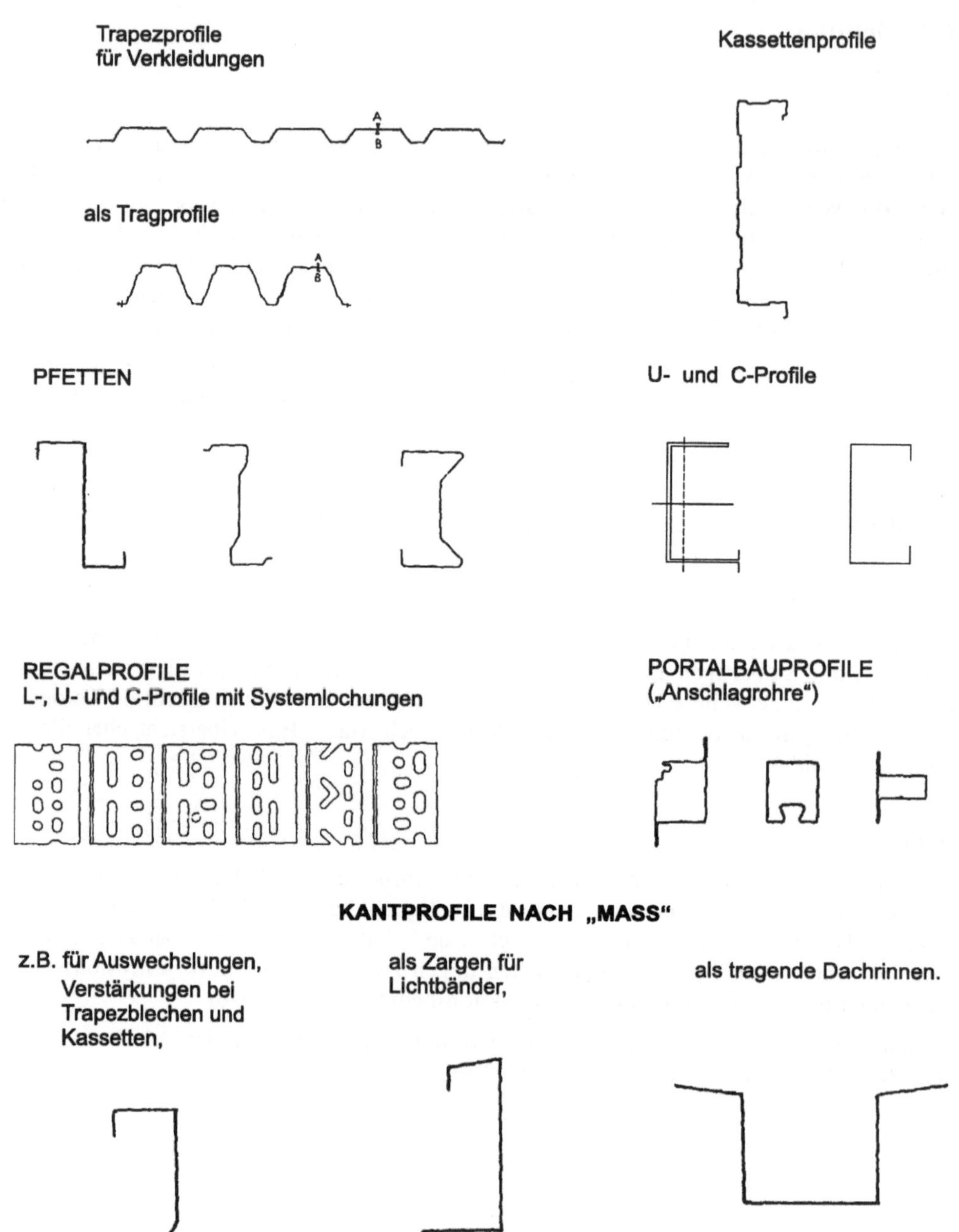

Bild 5-91 Anwendungsbeispiele für dünnwandige, kaltgeformte Bauteile

5.5.2 Berechnungsmodell

Ein dünner Blechstreifen mit freien Längsrändern beult unter Druckbelastung der Querränder bei Erreichen der kritischen Spannung aus. Wird der Blechstreifen durch Steifen soweit ausgesteift, daß die Einzelfelder den Erfordernissen eines Klasse 3 Querschnitts (b/t-Verhältnisse gemäß Tab. 5.3.1 des EC 3-1) genügen, so kann die Drucknormalspannung bis zur Fließgrenze gesteigert werden. Sind nur die Ränder des Blechstreifens, z.B. durch Abkantung des Bleches, ausgesteift (Bild 5-92), so wird der Blechstreifen bei einer Drucknormalspannung versagen, die zwischen der kritischen Spannung des freien Blechstreifens und der Fließspannung liegt.

Denkt man sich den Blechstreifen in schmale Teilstreifen zerlegt, die durch die jeweils benachbarten Teilstreifen elastisch gestützt sind, so wird klar, daß die mittleren Teilstreifen auf Grund der geringeren elastischen Stützung bei einer niedrigeren kritischen Spannung versagen werden als die Teilstreifen nahe der steifen Abkantung. Überschreitet die Steifigkeit der Abkantung bzw. der benachbarten Stützung ein gewisses Maß (die Mindeststeifigkeit), so ist der Teilstreifen an diesem Rand starr gelagert und kann bis zur Fließgrenze belastet werden. Somit weist jeder dieser Teilstreifen eine andere kritische Spannung auf, die abhängig ist von der Steifigkeit der Bettung durch die angrenzenden Teilstreifen und die gegen den ausgesteiften Längsrand hin zunimmt. (Bild 5-92) Die Spannungsverteilung ist daher bei dünnwandigen Querschnitten der Klasse 4 im Grenzzustand der Tragfähigkeit nicht mehr linear wie bei den kompakten Querschnitten der Klassen 1 bis 3.

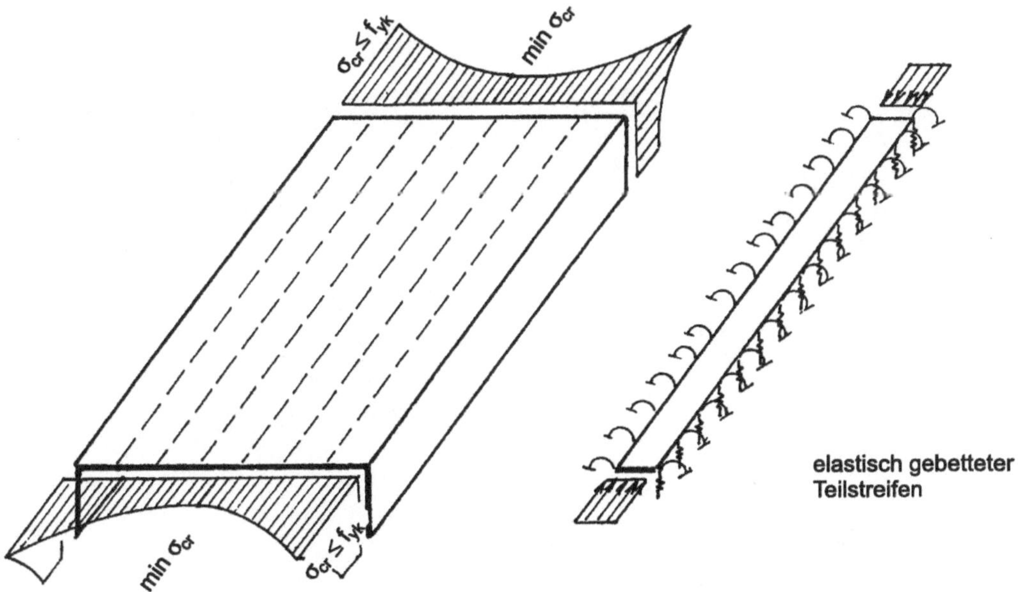

Bild 5-92 Nichtlineare Druckspannungsverteilung bei einem dünnen, gekanteten Blechstreifen

Üblicherweise wird als kritische Last bezeichnet, wenn erstmalig im Querschnitt die kritische Spannung erreicht wird. Da jedoch die Spannungen im Bereich der ausgesteiften Kanten wie besprochen höher liegen können, ergibt sich daraus die überkritische Tragreserve. Für die wirtschaftliche Anwendung von dünnwandigen Bauteilen ist es notwendig, dieses überkritische Tragverhalten bei der Bemessung zu berücksichtigen.

Modell der wirksamen Breiten

Da es für die praktische Anwendung zu kompliziert wäre, mit nichtlinearen Spannungsverteilungen zu rechnen, wurde das Konzept der wirksamen Breiten entwickelt. Dabei wird von der maximalen Spannung an den ausgesteiften Rändern des betrachteten Blechstreifens σ_k ausgegangen und eine fiktive Breite b_{eff} so ermittelt, daß das Produkt

$$\sigma_k \cdot b_{eff} \cdot t = N_k$$

ergibt. Berücksichtigt wird dabei auch, daß die realen Blechstreifen strukturelle und geometrische Imperfektionen aufweisen. Daraus folgt aber, daß die Formeln für die wirksamen Breiten an Versuchen geeicht werden müssen und daher empirisch begründet sind. Die im EC 3-1-3 verwendeten Formeln für die wirksamen Breiten basieren auf den Untersuchungen von Winter [5.5.5].

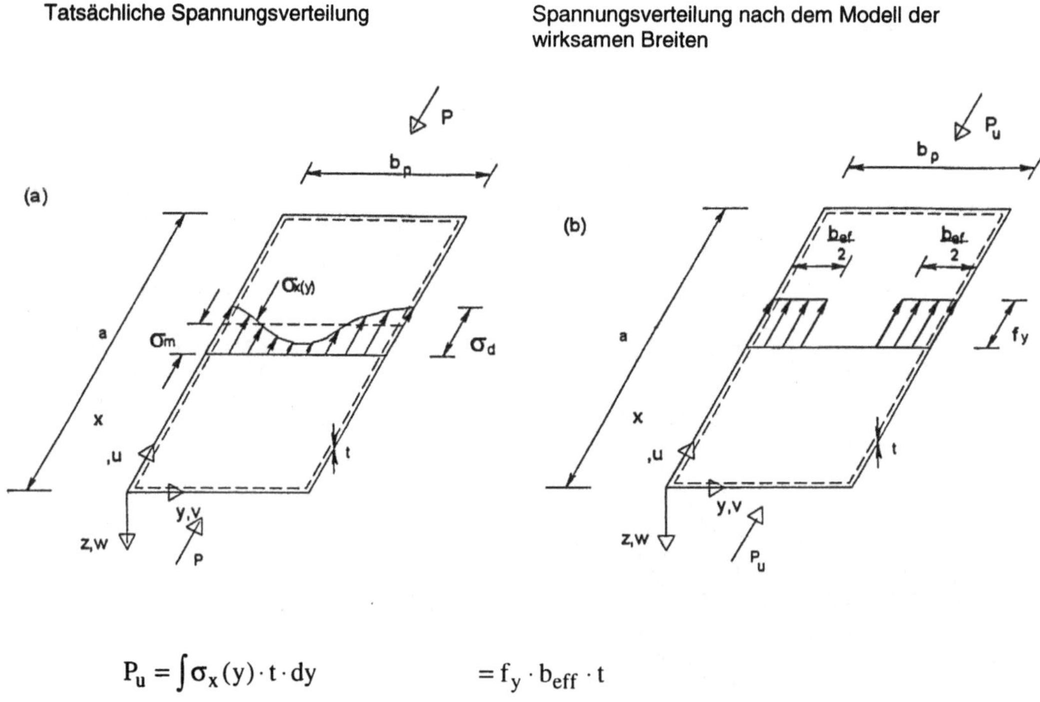

$$P_u = \int \sigma_x(y) \cdot t \cdot dy \qquad = f_y \cdot b_{eff} \cdot t$$

Bild 5-93 Modell der wirksamen Breiten

Abhängig von der bezogenen Plattenschlankheit $\overline{\lambda}_p$ ergibt sich der Abminderungsfaktor ρ zur Berechnung der wirksamen Breite $b_{eff} = \rho \cdot b$ gleich wie für das Plattenbeulen in Kapitel 3.6.8 beschrieben.

Tabelle 5-4 Wirksame Breiten

Spannungsverteilung	Wirksame Breite
$\psi = \sigma_2 / \sigma_1$	Faktor ρ und Beulwerte k_σ gemäß Kap. 3.6.8
σ_1 … σ_2	$b_{eff} = \rho \cdot b_b$ $b_{e1} = 0,5 \cdot b_{eff}$ $b_{e2} = 0,5 \cdot b_{eff}$
σ_1 … σ_2	$b_{eff} = \rho \cdot b_b$ $b_{e1} = 2 \cdot b_{eff} / (5 - \psi)$ $b_{e2} = b_{eff} - b_{e1}$
σ_1 … σ_2	$b_{eff} = \rho \cdot b_c = \rho \cdot b_p / (1 - \psi)$ $b_{e1} = 0,4 \cdot b_{eff}$ $b_{e2} = 0,6 \cdot b_{eff}$
σ_2 … σ_1	$b_{eff} = \rho \cdot b_b$
σ_2 … σ_1	$b_{eff} = \rho \cdot b_c = \rho \cdot b_p / (1 - \psi)$
σ_1 … σ_2	$b_{eff} = \rho \cdot b_b$
σ_1 … σ_2	$b_{eff} = \rho \cdot b_c = \rho \cdot b_p / (1 - \psi)$

Die in Tabelle 5-4 angegebenen wirksamen Breiten gelten, da sie auf die Fließspannung bezogen sind ($\sigma_{com,Ed} = f_{yk}$), für den Tragsicherheitsnachweis (TN). Für den Gebrauchstauglichkeitsnachweis (GN) wird f_{yk} durch die Gebrauchslastspannung $\sigma_{com,Ed,ser}$ ersetzt und daraus ergeben sich größere wirksame Breiten.

In Abschnitt 4.3.2 und 4.3.3 des EC 3-1-3 werden Kriterien für die geometrische Form von Abkantungen und Sicken angegeben, die erfüllt sein müssen, damit diese tatsächlich als Aussteifung wirksam sind.

Wirksamer Querschnitt

Für die Ermittlung des Querschnittswiderstands ist, ausgehend von den wirksamen Breiten der einzelnen Querschnittsteile, der wirksame oder effektive Querschnitt (A_{eff}, I_{eff}) zu ermitteln. Da dabei der tatsächliche Spannungsverlauf über den Querschnitt zugrunde zu legen ist, bedeutet dies, daß die Berechnung von A_{eff} und I_{eff} nur iterativ erfolgen kann. Darüber hinaus ergibt sich aus der Abhängigkeit der wirksamen Breite von der Größe der vorhandenen Spannung, daß für den TN und GN unterschiedliche wirksame Querschnitte zu ermitteln sind.

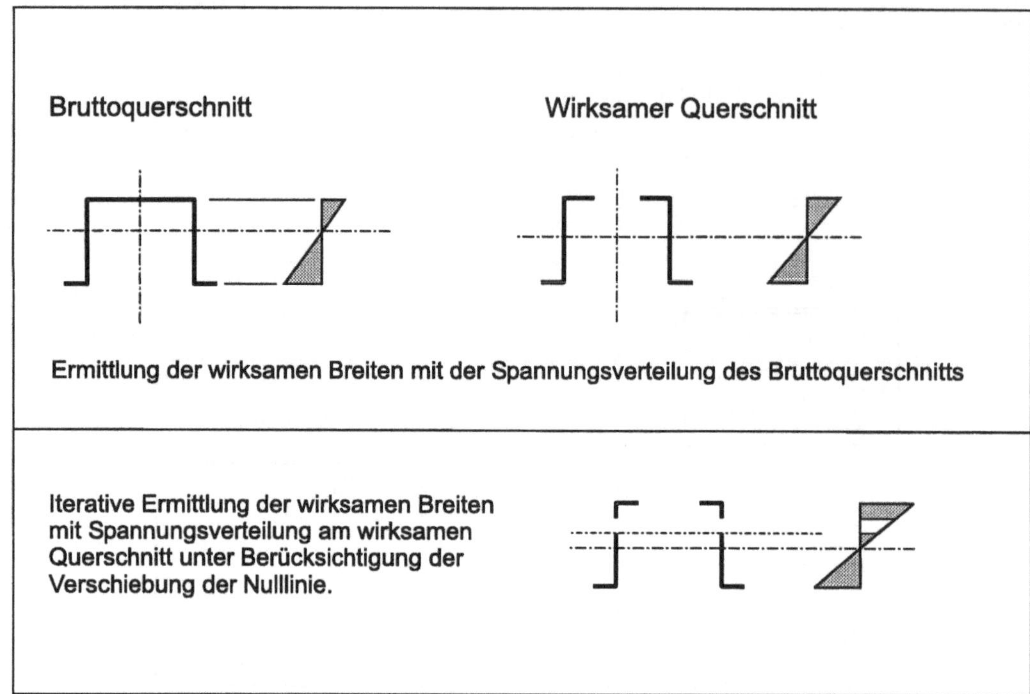

Bild 5-94 Ermittlung des wirksamen Querschnitts

Für in Serie gefertigte Kaltprofile, wie z.B. Trapezbleche und Pfetten, werden die für die Berechnung benötigten wirksamen Querschnittswerte und Querschnittswiderstände von den Herstellern ermittelt und in geprüften Typenblättern oder Zulassungen dem Anwender bereitgestellt, so daß deren Berechnung im allgemeinen nicht notwendig ist. Bei Kantteilen, die für den speziellen Anwendungsfall „nach Maß" konstruiert werden, ist jedoch die Berechnung der wirksamen Querschnitte im Einzelfall erforderlich (siehe Kap. 5.5.6).

5.5.3 Trapezbleche und Kassettenprofile

Trapezbleche

Das am häufigsten verwendete Stahlleichtbau-Element sind die Trapezbleche. Am Markt sind daher, je nach Verwendungszweck, eine große Anzahl von Profilen mit unterschiedlicher Profilform und Bauhöhe erhältlich.

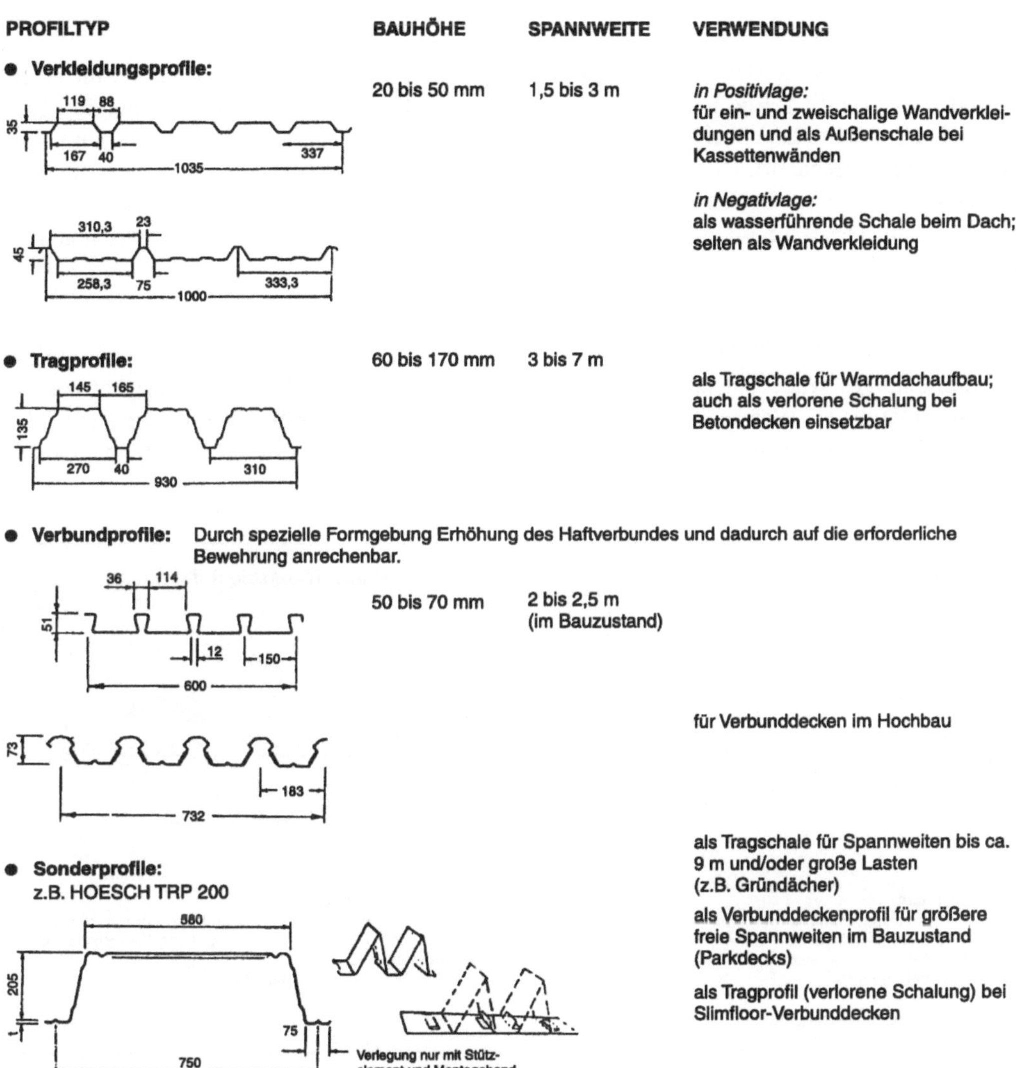

Bild 5-95 Profiltypen und Einsatzgebiete

Positivlage, Negativlage

Als „Positivlage" wird bei unsymmetrischen Trapezprofilen bezeichnet, wenn die Bleche so angeordnet sind, daß die Belastung über den breiteren Gurt eingeleitet wird. Dies bedeutet gleichzeitig, daß die Überlappung der Längsränder im Wellental erfolgt. Werden die Trapezprofile als wasserführende Schale eingesetzt, erfolgt die Überlappung am Wellenberg und der breite Gurt liegt unten. Dies wird als „Negativlage" bezeichnet. Die Unterscheidung in Positiv- und Negativlage ist bei unsymmetrischen Trapezprofilen auch im Hinblick auf die Bemessung wichtig, da die Tragfähigkeitswerte unterschiedlich sind, je nachdem, ob der breite oder der schmale Gurt der Druckgurt ist.

Trapezblechtragschale

Von der „Tragschale" spricht man dann, wenn das Trapezblech als Unterkonstruktion für einen Warmdachaufbau dient (die Bleche sind von Binder zu Binder gespannt), bzw. wenn das Trapezblech als untere Lage bei zweischaligen Dächern verwendet wird (die Bleche sind von Pfette zu Pfette gespannt). Die untere Grenze für die Stützweite ergibt sich aus wirtschaftlichen Gründen zu etwa 3 m. Die statisch bedingte obere Grenze liegt bei den üblichen Belastungen bei ca. 6,5 m. Die Bauhöhe der Trapezblechprofile liegt dabei im allgemeinen zwischen 130 und 160 mm.

Zweischaliges Trapezblechdach

Ein zweischaliges Trapezblechdach besteht aus der unteren Tragschale, den Distanzprofilen mit dazwischenliegender Wärmedämmung und der wasserführenden Deckschale (diese kann u.U. auch durch ein spenglermäßig hergestelltes gefalztes Blechdach oder durch ein Gleitbügeldach ersetzt werden).

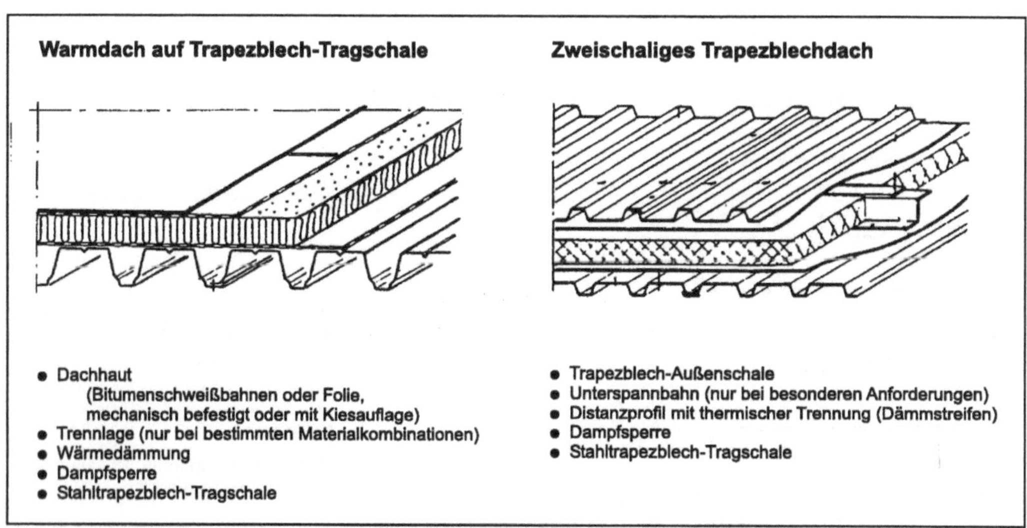

Bild 5-96 Warmdach, zweischaliges Trapezblechdach

Konstruktionshinweise

Bei der Ausbildung von zweischaligen Trapezblechkonstruktionen sind einige bauphysikalische Aspekte zu beachten:

● Wärmedämmung:
   Auf Grund der Distanzprofile gibt es lineare Wärmebrücken im Abstand von etwa 1,2 m (= Verlegebreite der Wärmedämmbahnen). Die untere Grenze des baupraktisch und wirtschaftlich erzielbaren k-Werts liegt bei etwa 0,5 W/m^2K einschließlich Verbesserung mit thermischer Trennung der Distanzprofile (etwa 0,1 W/m^2K).

- Kondensatbildung an außenliegenden Trapezprofilschalen:
  Die Kondensatbildung an der Innenseite von außenliegenden Trapezprofilen ist zeitlich begrenzt, unter bestimmten Witterungsbedingungen (Frühjahr und Herbst bei beginnender Tageserwärmung) grundsätzlich unvermeidlich.
  Konstruktive Maßnahmen: Verlegung der Tragschale so, daß das anfallende Kondensat ablaufen kann, ohne Schaden anzurichten $\Rightarrow$ Verlegung der unteren Trapezblechschale im Gefälle.

- Kondensatbildung an innenliegenden Trapezprofilschalen infolge Diffusion:
  Die meiste Feuchte gelangt nicht über eigentliche Diffusionsvorgänge, sondern mit der Raumluft über undichte Stellen im Zuge des Luftaustausches in die Dach- bzw. Wandkonstruktion. Daher ist in diesem Zusammenhang eigentlich die „Winddichtheit" gefordert. Die Trapezbleche bilden infolge der Fugen und Abschlüsse keine echte Dampfsperre, aber sie können als gute Dampfbremse angesehen werden. Die Anordnung einer zusätzlichen Dampfsperre ist daher empfehlenswert. Eine Entscheidungshilfe bildet ein Bemessungsblatt des IfBS [5.5.7].
  Verbesserungsmaßnahmen: Thermische Trennung der Außenschale an den Distanzprofilen; damit wird die Wärmebrücke reduziert.
  Konstruktive Maßnahmen: Verlegung der Tragschale so, daß das anfallende Kondensat ablaufen kann, ohne Schaden anzurichten $\Rightarrow$ Verlegung der unteren Trapezblechschale im Gefälle.

- Undichtigkeiten bei Anschlüssen und Dachdurchdringungen:
  Prinzipiell ist jeder Anschluß und jede Dachdurchdringung eine potentielle Gefahrenstelle für die Dichtigkeit der Dachhaut. Dagegen hilft nur, die Anzahl dieser Punkte bereits beim Entwurf zu minimieren (z.B. 1 Lichtband anstatt mehrerer Lichtkuppeln), saubere Detailkonstruktion und gewissenhafte Ausführung.
  Konstruktive Maßnahmen: Einhaltung der Mindestdachneigungen: 3°, wenn die Blechtafeln nicht gestoßen werden und keine Dachdurchdringungen vorhanden sind, sonst: 5°.
  Verlegung der Tragschale so, daß das eingedrungene Wasser ablaufen kann, ohne Schaden anzurichten $\Rightarrow$ Verlegung der unteren Trapezblechschale im Gefälle.

Biegebemessung

Das Konzept der wirksamen Querschnitte bedingt, daß der TN und der GN durch Vergleich der Bemessungsschnittgrößen mit den Querschnittswiderständen geführt wird. Die Querschnittswiderstände können dabei entweder aus Versuchen gewonnen werden – was für ein Serienprodukt wie Trapezbleche sehr oft der Fall ist – oder durch Berechnung nach dem Eurocode 3, Teil 1.3, ermittelt werden. Bei der Berechnung sind weitere Effekte, wie die Auswirkungen von Sicken in Flansch und Steg der Profile, die Schubverzerrung (shear lag) und die Durchbiegung in breiten Flanschen, sowie, um zu einer möglichst hohen wirtschaftlichen Ausnutzung der Profile zu gelangen, die plastischen Reserven im Zugflansch zu berücksichtigen. In jedem Fall ist die Ermittlung der Querschnittswiderstände für den Einzelfall daher zu aufwendig, so daß die Trapezblechhersteller diese den Anwendern in Form von Typenblättern (Tabelle 5-5) zur Verfügung stellen. Im allgemeinen sind die Bemessungswerte R_d tabelliert, doch ist dies im Zweifelsfall beim Hersteller zu hinterfragen. Zu beachten ist weiterhin, daß die Typenblätter in Deutschland bisher ausschließlich auf der Basis der DIN 18 807 erstellt wurden und daher die Bezeichnungen nicht ganz konform mit dem Eurocode sind. Soweit die tabellierten Werte aus Versuchen stammen, ist die Anwendung für den Eurocode ohnehin kein Problem. Aber auch im Fall, daß die tabellierten Werte rechnerisch ermittelt wurden, ist die Anwendung kein Problem, da die Unterschiede zwischen DIN und Eurocode minimal sind.

Tabelle 5-5 Beispiel für das Typenblatt eines Trapezprofils

E 150 Positivlage

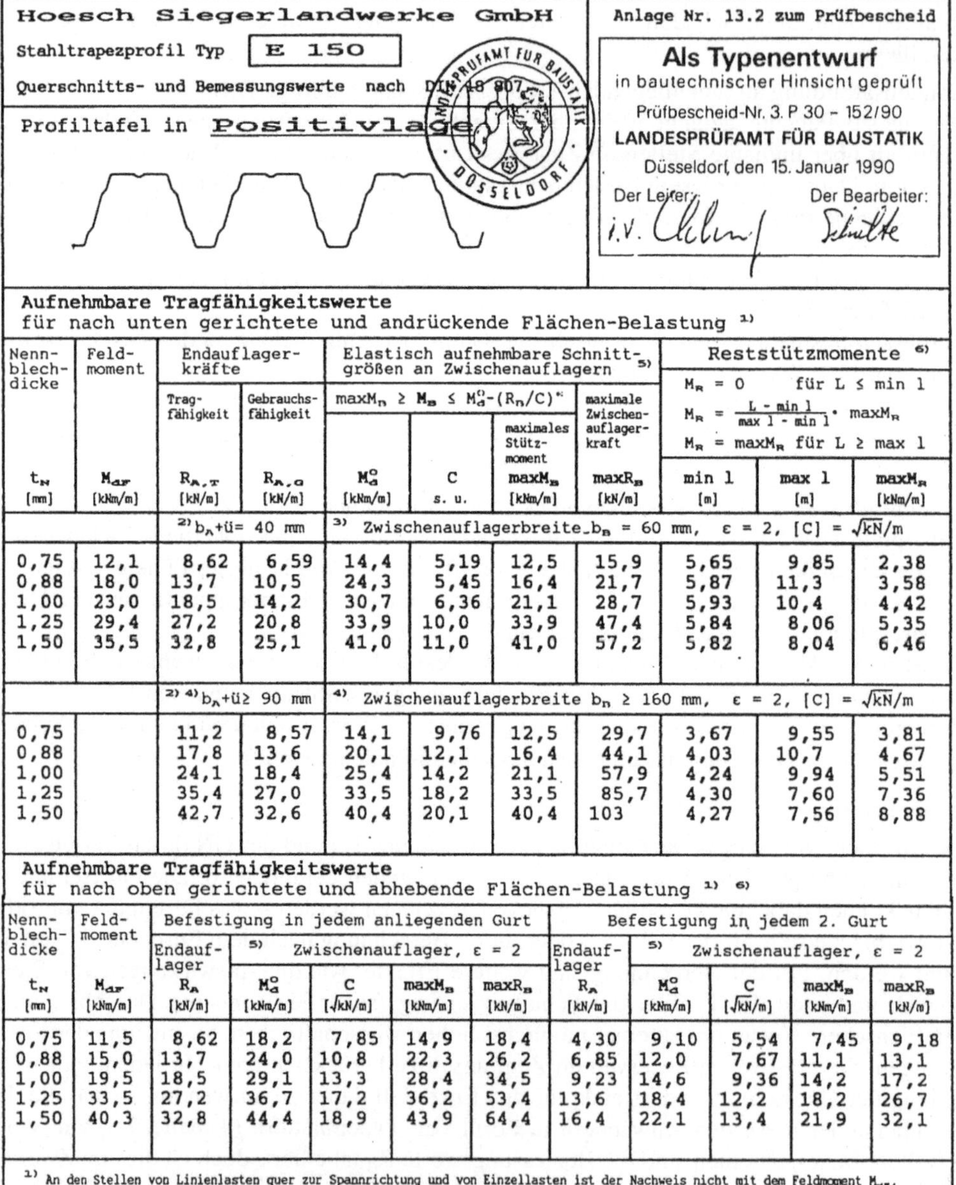

Aufnehmbare Tragfähigkeitswerte
für nach unten gerichtete und andrückende Flächen-Belastung [1]

Nenn-blech-dicke	Feld-moment	Endauflager-kräfte		Elastisch aufnehmbare Schnittgrößen an Zwischenauflagern [5]				Reststützmomente [6] $M_R = 0$ für $L \leq \min l$; $M_R = \dfrac{L - \min l}{\max l - \min l} \cdot \max M_R$; $M_R = \max M_R$ für $L \geq \max l$		
		Trag-fähigkeit	Gebrauchs-fähigkeit	$\max M_n \geq M_B \leq M_d^O - (R_n/C)^\varepsilon$		maximales Stütz-moment	maximale Zwischen-auflager-kraft			
t_N	M_{dF}	$R_{A,T}$	$R_{A,G}$	M_d^O	C	$\max M_B$	$\max R_B$	$\min l$	$\max l$	$\max M_R$
[mm]	[kNm/m]	[kN/m]	[kN/m]	[kNm/m]	s. u.	[kNm/m]	[kN/m]	[m]	[m]	[kNm/m]
[2] $b_A + ü = 40$ mm				[3] Zwischenauflagerbreite $b_B = 60$ mm, $\varepsilon = 2$, $[C] = \sqrt{kN}/m$						
0,75	12,1	8,62	6,59	14,4	5,19	12,5	15,9	5,65	9,85	2,38
0,88	18,0	13,7	10,5	24,3	5,45	16,4	21,7	5,87	11,3	3,58
1,00	23,0	18,5	14,2	30,7	6,36	21,1	28,7	5,93	10,4	4,42
1,25	29,4	27,2	20,8	33,9	10,0	33,9	47,4	5,84	8,06	5,35
1,50	35,5	32,8	25,1	41,0	11,0	41,0	57,2	5,82	8,04	6,46
[2] [4] $b_A + ü \geq 90$ mm				[4] Zwischenauflagerbreite $b_n \geq 160$ mm, $\varepsilon = 2$, $[C] = \sqrt{kN}/m$						
0,75		11,2	8,57	14,1	9,76	12,5	29,7	3,67	9,55	3,81
0,88		17,8	13,6	20,1	12,1	16,4	44,1	4,03	10,7	4,67
1,00		24,1	18,4	25,4	14,2	21,1	57,9	4,24	9,94	5,51
1,25		35,4	27,0	33,5	18,2	33,5	85,7	4,30	7,60	7,36
1,50		42,7	32,6	40,4	20,1	40,4	103	4,27	7,56	8,88

Aufnehmbare Tragfähigkeitswerte
für nach oben gerichtete und abhebende Flächen-Belastung [1] [6]

Nenn-blech-dicke	Feld-moment	Befestigung in jedem anliegenden Gurt					Befestigung in jedem 2. Gurt				
		Endauf-lager	Zwischenauflager, $\varepsilon = 2$ [5]				Endauf-lager	Zwischenauflager, $\varepsilon = 2$ [5]			
t_N	M_{dF}	R_A	M_d^O	C	$\max M_B$	$\max R_B$	R_A	M_d^O	C	$\max M_B$	$\max R_B$
[mm]	[kNm/m]	[kN/m]	[kNm/m]	[$\sqrt{kN}/m$]	[kNm/m]	[kN/m]	[kN/m]	[kNm/m]	[$\sqrt{kN}/m$]	[kNm/m]	[kN/m]
0,75	11,5	8,62	18,2	7,85	14,9	18,4	4,30	9,10	5,54	7,45	9,18
0,88	15,0	13,7	24,0	10,8	22,3	26,2	6,85	12,0	7,67	11,1	13,1
1,00	19,5	18,5	29,1	13,3	28,4	34,5	9,23	14,6	9,36	14,2	17,2
1,25	33,5	27,2	36,7	17,2	36,2	53,4	13,6	18,4	12,2	18,2	26,7
1,50	40,3	32,8	44,4	18,9	43,9	64,4	16,4	22,1	13,4	21,9	32,1

[1] An den Stellen von Linienlasten quer zur Spannrichtung und von Einzellasten ist der Nachweis nicht mit dem Feldmoment M_{dF}, sondern mit dem Stützmoment M_B für die entgegengesetzte Lastrichtung zu führen.

[2] $b_A + ü$ = Endauflagerbreite einschließlich Profiltafelüberstand.

[3] Für kleinere Auflagerbreiten müssen die aufnehmbaren Tragfähigkeitswerte linear im entsprechenden Verhältnis reduziert werden. Dabei darf für Auflagerbreiten kleiner als 10 mm, z.B. bei Rohren, 10 mm eingesetzt werden.

[4] Bei Auflagerbreiten, die zwischen den aufgeführten liegen, dürfen die aufnehmbaren Tragfähigkeitswerte linear interpoliert werden.

[5] Für das aufnehmbare Stützmoment gilt $\max M_n \geq M_B \leq M_d^O - (R_n/C)^\varepsilon$. Sind keine Werte für M_d^O und C angegeben, ist $M_n = \max M_n$ zu setzen.

[6] L = kleinere der benachbarten Stützweiten. Sind keine Werte für Reststützmomente angegeben, ist beim Tragsicherheitsnachweis $M_R = 0$ zu setzen oder ein Nachweis mit $\gamma = 1,7$ nach der Elastizitätstheorie zu führen.

Die vorhandenen Schnittgrößen mit **γ-fachen** Lasten berechnen

Tabelle 5-5 Fortsetzung

E 150 Positivlage

Hoesch Siegerlandwerke GmbH	Anlage Nr. 13.1 zum Prüfbescheid
Stahltrapezprofil Typ $\boxed{\text{E 150}}$ Querschnitts- und Bemessungswerte nach DIN 18 807	**Als Typenentwurf** in bautechnischer Hinsicht geprüft Prüfbescheid-Nr. 3. P 30 – 152/90 LANDESPRÜFAMT FÜR BAUSTATIK Düsseldorf, den 15. Januar 1990 Der Leiter: Der Bearbeiter: i.V.

Profiltafel in **Positivlage**
Maße in [mm]

Nennstreckgrenze des Stahlkerns $\beta_{s,N} = 320$ N/mm²

Maßgebende Querschnittswerte

Nenn-blech-dicke	Eigen-last	Biegung [1]		Normalkraftbeanspruchung						Grenz-Stützweiten [3]
				nicht reduzierter Querschnitt			mitwirkender Querschnitt [2]			L_{gr} [m]
t_N	g	I^+_{ef}	I^-_{ef}	A_{σ}	i_{σ}	z_{σ}	A_{ef}	i_{ef}	z_{ef}	Einfeld-träger / Mehrfeld-träger
[mm]	[kN/m²]	[cm⁴/m]	[cm⁴/m]	[cm²/m]	[cm]	[cm]	[cm²/m]	[cm]	[cm]	
0,75	0,107	377	377	12,5	5,49	8,91	5,26	6,29	8,46	7,75 / 9,69
0,88	0,126	446	446	14,8	5,49	8,91	7,13	6,24	8,48	10,0 / 12,5
1,00	0,143	510	510	16,9	5,49	8,91	9,04	6,21	8,51	11,4 / 14,3
1,25	0,179	642	642	21,3	5,49	8,91	13,6	6,08	8,68	14,4 / 18,0
1,50	0,215	775	775	25,7	5,49	8,91	18,4	5,96	8,82	17,4 / 21,7

Schubfeldwerte

				$zulT_3 = G_s/750$ [kN/m]				zul F_t [7]	
					$G_s = 10^4/(K_1+K_2/L_s)$			Einleitungslänge a	
t_N	$minL_s$ [4]	$zulT_1$	$zulT_2$	L_G [5]	K_1	K_2	K_3 [6]	≥ 130 mm	≥ 280 mm
[mm]	[m]	[kN/m]	[kN/m]	[m]	[m/kN]	[m²/kN]	[-]	[kN]	[kN]
Ausführung nach DIN 18807 Teil 3, Bild 6									
0,75	4,70	1,48	2,06	6,30	0,308	54,9	0,670	9,00	12,0
0,88	4,40	1,90	3,14	5,30	0,260	36,0	0,730	10,6	14,2
1,00	4,10	2,33	4,38	4,70	0,228	25,8	0,780	12,2	16,2
1,25	3,60	3,29	7,81	3,70	0,181	14,5	0,870	15,3	20,5
1,50	3,30	4,36	12,5	3,30	0,150	9,05	0,960	18,5	24,7
Ausführungen nach DIN 18807 Teil 3, Bild 7									
0,75	5,00	3,71	1,99	5,20	0,308	33,0	1,04	9,00	12,0
0,88	4,60	4,78	3,03	5,20	0,260	21,7	1,04	10,6	14,2
1,00	4,30	5,84	4,23	5,30	0,228	15,5	1,04	12,2	16,2
1,25	3,80	8,26	7,54	5,50	0,181	8,70	1,04	15,3	20,5
1,50	3,50	11,0	12,1	5,10	0,150	5,44	1,04	18,5	24,7

[1] Effektive Trägheitsmomente für Lastrichtung nach unten (+) bzw. oben (−).
[2] Mitwirkender Querschnitt für eine konstante Druckspannung $\sigma = \beta_{s,N}$.
[3] Maximale Stützweiten, bis zu denen das Trapezprofil als tragendes Bauteil von Dach- und Deckensystemen verwendet werden darf.
[4] Bei Schubfeldlängen $L_s < minL_s$ müssen die zulässigen Schubflüsse reduziert werden.
[5] Bei Schubfeldlängen $L_s > L_G$ ist $zulT_1$ nicht maßgebend.
[6] Auflager-Kontaktkräfte $R_s = K_1 \cdot \gamma \cdot T$; (T = vorhandener Schubfluß in [kN/m])
[7] Einzellast gemäß DIN 18807 Teil 3, Abschnitt 3.6.1.5

Nachzuweisen ist für den TN, daß

- an Endauflagern, Mittelauflagern bzw. bei Einleitung örtlicher Einzellasten die Querbelastung

  $$F_{Sd} \leq R_{w,Rd}$$

  $R_{w,Rd}$: örtliche Querkrafttragfähigkeit des Steges nach [5.5.1], Abschn. 5.9.3 bzw. 5.9.4; entspricht $R_{A,T}$ bzw. max R_m der DIN bzw. der Typenblätter.

- im Feldbereich das Biegemoment

  $$M_{Sd} \leq M_{c,Rd}$$

  $M_{c,Rd}$: Biegemomententragfähigkeit der Profile nach [5.5.1], Abschn. 5.4.1 (elastisches Grenzmoment) bzw. 5.4.2 (plastisches Grenzmoment); entspricht M_{dF} der DIN bzw. der Typenblätter.

- an Zwischenstützen bzw. bei Einleitung von Einzellasten

  $$M_{Sd} \leq M_{c,Rd} \quad \text{und} \quad F_{Sd} \leq R_{w,Rd} \quad \text{und} \quad \frac{M_{Sd}}{M_{c,Rd}} + \frac{F_{Sd}}{R_{w,Rd}} \leq 1{,}25$$

ist. Bei der Momenten-Querkraftinteraktion ist zu beachten, daß dabei $M_{c,Rd}$ für ein negatives Biegemoment zu ermitteln ist (entspricht max M_B der Typenblätter) und nicht mit dem $M_{c,Rd}$ des Feldmomentes gerechnet wird. Diese Form des Nachweises unterscheidet sich von der Interaktionsbeziehung nach DIN 18 807, führt jedoch zu praktisch den gleichen Ergebnissen.

Der GN wird durch Nachweis der Formänderungen geführt. Bei ein- oder zweischaligen Trapezblechdächern wird dabei die Durchbiegung auf maximal L/200 beschränkt. Für Trapezblechtragschalen mit einem Warmdachaufbau wird im allgemeinen die Durchbiegung mit L/300 begrenzt. Diese strengere Forderung soll einerseits sicherstellen, daß die Trapezbleche ausreichend steif sind, so daß bei Wind die (leichte) Dachkonstruktion nicht zu flattern beginnt. Andererseits soll damit verhindert werden, daß es bei Flachdächern mit nur 2 - 3% Gefälle zu einer Wassersackbildung kommt.

Für einfache Anwendungsfälle (Ein-, Zwei- und Dreifeldträger mit gleichen Stützweiten) werden von den Trapezblechherstellern Bemessungsbehelfe zur Verfügung gestellt, die das Ablesen der zulässigen Belastung in Abhängigkeit von der zulässigen Durchbiegung (L/200, L/300) erlauben. Diese Tabellen bzw. Diagramme basieren aber zur Zeit durchwegs auf der Bemessung nach DIN 18 807.

Biegung mit Normalkraft

Bei gleichzeitigem Auftreten von Normalkräften N_{Sd} und Biegemomenten M_{Sd} muß

$$\frac{N_{Sd}}{f_y \cdot A_{eff} / \gamma_M} + \frac{M_{Sd} + \Delta M_{Sd}}{f_y \cdot W_{eff,com} / \gamma_M} \leq 1$$

eingehalten werden. Das Zusatzmoment $\Delta M_{Sd} = N_{Sd} \cdot e_N$ resultiert dabei aus der Verschiebung der Biegenullinie des wirksamen Querschnitts gegenüber dem Bruttoquerschnitt. Für die im allgemeinen bei Trapezprofilkonstruktionen kleinen Normalkräfte, z.B. aus der Stabilisierungswirkung für die Binder bzw. Pfetten, kann dieser Effekt jedoch vernachlässigt werden.

Schubfeldwirkung der Trapezbleche

Die Trapezbleche weisen neben der Biegesteifigkeit auch eine erhebliche Steifigkeit in ihrer Ebene auf. Diese Scheiben- oder Schubsteifigkeit kann für die Abtragung von Windkräften (an Stelle von eigens angeordneten Dachverbänden) oder zur Stabilisierung von Bindern bzw. Pfetten genutzt werden. Bei der Bemessung von Leichtbaupfetten wird diese stabilisierende Wirkung praktisch immer in Rechnung gestellt.

Allgemeine Hinweise zur Anwendung von Trapezblechen als Schubfelder finden sich in [5.5.1], Abschn. 10.3. Detaillierte Berechnungsvorschriften, Konstruktions- und Ausführungsregeln für Schubfelder sind in [5.5.6] angegeben.

Bei der konstruktiven Anwendung muß beachtet werden, daß die als Schubfeld vorgesehenen Trapezblechfelder auch an den Längsrändern gelagert werden und ein Breiten / Längenverhältnis von etwa 1/3 bis 1/5 aufweisen sollten. Selbstverständlich sollten solche Flächen keine größeren Öffnungen für Oberlichte oder Rauchabzugsgeräte aufweisen. Bei der Ausführung ist auf die, der statischen Berechnung entsprechende Befestigung der Bleche untereinander und mit der Unterkonstruktion besonders zu achten.

Kassetten

Die Kassettenwand ist eine zweischalige Blechkonstruktion, ähnlich dem zweischaligen Trapezblechdach. Die Besonderheit liegt in der Form der inneren, als nahezu flaches Wandelement profilierten Blechschale. Sie ist eine typische Industriefassade, die bis etwa 6,5 m freitragend gespannt werden kann. Die Bautiefe h der Kassetten wird entsprechend der Dicke der Wärmedämmung bzw. nach den statischen Erfordernissen gewählt. Die Baubreite, im allgemeinen 600 mm, ist auf die Verlegebreite der Wärmedämmung abgestimmt, um möglichst wenig Verschnitt zu haben.

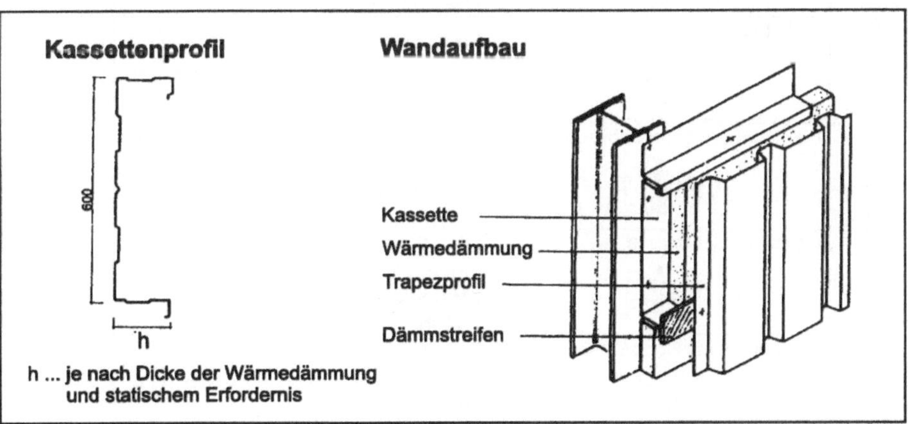

Bild 5-97 Kassettenwand

Der EC 3-1-3 enthält im Kap. 10 Angaben zur Berechnung der Momententragfähigkeit von Kassettenprofilen. Wichtig ist dabei, daß der äußere, schmale Kassettenschenkel durch die Außenschale stabilisiert wird. Das reale Tragverhalten ist daher durch das komplexe Zusammenwirken von Kassette und Außenschale gekennzeichnet. Dies ist der Grund dafür, daß in

Deutschland bisher eine rein rechnerische Ermittlung der Tragfähigkeit für Kassetten nicht zulässig ist. Der Nachweis erfolgt in der Praxis an Hand von Bemessungsbehelfen, die von den Herstellern bereitgestellt werden.

Aus bauphysikalischer Sicht gelten im Prinzip die gleichen Anmerkungen wie beim zweischaligen Dach, mit der Ausnahme, daß die Kondensatproblematik nicht zu Schäden führt, wenn die Kassetten mit den äußeren Schenkeln nach unten weisend verlegt werden. Das anfallende Kondensat wird dann nach außen in den Hinterlüftungsraum abgeleitet und wird dort abgetrocknet bzw. kann unten an der Fassade austreten. Der baupraktisch erreichbare k-Wert liegt wiederum bei etwa 0,5 W/m²K. Dies ist auch der Grund dafür, warum die Kassettenwand immer mehr durch geschäumte Paneele (k-Wert bis 0,25 und darunter) verdrängt wird. Aktuell ist die Kassettenwand aber nach wie vor dann, wenn es um den Schallschutz bei Industriebauten geht. Die baupraktisch und wirtschaftlich sinnvoll erreichbare Schalldämmung liegt, je nach Ausführung zwischen 27 dB und etwa 48 dB. Darüber hinausgehende Schalldämmwerte sind nur noch mit Sondermaßnahmen zu erreichen. Gleichzeitig kann durch Perforation der Kassette ein Schallschluckgrad von 50% und darüber erreicht werden.

Tabelle 5-6 Befestigungs- und Verbindungsmittel für dünnwandige Blechelemente

Anwendung	Verbindungsmittel		Richtwert der Traglast F_{Rd} [kN]	
			Abscheren	Zug
Blech auf Blech	Blindniete	Ø 4,8 bzw. 5 mm Ausführung als Hohlniet oder Dichtniet	Abhängig von zu verb. Blechdicken 1,0 – 2,0	0,5 – 1,5
	Gewindefurchende Schrauben	Ø 6,3 mm mit Unterlegscheibe Ø 16 oder 22 mm und Neoprendichtung	1,0 – 4,5	0,7 – 2,5
	Selbstbohrschrauben	Ø 5,8 mm mit hinterschnittenem Gewinde am Kopf	1,0 – 3,0	0,7 – 2,0
Blech auf Stahlunterkonstruktion	Gewindefurchende Schrauben	Ø 6,3 mm Je nach Einsatz mit oder ohne Neoprendichtung	Abhängig von zu verb. Blechdicken 2,5 – 6,0	1,5 – 5,0
	Selbstbohrschrauben	Ø 5,8 mm Bis ca. 8 mm Materialdicke der Unterkonstruktion	1,5 – 6,0	1,5 – 5,0
	Setzbolzen mit Rondelle Ø 15 mm	Ø 4.5 mm Ab ca. 5 mm Materialdicke der Unterkonstruktion	2,5 – 7,5	1,5 – 7,0
Blech auf Betonunterkonstruktion	Setzbolzen mit Rondelle (**Nicht überall zugelassen!**)	Ø 4.5 mm	Abhängig von Betongüte 1,0 – 3,0	0,7 – 2,0
	Sechskant-Blechschraube mit Kunststoffdübel, Schlagdübel, Metall-Spreizdübel M6, M8		Abhängig von Bauart und Betongüte	

Verbindungstechnik

Trapezbleche und Kassetten werden untereinander und auf der Stahlunterkonstruktion mit speziellen Verbindungsmitteln befestigt, die in ihrer Tragfähigkeit auf die Dünnwandigkeit der Bleche abgestimmt sind. Bei der Verbindung von Trapezblechschalen die der Witterung ausgesetzt sind, müssen die Verbindungsmittel zusätzlichen Anforderungen im Hinblick auf die Korrosion und die Dichtheit genügen. Man verwendet daher im allgemeinen Edelstahlschrauben (Werkstoffnummer 1.4301) mit Neoprendichtungen unter den Schraubenköpfen bzw. Dichtnieten aus Aluminium oder Edelstahl.

Die Tragfähigkeit dieser Verbindungen kann nach EC3-1-3, Kap. 8.4 bestimmt werden. Dies ist ein wesentlicher Unterschied zu der bisherigen Praxis, wo die zulässigen Belastungen dieser Verbindungen ausschließlich in Zulassungen geregelt waren.

5.5.4 Leichtbaupfetten

Leichtbaupfetten werden aus verzinkten Bändern mit einer Blechdicke von 2 bis 3 mm durch kontinuierliche Kaltumformung, ähnlich wie Trapezbleche und Kassetten erzeugt. Die am meisten verwendeten Profilformen sind in Bild 5-91 dargestellt. Wie bei Stahlleichtbauteilen allgemein, gilt für Pfetten ganz besonders, daß bei der Formgebung auf die Stapelbarkeit besonders Rücksicht genommen wird, um ein möglichst geringes Verhältnis von Ladevolumen zu Gewicht für den Transport zu erreichen.

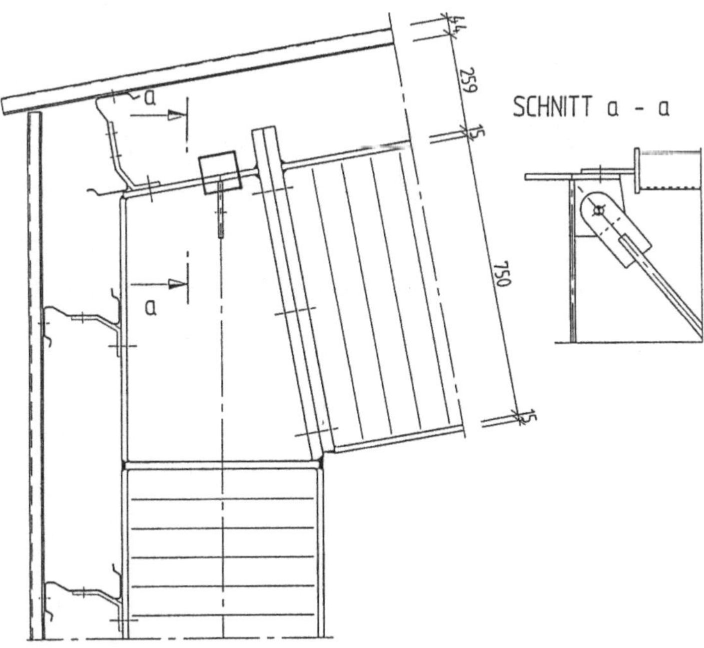

Bild 5-98 Leichtbaupfetten, Anwendung auch als Wandriegel

Da aus wirtschaftlichen Gründen die stabilisierende Wirkung der Dachtragschale in der Berechnung mit angesetzt wird, entsteht ein komplexes Tragsystem [1, Kap. 10]. Neben dem Biegedrillknicken ist, bei Verwendung der Pfetten zur Stabilisierung der Binder, auch das Tragverhalten unter Normalkraft und Biegemoment nachzuweisen. Dabei ist der aus der Dachneigung entstehende Dachschub zu berücksichtigen. Darüber hinaus muß berücksichtigt werden, daß unter Windsog Lastfälle mit nach oben gerichteter Resultierender entstehen. Die Berechnung ist daher kaum mehr von Hand durchführbar und man benutzt für die Bemessung entweder vom Hersteller zur Verfügung gestellte Programme oder Tabellen bzw. Diagramme. Zu beachten ist dabei, daß diese Bemessungsbehelfe sich nur auf die Pfette selbst beziehen und die Pfettenschuhe und die Ableitung des Dachschubes meist gesondert nachgewiesen werden müssen.

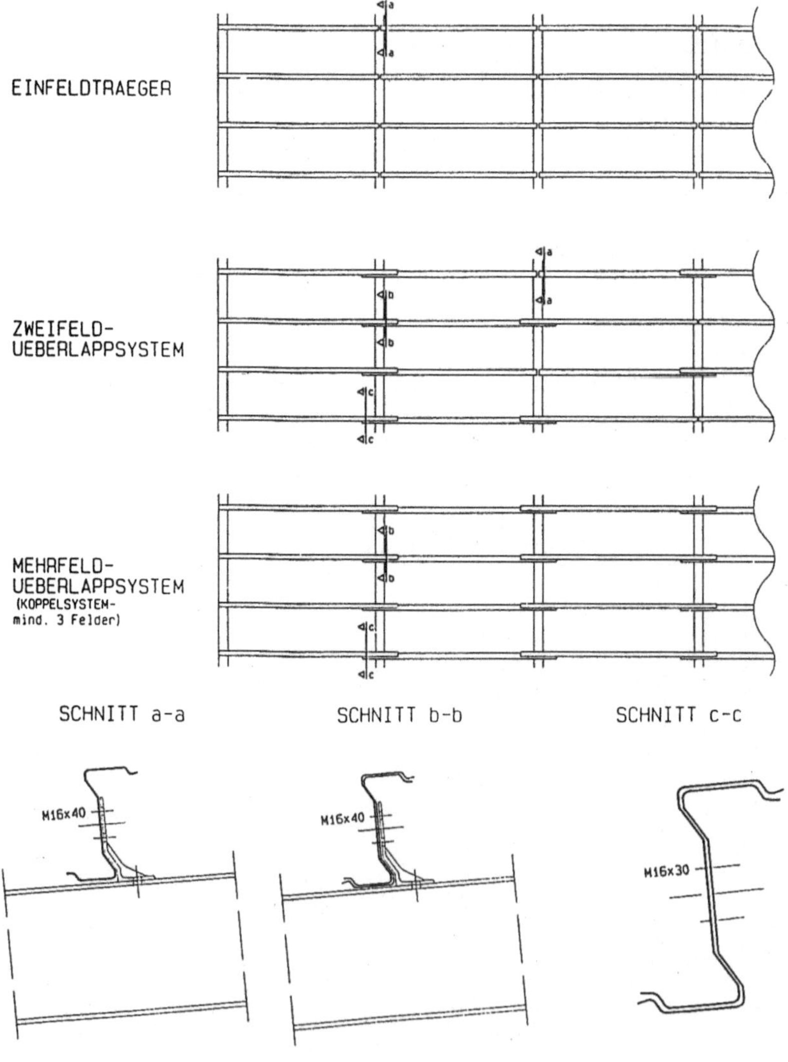

Bild 5-99 Verlegearten von Leichtbaupfetten

Eine Besonderheit bildet die Lagerung von Leichtbaupfetten. Auf Grund der Gefahr des Beulens bzw. Stegkrüppelns des dünnen Steges können die Pfetten nicht einfach mit dem unteren Flansch an den Binder angeschraubt werden. Man benötigt immer einen Pfettenschuh, an dem die Pfette, am Steg hängend, befestigt wird.

Üblicherweise werden Kaltprofilpfetten als Durchlaufträger mit Überlappungen an den (Binder)Auflagern verlegt (Bild 5-99).

5.5.5 Kantteile

Die bisher besprochenen dünnwandigen Bauteile waren Serienprodukte, die von den Herstellern nur in bestimmten Formen und Abmessungen produziert werden. Für individuelle Anwendungen werden dünnwandige Bauteile „nach Maß" konstruiert und durch Abkantung auf Kantbänken hergestellt. Dabei werden im Stahlhochbau üblicherweise kaltgewalzte, bandverzinkte Bleche mit Dicken von 1 bis 3 mm oder Feinbleche bis etwa 5 mm verwendet. Bei der Festlegung der Abmessungen solcher Kantteile muß darauf Rücksicht genommen werden, daß diese auch tatsächlich in der Kantbank gefertigt werden können (genug Platz für den Kantstempel!) und die meisten Stahlbaubetriebe nur Kantbänke mit 5 bis 6 m Länge besitzen.

Häufige Anwendungsgebiete im Stahlhochbau sind Zargen für Lichtbänder, Lichtkuppelauswechslungen, Fenster-, Tür- und Torauswechslungsprofile und sogenannte Kombinationsprofile. Das sind Kantprofile an der Traufe von Hallen, die gleichzeitig als Randpfette und Druckprofil zur Stabilisierung der Rahmenecken dienen.

5.5.6 Rechenbeispiel für Kantprofil: Lichtkuppelauswechslung

An Hand eines Auswechslungsprofils für eine Lichtkuppelöffnung soll die Berechnung nach [5.5.1] dargestellt werden.

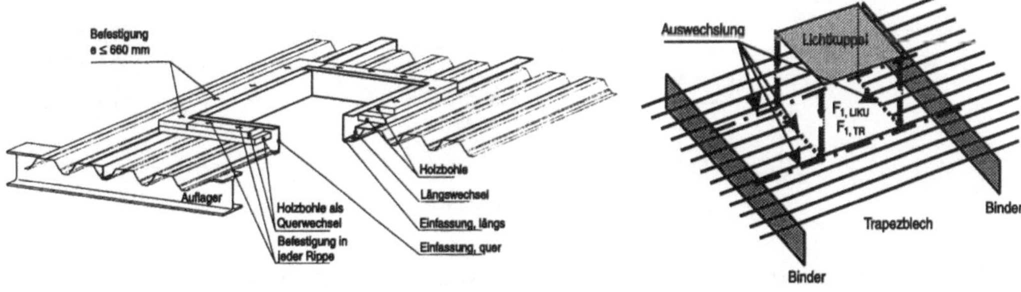

Bild 5-100 Konstruktionsdetail und statisches Modell

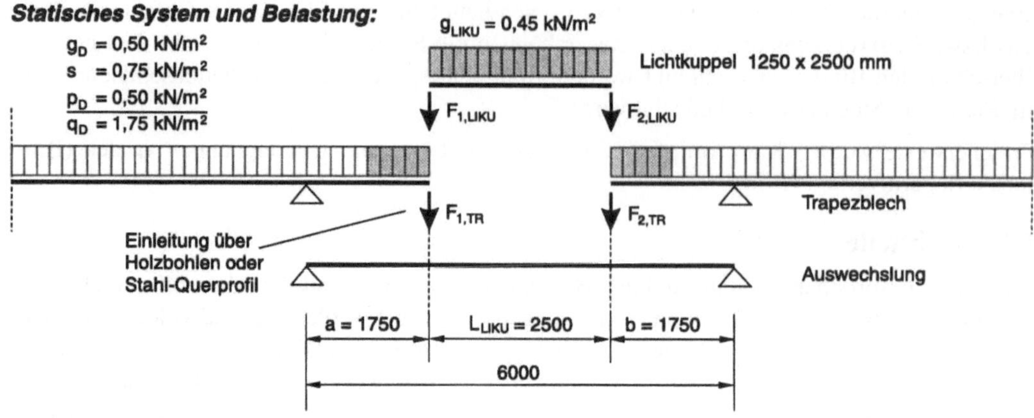

$$F_1 = F_2 = [\, B_{LIKU} \cdot L_{LIKU} \cdot (\gamma_G \cdot g_{LIKU} + \gamma_Q \cdot s) + B_{LIKU} \cdot a \cdot (\gamma_G \cdot g_D + \gamma_Q \cdot (s + p_D)) \,] / 4$$

	Eigengewicht (G)		*Nutzlast (Q)*		
$F_{i.LIKU}$ =	$1,25 \cdot 2,50 \cdot 0,35 / 4 =$	0,27	$1,25 \cdot 2,50 \cdot 0,65 / 4 =$	0,51	kN
$F_{i.TR}$ =	$1,25 \cdot 1,75 \cdot 0,50 / 4 =$	0,27	$1,25 \cdot 1,75 \cdot 0,80 / 4 =$	0,44	kN
		0,54		0,95	kN
	$F_1 = F_2 = 1,49$ kN				

$$M_k = 1,49 \cdot 1,75 = 2,61 \text{ kNm} \qquad M_d = (\, 1,35 \cdot 0,54 + 1,5 \cdot 0,95 \,) \cdot 1,75 = 3,77 \text{ kNm}$$

Querschnitt und Spannungsverteilung für den Bruttoquerschnitt:

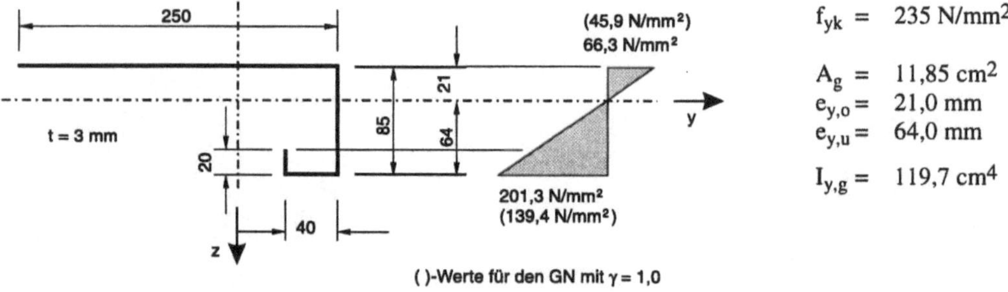

Da der Obergurt mit dem Trapezblech verbunden wird, kann er als beidseitig gestützt angesehen werden. Infolge der Verbindung mit dem Trapezblech liegt eine gebundene Biegung um die y-Achse vor.

Für den Obergurt gilt:

$$\psi = 1,0 \;\Rightarrow\; k_\sigma = 4,0$$

$$b_p / t = 83,3 < 500 \;\Rightarrow\; \bar{\lambda}_p = \frac{b_p/t}{28,4 \cdot \varepsilon \cdot \sqrt{k_\sigma}} = \frac{83,3}{28,4 \cdot 1,0 \cdot 2,0} = 1,47 > 0,673$$

Da die vorhandene Spannung $\sigma_{com,Ed} = 66,3$ N/mm² $< f_y/\gamma_M = 213,6$ N/mm² ist, kann die Schlankheit reduziert werden:

$$\bar{\lambda}_{p,red} = \bar{\lambda}_p \cdot \sqrt{\frac{\sigma_{com,Ed}}{f_y/\gamma_M}} = 1,47 \cdot \sqrt{\frac{66,3}{213,6}} = 0,819 \quad \Rightarrow \quad \rho = \frac{\bar{\lambda}_{p,red} - 0,22}{\bar{\lambda}_{p,red}^2} = 0,893$$

und damit $b_{eff} = 0,893 \cdot 250 = 223$ mm, bzw. $b_{e1} = b_{e2} = 0,5 \cdot 223 = 115,5$ mm.

Für den Steg gilt:

$$\psi = -201,3/66,3 = -3,04 > -3 \quad \Rightarrow \quad k_\sigma = 5,98 \cdot (1-3)^2 = 23,9$$

$$b_p/t = 28,3 \quad \Rightarrow \quad \bar{\lambda}_p = \frac{28,3}{28,4.1,0.4,89} = 0,204 < 0,673 \quad \Rightarrow \quad \rho = 1,0.$$

d.h., $b_{eff} = b_p$; der Steg ist voll wirksam.

Der Untergurt und die Aufkantung liegen im Zugbereich und sind daher ebenfalls voll wirksam.

Mit der reduzierten Obergurtbreite werden die Querschnittswerte des wirksamen Querschnitts ermittelt.

$$A_{eff} = 11,0 \text{ cm}^2 ; \quad e_{y,o} = 22,6 \text{ mm} ; \quad e_{y,u} = 62,4 \text{ mm} ; \quad I_{y,eff} = 115,9 \text{ cm}^4$$

$$\sigma_o = 3,77 \cdot 22,6 / 1,159 = 73,5 \text{ N/mm}^2 \quad \text{(Druck)}$$

$$\sigma_u = 3,77 \cdot 62,4 / 1,159 = 203,3 \text{ N/mm}^2 \quad \text{(Zug)}$$

Bruttoquerschnitt:

b	h	A	e	$A \cdot e$	$A \cdot e^2$	I
mm	mm	mm^2	mm	mm^3	mm^4	mm^4
250	3	750		–	–	563
3	85	255	42,5	10 838	460 594	153 531
40	3	120	80,0	9 600	768 000	90
3	20	60	75,0	4 500	337 500	2 000
		I 185		24 938	– 524 792	1 722 278
		$e_{y,o} = 21,0$			$I_y =$	1 197 485
		$e_{y,u} = 64,0$				

Wirksamer Querschnitt:
1. Iterationsschritt: Reduktion des Obergurts um $250 - 223 = 27$ mm

b	h	A	e	$A \cdot e$	$A \cdot e^2$	I
– 27	3	– 81		–	–	– 61
		I 104		24 938	– 563 296	1 722 217
		$e_{y,o} = 22,6$			$I_y =$	1 158 921
		$e_{y,u} = 62,4$				

Nach einem weiteren Iterationsschritt ergeben sich mit ausreichender Genauigkeit die Querschnittswerte für den TN:

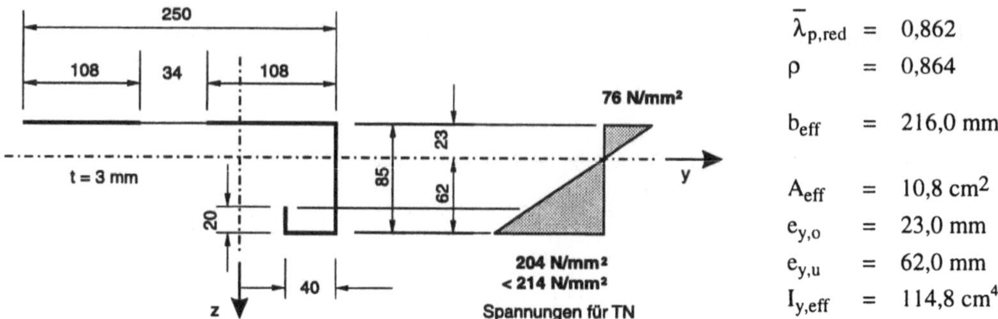

$\overline{\lambda}_{p,red}$ = 0,862

ρ = 0,864

b_{eff} = 216,0 mm

A_{eff} = 10,8 cm²

$e_{y,o}$ = 23,0 mm

$e_{y,u}$ = 62,0 mm

$I_{y,eff}$ = 114,8 cm⁴

σ_o = 3,77 . 23,0 / 1,148 = 75,5 N/mm² (Druck)
σ_u = 3,77 . 62,0 / 1,148 = 203,6 N/mm² < f_{yk} / γ_M = 214 N/mm²

Die Querschnittswerte für den GN werden mit den Spannungen infolge M_k ermittelt.

$$\overline{\lambda}_{p,ser} = \overline{\lambda}_p \cdot \sqrt{\frac{\sigma_{com,Ed,ser}}{f_y}} = 1,47 \cdot \sqrt{\frac{45,9}{235}} = 0,650 < 0,673 \quad \Rightarrow \quad \rho = 1,0$$

d.h., $b_{eff} = b_p$; Der Obergurt ist für den GN voll wirksam. Gleiches gilt natürlich für den Steg und damit ist der GN mit den Bruttoquerschnittswerten zu führen.

$$\underline{\max f} = [\, F \cdot a \cdot (3 \cdot L^2 - 4 \cdot a^2) / (24 \cdot E \cdot I_y) \,] =$$
$$= 1,49 \cdot 175 \cdot 957500 / (24 \cdot 21000 \cdot 119,7) = \underline{4,14\ cm} \cong L / 145$$

D.h., die Durchbiegung der Lichtkuppelaussteifung ist zu groß und es muß eine größere Blechdicke gewählt werden.

Mit t = 5 mm ergibt sich $I_{y,b}$ = 193,8 cm⁴ und $\underline{\max f = 2,55\ cm} \cong \underline{L / 250}$.

Das Beispiel soll auch zeigen, daß bei dünnwandigen Bauteilen der Nachweis der Gebrauchsfähigkeit, d.h. der Nachweis ausreichender Steifigkeit, sehr oft maßgebend wird. Eine zu große Durchbiegung bei der oben berechneten Lichtkuppelaussteifung oder ähnlichen Auswechslungsprofilen kann zu Undichtigkeiten bei den Anschlüssen der Isolierung an die Lichtkuppel und damit zu Bauschäden führen. Andererseits sollte der Formänderungsnachweis nicht überbewertet werden, da in den meisten Fällen ein dünnwandiger Bauteil nicht alleine die Lasten abzutragen hat, sondern in Verbindung mit anderen Bauteilen steht (vgl. Konstruktionsdetail Bild 5-100). Eine realistische Abschätzung der tatsächlichen Steifigkeit in Verbindung mit den Nachbarbauteilen ist daher notwendig, wenn auch in der Praxis oft schwierig.

Literatur zum Abschnitt 5.2

[5.2.1]   Gerold, W. u. U. Vogel: Traglast-Tabellen. Düsseldorf: Stahl-Eisen-Verlag (1974)

[5.2.2]   Rudnitzky, J. u.a.: Typisierte Verbindungen im Stahlhochbau, 2. Aufl.. Köln: Stahlbau-Verlag 1979.

[5.2.3]   Krier, V., J. Scheer u. H. Pasternak: Lagerhalle mit 80 m weit gespannten Zweigelenkrahmen in Rostock. Stahlbau 64 (1995) 361- 369

[5.2.4]   Bamm, D.: Einsatz von einseitigen Laschenstößen in den USA. Stahlbau 52 (1983) 282

[5.2.5]   Lindner, J. u. R. Gietzelt: Zur Tragfähigkeit ausgeklinkter Träger. Stahlbau 54 (1985) 39-45
            Lindner, J. u. R. Gietzelt: Stabilisierung von Biegeträgern mit I-Profil durch angeschweißte Kopfplatten. Stahlbau 53 (1984) 69-74

[5.2.6]   Hotz, R.: Oberkantenbündige Deckenträger-Unterzug-Anschlüsse mit verbesserter Wirtschaftlichkeit. Stahlbau 54 (1985) 193-199

[5.2.7]   Rüter, E.: Bauen mit Stahl. Berlin: Springer (1997)

[5.2.8]   Technische Dokumentation der Fa. Zeman, Wien, Österreich

[5.2.9]   Skov, K., J. Scheer u. H. Pasternak: Leichte Stahlhalle für ein Regallager in Bernburg. Stahlbau 63 (1994) 225-230

[5.2.10]   Scheer, J., U. Peil und H.-J. Scheibe: Zur Übertragung von Kräften durch Kontakt. Bauingenieur 62 (1986) 419-424

[5.2.11]   Linder, J. und R. Gietzelt: Kontaktstöße im Stahlbau. Stahlbau 57 (1988) 39-49

[5.2.12]   Petersen, Chr.: Stahlbau, 3. Auflage, Vieweg: Braunschweig 1994

[5.2.13]   Dubas, P., und E. Gehri: Stahlhochbau. Berlin: Springer 1988

[5.2.14]   Bugert:, E.: Bemessungshilfen für einbetonierte Stahldollen im Fertigteilbau. Bautechnik 54 (1975) 282 - 283

[5.2.15]   Hunzinker, A.: In Stahlbeton eingespannte Stahlprofile und Stahlbolzen. Bautechnik 61 (1984) 165-169

[5.2.16]   Thiele, A., W. Lohse: Stahlbau, Teil 1, Stuttgart: Teubner 1993

[5.2.17]   Spanke, H. u.a.: Neubau der Schiffbaumontagehalle für die Volkswerft Strahlsund. Bauingenieur 72 (1997) 365-371

[5.2.18]   Roik, K. e.a.: Entwurfshilfen für Hallenrahmen aus IPE-Profilen. Merkblatt 440. Düsseldorf: Beratungsstelle für Stahlverwendung 1970

[5.2.19]   Uhlmann, W. Ausgewählte Rahmenformeln für das Traglastverfahren. Berlin: Ernst & Sohn, 1979

[5.2.20]   Petri, R.: Geschweißte Vollwandträger im Stahlhochbau. Schweißen u. Schneiden 29 (1977) 146 - 148

[5.2.21]   Steckner, S.: Gleichgewichtslösungen für die statische Berechnung von Rahmenecken aus I-Profilen unter ebener Belastung. Stahlbau 53 (1984) 118-12

[5.2.22]   Vayas I., Pasternak H., Schween T.: Beanspruchbarkeit und Verformung von Rahmenecken mit schlanken Stegen. Bauingenieur 69 (1994) 311-317

[5.2.23]   Technische Dokumentationen der Fa. Commercial Intertech, Diekirch, Luxemburg

[5.2.24]   Merkblätter 155, 255 und 355 des Stahlinformationszentrums, Düsseldorf

[5.2.25]   Wald F.: Column Bases. CVUT, Prague 1995

Literatur zum Abschnitt 5.3

[5.3.1]   Domke, H.: Grundlagen konstruktiver Gestaltung. Wiesbaden: Bauverlag 1972. (2. Auflage 1982)

[5.3.2] Reinig, A., H. Rauthmann und W. Bostelmann: Moderne Flugzeughallen in Düsseldorf und Hannover-Langenhagen. Stahlbau 40 (1971) 257 - 262

[5.3.3] Flugzeughallen. Merkblatt 200, 3. Auflage. Düsseldorf: Beratungsstelle für Stahlverwendung 1973

[5.3.4] Lindner J. u. a.: Stahlbauten – Erläuterungen zu DIN 18800 2. Auflage, Berlin: Beuth Verlag, Ernst & Sohn, 1994

[5.3.5] Skov K., Scheer J., Pasternak H.: Leichte Stahlhalle für ein Regallager in Bernburg. Stahlbau 63 (1994) 225 - 232

[5.3.6] Krier V., Scheer J., Pasternak H.: Lagerhalle mit 80 m weit gespannten Zweigelenkrahmen in Rostock. Stahlbau 64 (1995) 361-369

Literatur zum Abschnitt 5.4

[5.4.1] Beratungsstelle für Stahlverwendung (Hrsg.): Stahlgeschoßbau, Grundlagen für Entwurf und Konstruktion. Merkblatt 115. Düsseldorf 1994

[5.4.2] Bauberatung Stahl (Hrsg.): Geschoßbau in Stahl. Flachdecken-Systeme, Dokumentation 605. Düsseldorf 1996

Literatur zum Abschnitt 5.5

[5.5.1] EN(V) 1993-1-3, Eurocode 3, Teil 1.3: Allgemeine Bemessungsregeln – Ergänzende Regeln für kaltgeformte dünnwandige Bauteile und Bleche.

[5.5.2] DIN 18 807 Teil 1, Trapezprofile im Hochbau; Stahltrapezprofile; Allgemeine Anforderungen, Ermittlung der Tragfähigkeitswerte durch Berechnung.
DIN 18 807 Teil 2, Trapezprofile im Hochbau; Stahltrapezprofile; Durchführung und Auswertung von Tragfähigkeitsversuchen.
DIN 18 807 Teil 3, Trapezprofile im Hochbau; Stahltrapezprofile; Festigkeitsnachweis und konstruktive Ausbildung.

[5.5.3] DASt-Richtlinie 016, Bemessung und konstruktive Gestaltung von Tragwerken aus dünnwandigen kaltgeformten Bauteilen, Stahlbau-Verlagsgesellschaft 1988.

[5.5.4] Anpassungsrichtlinie Stahlbau; Mitteilungen des Deutschen Instituts für Bautechnik, Juli 1995, 26. Jahrgang, Sonderheft Nr. 11.

[5.5.5] Winter, G.: „Strength of thin steel compression flanges.", Transactions ASCE 112 (1947), pp. 527-554.

[5.5.6] European Recommendations for the Application of Metal Sheets Acting as a Diaphragm – Stressed Skin Design, ECCS-Publikation No. ##, 1995.

[5.5.7] IFBS – Industrieverband zur Förderung der Bauens mit Stahlblech e.V.:
IFBS-Info 1.01: Stahltrapezprofiltafeln als tragende Konstruktion für einschalige Flachdächer.
IFBS-Info 1.03: Richtlinie für die Planung und Ausführung zweischaliger wärmegedämmter nichtbelüfteter Metalldächer.
IFBS-Info 4.01: Bauphysik, Wärmeschutz und Dampfdiffusion beim Stahldach.
IFBS-Info 4.03: Bauphysik, Stahlkassettenprofile, Bauphysikalisches Verhalten in Stahl-Wandsystemen.
IFBS-Info 8.01: Richtlinie für die Montage von Stahlprofiltafeln für Dach-, Wand- und Deckenkonstruktionen.
IFBS-Info 3.09: Öffnungen in Dächern mit Stahltrapezprofilen, Düsseldorf 1996

6 Stahlbrückenbau

6.1 Allgemeine Grundlagen

Einwirkungen auf Brücken sind in ENV 1991 (Eurocode 1 = EC 1) geregelt. Da der Stahlbrückenbau normalerweise nicht die Unterbauten von Brücken erfaßt, werden nur die Einwirkungen auf den Überbau behandelt.

EC 1-2-1 erfaßt die Einwirkungen infolge Eigenlasten. Die Dichten der Baustoffe sind in Tabelle 4.1 festgelegt. Das Raumgewicht von Stahl beträgt $\gamma = 77$ kN/m^3, für Stahl- und Spannbeton $\gamma = 24 + 1 = 25$ kN/m^3. Baustoffe für Brücken sind in Tabelle 4.2 aufgelistet. Bei den Schienen UIC 60 handelt es sich um das Gewicht von 2 Schienen (nicht „zweigleisig", Übersetzungsfehler!). Die Nenngewichte sind mit den geometrischen Nennabmessungen zu ermitteln. Das charakteristische Eigengewicht von Stahltragwerken soll als Summe der Nenngewichte der einzelnen Elemente, multipliziert mit dem Faktor 1,1 angenommen werden. Damit werden Laschen und Verbindungsmittel an den Stößen und Anschlüssen erfaßt. Abweichungen von Eigengewichten der nichttragenden Teile infolge Anpassung des Brückenbelages an die anschließenden Straßenniveaus, Ausgleichsbelägen, nachträglich aufzubringenden Belägen und Versorgungsleitungen sind zu berücksichtigen.

Verkehrslasten auf Brücken werden in EC 1-3 geregelt. Dabei wird zwischen Einwirkungen aus Straßenverkehr, aus Fußgänger- und Radverkehr und aus Eisenbahnverkehr unterschieden. Verkehrslasten haben Wirkungen in vertikaler und in horizontaler Richtung. Ihre dynamischen Auswirkungen werden im allgemeinen in einer quasi-statischen Berechnung erfaßt, wobei diese Auswirkungen bei den Straßenbrücken in den Verkehrslastwerten eingearbeitet sind, bei Eisenbahnbrücken durch Multiplikation der Spannungen und Verformungen mit einem dynamischen Beiwert Φ erfaßt werden. Dieser dynamische Beiwert Φ ist von der Stützweite bzw. Einflußlänge des Bauteils abhängig. Die im folgenden angegebenen Lastmodelle für Straßen- und Eisenbahnbrücken beschreiben keine tatsächlichen Lasten. Sie sind nur so gewählt, daß sie die Beanspruchung aus den Einwirkungen des tatsächlichen Verkehrs abdecken.

6.1.1 Einwirkungen aus dem Straßenverkehr

Für den Ansatz des Lastmodells wird die Fahrbahn in eine größtmögliche Anzahl von Fahrstreifen aufgeteilt.

Bei durch Mittelstreifen getrennten Richtungsfahrbahnen gilt bei fest angebrachten Sicherheitseinrichtungen diese Aufteilung für jeden Teil, bei abnehmbaren Leiteinrichtungen für die gesamte Fahrbahnbreite. Die Lage und die Numerierung der Fahrstreifen ist so zu wählen, daß die ungünstigste Beanspruchung für den jeweiligen Nachweis entsteht. Bei getrennten Richtungsfahrbahnen auf einem Überbau ist für die gesamte Fahrbahn nur eine Numerierung vorzusehen. Für jeden Nachweis ist das Lastmodell für den Fahrstreifen in ungünstigster Stellung anzunehmen.

Tabelle 6-1 Anzahl und Breite von Fahrstreifen nach EC 1-3 Tabelle 4.1 [1]

Fahrbahnbreite w	Anzahl der rechnerischen Fahrstreifen	Breite eines rechnerischen Fahrstreifens	Breite der Restfläche
$w < 5{,}4$ m	$n_l = 1$	3 m	$w - 3$ m
$5{,}4$ m $\leq w < 6$ m	$n_l = 2$	$\dfrac{w}{2}$	0
6 m $\leq w$	$n_l = \text{Int}\left(\dfrac{w}{3}\right)$	3 m	$w - 3{,}0 \times n_l$

Eurocode 1, Teil 3, kennt vier verschiedene Lastmodelle für den Straßenverkehr und deren vertikalen Einwirkungen.

Lastmodell 1 ist das Hauptlastmodell. Es besteht für jeden Fahrstreifen aus einer Gleichlast q_{ik} und einer Doppelachse mit gleichen Rädern mit der Achslast Q_k sowie einer Gleichlast q_{rk} für die Restfläche als charakteristische Werte.

Tabelle 6-2 Grundwerte der Belastung nach EC 1-3 Tabelle 4.2 [1]

Stellung	Doppelachse	Gleichmäßig verteilte Last
	Achslast Q_{ik} (kN)	q_{ik} (oder q_{rk}) (kN/m2)
Fahrstreifen 1	300	9
Fahrstreifen 2	200	2,5
Fahrstreifen 3	100	2,5
Andere Fahrstreifen	0	2,5
Restfläche (q_{rk})	0	2,5

Die einzelnen Doppelachsen haben in Längsrichtung einen Abstand von 1,20 m. Für die globale Wirkung dürfen diese Doppelachsen bei Stützweiten größer 10 m durch eine Einzellast von $2Q_k$ ersetzt werden. Für globale Wirkungen sind die Doppelachsen in der Mitte jedes Fahrstreifens anzuordnen. Für lokale Wirkung muß die Doppelachse in Querrichtung verschoben werden, höchstens bis der Rand der Aufstandsfläche eines Rades von 0,40 x 0,40 m mit dem Fahrstreifenrand zusammenfällt. Zwischen den Radachsen benachbarter Fahrstreifen muß ein Abstand $\geq 0{,}50$ m bestehen.

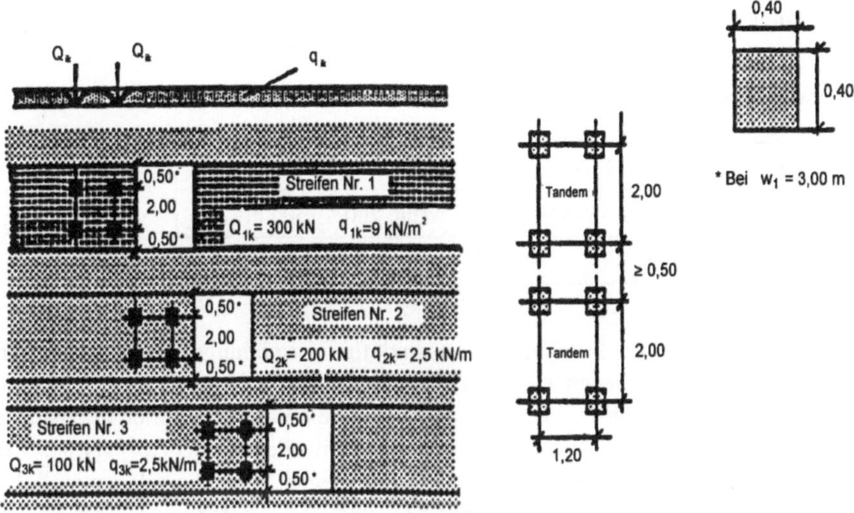

Bild 6-1 Lastmodell 1 nach EC 1-3 Abb. 4.2. [1]

Lastmodell 2 besteht aus einer Einzelachse mit einer Achslast von 400 kN.

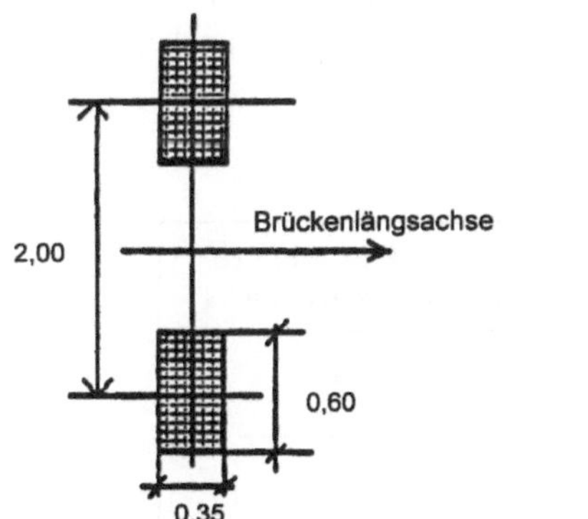

Bild 6-2
Lastmodell 2 nach EC 1-3 Abb. 4.3 [1]

Es dient nur zur Erfassung lokaler Wirkungen.

Lastmodell 3 erfaßt Gruppen von Modellen für Sonderfahrzeuge, Lastmodell 4 erfaßt das Menschengedränge.

Zu den vertikalen Einwirkungen treten horizontale Einwirkungen aus Bremsen und Anfahren in Brückenlängsrichtung. Diese Last ist entlang der Mittellinie jedes Fahrstreifens in Fahrbahnoberkante anzunehmen und darf gleichmäßig über die Belastungslänge verteilt werden. Die Gesamtlast je Fahrstreifen ergibt sich mit

$$\pm Q_{Lk} = 0{,}6\left(2Q_{ik}\right) + 0{,}10 \cdot q_{ik} \cdot w_1 \cdot L \quad \text{wobei} \quad 180\ \text{kN} \leq Q_{Lk} \leq 800\ \text{kN}$$

L ist die Belastungslänge, w_1 die Belastungsbreite des Fahrstreifens.

Horizontale Einwirkungen quer zur Brückenachse entstehen aus der Zentrifugalkraft. Diese horizontalen Einwirkungen werden nur für die Doppelachsen des Hauptlastmodells angesetzt und zwar proportional zur vertikalen Einwirkung Q_V.

Tabelle 6-3 Charakteristische Werte von Zentrifugallasten nach EC 1-3 Tab. 4.3 [1]

$Q_{tk} = 0{,}2\ Q_v$ (kN)	wenn: r < 200 m
$Q_{tk} = 40\ Q_v\ /\ r$ (kN)	wenn: $200 \leq 1500$ m
$Q_{tk} = 0$	wenn: r > 1500 m

Für den Ermüdungsnachweis von Straßenbrücken sind fünf Ermüdungslastmodelle genannt. Ermüdungslastmodelle 1 und 2 dienen nur zum Nachweis einer unbegrenzten Ermüdungslebensdauer, d.h. der Ermüdungsnachweis ist erbracht, wenn die daraus ermittelten höchsten $\Delta\sigma$- und $\Delta\tau$-Werte unter dem Wert der Dauerfestigkeit (nicht Schwellenwerte!) $\Delta\sigma_D$ ($N = 5 \cdot 10^6$) bzw. $\Delta\tau_D$ ($N = 10^8$) des Kerbfalls der betrachteten Stelle liegen. Ermüdungslastmodell 1 enspricht dem Hauplastmodell 1 mit Achslasten von 0,7 Q_k und Gleichlasten von 0,3 Q_k.

Ermüdungslastmodell 2 besteht aus fünf verschiedenen Schwerfahrzeugen mit gegebenen Achsabständen, Achslasten, Radabständen und Radaufstandsflächen. Für jedes dieser Schwerfahrzeuge im Alleingang ist das höchste $\Delta\sigma$ ($\Delta\tau$) zu ermitteln und der höchste Wert dem Nachweis wie bei Ermüdungslastmodell 1 zugrunde zu legen.

Die Ermüdungslastmodelle 3, 4 und 5 dienen zum Ermüdungsnachweis unter Berücksichtigung der Ermüdungsfestigkeitskurven. Dazu sind die Anzahlen der Lastkraftwagen pro Jahr und Lkw-Fahrstreifen N_{obs} und die Lebensdauer (normal 100 Jahre) des Bauwerks anzugeben.

Tabelle 6-4 EC 1-3 Tab. 4.5: Anzahl erwarteter LKW pro Jahr für einen LKW–Fahrstreifen [1]

Verkehrskategorie	N_{obs} pro Jahr und pro Lkw-Fahrstreifen
1: Autobahnen und Straßen mit 2 oder mehr Fahrstreifen je Fahrtrichtung mit hohem Lkw-Anteil	2×10^6
2: Autobahnen und Straßen mit mittlerem Lkw-Anteil	$0{,}5 \times 10^6$
3: Hauptstrecken mit geringem Lkw-Anteil	$0{,}125 \times 10^6$
4: Örtliche Straßen mit geringem Lkw-Anteil	$0{,}05 \times 10^6$

Ermüdungslastmodell 3 ist ein Einzelfahrzeug mit 4 Achsen zu je 120 kN Achslast gemäß Bild 6-3

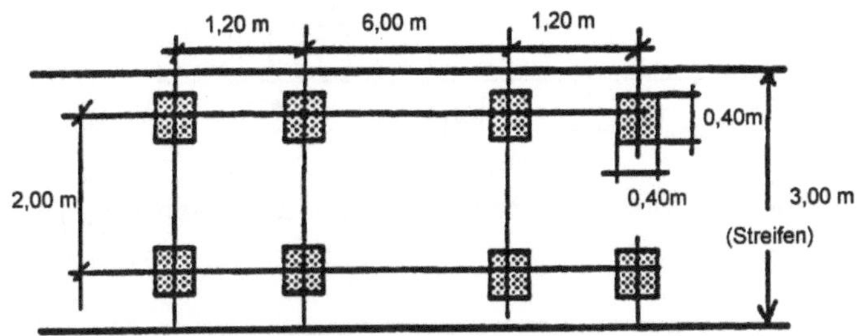

Bild 6-3
Ermüdungslastmodell 3
nach EC 1-3 Abb. 4.10 [1]

Aus der Überfahrt des Modells über die Brücke auf jedem Fahrstreifen wird $\Delta\sigma = \max\sigma - \min\sigma$ für die Nachweisstelle berechnet. Aus der Anzahl N_{obs} pro Jahr auf jedem Fahrstreifen mit Lastverkehr und 0,1 N_{obs} pro Jahr auf jedem Schnellfahrstreifen ergeben sich in der Lebensdauer der Brücke zu jedem $\Delta\sigma_i$ des Fahrstreifens n_i Lastwechsel. Damit ist über eine Schadensakkumulationshypothese (z.B. Miner-Regel) mit der dem betrachteten Kerbfall entsprechenden Ermüdungskurve der Ermüdungsnachweis zu führen.

Beim Lastmodell 4 sind fünf Schwerfahrzeuge mit ihren Achslasten, Achs- und Radabständen und Radaufstandflächen gegeben, wobei für die Ermittlung der Lastwechselzahlen auch der Anteil der einzelnen Fahrzeuge am Gesamtschwerverkehr für große, mittlere und lokale Entfernungen angegeben ist. Durch Auszählen der $\Delta\sigma_i$ bei Überfahrt eines Fahrzeugs über einen Fahrstreifen und Zusammensetzung der $\Delta\sigma_i$ aller Fahrzeuge und Fahrstreifen mit Bestimmung der zugehörigen n_i in der geplanten Lebensdauer mit der Anzahl der Fahrzeuge wird – wie beim Ermüdungsmodell 3 beschrieben – der Nachweis geführt.

Ermüdungsmodell 5 basiert auf der Auswertung aufgenommener Verkehrsdaten, die durch statistische Extrapolation hinsichtlich zukünftiger Verkehrsdaten ergänzt werden können. Der Ermüdungsnachweis erfolgt wie beim Ermüdungslastmodell 4.

Einwirkungen aus Fußgänger- und Radverkehr

Die Lasten sind bei Fußgänger- und Radwegbrücken sowie bei Geh- und Radwegen von Straßen- und Eisenbahnbrücken anzuwenden. Das Lastmodell besteht aus einer gleichmäßig verteilten Last q mit

$$2,5 \text{ kN/m}^2 \le q = 2,0 + \frac{120}{L_s + 30^m} \le 5,0 \text{ kN/m}^2$$

(L_s ist die Stützweite des Feldes) und einer Einzellast Q = 10 kN auf einer quadratischen Aufstandsfläche von 0,10 x 0,10 m. Als Horizontallast sind 10 % der Gleichlast anzusetzen.

6.1.2 Einwirkungen aus Eisenbahnverkehr (Normalspur)

Für die Vertikallasten kommen zwei Modelle zur Anwendung, das Lastmodell 71 und das Lastmodell SW mit den charakteristischen Werten nach EC 1-3 Tabelle 6.1, wobei der ungünstigere Wert zur Bemessung herangezogen wird. Die Lastmodelle gelten je Gleis. Beim Lastmodell 71 müssen entlastend wirkende Lasten weggelassen werden (Belastung nach der Einflußlinie).

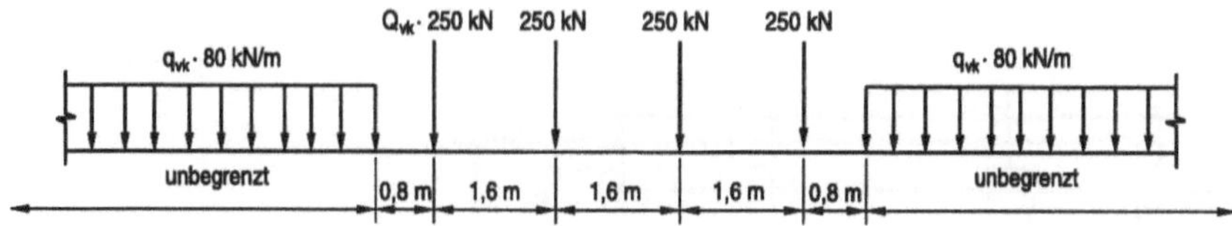

Bild 6-4 Lastmodell 71 und charak. Werte der Vertikallasten für ein Gleis nach EC 1-3 Abb. 6.2 [1]

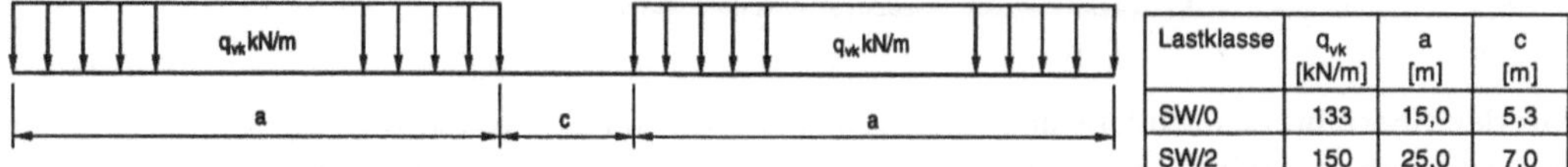

Bild 6-5 Lastmodelle SW nach EC 1-3 Abb. 6.3 [1]

Die Lastmodelle 71 und SW/0 können nach Angabe der Behörde mit einem Beiwert $\alpha = 1{,}1^n$ multipliziert werden, wobei $n = -3$ bis $+3$ die Klasse darstellt. Das Lastmodell SW ist immer als Ganzes (ohne Kürzung oder Teilung) anzusetzen. Bei Brücken mit einem oder zwei Gleisen sind die Lastmodelle 71 und SW/0 auf allen Gleisen anzusetzen. Bei Brücken mit drei und mehr Gleisen sind entweder zwei Gleise mit den Lastmodellen 71 und SW/0 oder alle Gleise mit 75 % der Lastmodelle anzusetzen. SW/2 ist immer nur auf einem Gleis anzusetzen, ein zweites Gleis mit Lastmodell 71 oder SW/0, alle weiteren Gleise bleiben unbelastet. Bei der Aufbringung der Lastmodelle ist eine Exzentrizität von $e = 1{,}5/18 = 0{,}08$ m zur planmäßigen Gleisachse zu berücksichtigen. Bei Gleisen ohne Schotterbett darf die Achslast Q in Längsrichtung auf drei Schienenstützpunkte zu $Q/4 + Q/2 + Q/4$ verteilt werden. Bei Schwellen und Schotterbett ist die Lastverteilung nach Bild 6-6 für örtlich belastete Flächen (Fahrbahn) vorzunehmen.

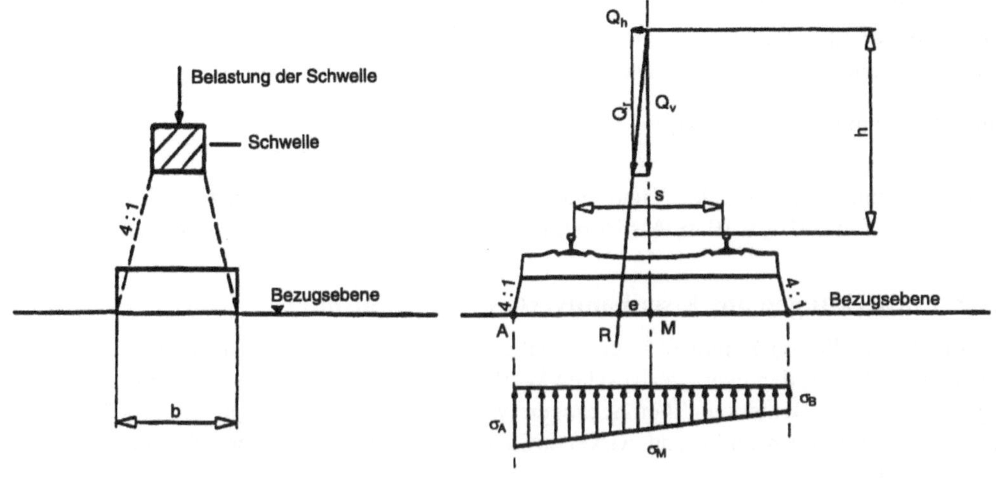

Bild 6-6 Lastverteilung durch Schwellen und Schotter in Längs- und Querrichtung EC 1-3 Abb. 6.5 und 6.8 [1]

Die Beanspruchungen und Verformungen aus den Lastmodellen 71 und SW sind mit einem von der maßgeblichen Länge $L\phi$ abhängigen dynamischen Beiwert zu vergrößern. Dieser beträgt bei Gleisen mit normaler Unterhaltung

$$1,00 \le \Phi = \frac{2,16}{\sqrt{L_\phi^m - 0,2}} + 0,73 \le 2,00$$

$L\phi$ ergibt sich für Stahlbrücken nach Tabelle 6-5.

Tabelle 6-5 Länge $L\phi$ nach EC 1-3 Tab. 6.2 [1]

Fall	Bauteil	Maßgebende Länge L_ϕ
	Fahrbahnplatte aus Stahl (orthotrope Platte) **Deckbrücke mit Schotterbett** **(für lokale Spannungen)**	
1	Fahrbahnplatte mit Längs- und Querrippen	
	1.1 Deckblech (in beiden Richtungen)	3-facher Abstand der Querrippen
	1.2 Längssteifen (einschließlich kurzer Kragarme bis 0,5 m Länge (*)	3-facher Abstand der Querrippen
	1.3 Querträger, Endquerträger	Doppelte Länge der Querträger
2	Fahrbahnplatte nur mit Querträgern	
	2.1 Deckblech (in beiden Richtungen)	2-facher Querträgerabstand + 3 m
	2.2 Querträger	Doppelte Länge der Querträger
	2.3 Endquerträger	Länge der Querträger
	Fahrbahnplatte aus Stahl **Offene Fahrbahn ohne Schotterbett (**)** **(für lokale Spannungen)**	
3	3.1 Längsträger	
	- als Teil eines Trägerrostes	3-facher Querträgerabstand
	- als Einfeldträger	Querträgerabstand + 3 m
	3.2 Schienen-Längsträgerkragarm, Endquerträger	$\phi_3 = 2,0$ (falls nicht anderweitig festgelegt)
	3.3 Querträger	Doppelte Länge der Querträger

(*) Im allgemeinen bedürfen alle durch Bahnlasten beanspruchte Kragarme von mehr als 0,5 m Länge einer gesonderten Untersuchung

(**) Für offene Stahlfahrbahnen empfiehlt es sich, ϕ_3 anzuwenden.

Fall	Bauteil	Maßgebende Länge L_ϕ
	Hauptträger	
5	5.1 Einfeldträger und Platten (einschließlich einbetonierter Stahlträger)	Stützweite in Hauptträgerrichtung $L_\phi = k \times L_m$
	5.2 Durchlaufende Träger und Platten über n Felder mit $L_m = \frac{1}{n}(L_1 + L_2 + ... + L_n)$	mindestens max L_i (i = 1, ..., n) n | 2 | 3 | 4 | ≥5 k | 1,2 | 1,3 | 1,4 | 1,5
	5.3 Rahmen - zweistielig	Das System wird als Dreifeldträger angesehen (verwende 5.2 mit den Längen der Stiele und des Riegels)
	- mehrstielig	Das System wird als Mehrfeldträger angesehen (verwende 5.2 mit den Längen der Endstiele und der Riegel)
	5.4 Fahrbahnplatte und andere Tragelemente ein- und mehrgleisiger geschlossener Rahmen (Fußgängerunterführungen: lichte Höhe ≤ 3 m lichte Weite ≤ 6 m)	$\phi_2 = 1,10$; $\phi_3 = 1,15$
	5.5 Bogen, Versteifungsträger von Langerschen Balken	halbe Stützweite
	5.6 Gewölbe, Gewölbereihe mit Hinterfüllung	2-fache lichte Weite jedes Einzelgewölbes
	5.7 Hänger (in Verbindung mit Versteifungsträger)	4-facher Hängerabstand in Längsrichtung
	5.8 Tragwerke mit mehr als einem Gleis	Wenn zu berücksichtigen, darf das dynamische Inkrement reduziert werden. *Anmerkung: Das reduzierte dynamische Inkrement ist von der zuständigen Behörde zu genehmigen.* (Merkposten: „shall" statt „should"?)
	Stützkonstruktionen	
6	Pfeiler, Stützrahmen, Lager, Gelenke, Zuganker sowie Pressungen unter Lagern	Maßgebende Länge der gelagerten Tragelemente

Horizontale Einwirkungen in Längsrichtung in Schienenoberkanten entstehen durch Bremsen und Anfahren. Die Anfahrkraft beträgt $Q_L^{kN} = 33 \cdot L^m \leq 1000$ kN bei Lastmodell 71 und SW.

Die Bremskraft beträgt $Q_L^{kN} = 20 \cdot L^m \leq 6000$ kN bei Lastmodell 71 und SW/0 und $Q_L^{kN} = 35 \cdot L^m$ bei Lastmodell SW/2, wobei bei den Lastmodellen SW nur die belasteten Teile des Tragwerkes zu berücksichtigen sind.

Horizontale Einwirkungen in Querrichtung entstehen durch Zentrifugalkräfte und durch den Seitenstoß. Zentrifugalkräfte Q_t, q_t sind 1,80 m über Schienenoberkante proportional zu den vertikalen Lasten ohne dynamischen Beiwert anzusetzen. Der Proportionalitätsfaktor beträgt

$$\frac{V^2}{127r} \cdot f \quad .$$

V: festgelegte Geschwindigkeit in km/h
r: Radius des Gleisbogens in m
f: Abminderungsfaktor

Für das Lastmodell SW ist max $V \leq 80$ km/h mit $f = 1$ anzunehmen.
Beim Lastmodell 71 ist für max $V \leq 120$ km/h $f = 1$ und für $V > 120$ km/h und $L_f = 2,88$ m

$$f = 1 - \frac{V - 120}{1000}\left(\frac{814}{V} + 1,75\right)\left(1 - \sqrt{\frac{2,88}{L_f}}\right) .$$

L_f ist die Einflußlänge in m des belasteten Teils der Gleiskrümmung auf der Brücke, die für die Bemessung des betrachteten Bauteiles maßgebend ist.

Bei gekrümmten Brücken ist auch immer der Fall mit $V = 0$ zu untersuchen.

Als Seitenstoß ist pro Gleis eine in Schienenoberkante angreifende Einzellast $Q_s = 100$ kN anzusetzen.

Für den Ermüdungsnachweis von Eisenbahnbrücken werden der Regelverkehr mit Achslasten ≤ 225 kN und der Schwerverkehr mit 250 kN-Achsen unterschieden. Für den Regelverkehr werden Standardmischungen von acht verschiedenen Zugtypen, für den Schwerverkehr Standardmischungen von vier verschiedenen Zugtypen verwendet. Diese Zugtypen werden aber nur in Ausnahmefällen beim Ermüdungsnachweis direkt untersucht. Üblicherweise wird auf der Basis dieser Ermüdungslastmodelle ein Faktor λ ermittelt (EC 3-2), mit dem aus dem $\Delta\sigma$ des Lastmodells für den Tragfähigkeitsnachweis das ermüdungswirksame schadensgleiche Einstufenkollektiv $\Delta\sigma_e$ ermittelt werden kann (siehe Abschnitt 3.9).

Neben den hier beschriebenen veränderlichen Einwirkungen aus Verkehrslast gibt EC 1-3 noch weitere außergewöhnliche Einwirkungen an, die nur kurz erwähnt werden.

— Anprallasten aus Fahrzeugen unter der Brücke an Pfeilern und Überbau

— Abgeirrte Fahrzeuge auf Fuß- und Radwegen von Straßenbrücken

— Anprallasten auf Schrammborde, Schutzeinrichtungen und tragende Bauteile

— Entgleisungen von Zügen

— Fahrleitungsbruch

6.1.3 Einwirkungen aus Wind und Temperatur

EC 1-2-4 erfaßt auch die Windwirkungen auf Brücken. Da bei Brücken kaum die örtlichen Einwirkungen, sondern meist nur die Einwirkungen auf das Haupttragwerk maßgeblich sind, wird nicht der Druck auf das Bauteil sondern die Windkraft auf das Bauwerk erfaßt. Die Windkraft auf ein Bauwerk beträgt

$$F_W \quad q_{ref} \cdot c_e(z) \cdot c_d \cdot c_f \cdot A_{ref}$$

q_{ref}:   Bezugsstaudruck entsprechend der Bezugsgeschwindigkeit

$$q_{ref} \quad \frac{\rho}{2} \cdot v_{ref}^2$$

$\rho = 1,25\ kg/m^3$ Dichte der Luft

v_{ref}:   Bezugswindgeschwindigkeit des Standortes, die dem Anhang A von EC 1-2-4 zu entnehmen ist.

$c_e(z)$:   Staudruckbeiwert, der die Topographie (Geländekategorien I bis IV) und die Höhe z zwischen Mitte der Brücke und tiefster Geländeoberkante erfaßt. Er kann EC1-2-4 Bild 8.3 entnommen werden.

c_d: Dynamischer Beiwert bei Brücken nach EC 1-2-4 Bild 9.4 ($0,80 \leq c_d \leq 1,0$)

c_f: Kraftbeiwert

A_{ref}:   Bezugsfläche für c_f, im allgemeinen die auf eine Ebene normal zur Windrichtung projizierte Windangriffsfläche.

Wesentlich ist im allgemeinen die Windkraft horizontal und quer zur Brückenachse. Dafür wird der Kraftbeiwert $c_f = c_{f0} \cdot \psi_\lambda$ festgelegt. c_{f0} ist der Grundkraftbeiwert für Brücken nach EC 1-2-4, Bild 10.11.2, der vom Verhältnis der Brückenbreite d zur Brückenhöhe b abhängt und zwischen 2,4 und 1,0 liegt.

Die Bezugsfläche A_{ref} ist für Lastkombinationen ohne Verkehrslast definiert als Projektionsfläche des Verkehrsbandes und der darüber- und darunterliegenden Teiles des Hauptträgers der Brücke sowie die Summe der Höhen von Leiteinrichtungen und Brüstungen.

Bei Straßenbrücken mit Lastkombinationen mit Verkehrslast ist $v_{ref} = 23$ m/s und die Höhe des Verkehrsbandes 2 m über der Fahrbahnoberkante anzusetzen. Bei Eisenbahnbrücken mit Lastkombinationen mit Verkehrslast ist die Höhe des Verkehrsbandes 4 m über Schienenoberkante anzusetzen. Bei Berücksichtigung eines Verkehrsbandes entfällt der Wind auf Leiteinrichtungen, Geländer, Lärmschutzwände usw.

Für die Untersuchung der aerodynamischen Stabilität von Brücken gibt EC 1-1-4 ebenfalls Verfahren an.

Temperatureinwirkungen auf Brücken werden in EC 1-2-5 festgelegt. Zu berücksichtigen sind Temperaturänderungen gegenüber der Mitteltemperatur von $+ 10\ °C$ für die Bewegung von Lagern und Übergängen. Für die Beanspruchung des Tragwerkes sind Temperaturdifferenzen zwischen Ober- und Unterkante des Tragwerks und zwischen verschiedenen Teilen (z.B. Bogen- und Versteifungsträger, Pylonen, Seile und Versteifungsträger) anzusetzen.

6.1.4 Teilsicherheitsbeiwerte für Einwirkungen, Lastkombinationen, Kombinationsbeiwerte

Für Straßenbrücken sind die Teilsicherheitsbeiwerte für Einwirkungen in Anhang C zu EC 1-3, Tabelle C 1 (Tab. 6-6), für Grenzzustände der Tragfähigkeit geregelt. Für Grenzzustände der Gebrauchstauglichkeit ist $\gamma_F = 1$ zu setzen. Tabelle C 2 enthält die Kombinationsfaktoren ψ. Für Fußgängerbrücken sind diese Kombinationsfaktoren ψ in Tabelle D 2 angegeben.

Für Eisenbahnbrücken gibt Tabelle G 1 die Teilsicherheitsbeiwerte für Grenzzustände der Tragfähigkeit und Tabelle G 2 die Kombinationsfaktoren ψ an.

6.1.5 Hinweise zur Berechnung

Neben den allgemeinen Berechnungsregeln des EC 3-1 (besonders 1-1 und 1-5) enthält EC 3-2 „Stahlbrückenbau" besondere Berechnungs- und Konstruktionsregeln für Stahlbrücken. Die Berechnung von Brückentragwerken erfolgt im allgemeinen nach dem Verfahren E-E, und falls Stabilitätsversagen auftreten kann, nach E-E, Theorie 2. Ordnung. Nur unter außergewöhnlichen Belastungen darf bei Teilen mit Querschnitten der Klasse 1 und 2 das Verfahren E-P und bei Querschnitten der Klasse 1 das Verfahren P-P angewendet werden. Für die Ermittlung der Beanspruchungen von Brückentragwerken muß das gesamte Tragverhalten erfaßt werden. So ist z.B. das Brückendeck sowohl örtlich belastete Fahrbahnplatte als auch Gurtplatte des Gesamttragwerks. Für die Nachweise dürfen die Tragwerke in einzelne Elemente zerlegt werden, deren Wirkungen jedoch zu überlagern sind. Für den Ermüdungsnachweis (EN) muß die tatsächliche Steifigkeit der Verbindungen und Anschlüsse berücksichtigt werden (z.B. Fachwerkbrücken als Rahmenwerke mit biegesteifen Knoten), für den Tragsicherheitsnachweis (TN) dürfen die Verbindungen als gelenkig angenommen werden (z.B. Fachwerkbrücke als Gelenkfachwerk), wenn dadurch einfachere Modelle entstehen und die Ergebnisse auf der sicheren Seite liegen.

Die für Brückentragwerke geeigneten Materialien sind in EC 3-2 in der Tabelle 3.1 aufgelistet. Dazu gehören nicht nur die allgemeinen Baustähle S235, S275 und S355 nach EN 10025, sondern auch eine Reihe verschiedener Feinkornbaustähle, wetterfester Baustähle sowie kalt- und warmgefertigte Hohlprofile. In Tabelle 3.2 von EC 3-2 sind auch die maximalen Dicken in Abhängigkeit von der minimalen Betriebstemperatur gegeben.

TRAGSICHERHEITSNACHWEIS

Die Teilsicherheitsbeiwerte für den Tragsicherheitsnachweis betragen:

$\gamma_{M0} = 1{,}00$ für die Beanspruchbarkeit gegen Fließen ohne Stabilitätsversagen,

$\gamma_{M1} = 1{,}10$ für die Beanspruchbarkeit gegen Fließen mit Stabilitätsversagen,

$\gamma_{M2} = 1{,}25$ für die Beanspruchbarkeit gegen die Zugfestigkeit.

Für die Tragsicherheit sind nachzuweisen

– die Beanspruchbarkeit des Querschnitts,
– die Beanspruchbarkeit der Einzelstäbe,
– die Beanspruchbarkeit der Verbindungen,
– die Gesamtstabilität des Brückentragwerks,
– die Erhaltung des statischen Gleichgewichtes.

Der Tragsicherheitsnachweis ist nicht nur für den Endzustand, sondern auch für alle Montagezustände zu führen.

Die Stabilität von Brückentragwerken ist im allgemeinen nach Theorie 2. Ordnung mit Imperfektionen, die zur ersten Eigenform affin sind und deren größte Amplitude kalibriert wird, nachzuweisen. Es darf aber auch weiterhin das Ersatzstabverfahren verwendet werden, wobei für Bogentragwerke, Endquerrahmen und sonstige für den Brückenbau typische stabilitätsgefährdete Bauteile Tabellen zur Ermittlung der Knicklängen angegeben werden.

GEBRAUCHSTAUGLICHKEITSNACHWEIS

Für den Gebrauchstauglichkeitsnachweis ist immer das Verfahren E-E anzuwenden. Der Teilsicherheitsbeiwert für den Gebrauchstauglichkeitsnachweis beträgt: $\gamma_{M,ser} = 1,00$.

Für die Gebrauchstauglichkeit ist nachzuweisen

- die Begrenzung der Spannungen unter seltenen Lastkombinationen,
- die Begrenzung der Schlankheit der Stegbleche, um das „Atmen" zu vermeiden,
- die Einhaltung der Lichträume,
- die Begrenzung der Durchbiegung und die Berücksichtigung einer Vorverformung, zur Vermeidung des optischen Eindrucks des Durchhängens,
- die Begrenzung der Durchbiegung und des Endtangentenwinkels unter häufigen veränderlichen Einwirkungen wegen des Fahrkomforts,
- die Begrenzung der Steifigkeit der Längsträger der orthotropen Fahrbahnplatten von Straßenbrücken vor allem wegen der Haltbarkeit des Asphaltbelages,
- die Begrenzung der ersten Eigenfrequenzen zur Vermeidung von störenden Schwingungen.

ERMÜDUNGSNACHWEIS

Der Ermüdungsnachweis ist für alle Straßen- und Eisenbahnbrücken in folgender Form zu führen:

$$\gamma_{Ff}\Delta\sigma_{E2} = \gamma_{Ff}\,\lambda\cdot\phi_2\left|\sigma_{p,max}-\sigma_{p,min}\right| \le \Delta\sigma_c / \gamma_{Mf}\,,$$

$$\gamma_{Ff}\Delta\tau_{E2} = \gamma_{Ff}\,\lambda\cdot\phi_2\left|\tau_{p,max}-\tau_{p,min}\right| \le \Delta\tau_c / \gamma_{Mf}\,.$$

$\sigma_{p,max}$, $\sigma_{p,min}$, $\tau_{p,max}$, $\tau_{p,min}$ sind die extremen Spannungen infolge Ermüdungslastmodell 3 für Straßenbrücken und Lastmodell 71 für Eisenbahnbrücken.

Die Teilsicherheitsbeiwerte für die Ermüdungslasten betragen $\gamma_{Ff} = 1,00$, für den Ermüdungswiderstand $\gamma_{Mf} = 1,0$, für Bauteile, deren Ermüdungsbruch nicht zum Einsturz der Brücke führt und $\gamma_{Mf} = 1,15$ für Bauteile, deren Ermüdungsbruch zum Einsturz der Brücke führt. ϕ_2 ist der dynamische Beiwert für Eisenbahnbrücken. Bei Straßenbrücken ist $\phi_2 = 1$ zu nehmen. λ ist ein Faktor zur Ermittlung des schadensgleichen Einstufenkollektivs bei $2\cdot10^6$ Lastwechsel und wird als Produkt von vier Einflußfaktoren ermittelt:

$$\lambda = \lambda_1\cdot\lambda_2\cdot\lambda_3\cdot\lambda_4 \le \lambda_{max}\,.$$

λ_1 erfaßt die Länge der Einflußlinie

λ_2 erfaßt das Verkehrsvolumen

λ_3 erfaßt die geplante Lebensdauer des Bauwerks

λ_4 erfaßt bei Straßenbrücken den Einfluß des Schwerverkehrs auf anderen Fahrstreifen und bei Eisenbahnbrücken den Einfluß der Belastung auf weiteren Gleisen

$\lambda_{max} = 1,4$ für Eisenbahnbrücken und wird für Straßenbrücken in EC 3-2 in Abhängigkeit von der Stützweite für Feld- und Stützmomente angegeben

Die Kerbfallgruppen für Brücken sind ebenfalls in EC 3-2 (geringfügig abweichend von EC 3-1-1 für den allgemeinen Stahlbau) geregelt.

6.2 Straßenbrücken

6.2.1 Entwurfshinweise

Die Beurteilungskriterien einer Brücke sind wie bei den meisten Bauwerken die Tragsicherheit, Gebrauchstauglichkeit, Wirtschaftlichkeit und Ästhetik.

Ein guter Entwurf trägt dem Rechnung. Tragsicherheit und Gebrauchstauglichkeit sind weitgehend erlernbare und berechenbare Aufgaben der technischen Projektierung.

Die Ästhetik einer Brücke ist nicht meßbar, ihre Beurteilung ist von Gefühlen abhängig und nur in beschränktem Ausmaß mit allgemein anerkannten Regeln zu erfassen. Eine gute Einpassung in die Landschaft ist bereits bei der Linienführung zu berücksichtigen. Harmonische Proportionen bei Stützenabstand und Felderzahl, Schlankheit und Transparenz werden allgemein angenommen. Gelegentlich erlaubt oder fordert die Umgebung die Setzung eines Akzents durch die Brücke. Ästhetische Gesichtspunkte stehen oft im Gegensatz zu wirtschaftlichen Erwägungen.

Die Wirtschaftlichkeit einer Brücke ergibt sich aus den Planungs- und Herstellkosten, den Betriebs- und Wartungskosten, sowie eventuellen Umbauerfordernissen während der Lebensdauer und schließlich den Abbruchkosten.

Der Brückenentwurf setzt eine Reihe von Kenntnissen voraus, die zu erkunden sind, bzw. vom Bauherrn festgelegt werden:

die Linienführung nach Lage und Höhe; den Querschnitt der Straße und die Belastung; die Geländetopographie; die Art und Tragfähigkeit des Baugrundes; die Lichtraumprofile für Straßen, Bahnen, Schiffahrt im Bereich der Brücke; die Lage und Art von Versorgungsleitungen; die örtlichen Gegebenheiten für die Baustelleneinrichtung, Transport, Lagermöglichkeit und Energieversorgung; die Gestalt und Nutzungsart der Umgebung; die Wetter- und Umweltverhältnisse und besondere Anforderungen des Umweltschutzes.

Beim Entwurf des Tragwerkes sind zusätzlich noch folgende Faktoren in ihrer Wechselwirkung zu bedenken:

mögliche Montagemethoden; lokale Fertigungsmöglichkeiten und Materialien; Durchführbarkeit von Inspektion und Instandhaltung.

Die Wahl der Lage und des Aufbaus der Fahrbahn, das Layout der Spannweiten, des statischen Systems und Tragwerkquerschnitts führt in der Regel zu einigen Varianten, die nach den Gesichtspunkten der Wirtschaftlichkeit und Ästhetik zu werten sind, wobei die Funktionalität vorausgesetzt sei. Die am günstigsten erscheinende Variante gelangt zur Ausschreibung, beziehungsweise zur detaillierten Ausarbeitung.

6.2.2 Fahrbahn

Die Fahrbahn wird gebildet aus dem Fahrbelag mit Verschleiß- und Bindeschicht, den isolierenden und ausgleichenden Zwischenschichten und der Tragkonstruktion (Deckblech).

Die kontinuierliche Ausbildung führt zu einer Plattenwirkung. Das bedeutet eine mehrfache Mitwirkung am gesamten Tragverhalten:

als Platte bei der Verteilung der vertikalen Lasten zu den Längsträgern und als Obergurt von Längs- und Querträgern; als Scheibe bei der Stabilisierung der Längs- und Querträger und bei der Übertragung von horizontalen Lasten zu den Lagern.

Die sich aus der Überfahrt von Radlasten ergebende große Zahl von Lastzyklen, zusammen mit den hohen Spannungsdifferenzen aus der globalen Tragwirkung, erfordert den Nachweis der Ermüdungsfestigkeit.

Fahrbelag

Der Belag nimmt unmittelbar die Verkehrslasten auf.

Trotz hoher Achslasten und hoher Geschwindigkeiten auch der Schwerlastfahrzeuge soll er eine hohe *Bestandsdauer* haben. Er soll daher abriebfest, ermüdungsfest, unempfindlich gegen Temperaturunterschiede, Niederschläge, Streumittel und Öle sein. Unter Berücksichtigung aller erforderlichen Einbauten soll er einfach aufzubringen und leicht ausbesserbar sein.

Verkehrssicherheit und Umweltbedürfnisse erfordern folgende Eigenschaften: griffig, ebenflächig und schalldämpfend.

Konstruktiv erforderlich ist gute Haftfähigkeit am Untergrund, dabei die Unebenheiten ausgleichend, möglichst geringes Gewicht, stoßdämpfende und lastverteilende Wirkung.

Zur Verwendung gelangen Walzasphalt, Gußasphalt oder Bitumenbeton oder als besonders leichte Decke Epoxydharze. Die Aufbringung erfolgt mit Straßenfertiger-Maschinen, die bei millimetergenauer Führung die Einhaltung der gewünschten Rezepturen und Temperaturen ermöglichen. Als Zuschlagstoff bei sehr starker Beanspruchung wird Diabas gewählt.

Die Schichtdicke bei Asphaltbelägen beträgt 2 bis 8 cm, die Eigenlast variiert je nach Zuschlagstoff. Epoxydharz wird in Dicken von 8 bis 10 mm aufgetragen, die Eigenlast beträgt 0,2 kN/m². Für die Abfuhr von Oberflächenwasser wird ein Gefälle von 1,5 bis 2,5% vorgesehen.

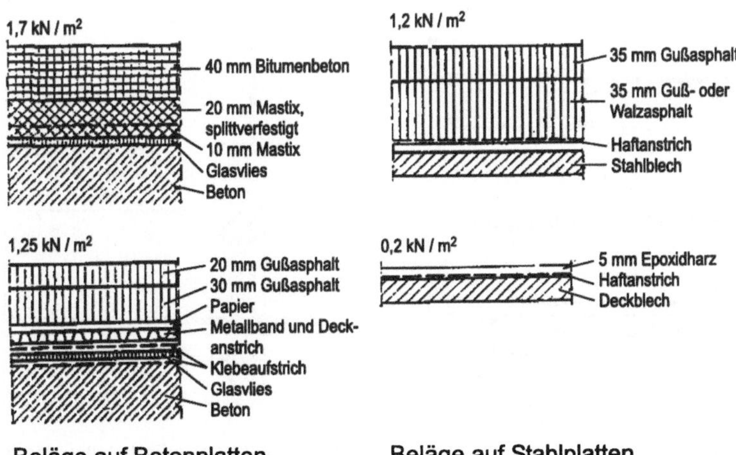

Bild 6-7 Belagsaufbauten, Beispiele

Die **Zwischenschicht** dient der Isolierung der Tragkonstruktion von durch die Verschleiß-
schicht dringendem Regenwasser. Besondere Sorgfalt erfordert die Abdichtung der Fugen bei
den Einbauten. An den Tiefpunkten ist für entsprechende Entwässerung zu sorgen.

Bei Stahlfahrbahnen kann man große Dauerhaftigkeit durch Metallüberzüge erreichen, wie z.B.
Spritzverzinkung und einen schützenden Haftanstrich. Da dies nur sehr selten ausgeführt werden kann verwendet man Anstriche auf Bitumenbasis.

Bei Betonfahrbahnen verwendet man Klebedichtungen, Asphaltmastix oder bituminös aufge-
klebte Metalldichtungsbahnen.

Betonfahrbahn

Die Ausführung erfolgt in Ortbeton- oder Fertigteilbauweise als Stahlbeton- oder Spannbeton-
platte. Die Platten sind zwei- oder vierseitig gelagert, abhängig von der unterstützenden Stahlkonstruktion. Die Oberfläche liegt im Quergefälle, die Plattendicke wird meist konstant ausgeführt mit entsprechenden Aufstelzungen (Vouten) bei den Stahlträgern. Auskragende Platten-
teile haben zum Gesims hin abnehmende Dicke.

Wenn auf eine schubfeste Verbindung zwischen Betonplatte und Stahlkonstruktion verzichtet
wird, so ist ein Horizontalverband in Höhe des Obergurtes erforderlich. Die Platte erhält Quer-
fugen in etwa 30 m Abstand, zur Übertragung der Horizontalkräfte werden Dübel in der Mitte
zwischen den Fugen vorgesehen.

Üblicherweise wird durch Dübel eine schubfeste Verbindung von Platte und Stahlträgern hergestellt, so erhält die Platte aus der Hauptträgerwirkung zusätzliche Spannungen. Zugspannungen im Beton, wie sie aus den Stützmomenten von Durchlaufträgern entstehen, erfordern besondere Maßnahmen, zum Beispiel eine rißverteilende Bewehrung, auch eine zusätzliche Vorspannung ist möglich. Ein besonderer Horizontalverband ist nicht notwendig. Auf weitere Besonderheiten der *Stahlverbundbrücken* kann in diesem Rahmen nicht eingegangen werden.

Für Betonplatten mit Belag wird ein Gewicht von 7 bis 8 kN/m^2 angenommen.

Platte auf mehreren Walzträgern

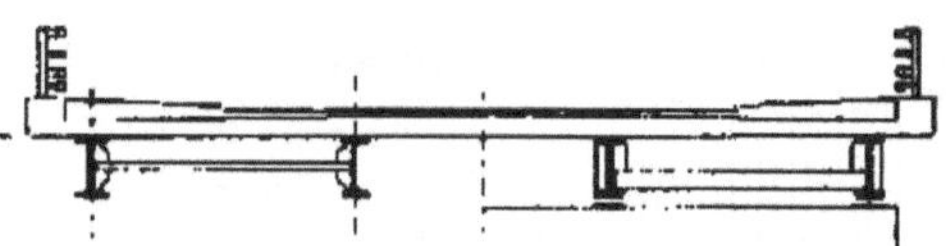

Platte auf Vollwandträgern und Querträgern

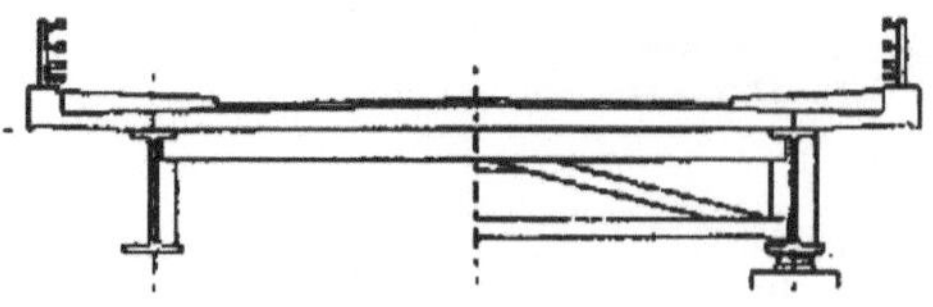

Stahlbetonplatte ohne Verbund auf Hauptträgern
gelagert (heute nicht mehr üblich)

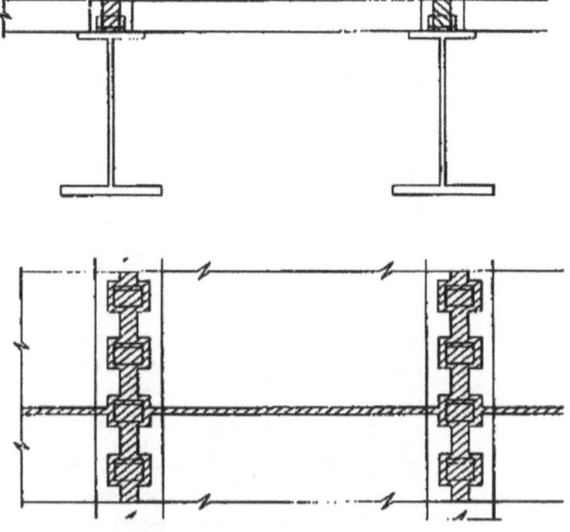

Verbundplatte aus Fertigteilen, Verdübelung mit
Ortbeton

Bild 6-8 Betonfahrbahnen

Stahlfahrbahnen

Als Regelausführung ist ein ebenes Tragblech mit Längs- und Querausteifung anzusehen: die *orthotrope Platte*. Fahrbahnplatten aus Belagstahl oder Buckelblechen findet man nur mehr bei historischen Brückenbauten.

Orthotrope Platten mit ihren Belägen werden durch das direkte Befahren hoch beansprucht. Eine ermüdungsgerechte Durchbildung der Schweißkonstruktion ist von großer Bedeutung. Da die Beläge die Verformungen der orthotropen Platte mitmachen, besteht in den Belägen Rißgefahr, daher sind insbesonders für die Längsrippen Mindeststeifigkeiten zu beachten.

Längsrippen können bei Quersteifenabständen von etwa 1,5 bis 3,0 m aus Flachblechen oder offenen Profilen hergestellt werden. Bei größeren Stützweiten bis etwa 5,0 m werden geschlossene, torsionssteife Querschnitte ausgeführt, deren Tragverhalten bei gleicher Dicke des Tragbleches unter örtlichen Radlasten deutlich günstiger ist.

Die Aussparungen der Querrippen für die Durchführung der Längssteifen sind wegen der Dauerfestigkeit ausgerundet, die Querschnittsschwächung ist beim Schubnachweis im Bereich großer Querkräfte zu berücksichtigen.

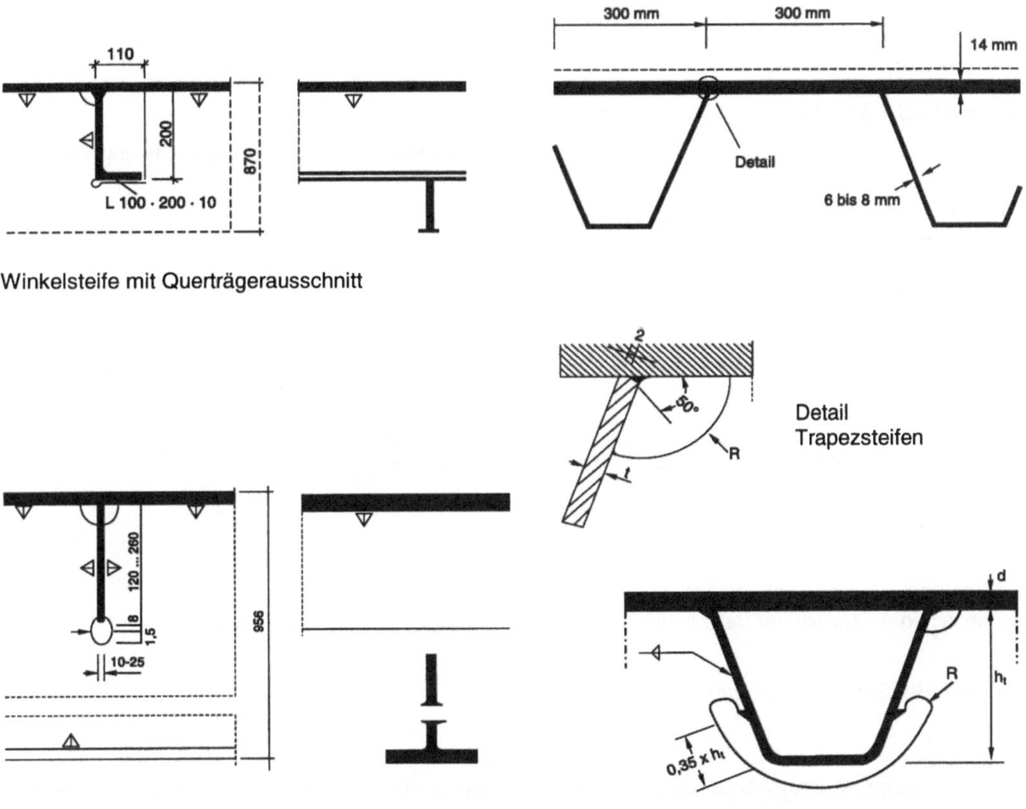

Bild 6-9 Torsionsweiche und torsionsteife Längsrippen

Zur Herstellung von transportfähigen Elementen sind Montagestöße notwendig. Deckbleche werden meist stumpf verschweißt. Überlappte Schweißstöße sind zwar auf der Baustelle einfacher zu fertigen, haben aber Nachteile bei der Belagausbildung. Stöße von Querträgern werden vorwiegend mit GV- Schrauben ausgeführt, Stöße von Längssteifen werden geschweißt. Schraubstöße sollen nicht an den Stellen großer Querschnittsausnutzung angeordnet werden.

Zur Berechnung siehe [4].

6.2.3 Vollwandträgerbrücken

Sie werden vorwiegend als Deckbrücken ausgeführt. Trogbrücken werden mit Fachwerk- oder Bogenträgern ausgebildet um bessere Sichtverhältnisse zu erhalten. Eine wegen ihrer Einfachheit verbreitete Konstruktionsform ist die Verwendung einfacher Balken aus Walzprofilen oder geschweißten Blechträgern.

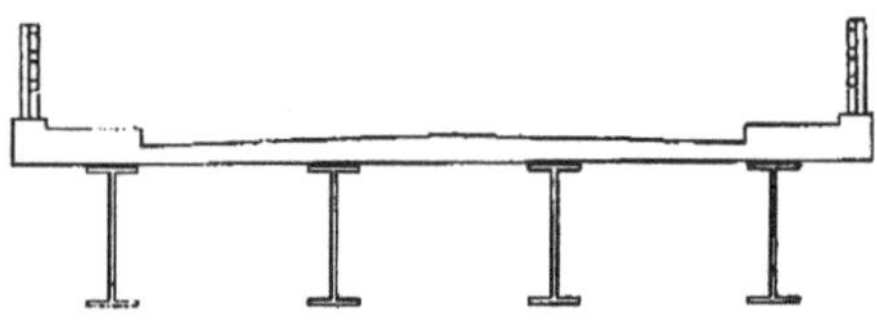

Mehrträgerbrücke, Plattendicke ≈ 250 mm,
Trägerabstand ≈ 2,5 - 3,8m,

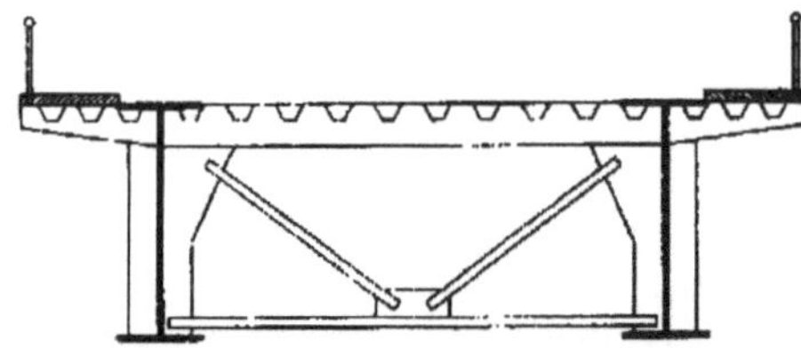

Zweiträgerquerschnitt mit orthotroper Platte und Verband

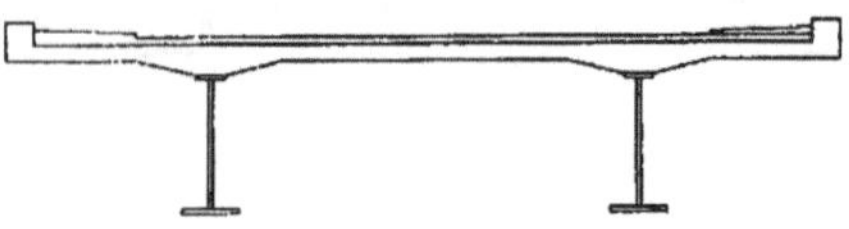

Zweiträgerbrücke in Verbundbauweise

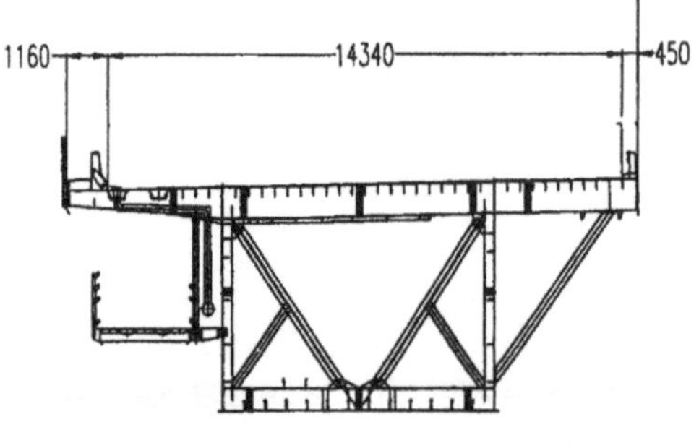

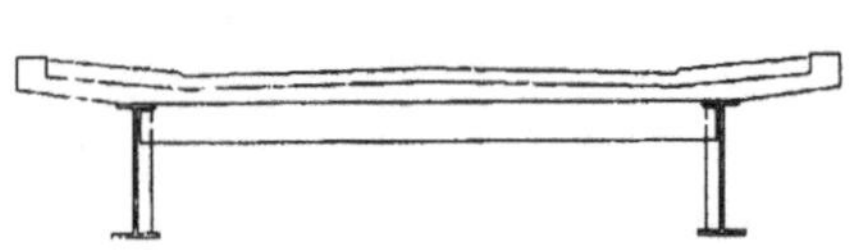

Durch Querträger stabiles Stahltragwerk ermöglicht einfachen Austausch der Betonplatte

Stahlbrückenkastenquerschnitt
(Fachwerkaussteifung ist veraltet)

Bild 6-10 Brückenquerschnitte mit Vollwandträgern

Statisch bestimmte Tragwerke kommen auch für längere Brückenzüge zur Anwendung, wenn ungleiche Setzungen zu erwarten sind. In diesem Fall müssen die erhöhten Kosten für zusätzliche Fahrbahnübergänge und Lagerungen den eventuellen Setzungsschäden gegenüber gestellt werden.

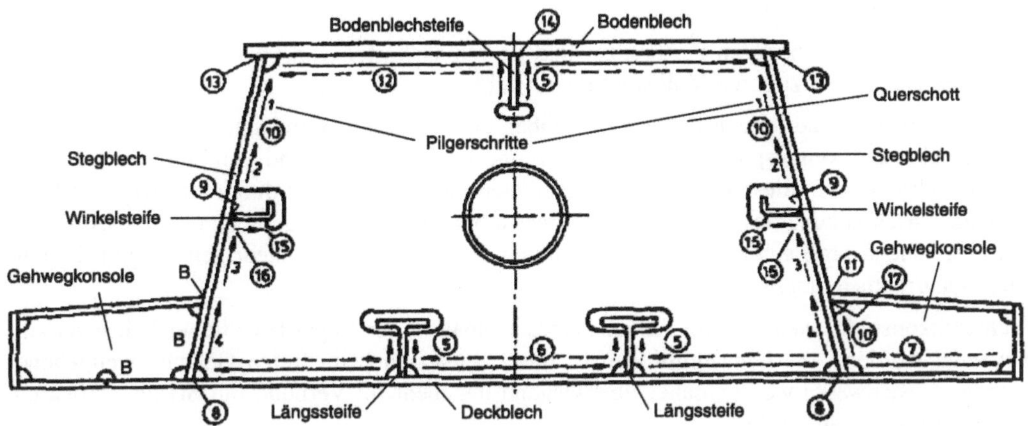

Bild 6-11 Kastenträgerquerschnitt – Schweißfolge (für die Fertigung am Deckblech aufliegend)

Durchlaufträger sind bei längeren Brücken wirtschaftlicher. Sie erlauben bessere Materialausnutzung, es sind weniger Fahrbahnübergänge (Dilatationen) und einfachere Lagerausbildung möglich. Vorteilhaft werden gleich lange Innenfelder gewählt, die Endfelder sollen um etwa 20% kürzer sein.

Rahmenbrücken gelangen bei Brücken über Autobahnen oft wirtschaftlich zur Ausführung.

Querverbände und Querrahmen sind erforderlich zur Erhaltung der Querschnittsform. Sie sind immer bei Auflagern vorzusehen und im Bereich negativer Momente zur Stabilisierung des auf Druck beanspruchten Untergurtes.

Bei den Lagern werden die Hauptträger meist durch einen Querscheibe verbunden, die zum Einsetzen einer Hubpresse so ausgestattet ist, daß die Lager ausgetauscht werden können.

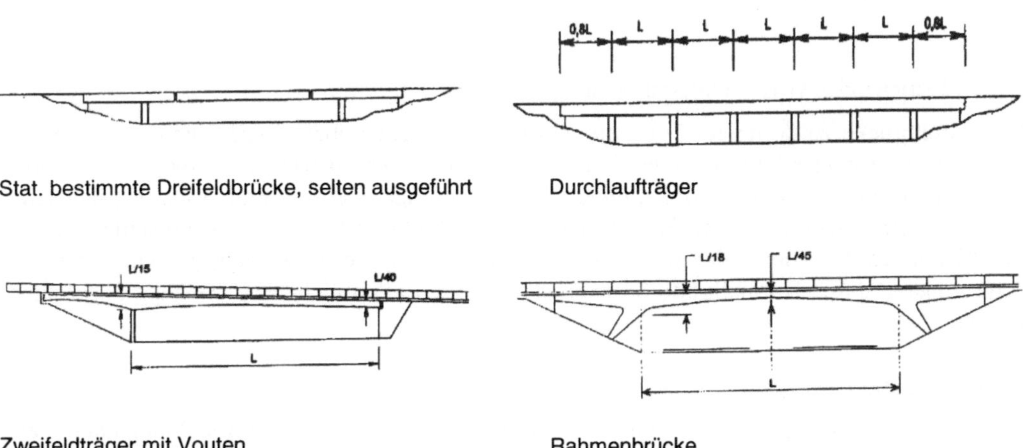

Bild 6-12 Brückenansichten

6.2.4 Fachwerkbrücken

Durch die allgemein höheren Fertigungs- und Erhaltungskosten von Fachwerkträgern werden Straßenbrücken bevorzugt mit Vollwandträgern gebaut.

Fachwerkbrücken sind jedoch leichter und haben eine geringere Windangriffsfläche. Man findet sie daher bei weitgespannten Trogbrücken und bei Eisenbahn- und kombinierten Straßen-Eisenbahnbrücken. In diesem Fall ist die Stabilisierung der Obergurte durch Horizontalverbände ohne Einschränkung des Verkehrslichtraumes möglich, da die Trägerhöhen bei diesen Brükken ausreichend groß sind. Die seitliche Haltung der Obergurte bei niedrigen Trägern ist nur durch Querrahmen möglich.

Fachwerkkonstruktionen sind im Eisenbahnbrückenbau in der Regel bei offener Fahrbahn angewendet worden. Aus Umweltgründen ist diese Bauart auch im freien Gelände weitgehend verdrängt. Fachwerke werden daher überwiegend nur mehr im Verbund mit Stahlbetonplatten und für Verbände ausgeführt.

Eine interessante Neukonstruktion ist die Salzachbrücke bei Salzburg. Für das Mittelfeld mit 80m Spannweite gelangte ein Stahlfachwerk in Verbund mit der Stahlbetonfahrbahn zur Ausführung. Das Fachwerk wurde auf der Baustelle in einer Montagehalle schußweise zusammengestellt und in einem Taktschiebeverfahren fertiggeschweißt und unter Benützung der alten Pfeiler vorgeschoben.

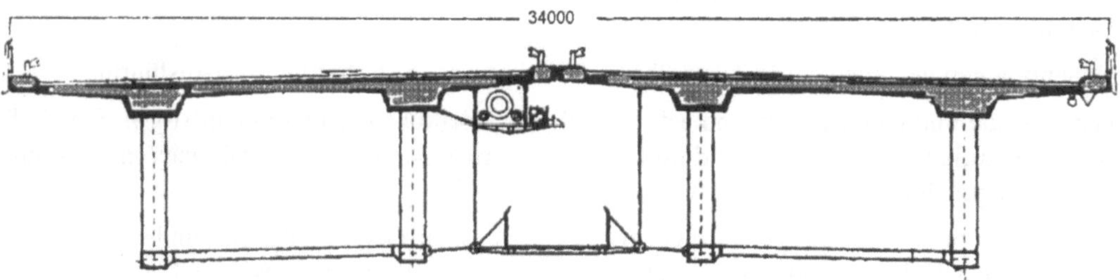

Bild 6-13 Fachwerkverbundbrücke

6.2.5 Tragwerke von Großbrücken

Eine Großbrücke zu definieren, sie von „normalen" Brücken abzugrenzen, ist ein Vorhaben, das innerhalb weniger Jahre vom technischen Fortschritt überholt wird. Eine subjektive Zuordnung wird aufgrund der Spannweite, einer exponierten Lage oder den Baukosten möglich sein. Balkenbrücken sind mit größten Stützweiten von etwa 250 m gebaut worden und stellen technische Großtaten dar. Hier sollen jedoch jene Tragwerke besprochen werden, bei denen wesentliche Bauteile durch Normalkräfte beansprucht und die Lasten nicht über Biegung abgetragen werden.

SCHRÄGSEILBRÜCKEN

Diese vor etwa fünfzig Jahren erstmals angewandte Bauweise hat einen durchlaufenden Versteifungsträger mit Deckbrückenquerschnitt und orthotroper Fahrbahnplatte. Er wird durch von Pylonen ausgehende Seile abgespannt. Die Seilgruppen können fächer-, büschel- oder harfenförmig angeordnet sein. Sie können in einer Ebene liegen, dann trägt ein torsionssteifer Mittelträger mit Kragarmen die Fahrbahn. Bei zweiwandiger Ausführung, eventuell auch schräg liegenden Ebenen, werden die Seile meist außerhalb der Geländer mit dem Versteifungsträger verhängt.

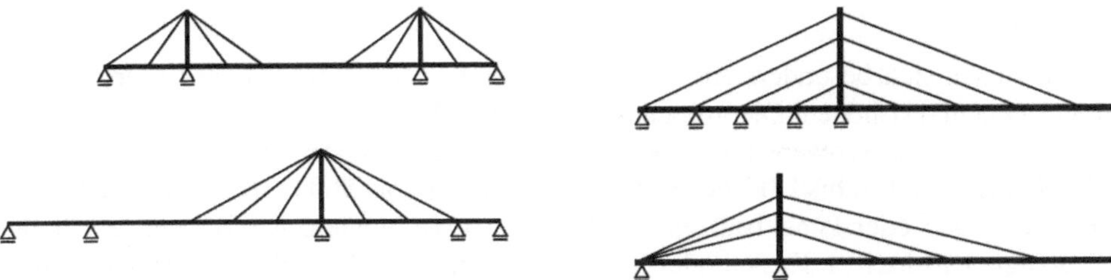

Bild 6-14 Schrägseilsysteme

Die Pylone werden turm- oder rahmenförmig in Stahl oder Stahlbeton ausgeführt. Als Seile werden meistens vollverschlossene Spiralseile eingesetzt oder Paralleldrahtbündel aus verzinkten Drähten oder Litzenbündeln. Die Verankerung erfolgt einzeln an den Pylonen und soll stets ein Nachspannen der Seile erlauben. Die Führung über Sattellager hat sich in vielen Fällen als nachteilig erwiesen.

Durch Vorspannen der Seile kann die Biegebeanspruchung des Versteifungsträgers optimiert werden, so daß Bauhöhen von L/60 bis L/120 erreicht werden. Die Berechnung erfolgt nach Theorie 2. Ordnung. Bei der Montage im freien Vorbau ist besonders auf ausreichende Sicherheit gegen winderregte Schwingungen zu achten.

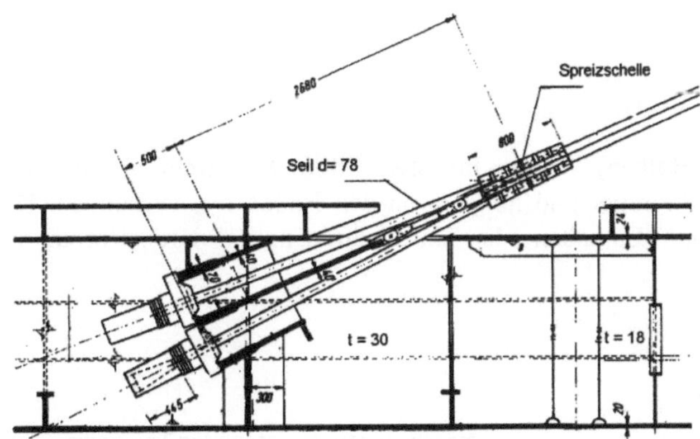

Bild 6-15
Seilverankerung

ZÜGELGURTSYSTEME

Bei diesen Systemen werden die Tragseile als dritter Gurt über die Pylonspitze zum Balken geführt und stützen den Balkenträger über Hängeseile elastisch ab. Die zwischen den Seilverankerungen im Träger auftretende Druckkraft erfordert einen Stabilitätsnachweis, die verringerte Biegebeanspruchung wird dadurch teilweise aufgehoben. Daher wird diese Bauart kaum mehr angewendet.

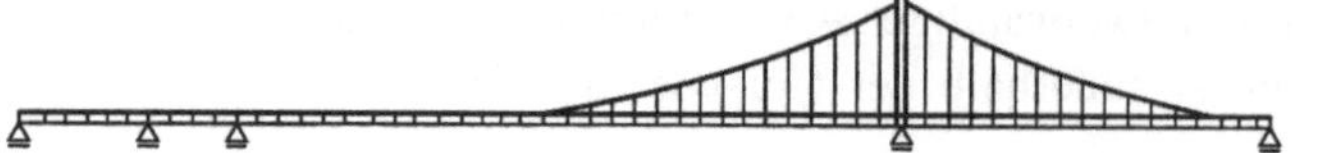

Bild 6-16
Zügelgurtsystem

BOGENBRÜCKEN

Bogenbrücken eignen sich besonders zur Überwindung tiefer Geländeeinschnitte oder zur Erzielung großer Durchfahrtshöhen. Die großen Kämpferkräfte besonders bei Einspannung erfordern guten Baugrund oder schwere Fundamente. In der Regel wird der Zweigelenkbogen gewählt mit Pfeilhöhen von L/6 bis L/12 bei Stützweiten von 50 m bis 500 m. Der Fahrbahnträger wird mit Hängestangen oder Pendelstützen mit dem Bogen verbunden. Als Bogenquerschnitt werden bevorzugt geschlossene Kasten oder Rohre ausgeführt. Die Knicklänge wird möglichst durch Fachwerkverbände oder Rahmen verkürzt. Bei sehr großen Spannweiten baut man die Bögen auch als Fachwerk.

Horizontalkräfte werden über Windverbände zu den Lagern abgeleitet. Die Berechnung der Bogentragwerke erfolgt nach Theorie 2. Ordnung.

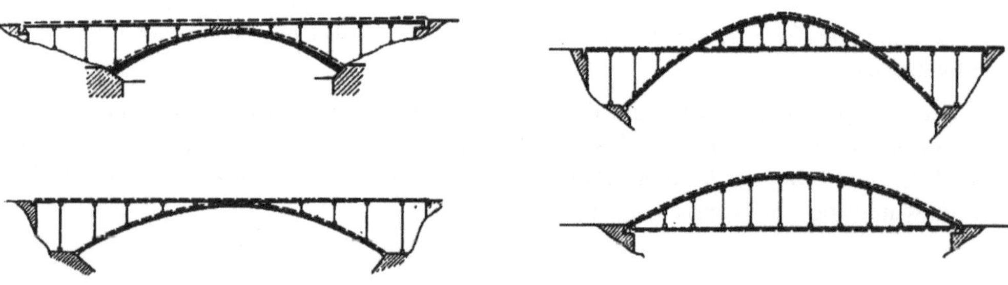

Bild 6-17 Bogenbrückensysteme

STABBOGENBRÜCKEN (Langerscher Balken) werden bis etwa 200m Stützweite gebaut. Die Bögen sind immer über dem Fahrbahnträger und mit ihm an den Enden fest verbunden. Die Montage erfolgt daher durch Vorschub, Einheben oder Einschwimmen, und durch Vorbau auf Montagestützen.

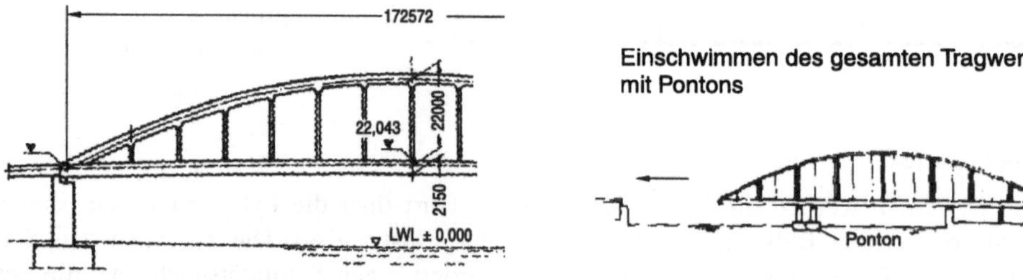

Bild 6-18 Langerscher Balken

RAHMENBRÜCKEN haben einen ähnlichen Anwendungsbereich wie die Bogenbrücken mit unterhalb der Fahrbahn liegenden Bögen. Die geraden Rahmenstützen sind einfacher zu fertigen als die Bögen. Die Rahmenstützen können senkrecht über den Lagern montiert werden und dann in die Schräglage geschwenkt und mit Hilfsträgern gehalten werden, so daß die Montage des Fahrbahnbalkens dann sehr einfach ist.

HÄNGEBRÜCKEN

Mit dieser Bauart können die größten Spannweiten erreicht werden. Besonders eignen sie sich für Mittelfeldstützweiten von 500 bis 2000 m. Die derzeit längste Hängebrücke verbindet japanische Inseln bei Kobe; bei einer Gesamtlänge von 3911 m hat das Mittelfeld eine Spannweite von 1991 m, die Pylone sind 300 m hoch. Die erdbebensichere Konzeption wurde 1995, drei Jahre vor Fertigstellung bei einem schweren Beben erwiesen. Das technisch und ästhetisch reizvolle System verlockt auch zur Ausführung bei kleineren Spannweiten. Als Beispiel sei die Fußgängerbrücke in Frankfurt mit einer Mittelfeldweite von 142 m genannt.

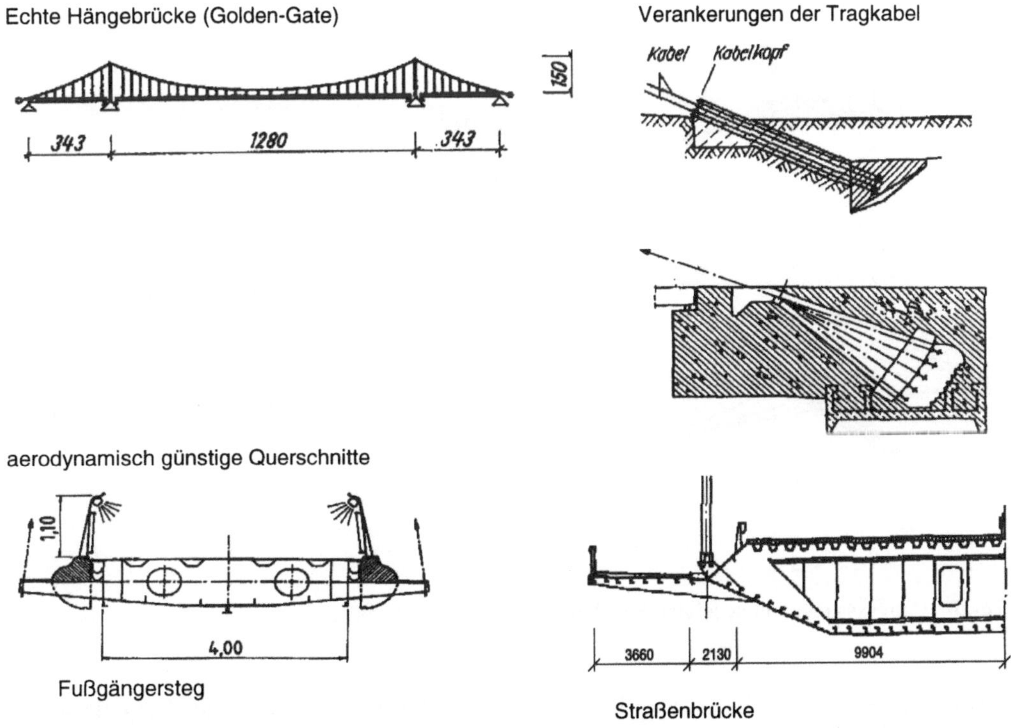

Bild 6-19 Hängebrücken

Bei der echten oder erdverankerten Hängebrücke werden die Spannkräfte der Tragkabel über eigene Fundamente in den Boden geleitet. Die Montage des Versteifungsträgers an den zuerst montierten Tragbändern ist ohne erheblichen Aufwand möglich.

Die in sich verankerte oder unechte Hängebrücke hat den Nachteil, daß der Versteifungsträger durch die Ankerkräfte der Tragbänder große Druckkräfte erhält und daher schwerer wird. Für die Montage sind Hilfsstützen oder provisorische Seilabspannungen notwendig, sie werden daher selten und nur bei sehr ungünstigen Bodenverhältnissen ausgeführt.

Der Stich der Tragkabel wird mit L/9 bis L/12 und die Trägerhöhen mit L/100 bis L/300 ausgeführt. Als Tragbänder werden verschlossene, verzinkte Seile verwendet und eventuell zu Kabeln zusammengefaßt. Bei sehr großen Längen werden Paralleldrahtseile auf der Baustelle im Luftspinnverfahren hergestellt und gegen Korrosion geschützt. Die früher gern gebauten Gelenkketten sind im modernen Brückenbau nicht mehr zu finden.

Die Aufhängung des Versteifungsträgers erfolgt durch gelenkig angeschlossene Hänger aus Rund-, Flachstahl oder Seilen. Die Hänger sind in der Regel vertikal angeordnet, gelegentlich auch in Gestalt eines Fachwerks, da man sich davon eine Dämpfung der Schwingungen erwartet. Bei kleineren Brücken wird manchmal auf die Aufhängung in den Seitenfeldern verzichtet.

Die Pylone werden als Portalrahmen ausgebildet und gelenkig oder besser starr gelagert. Wegen der hohen Druckkräfte werden Rohr- oder Kastenquerschnitte verwendet. Die Tragkabel werden am Kopf der Pylone über Kabelsättel umgelenkt.

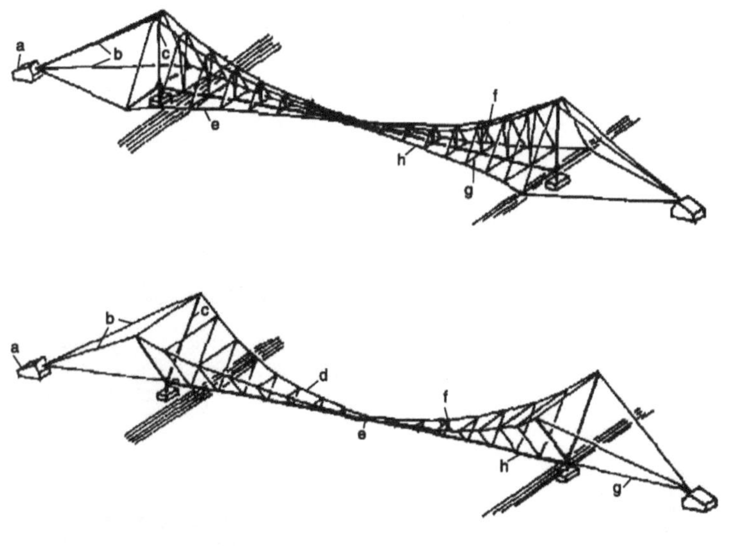

Bild 6-20   Hängesysteme mit geneigten Seilebenen (für Rohrbrücken)

Wesentlich für den Versteifungsträger ist eine gute aerodynamische Querschnittsform, da sonst winderregte Flatterschwingungen zur Zerstörung führen können, wie sich bei der Tacoma-Hängebrücke 1940 gezeigt hat.

Bei Rohrbrücken oder Fußgängerstegen werden Hängebrückensysteme verwendet, die durch zusätzliche Spannseile eine räumliche Verspannung erzielen und dadurch die erforderliche Steifigkeit für horizontale Kräfte erreichen. Alternative Schrägseilsysteme werden an anderer Stelle besprochen.

Die Berechnung nach Theorie 2.Ordnung bringt bei Hängebrücken bei der Bemessung der Kabelquerschnitte wirtschaftliche Vorteile.

BRÜCKENSCHWINGUNGEN

Ein wichtiger Wert ist die *Eigenfrequenz*, zu seiner Ermittlung stehen eine Reihe von Rechenprogrammen zur Verfügung. Sie basieren auf dem Verfahren der Steifigkeitsmatrizen.

Alle Brücken reagieren als massebehaftete elastische Systeme auf veränderliche Lasten, wie den *rollenden Verkehr,* mit Schwingungen. Die Geschwindigkeit der Lastaufbringung, Unwuchten und Fahrbahnunebenheiten sind mit der elastischen Durchbiegung die wesentlichen Faktoren. Die Bauteile der Fahrbahn sind daher mehr gefährdet als das gesamte Brückentragwerk. Mit neuen Rechenprogrammen können diese dynamischen Belastungen simuliert werden.

Durch *Windeinwirkung* entstehen unterschiedliche dynamische Belastungen. Böen verursachen Turbulenz-Schwingungen, die sich bei schlanken turmartigen Konstruktionen wie Pylonen auswirken. Durch Wirbelbildung induzierte Schwingungen treten bei Rohren, Seilen und Hängern auf, in diesem Fall sind Dämpfungsmaßnahmen oder Verspannungen angezeigt. Eine stationäre Luftströmung regt Biege- und Torsionsschwingungen an. Sind diese ungekoppelt, so spricht man von Galopping- , bei gekoppelten von Flatter- Schwingungen. Sie werden bei allen biegeweichen Strukturen mit geringer Eigendämpfung beobachtet. Besonders zu beachten sind sie bei weit gespannten Balken-, Hänge- und Schrägseilbrücken. Ab einer kritischen Windgeschwindigkeit v_k setzt das gefährliche Aufschaukeln ein.

$$v_k = \alpha \left[1 + \left(\frac{f_T}{f_B} - 0,5 \right) \sqrt{\frac{0,72\,mr}{\pi \rho b^2}} \right] 2\pi f_B b \,, \text{ wobei}$$

f_B = Eigenfrequenz der Biegeschwingung
f_T = Eigenfrequenz der Torsionsschwingung
m = Masse pro Längeneinheit
r = Trägheitsradius
b = Brückenbreite in Windrichtung
ρ = 1,25 kg/m^3 (Dichte der Luft)
α = Formfaktor des Querschnitts aus Windkanalversuchen ($\alpha \leq 1$)
     ($\alpha \approx 0,7$ für die in Bild 6-19 gezeigten Querschnitte)

6.2.6 Lager, Fahrbahnübergänge

LAGER

Lager verbinden die Brückenkonstruktion mit dem Unterbau, sie sollen zulässige Bewegungen möglichst zwängungsfrei ermöglichen.

Sie müssen entsprechend den zu übertragenden Kräften, Verschiebungen und Verdrehungen ausgeführt sein. Sie müssen lagerichtig eingebaut und richtig eingestellt sein, ihre Funktionsfähigkeit muß kontrollierbar, ihr Ausbau und Austausch möglich sein.

Nach der Funktion unterscheidet man feste und bewegliche Lager und nach dem verwendeten Material Stahllager und Verformungslager (PTFE, Elastomer).

Die Europäische Norm EN 1337 *Lager im Bauwesen* liegt zur Zeit als Entwurf vor, bzw. ist in Fertigstellung.

prEN 1337-2 behandelt GLEITTEILE die Bewegungen mit einem Minimum an Reibung ermöglichen. Sie bestehen im wesentlichen aus Trägerplatten mit Gleitflächen aus Polytetrafluorethylen (PTFE), Führungselementen, sowie geschmierten Gegenflächen.

Die Erfüllung der normgemäßen Anforderungen wird an Modellagern geprüft und durch strenge Produktionskontrollen sichergestellt. Die Gebrauchstauglichkeit und Tragfähigkeit ist nachzuweisen. Die Bemessungswerte μ_d der Reibungszahl und f_d der Druckfestigkeit sind abhängig von der wirksamen Lagertemperatur. Diese sind wieder aus den 120jährigen Temperaturextremen des Aufstellortes und nach Art des Überbaues den Tabellen des Anhanges F der Norm zu entnehmen.

prEN 1337-3 regelt Anwendung, Bemessung und Prüfung von ELASTOMERLAGERN. Elastomer ist ein makromolekulares Material, das bei geringer Beanspruchung eine erhebliche Verformung ausweist und nach Wegfall der Belastung wieder nahezu vollständig die Ausgangsform einnimmt. Elastomerlager nehmen Translationsbewegungen und Rotationsbewegung durch elastische Verformung auf, sie sollen nicht ständiger Schubbeanspruchung ausgesetzt werden. Sie werden als bewehrte und als unbewehrte Lager ausgeführt. Unbewehrte Elastomerlager sind bei Brückenbauwerken nicht einzusetzen.

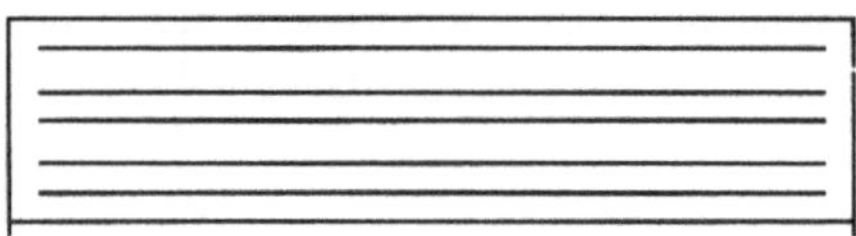

Bild 6-21 bewehrtes Elastomerlager

Für Regellager können Berechnungswerte der Pressungen und Verformungen aus Tabelle 4 der Norm entnommen werden. Die Lager können im Mörtelbett oder direkt auf geeignete Lagerflächen versetzt werden, diese müssen sauber und trocken sein und in Ebenheit und Horizontalität den vorgeschriebenen Toleranzen entsprechen.

prEN 1337-5 enthält die Anwendungsregeln für TOPFLAGER. Diese sind geeignet vertikale und horizontale Lasten zwischen Überbau und Unterbau zu übertragen und ermöglichen eine Grenzverdrehung um eine horizontale Achse. Das Kippteil besteht aus einem Elastomerkissen, das in einem Zylinder mit eingepaßtem Deckel und Dichtungen gebettet ist.

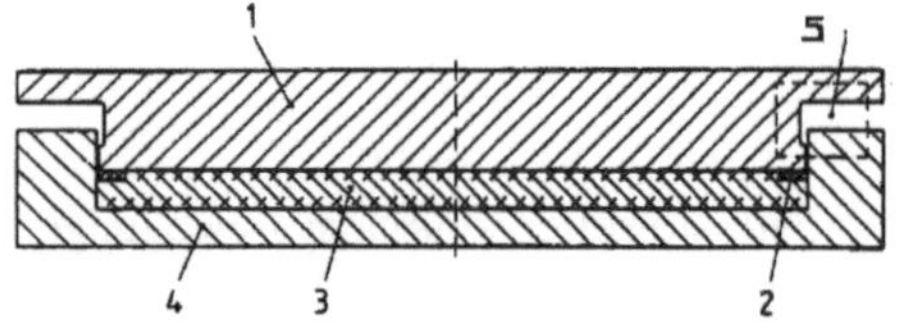

1: Deckel
2: Innendichtung
3: Elastomerkissen
4: Zylinder
5: Außendichtung

Bild 6-22 Topflager

Wenn für die Tragwerksbemessung die Federsteifigkeit gebraucht wird, ist sie experimentell für einen Bereich zwischen 30% und 100% der Prüflast zu bestimmen. Um die Setzungsphase des Lagers auszuschalten, ist vor den Messungen eine Konditionierungslast in Höhe der maximalen Prüflast 30 min lang aufzubringen.

Stahllager

Als Material gelangt hochfester Stahl zum Einsatz, um die Abmessungen klein zu halten. Zum Nachweis dient die Hertz'sche Pressung, zu unterscheiden ist zwischen Linien- und Punktberührung und ob die Berührungsflächen eben oder gekrümmt sind.

Bei Kipp- und Rollenlagern ist die Verlagerung der Vertikalkraft durch die Abwälzung zu berücksichtigen und beschränkt den Kippwinkel, bzw. den Verschiebungsweg.

Kipplager werden durch Anordnung von Gleitflächen zu Kippgleitlagern.

Horizontalkräfte werden durch Führungsleisten aufgenommen, wobei auf Zwängungen durch eventuellen Schieflauf zu achten ist.

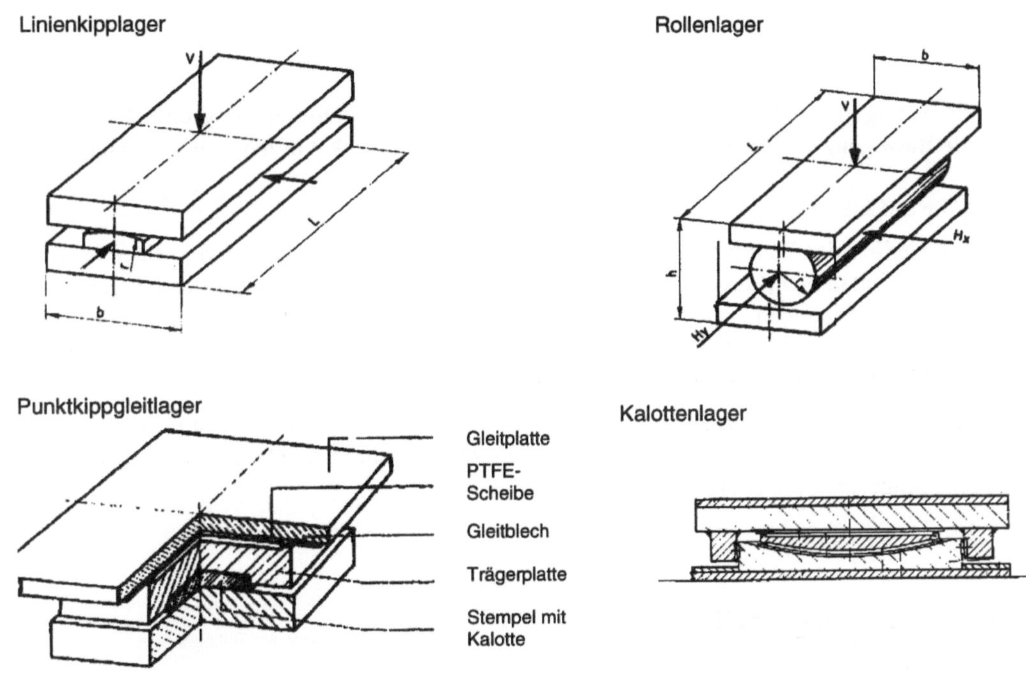

Bild 6-23 Lagerformen

Anordnung der Lager

Bei langen Brücken legt man das Festlager in die Mitte um die Verschiebewege kurz zu halten, bei Brücken im Gefälle wird das Festlager in den Tiefpunkt gelegt.

Bei Brücken in der Krümmung ist die polare Ausrichtung der Lager günstiger, da sie den Temperaturdehnungen besser Rechnung trägt.

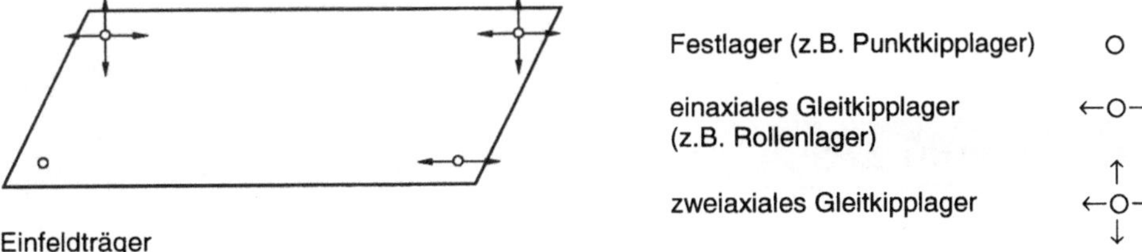

Bild 6-24 Lagerbezeichnung

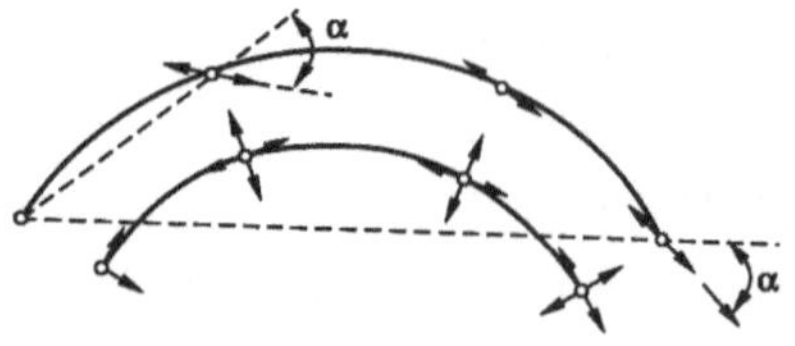

zwängungsfreie Lagerung

Lageranordnung in tangentialer Richtung,
(mit Temperaturzwängungen)

Bild 6-25 Lageranordnung

Bei polarer Lagerausrichtung kann eine zwängungsfreie Temperaturdehnung erreicht werden, wenn die Bewegungsrichtung der Lager in einem konstanten Winkel α zum Polstrahl steht.

FAHRBAHNÜBERGÄNGE

An Schnittstellen der Fahrbahn müssen gegenseitige Bewegungen durch Übergangskonstruktionen, den Dilatationen, ausgeglichen werden. Der horizontale Bewegungsbereich setzt sich aus Temperaturdehnungen, Verschiebungen durch Bremskräfte, Kriechen und Schwinden einer Betonfahrbahnplatte und infolge von Verdrehungen um eine horizontale Achse zusammen. Letztere können auch vertikale Versetzungen bewirken.

Die Dilatationen müssen den Belastungen durch den Verkehr standhalten, ihre Wartung und Ersatz muß einfach durchführbar sein, sie sollen beim Befahren möglichst geräuscharm sein und keine Stöße verursachen [5].

Zahnleisten

Rolldilatation

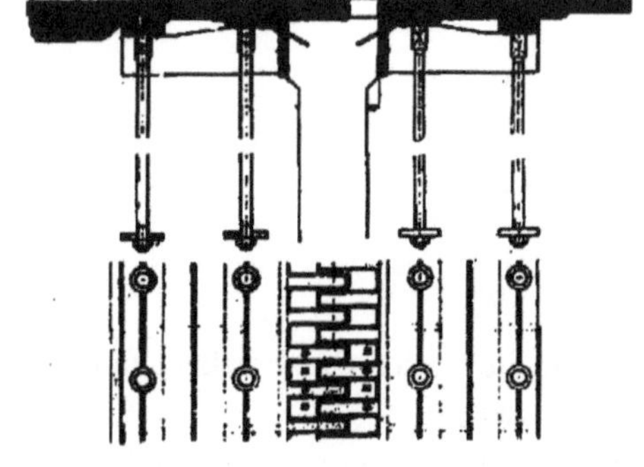

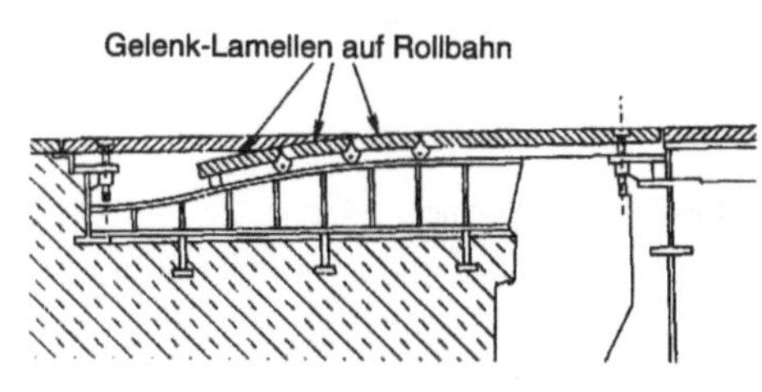

Elastomerdilatation

Faltverbindung

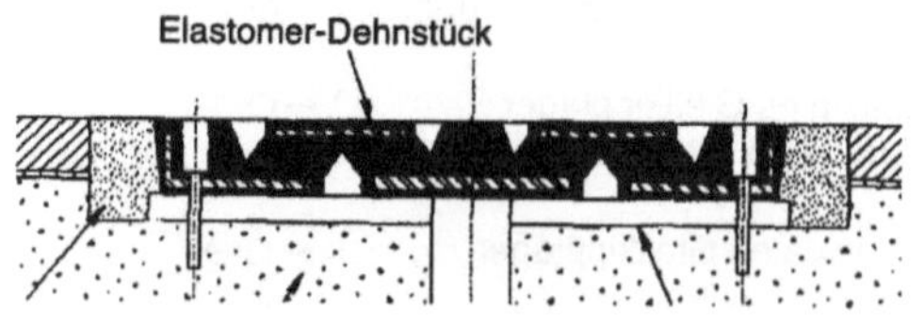

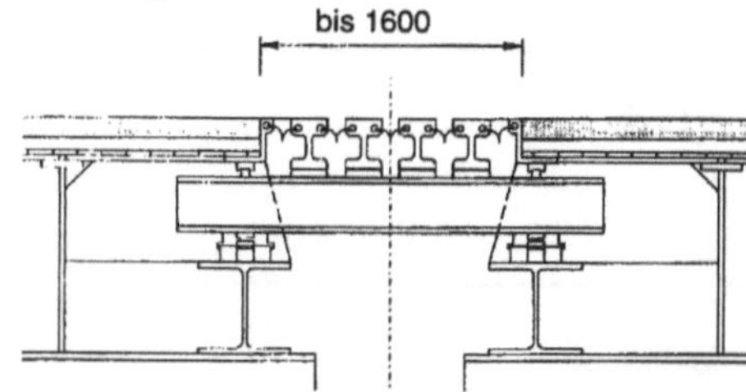

Bild 6-26 Fahrbahnübergänge – Dilatationen

Bei FINGERKONSTRUKTIONEN OHNE UND MIT DICHTWANNE – Zahnleistenverbindungen – greifen zwei Blechplatten fingerartig ineinander. Es können Verbindungen bis etwa 300 mm ohne Zwischenstützung ausgeglichen werden. Verunreinigungen werden durch Spülung beseitigt.

MATTENKONSTRUKTIONEN – Elastomerdilatationen – sind einfach in der Verlegung und Isolierung und sind auch gegen Verschmutzungen wenig empfindlich. Sie werden für Dehnungen bis 300 mm gebaut.

PROFILKONSTRUKTIONEN MIT DICHTELEMENTEN – Faltverbindungen – bestehen aus Stahlträgern, die durch Dichtungsbänder aus Neoprenschläuchen verbunden sind. Die Träger werden durch Profile unterstützt, Dehnungen bis 800 mm sind mit dieser Bauart bereits ausgeglichen worden.

SONDERKONSTRUKTIONEN – Rollverschlüsse – aus einer Reihe miteinander gelenkig verbundener Lamellen ermöglichen Bewegungen von mehr als einem Meter.

6.2.7 Fußgängerbrücken

Meistens ist das Gewicht dieser Brücken relativ gering, so daß der Ästhetik gegenüber der Wirtschaftlichkeit oft der Vorzug gegeben wird. Dieser gestalterischen Freiheit ist es zuzuschreiben, daß bei Fußgängerbrücken alle bekannten Bauarten vom einfachen Balken bis zum Hängebrückensystem angewendet werden. Der kreativen Zusammenarbeit von Architekt und Stahlbauingenieur sind fast keine Grenzen gesetzt. Oft bietet die Höhendifferenz zu anbindenden Wegen noch besondere gestalterische Möglichkeiten.

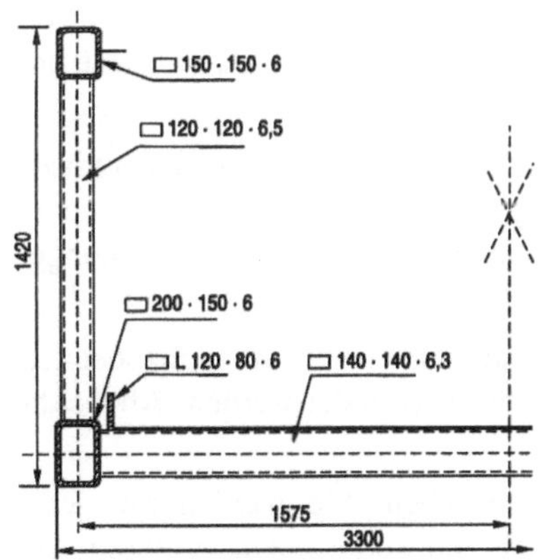
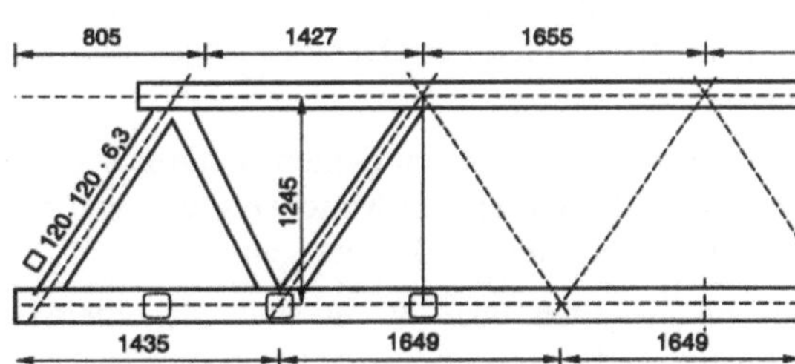

Bild 6-27 Fußgänger- und Radfahrerbrücke

Einige besondere Bedingungen sollten beachtet werden:

- Schutz vor schlechten Witterungseinflüssen, zum Beispiel beheizte Gehflächen gegen Glatteis;

- Vorkehrungen zur leichten Benutzung mit Kinderwägen oder Rollstühlen; gute Beleuchtung;

- Vermeidung störender Schwingungen, insbesonders auch solcher, die mutwillig verursacht werden könnten.

6.3 Eisenbahnbrücken

6.3.1 Entwurfshinweise

Gestaltungsgrundsätze sind von der Österreichischen Bundesbahn in der DV B45, Vorschriften für Eisenbahnbrücken, Bahnüberbrückungen und verwandte Bauwerke festgelegt, die nationale Norm B 4303 schreibt, wie der EC, Nachweise gegen das Erreichen von Grenzzuständen vor. In der Bundesrepublik Deutschland sind die Vorschriften der Deutschen Bahn DS 804 und DS 899 zu beachten.

Die traditionelle Eisenbahnstahlbrücke mit offener Fahrbahn in Fachwerk- oder Stabbogenkonstruktion wird heute nur mehr bei sehr großen Spannweiten gebaut, wo der Vorzug ihres geringen Eigengewichtes die Nachteile überwiegt. Nachteilig sind die konstruktive Fixierung der Gleislage, die fehlende Möglichkeit Weichen anzuordnen oder Krümmungsradien zu korrigieren, die Gefährdung auf unterhalb liegenden Flächen durch herabfallende Teile und allgemein die veränderten Fahreigenschaften durch Wegfall des Schotterbettes. Besonders störend wird die größere Lärmabstrahlung auf Hochleistungsstrecken auch in wenig besiedelten Gebieten betrachtet.

6.3.2 Fahrbahn

Offene Bauart

Das Schotterbett der freien Strecke endet an Bettungsabschlüssen bei den Brückenwiderlagern.

Die Schienen (meist UIC 60 oder gleichartig) werden auf den Brückenhölzern mit Rippenplatten befestigt. Die Hartholzschwellen werden mit einem maximalen lichten Abstand von 40 cm auf Längsträgern so verlegt, daß die dynamischen und statischen Lasten über Balkenschuhe und Saumwinkel sicher in das Brückentragwerk eingeleitet werden.

Bei dem üblichen Abstand der Schwellenträger von 150 bis 180 cm haben die Brückenhölzer einen Querschnitt b/h = 24/22 cm, eine Länge von 2,5 m und wiegen ca. 1,0 kN. Die Schienen werden verschweißt, bei Dehnungslängen über 60 m baut man Schienenauszugsvorrichtungen ein.

Der Bereich zwischen den Schienen und zwischen Schiene und Geländerflucht ist abzudecken. Gitterroste dürfen nur mit Maschenweiten von maximal 35 mm verwendet werden. Abdecktafeln sollen höchstens 100 kg wiegen.

Bei Spannweiten über 30 m sind Sicherheitsschienen vorzusehen. Sie werden mit jeder Schwelle verbunden und sind 10 m über die zu schützenden Bauwerke hinauszuführen. Die Rillenweite beträgt bei Vollspur 180 mm.

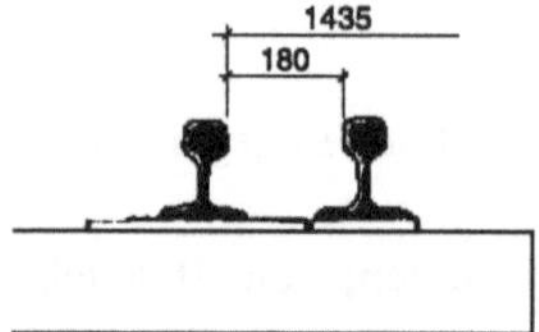

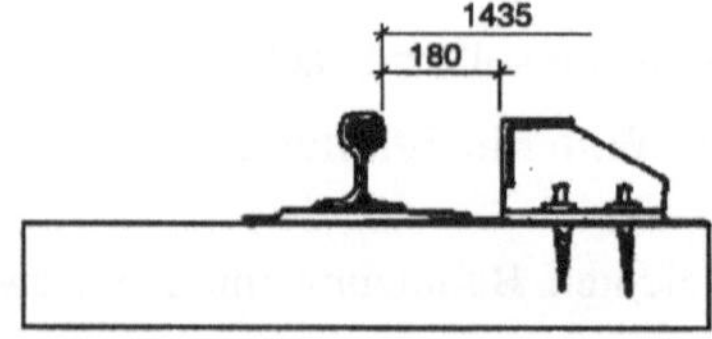

Bild 6-28   Beispiele für Sicherheitsschienen

GESCHLOSSENE BAUART – MIT SCHOTTERBETT

Das Gleis ist im durchgehenden Schotterbett gelagert. Die Mindestdicke des Schotterbettes ist 45 cm, seine seitliche Begrenzung wird etwa 5 cm über die Schwellenoberkante geführt.

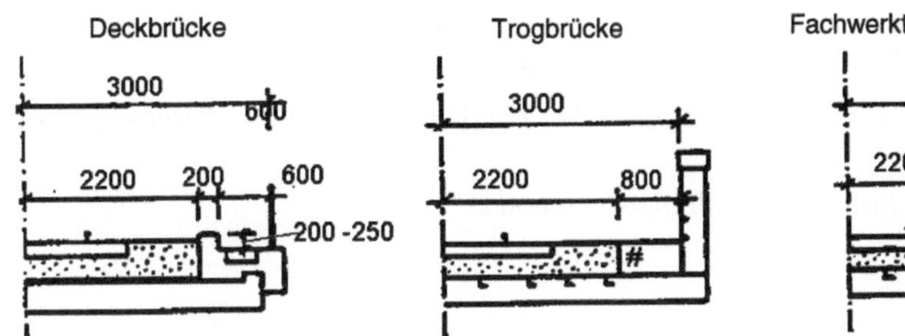

Bild 6-29 Abstandsmaße bei 160 km/h Ausbaugeschwindigkeit

GESCHLOSSENE BAUART – OHNE SCHOTTERBETT

Bei dieser Bauart werden die Schienen mit elastischen Elementen direkt auf der Stahl- oder Betonfahrplatte verlegt. Das Schotterbett endet wie bei der offenen Bauweise in Abschlüssen an den Widerlagern.

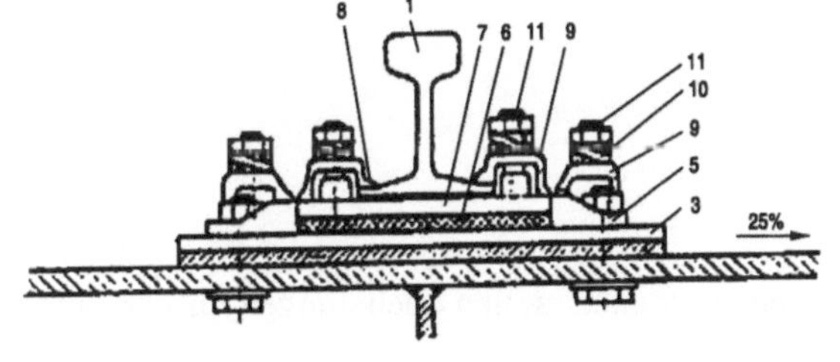

1: Schiene
2: Kunstharzverguß
3: Unterlagsplatte t = 14 mm
4. Paßschraube M 24
5: Rippenspurplatte
6: Gummiplatte
7: Rippenplatte
8: Holzzwischenlage
9: Klemmplatte
10: Federring
11: Hakenschraube

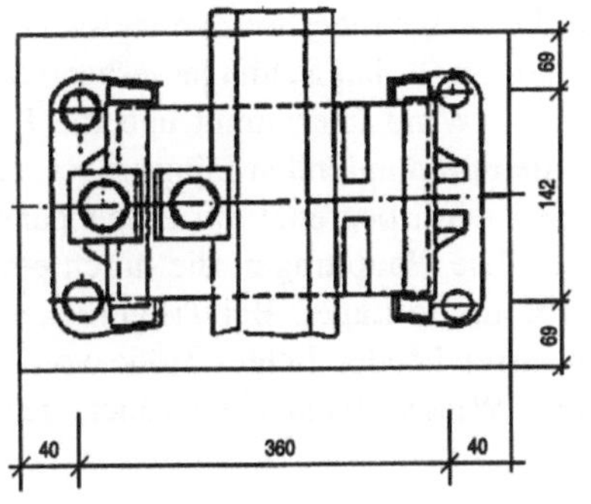

Bild 6-30
Direkte Schienenlagerung auf
Fahrbahnbblech

Der Vorteil liegt in geringem Eigengewicht, einer dichten Fahrbahn und der kleinen Bauhöhe. Dem stehen einige Nachteile gegenüber:

– die Verlegung erfordert Vorrichtungen zur genauen Einhaltung der Spurlage,

– eine nachträgliche Änderung der Gleislage ist sehr schwierig, ebenso die Sauberhaltung;

– bei einer Stahlblechfahrbahn ist der Korrosionsschutz problematisch und auch die Lärmentwicklung erfordert in bewohnten Gebieten zusätzliche Maßnahmen.

– Das Flachblech ist stets gegen Beschädigung bei Entgleisungen durch Sicherheitsschienen zu schützen.

– Die Anwendung blieb bisher auf Sonderfälle beschränkt.

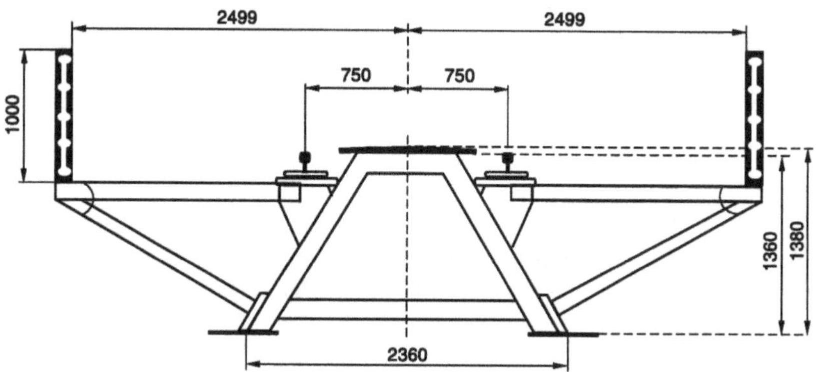

Bild 6-31 Anwendungsbeispiel, Brückenquerschnitt

6.3.3 Tragwerke

Ohne auf VERBUNDBRÜCKEN hier näher eingehen zu können, sollen doch einige typische Querschnitte gezeigt werden.

Der TRAGWERKAUFBAU FÜR OFFENE FAHRBAHN besteht aus den Fahrbahnlängsträgern, den Querträgern, den Hauptträgern und Verbänden. Für die Längsträger werden meist I-Walzprofile mit h = L/10 gewählt. Sie tragen die Gleise und sind durch den Schlingerverband verbunden, der die horizontalen Querlasten aus dem Verkehr und Wind übernimmt und die Längsträger gegen Kippen sichert. Die Querträger unterstützen die durchlaufenden Längsträger, ein Bremsverband, der oft mit dem Schlingerverband gekoppelt wird, begrenzt die Biegebeanspruchung der Querträger infolge der Brems- und Anfahrkräfte. Die Hauptträger, die durch einen Windverband horizontal gehalten werden, leiten die Kräfte in die Lager. Bei Trogbrücken ist es oft möglich alle drei Verbände zu kombinieren. Bei ausreichender lichter Höhe von Fachwerkbrücken wird in Obergurthöhe ein zweiter „oberer" Windverband angeordnet, der auch der Knickhaltung der Druckgurte dient.

Fachwerkverbundbrücke

Obergurtknoten

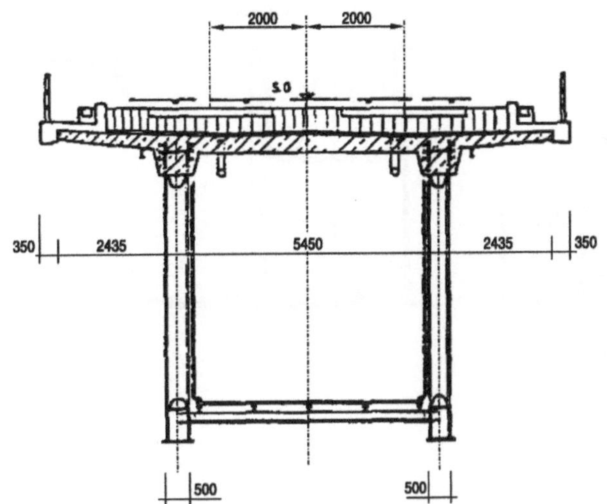

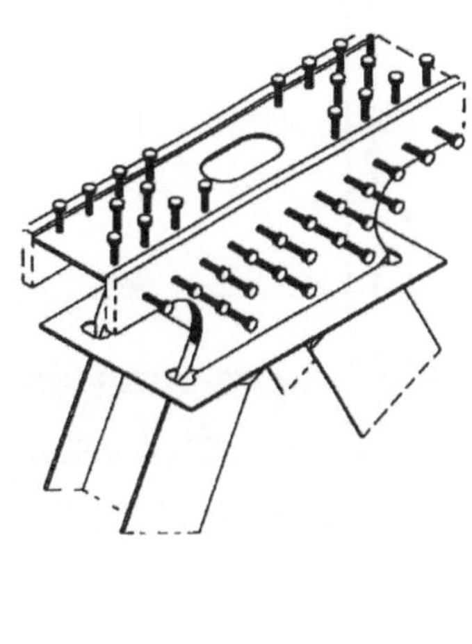

Stahlkastenquerschnitt, mit Baustellenlängsstoß

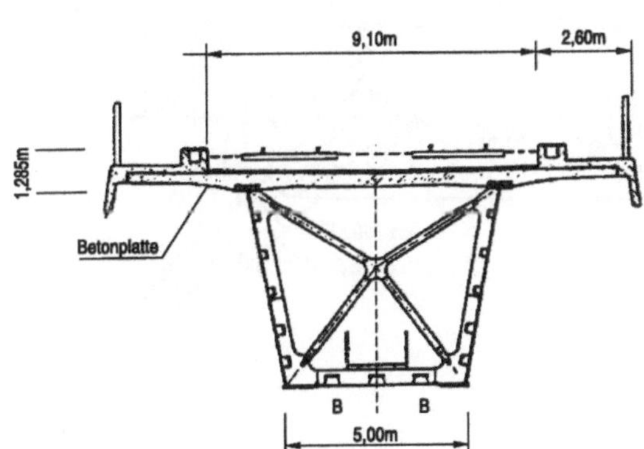

Bild 6-32
Beispiele für Verbundbrücken

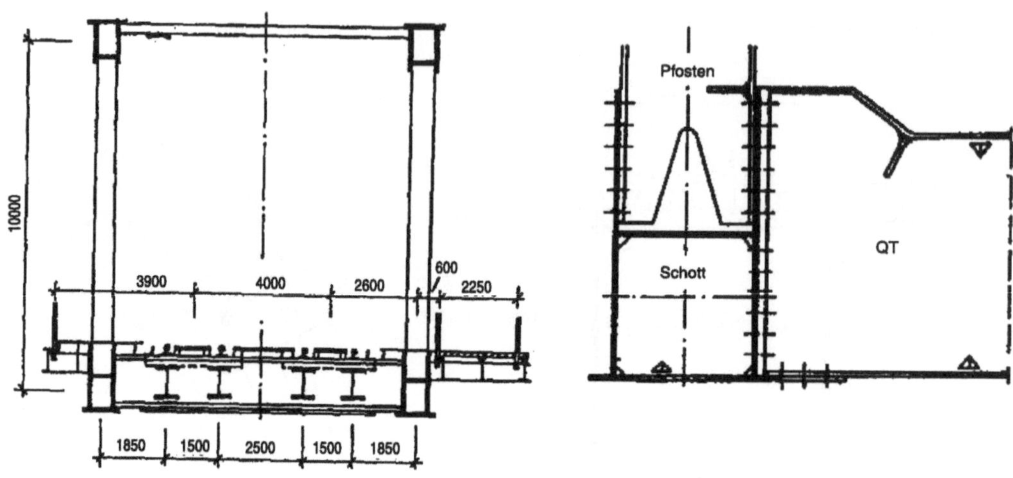

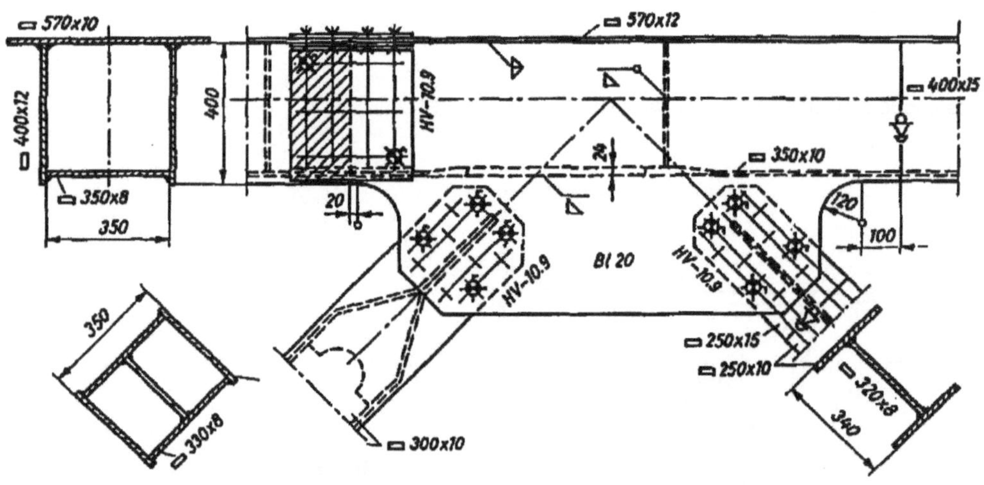

Bild 6-33 Zweigleisige Fachwerkbrücke, Querschnitt und Details

Bremsverband mit Schlingerverband

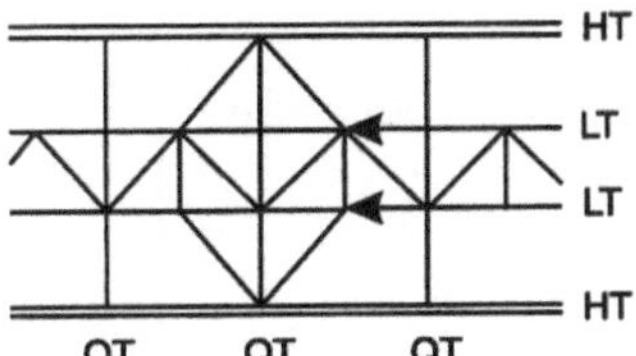

Kombinierter Wind- und Schlingerverband

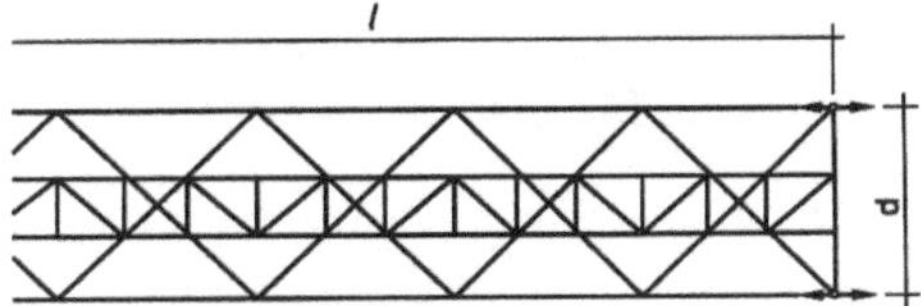

Schotterbettabschluß

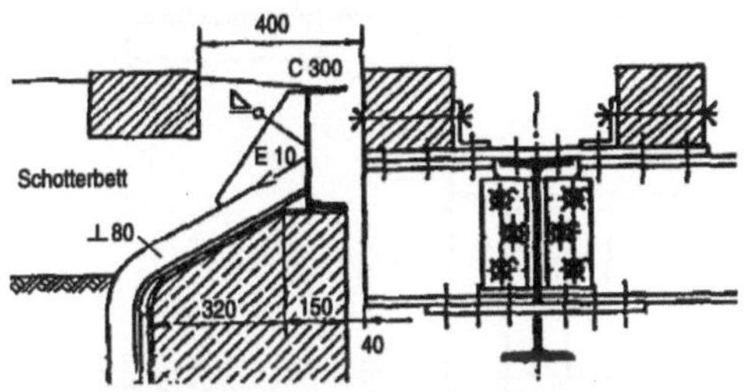

versenkt durchgeführter Längsträger

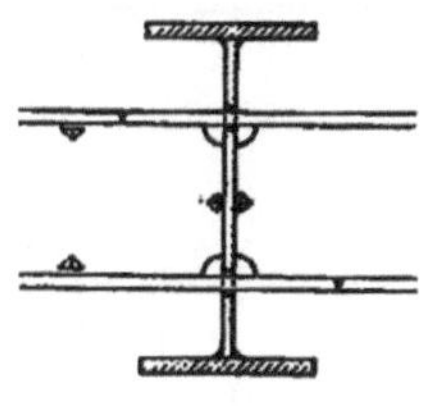

Bild 6-34 Verbände und Längsträgeranschluß

STAHLBRÜCKEN MIT DURCHGEHENDEM SCHOTTERBETT werden mit orthotroper Fahrbahnplatte ausgeführt. Das Deckblech soll mindestens 14 mm dick sein und ausreichendes Quer- oder Längsgefälle zur Entwässerung haben. Eine Beschichtung soll auch gegen mechanische Beschädigung durch den Schotter schützen. Das Schotterbett soll von den Hauptträgern durch Schutzbleche isoliert sein.

Querschnitt mit Quergefälle

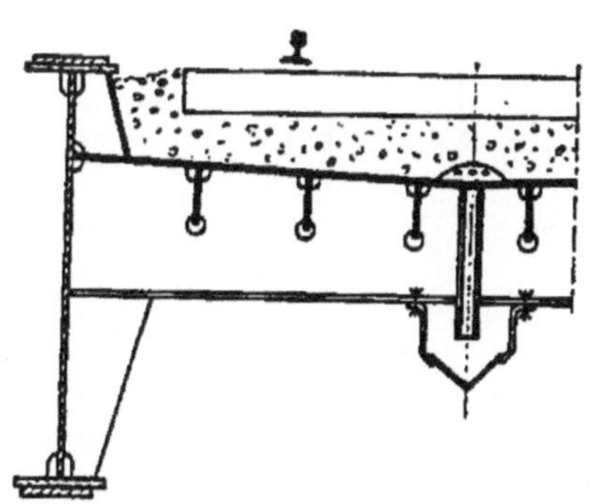

Trogbrücke mit Verbundquerträger

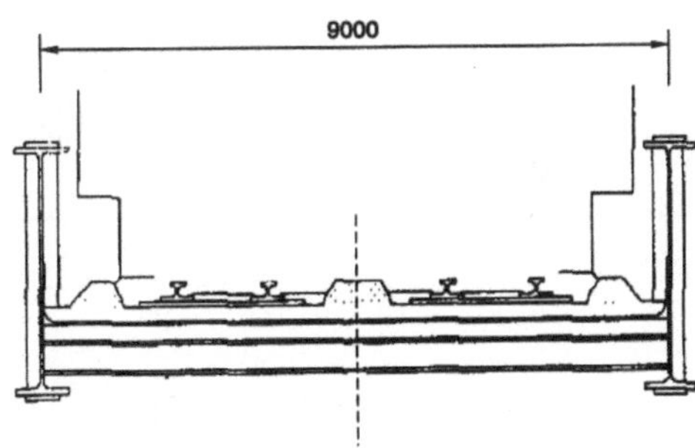

Bild 6-35 Brückenquerschnitte

Bei Deckbrücken werden Vollwandträger, einwandig oder kastenförmig, bevorzugt. Sie werden als Einfeld- oder Mehrfeldträger ausgeführt, Feldweiten über 60 m werden aus wirtschaftlichen Gründen vermieden. Für Trogbrücken gelangen oft Fachwerkträger zur Ausführung.

Querschnitt beim Widerlager

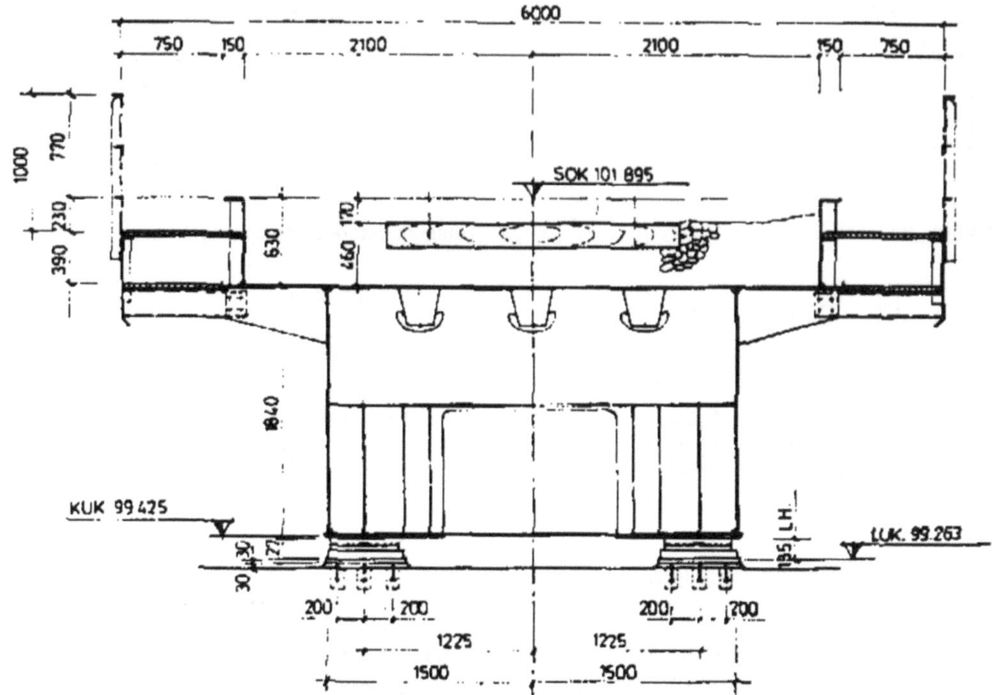

Bild 6-36 Deckbrückenquerschnitt

Verbreiterung und Aufdopplung des Gurtes mit flachen Übergängen

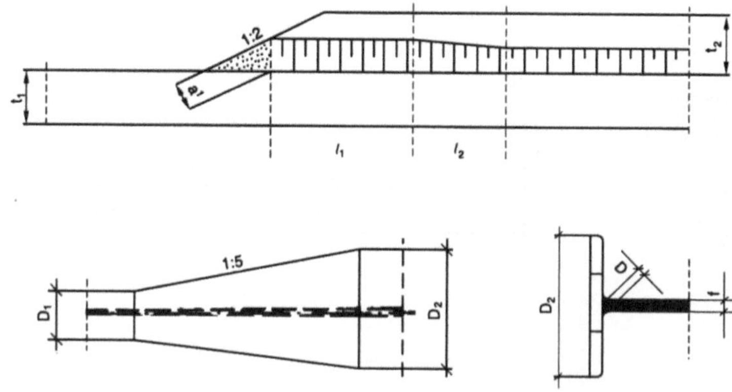

Durchführung einer Steife und Stegstoß   Vertikalsteifen mit Lasteinleitung am Gurt

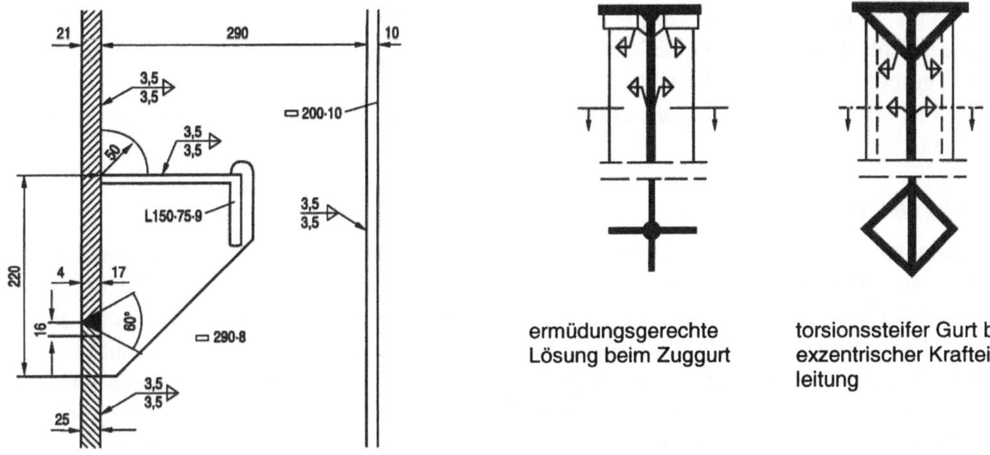

Bild 6-37 Konstruktive Details

6.3.4 Brücken besonderer Bauart

BEWEGLICHE BRÜCKEN

Bewegliche Brücken werden über Wasserstraßen errichtet, um ohne große Anrampungen für eine ortsfeste Brücke die Durchfahrt von Schiffen zu ermöglichen.

Klappbrücken

sind mit Gegengewichten an einem parallelogrammgeführten Waagebalken oder an einem Kragarm des Brückenträgers ausgerüstet. Die Drehachse kann feststehend oder auf einer Rollbahn beweglich ausgeführt werden.

Brücken mit Waagebalken kommen bis etwa 40 m Stützweite in Frage; weit bekannt ist diese Bauart durch ein Gemälde von Vincent van Gogh. Bei moderneren Brücken wird meist der größere Aufwand für die Fundierung in Kauf genommen und das Gegengewicht am Kragarm angeordnet, die größten ausgeführten Stützweiten für die Einzelklappe in Fachwerkausführung liegen bei 100 m.

Drehbrücken

werden gleicharmig oder ungleicharmig ausgeführt. Mit zweiteiligen Drehbrücken können Stützweiten bis etwa 200 m überbrückt werden. Die Drehlagerung erfolgt auf einem Stützzapfen, dem Königsstuhl, mit seitlichen Stützrollen oder heute bevorzugt auf einem Drehkranz mit konischen Laufrollen.

Den Drehbrücken ähnliche Problemstellung findet man bei *Drehbühnen*, wie sie in Werkstätten und Remisen, oder im Theaterbau, hier oft mehrstöckig, gebraucht werden. Die Lagerung erfolgt hier zentrisch auf Kugeldrehkränzen oder am Umfang auf Rollen.

Hubbrücken

sind einfeldrige Tragwerke, die möglichst leicht sein sollen, wie bei allen beweglichen Brücken. Die Hubeinrichtung und die Gegengewichte sind in portalartigen Türmen untergebracht,

Hubhöhen bis 60 m und Stützweiten bis etwa 100 m sind bereits gebaut worden. Wichtige Ausrüstungselemente sind ein Gleichlauf der Hubantriebe, Bremseinrichtungen und eine Verriegelung in Verkehrslage. Die Hubtürme sind architekonisch signifikante Elemente. Bei kleinen Hubhöhen ist es möglich, die gesamte Hubeinrichtung in tiefen Fundamentkammern versenkbar anzuordnen.

ZERLEGBARE BRÜCKENGERÄTE

sind vorwiegend für den Katastropheneinsatz entwickelt worden. Da der Einsatzort nicht vorhersehbar ist, sollen diese Geräte möglichst variabel in Stützweite, statischem System und Fahrbahnausbildung sein. Die Montage soll schnell und mit ungeschultem Personal ohne schweres Gerät erfolgen können, die Bauteile sollen wenig verschieden, austauschbar und leicht transportierbar sein. Diese schwierigen Anforderungen führten zur Entwicklung mehrerer Systeme. Bewährt haben sich für den Einsatz als Straßen- und Eisenbahnbrücken die SKB und die SE Brückengeräte, für den Einsatz bei Baumaßnahmen und Katastrophenfällen stehen die zweispurigen Straßenbrückengeräte SS 80 und das D-Brückengerät zur Verfügung.

Die zerlegbaren und wiederverwendbaren Geräte haben in den letzten Jahrzehnten an wirtschaftlicher Bedeutung verloren. Schon 1976 konnte nach dem Einsturz der Reichsbrücke über die Donau in Wien eine Straßenbahnersatzbrücke in knapp 12 Wochen in Betrieb genommen werden. Durch computerunterstützte Planung, Berechnung und Fertigung können der jeweiligen Situation angepaßte Ersatzbrücken in kurzer Zeit und wirtschaftlich zur Verfügung gestellt werden.

BRÜCKENMONTAGEGERÄTE

Für die Wiederverwendung dieser Geräte gilt wie bei den zerlegbaren Brückengeräten, daß ein Vorrätighalten im allgemeinen nur wirtschaftlich ist, wenn eine gleichartige Anwendungsmöglichkeit vorhersehbar ist.

Diese *Brückenvorbaugeräte* stellen sowohl vom Gewicht, als auch von der konstruktiven Seite beachtliche Stahlbauten dar und bilden einen wesentlichen Faktor in der Kalkulation von Betonbrücken. Insbesonders Schalungsgerüstungen sind mobile Fabrikationsanlagen, die organisatorisch und konstruktiv zu den herausragenden Ingenieurleistungen zählen.

Die Geräte können der folgenden Einteilung zugeordnet werden:

- Vorbauschnäbel für das Vorschieben von Stahlbrücken und für das Taktschiebeverfahren von Spannbetonbrücken. Beim Vorschub bilden sie die leichte Spitze des Kragträgers bis zum Erreichen des nächsten Pfeilers. Dadurch werden die nur bei der Montage auftretende Kragarmbeanspruchung des Brückenträgers in wirtschaftlich vertretbaren Grenzen gehalten und meistens zusätzliche Montagehilfsstützen vermieden.

- Vorschubrüstungen für den feldweisen Vorbau. Sie können oberhalb, seitlich oder unterhalb des zu erstellenden Betonträgers angeordnet werden.

- Vorschubgeräte für den Freivorbau in Ortbetonbauweise. Sie werden in erster Linie zum Umsetzen der Schalungswagen in das nächste Feld bei den Pfeilern und für den horizontalen Materialtransport eingesetzt. Sie können aber auch so ausgelegt werden, daß sie die Schalungsgerüste beim Freivorbau tragen.

Bild 6-38 Obenliegende Vorbaurüstung

6.4 Montageverfahren

Die Montage einer Brücke ist eine der interessantesten Managementaufgaben für den Ingenieur. Das Zusammenspiel sehr vieler Komponenten beeinflußt den Erfolg, wobei einige Faktoren kaum kalkulierbar sind, wie zum Beispiel der Witterungsverlauf. Über Montageverfahren zu schreiben gleicht einer Sisyphusarbeit, denn fast jede Brücke bringt Neuerungen und Verbesserungen. Das gilt besonders für die Verstärkung oder Auswechslung bestehender Brücken. Im folgenden wird daher nur ein Überblick der bei Stahlbrücken gängigen Montageverfahren gebracht.

Grundsätzlich wird die Stahlkonstruktion in der Werkstätte vorgefertigt. Die Bauteilgröße ist durch die Transportmöglichkeit zur Baustelle begrenzt. Auf einem Montageplatz werden die Bauteile zu Schüssen zusammengebaut, deren Länge bzw. Gewicht von der Hubkraft der Montagegeräte abhängt. Hier ist oft zum Schutz vor Witterungseinflüssen die Errichtung einer provisorischen Werkhalle erforderlich.

Der Einbau ganzer Teile zwischen Widerlager und Pfeiler wird angestrebt.

Freivorbau mit Vorbaugerät

Die ersten Schüsse können nun direkt auf die Brückenlager oder Hilfsstützen geschoben oder eingehoben werden. Die folgenden Schüsse können mit Vorbaugeräten an die fertig montierten Teile angesetzt und mit diesen von Gerüsten aus verbunden werden. In vielen Fällen ist das Versetzen größerer Brückensegmente mit Schwimmkränen erfolgreich erfolgt. Um die Verformungen und Spannungen im Kragarm möglichst klein zu halten, bestehen zumindest die vordersten Schüsse nur aus den Haupttragteilen. Fallweise wird auch ein Vorbauschnabel in Leichtbauweise eingesetzt bis das nächste Brückenlager erreicht ist.

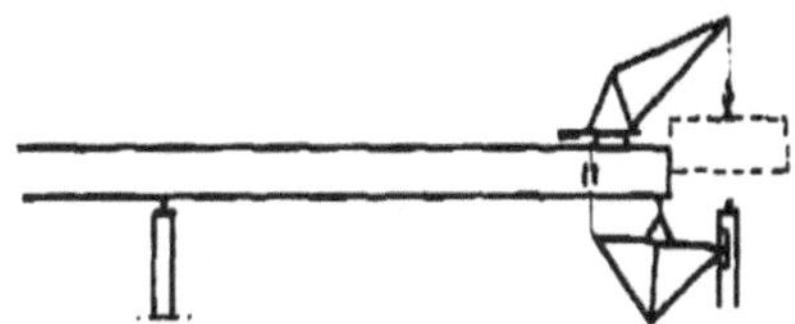

Bild 6-39
Montage mit Vorbaugerät (und Hubschnabel)

„Lancieren", Freivorbau in Art des Taktschiebeverfahrens

Am Vormontageplatz werden die einzelnen Schüsse, bzw. Brückensegmente aneinandergefügt und verschweißt. An der Spitze wird meistens wieder ein Leichtbau-Vorbauschnabel eingesetzt. Beim Montieren müssen die Verformungen infolge Temperatur, Eigenspannungen und Vorschub berücksichtigt werden um die vorgegebene Geometrie zu erreichen. Für den Vorschub sind Hilfsunterstützungen, Lancierwippen, Gleitflächen, Führungen, Hubeinrichtungen, Widerlager für die Pressen und Rückhalteseile erforderlich. Um beim Vorschub das nächste Lager zu erreichen, ist die Durchbiegung des Kragarmes zu überwinden. Dazu gibt es verschiedene Möglichkeiten, zum Beispiel kann der gesamte Kragträger bei der vorhergehenden Stütze in entsprechender Höhe geführt sein. Bevorzugt wird jedoch die Kragarmspitze angehoben. Dafür können Teleskophubzylinder mit entsprechendem Hub oder hydraulisch bewegten Klappen an der Kragspitze verwendet werden.

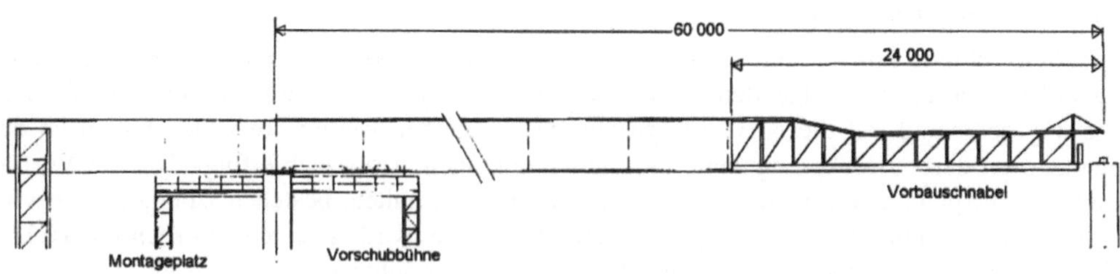

Bild 6-40 Vorschubsystem

In manchen Fällen kann die Kragarmlänge durch eine Montagehilfsstütze verkürzt werden, auch die Zwischenlagerung auf Schwimmkörpern ist eine oft angewendete Variante.

Für *Bogenbrücken* sind auch mehrere Montageverfahren bekannt, in historischer Folge:

- Zusammenbau auf einer Gerüstung;
- Vorbau mit Abspannung des montierten Bogenteils und Einheben der Schüsse mit Vorbauversetzgerät (eventuell Kabelkran);
- Einklappen der am Montageplatz fertig verschweißten Bogenhälften mit Hilfe von Spannkabeln und Gelenklagern mit großem Schwenkbereich.

Als Beispiel für die Montage einer Schrägseilbrücke mit einem umsetzbaren Verlegeträger wird das Schema der Montagefolge gezeigt.

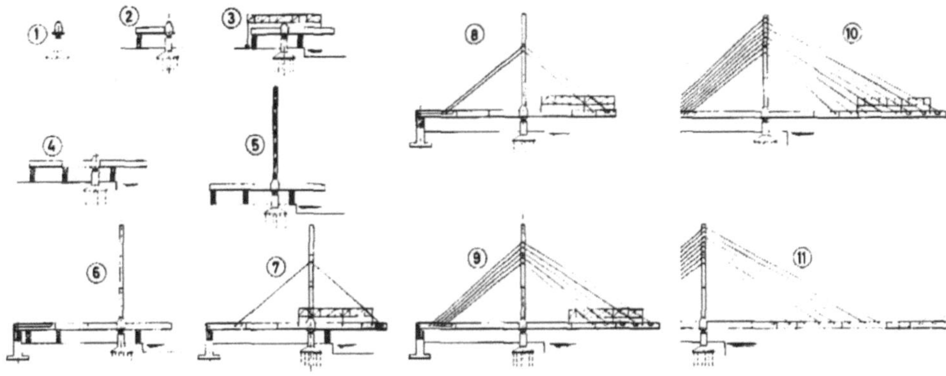

Bild 6-41 Ablaufschema der Montage einer Schrägseilbrücke

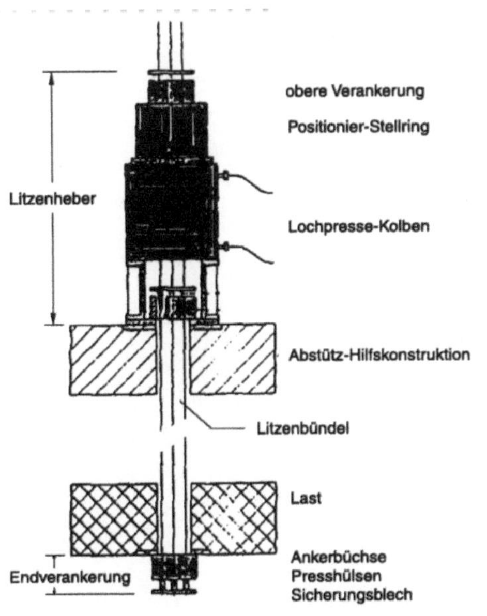

Für das *Heben von Brückenkonstruktionen* wurde das langwierige Verfahren mit iterierendem Hochpressen und Zwischenlagern auf Schwellenstapeln fast ausnahmslos durch das Hochziehen mit Litzenhebern ersetzt. Die größten Typen ermöglichen eine Last von 5500 kN innerhalb weniger Stunden einige Meter hoch zu heben. Die Litzenheber werden auf Hilfskonstruktionen abgestützt, die auch Horizontalkräfte aus Wind und Schrägzugkräfte infolge Temperaturverschiebungen aufzunehmen haben.

Bild 6-42
Litzenheber

Literatur zu Kapitel 6.1

[1]   ENV 1991-3, EUROCODE 1: Grundlagen der Tragwerksplanung und Einwirkungen auf Tragwerke, Teil 3: Verkehrslasten auf Brücken.

Literatur zu Kapitel 6.2 bis 6.4

[1]   Fritsch, Hellmann: Brückenbau, Verlag Manz Wien
[2]   Petersen: Stahlbau, Verlag Vieweg Braunschweig/Wiesbaden
[3]   Stahlbau Handbuch, StahlbauverlagsgesmbH, Köln
[4]   Eurocode 3 Part 2, Bridges
[5]   RVS 15.45, Brückenausrüstung, Forschungsgesellschaft für das Verkehrs- und Straßenwesen

7 Stahlwasserbau

7.1 Stauanlagen

Stauanlagen sind Baukörper, wie Wehre und Talsperren, welche den natürlichen Ablauf des Wassers in einem Fluß oder Kanal verändern und regeln. Talsperren sind nicht Gegenstand dieses Buches. Richtlinien für den Entwurf, Bau und Betrieb von Wehren gibt DIN 19700, Teil 2.

7.1.1 Bewegliche Wehre

Stahl wird insbesondere für bewegliche Wehre eingesetzt. Diese Wehrverschlüsse können ganz oder teilweise entfernt werden und regeln den Oberwasserstand und die Durchflußmenge.

DICHTUNGEN

Im wörtlichen Sinn ein Randproblem stellt die Dichtung dar. Eine sorgfältige Fugenausbildung und Montage der Gummi- (Kunststoff-) dichtungen oder Federbleche halten den Wasserverlust in erträglichen Grenzen. Leckwasser muß frei abfließen können. Für den erforderlichen Anpressdruck ist auch die Bauteilverformung zu berücksichtigen. Schwingungen sind durch Formgebung und Strahlführung zu vermeiden. Zu achten ist auf leichte Auswechselbarkeit, Verklemmungsgefahr durch Geschiebe und die Vereisungsgefahr, eventuell ist eine Beheizung vorzusehen.

ARTEN DER WEHRE

Man unterscheidet Nadel- und Dammbalkenwehre, die meist als Notverschlüsse bei Bau- und Reparaturarbeiten dienen und Verschlüsse zur Regulierung der Stauhöhe wie Schützenwehre, Segmentwehre, Sektorwehre, Walzenwehre, Klappen und Kombinationen von Wehren mit aufgesetzten Klappen. Dazu kommen Rechen- und Reinigungsanlagen zur Abhaltung, bzw. Beseitigung von Schwemmgut.

Dammbalkenwehre bestehen aus einzelnen Balken, welche in lotrechten Führungsnuten gleitend übereinander gelagert werden. Meist werden die Balken gleich ausgeführt und nach dem an der Sohle herrschenden größten Wasserdruck berechnet. Das größte Moment ist
$$_{max}M = \gamma \cdot t \cdot h \cdot b^2 / 8, \quad t = \text{Wassertiefe}, \quad h = \text{Balkenhöhe}, \quad b = \text{Stützweite}$$

Nadelwehre bewirken den Verschluß durch nebeneinanderstehende meist rechteckige Bohlen (Nadeln), die unten durch eine Schwelle und oben durch eine Nadellehne gestützt werden.

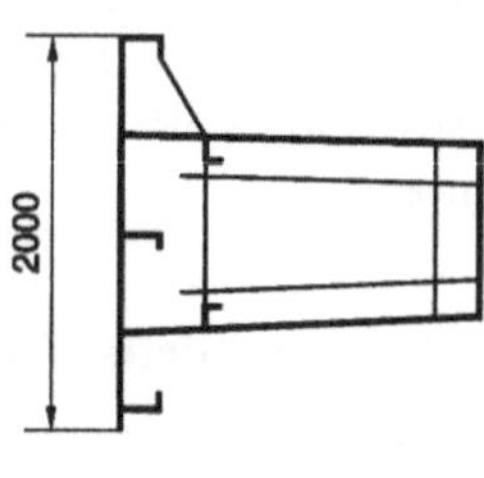

Querschnitt eines
Dammbalkens

Bild 7-1 Dammbalken mit Transporttraverse

Schützenwehre bestehen aus ebenen ausgesteiften Staublechen und der Tragkonstruktion, die in lotrechten Nuten bewegt werden.

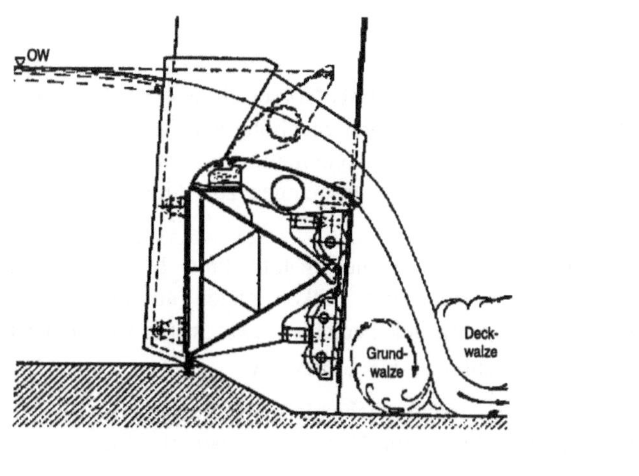

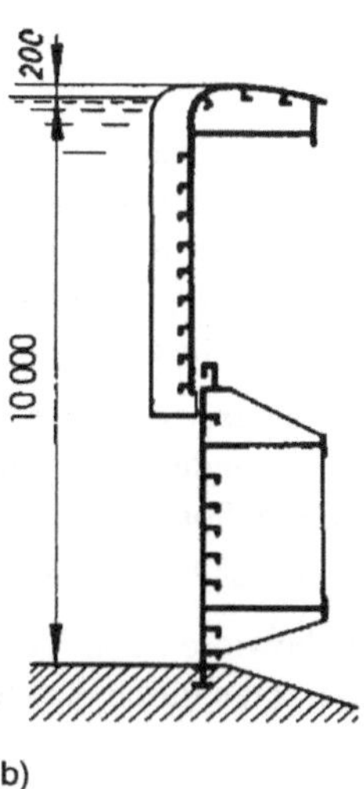

a)   b)

Bild 7-2 Schützenwehre

Bei größeren Stauhöhen und zur Regelung des Wasserspiegels wird das Schütz geteilt.

Im Bild 7-2 a) ist der obere Teil eine Aufsatzklappe mit Strahlablenkern zur Verhinderung von Schwingungen.

Im Bild 7-2 b) ist ein Doppelhakenschütz dargestellt.

Segmentwehre haben eine meist kreiszylindrische Blechhaut mit entsprechender Aussteifung und zwei Stützarme, die in einem Drehgelenk gelagert sind. Segmentwehre werden stets unterströmt. Eine drehbare Aufsatzklappe kann zur Abfuhr von Treibgut oder Eis angeordnet werden.

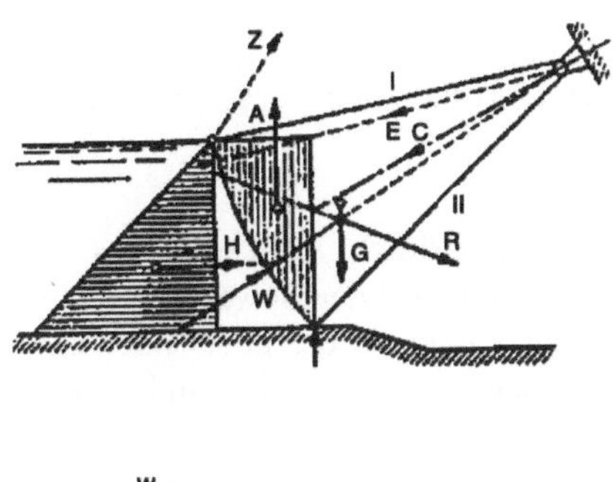

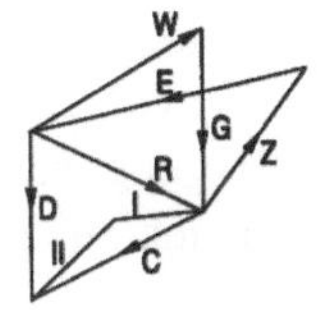

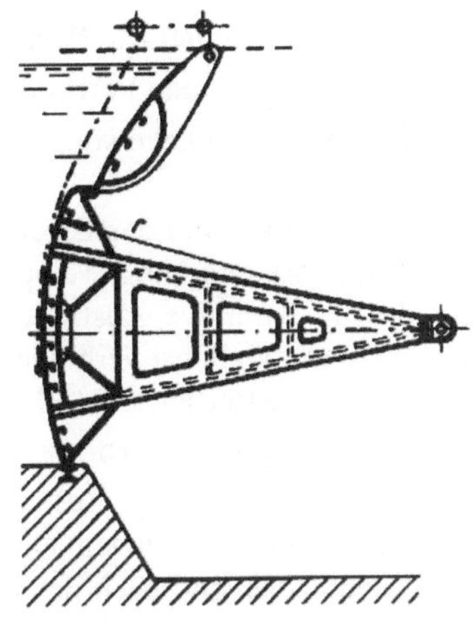

Bild 7-3 Segmentwehr, Kräfte bei Staulage

Bild 7-4 Segmentschütz mit Klappe

Sektorwehre werden in den massiven Wehrkörper versenkt und sind stets überströmt. Stau- und Abfallwand sind daher dicht auszuführen.

Walzenwehre werden auf einer schrägen Bahn mit Laschenketten bewegt. Sie bestehen aus einem tragenden Hohlzylinder mit einer vorgesetzten Stauhaut.

Klappenwehre sind um eine in der Stauwand liegende feste Achse drehbar. Das erforderliche Drehmoment wächst mit h^3, es werden deshalb meist Gegengewichte vorgesehen. Bei Klappenwehren, die direkt auf der Wehrschwelle aufsitzen, werden Spülvorrichtungen zur Vermeidung von Verlandungen angebracht. Die notwendige Drehsteifigkeit der Klappe wird mittels durchlaufender Rohre oder einem die Stauhaut einbeziehenden röhrenförmigen Träger erreicht (Fischbauchklappe).

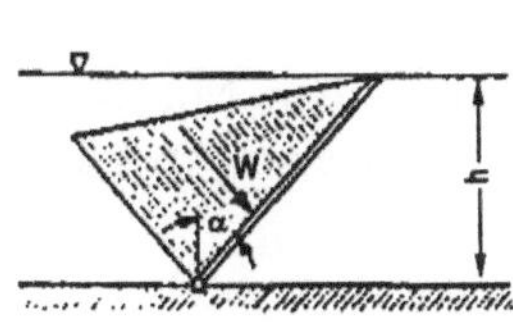

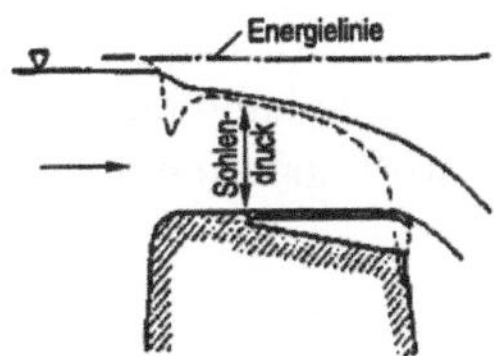

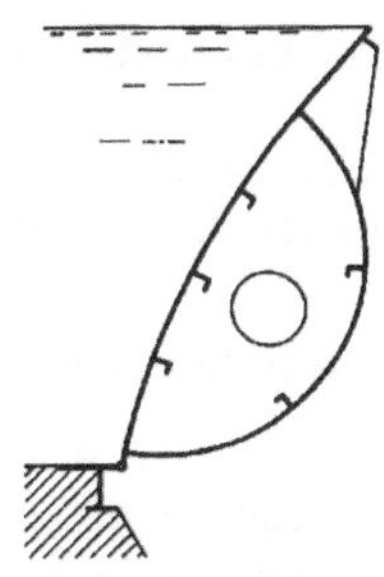

Drehmoment aus Wasserdruck: $M = h^3 \cdot \gamma/6 \cdot \cos^2\alpha$, der Sohlendruck ist für die Auslegung des Antriebs und Gegengewichtes wichtig.

Bild 7-5 Klappenwehr

7.1.2 Bauliche Durchbildung und Berechnungsgrundlagen

Die bauliche Durchbildung erfolgt bis zum Erscheinen von Eurocode 3, Teil 7 nach DIN 19705. Für Werkstoffe und Verbindungen empfiehlt sich die Beachtung der entsprechenden Abschnitte des Eurocode 3.

Folgende Mindestmaße sind einzuhalten:
- Dicke von Blechen und Breiflachstählen: 8 mm
- Stegdicke von Stab- und Formstählen, Wandicke von Hohlprofilen und Rohren: 6 mm
- Schenkelbreite mal Dicke von Winkelstählen: 70 mm x 7 mm

Einwirkende Lasten sind das Eigengewicht, der statische Wasserdruck, Auftrieb, hydrodynamische Lasten, Eiseinwirkung, Temperatur, Wind, Reibung, Kräfte aus der Bewegung der Verschlüsse. Die konstruktive Ausbildung soll Schwingungserscheinungen bei über- oder unterströmten Wehren möglichst verhindern. Soweit mit Schiffsstößen zu rechnen ist, sind besondere Vorkehrungen zu treffen.

Nachweise sind nach DIN 19704 zu führen oder nach Eurocode 3, eine Kombination der Nachweise ist nicht zulässig. Besonders zu beachten sind die mitwirkende Breite von Gurtblechen bei zusammengesetzten Querschnitten. Die durch Wasserdruck auf Biegung beanspruchten Staubleche sind nach der Plattentheorie zu berechnen. Hinweise finden sich auch in den Normen für stählerne Brücken.

7.1.3 Stahlrohrleitungen

Rohrleitungen werden für den Transport unterschiedlicher Materialien gebaut. Hier kann nur auf einige Besonderheiten von Druckleitungen für Wasserkraftanlagen hingewiesen werden.

Verdeckte Rohrleitungen haben als Vorteil den Temperaturschutz, die Grabenwände dienen zur Lagesicherung, das Landschaftsbild wird geschont, kein Grunderwerb, nur Nutzungsrecht erforderlich. In ungeschützten Rohrleitungen muß in Frostzeiten ständig eine Mindestwassermenge von etwa 1 m^3 auf 1 m^2 Rohroberfläche abfließen.

Wirtschaftlich günstige Rohrdurchmesser d sind näherungsweise:

für H < 100 m d = (0,05 $\cdot$ Q^3)$^{1/2}$ und für H > 100 m d = (5,3183 $\cdot$ Q^3/ H)$^{1/7}$

Q = Wassermenge bei Vollbeaufschlagung in m^3 / s
H = Gesamtdruckhöhe (statischer und dynamischer Druck) in m am betrachteten Punkt

7.2 Wasserstraßen

Auf wasserbauliche und wirtschaftliche Fragen kann hier nicht eingegangen werden. Mit Rücksicht auf den beschränkten Buchumfang wird nur auf einige stahlbauliche Aspekte hingewiesen.

7.2.1 Schleusentore

Grundsätzlich gilt das in 7.1 zu Stauanlagen gesagte. Als Verschlüsse für Schleusen kommen Hubtore oder, häufiger ausgeführt, Stemmtore in Frage. Stemmtore sind zweiflügelige Tafeln, meist kastenförmig mit beidseitigen Staublechen, die um vertikale Achsen in seitlichen Wandnischen gegen Oberwasser geöffnet werden.

Falls mit Schiffsstößen zu rechnen ist, sind zu deren Aufnahme Schutzeinrichtungen anzuordnen. Die Auftreffkraft eines infolge Reißens der Trossen in Bewegung geratenen Schiffes ist mit 300 kN in Verschlußkörpermitte in Fahrtrichtung anzusetzen. Für die seitliche Reibung durch Schiffe ist im Bereich der Wasserlinie in Fahrtrichtung eine Horizontalkraft von 50 kN und gleichzeitig senkrecht zur Fahrtrichtung eine Horizontalkraft von 100 kN anzusetzen, sofern die örtlichen Verhältnisse keine anderen Werte bedingen.

7.2.2 Schiffshebewerke

Schiffshebewerke oder Trogschleusen werden bei großen Schleusenhöhen, etwa 13 m oder mehr, eingesetzt oder wenn die Ersparnis von Schleusungswasser bedeutungsvoll ist. Bei Hebewerken geht nur das Spaltwasser verloren, d.h. das Wasser, das sich zwischen den Abschlüssen der oberen Haltung und des Troges in dessen oberer Stellung befindet.Die Berechnung und Ausführung setzt besondere schiffsbautechnische Kenntnisse voraus.

7.3 Offshore-Konstruktionen

7.3.1 Offshore-Plattformen

Offshore-Plattformen werden im Meer gebaut, um Öl und Gas zu fördern.

Nach mehreren Vorstudien, einschließlich der seismischen Felduntersuchung, werden ein oder mehrere Erkundungsbohrungen durchgeführt. Für diesen Zweck werden bei Wassertiefen von 100 m bis zu 120 m Hubbohrinseln eingesetzt, bei größeren Tiefen schwimmende Bohrinseln oder fest verankerte Produktionsschiffe. Wenn die Stahlseile durch Kabel aus Polyester ersetzt werden, sollen Meerestiefen bis zu 1500 m erreichbar sein.

Grundtypen

- Die meisten Plattformen bestehen aus Jackets (Rohrfachwerkgerüsten), die ausschließlich aus Stahl gebaut sind.
- Ein zweiter wichtiger Typ sind die Schwerkraft-Fundament-Plattformen, die in den norwegischen und britischen Gebieten der Nordsee vorkommen.
- Ein dritter Typ sind die schwimmenden Produktionseinheiten.

Umwelt

Meerestechnische Konstruktionen sind Umwelteinflüssen mehr ausgesetzt als andere. Die meisten dieser Einflüsse verursachen dynamische Lasten mit dynamischen Auswirkungen auf die Konstruktion.

Die Umweltbedingungen auf dem Meer können beschrieben werden durch:

- Wassertiefe
- anstehende Böden
- Windgeschwindigkeit, Lufttemperatur
- Wellen, Gezeiten und Brandung, Strömung
- Eis (fest, Schollen, Eisberge)
- Erdbeben (falls notwendig)

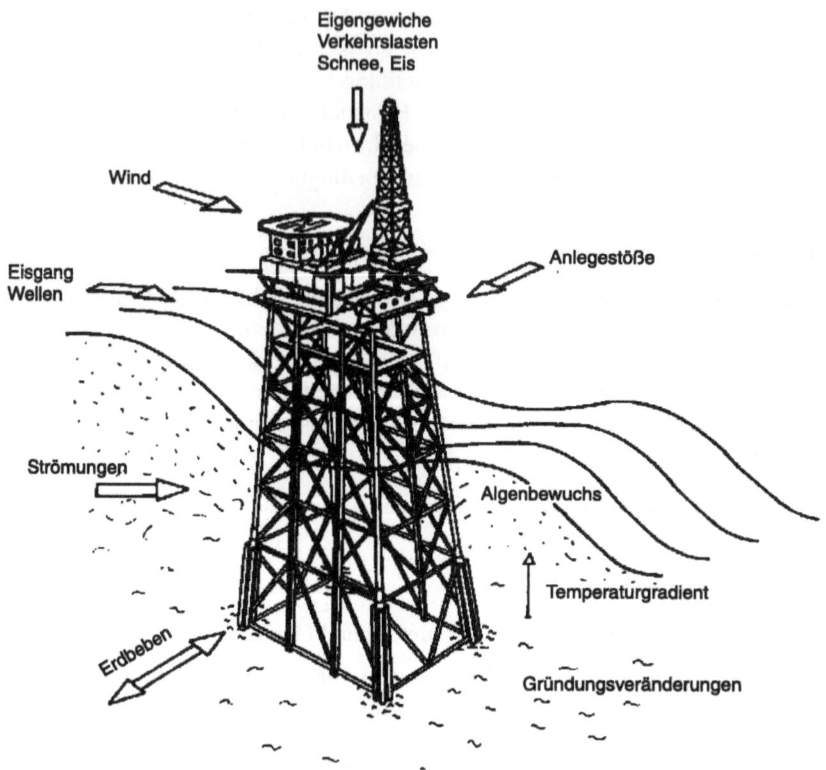

Bild 7-6 Umwelteinflüsse

Konstruktion

Sowohl die Umweltbedingungen als auch die finanziellen Aspekte erfordern einen hohen Grad der Vorfertigung auf dem Festland.

Die Deckkonstruktion sollte deutlich über den Wellenspitzen liegen. Der Freiraum (air gap) wird in der Regel mit ca. 1,50 m angenommen, sollte aber erhöht werden, wenn die Förderung von Gas oder Öl große Bodenabsenkungen mit sich bringt.

Vorschriften

Die Bemessung muß nach vertraglich bestimmten Offshore-Bauvorschriften durchgeführt werden. Die weltweit führende Norm ist die API-RP2A [1]. Die Lloyds Regeln [2] und die DnV Regeln [3] sind ebenfalls wichtig.

Bestimmte Anforderungen der Regierungen müssen eingehalten werden, z.B. die Regeln vom Norwegian Petroleum Direktorate (NPD). Für die Detailbemessung der Deckkonstruktion wird häufig die AISC-Vorschrift [4] und für das Schweißen die AWS-Vorschrift [5] verwendet.

In Großbritannien hat das „Piper Alpha"-Unglück zu einem gänzlich neuen Ansatz der Offshore-Bestimmungen geführt. Der Betreiber muß nun selber eine Sicherheitseinschätzung (TSA) erstellen, anstatt detaillierte Bestimmungen einzuhalten.

Zertifizierung und Bürgschaft

Das Gesetz schreibt vor, daß befugte Institutionen, z.B. Det norske Veritas (DnV), Lloyds Register of Shipping (LRS), American Bureau of Shipping (ABS), Germanischer Lloyd (GL), die Tauglichkeit der baulichen Anlagen einschätzen und zu diesem Zweck eine Zertifizierung ausstellen.

7.3.2 Jacket-Gerüst und Pfahlgründung

Im allgemeinen erfüllen die Jackets zwei Funktionen:

- Sie bilden den Unterbau für die Produktionseinheit (Deckkonstruktion), und halten diese über den Wellen stabil.

- Sie bieten seitliche Unterstützung und Schutz für die Führungsrohre mit einem Durchmesser von 66-76 cm und für die Steigleitungen.

Pfahlgründung

Die Jacket-Gründung erfolgt durch an den Enden offene Stahlrohre mit Durchmessern von bis zu 2 m. Die Pfähle werden ungefähr 40 - 80 m, in einigen Fällen bis zu 120 m in den Meeresboden eingerammt.

Es gibt drei Typen von Pfahl/ Jacket-Anordnungen (siehe Bild 7-7):

„Pilethroughleg" Konzept, bei dem die Pfähle in den Eckstützen des Rohrgerüsts eingebracht werden.

„Skirt piles", bei denen sich die Pfähle in Führungsrohren befinden, die an den Jacket-Stützen befestigt sind. Diese Führungen können in Gruppen um jede Jacket-Stütze angeordnet werden. Vertikale „skirt piles" sind direkt in den Pfahlführungen am Boden des Rohrgerüsts eingebaut. Diese Anordnung führt zu einem reduzierten Konstruktionsgewicht und einer einfacheren Pfahleinbringung. Im Gegensatz dazu erweitern geneigte Pfähle den Gründungsbereich und sorgen so für eine steifere Konstruktion.

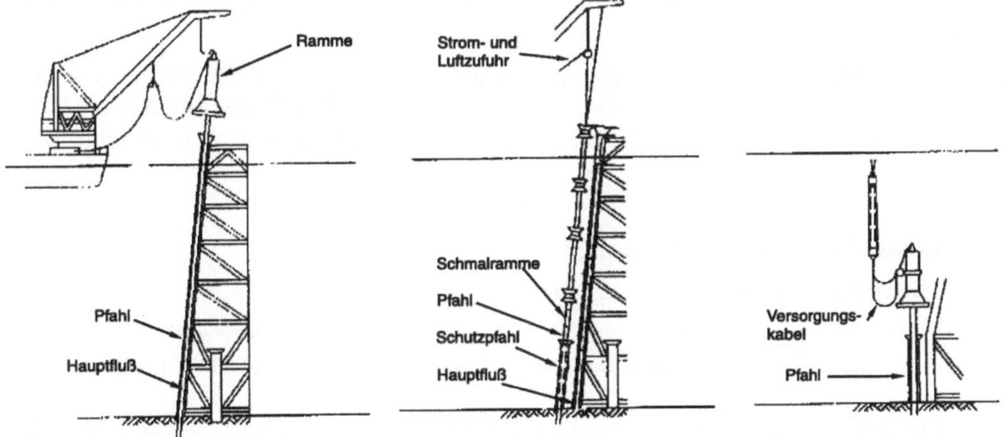

Bild 7-7 Gründungsarten von Jackets

Tragfähigkeit der Pfähle

Widerstand gegen axiale Belastung ist sowohl für Druck- als auch für Zugbeanspruchungen erforderlich. Am Pfahl treten Mantelreibung und Spitzendruck auf.

Eine Tragfähigkeit normal zur Längsachse des Pfahls ist zur Aufnahme der Horizontalkräfte erforderlich. Diese Kräfte führen zu einer deutlichen Durchbiegung des Pfahls.

Korrosionsschutz

Die übliche Form des Korrosionsschutzes der unter dem Wasserspiegel liegenden Jacket-Gerüste sowie der oberen Pfahlbereiche im Meeresboden ist ein kathodischer Schutz durch Opferanoden. Eine Opferanode (mit je ungefähr 3 kN Gewicht) besteht aus einem an die Konstruktion geschweißten Zink/Aluminium Stabguß über einem Stahlrohr. Ungefähr 5% des Gerüstgewichts wird in der Regel durch Anoden erzeugt.

Die Stahlkonstruktion in der Spritzzone wird normalerweise durch eine zusätzliche Wanddicke von 12 mm geschützt.

7.3.3 Deckkonstruktionen

In der Praxis gibt es vier Konstruktionskonzepte. Sie ergeben sich aus der Hubkapazität der Kranschiffe sowie der Verladekapazität an den Werften:

- das einzelne integrierte Deck (bis zu ungefähr 100 MN)

- das in zwei vierbeinige Einheiten geteilte Deck

- das integrierte Deck mit Unterkunftsmodul

- das Moduldeck, bestehend aus dem Modul-Tragwerk (MTW), das eine Reihe von Modulen trägt.

7.3.4 Ausrüstungs- und Unterkunftsmodule

Ausrüstungsmodule (20-75 MN) haben die Form von rechteckigen Kästen mit ein oder zwei Zwischenböden. Für das Dach und den unteren Boden werden Stahlbleche (6, 8 oder 10 mm dick), für die Zwischenböden Gitterroste verwendet.

Bei den Unterkunftsmodulen (5-25 MN) müssen alle Schlafräume mit Fenstern ausgestattet sein; die Außenwände müssen mit mehreren Türen versehen werden. Diese Anforderung kann schnell mit den Trägeranordnungen kollidieren. Die Böden sind flache bzw. ausgesteifte Bleche.

7.3.5 Konstruktion und Berechnung

Konstruktionsanforderungen hängen ab von:

| Fertigung | Seetransport | Anschluß | Verladen |
| Gewicht | Offshore-Installation | Inbetriebnahme | Modul-Installation |

Berechnungen des Gesamtsystems basieren zum Großteil auf der linearen Elastizitätstheorie. Dynamische Untersuchungen hinsichtlich des Systemverhaltens unter Wellenangriff werden durchgeführt, falls die Eigenschwingungsdauer 3 Sekunden überschreitet. Viele Elemente können lokal dynamisch beansprucht werden, wie z.B. Kompressorauflager, Kransockel, dünne Gerüststäbe oder Führungsrohre.

Betriebsphase

Folgende Berechnungen werden durchgeführt:

- Grenzzustand der Tragfähigkeit unter Wellen-/Strömungs-/Windbelastung mit einer Auftretenswahrscheinlichkeit der Ereignisse von 50 oder 100 Jahren.

- Gebrauchszustand (Betriebszustand) unter Wellen-, Strömungs-, Windbelastung mit einer Auftretenswahrscheinlichkeit der Ereignisse von 1 oder 5 Jahren.

- Beurteilung des Ermüdungsverhaltens.

- Berücksichtigung außergewöhnlicher Lasten.

Alle Untersuchungen sind auf die gesamte und intakte Konstruktion bezogen. Annahmen hinsichtlich beschädigter Bauteile, z.B. Ausfall eines Stabes oder Kollisionsereignisse werden situationsbedingt untersucht.

Bauphase

Die wichtigsten Schritte, bei denen die Konstruktion gefährdet ist, sind:

- Verladung - Seetransport - Aufrichten des Jacket-Gerüsts - Anheben.

7.3.6 Entwicklungen im Tiefwasser

Ortsfeste Plattformen sind bei einer Wassertiefe von 410 m aufgestellt worden, z.B. die für den Golf von Mexiko entwickelte „Bullwinkle". Das Jacket-Gerüst wog fast 500 MN.

Große Wassertiefen bringen für den Betreiber, den Statiker und den Konstrukteur von Offshore-Plattformen viele zusätzliche Schwierigkeiten. Zu den hohen Kosten für Errichtung und Recycling kommen Gewinnentgang durch die sehr lange Zeit zwischen Entdeckung eines Feldes und Produktionsstart.

Eine Möglichkeit für größere Tiefen ist der Einsatz von unter Wasser liegenden Bohrschächten und Leitungen zu einer in der Nähe in geringerer Wassertiefe liegenden festen Plattform (maximal 10 km entfernt). Heute bevorzugt man Unterwasserkonstruktionen mit an einem Produktionsschiff befestigten flexiblen Steigleitungen; Wassertiefen von 300 - 900 m sind realisierbar. Produktionsschiffe haben eine geringere Lagerkapazität als Plattformen, sind aber schneller einsatzbereit und wiederverwendbar.

Die Tensionleg Plattform (TLP) besteht aus schwimmenden Halbtauchern, die durch ein vertikales vorgespanntes Verankerungsnetz am Meeresboden befestigt sind. Auch sie wird als vielversprechende Produktionseinheit im Tiefwasser angesehen.

7.3.7 Fachausdrücke

ANSAUGROHR (SUMPS): Von der Deckkonstruktion 5 - 10 m unter den Wasserspiegel führende vertikale Rohre zum Ablassen oder Ansaugen.

AUFRICHTEN (UP ENDING): Die Jacket-Konstruktion wird, bevor sie auf den Meeresboden abgelassen wird, in die vertikale Lage gebracht.

BOHRKOPF-FLÄCHE (WELLHEAD AREA): Fläche des Decks, wo die Bohrköpfe einschließlich der auf ihren Enden montierten Ventile positioniert sind.

DECKKONSTRUKTION (TOPSIDE): Die gesamte, über dem Wasser liegende Betriebsanlage mit allen Hilfseinrichtungen.

HEBEÖSEN (PADEYES): Dickwandige Platte mit Loch, die an die Hauptkonstruktion geschweißt ist und über einen Schäkel mit den Tragseilen verbunden wird.

SCHÄKEL (SHACKLES): Verbindungsglied (Bügel + Anschlußbolzen) zwischen Tragseil und Hebeösen.

SCHLUPPS (SLINGS): Tragseile mit Schlaufen an den Enden.

SPREIZE (SPREADER): Rohrförmiger Rahmen für Hubarbeiten.

STEIGROHR (PIPELINE RIZER): Der Teil des Rohrsystems, der vom Meeresboden bis zur Deckebene reicht.

TRANSPORTBEFESTIGUNG (SEA-FASTENING): Die Konstruktion, die das Objekt während des Transports fest mit dem Ponton verbindet.

UNTERWASSER-SCHABLONE (SUBSEA TEMPLATE): Führungskonstruktion auf dem Meeresboden für die Conductor-Rohre vor der Installation des Jacket-Gerüsts.

WASSERSCHLAG (SLAMMING): Stoßhafte Belastung horizontal erstreckter Bauteile durch den sich in einer Welle hebenden Wasserspiegel.

WEATHER WINDOW: Eine Periode ruhigen Wetters, auf der Basis operativer Grenzen für Offshore-Arbeiten definiert.

WELLENBRECHER (SLAPPING): Stoßhafte Belastung auf vertikale Bauteile.

7.3.8 Lasten und Berechnung

Die zur Bemessung einer Offshore-Konstruktion relevanten Lasten können in folgende Kategorien eingestuft werden:

- Ständige Lasten.

- Verkehrslasten.

- Lasten aus Naturgewalten einschließlich Lasten aus Erdbeben: Windlasten, Wellenlasten, Wellentheorien, Wellenstatistik, auf Bauteile wirkende Wellenlasten, Strömungslasten, Erdbeben, Eis- und Schneelasten, Lasten infolge Temperaturschwankungen, Meeresbewuchs, Gezeiten, Bewegung des Meeresbodens.

- Vorübergehende Lasten aufgrund Montage.

- Außergewöhnliche Lasten.

Die Berechnung einer Offshore-Konstruktion ist eine umfassende Aufgabenstellung, vgl. Bild 7-8.

Die in der Offshore-Technik verwendeten Berechnungsmodelle sind ähnlich mit denen, die für andere Stahlkonstruktionen benutzt werden. Während des gesamten Berechnungsprozesses wird das selbe Modell angewandt.

Der Nachweis eines Bauteils besteht aus dem Vergleich von charakteristischem Widerstand und Bemessungswerten von Kräften oder Spannungen.

Die Vordimensionierung von Bauteilen kann nach einfachen Regeln erfolgen.

Eine statische Berechnung für den Endzustand wird immer zu Beginn eines Projekts durchgeführt, um die wichtigsten Bauteile zu bestimmen. Eine dynamische Berechnung ist in der Regel bei jeder Offshore-Konstruktion notwendig.

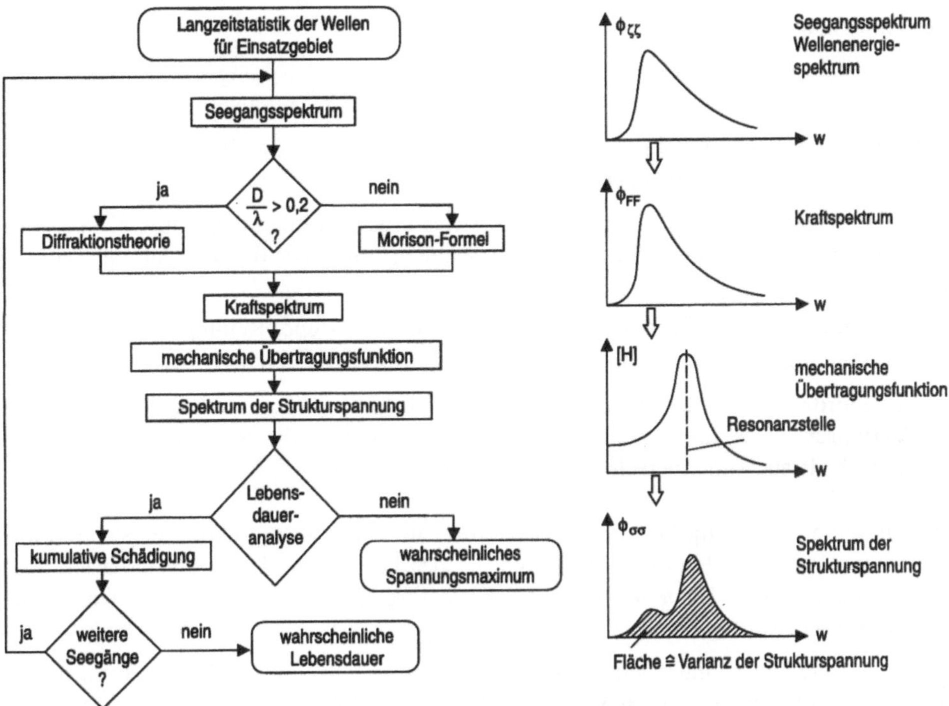

Bild 7-8 Schema einer Spektralanalyse für die Kraftwirkung der Wellen auf die Konstruktion

7.4 Grundlegende Aspekte der Bemessung von Aufbauten

7.4.1 Abmessungen und Entwurf

Bei der Entwicklung eines neuen Bemessungskonzepts werden zuerst alle Anforderungen an die Deckkonstruktion zusammengestellt. Die erforderlichen Flächen für Ausrüstung, Rohrnetze und Kabelführung, der vertikale Freiraum sowie die Anforderungen an die Zugänglichkeit bestimmen die Deckflächen und die Deckhöhen. Der vertikale Abstand zwischen den Decks liegt bei Plattformen in der Nordsee im Bereich von 6 - 9 m. Die Hauptwindrichtung ist für die Lage verschiedener Komponenten, wie Krane und Hubschrauberdeck bestimmend. Die Anforderungen für die verschiedenen Deckkomponenten basieren auf API-RP2G.

7.4.2 Lastannahmen

Hier werden Eigengewicht und Nutzlasten aufgrund gefüllter Tanks und Windlasten besprochen. Zum Eigengewicht zählt das Gewicht der Konstruktion, der Ausstattung, des Rohrnetzes, der Kabel, der Maschinen und der architektonischen Ausrüstung. Die Nutzlasten der Tanks umfassen das Gewicht von Trinkwasser, Diesel- und Hubschrauberkraftstoff, Glykol und Methanol, Schmieröl, Abfall, usw..

Zu den Nutzlasten gehören ebenfalls Lasten wie z.B. in Säcke abgefüllte oder palletierte Verbrauchsartikel, Ersatzteile, Instandhaltungsausrüstung usw..

Für die Bemessung ist insbesondere zu achten

- auf die Größe der aufgebrachten Lasten bei: direkt belasteten Längsträgern, Deckträgern, Deckbindern, Deckstützen, Jacket-Gerüst, Pfählen und beim Tragwiderstand der Pfähle.

- die Flächen, auf die Nutzlasten aufgebracht werden müssen. Diese Flächen sind in den Vorschriften als nichtbebaute Flächen beschrieben.

  Für die Bemessung von Laufstegen, Rettungswegen usw. werden diese als frei von Ausrüstungsgegenständen angenommen. Die Bemessung erfolgt unter Berücksichtigung von Verkehrslasten.

  Für die Bemessung der Gesamtkonstruktion werden Laufstege, Rettungswege usw. als für eine Evakuierung freigehalten betrachtet. Nutzlasten werden denn nicht berücksichtigt.

- die Lastanordnung, die die maximalen Spannungen erzeugt. Dazu sollte für jedes Projekt eine Verfahrensweise ausgearbeitet werden, nach der sowohl die Variation der Lasten über einem Deck als auch über verschiedenen Decks festlegt wird.

Windlasten sollten sorgfältig bestimmt werden. Für die Gesamtkonstruktion entstehen infolge der komplexen Form der Plattform Probleme bei der Festlegung der den Windlasten ausgesetzten Flächen. Spezielle Bauteile wie Funk- und Verbrennungstürme müssen als windsensible Konstruktionen eingestuft werden.

Jede statische Berechnung muß sich auf die aktuellsten zur Verfügung stehenden Informationen beziehen. Zur Kontrolle des Bemessungsprozesses muß eine Gewichtsüberwachung vorgenommen werden. Bei der Gewichtsprognose wird in der Entwurfsphase ein Sicherheitszuschlag von bis zu 30% verwendet, der bis zur endgültigen Herstellungsphase auf + 5% reduziert wird.

7.4.3 Schnittstellen

Die Einrichtung muß sehr kompakt bemessen werden, da die Bereitstellung von Plattformflächen hohe Kosten bedingt. Diese Anforderung führt dazu, daß in mehreren Bereichen eine interdisziplinäre Kontrolle erforderlich ist. z.B.:

Raumverteilung: Die Konstruktion darf keinen Raum in Anspruch nehmen, der für Ausrüstung und Zugangswege vorgesehen ist. Der Kopffreiraum zwischen Rohrnetz, Kabelführungen, Ausrüstung und der darüberliegenden Decketage muß berücksichtigt werden.

Kontrolle der Schnittstellen: Pumpen, Behälter und Rohrnetze benötigen die Stahlkonstruktion als Auflager.

Literatur

[1] API-RP2A: Recommended Practice for Planning, Designing and Constructing Fixed Offshore Platforms. American Petroleum Institute, 18th Edition, 1989[2] LRS Code for offshore platforms

[2] Lloyds Register of Shipping. London (UK) 1988. Richtlinie einer Zertifizierungbehörde

[3] DnV: Rules for the classification of fixed offshore installations. Det Norske Veritas 1989. Bedeutende Sammlung von Regelungen

[4] AISC: Specification for the design, fabrication and erection of structural steel for buildings. American Institute of Steel Construction 1989. Häufig verwendete Norm für Deckkonstruktionen

[5] AWS D1.1-90: Structural Welding Code-Steel. American Welding Society 1990. Norm für Offshore-Schweißarbeiten

[6] Hapel, K.-H.: „Festigkeitsanalyse dynamisch beanspruchter Offshore-Konstruktionen", Braunschweig: Vieweg 1990. Mit weiterführenden Literaturangaben

[7] Stahlbau Handbuch, Band 2, Stahlbau-Verlagsgesellschaft m b H, Köln 1985

8 Tragwerke für den Maschinenbau

8.1 Maschinenfundamente

Stahlfundamente in tischartiger Form werden vorwiegend zur Lagerung von schnellaufenden Maschinen gebaut.

Die wesentlichen Anforderungen sind:

- Sicheres Tragen des Maschinensatzes unter allen Betriebsbedingungen und Gewährleistung einer ausreichend genauen Ausrichtung besonders des Wellenstranges.

- Die Übertragung der Maschinenschwingungen in den Untergrund, vor allem die Weiterleitung auf benachbarte Bauteile soll vermieden werden. Das wird durch vertikale Grundeigenschwingungszahlen erreicht, die etwa bei 1/3 bis 1/6 der Maschinennenndrehzahl liegen. Die horizontale Grundeigenfrequenz ergibt sich bei den üblichen Ausführungen mit Kastenquerschnitten zu circa 10% der vertikalen Frequenz.

- Die Lagerunterstützung soll soweit dynamisch nachgiebig sein, daß die Lager bei besonders im Störungsfall auftretenden Unwuchten nicht zerstört werden. Durch das geringe Gewicht von stählernen Lagertischen wird das im Gegensatz zu massiven, auch abgefederten, Betonlagerplatten ohne weitere Vorkehrungen erreicht.

Entwurf und Berechnung

Die Ausführung erfolgt in geschweißter Kastenbauweise, der Maschinentisch besteht im wesentlichen aus zwei Längsträgern, die an den Lagerstellen des Maschinensatzes durch Querträger verbunden werden. Je nach Einbauhöhe und dem gewünschten Schwingungsverhalten wird dieser Lagerrahmen federnd über Stahlstützen mit geschlossenem Querschnitt oder Dämpfungselementen, zum Beispiel Schrauben-, Tellerfedern, eventuell Elastomerlagern auf der Stahlbetonbodenplatte gelagert.

Grundlagen für die konstruktive Auslegung sind die Abmessungen und Massen der aufzustellenden Maschinen, bzw. Maschinenteile, deren statische, quasistatische und dynamische Betriebslasten, die Lage und Größe der Maschinenlager und darüber hinaus die erforderliche Genauigkeit der Bearbeitung der Lagerflächen; weiters sind die vom Maschinenhersteller ebenfalls meistens vorgegebenen Mindeststeifigkeiten für die Lagerträger zu beachten. Die Transportmöglichkeiten und die Kapazität der Montagegeräte sind maßgebend für die Festlegung von Stößen.

Rechnerisch zu untersuchen sind die Verformungen unter den Betriebslasten, um die Wellenausrichtung unter allen Betriebsbedingungen sicherzustellen, und die von der Stahlbetonbodenplatte aufzunehmenden Einwirkungen. Die Ermittlung des Schwingungsverhaltens der Anlage wird häufig an Teilmodellen durchgeführt. So können für die Untersuchung der Biegeschwingungen die Stützen durch eingespannte Balken ersetzt werden. Der Stand der elektronischen Berechnung erlaubt jedoch auch die Untersuchung an dreidimensionalen Modellen unter Erfassung der Freiheitsgrade in allen Richtungen.

8.2 Kranbahnen

8.2.1 Arten und Funktion

Kranbahnen tragen und führen schienengebundene Hebemaschinen. Sie können im Freien oder in Hallen, als Hochkranbahnen oder niveaugleich ausgeführt werden.

NIVEAUGLEICHE BAHNEN können in einfachster Art wie Eisenbahnschienen auf Schwellen gelagert werden. Bei höheren Raddrücken reicht der Biegewiderstand der Schiene allein nicht aus und es wird eine durchgehende Bettung auf Längsträgern mit Einzelfundamenten oder auf Streifenfundamenten erforderlich. Die wirtschaftliche Lösung wird auch von den Bodenverhältnissen maßgebend beeinflußt. Für das Fahrverhalten haben die Einhaltung der Spurweite und der Höhenlage große Bedeutung; die Festlegung technisch und wirtschaftlich vertretbarer Toleranzen ist daher bereits im Planungsstadium erforderlich.

KRANBAHNEN IM FREIEN sind zusätzlich zu den Beanspruchungen einer Hallenkranbahn für die Windeinwirkungen auszulegen, insbesonders sind auch Sturmsicherungen vorzusehen.

Bild 8-1 Architektonisch interessante Gestaltung einer Kranbahn im Kraftwerksbau

HALLENKRANBAHNEN sind im allgemeinen ein integrierender Bestandteil der Hallenkonstruktion und übernehmen auch horizontale und vertikale Einwirkungen auf die Halle. Die dynamische Beanspruchung durch den Kranbetrieb ist in jedem Fall beim Entwurf der Hallenkonstruktion zu beachten. Die Betriebsfestigkeit wird durch regelmäßige Überprüfung auf Anrisse sicherzustellen sein.

8.2.2 Kranbahnträger

KRANBAHNTRÄGER werden in der Regel vollwandig aus Walzprofilen oder geschweißt ausgeführt, die Kranschienen werden möglichst zentrisch über einem Steg befestigt. Die in Amerika übliche Anordnung der Schiene in Obergurtmitte eines schmalen Kastenträgers hat sich in Europa nicht durchgesetzt. Fachwerkträger mit direkt befahrenem Obergurt werden heute nur noch in Sonderfällen eingesetzt.

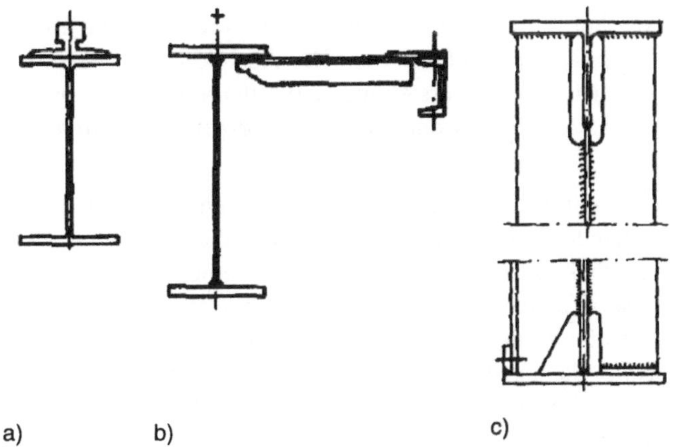

a) Walzprofilträger

b) geschweißter Träger mit Horizontalverband

c) Möglichkeiten zur Verbesserung des Kerbfalls: Obergurt aus halbiertem I-Profil, im Zugbereich Steifen nicht mit Gurt verschweißt

a)   b)   c)

Bild 8-2 Querschnitte von Kranbahnträgern

Bei *Walzträgern* wird der Durchlaufträger als statisches System bevorzugt ausgeführt. Die Hublasten sind hier relativ klein und die Beanspruchungsgruppe niedrig, daher erlaubt die Betriebsfestigkeit die Ausnutzung der Durchlaufwirkung, wegen der üblichen geringen Stützweiten sind sogar 3-Feld-Träger ohne teure Stoßausbildung möglich und häufig kann auch eine aufgeschweißte Flachstahlschiene tragend mitgerechnet werden. Vorteilhaft ist auch die gegenüber dem Einfeldträger geringe Durchbiegung.

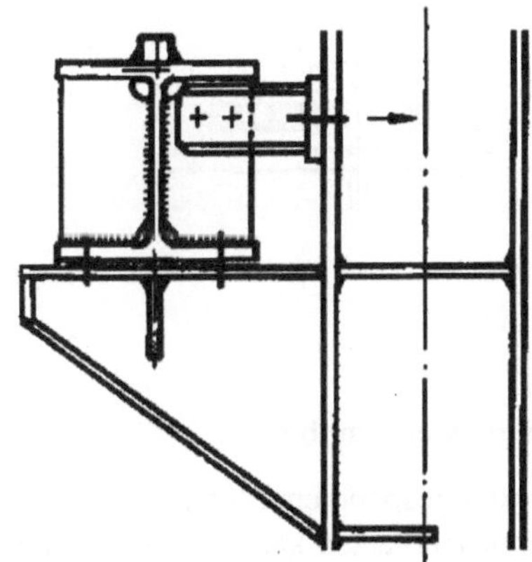

Bild 8-3
Durchlaufträger mit aufgeschweißter Quadratschiene, Lagerung auf Stützenkonsole

In manchen Fällen überwiegen die *Nachteile des Durchlaufträgers*:
die Wechselbeanspruchung führt bei höherer Beanspruchungsgruppe zu geringer Betriebsfestigkeit; aufwendige biegefeste Stöße sind erforderlich; Montage und Verstärkungen sind schwieriger; ungleiche Stützensenkungen führen zu bedeutenden Spannungsumlagerungen.

Die Lasteintragung über die Kranschiene erfordert konstruktiv die größte Aufmerksamkeit. Obergurt und Steg, besonders auch Schweißnähte in diesem Bereich werden durch vertikale und horizontale Radlasten mehrfach und zumindest schwellend beansprucht. Torsion aus zumeist unvermeidlichem exzentrischem Lastangriff bewirkt Wechselbeanspruchung. Dem für die Betriebsfestigkeit maßgebenden Kerbfall ist bei der Konstruktion besondere Beachtung zu widmen. (Bild 8-2c)

Die Seitensteifigkeit des Obergurtes kann bei schweren Kranbahnträgern durch Horizontalträger in Fachwerkausführung und mit Nebenträgern erzielt werden. Die Ausbildung als Kastenträger ist zwar meist schwerer, aber erweist sich in Herstellung und Erhaltung oft als wirtschaftlicher. Der Kastenträger ist besonders vorteilhaft, wenn Krane mit horizontalen Führungsrollen vorgesehen sind.

Die SCHIENENBEFESTIGUNG soll die Lage der Schiene vertikal, horizontal und gegen Kippen sichern und bei Verschleiß das Auswechseln leicht ermöglichen. Zur Aufnahme von Längs- und Seitenkräften sind meistens Begrenzungsstücke zwischen den Schienenklemmen angeschweißt oder angeschraubt. Sie begrenzen auch das Wandern von nicht schubfest mit dem Schienenträger verbundenen Schienen. Klemmen für alle Schienentypen und Anwendungsgebiete werden von Spezialfirmen angeboten. Elastische Schienenunterlagsplatten vermindern die Geräuschentwicklung und den Verschleiß der Schienen, Gurte und Spurkränze und verbessern die Einleitung und Verteilung der Radlasten.

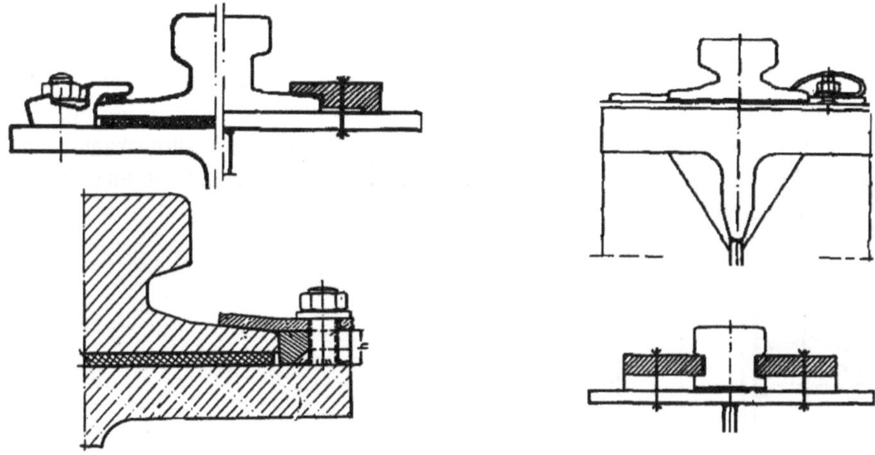

Bild 8-4 Typen von Schienenbefestigungen

KRANBAHNSTÜTZEN werden in der Regel auch für das Hallentragwerk mitbenutzt.

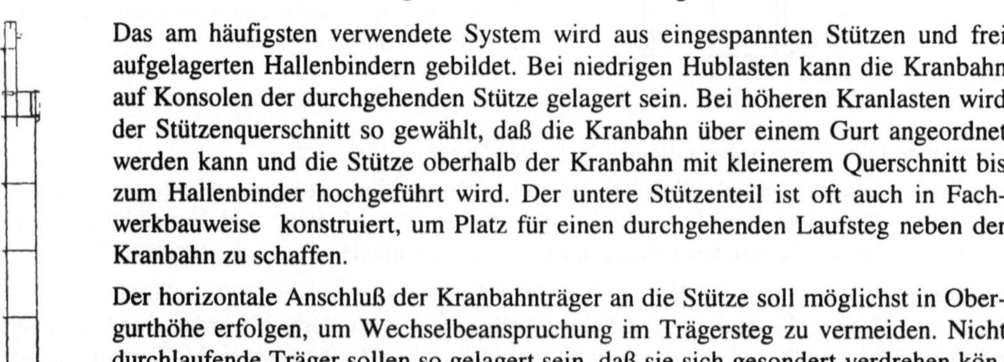

Das am häufigsten verwendete System wird aus eingespannten Stützen und frei aufgelagerten Hallenbindern gebildet. Bei niedrigen Hublasten kann die Kranbahn auf Konsolen der durchgehenden Stütze gelagert sein. Bei höheren Kranlasten wird der Stützenquerschnitt so gewählt, daß die Kranbahn über einem Gurt angeordnet werden kann und die Stütze oberhalb der Kranbahn mit kleinerem Querschnitt bis zum Hallenbinder hochgeführt wird. Der untere Stützenteil ist oft auch in Fachwerkbauweise konstruiert, um Platz für einen durchgehenden Laufsteg neben der Kranbahn zu schaffen.

Der horizontale Anschluß der Kranbahnträger an die Stütze soll möglichst in Obergurthöhe erfolgen, um Wechselbeanspruchung im Trägersteg zu vermeiden. Nicht durchlaufende Träger sollen so gelagert sein, daß sie sich gesondert verdrehen können. Der Schienenstoß wird mit einem Schrägschnitt ausgeführt, so daß trotz gegenseitiger Verschiebung der Trägerenden das Laufrad immer eine Auflage hat.

Bild 8-5 Hallenstütze mit Kranbahn

8.2.3 Hinweise zur Berechnung

Bis zum Vorliegen einer verbindlichen Europäischen Norm (ENV 1993-6) gilt für die Berechnung und bauliche Durchbildung *DIN 4132, Kranbahnen*, mit den ergänzenden Angaben in DIN 15 018, Krane. Die in der DIN 4132 angeführten Normen DIN 1000, DIN 1050, DIN 4100, DIN 4114 und die DAST-Richtlinien 008 und 010 wurden zurückgezogen, sie sind durch die entsprechenden Abschnitte der DIN 18 800 und DIN 18 801 zu ersetzen. DIN 17 100 wurde durch DIN EN 10 025 ersetzt.

Eine *Übersicht der für die Nachweise erforderlichen Angaben* durch den Bauherrn gibt ein Formblatt in DIN 4132. Die Kraneinstufung in die normgemäßen 4 Hubklassen und 6 Beanspruchungsgruppen wird durch Kranhersteller und Kranbetreiber festgelegt, ebenso besondere Betriebsbedingungen.

Bei den Lastannahmen unterscheidet die Norm Hauptlasten und Zusatzlasten sowie Sonderlastfälle. Zur Berücksichtigung der dynamischen Wirkungen aus dem Kranbetrieb sind die Radlasten mit einem Schwingbeiwert φ zu vervielfachen. Es sind die jeweils ungünstigsten Radlasten aus ständiger Last und Hublast in ungünstigster Stellung anzusetzen. Für die Betriebsfestigkeit ist in den Beanspruchungsgruppen B 4 bis B 6 ein ausmittiger Lastangriff von $\pm\,\tfrac{1}{4}$ der Schienenkopfbreite anzunehmen. Ohne Schwingbeiwert sind Gründungen, Bodenpressungen, Formänderungen und Standsicherheit zu berechnen.

Tabelle 8-1 Schwingbeiwerte φ

Bauteil	Hubklasse des Krans			
	H 1	H 2	H 3	H 4
Träger	1,1	1,2	1,3	1,4
Unterstützungen oder Aufhängungen	1,0	1,1	1,2	1,3

Die Hauptlasten gelten als eine Einwirkung, für die Ermittlung der Bemessungswerte gilt Gleichung (14), $\gamma_F = 1,5$, der DIN 18 800 Teil 1, Abschnitt 7.2. Für die Einwirkungskombination der Haupt- und Zusatzlasten inklusive Kippen bei Laufkatzen mit Hublastführung gilt die Gleichung (13), $\gamma_F = 1,5$, $\psi_i = 0,9$. Für den Anprall von Kranen gegen Anschläge gilt Gleichung (17),), $\gamma_F = 1,0$.

Für den Tragsicherheitsnachweis gilt DIN 18 800, Teil 1; für den Stabilitätsnachweis gelten DIN 18 800, Teil 2 und 3. Die Betriebsfestigkeit wird nach den Angaben der DIN 4132 geführt, im Sinne von DIN 18 800 sind die Teilsicherheitsbeiwerte $\gamma_F = 1,0$ und $\gamma_M = 1,0$.

Um die Betriebssicherheit des Kranes zu gewährleisten, ist die Einhaltung der vorgeschriebenen Maßgenauigkeiten (Toleranzen) zu überprüfen (ISO 8306).

Zur Ermittlung der Maximalmomentenlinie und Maximalquerkraftlinie ist für die wandernden Radlasten die Auswertung von Einflußlinien erforderlich. Für den Einfeldträger und nur zwei Radlasten läßt sich diese Aufgabe einfach mit der Culmann'schen Laststellung lösen.

$$\max M = \frac{R}{4\cdot\ell}(\ell-a)^2 \qquad \text{mit} \quad \begin{aligned} R &= \text{Resultierende,} \\ a &= \text{Abstand zwischen Resultierender und größerer Last,} \\ \mathit{l} &= \text{Stützweite des Kranbahnträgers} \end{aligned}$$

Bei großem Radstand ist auch die Laststellung mit F_1 (größere Radlast) in der Feldmitte zu untersuchen, wobei die zweite Last dann außerhalb des Trägers steht. Bei gleich großen Radlasten ist dieser Lastfall immer maßgebend, wenn $2a > 0,586 \cdot \mathit{l}$.

Empfehlungen für die Steifigkeit

Um unerwünschte dynamische Effekte zu vermeiden und den Betrieb des Kranes zu gewährleisten, dürfen die folgenden Maximalwerte für die Durchbiegung des Kranbahnträgers auf mittlerer Spannweite infolge maximaler Radreaktionen normalerweise nicht überschritten werden:

Vertikale Durchbiegung L / 700, jedoch nicht größer 25 mm
Horizontale Auslenkung L / 600

Wenn keine genauere Berechnung durchgeführt wird, ist es akzeptabel anzunehmen, daß der Oberflansch die gesamte Horizontalkraft aufnimmt. Die Steifigkeitsanforderungen für horizontale Durchbiegung sind entscheidend, um schiefes Arbeiten des Kranes zu verhindern.

Die *Ermüdungsfestigkeit* kann auch nach Eurocode 3, Abschnitt 9 in Verbindung mit DIN 4132 nachgewiesen werden. Die Bestimmung der maximalen Spannungsschwingbreite = max σ – min σ darf mittels Einflußlinien bestimmt werden. Die Schwingbeiwerte Φ sind in Tabelle 1 der DIN 4132 festgelegt. Die Teilsicherheitsbeiwerte γ sind mit 1,0 anzunehmen. Die Grenzwerte $\Delta\sigma_c$ und $\Delta\tau_c$ siehe Tabellen 9.8.1 bis 9.8.7 des EC 3. Abminderungsfaktoren λ gelten abhängig von der Beanspruchungsgruppe nach folgender Tabelle.

Tabelle 8-2 Abminderungsfaktoren λ

λ	B1	B2	B3	B4	B5	B6
Für $\Delta\sigma_{max}$	0,147	0,215	0,316	0,464	0,681	1,0
für $\Delta\tau_{max}$	0,316	0,398	0,501	0,631	0,794	1,0

Der Ermüdungsnachweis lautet damit:

$$\gamma_{Fi} \cdot \Phi \cdot \lambda \cdot \Delta\sigma_{max} \leq \Delta\sigma_c / \gamma_{Mf}$$

$$\gamma_{Fi} \cdot \Phi \cdot \lambda \cdot \Delta\tau_{max} \leq \Delta\tau_c / \gamma_{Mf}$$

8.3 Krane, Fördergeräte

8.3.1 Übersicht der Hebezeuge

Im folgenden werden die Hebezeuge nach dem Einsatzgebiet eingeteilt und als alternative Möglichkeit einer Zuordnung eine Übersicht der Lastaufnahmemittel gegeben.

MATERIALABBAU UND UMSCHLAG, LAGERUNG

Gewinnungsgeräte mit Graborganen zum Abtragen von Material unterschiedlicher Festigkeit auf Raupen oder Gleisen verfahrbar.

- Bagger mit Greifer oder mit Schaufel (Schürfkübel)

- Schaufelradbagger, Eimerkettenbagger, zur Stetigförderung, meist ausgestattet mit Abwurfband oder Verbindungsbandbrücke und Beladewagen

- Kombinierte Geräte aus Bagger und Absetzer

Umschlaggeräte dienen der Umsetzung von Massengütern von einem Transportmittel auf ein anderes, wobei Lagerplätze in erster Linie als Puffer für die Schwankungen des Materialstromes erforderlich sind.

- Absetzer zur Aufschüttung einer Halde in Verbindung mit Bandschleifenwagen. Absetzer mit Aufnahme- und Abwurfauslegern, die hebbar und schwenkbar gelagert werden, die Aufnahme des Materials von einem Förderband erfolgt mit Bandschleifenwagen und Übergabeband.

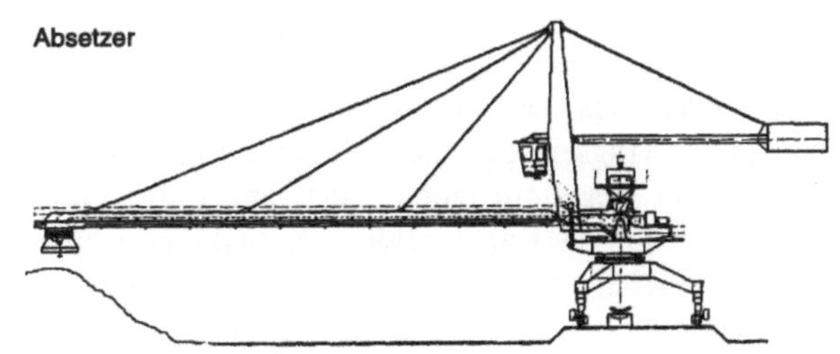

- Schaufelradrücklader;
  Geräte mit Eimerketten,
  Kratzerkette, Förder-
  trommel, Förder-
  schnecke zur Aufnahme
  des gelagerten Mate-
  rials.

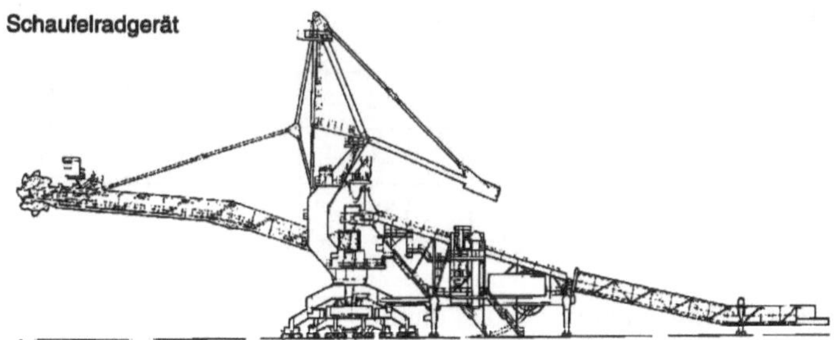

- Schiffsbelader und
  Schiffsentlader mit
  kontinuierlicher Förde-
  rung weisen als Beson-
  derheit in die Schiff-
  ladeluken eintauchende
  „Rüssel" auf. Diese
  sind heb- und schwenk-
  bar, gelegentlich auch
  verfahrbar und telesko-
  pierbar. Besonders bei
  Entladern ist die Auf-
  nahme der unterschied-
  lichen Güter mit gro-
  ßem machinenbau-
  lichen Aufwand ver-
  bunden.
  Der Schutz heikler
  Güter oder der Umwelt
  kann aufwendige Ab-
  deckungen erfordern.

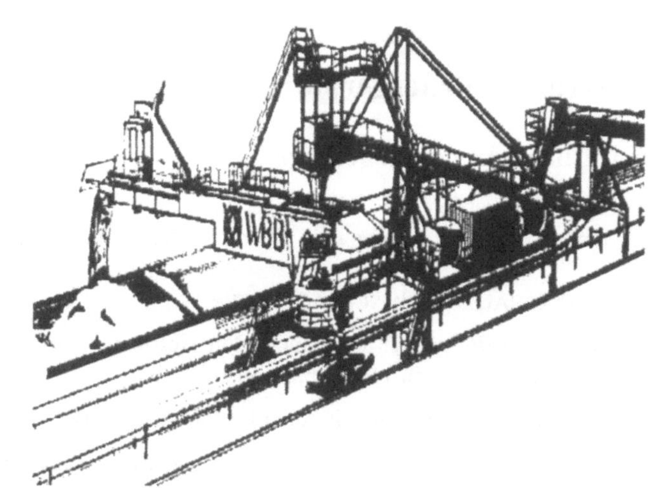

- Drehkrane: mit festem Ausleger, wegen der erforderlichen Arbeitshöhe meist als Turmdreh-
  kran ausgebildet; mit einziehbarem Ausleger; Wippdrehkrane mit Einfachlenker oder Dop-
  pellenker und möglichst horizontalem Lastweg beim Einziehen. Als Schiffskrane ortsfest,
  sonst meist fahrbar auf Portalgerüsten.

- Kabelkrane bestehen aus: Einem zwischen feststehenden oder verstellbaren Türmen ge-
  spanntem Tragseil, das die Laufkatze trägt. Die Winden für die Fahr- und Hubbewegung
  sind in der Regel auf einem Turm angeordnet, die Fahr- und Hubseile werden über sogenannte Reiter zur Katze geführt. Kabelkrane werden zur Förderung über große Entfernungen eingesetzt, wie zum Beispiel beim Bau von Talsperren.

- Verladebrücken mit
  Drehkran oder Greifer-
  laufkatze. Bei Uferladern
  wird der seeseitige Kragarm meist klappbar ausgeführt, um Kollisionen
  mit Schiffsaufbauten zu
  vermeiden.

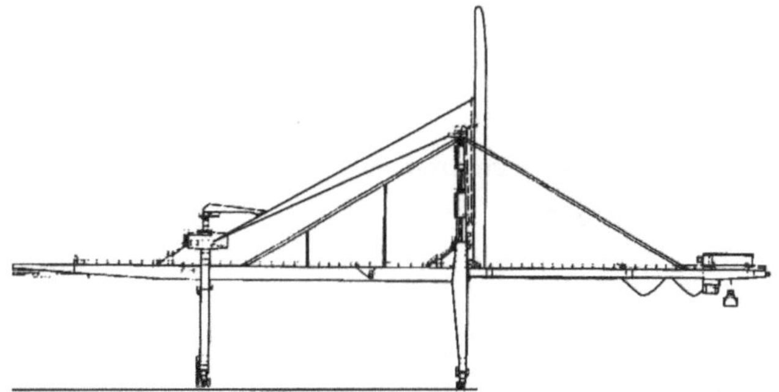

In der *Lagertechnik* sind für den Stahlbau hauptsächlich die Einrichtung von Hochregallagern von Interesse. In diesem Zusammenhang können sie nur kurz gestreift werden.

REGALLAGER UND DEREN BEDIENGERÄTE

Für die *Lagereinrichtung* gibt es drei Konzepte:

- Die Verpackung entspricht standardisierten Paletten,

- der Ladungsträger wird dem speziellen Ladegut angepaßt oder

- das Regal selbst wird auf das Ladegut direkt abgestimmt.

Als *Bediengeräte* werden Stapler, hand- oder automatisch gesteuert; aber auch Rollenbahnen, Kettenförderer und Aufzüge eingesetzt. Ergänzend findet man Wiegeeinrichtungen und Profil-kontrollen, sowie Richtstationen.

Gebäudetragende Regalgerüste unterliegen der Bauaufsicht, andernfalls wird ihre Überwachung durch Richtlinien der Berufsgenossenschaften geregelt.

PRODUKTION UND MONTAGE

- Brückenkrane mit den unterschiedlichen Zwecken angepaßten Laufkatzen

- Portalkrane mit und ohne Kragarme

- Für Montagezwecke werden bereits genannte Geräte, wie Turmdrehkrane u.a. besonders ausgerüstet oder speziell gefertigt, wie Vorbauderricks, Schalungswagen u.a., siehe dazu auch Kapitel 6.

- Laufkatzen werden bevorzugt obenfahrend gebaut, aber auch untenfahrend oder hängend angeordnet. Drehkatzen und Kragkatzen in Zwei- und Dreischienenbauweise werden ausge-führt. In der Regel befinden sich die Hubwinden und das Fahrwerk auf der Katze. In beson-deren Fällen, z.B. wenn die Radreibung nicht ausreicht, wird die Katze mittels Seilzug ver-stellt. Zur Verringerung des Gewichtes der Katze und der gesamten Stahlkonstruktion kann auch die gesonderte Aufstellung der Hubwerkswinden erwünscht sein, der wirtschaftliche Erfolg wird durch den erhöhten maschinenbaulichen Aufwand begrenzt.

LASTAUFNAHMEMITTEL

können hier nur in grober Übersicht genannt werden, ohne auf ihre Besonderheiten und Kon-struktion näher einzugehen, da es sich dabei um ein Spezialgebiet des Maschinenbaues handelt.

- Haken und Gehänge
- Greifer
- Magnete
- Schaufeln, Eimer, Schurren und Löffel
- Containergehänge

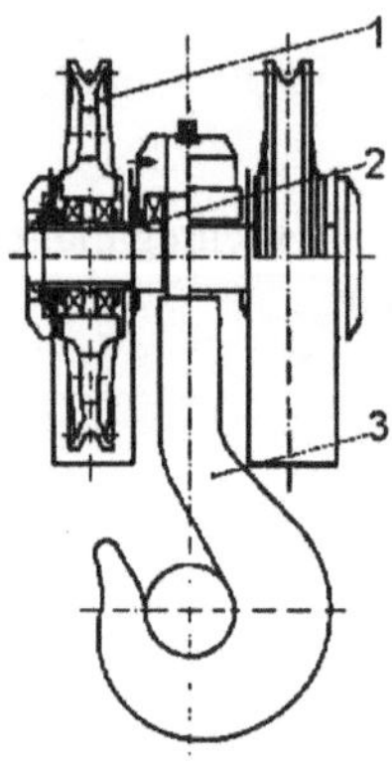

Einfachhaken

1: Seilrollen
2: Axiallager
3: geschmiedeter
   Haken

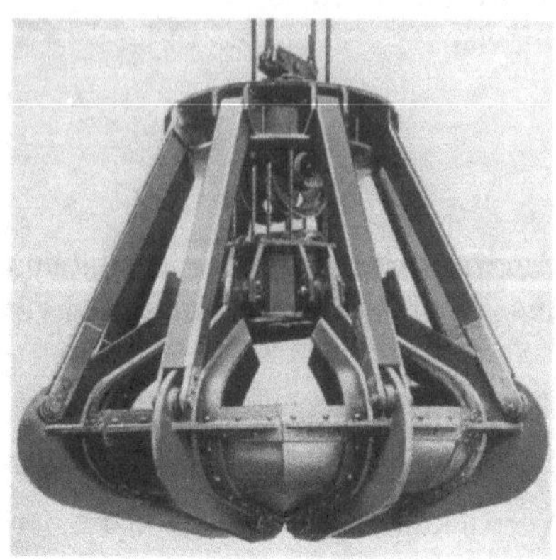

Mehrschalen-Polypgreifer

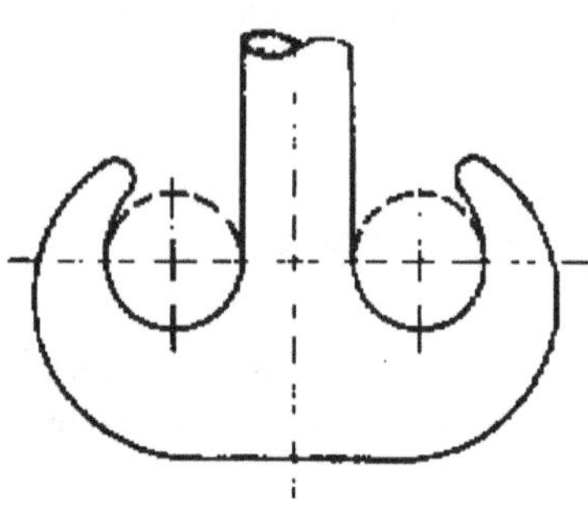

geschmiedeter Doppelhaken

Schalengreifer mit verstärkter Schneide

Bild 8-6 Lastaufnahmemittel, Beispiele

8.3.2 Krane, Hinweise zur Berechnung und Normung

Bis zum Vorliegen einer verbindlichen Europäischen Norm gilt für die Berechnung und bauliche Durchbildung DIN 15 018, Krane. Die Normen DIN 1000, DIN 1050, DIN 4100, DIN 4114 und die DAST-Richtlinien 008 und 010 wurden zurückgezogen, sie sind durch die entsprechenden Abschnitte der DIN 18 800 und DIN 18 801 zu ersetzen. DIN 17 100 wurde durch DIN EN 10 025 ersetzt.

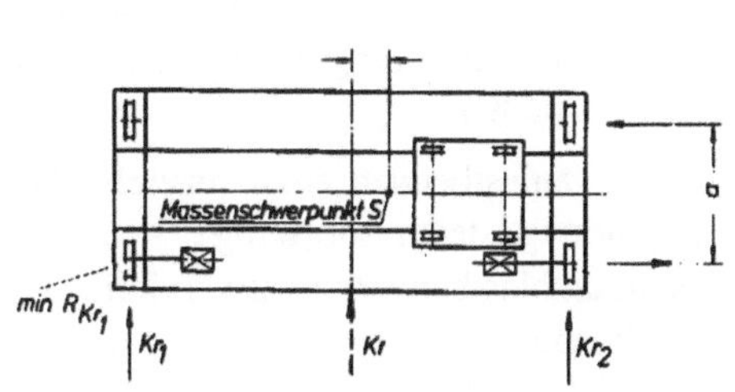

Massenkräfte aus Anfahren und Bremsen
des Kranes

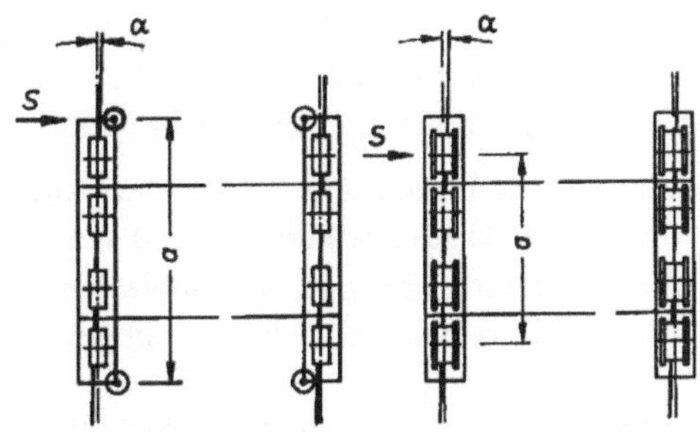

Schräglaufkräfte, mit und ohne Führungsrollen

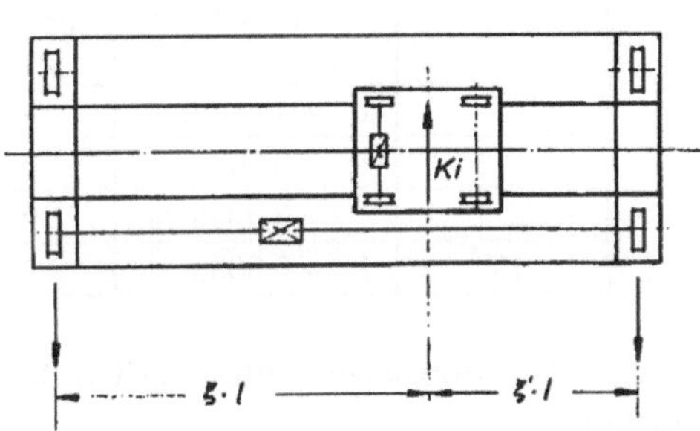

Kräfteverteilung beim Kippen einer Katze

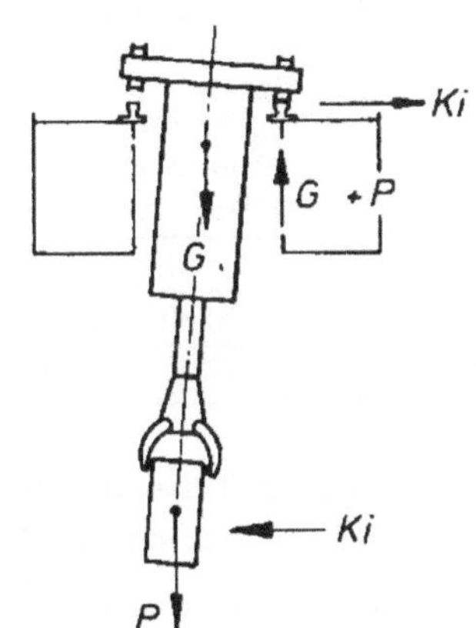

Bild 8-7 Beispiele für Kräfte an Kranen

Einwirkungen werden in 3 Gruppen eingeteilt:

Hauptlasten:
1. Eigenlasten
    Lasten in Bunkern und Stetigförderern
    Hublasten
    Massenkräfte aus Antrieben
    Fliehkräfte
    Aufprall von Schüttgut

2. Zusatzlasten:
    Windlasten
    Kräfte aus Schräglauf
    Wärmewirkungen
    Schneelasten
    Lasten auf Laufstegen, Treppen, Podesten und Geländern

3. Sonderlasten:
    Kippkraft bei Laufkatzen mit Hublastführung
    Pufferkräfte
    Prüflasten

Diese Lasten werden in Tabelle 7 der DIN 15018 zu den Lastfällen H, HZ, HS zusammen-gefaßt, aus der Norm sind auch Angaben zur Größe , bzw. zur Ermittlung der Lasten zu ent-nehmen. Beispiele für den Ansatz von Kräften am Kran gibt Bild 8-7.

Eigenlasten und Lasten von Schüttgütern sind mit einem Eigenlastbeiwert φ zu vervielfachen, der von der Fahrgeschwindigkeit und der Fahrbahnausbildung, deren sorgfältige Verlegung vorausgesetzt wird, abhängt. Die Hublasten sind mit einem Hublastbeiwert ψ zu vervielfachen, der von der Hubklasse und der Nennhubgeschwindigkeit abhängt.

Tabellen 8-3 Eigenlastbeiwerte φ und Hublastbeiwerte ψ

Fahrgeschwindigkeit, v_F in m/min, und Fahrbahnen		Eigenlast-beiwert φ
mit Schienenstö-ßen oder Uneben-heiten	ohne oder mit bearbeiteten Schie-nenstößen	
bis 60	bis 90	1,1
über 60 bis 200	über 90 bis 300	1,2
über 200	–	≥ 1,2

Hubklasse	Hublastbeiwert ψ bei Hubgeschwindigkeit v_H in m/min bis 90	über 90
H 1	$1,1 + 0,0022\, v_H$	1,3
H 2	$1,2 + 0,0044 \cdot v_H$	1,6
H 3	$1,3 + 0,0066 \cdot v_H$	1,9
H4	$1,4 + 0,0088 \cdot v_H$	2,2

Auf Sonderregelungen, z.B. bei gefederten Rädern oder bei plötzlicher Entlastung u.a. kann nicht eingegangen werden, sie sind der Norm zu entnehmen.

Die Ermittlung der örtlichen Spannung in Schiene, Halsnähten und Stegen darf mit einer Längsverteilung erfolgen.

Höhe h bei Verlegung ohne elastisch Unterlage, Maße in mm

a) für die Untersuchung des Steges   b) für die Untersuchung der Halsnaht

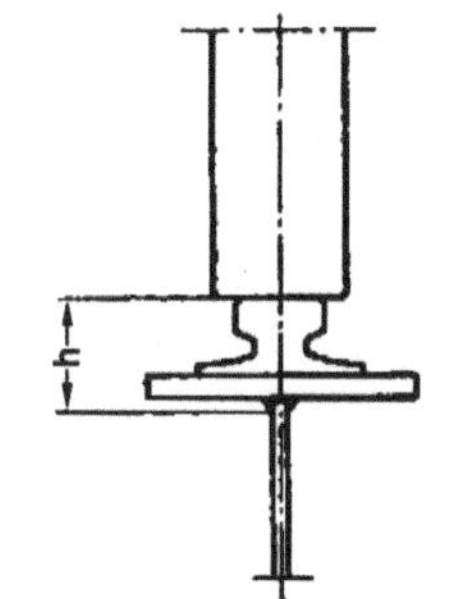
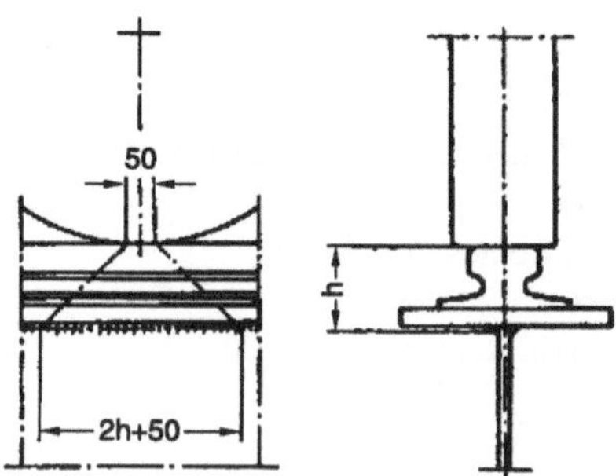

Bild 8-8 Längsverteilung der Radlasten

Der ALLGEMEINE SPANNUNGSNACHWEIS UND DER STABILITÄTSNACHWEIS darf nach Abschnitt 7 der Norm geführt werden, die zulässigen Werte und Sicherheiten sind den Tabellen 9 bis 13 zu entnehmen. Beim Beulnachweis sind die Stegspannungen unter wandernder Einzellast zu be-rücksichtigen.

Bei zusammengesetzten Spannungen gilt

für Bauteile

$$\sigma_v = \sqrt{\sigma_y^2 + \sigma_x^2 - \sigma_x \cdot \sigma_y + 3 \cdot \tau^2} \le zul\,\sigma_z$$

für Schweißnähte

$$\sigma_v = \sqrt{\overline{\sigma}_x^2 + \overline{\sigma}_y^2 - \overline{\sigma}_x \cdot \overline{\sigma}_y + 2\overline{\tau}^2} \le zul\,\sigma_z\,,$$

$$wobei \;\; \overline{\sigma} = \sigma \cdot \frac{zul\sigma \;\; (nach\;Tab.\,10)}{zul\sigma_w \;\; (nach\;Tab.\,11)}$$

Der BETRIEBSFESTIGKEITSNACHWEIS ist nach Abschnitt 7.4 der Norm zu führen. Dazu wird nach Ermittlung der Schnittgrößen die Beanspruchungsgruppe (B1 bis B6) nach den Belastungskollektiven und Schwingspielzahlen festgelegt. Für den untersuchten Bauteil wird das Spannungsverhältnis κ = min σ / max σ oder min τ / max τ gebildet und mit Hilfe der Tabellen 25 bis 32 der passende maßgebende Kerbfall gesucht, dem die Konstruktion mindestens entsprechen muß. Die zulässigen Spannungswerte können dann den Tabellen 17 bis 19 entnommen werden.

Bei *zusammengesetzten Spannungen* ist unter Beachtung der Vorzeichen folgende Bedingung zu erfüllen:

$$\left(\frac{\sigma_x}{zul\sigma_{xD}}\right)^2 + \left(\frac{\sigma_y}{zul\sigma_{yD}}\right)^2 - \left(\frac{\sigma_x \cdot \sigma_y}{\left|zul\sigma_{xD}\right| \cdot \left|zul\sigma_{yD}\right|}\right) + \left(\frac{\tau}{zul\tau_D}\right)^2 \le 1{,}1$$

Am Beispiel eines Kastenträgerquerschnitts soll die Vorgangsweise gezeigt werden:

	Kerbfall **K2**	Kerbfall **K3**
Darstellung	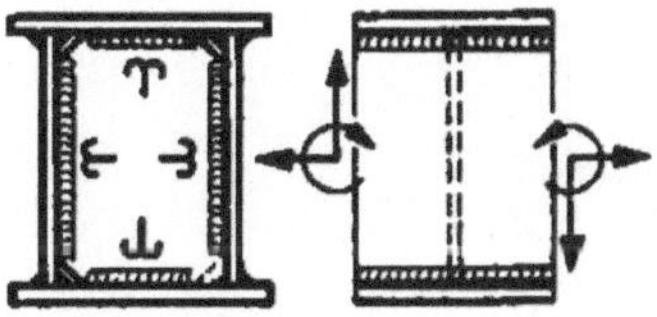	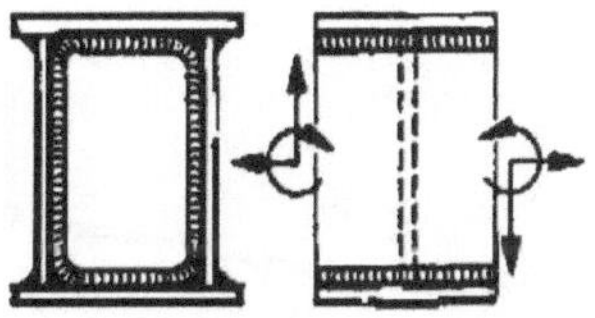
Beschreibung	*Gurt- und Stegbleche*, an die quer zur Kraftrichtung Querschotte oder Steifen mit abgeschnittenen Ecken mit Doppelkehlnaht-Sondergüte angeschweißt sind.	*Gurt- und Stegbleche*, an die quer zur Kraftrichtung Querschotte oder Steifen mit ununterbrochener Doppelkehlnaht-Normalgüte angeschweißt sind.
zul σ_D für Beanspruchungsgruppe 3 und κ = -1; St37 und St 52-3	178,2 N/mm²	127,3 N/mm²

Bild 8-9 Vergleich von Kerbfällen

Das Beispiel zeigt, daß mit einer geringen konstruktiven Änderung die Beanspruchbarkeit um etwa 30% verbessert werden kann, eine höhere Stahlsorte bringt meist keine Steigerung der Betriebsfestigkeit. Die Schweißnahtgüte hat großen Einfluß und ist daher zu prüfen. Die Zuordnung der Schweißnaht zu Kerbfällen wird am typischen Fall des Angriffs von Einzellasten in Stegebene quer zur Naht gezeigt.

Kerbfall **K2**	Kerbfall **K3**	Kerbfall **K4**
K-Naht mit Doppelkehlnaht – *Sondergüte*	*K-Naht mit Doppelkehlnaht –* *Normalgüte*	*Doppelkehlnaht – Normalgüte* zwischen Gurt und Steg
die jeweilige Naht ist für zusammengesetzte Beanspruchung nachzuweisen; für Kehlnähte ist für die zulässige Schubspannung DIN 4132, 1981, Abschnitt 4.4.5 sinngemäß anzuwenden.		

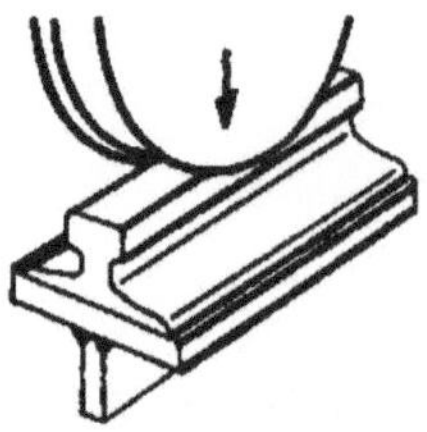

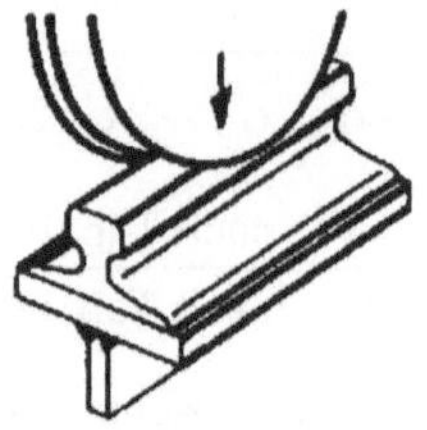

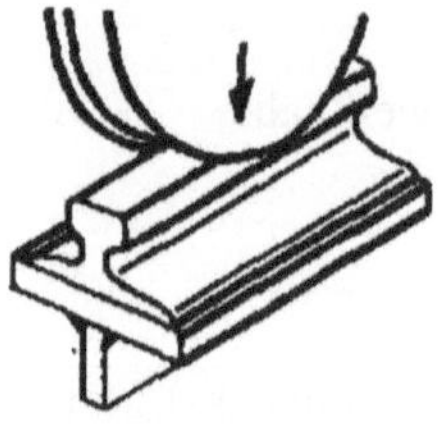

Bild 8-10 Naht zwischen Gurt und Steg unter einer Radlast

8.3.3 Konstruktionshinweise

Die bauliche Durchbildung und Ausführung ist in DIN 15018, Teil 2 geregelt.

Die Konstruktion von Kranbrücken muß komplexen Anforderungen entsprechen, insbesonders besteht eine enge Wechselbeziehung mit der Hallenkonstruktion. Das betrifft die Tragfähigkeit der Kranbahnen, den Lichtraum und Sicherheitsvorkehrungen für Benützer von Kranen und Halle.

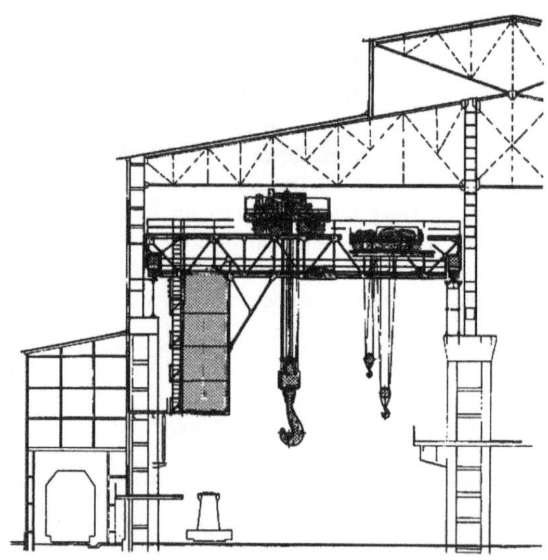

Bild 8-11
Halle mit Gießkran

Der Raumbedarf der maschinellen und elektrischen Ausrüstung ist eine wesentliche Grundlage für den Entwurf, die Ausbildung der Lager erfordert enge Zusammenarbeit mit den Erzeugern der entsprechenden Ausrüstung. Spezielle Vorschriften von Baubehörden und Berufsverbänden sind zu beachten.

Die konstruktive Verantwortung wird daher in der Regel nur von erfahrenen Fachfirmen getragen werden können. Die schweißtechnische Fertigung fordert von den Betrieben einen Eignungsnachweis nach DIN 18 800.

Zusätzlich zu den besonderen Güteeigenschaften von Schweißnähten im Kranbau nach Tabelle 24 in Teil 1 gibt Teil 2 Angaben zur Nahtdicke.

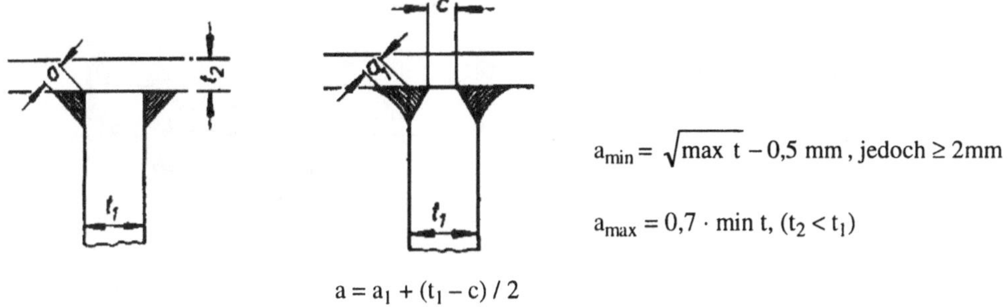

$$a_{min} = \sqrt{max\ t} - 0{,}5\ mm\,,\ jedoch \geq 2mm$$

$$a_{max} = 0{,}7 \cdot min\ t,\ (t_2 < t_1)$$

$$a = a_l + (t_l - c) / 2$$

Bild 8-12 Nahtdickenbegrenzung

UNTERFLANSCHHEBEZEUGE

Durch Radlasten am Untergurt kommt es zu lokalen, zweiachsigen Flanschbiegungen und Stegspannungen, die den globalen Trägerbeanspruchungen zu überlagern sind. Durch unsymmetrische Radlasten kommt es auch bei I-Profilen zu Verdrehungen die beim Nachweis des Biegedrillknickens zu berücksichtigen sind.

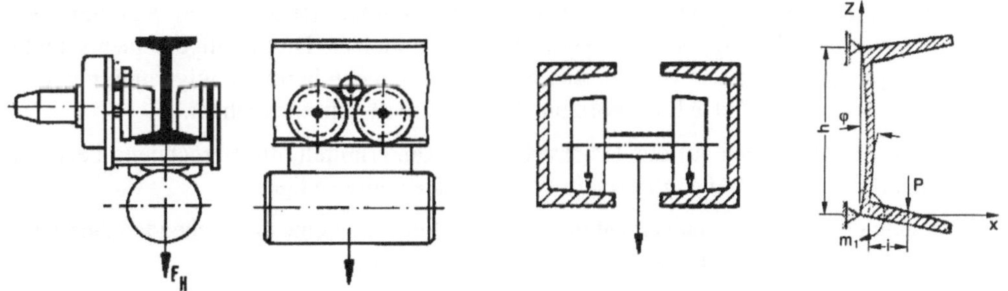

Bild 8-13 Unterflanschhebezeuge auf Walzprofilträgern

Der Einsatz von U-Profilen ist durch die großen Torsionsverformungen begrenzt. Parallelflanschige Träger erfordern größeren Aufwand beim Katzfahrwerk, die notwendige Gurtdicke führt zur Wahl von höheren und schwereren Profilen als bei I-Profilen mit schrägem Flansch. Die Flanschbiegespannungen können nach der Kirchhoffschen Plattentheorie berechnet werden, eine gut mit Messungen übereinstimmende Grundlage bietet die von G. Mendel in fördern & heben 20 (1970) und 22 (1972) veröffentlichte „Berechnung der Trägerflanschbeanspruchung".

EIN- UND MEHRTRÄGERBRÜCKEN

Die konstruktiven Hinweise für Kranbahnträger gelten prinzipiell auch für Kranbrückenträger. Bevorzugt ausgeführt wird der Kastenträgerquerschnitt, seine Vorzüge sind die Torsionssteifigkeit, günstiger Fertigungs- und Erhaltungsaufwand.

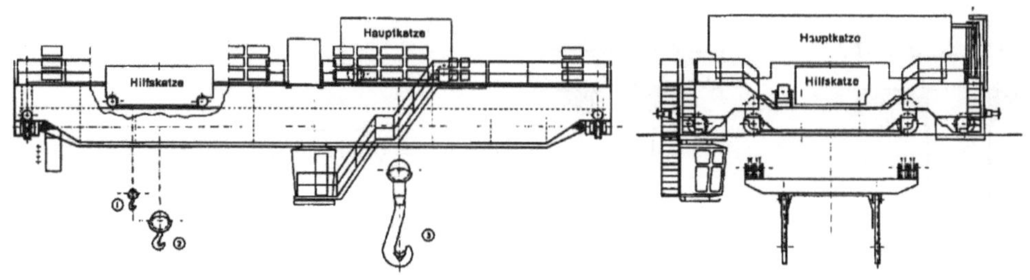

Bild 8-14 4-Träger Kranbrücke zum Transport von Roheisentiegeln

Zur *näherungsweisen Berechnung von Kastenträgern* im Entwurfsstadium einige Hinweise. Zur genaueren Berechnung muß auf die Literatur verwiesen werden: [1], [2], [3] und die dort angegebene weiterführende Literatur.

Die auftretenden Einwirkungen werden nach den Regeln der elementaren Stabstatik in eine zweiachsige Biegungs- und Torsionsbeanspruchung zerlegt.

Zur Berechnung der Biegespannungen werden die Querschnittswerte des realen Kastenträgers benutzt, die „mittragenden Breiten" sind vernachlässigbar kleiner. Die im allgemeinen schiefe Lage der Hauptträgheitsachsen wird meist vereinfachend nicht berücksichtigt und mit den Werten bezogen auf die vertikale bzw. horizontale Querschnittsachse gerechnet.

Die Torsionsmomente werden auf die Trägerachse bezogen ermittelt, die Berechnung bezogen auf den Schubmittelpunkt gibt i.a. günstigere Werte, ist aber aufwendiger.

Die Berechnung der Torsionsschubspannungen nach St. Venant ist eine ausreichende Näherung, da die praktisch ausgeführten Querschnitte immer wölbarm sind.

Für den Lastangriff von Radlasten zwischen den Querschotten ist der Einfluß der Profilverformung zu berücksichtigen. Das geschieht näherungsweise durch Ermittlung der örtlichen Biegebeanspruchung eines an den Querschotten gelagerten Sekundärträgers. Der Querschnitt dieses Trägers wird vom Hauptsteg und den mittragenden Gurtbreiten (1/6 des Stegblechabstandes + Gurtüberstand) gebildet. Seine federnde Bettung, die aus dem Torsionsdrehwinkel und der Federsteifigkeit der Querschotte herrührt, kann durch die Mittelung der Berechnung als Träger auf zwei Stützen und der Berechnung als Durchlaufträger mit unnachgiebigen Stützen erfolgen [1].

Kranschwingungen werden im Normalbereich durch die Schwingbeiwerte φ und ψ ausreichend abgedeckt. Für Sonderkonstruktionen empfiehlt sich eine Nachrechnung der Schwingbeanspruchung.

Ursachen der Kranschwingungen sind

- Hub- und Senkvorgänge
  Schaltvorgänge bei Motor und Bremse
  Schlaffseilheben, Reversieren
  Motorunwuchten, unrunde Seiltrommeln, Getriebefehler

- Katz- und Kranfahren
  Massenkräfte beim Anfahren und Bremsen
  Lastpendeln
  Pufferstoß
  Schienenunebenheiten, Radexzentrizitäten, Anregung aus Spurführungskräften

Störend sind Schwingungen beim genauen Positionieren von Lasten, durch Verringern der Umschlagleistung und Gefährdungen infolge Lastpendelns, aber besonders auch durch die physische Belastung des Kranführers. Die häufigste Störungsquelle ist das horizontale Lastpendeln.

Die kleinste Eigenschwingungszahl f für Brückenträger soll größer sein als:
2,5 Hz bei Spannweite von 10 m und größer als 1,3 Hz bei einer Spannweite von 100 m.

$$f = \frac{5}{\sqrt{\dfrac{\left(F + \dfrac{17}{35} \cdot m\right) \cdot L^3}{48 \cdot E \cdot I}}}$$

F: Masse der Laufkatze
m: Masse der Brückenträger in kg
L: Spannweite des Krans in m

Bei großen Stützweiten ist das Erhöhen der Eigenfrequenz oft unwirtschaftlich, der bessere Weg sind dann Dämpfungseinrichtungen.

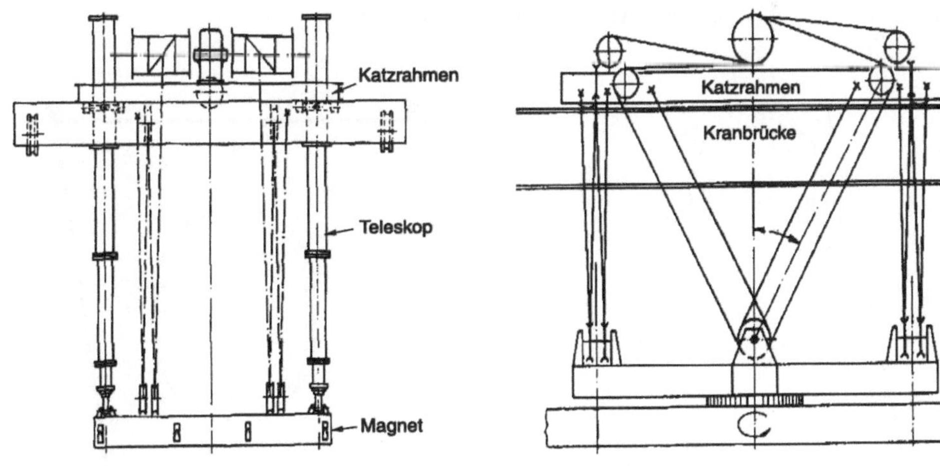

Teleskopführung einer Magnettraverse   seilverspannte Traverse

Bild 8-15 Beispiele für Dämpfungseinrichtungen gegen Lastpendeln

Aus der weiten Bandbreite des Kranbaues auszugsweise noch einige Beispiele und Hinweise.

PORTALBRÜCKEN

Der Schräglauf von Portalkränen ist i.a. zu begrenzen, da die dabei hervorgerufenen horizontalen Führungskräfte die Stahlkonstruktion sowohl des Kranes, als auch der Kranbahn wesentlich beeinflussen. An Gleichlaufeinrichtungen sind mechanische, elektrische und elektronische Bauarten in Gebrauch.

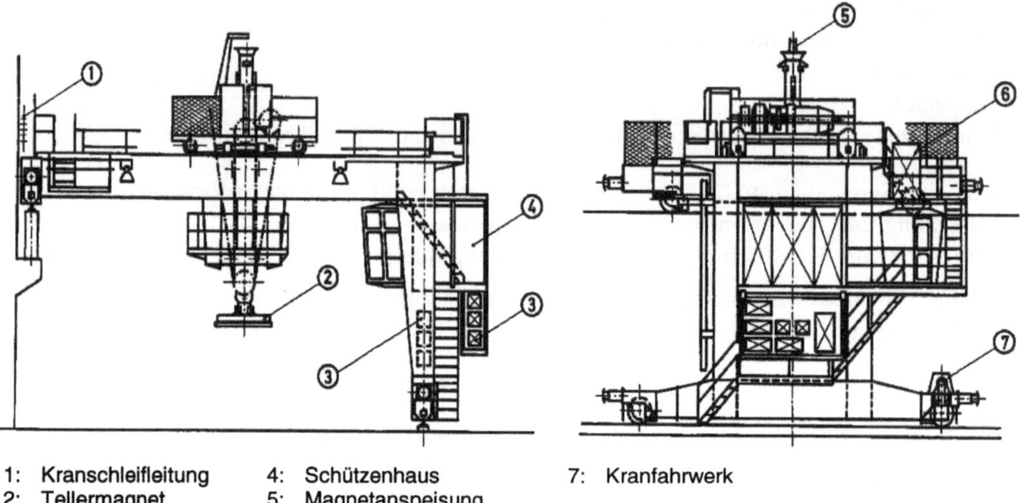

1: Kranschleifleitung	4: Schützenhaus	7: Kranfahrwerk
2: Tellermagnet	5: Magnetanspeisung	
3: Widerstände	6: Klimaanlage	

Bild 8-16 Halbportal-Brammenwendekran

Für den großen Umfang der erforderlichen elektrischen Ausrüstung und der Arbeits- und Wartungsbühnen ist der oben dargestellte Kran ein gutes Beispiel.

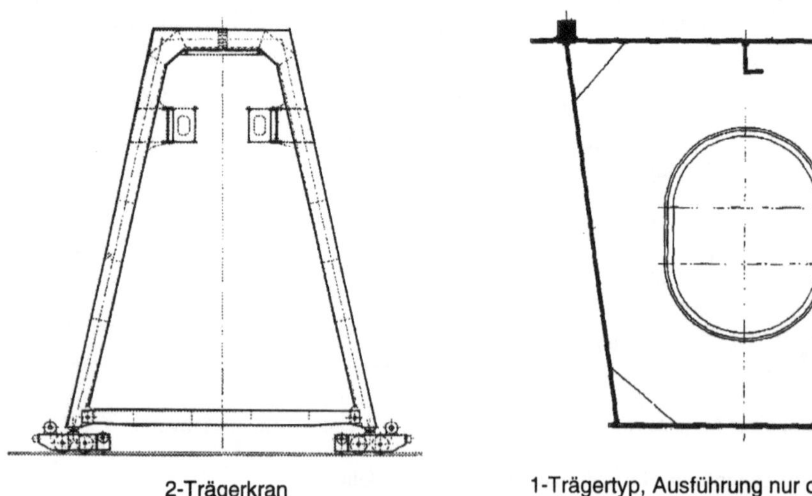

Bild 8-17 Portalausbildung

DREHKRANE

Durch geeignete Anordnung der Lagerpunkte a c e f von Spitzenausleger, Druck- und Zuglenker kann für den Ausladungsbereich eine weitgehend horizontale Lastführung erreicht werden, so daß beim Wippen keine Hubarbeit geleistet werden muß.

Für die Ermittlung der Massenkräfte aus Fahren, Drehen und Wippen wurden EDV-Programme entwickelt.

Für Krane mit Einfachlenker (Bild 8-19) sind die Seillängendifferenzen zur Horizontalführung für eine ausreichende Zahl von Auslegerstellungen zu berechnen und das Hubwerk entsprechend zu steuern. Bei Schwimmkranen ist dabei der Einfluß der Krängung zu berücksichtigen.

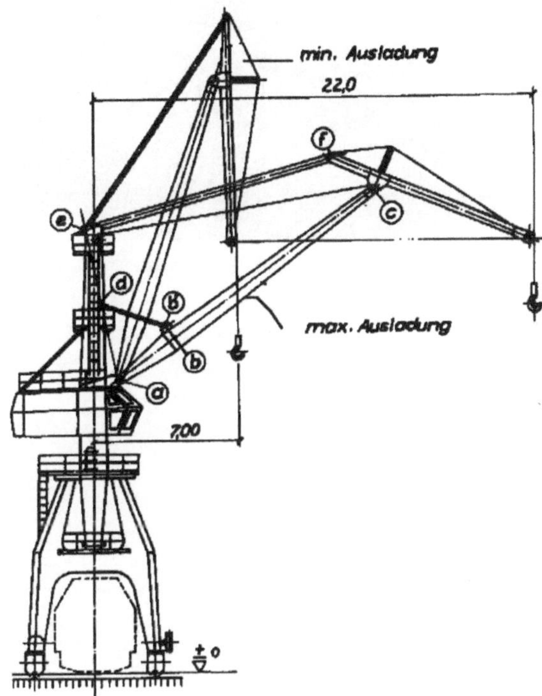

Bild 8-18
Wippdrehkran-System

Bild 8-19 Derrick, Montage eines Kranportals und ein Wippdrehkran

Bild 8-20
Schwimmkran, Montage eines
Klappauslegers

LAGERTECHNIK

Berechnungsgrundlagen für Regallager und Regalbediengeräte sind DIN 15 350 „Regalbediengeräte, Grundsätze für Stahltragwerke, Berechnungen" und FEM 9.311 „Berechnungsgrundlagen für Regalbediengeräte, Tragwerke", die eng an die DIN 15018 angelehnt sind, jedoch auf den speziellen Einfluß der Schwingungsvorgänge näher eingehen. Neben dem Tragfähigkeitsnachweis hat der Gebrauchsfähigkeitsnachweis zur Einhaltung der Verformungen und besonderen zulässigen Toleranzen wesentliche Bedeutung für die Ausführung. Angaben für Toleranzen, Verformungen und Freimaße der Lager geben FEM 9.831 und FEM 9.832.

Der übliche Einsatz von Profilen geringer Wandstärke erfordert vom Hersteller auch besondere Kenntnisse und Erfahrungen im Stahlleichtbau.

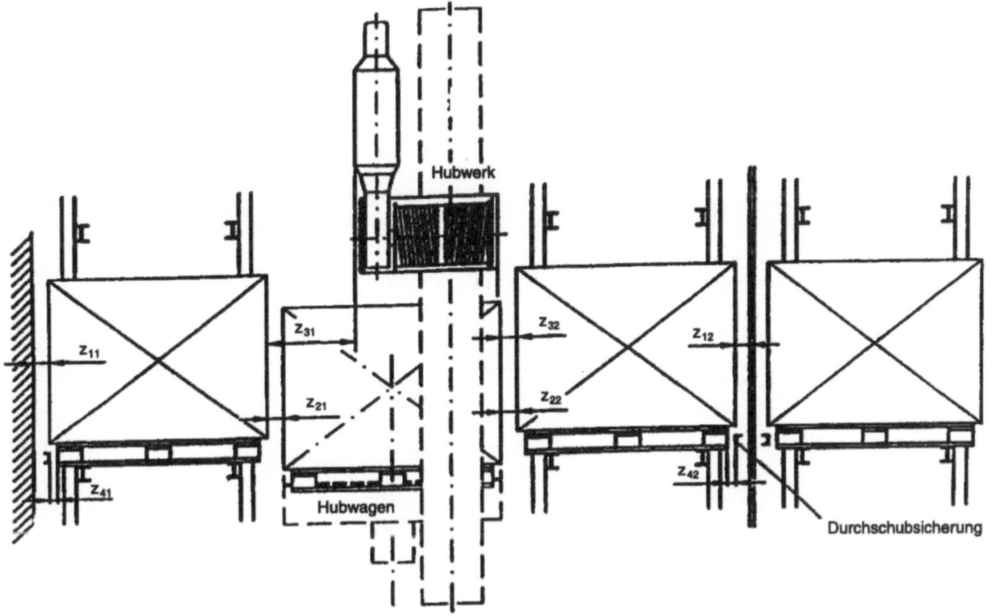

Bild 8-21 Regallager, Teilschnitt mit den Gassenfreimaßen

8.3.4 Fördergeräte

Auf Konstruktionshinweise muß wegen der Vielfalt von Stetigförderern in diesem Rahmen verzichtet werden. Weiterführende Literaturhinweise in [2].

Literatur zu Kapitel 8.1
[1]   Stahlbau Handbuch, Band 2, Stahlbau-Verlagsgesellschaft mbH; mit weiteren Literaturverweisen

Literatur zu Kapitel 8.3
[1]   Stahlbau-Handbuch, Stahlbauverlagsges mbH
[2]   Petersen, Stahlbau, Vieweg Verlag
[3]   Roik, Vorlesungen über Stahlbau, Verlag Wilhelm Ernst & Sohn

9 Sonderkonstruktionen

Dieses Kapitel bringt Anmerkungen und Hinweise zu einigen besonderen Anwendungsgebieten des Stahlbaues.

Weitere Bereiche in denen Stahl verwendet wird können nur erwähnt werden:

Sportbauten, Fahrgeschäfte, Bühnentechnik, Bahnen besonderer Bauart, wie Seilbahnen, Verkehrseinrichtungen, aber auch besondere Techniken wie stahlgestützte Glaskonstruktionen.

Nur wenige Firmen sind in diesen Fachgebieten tätig. Die Kürze und Unvollständigkeit dieses Abschnitts eines Lehrbuches des allgemeinen Stahlbaues sei damit begründet. Dem vor der beruflichen Laufbahn Stehenden soll jedoch zumindest ein Einblick in diese „Marktnischen" geboten werden.

9.1 Gerüste

Der Gerüstbau war eine Domäne des Holzbaues. Die „roaring fifties" haben aber auch auf diesem Gebiet eine rasante Entwicklung zugunsten des Stahlbaues eingeleitet.

Nach der Funktion läßt sich eine Unterteilung in Arbeits-, Schutz- und Traggerüste treffen, wobei Überschneidungen häufig auftreten.

Werkstoffe

Neben Baustählen kommen Vergütungsstähle des Maschinenbaus, hochfeste Stähle, für Formteile Gußwerkstoffe, aber auch Aluminium zum Einsatz. Für Schrauben wird meist Güteklasse 8.8 gewählt. Häufig verwendet werden Kantprofile und Hohlprofile wie Rundrohre, geschweißt und nahtlos, Rechteck- und Quadratrohre.

Verbindungen

Die Bauelemente der Gerüste sind überwiegend Serienprodukte, deren Austauschbarkeit und Kombinierbarkeit für wiederholte und verschiedenartige Anwendung zu gewährleisten ist. Das setzt entsprechende Toleranzen auch bei den Verbindungselementen voraus. Die Gesamtheit der Fertigungs- und Montageungenauigkeiten ist von großem Einfluß auf die Standsicherheit.

Neben den stahlbaumäßigen Verbindungen wurden daher eine Reihe von vorwiegend lösbaren Verbindungselementen entwickelt, die schnell und von angelernten Kräften auch in schwierigen Situationen montiert werden können. Der Nachweis der Traglast und Gebrauchsfähigkeit erfolgt häufig über Versuche.

Für den Gerüstbau typische lösbare Verbindungen sind Kupplungen, Klemmen und Knotenkonstruktionen mit Bolzen, Steck- und Keilverbindungen.

Normalkupplungen zur Verbindung von Rohren bestehen aus einem Sattelstück mit Schließbügeln, die mit Scharnierbolzen gelenkig angeschlossen sind und durch Hammerkopfschrauben festgeklemmt werden.

Trägerklemmen dienen der Verbindung von flachen Bauteilen. Die zur rutschsicheren Klemmung erforderliche Anpresskraft wird durch Vorspannen einer Schraube über die Schnäbel der

Klemme eingetragen. Beim Setzen mehrerer Klemmen und wenn die Bauteile nicht satt aneinander liegen, kann es durch das Zusammenpressen der Teile zum Lockern der zuerst gesetzten Klemmen kommen.

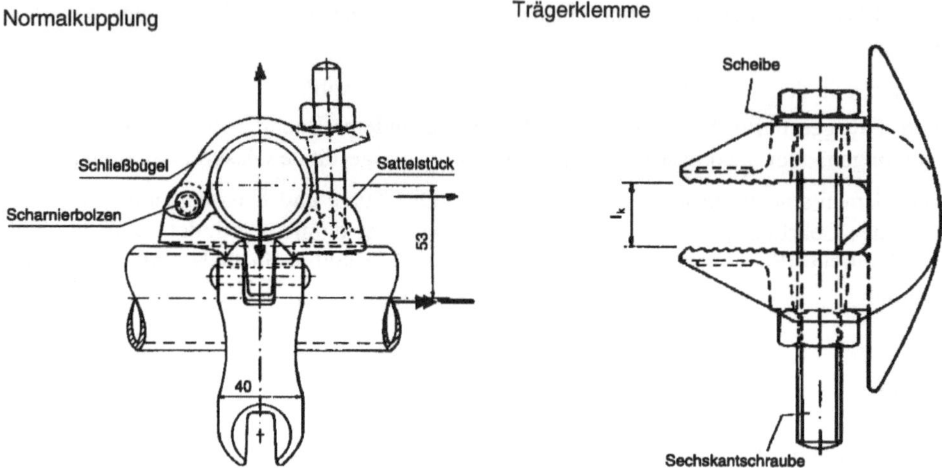

Bild 9- 1 Kupplung und Trägerklemme

Knotenkonstruktionen bestehen i.a. aus einem Anschlußelement an das die mit Paßstücken versehenen Bauteile mittels Bolzen, Keilen oder durch Einschraubenverbindung angeschlossen werden.

Arbeitsgerüste

Sie werden als Stand-, Hänge- oder Konsolgerüste ausgeführt. Bei *Fassadengerüsten* sind die Belagflächen streifenförmig angeordnet, bei den *Innengerüsten* oder Raumgerüsten hat die Arbeitsfläche größere ebene Ausdehnung.

In der Regel kommen Systemgerüste mit bauaufsichtlicher Zulassung als Standgerüste zur Anwendung, die von Spezialunternehmen hergestellt, bzw. vorrätig gehalten und aufgestellt werden. Auch Hänge- und Konsolgerüste werden meist aus Systemelementen dem speziellen Verwendungszweck angepaßt.

Die Nutzlasten variieren zwischen 1,0 und 3,0 kN/m² , durch die Annahme von Einzellasten sollen Lastkonzentrationen und Stoßwirkungen abgedeckt werden. Bei der Windeinwirkung kann der Einfluß eines benachbarten Gebäudes und die kurze Standzeit des Gerüstes berücksichtigt werden.

Schutzgerüste

Sie dienen als Schutzdächer vor herabfallenden Gegenständen oder als Fangvorrichtung dem Schutz von Personen gegen Absturz. Auf die den verschiedenen Gefahrensituationen entsprechenden vielfältigen Formen der Fanggerüste kann hier nicht eingegangen werden. Schutzdächer werden vorwiegend als Holzkonstruktionen ausgeführt, als Stützelemente verwendete Stahlbauteile entsprechen jenen der Arbeits- oder Traggerüste.

Traggerüste

Verschiedene Arten wie Lager-, Montage- und Fördergerüste sollen hier nur erwähnt werden. Schalungs-, bzw. Lehrgerüste finden sich in dem weiten Bereich von einfachen Stahlstützen für Wohnhausdecken bis zu Vorbau- und Fertigungsgerüsten des Brückenbaus und Vortriebsschalungen des Tunnelbaus.

Schalungsgerüste des üblichen Hochbaus können oft ohne besondere Nachweise aus Systemelementen aufgrund bewährter Praxis hergestellt werden. Bei höheren Anforderungen, neuen oder ungebräuchlichen Baumethoden sind die Gerüste zeichnerisch zu planen und unter Berücksichtigung von Imperfektionen nachzuweisen.

Die verwendeten meist typisierten Elemente sind: Baustützen mit Ausziehvorrichtung, Verschwertungen zur Stabilisierung, Rahmenstützen, Unterzüge, Schalungsträger verschiedener Länge oder mit Längenverstellbarkeit und Schalungstafeln.

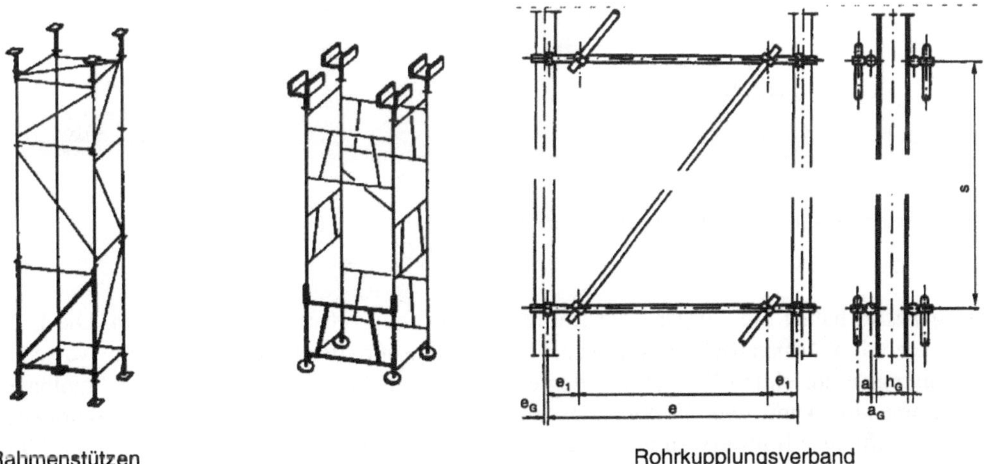

Bild 9-2 Systemelemente

Aus wirtschaftlichen Gründen werden Fertigungsungenauigkeiten soweit in Kauf genommen, als es die Kombinierbarkeit und Austauschbarkeit der Systemelemente erlaubt. Die Anpassung an die örtlichen Verhältnisse wird durch verschieden lange Teile oder durch Verstellen mit Spindeln oder Spannschlösser erreicht. Die Passung der Verbindungselemente muß für eine wirtschaftliche Montage ausreichend Spiel aufweisen. Auch wenn ein Nachrichten auf die Sollform möglich ist, verbleiben unvermeidliche geometrische Imperfektionen. DIN 4421 gibt Anhaltspunkte für deren Größe.

Durch die Nachgiebigkeit der Verbindungen, besonders von Kupplungen und die Außermittigkeit des Lastangriffs, ist die Schubsteifigkeit von Gerüstverbänden gering und darf bei größeren Gerüsten, wie Stützentürme, Rüstträger oder Lehrgerüste im Brückenbau nicht vernachlässigt werden. Diese Verformungsfähigkeit wirkt sich andererseits günstig in der Abminderung von Zwängungsspannungen aus.

Schalgerüste im Brückenbau sind in umsetzbare und verfahrbare zu unterscheiden. Verfahrbare sind in Form von Schalungswagen oder mit Vorbaugerät bekannt. Als Tragkonstruktion können Teile des Brückentragwerks, eigene Rüstträger oder auch ein Lehrgerüst vorgesehen werden.

Geräte zum Versetzen von Fertigteilen sind den Hebezeugen zuzuordnen.

Zur Montage von Brücken siehe auch Abschnitt 6.4

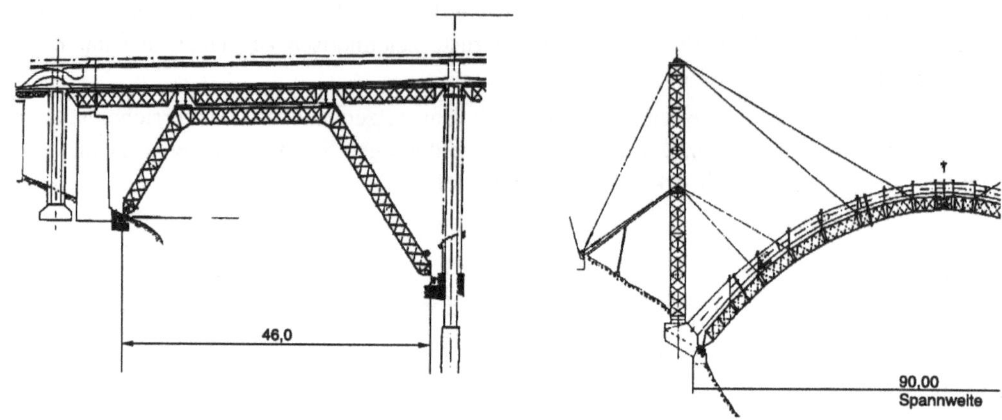

Bild 9-3 Beispiele von Lehrgerüsten aus Rüstgeräten

Kesselgerüste haben die Aufgabe die Dampferzeuger im Kraftwerksbau zu tragen. Die Luftvorwärmer mit Wärmetauschern, die Rauchgaskanalführung, die Rohrleitungen und verschiedene Aggregate auf vielen Bühnen mit den erforderlichen Zugängen stellen an den Stahlbauer in Zusammenarbeit mit dem Verfahrenstechniker große Anforderungen, um ein funktionelles und wirtschaftliches Bauwerk zu entwerfen. Diese Turmgerüste mit Stützenabständen um 30 m und Höhen bis 130 m werden meist als Rahmenkonstruktionen gebaut. Die Kesselgerüste haben wie alle Apparategerüste mit den vorher besprochenen Gerüsten wenig gemein und werden hier nur erwähnt, um die Weite des Begriffs „Gerüste" zu zeigen.

Eine stürmische Entwicklung hat auch die *Gerüstung im Tunnelbau* genommen. Als Beispiel dient die Tunnelschalung der Umfahrungsstraße für Klagenfurt. Durch Einsatz neuer Softwareentwicklungen für CAD und Berechnung ist die Konstruktion von geschweißten Schalungen möglich, die transportgerecht segmentiert, mit Gelenken und Schraubstößen verschiedenen Tunnelprofilen angepaßt werden können. Mit einem Transportwagen, der zugleich als Arbeitsgerüst dient, kann die auf Hydraulikzylindern gelagerte 12 m lange Schalung von einem Betonierabschnitt zum nächsten verfahren werden.

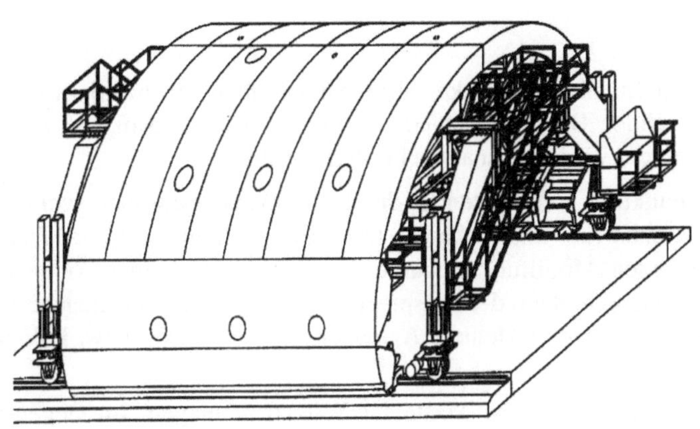

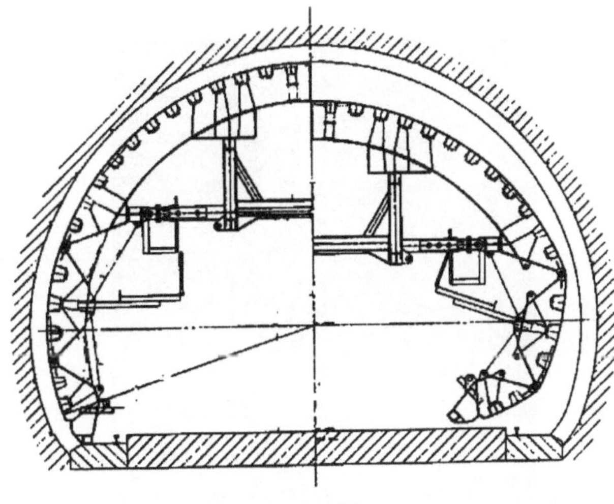

Bild 9-4 Tunnelschalung

9.2 Türme und Maste

9.2.1 Einleitung

Als Maste werden im Stahlbau schlanke, abgespannte, meist fachwerkartige Bauwerke mit einer Gründung bezeichnet. Der Unterschied zu Türmen besteht darin, daß bei letzteren jeder Eckstiel einzeln gegründet wird – Ausnahme Freileitungsmaste.

Die wohl häufigste Funktion von Masten ist die des Funkmastes/turmes, womit ausschließlich die Art seiner zusätzlichen Ein- und Anbauten (Antennen) gemeint sind. Im Zuge der Gewährleistung flächendeckenden Mobilfunkes wurde der Einsatz derartiger Antennenträger unabdingbar. Die Bestückung sieht dann dementsprechend so aus, daß verschiedene Parabolspiegel- und Sektorantennen sowie diverse kleinere Antennen für den UKW- bzw. KW-Bereich vorzufinden sind.

Ein anderer Anwendungsbereich sind Maste für Windkraftanlagen. Im Gegensatz zu Antennenmasten kommen hier allerdings überwiegend massive Rohrquerschnitte mit oder ohne Abspannung zum Einsatz.

Bild 9-5   freistehender Turm   abgespannter Mast

9.2.2 Lastannahmen

Für die Berechnung von Masten/Türmen stellt das deutsche Regelwerk neben DIN 18800 Teil 1 bis Teil 3 die DIN 4131, Antennentragwerke aus Stahl, bereit. Des weiteren gibt es die europäische Vornorm EC 1993-3-1, Bemessung und Konstruktion von Stahlbauten: Türme, Maste und Schornsteine - Türme und Maste, in der sich ebenfalls ausführliche Bemessungshinweise finden.

Bei den Lasten werden unterschieden:

Ständige Einwirkungen

Eigenlast, Vorspannkraft

Veränderliche Einwirkungen

Windlast, Verkehrslast und Schneelast, Eislast, Wärmeeinwirkung, Lasten aus Bauzuständen, Einwirkungen aus Antennenzügen, Energieleitungen und Gegengewichtsystemen, Einwirkungen aus wahrscheinlichen Änderungen der Stützbedingungen

Außergewöhnliche Einwirkungen

Ersatzlasten für Erdbeben, nichtplanmäßige mögliche Lasten und Einwirkungen z.B. aus Anprall oder aus möglichen Änderungen der Stützbedingungen, sonstige Lasten, die sich aus der örtlichen Lage ergeben können.

Die Eislast ist nach DIN 1055 Teil 5 (ISO TC 98/SC 3/WG 6) anzusetzen. Dabei ist zu berücksichtigen, daß jedes Bauteil sowie alle der Witterung ausgesetzten Ein- und Anbauten (Kabel, Leitern, Podeste usw.) mit einer konstanten Eisschicht versehen werden.

Bei den Windlasten werden in der Regel für freistehende Maste zwei und für abgespannte Maste drei Windrichtungen unterschieden. Die in DIN 4131 (11.91) „Antennentragwerke aus Stahl" angegebenen zonenabhängigen Staudrücke gehören zu maximalen (d.h. über 5s gemittelten) Böengeschwindigkeiten. Statistisch gesehen werden diese Windgeschwindigkeiten einmal in 50 Jahren erreicht oder überschritten.

Das angegebene Staudruckgesetz ist eine Einhüllende aller örtlich auftretenden Böenmaxima, die nicht gleichzeitig über der Höhe auftreten. Bei der Bemessung frei auskragender Bauwerke liegt man mit diesem Ansatz stets auf der sicheren Seite, nicht jedoch bei abgespannten Konstruktionen. Das wird deutlich, wenn man sich den Mastschaft als Durchlaufträger vorstellt, der an den Abspannungen horizontal gestützt ist. Für das Auftreten eines maximalen Feldmomentes ist nicht Vollbelastung, sondern die feldweise geeignet reduzierte Belastung maßgebend. Hieraus folgt, daß zur Erfassung von Maximalschnittkräften (eigentlich) eine näherungsweise feldweise unterschiedliche Windbelastung angesetzt werden muß, wobei geeignete Felder mit reduziertem Staudruck beaufschlagt werden.

Abgespannte Maste sind also unter VOLLAST und BLOCKLAST zu berechnen. Dabei sind nach EC 3, T. 3-1, zusätzlich zur Vollast folgende Blocklasten anzusetzen:

- der Teil oberhalb der höchsten Abspannung
- jeweils zwischen den Abspannungen
- von Mitte zu Mitte benachbarter Sektionen
- von Gründung bis Mitte der ersten Sektion
- zwischen vorletzter und oberster Abspannung einschließlich des auskragenden Masteils (sofern vorhanden)

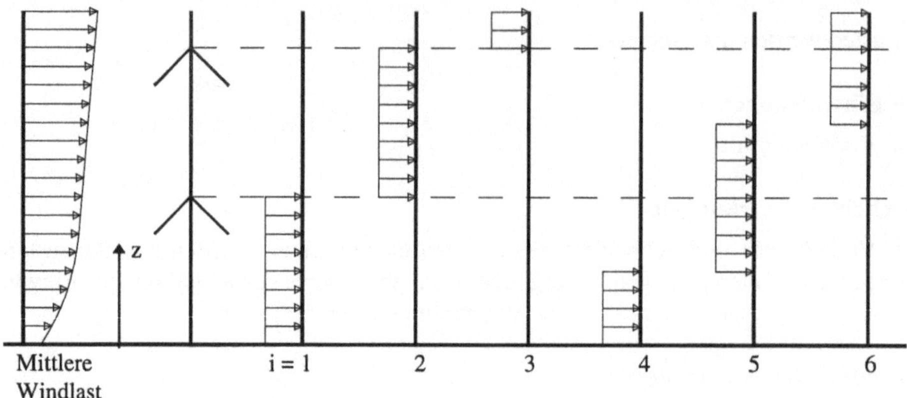

Bild 9-6 Ansatz der Windlasten für den Mastschaft

Die hier anzusetzenden Windlasten ergeben sich wie folgt:

– Vollast

$$F_{MW} = \frac{\rho}{2} \cdot V_m^2(z) \cdot \sum R_W$$

– Blocklast

$$F_{PW} = \rho \cdot g \cdot I_v(z) \cdot V_m^2(z) \cdot \sum R_W(z)$$

mit:

ρ	Luftdichte, wenn nicht anders angegeben mit 1,25 kg/m³ anzusetzen
$V_m(z)$	Mittel der Windgeschwindigkeit in Höhe z oberhalb der Erdoberfläche
$\sum R_W$	Gesamtwindwiderstand der Konstruktion (einschließlich Ein- und Anbauten) in Windrichtung über den betrachteten Mastabschnitt
$g = 3,5$	Spitzenwert der Windturbulenzen
$I_v(z)$	Turbulenzintensität nach EC 3, 1991-2-4, Abschn. 8.5

In gleicher Weise wie die Blocklasten den Mastabschnitten zugeordnet werden, erfolgt die Beaufschlagung der Abspannseile.

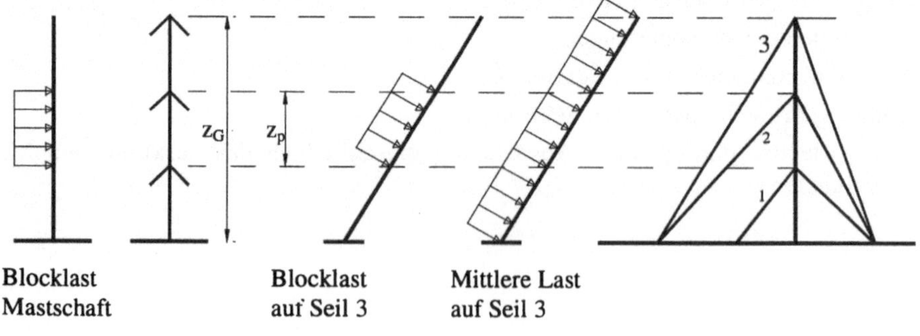

Bild 9-7 Windlastansatz für Seile

– Blocklast auf Seile

$$F_G = \rho \cdot g \cdot I_v(z) \cdot V_m^2(z) \cdot R_c(z)$$

$R_c(z)$ Windwiderstand senkrecht zum Seil in der Ebene, die durch das Seil und der Windrichtung gebildet wird.

Vereinfachend darf mit einer gleichmäßigen Belastung über die gesamte Seilhöhe gerechnet werden, wenn die Windlast mit dem Faktor $(1 + z_p / z_G)$ multipliziert wird.

9.2.3 Erfassung der dynamischen Einflüsse des böigen Windes

Die durch die Böigkeit des Windes hervorgerufenen Schwingungen in Windrichtung sind beachtlich. Die daraus resultierenden Schwingungserscheinungen werden bei freistehenden Türmen durch den Ansatz einer statischen Ersatzlast berücksichtigt.

$$F_{TW} = \frac{\rho}{2} \cdot V_m^2(z) \cdot \sum R_W(1+G)$$

Dabei werden abschnittsweise die ermittelten Windlasten mit dem Böenreaktionsfaktor G vervielfacht.

$$G = G_B \cdot \left[1 + 0{,}2 \cdot \left(\frac{z}{h}\right)^2\right]$$

G_B Grundwert des Böenreaktionsfaktors nach ENV 1991-2-4
z Höhe der maßgebenden Schnittkräfte (Moment, Querkraft)
h Gesamthöhe des Turmes

Bei der Berechnung von G wird zwischen Lasten für die Bemessungs der Eckstiele (Momentenbeanspruchung) und Lasten für die Bemessung der Ausfachung (Schubbeanspruchung) unterschieden.

Bei abgespannten Masten darf auf eine Spektralanalyse der Böenwirkung verzichtet werden, wenn der über der letzten Abspannung auskragende Teil des Mastes kleiner ist als die Hälfte des Abschnittes zwischen letzter und vorletzter Abspannung und die Parameter Q und β_s kleiner 1,0 sind.

$$Q = \frac{1}{30}\sqrt[3]{\frac{HV_H}{D_0}}\sqrt{\frac{m_0}{HR}}$$

$$\beta_s = \frac{4 \cdot \dfrac{E_m I_m}{L_s^2}}{\dfrac{1}{n}\sum\limits_{i=1}^{N} K_{Gi} H_{Gi}}$$

mit

$$K_{Gi} = 0{,}5 N_i A_{Gi} E_{Gi} \frac{\cos^2 \alpha_{Gi}}{L_{Gi}}$$

N	Anzahl der Abspannpunkte
A_{Gi}	Querschnittsfläche des Seiles am Abspannpunkt i
E_{Gi}	E-Modul des Seiles am Abspannpunkt i
L_{Gi}	Länge des Seiles am Abspannpunkt i
N_i	Anzahl der Seile am Abspannpunkt i
H_{Gi}	Höhe des Abspannpunktes i über dem Fundament
α_{Gi}	Neigung des Seiles am Abspannpunkt i
E_m	E-Modul des Mastes
I_m	durchschnittliches Trägheitsmoment des Mastes
L_s	durchschnittlicher Abstand der Abspannpunkte
m_0	durchschnittliche Masse pro Längeneinheit des Mastschaftes einschließlich Ein- und Anbauten (kg/m)
D_0	Durchschnittsbreite der vertikalen Mastprojektion (m)
V_H	mittlere Windgeschwindigkeit an der Mastspitze (m/s)
R	durchschnittlicher Gesamtwindwiderstand (m^2/m)
H	Höhe des Mastes (m)

9.2.4 Temperatureinwirkungen

Für gewöhnlich sind Temperatureinwirkungen auf freistehende Gittermaste ohne Wirkung, da starke ungleichförmige Erwärmungen ausgeschlossen sind.

Bei abgespannten Masten bewirken große Temperaturschwankungen eine Straffung bzw. Erschlaffung der Abspannseile, was zu Veränderungen in der Auslenkung sowie den Normalkraftbeanspruchungen des Mastschaftes führt. Dem muß durch geeignete Wahl der Vorspannkräfte Rechnung getragen werden, um die Gebrauchstauglichkeit (vor allem für Richtfunkstrecken) zu gewährleisten.

9.2.5 Einbauten und Antennenausrüstungen

Antennentragwerke sind meist über große Bereiche mehr oder minder dicht mit Antennen aller Art belegt, auch sind Podeste, Leitern, Kabelleitern mit Kabeln vorhanden. Die Windlast an Podesten und Bühnen wird separat berechnet und anschließend mit der Windlast des Mastes überlagert. Leitern und Kabel liegen bei Fachwerkstrukturen i. allg. in geringem Abstand von den Wänden entfernt und werden nur in die Projektionsfläche des Mastes einbezogen.

Die Windlasten auf Antennen, insbesondere großflächige, werden separat berechnet und voll mit der auf den Mast überlagert. Liegen in ein und derselben Höhe mehrere Antennen über den Umfang verteilt, ist es zulässig, eine gewisse Abschattungsreduzierung einzurechnen.

Es ist Aufgabe der Antennenhersteller, für die zum Einbau vorgesehenen Antennen die notwendigen Lastansätze bereitzustellen, d.h. die auf sie entfallenden Windkräfte und -momente für einen umlaufenden Windrichtungswinkel anzugeben und das sowohl für die eisfreie Antenne als auch für verschiedene Vereisungsgrade.

9.2.6 Nachweis der Tragsicherheit

Die Schnittgrößen werden in Abhängigkeit von der Zuverlässigkeitsklasse und dem Einwirkungseffekt mit den in Tabelle 9.2.1 angegebenen Teilsicherheitsbeiwerten multipliziert. Mit den unten angeführten Einwirkungskombinationen sind dann die Schnittgrößen zu ermitteln.

Tabelle 9-1 Teilsicherheitsbeiwerte

Einwirkungseffekt	Zuverlässigkeitsklasse	Ständige Lasten γ_G	Veränderliche Lasten γ_Q
ungünstig	hoch	1,2	1,6
	normal	1,1	1,4
günstig	niedrig	1,0	1,2
	alle	0,9	0,0

– Grundkombination (ständige u. veränderliche Einwirkungen)

$$\sum_j \gamma_{G,j} G_{k,j} + \gamma_{Q,1} G_{k,1} + \sum_{i>1} \gamma_{Q,i} \psi_{0,i} Q_{k,i}$$

– außergewöhnliche Kombinationen (ständige, veränderliche und eine außergewöhnliche Einwirkung)

$$\sum_j \gamma_{GA,j} G_{k,j} + A_d + \psi_{1,1} G_{k,1} + \sum_{i>1} \psi_{2,i} Q_{k,i}$$

Bei Beanspruchungen vektorieller Art, deren Komponenten unabhängig voneinander variieren, sind alle günstig wirkenden Einflüsse mit $|\psi_{vec}| = 0{,}8$ zu multiplizieren. Für dynamische Analysen ist für ständige Lasten der Teilsicherheitsbeiwert 1,0 zu verwenden.

Die Vorspannkraft ist ebenfalls eine streuende Größe, die nach der zugrundeliegenden Sicherheitsphilosophie mit einem Teilsicherheitsbeiwert versehen werden müßte.

Durch ausgedehnte Parameterstudien [1] wurde festgestellt, daß eine Veränderung der Vorspannkraft um ±10% sich nur untergeordnet auf die Beanspruchungen und Verformungen des abgespannten Systems auswirken. Aus diesem Grunde wurde auf die Beaufschlagung der Vorspannkraft mit einem Teilsicherheitsbeiwert verzichtet.

Wegen der hohen Normalkräfte und der relativ großen Weichheit sollte bei der Berechnung die Theorie 2. Ordnung zugrundegelegt werden. Lotabweichungen und Vorkrümmungen des Schaftes brauchen dabei nicht berücksichtigt zu werden. Mit den so ermittelten Schnittgrößen ist die Tragsicherheit nach dem Verfahren Elastisch-Elastisch nachzuweisen.

Für abgespannte Maste der Zuverlässigkeitsklasse 3 ist zusätzlich die Standsicherheit bei Versagen einer Abspannung nachzuweisen.

9.2.7 Gebrauchstauglichkeit

Wegen der Nichtlinearität des Problems müßte eigentlich unter den 1,0fachen Einwirkungen erneut gerechnet werden. Um diesen Aufwand zu reduzieren, darf linearisiert werden, d.h. die unter den 1,5fachen veränderlichen Einwirkungen ermittelten Verformungen mit den 1,5fachen Grenzverformungen verglichen werden. Die Näherung liegt auf sicherer Seite, da die Verformungen überproportional abnehmen.

9.2.8 Schnittkraftermittlung

Die globale Schnittkraftermittlung kann auf zwei Wegen erfolgen. Einerseits kann der Mast als eingespannter Vollwandträger im ebenen System behandelt werden, andererseits, und das ist die zeitgemäßere Variante, kann die Schnittkraftermittlung am räumlichen Fachwerk erfolgen.

1. Kragarm

Alle äußeren Lasten werden als Linien- bzw. Punktlasten entlang der Stabachse angesetzt. Dabei ist zu beachten, daß Lastexzentrizitäten resultierend aus Antennen, Podesten, Leitern und Kabeln durch entsprechende Momente zu berücksichtigen sind. Torsionsmomente müssen nachträglich berücksichtigt werden. Danach wird eine Berechnung nach Theorie 2. Ordnung ohne Berücksichtigung von Vorimperfektionen durchgeführt. Nach der europäischen Vornorm EC 3-3-1 ist für freistehende Gittermaste eine Schnittkraftermittlung nach Theorie 1. Ordnung zulässig.

Um dem Einfluß relativer Schubweichheit von Gittermasten gerecht zu werden, darf mit einer reduzierten Biegesteifigkeit (Faktor 0,8) gerechnet werden. Es muß allerdings darauf hingewiesen werden, daß dies unter Umständen zu falschen Ergebnissen führen kann [2].

Zur Ermittlung der auf die Einzelstäbe entfallenden Schnittkräfte werden die globalen Schnittkräfte den einzelnen Fachwerk-Scheiben zugeordnet:

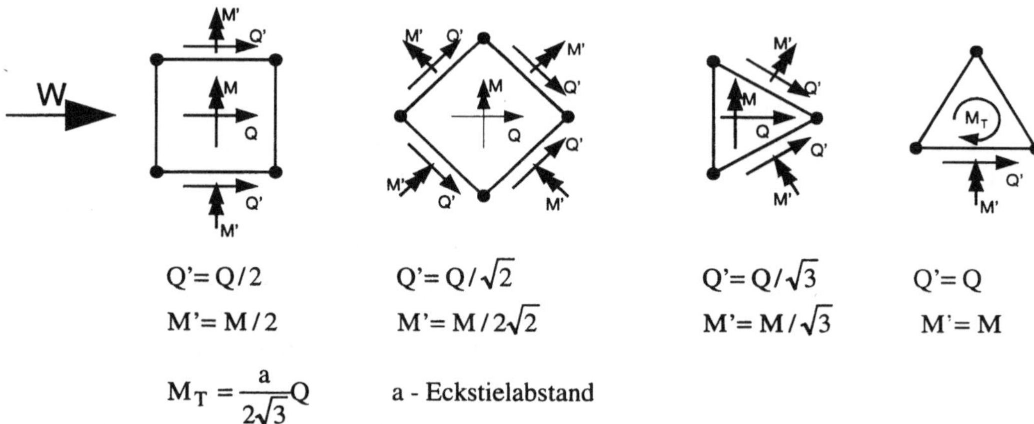

Am Ende sind die Nachweise der Einzelstäbe, Anschlußkonstruktionen und Verbindungen zu führen.

2. Räumliches Stabwerk

Die Behandlung des Mastes als räumliches Tragwerk ist etwas aufwendiger, dafür aber auch genauer. Bei der Eingabe der Stabeigenschaften ist zu beachten, daß die Stabanschlüsse jeweils torsionsstar gehalten werden. Sollen viergurtige Querschnitte berechnet werden, so sind in geeigneten Abständen horizontal liegende Diagonalen vorzusehen, die die gegenüberliegenden Eckstiele miteinander verbinden. Kommt es trotzdem noch zu Problemen bei der Schnittkraftanalyse nach Theorie 2. Ordnung, so müssen eventuell die Abstände dieser Diagonalen über die Masthöhe verringert werden. Wenn Ein- und Anbauten bei der Generierung der Mastgeometrie keine Berücksichtigung finden, sind die daraus resultierenden Lasten den entsprechenden Eckstielen zuzuweisen.

Die Windlast auf den Mastschaft wird über die Fachwerkscheiben zu gleichen Teilen den jeweiligen Eckstielen zugewiesen.

Lastexzentrizitäten infolge äußerer Lasten sind durch entsprechende Kräftepaare oder Momente zu berücksichtigen und den Eckstielen zu beaufschlagen.

Für die Berechnung nach Theorie 2. Ordnung dürfen Imperfektionen unberücksichtigt bleiben. Bei der Nachweisführung sind Anschlußexzentrizitäten der Füllstäbe zu berücksichtigen.

9.2.9 Hinweise zur Berechnung abgespannter Maste

Die Schnittkraftermittlung erfolgt unter Berücksichtigung des Lastansatzes nach Abschn. 9.2.2. Für die Bemessung der Füllstäbe des Mastschaftes erhält man die maßgebenden Schnittkräfte unter Windlast aus der Summe der Schnittkräfte resultierend aus mittlerer und Blocklast:

$$S_{TM} = S_M \pm S_p$$

mit

$$S_p = \sqrt{\sum_{i=1}^{N} S_{PLi}^2}$$

S_{PLi} Schnittkräfte resultierend aus i-ter Blocklast

N Gesamtzahl der erforderlichen Blocklasten

S_p resultierende effektive Schnittkräfte aus Blocklasten

Die minimalen Bemessungsschnittgrößen für die Füllstäbe sind im Abstand von ¼ der Spannweite zwischen den Abspannpunkten bzw. dem unteren Abspannpunkt und dem Fundament anzunehmen. Von den jeweiligen beiden Werten ist der ungünstigere maßgebend.

Zusätzlich ist die statische Wirkung der Abspannungen zu beachten. Dabei kann auch hier sowohl von der Möglichkeit der Schnittkraftermittlung am ebenen als auch am räumlichen System ausgegangen werden. Werden die Seile als reine Fachwerkstäbe behandelt, so führt das zu falschen Schnittkräften und Verformungen. Für den Fall, daß keine Seilelemente (und damit sind keine Zugstäbe gemeint) verfügbar sind, werden folgende Alternativen vorgeschlagen.

Um dem nichtlinearen Tragverhalten der Seile gerecht werden zu können, wird ein sogenannter scheinbarer Elastizitätsmodul E_s eingeführt [3].

$$E_s = \frac{E}{1 + \dfrac{\ell^2 \cdot E \cdot \gamma_0^2}{24} \cdot \left[\dfrac{\sigma^2 - \sigma_0^2 \cdot \dfrac{\gamma}{\gamma_0^2}}{\sigma^2 \cdot \sigma_0^2 \cdot (\sigma - \sigma_0)} \right]}$$

E Elastizitätsmodul

ℓ Seilsehnenlänge im Ausgangszustand

$\sigma_0 = \dfrac{S_0}{A}$ Seilspannung im Ausgangszustand

$$\sigma = \frac{S}{A}$$ Seilspannung im Endzustand

$$\gamma_0 = \frac{q_0}{A}$$ Spezifisches Gewicht des Seiles im Ausgangszustand

$$\gamma = \frac{q}{A}$$ Spezifisches Gewicht des Seiles im Endzustand

Dieser orientiert sich am nichtlinearen Last-Verformungsverhalten des Seiles. Die Berechnung der wirklichen Schnittkräfte in den Seilen und im Mastschaft läuft am Ende auf eine Iteration hinaus.

Eine weitere Möglichkeit ist die Umrechnung der Seile in äquivalente Federsteifigkeiten.

Ausgehend vom Vorspannzustand S_0 werden die Seilkräfte S aus der Belastung durch die Auflagerkräfte H am Abspannpunkt berechnet. Mittels der Seilgleichung werden dann die Seilkräfte ermittelt.

$$S^3 + S^2 EA \cdot \left[1 - \frac{1}{s_0} \cdot \left(\ell_s - \alpha \Delta t s_0 \right) \right] = \frac{EA \cos\alpha \, q^2 \ell^3}{24 s_0}$$

s_0 Seillänge im Anfangszustand

In erster Näherung werden die Steifigkeiten wie für einen gradlinigen Stab berechnet. Mit der sich daraus ergebenden Verschiebung am Abspannpunkt werden die neuen Seilsehnenlängen ermittelt und damit die neuen Seilkräfte. Für die zweite Näherung setzt man nun zur Ermittlung der neuen Steifigkeiten die Änderung der Seilkräfte zur Änderung der Seilsehnenlänge ins Verhältnis. Die damit berechneten Verschiebungen der Abspannpunkte liefern neue Seilkräfte. Diese Iteration kann jetzt solange fortgesetzt werden, bis die Änderungen zwischen aufeinanderfolgenden Rechengängen unwesentlich werden [4].

Bei dieser Vorgehensweise wird deutlich, daß der Ansatz einfacher Stabsteifigkeiten zu sehr ungenauen Ergebnissen führt.

Beiden Berechnungsansätzen gemein ist der relativ hohe Aufwand, der sich mit der Anzahl der Lastfälle multipliziert.

Beispiel einer Berechnung mit scheinbaren E-Moduln:

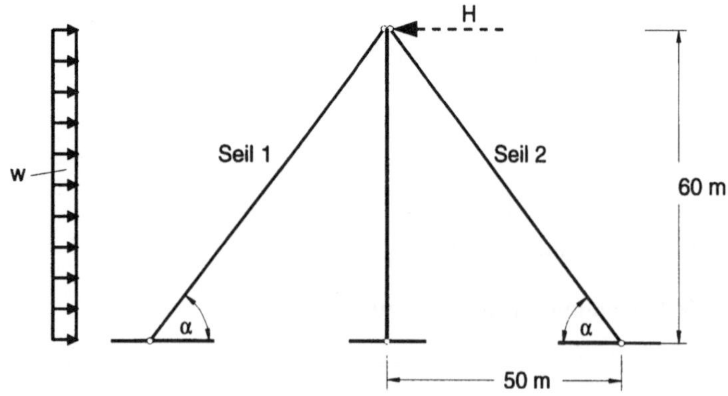

Windlast auf Mastschaft	w =	$1{,}0\ \text{N/mm}^2$
Seildurchmesser	d =	$40\ \text{mm}$
Seilquerschnitt	A =	$1257\ \text{mm}^2$
Seileigengewicht	g =	$0{,}099\ \text{N/mm}$
Seil-E-Modul	E =	$120000\ \text{N/mm}^2$
Seilkraft im Anfangszustand (aus Verspannung)	S_0 =	$29{,}5\ \text{kN}$
Windlast auf Seil	w_0 =	$0{,}048\ \text{N/mm}$
Seilbelastung - Anfangszustand	q_0 =	$0{,}0634\ \text{N/mm}$
Seilbelastung - Endzustand Seil 1	q =	$0{,}1003\ \text{N/mm}$
Seilbelastung - Endzustand Seil 2	q =	$0{,}0265\ \text{N/mm}$

Damit ergibt sich die am Abspannpunkt aufzunehmende Horizontalkraft zu:

$H = 1{,}0 \cdot 60/2 = 30\ \text{kN}$

Hieraus folgen die Seilkräfte im Endzustand:

Seil 1 $S = 29{,}5\ \text{kN} + 30/2/\cos\alpha = 52{,}93\ \text{kN}$
Seil 2 $S = 29{,}5\ \text{kN} - 30/2/\cos\alpha = 6{,}07\ \text{kN}$

Iterationsschritt		**Seil 1**	**Seil 2**
1	S [kN]	52,93	6,07
	E_s [N/mm^2]	44741	4869
	S_{neu} [kN]	42,23	−4,63
2	S_{mittel} [kN]	47,58	0,72
	E_s [N/mm^2]	87374	66,6
	S_{neu} [kN]	46,79	−0.07
3	S_{mittel} [kN]	47,19	0,33
	E_s [N/mm^2]	98368	13,7
	S_{neu} [kN]	46,85	−0.01
4	S_{mittel} [kN]	46,86	0,16
	E_s [N/mm^2]	104214	3,2
	S_{neu} [kN]	46,86	0.00

9.3 Band- und Rohrbrücken

Die Notwendigkeit der Führung von Leitungen über Hindernisse ergibt sich sowohl in Industriebetrieben als auch in öffentlichen Versorgungsnetzen. Im städtischen Bereich, aber auch sonst, werden dazu Straßen- und Eisenbahnbrücken mitbenützt. In diesem Abschnitt sollen Brücken behandelt werden, die Transportbänder und Rohre unterstützen oder Leitungsrohre als Haupttragwerk haben.

FÖRDERBANDBRÜCKEN

Förderbandbrücken verbinden Lager- und Fertigungsstätten im Werkgelände oder führen über öffentlichen Bereich von der Materialgewinnungsstelle zum Verarbeitungsbetrieb. Zum Schutz des Fördergutes vor Witterungseinflüssen und der Umwelt vor herabfallendem oder durch Wind vertragenem Material ist meistens eine Abdeckung erforderlich. Als Tragkonstruktion wird daher bevorzugt ein Trogquerschnitt gewählt. Die Förderbandgerüste werden auf Querträgern befestigt, die auch den Wartungssteg tragen. Bei kleinen Stützweiten werden vollwandige Hauptträger ausgeführt auf deren Obergurten eine Abdeckhaube aufgesetzt werden kann.

Bei größeren Stützweiten werden Fachwerkhauptträger gebaut, deren Obergurte durch einen Verband stabilisiert werden. Die Systemhöhe sollte die Begehbarkeit erlauben. Bei dieser Bauart können Bandgerüste, Kabeltassen oder Rohrleitungen auch am oberen Verband aufgehängt werden, eine komplette Verkleidung mit leichten Fassaden- und Dachelementen ist leicht anzubringen.

Die Brückenträger werden auf ein- oder zweiwandigen Rahmen- oder Fachwerkstützen aus Stahl, gelegentlich auch auf Pfahlstützen mit Konsolen gelagert. Die Ausführung von Durchlaufträgern kann zwar leichtere Brücken ermöglichen, führt aber bei unsicheren Bodenverhältnissen und besonders bei Umbauten zu erheblichen Schwierigkeiten mit entsprechenden Kosten.

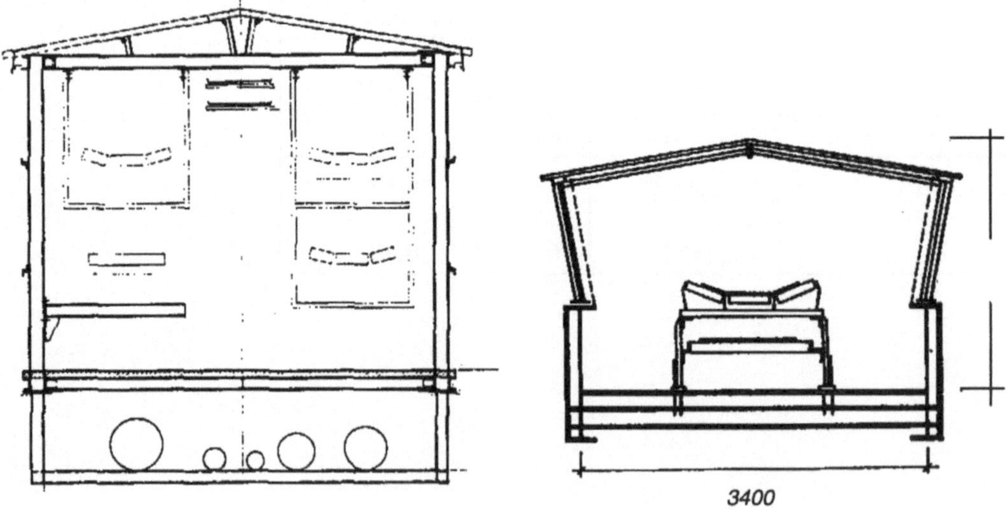

Bild 9-8 Querschnitte von Bandbrücken

In der Fördertechnik sind Transportbänder häufig auf beweglichen Tragkonstruktionen gelagert. Beispiele dafür sind Ausleger von Schaufelradbaggern, Be- und Entlader, Bandschleifenwagen und Absetzer auf Lagerhalden. Hier sind zusätzliche dynamische Einwirkungen zu beachten, wie sie von der Art der Materialaufbringung oder Entladung, aber auch aus den Fahrbewegungen des Gerätes herrühren.

Die Funktion des Gerätes ist vielfach bestimmend für die Konstruktion des Bandträgers und eine gute Zusammenarbeit von Maschinenbauer und Stahlbauer ist wichtig.

ROHRLEITUNGSBRÜCKEN

Rohrleitungsbrücken können analog den Bandbrücken gestaltet werden. Bei mittleren Stützweiten sind mehrfach dreigurtige Fachwerkträger für mehrere kleinere Rohre gebaut worden.

Hängebrücke mit schrägen Seilwänden

Dreigurtige Rohrbrücke

Bild 9-9 Rohrbrücken

Sind größere Spannweiten zu überbrücken, so wird das Rohr als Versteifungsträger einer Schrägseil- oder Hängebrückenkonstruktion eingesetzt. Auch Bogenbrücken wurden aus Leitungsrohren hergestellt. Als Nachteil muß in Kauf genommen werden, daß Reparaturen oder Auswechslungen des tragenden Leitungsrohres nur mit aufwendigen Einrüstungen oder durch Demontage des gesamten Bauwerks durchgeführt werden können.

Rohrleitungen mit größerem Durchmesser werden selbstragend als Durchlaufträger ausgeführt, wenn Stützen in entsprechenden Abständen angeordnet werden können. Verbände oder Abspannungen stabilisieren gegen Knicken und Schwingungen.

Bei großen Stützweiten sind zur Aufnahme der Längsdehnungen Kompensationsstücke vorzusehen, in denen die Dehnungen durch elastische Biegung von Rohrbögen ausgeglichen werden.

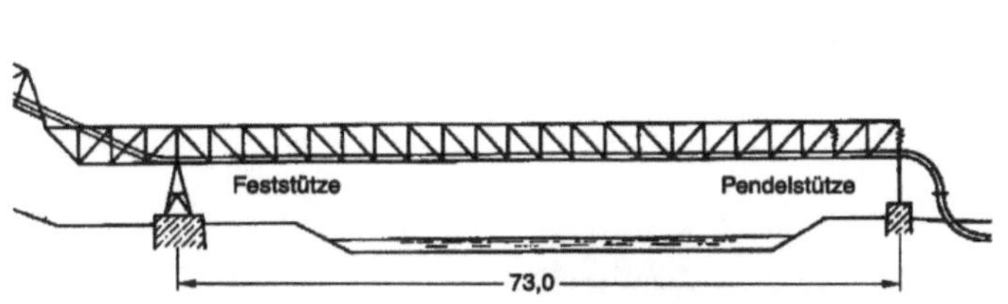

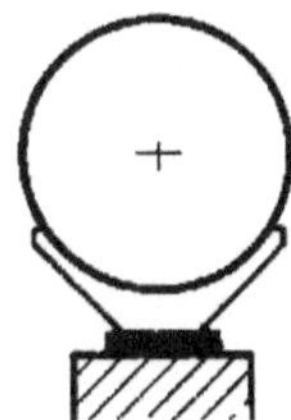

Bild 9-10
Beispiele für Rohraufhängung
und Lagerung

9.4 Behälterbau

9.4.1 Allgemeines

In diesem Kapitel wird ein Überblick über den gegenwärtigen Stand der Berechnung und Konstruktion von zylindrischen Behältern zur drucklosen Lagerung von Flüssigkeiten gegeben. Diese Behälter dienen in der überwiegenden Anzahl der Lagerung von Erdölprodukten sowie von Erzeugnissen der chemischen Industrie.

Da die Füllmedien meist in erhöhtem Maß feuergefährlich sind, sind bei der Errichtung von Tankanlagen eine Reihe von Gesetzen und behördlichen Bestimmungen zu beachten. Diese sind in erster Linie von der Gefahrenklasse des zu lagernden Mediums abhängig.

9.4.2 Ausführungsformen

Folgende Behältertypen werden unterschieden:

- Festdachbehälter

- Schwimmdachbehälter

- Festdachbehälter mit Schwimmdecke

Die durch behördliche Vorschriften geforderten Auffangräume, die bei einem Schadensfall am Behälter das unkontrollierte Ausfließen des Füllmediums und ein Eindringen in das Grundwasser verhindern sollen, wurden früher überwiegend durch Erdwälle oder Betonumfassungswände gebildet.

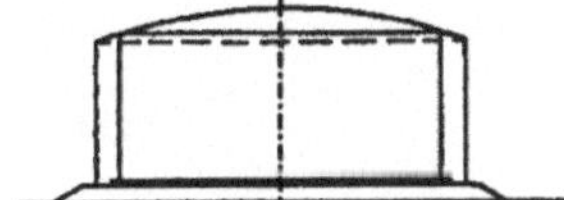

Bild 9-11
Ausführungsformen von
Auffangwannen

In letzter Zeit werden Auffangwannen fast ausschließlich aus Stahl hergestellt. Bezüglich dieser Auffangwannen wurden eine Reihe verschiedener Ausführungsformen entwickelt. Die einfachste Lösung ergibt sich, wenn der Behälter in einen nur aus Boden und Mantel bestehenden zweiten Behälter gestellt wird.

Nur für Behälter mit Isolierung, wie sie zum Beispiel zur Lagerung von flüssigen Gasen bei tiefen Temperaturen verwendet werden, ist die Errichtung eines kompletten äußeren Behälters einschließlich Dach sinnvoll.

Eine weitere mögliche Ausführungsform ist ein Tank im Tank, wobei nur ein Dach angeordnet ist. Dieses Dach überdeckt als Fortsetzung des Behälterdaches den Ringraum. Durch die Anordnung einer entsprechenden Anzahl von Öffnungen im oberen Wannenmantelbereich ist die ausreichende Durchlüftung des Ringraumes zu gewährleisten. Der Schutz des Innenbehälters ist vollkommen gegeben.

Eine Ausführungsvariante ergibt sich wenn der Ringraum zwischen Tank und Auffangwanne wird durch ein in Wannenoberkante liegendes Dach, das jedoch zur Erzielung einer guten

Durchlüftung nicht vollkommen geschlossen ist, abgedeckt wird. Zur oberen Aussteifung des Außenmantels wird ein Ringträger angeordnet, der als Rinne ausgebildet ist. Um Regenwasser nach außen, über der Abdeckung austretendes Medium jedoch in die Wanne zu leiten, sind syphonartige Rohre eingebaut, die – durch das verschieden spezifische Gewicht von Wasser und Füllmedium bedingt – sicherstellen, daß austretendes Medium nicht durch diese Rohre, sondern über die innere Überlaufkante in die Wanne fließt. Die Funktionssicherheit dieser Bauform ist natürlich nur für Füllmedien mit einer Dichte kleiner als 1 und für nicht wasserlösliche Produkte gegeben.

Unabhängig von der Konstruktionsform des Auffangbehälters ist der Boden auf jeden Fall doppelt auszuführen und es sind Einrichtungen zur dauernden Kontrolle der Dichtheit des Bodens gesetzlich vorgeschrieben.

Alle für den Betrieb des Behälters erforderlichen Absperrorgane und Armaturen müssen im Ringraum zwischen den beiden Mänteln angeordnet werden. Dafür ist ein gewisser Mindestabstand erforderlich. Die üblichen Ausführungsformen weisen eine Ringraumbreite von 1,00 m bis 1,50 m auf.

Da bei allen Doppelmantelbehältern zwischen Innen- und Außenbehälter erhebliche Verformungsunterschiede auftreten, sind in allen Rohrleitungen Kompensatoren einzubauen oder entsprechend lange Rohrschenkel vorzusehen, da sonst erhebliche Zwängungskräfte auftreten können. Die Auswirkungen dieser Zwängungskräfte auf die Behältermäntel sind durch Spannungsanalysen mittels FE-Modellen zu untersuchen.

9.4.3 Berechnungs- und Ausführungsvorschriften

Für die Berechnung und konstruktive Ausführung von Lagerbehältern sind in Abhängigkeit vom Aufstellungsort folgende Normen und Vorschriften zu beachten:

- die amerikanische Vorschrift API 650

- British Standard BS 2654

- DIN 4119

- ÖNORM C 2125

Nach einer gewissen Übergangszeit wird für Europa der derzeit in Ausarbeitung befindliche Eurocode 3, Part 4-2: Tank, die nationalen Normen ersetzen.

Diese Normen enthalten, entgegen den sonst für das Bauwesen geltenden Normen, ausführliche Berechnungsvorschriften für die einzelnen Bauelemente des Behälters.

Für die Bemessung von Lagerbehältern sind außer den für alle Bauwerke geltenden Belastungen wie Eigengewicht, Nutzlasten, Wind- und Schneelasten folgende Lastfälle zu berücksichtigen:

- Innendruck im Behälter infolge Füllung

- Unter- und Überdruck im Behälterraum über der Flüssigkeitsfüllung

- Setzungen der Mantelauflagerlinie und Schiefstellung des Behälters

9.4.4 Bauelemente des Behälters

Der Behälterboden

Die wesentliche Anforderung, die an den Behälterboden gestellt wird, ist die Dichtheit. Es ist die Ausführung als stumpf oder überlappt geschweißter Boden möglich.

Die Mindestdicke bei stumpfgeschweißter Ausführung beträgt: 5,0 mm
und bei überlappt geschweißter Ausführung: 6,5 mm

Die Dichtheit des Bodens nach der Fertigstellung ist durch eine 100%-ige Vakuumprüfung nachzuweisen.

Die Lagerverordnung für Mineralölprodukte schreibt für alle Behälter zur Speicherung dieser Medien eine zweilagige Ausführung des Bodens vor. Durch die Anordnung entsprechender Einrichtungen muß die Dichtheit der Bodenbleche jederzeit überprüfbar sein.

Ein rechnerischer Nachweis der inneren Bodenbleche ist nicht erforderlich.

Der Randbereich des Bodens ist durch die Verbindung mit dem Behältermantel Beanspruchungen durch die Behälterfüllung ausgesetzt und bei Überschreitung bestimmter Abmessungen ist für die Mantel-Bodenecke ein Spannungsnachweis zu führen.

Der Behältermantel

Der Behältermantel ist eine dünnwandige Kreiszylinderschale. Der gefüllte Behälter wird durch das Lagermedium rotationsymmetrisch belastet. Der Nachweis der Tragsicherheit des Mantels kann im überwiegenden Bereich des Mantels für den ungestörten Membranspannungszustand geführt werden. Die durch Dickensprünge im Mantel verursachten Biegespannungen sind für die Tragfähigheit ohne Bedeutung. Dies gilt nicht für das obere und untere Ende des Mantels. In diesen Bereichen sind die durch den Zusammenschluß von Mantel und Boden, bzw. von Mantel und Dach bedingten Störspannungen zu berücksichtigen. Da es sich um rotationssymmetrische Zustände handelt, ist der Nachweis analytisch möglich, kann aber auch mittels eines einfachen FE- Modells geführt werden.

Der Behältermantel ist für folgende Einwirkungen zu untersuchen:

- Eigengewicht und ständige Lasten
- Füllung mit Medium des Betriebszustandes
- Wasserprobefüllung
- Schnee- und Nutzlasten am Dach
- Windbelastung
- Über- und Unterdruck im Behälter

Die Druckunterschiede im Behälter entstehen durch die Volumsänderung des Gas-Luftgemisches bei Temperaturänderung. Besonders eine plötzliche Abkühlung des Behälters, z.B. durch einen Gewitterregen, kann kritische Druckverhältnisse im Behälter schaffen. Die Einhaltung der der statischen Berechnung zugrunde gelegten Werte von Unter- und Überdruck muß durch entsprechend ausgelegte Ventile oder ausreichend bemessene Be- und Entlüftungsöffnungen sichergestellt sein. Für die Bemessung des Behälters sind die Druckverhältnisse von ausschlaggebender Bedeutung. Maßgebend für die Beurteilung dieser Belastungszustände ist der leere oder nahezu leere Behälter. Nicht richtig berücksichtigter Unterdruck führt zum Beulen des Behältermantels, zu hohe Überdrücke verursachen ein Abheben der Mantel-Bodenecke. Die Ermittlung der optimalen, das heißt der kostengünstigsten Mantelausführung ist nur durch Berücksichtigung von Material- Prüf- und Montagekosten möglich. Allgemein gilt, daß die Verwendung höherwertiger Stähle die wirtschaftlichere Ausführung ergibt. Für die Tragsicherheit der dadurch bedingten dünnwandigen Schalen ist das Stabilitätsverhalten, besonders im dünnen, oberen Mantelbereich maßgebend. Die erforderliche Beulsicherheit des Zylinders kann am wirtschaftlichsten durch die Anordnung von Ringsteifen erreicht werden. Im Stabilitätsnachweis ist die Wirkung von Radial- und Vertikalbelastungen und deren Interaktion zu untersuchen.

Entgegen der sonst im Stahlbau üblichen Schweißnahtberechnung sind in der Behältermantelbemessung nach den oben angeführten Vorschriften Schweißnahtfaktoren zu berücksichtigen. Die Werte dieser Schweißnahtfaktoren sind von der Materialqualität und vom geforderten Prüfumfang abhängig und liegen zwischen 0,85 und 1,00.

Zur Überleitung der Auflagerdrücke des Behältermantels werden verstärkte Bodenrandbleche angeordnet. Die erforderliche Dicke dieser Bodenrandbleche ist den oben angeführten Vorschriften zu entnehmen. Ebenso sind dort die Grenzwerte angegeben, ab welchen eine genaue Spannungsanalyse dieser Konstruktionsbereiche durchzuführen ist.

Bei oben offenen Schwimmdachbehältern wird der obere Rand des Mantels durch einen Ringträger ausgesteift. Dieser Ringträger versteift den oben offenen Zylinder und gewährleistet auch bei nicht rotationssymmetrischer Belastung die Standsicherheit des Mantels.

Dachkonstruktionen

Die Behälter können entweder durch feste Dächer geschlossen sein oder es wird ein auf dem Füllmedium schwimmendes Dach ausgeführt.

Feste Dächer

Der geometrischen Form nach werden Kegel- oder Kuppeldächer unterschieden.

Dem Konstruktionsprinzip nach werden selbsttragende und unterstützte Dächer unterschieden.

Die in den USA übliche Ausführung von Kegeldächern, als unterstütztes Dach mit Zentralstütze oder bei größeren Dächern mit mehreren konzentrisch angeordneten Stützenreihen, wurde in Europa durch das freitragende Kuppeldach abgelöst.

Hier hat sich die Rippenkuppel mit radial angeordneten Sparren, die durch konzentrische Ringe und Diagonalverbände räumlich stabilisiert werden, als Standardlösung durchgesetzt. Da die Montage auch bei größerem Durchmesser mit einer Montagenadel im Zentrum erfolgen kann, ist diese Bauform die wirtschaftlichste Lösung zur freitragenden Überdachung großer Flächen.

Weitere mögliche Bauformen sind Netzwerkkuppeln, Schwedlerkuppel, Rahmenkuppel, geodätische Kuppeln nach Fuller oder die Ledererkuppel (Bild 9-12).

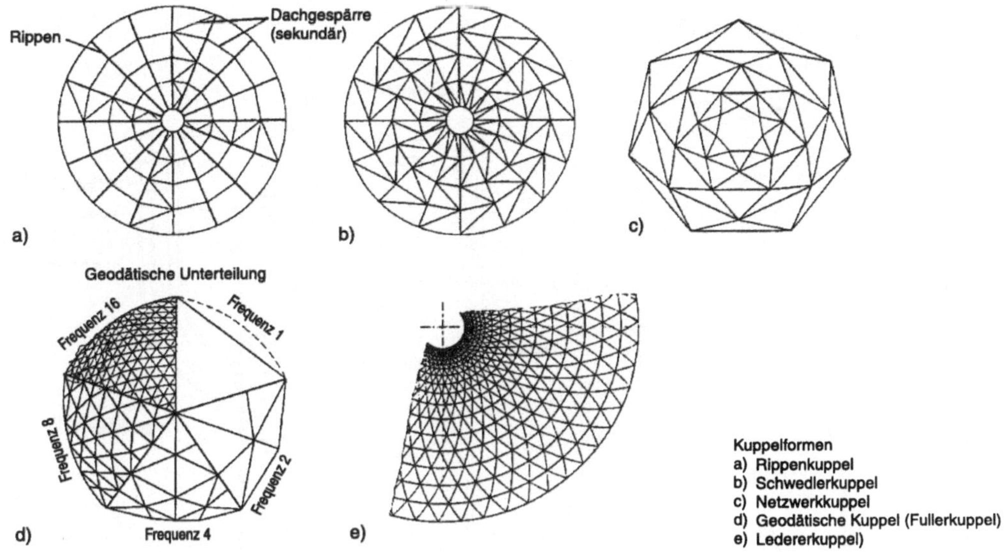

Bild 9-12 Kuppelformen [4]

Schwimmdächer

Im Vergleich zu Tanks mit festem Dach bietet das Schwimmdach aus Stahl oder aus Aluminium, das auf der Oberfläche des Lagergutes ruht und sich jederzeit der Höhe des Flüssigkeitsspiegel anpaßt, bei der Lagerung von stark flüchtigen Medien wesentliche Vorteile und größere Sicherheit.

Die Verdampfungsverluste werden vermindert und die Bildung eines Luft-Gas-Gemisches in dem über dem Flüssigkeitsspiegel befindlichen Raum wird auf ein Mindestmaß reduziert.

In der Standardbauform besteht das Schwimmdach aus dem ringförmigen Außenponton und der Membrane. Zu Erreichung einer ausreichenden Schwimmstabilität muß der Pontonbereich etwa 30% der Dachfläche umfassen. Dieser ringförmige Ponton ist durch eine Reihe von Schottblechen in dichte Zellen unterteilt. Die Ausführung des Daches muß so erfolgen, daß bei Leckwerden der Membran und zweier benachbarter Pontonzellen die Schwimmfähigkeit gewährleistet ist. Zum Absetzen des Schwimmdaches auf den Behälterboden sind Stützen auf konzentrischen Kreisen oder auf einem Rechteckraster vorgesehen. Das Niederschlagswasser wird mittels eines Gelenkrohrsystemes durch den Mediumbereich des Tanks nach außen abgeleitet. Ein Führungsrohr bewirkt die Führung des Daches in tangentialer Richtung, in radialer Richtung erfolgt die Führung durch die Schwimmdachdichtung. Neben dieser Standardbauform sind eine Reihe von Schwimmdachkonstruktionen entwickelt, jedoch kaum praktisch angewendet worden.

Gegen die Tankwand wird das bewegliche Dach durch die Schwimmdachdichtung abgeschlossen. Für diesen Sicherheitsverschluß ist ebenfalls eine Reihe von Systemen entwickelt worden. Alle diese Systeme sind patentrechtlich geschützt. Im Prinzip bestehen alle Dichtungen aus einem elastischen Bauelement, das den Ausgleich der Bauungenauigkeiten des Mantels ermöglicht und einem Feder- oder Hebelsystem, welches das Anpressen der Dichtschürze am Mantel bewirkt.

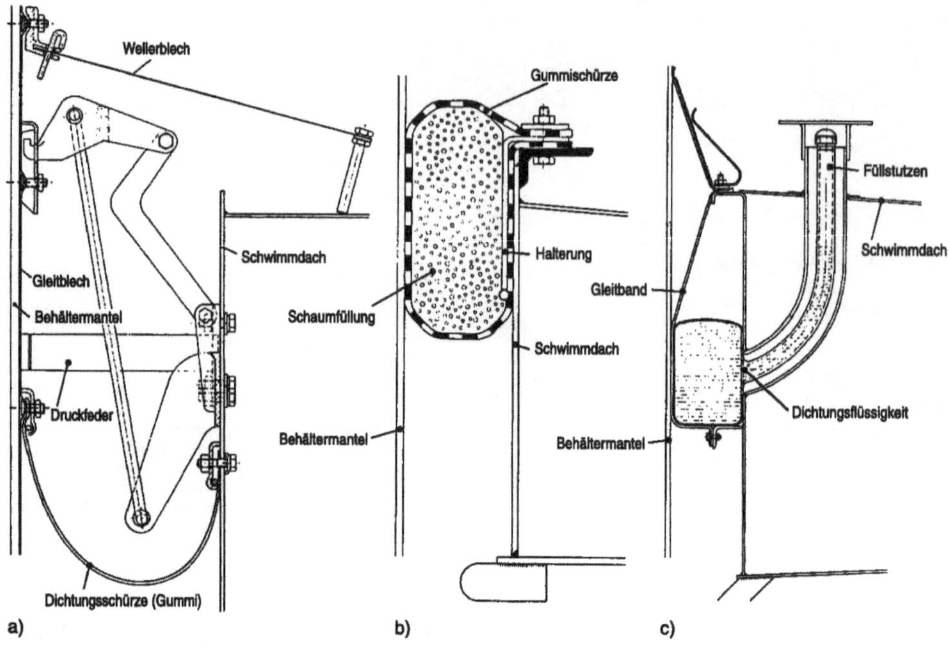

a) System Wiggins „Safety Seal"   b) System Wiggins „Slimline"   c) System „Hammond Tube Seal"

Bild 9-13 Schwimmdachdichtungen, Lit. [4]

9.5 Silos

9.5.1 Einleitung

Silos dienten schon seit langem dem Ausgleich der naturgegebenen Schwankungen in der landwirtschaftlichen Produktion von schüttbaren Massengütern und damit der Vorratshaltung (Getreide, Mehl, Mais, Futtermittel). In unserem Jahrhundert wurden Silos – verbunden mit der generellen Mechanisierung der Produktionstechnik – zu wichtigen Lagerformen vielfältigster, industriell erzeugter Schüttgüter, wie Zement, Klinker, Betonzuschlagstoffe, Phosphate, Zukker, usw. Außer in der verfahrenstechnisch orientierten Industrie besteht Baubedarf heute vor allem für die Ernährung der Dritten Welt.

Neben Betonkonstruktionen werden Silos wegen der Vorteile einfacher Montage (Systembauweise), Dichtigkeit und effizienter Lastabtragung häufig in Stahl ausgeführt.

9.5.2 Bauformen

Silos sind generell vertikal stehende, zellenförmige Behälter, deren Grundrißabmessungen gegenüber der Höhe gering sind. Die Zellenbildung ist verständlich aus der betrieblichen Handhabung und gegenseitigen Abschottung verschiedener Füllgüter. Die schlanke, hohe Ausbildung wird verständlich aus den Vorteilen der später erläuterten „Silotragwirkung".

Von der Grundrißform sind grundsätzlich beliebige abwickelbare Formen möglich, jedoch hat die Kreisform wegen ihrer günstigen Tragwirkung hier wohl das absolute Primat. Andererseits gibt es aber auch quadratische, rechteckige oder sechseckige Zellenformen. Zusätzliche Unterteilungen der Zellen sind bei Mehrkammersystemen zur Trennung verschiedener Medien einsetzbar (Bild 9.14).

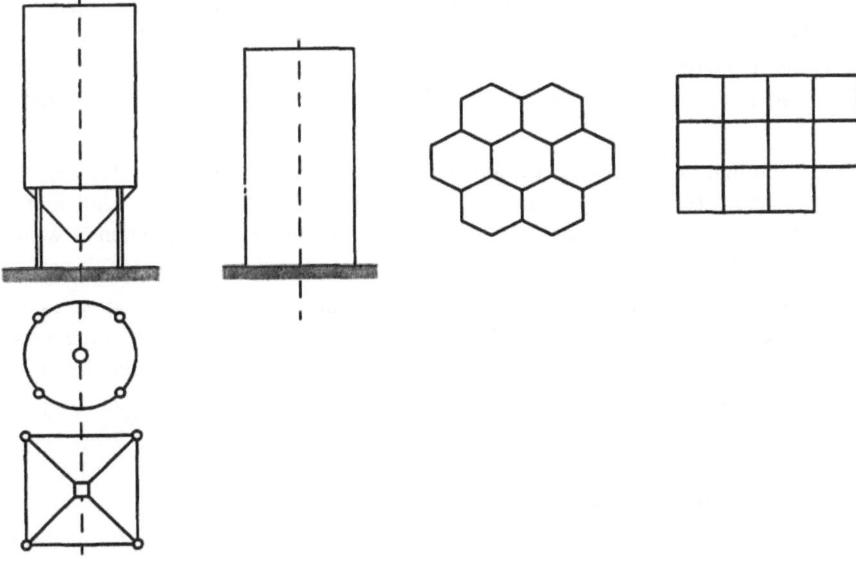

Bild 9-14 Bauformen von Silos

Neben Silos in Form von Einzelzellen werden oft auch mehr- oder vielzellige Silobatterien ausgeführt.

In den meisten Fällen sind die Silos mit Trichtern ausgestattet, die einen effizienten mechanischen Austrag der Schüttgüter ermöglichen sollen. Vielfach sind sie dazu aufgeständert, um eine Zufahrt unter die Trichteröffnung freizugeben.

Die Ausbildung der Silo- und Trichterwände kann stahlbaulich in verschiedensten Formen erfolgen; es können Glattbleche, versteifte Bleche, profilierte Bleche mit horizontaler oder vertikaler Rippenführung sein.

Im folgenden wird nur auf die häufigste Form zylindrischer Blechkonstruktionen eingegangen werden.

9.5.3 Planungsgrundsätze

Silos gehören zu jener Sorte von Bauwerken, die ein höheres Maß an planerischem Know-How erfordern, als die üblicherweise ausreichende Kenntnis von normenmäßigen und statisch-konstruktiven Zusammenhängen. Es kommt dies auch in einer Schadensquote zum Ausdruck, die um drei Zehnerpotenzen über der Versagenwahrscheinlichkeit üblicher Baukonstruktionen liegt.

Das Schwergewicht der Planungsüberlegungen liegt bei Silos eindeutig auf der betrieblich-funktionellen Seite. Die optimale Abwicklung der Beschickung, Lagerung und Entnahme der sehr unterschiedlichen Füllgüter stellt auch heute noch eine oft schwierige Ingenieuraufgabe dar, zu welcher Forschungen auf chemischer, verfahrenstechnischer und bautechnischer Seite beitragen müssen, wenn nicht standardgemäße Füllgüter oder Betriebsweisen Anwendung finden sollen. Bei manchen organischen Füllgütern kam es zu starken Veränderungen ihrer Konsistenz während der Lagerung bis zum „Zusammenpacken" zu festen Körpern. Bei staubführenden brennbaren Schüttgütern besteht die Gefahr von Staubexplosionen. Generell besteht das Problem, den allgemeinen Fließvorgang von unterschiedlich kohäsiven, körnigen Schüttgütern in einer Konstruktion mit spezieller geometrischer und steifigkeitsmäßiger Ausbildung beschreiben zu können. Es erfordert dies die intensive Zusammenarbeit der Disziplinen der Strömungslehre granularer Medien und der Bodenmechanik auf der einen Seite und der Kontinuumsstatik auf der anderen Seite; diese Zusammenarbeit wurde seit kurzem in Angriff genommen.

Es soll daraus deutlich werden, daß ein Schwerpunkt der Planungsarbeit in der Erfassung der wirklichkeitsnahen Lasteinwirkungen zufolge des Silobetriebes besteht und daß hier – wenn von den in den einschlägigen Normen festgelegten Voraussetzungen abgewichen wird – noch viele Fragen ungeklärt sind.

Neben der Lasteinwirkungsseite ist jedoch auch die „baustatische" Seite vielfach ein Grund von Unzulänglichkeiten, da die Tragwirkung von Silos Kenntnisse der „Flächentragwerksstatik" erforderlich macht, welche vielfach in der Bauingenieurausbildung sehr kurz gehalten wird.

Im folgenden wird daher kurz auf die beiden Problemkreise „Lasteinwirkungen" und „statische Tragwirkung" eingegangen.

9.5.4 Lasteinwirkung bei Silos

Die Lasten auf Silos sind in ENV 1991-4, DIN 1055, Teil 6 (1987) sowie in der ÖNORM B 4011, Teil 3 für eine begrenzte Reihe von Schüttgütern festgelegt. Diese erfassen die Wirkung des Füllgutes auf die Silowände zufolge des Betriebes. Daneben kann jedoch auch – insbesondere bei hohen, dünnwandigen Silos –, der leere Zustand unter Windeinwirkung maßgebend werden.

Die Silolasten zufolge Füllgütern werden – losgelöst von der bestehenden Interaktion zwischen Bauwerk und Füllgut – als Einwirkung auf die Silowand definiert. Diese Lastwirkung wird generell als „Silotragwirkung" bezeichnet und meint damit eine Gesamtkonstellation von Lastkomponenten, die sich aus Vertikallasten, Horizontallasten und Wandreibungslasten zusammensetzt und eine typische höhenabhängige Ausprägung annimmt.

Gedanklich leitet sich die Silotheorie, wie sie auch in der DIN und ÖNORM in der von Janssen formulierten Weise Verwendung findet, aus dem Zustand des Füllens her. Das Füllgut übt auf die Wand Horizontaldruckkräfte p_h aus, da es selbst keine Zugfestigkeit hat und sich entsprechend den Regeln der „Erddrucktheorie" an der Wand horizontal abstützen muß. Durch das Verdichten der Lagerung und das Verformen der Körner entsteht eine Abwärtsbewegung des Füllgutes gegenüber der Silowand, wodurch entsprechend der jeweiligen Wandrauhigkeit vertikale Wandreibungskräfte p_w geweckt werden. Dadurch wird in einer vertikalen Gleichgewichtsbetrachtung die senkrechte Druckkomponente p_v im Füllgut vermindert (Bild 9.15).

Es bedingt dies zugleich die Abnahme des Horizontaldrucks auf die Silowand und zwar derart, daß ab einer bestimmten Grenzhöhe des Zellenschaftes keine Zunahme mehr stattfindet und der Horizontaldruck konstant bleibt. Dies bringt den Vorteil, daß – ab dieser Höhe – die Bemessung des Zellenschaftes in Umfangsrichtung unabhängig von der Höhe wird. Damit wird ingenieurmäßig verständlich, warum Siloschäfte hoch und schlank ausgebildet werden. Bild 9.15 gibt die formelmäßige Ausbildung der Janssen-Theorie in Kurzform.

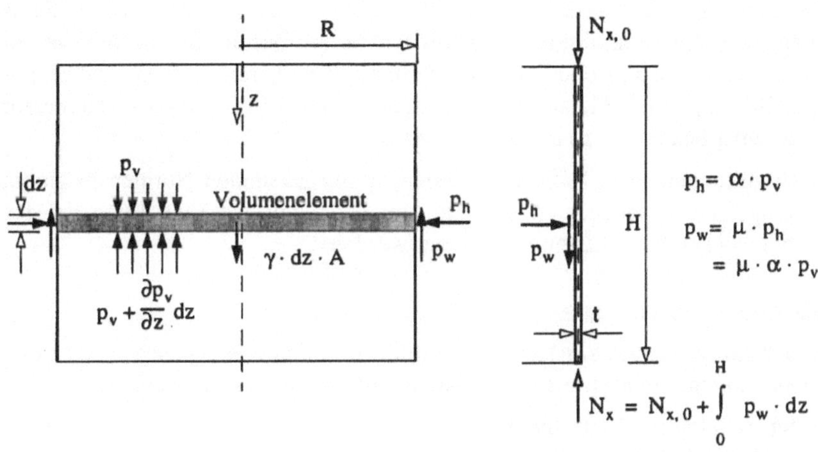

γ spezifische Wichte   A   Fläche der Zelle

μ Wandreibungkoeffizient   U   Umfang der Zelle

α Seitendruckziffer

$$\frac{dp_v}{dz} A \cdot dz + p_w \cdot U \cdot dz = \gamma \cdot A \cdot dz$$

$$p_v = \frac{\gamma \cdot A}{\mu \cdot \alpha \cdot U} \cdot \left(1 - e^{-\mu \cdot \alpha \cdot z \cdot \frac{U}{A}} \right) \qquad \max p_v = \frac{\gamma \cdot A}{\mu \cdot \alpha \cdot U}$$

Bild 9-15 Silotheorie nach Janssen

Bild 9.16 zeigt den grundsätzlichen Verlauf der Wandbelastungen p_v, p_h, p_w in einem Silo. Das typische Bild der asymptotisch den Grenzwerten zustrebenden Drücke, die wesentlich unter den linearen, hydrostatischen Verteilungen liegen, ist ersichtlich gemacht. Zugleich ist dort auch die Wandreibungskraft N_x dargestellt; das ist die Kraft, welche die Silowand vertikal abzutragen hat, um den reduzierten Vertikaldruck p_v zu kompensieren. Diese Kraft kann bei dünnwandigen Blechkonstruktionen Beulen hervorrufen und daher bemessungsbestimmend werden.

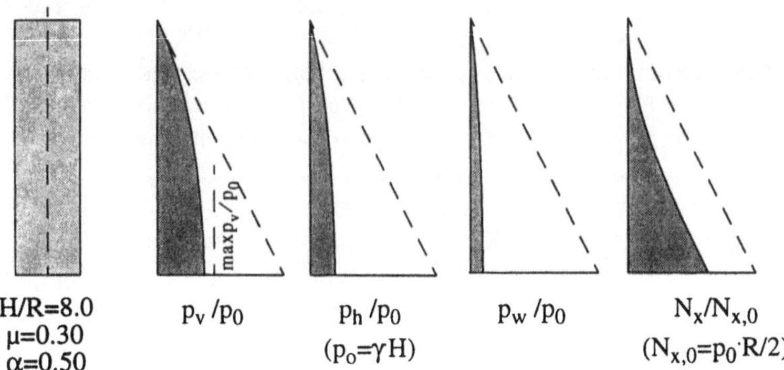

Bild 9-16 Silodruckverteilung nach Janssen

Diese „statische" Betrachtung kann natürlich das weit komplexere Kräftespiel beim dynamischen Entleervorgang nicht wiederspiegeln. Es kommt dort zu einer Reihe von Effekten, welche als „Schlagen", als „Brückenbildung", als „Switch" u.dgl. bezeichnet werden und zu teils ungleichförmigen, größenmäßig deutlichen Lasterhöhungen führen können. Insbesondere treten solche ungleichförmigen Effekte auf, wenn die Entleerungsöffnung exzentrisch angeordnet sein sollte, worauf daher besonders zu achten sein wird.

Letztere Kraftwirkungen beim Entleeren werden in den genannten Normen in globaler Weise durch Erhöhungsfaktoren abgedeckt. Gerade hier sollte auf die Einhaltung der festgelegten Voraussetzungen besonderes Augenmerk gelegt werden.

9.5.5 Statische Tragwirkung

Bei der statisch-konstruktiven Auslegung von Stahlsilos sind eine Reihe von speziellen Aspekten zu berücksichtigen, die nachfolgend nur stichwortartig aufgelistet werden:

– Beulen der Schalenwand zufolge der Vertikalkräfte (Gewichtslasten, Wandreibungskräfte, Erdbeben,Wind): siehe hiezu DIN 18800, Teil 4

– Beulen der Schalenwand zufolge Winddruck in leerem Zustand (kombiniert mit vertikalen Gewichtslasten): siehe hiezu DIN 18800, Teil 4

– Bemessung des Übergangs zwischen Trichter und Zellenschaft auf die Umfangsdruckkraft; meist Druckring erforderlich!

– Bemessung der Einleitung von lokalen Stützenkräften in die Schalenwand; meist Versteifung erforderlich!

Obige Punkte sind als zusätzliche Nachweise neben der generellen Bemessung auf die planmäßigen Wandlasten aufzufassen. Sie wurden angeführt, da sie immer wieder übersehen werden und sich als Ursache für Schadensfälle herausstellen.

Literatur zu Kapitel 9.1

[1]   Stahlbau-Handbuch, StahlbauverlagsgesmbH

Literatur zu Kapitel 9.2

[1]   Scheer, J.: Zur statischen Berechnung abgespannter Maste. Mitteilungen der Tagung „Baustatik-Baupraxis". Hannover 1990
[2]   Scheer, J., Peil U.: Zum Ansatz von Vorspannung und Windlast bei abgespannten Masten. Bauingenieur 60 (1985), S. 185-190
[3]   Scheer, J., Falke, J.: Iterative Berechnung von Seilabspannungen mit Hilfe des scheinbaren E-Moduls. Bauingenieur 57 (1982), S. 155-159
[4]   Palkowski, S.: Statik der Seilkonstruktionen. Springer Verlag Berlin Heidelberg 1990

Literatur zu Kapitel 9.3

[1]   Stahlbau-Handbuch, Stahlbauverlagsges mbH
[2]   Fritsch, Hellmann, Brückenbau, Manz Verlag

Literatur zu Kapitel 9.4

[1]   Herber; K. H.: Bemessung von Rippenkuppeln und Rippenschalen für Tankdächer. Der Stahlbau 25 (1956)
[2]   Herber; K. H.: Eckverbindungen von Tanken und Behältern. Der Stahlbau 24 (1955)
[3]   Resinger, F. und Greiner; R.: Zum Beulverhalten von Kreiszylinderschalen mit abgestufter Wanddicke unter Manteldruck. Der Stahlbau 43 (1974)
[4]   Nahler; F.: Ausführungsformen oberirdischer zylindrischer Tankbauwerke und deren konstruktive Gestaltung. Der Stahlbau 8 (1974)
[5]   ÖNORM C2125 Oberirdische zylindrische Flachbodenbehälter aus metallischen Werkstoffen. Teil 1 und Teil 2 (Ausg. Nov. 1982)
[6]   DIN 4119 Oberirdische zylindrische Flachboden-Tankbauwerke aus metallischen Werkstoffen. Teil 1 (Ausg. Juni 1979) und Teil 2 (Ausg. Feb. 1980)
[7]   API Standard 650 Welded Steel Tanks for Oil Storage. American Petroleum Institut.
[8]   API Standard 620 Recommended Rules for Design and Construction of Large, Welded, Low-Pressure Storage Tanks.
[9]   ENV 1993-1-6 Strength and Stability of Shell Structures
[10] ENV 1993-4-1 Silos
[11] ENV 1993-4-2 Tanks

10 Aluminiumbau

10.1 Anwendungskriterien und -gebiete mit Beispielen

ANWENDUNGSKRITERIEN

Zum Preisvergleich Stahl : Aluminium soll der Energiebedarf herangezogen werden

Rohstoff	pro kg:	1 : 12	pro m³:	1 : 4
Halbzeug		1 : 9		1 : 3
Bauteil		1 : 4		1 : 2

Aus der realisierbaren Masseersparnis von 40 bis 60% steht je Bauteil der Energiebedarf im Verhältnis von 1 : 2 und deshalb ist bei formaler Betrachtung Aluminium als reiner Substitutionswerkstoff nicht wirtschaftlich einsetzbar; wesentlich und ausschlaggebend für den Einsatz von Aluminium ist jedoch, daß sich seine spezifischen Eigenschaften im Laufe der Nutzungsdauer des Bauteils bezahlt machen. Das geringere Gewicht bringt Treibstoffersparnis bei Fahrzeugen, geringere Belastung der Unterkonstruktion, Verbesserung der Schwerpunktlage bei Schiffsaufbauten und Montageerleichterungen bei Transport und Aufstellung an schwer zugänglichen Stellen. Die Korrosionsbeständigkeit kann Kosten der Instandhaltung einsparen oder ein Außerbetriebsetzen (bei Kläranlagen) vermeiden.

ANWENDUNGSGEBIETE UND BEISPIELE

Stark verbreitet sind Bausysteme für Fenster, Türen, Fassaden und Wandbekleidungen, also Produkte die unter den Sammelbegriff Aluminium in der Architektur fallen.

Viele Anwendungen gibt es im Straßenverkehr, wie bei Brücken, Kofferaufbauten, Autobusaufbauten und Teilen in Pkws. Ein gutes Beispiel ist die Ladebordwand am hintersten Ende der Ladebrücke: sie entlastet die durch das Ladegewicht stark ausgelastete hintere Radachse. Der Verschleiß der Innenseiten einer Kippermulde wird durch das Abrutschen des Ladegutes beim Abkippen verursacht. Das oft durchnäßte Ladegut verursacht bei einer Stahlmulde flächige Abrostung, die den Verschleiß begünstigt. Deshalb ist die Aluminiummulde mit ihrer Korrosionsbeständigkeit trotz des weicheren Werkstoffes günstig einsetzbar.

Eine Versandhalle aus Betonfertigteilen war bemessen für eine stählerne Kranbrücke. Für die Rationalisierung der Verladung sollte diese Brücke auch eine Drehkatze haben. Der Betrieb und die Reinhaltung der Halle durften nicht gestört werden. Das Mehrgewicht der Drehkatze durfte sich nicht mindernd auf die Tragfähigkeit auswirken, sondern es war sogar eine Erhöhung dieser erwünscht. Trotz hoher Kosten war eine Aluminiumkranbrücke wirtschaftlich, da sie alle Anforderungen erfüllbar machte.

Zur Verbindung zwischen dem Stützpunkt auf dem Festland und den der Küste oft weit vorgelagerten Bohrinseln werden große Hubschrauber eingesetzt. Sie landen auf der Bohrinsel auf Decks, die vorzugsweise aus Aluminium sind. Neben der Korrosionsbeständigkeit ist die geringe Masse der großflächigen Konstruktion entscheidend und beeinflußt die Stabilität und das Schwingungsverhalten der oft bis mehr als 150 m hohen Off-Shore-Struktur günstig.

10.2 Hinweise zum Werkstoff Aluminium und dessen konstruktive Besonderheiten

Festigkeitsverhalten

Werkstoff-Arbeitslinie nach Ramberg-Osgood:

$$\varepsilon = \frac{\sigma}{E} + 0{,}002 \cdot \left(\frac{\sigma}{R_{p0,2}} \right)^n$$

im Bereich bis $\sigma < R_{p\,0,2}$

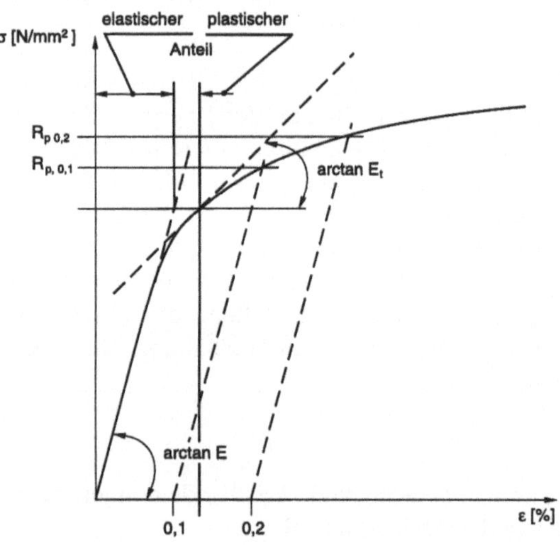

Bild 10-1
Zweiteilige Arbeitslinie

mit ε Dehnung

$R_{p\,0,2}$ Spannung bei bleibender Verformung von 0,2 %

n   Exponent je nach Legierung und Zustand

R_m Bruchfestigkeit

σ_p Proportionalitätsgrenze

nach DIN 4113 Teil 1 ist $n = R_{p\,0,2} / 10$.

Aus der Ableitung ist der Tangenten-Modul bestimmbar:

$$E_t = d\sigma / d\varepsilon = E / (1 + 14 \cdot (\sigma / R_{p\,0,2})^{(n-1)})$$

die Proportionalitätsgrenze σ_p ist definiert als jene Spannung, bei der eine Abweichung $E_t = E \cdot (1 - 0{,}002)$ eintritt

$$\sigma_p = R_{p\,0,2} / \sqrt[n-1]{6986}$$

Ab $\sigma > R_{p\,0,2}$ muß zu Beginn dieses Bereiches die Spannung ebenfalls $R_{p\,0,2}$ und der Tangentenmodul dem am Ende des ersten Bereiches gleich sein. Bei Gleichmaßdehnung ε_2 am Ende diescs Bereiches muß R_m erreicht sein. Alle Bedingungen sind nur erfüllbar, wenn die zweite Linie bei einem noch zu bestimmenden Wert ε_1 beginnt:

$$\varepsilon \;=\; \varepsilon_1 + \sigma/\varepsilon + (\varepsilon_2 - \varepsilon_1) \cdot p^m \cdot (\sigma/R_{p\,0,2})^m$$

mit ε_2 der plastische Anteil der Gleichmaßdehnung

       $p \;=\; R_{p\,0,2}\,/\,R_m$

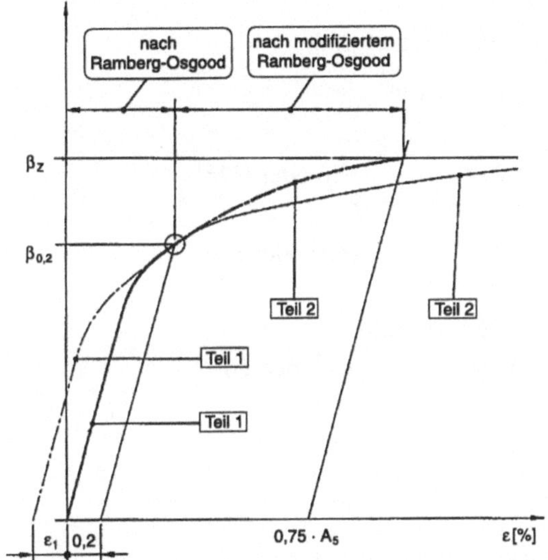

Bild 10-2
Arbeitslinie nach Ramberg-Osgood

Bei Temperaturen bis $-200\,°\mathrm{C}$ steigen die Bruchfestigkeit und die 0,2-Grenze an, auch die Bruchdehnung und das Zähigkeitsverhalten verbessern sich. Höhere Temperaturen verursachen ab $100\,°\mathrm{C}$ einen Festigkeitsabfall, über 200 bis $300\,°\mathrm{C}$ ist je nach Legierung der Werkstoff Aluminium unter dauernder Belastung nicht mehr einsetzbar.

Die Berechnung der Betriebsfestigkeit entspricht voll der für Konstruktionen des Stahlbaues, die Wöhlerlinie ist jedoch je Konstruktionsdetail unterschiedlich und liegt tiefer.

ALUMINIUMLEGIERUNGEN

Reinaluminium hat keine ausreichende Festigkeit, es werden deshalb nur Aluminiumlegierungen verwendet. Die Festigkeit wird durch Kaltverfestigung (bei Walzprodukten) und Wärmebehandlung (vorwiegend bei Strangpreßprofilen) erhöht. Durch Wärmeeinbringung, besonders beim Schweißen, wird diese Verfestigung rückgängig gemacht.

Die Werkstoffbezeichnung beinhaltet sowohl die Legierung als auch den Halbzeuglieferzustand.

International anerkannt ist das Legierungsregister der Aluminum-Association in den USA (AA). Die Legierungsbezeichnung erfolgt durch eine 4-stellige Zahl, deren erste die wichtigsten Legierungsmetalle erkennen läßt, die folgenden lediglich die Registrierungsnummer.

Für kaltverfestigte Legierungen steht H und folgend 1 für endgewalzt, 2 für endgeglüht, die Festigkeit ist aus der zweiten Zahl ersichtlich, ausgedrückt im Grad der möglichen Verfestigung.

Für warm ausgehärtete Legierungen steht T und anschließend eine Zahl, die der jeweiligen Wärmebehandlung zugeordnet ist.

Die ÖNORM M 3430, Aluminiumknetlegierungen verwendet das gleiche Bezeichnungssystem wie die DIN 1725 Teil 1 für Aluminiumknetlegierungen. Neben der Angabe der Legierungsmetalle in chemischen Kurzzeichen und der prozentuellen Beimengung des oder der wichtigsten Legierungsmetalle wird bei warmausgelagerten Legierungen mit F, und bei kaltverfestigten Legierungen mit F als endgewalzt und G als endgeglüht, gefolgt durch die Angabe der Festigkeit in kN/cm^2 der Zustand angezeigt.

Die für Aluminiumkonstruktionen zugelassene Legierungen sind:

DIN/ÖNORM	**Internationales Register**		
Al Mg3 F18	5454 oder 5754		0
Al Mg3 F23 / G23	5454 oder 5754		Hl6 oder H26
Al Mg2 Mn F19	5049		0
Al Mg2 Mn F24 / G24	5049		H16 oder H26
Al Mg4,5 Mn F27 / G 27	5083		0
Al Mg4,5 Mn F31 / G 31	5083	H16 oder H26	
Al MgSi 0,5 F22	6060 oder 6063		T5 oder T6
Al MgSi 1,0 F31/ F32	6082		T6
Al Zn4,5 Mg 1F34 / F35	7020		T6

KORROSIONSVERHALTEN

Die Oxidation auf der Oberfläche des Metalles beginnt in Sekundenschnelle und bildet eine dichte Oxidhaut. Diese verhindert ein Fortschreiten der Oxidation, erneuert sich bei Verletzung sofort und sichert die Korrosionsbeständigkeit. Die passivierende Oxidhaut ist ein sehr hartes und fest haftendes Korrosionsprodukt und eine Begriffstrennung zwischen Korrosion und Korrosionsschaden ist beim Aluminium daher erforderlich.

Der Korrosionsschaden ist nach dem Verwendungszweck zu beurteilen. Bei optischen Ansprüchen kann schon die Verfärbung durch die sich verstärkende Oxidhaut schädlich empfunden werden. Für tragende Bauteile die Tragminderung durch Abtragung von Bedeutung sein. Bei dynamisch belasteten Konstruktionen werden Kerbeinflüße schon vorher wirksam. Bei Behältern oder der Verpackung wird das Kriterium die Undichtheit sein.

Die vorwiegend auftretenden Korrosionsschäden werden in drei Gruppen eingeordnet:

Bei *selektiver Korrosion* werden nur bestimmte Gefügebereiche angegriffen und geschädigt, sie tritt bei 3-Stofflegierungen auf:

Bei der *interkristallinen Korrosion* schreitet der Angriff an den Korngrenzen entlang in die Tiefe, verringert rasch die wirksamen Querschnittsflächen und verursacht schwere Kerben. Bei der *Spannungsrißkorrosion* ergibt sich das gleiche Schadensbild, jedoch muß zusätzlich eine dauernde innere Spannung wirksam sein. Die *Schichtkorrosion* verläuft in Schichten parallel zur Oberfläche und kann rasch zur Zerstörung führen. Vorwiegend tritt sie bei AlZn4,5Mg auf. Alle drei Korrosionsarten sind durch geeignete Wärmebehandlung vermeidbar.

Bei *Korrosionsschäden durch aggressive Mittel* ist am harmlosesten die selten zu findende *flächige Korrosion*, meistens wird nach geringstem Materialverlust nur die passivierende Oxidhaut verstärkt. Der häufigste Korrosionsschaden ist die *Lochkorrosion* (Pittings). In den meisten Fällen verursacht sie nur geringen Materialabtrag und kommt zum Stillstand. Die *Spaltkorrosion* wird durch Konzentrationsanreicherungen eines an sich schwachen korrosiven Mediums verursacht.

Frischer, nicht abgebundener Beton hat einen hohen PH-Wert und wirkt aggressiv. Nach dem Abbinden verringert sich dieser Wert, doch soll die Kontaktfläche von Aluminium mit einer Bitumenbeschichtung geschützt werden.

Bei der *galvanischen Korrosion* erfolgt die Materialabtragung durch die elektrischen Spannungsunterschiede, gegeben durch die Eigenspannungspotentiale der verschiedenen im Bauteil verwendeten Metalle. Kupfer und Kupferlegierungen, wie Messing und Bronze verursachen sehr rasch Korrosionsschäden und sollen in Verbindung mit Aluminium nicht verwendet werden. Zink und Kadmium sind potentialmäßig dem Aluminium gleich und ungefährlich, bei Stahl könnte geringer Schaden entstehen, der jedoch kaum relevant ist. Austenitische Stähle haben ein hohes Eigenspannungspotential, doch treten Schädigungen im Falle, daß die Fläche des Aluminiumteils viel größer als jene des Teiles aus austenitischem Stahl ist, nicht auf (z.B. rostfreie Schraubverbindungen bei Aluminiumkonstruktionen). Ist das Flächenverhältnis gegenteilig, ist bald mit Korrosion des Aluminiums zu rechnen.

Die häufigsten Ursachen für Korrosionsschäden sind konstruktive Fehler, wie z.B. Zwängungsspannungen, Spalte, unzureichende Entwässerung oder Belüftung.

WERKSTOFFGERECHTES KONSTRUIEREN

Blechkonstruktionen

Für Blechkonstruktionen wird vorwiegend Walzhalbzeug aus den kaltverfestigten Legierungen AlMg3, AlMg2Mn0,8 und A1Mg4,5Mn verwendet, weil für die Formgebung eine gute Biege- und Abkantfähigkeit erforderlich ist. Die Formsteifigkeit ist bei den dünnwandigen Aluminiumbauteilen von größter Bedeutung.

Der Masseanteil des Stegbleches eines Biegeträgers nimmt mit steigender Spannweite, besonders wegen der Begrenzung der Durchbiegung, zu. Das höhere Stegblech muß wegen des Stegbeulens verstärkt werden. Angeschweißte Versteifungen sind notwendig, um die Wanddicke des Steges zu begrenzen. Durch den niedrigeren Elastizitätsmodul bei Aluminium sind aber engere Beulfelder und eine größere Anzahl von Steifen erforderlich. Somit fallen mehrere erweichte Zonen an und die Schweißverzüge nehmen zu und damit viele Nachteile.

Bei Trägerhöhen ab etwa 1,2 m ist die Zuweisung der Übertragung der Schubspannung aus Querkräften dem profilierten Stegblech und der Längsspannung aus Biegemomenten den Ober- und Untergurten sinnvoll, man umgeht damit die Aussteifungen des Stegbleches.

Bei kleineren Trägerquerschnitten, etwa bis zu Spannweiten von 12 m, ist der 5-Eck-Kastenträger ein Beispiel für gute konstruktive Gestaltung. Durch die Teilung des Obergurtes in zwei Felder wird die Beulbreite halbiert und durch die stabilisierende Abkantung liegt die Wärmeeinflußzone (WEZ) der Schweißnaht mit dem Festigkeitsabfall nahe an der Schwerlinie und dadurch wird die Schwächung geringer.

Die Schalenbauweise ergibt ebenfalls Konstruktionen mit hoher Beulsteifigkeit ohne stabilisierende Steifen.

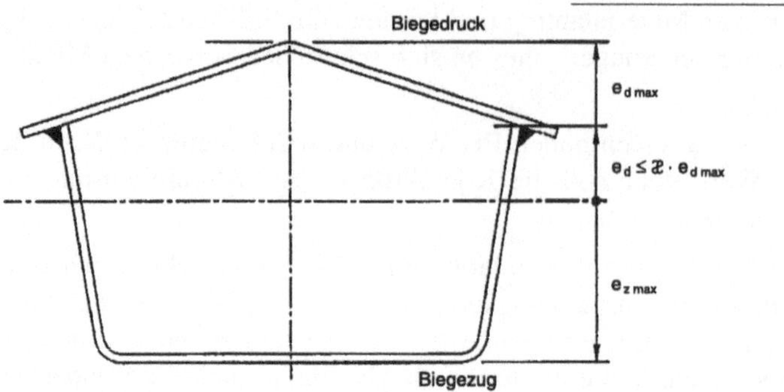

Bild 10-3
Biegeträger in Kasten-
bauweise

Profilkonstruktionen

Beim Strangpressen tritt mit hohem Druck das vorgewärmte Material durch die Öffnung im
Profilwerkzeug als Profil aus. Das ermöglicht eine sehr freie Formgebung des Profilquerschnit-
tes. Für Hohlprofile muß mit einem Dorn, auf einer Brücke befestigt, die innere Kontur geformt
werden. Die Kosten solcher Werkzeuge sind aber wesentlich höher als die für offene Profile. In
den meisten Fällen aber ist ein neues Profil wirtschaftlich, wenn man schon im Entwurf durch
Querschnittsminimierung und vorausdenkender konstruktiver Gestaltung zur Senkung der Fertigungskosten alle sich bietenden Möglichkeiten ausschöpft. Dazu dienen:

- Gesamtquerschnittsoptimierung mit Masseminimierung und Stabilisierung (Integralbauwei-
  se mit mitgepreßten Steifen)

- Bei hohen Profilen ist die Frage, ob ein großes oder ein Hohlprofil kostengünstiger als
  zwei oder mehrere durch Verschweißen kleinerer Profile verbunden sind. Bei mehrteiligen
  Lösungen entscheidet die Festlegung der günstigsten Lage der WEZ, z.B. bei dem aus
  2 [-förmigen Profilen 180.60.9/6 gebildeten Kasten und der Erweichung in der WEZ um
  50%:

ohne WEZ	WEZ oben	WEZ seitlich	
J = 2005,6	1610,2	1994,8	cm^4
W = 222,85	178,92	221,65	cm^3
A = 41,04	35,64	35,64	cm^2

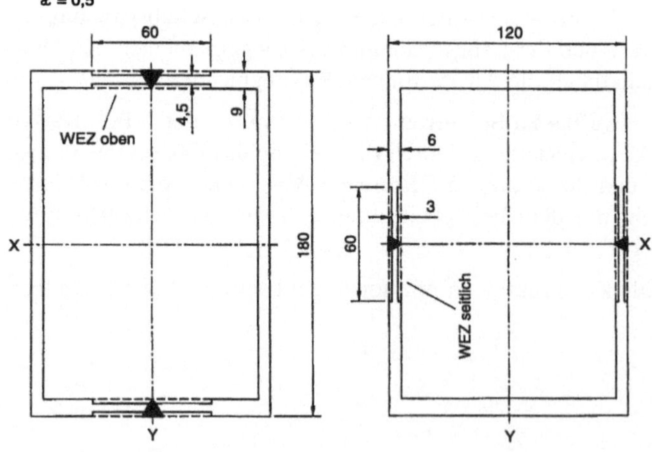

Bild 10-4
Auswirkung der WEZ bei
günstiger oder ungünstiger
Lage

- Überlegungen aus der Sicht der Gesamtkonstruktion, Einbindung des Bauteiles oder Anschlüße anderer Teile, Verwendung des Profiles für mehrere verschiedene Teile und Einbeziehung der Möglichkeit einer Fertigungsrationalisierung

Schweißvorrichtungen können teuer und auch bei der Fertigung arbeitsintensiv sein. Bei der Profilgestaltung können durch integrierte Führungen und Anschläge gute Rationalisierungseffekte erzielt werden, besonders noch dann, wenn diese Formgestaltung auch zur Stabilisierung gegen das Beulen und für die Schweißbadsicherung genutzt werden kann.

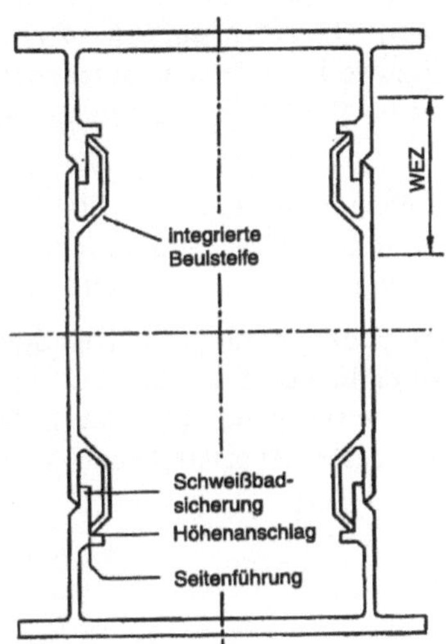

Integrierte Vorkehrung für das Längsschweißen und Stabilisierung gegen Beulen bei einem Strangpressprofil

Bild 10-5
Strangpressprofil

Blech- Profilkonstruktionen

Größere flächige Konstruktionen können in der Profilbauweise nur mit Großprofilen gebaut werden, doch sind die für die hohen Profilwerkzeugkosten erforderlichen Mengen meistens nicht vorhanden. Eine Blech-Profil-Konstruktion ist dann kostengünstiger. Weitere Vorteile sind, daß ein Abkanten vermieden werden und somit hochfeste Bleche verwendbar sind und daß die WEZ von Längsnähten an günstigeren Stellen sein können. Die Profile können bei dieser Kombination wieder optimiert werden.

Mischkonstruktionen

Mischkonstruktionen bestehen aus Bauteilen verschiedener Werkstoffe. Eine weit gespannte Halle kann optimal so ausgelegt werden, daß die auf Druck belasteten und der Knickung unterliegenden Stützen besser aus Stahl hergestellt sind, zumal die Massereduzierung, auch bei der Montage, ohne besondere Vorteile ist. Das Dachtragwerk aus Aluminium jedoch läßt eine leichtere Stahlunterkonstruktion zu und ist auch bei der Montage kostensparend.

Zu beachten ist, daß der lineare Wärmeausdehnungskoeffizient bei Aluminium doppelt so groß ist wie bei Stahl. Er verursacht z.B. in einem Rahmentragwerk, zusätzliche Belastungen durch Dehnungsbehinderung. Korrosionsprobleme sind kaum zu befürchten, denn die Aluminiumkonstruktion ist oberhalb der Stahlteile und somit keiner Korrosionsbelastung durch diese ausgesetzt.

10.3 Anmerkungen zu den Nachweisen

BEMESSUNGSNORMEN UND RICHTLINIEN

DIN 4113, Aluminiumkonstruktionen unter vorwiegend ruhender Belastung, enthält im Teil 1 (Mai 1980) die Berechnung und bauliche Durchbildung allgemein und umfaßt auch geschraubte und genietete Verbindungen; im Teil 2 sollten geschweißte Konstruktionen erfaßt sein. Dieser Teil erschien im Gelbdruck als Entwurf (Mai 1980) und wurde nach der Einspruchsfrist zurückgezogen und wird nicht mehr fertiggestellt werden.

In Österreich wurden Richtlinien für die Bemessung von Aluminiumkonstruktionen vom österreichischen Stahlbauverband veröffentlicht (2. Auflage Juni 1980). Diese lehnen sich an DIN 4113/1 an und enthalten auch die Bemessung geschweißter Bauwerke. Die neu bearbeitete britische Norm British Standard BS CP 8118 „Code of Practice for the Design of Aluminium Structures" ist 1993 veröffentlicht worden.

Das Kommitee T2 „Aluminium Alloy Structures" der Europäischen Konvention für Stahlbau veröffentlichte 1978 die „European Recommendations for Aluminium Alloy Structures", die „European Recommendations for Aluminium Alloy Structures, Fatigue Design" erschien 1992.

Im Rahmen der CEN wurde für Aluminiumkonstruktionen das Subkommittee TC 250 Subcomm 9 im Jahre 1993 installiert. Es ha die im Mai 1998 veröffentlichten Europäischen Vornormen ENv 1999-1-1 (allgemeiner Teil und Bemessung unter vorwiegend ruhender Belastung), ENV 1999-1-2 (Brandschutzmaßnahmen) und ENv 1999-2 (Betriebsfestigkeiten) erarbeitet.

UNTERSCHIEDE IN DER BEMESSUNG GEGENÜBER DEM STAHLBAU

Die wichtigsten Unterschiede von Aluminium zu Stahl sind:

- geringere Festigkeitswerte geringerer Elastizitätsmodul
- die Erweichung in der WEZ beim Schweißen
- die Gestaltungsmöglichkeit mit Strangpreßprofilen

Durch die Optimierung des Querschnittes mit der Vergrößerung der Bauhöhe und der Verringerung der Wanddicken ist eine Gewichtsminimierung erzielbar. In Abhängigkeit zur Trägerhöhe ergibt sich nach den Kriterien:

Linie b:	$\sigma < \sigma_{zul}$	im Bereich der Zugspannungen
Linie c:	$\sigma < \sigma_{Bzul}$	im Bereich der Druckspannungen
Linie a:	$f < f_{zul}$	

das Optimum. Diese Optimierung ermöglicht erst wirtschaftlich anwendbare Konstruktionen und führt stets zum Leichtbau mit Wanddicken bis zu nur 2 mm. Ein Abrostungszuschlag ist durch die Korrosionsbeständigkeit nicht erforderlich.

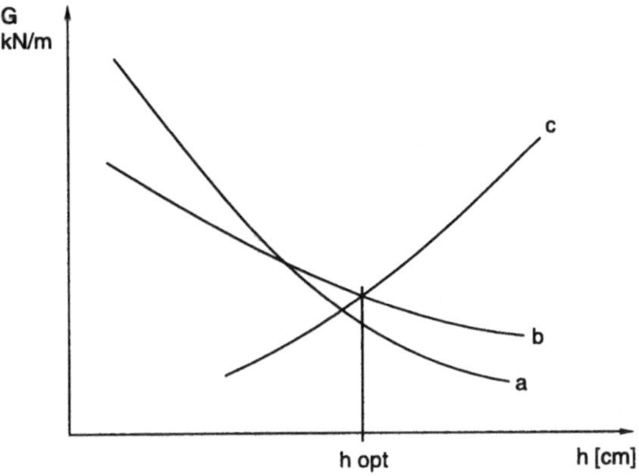

Bild 10-6
Funktionskriterien für die
Querschnittsoptimierung von
Biegeträgern

Literaturhinweise zu Kapitel 10

[1] Aluminium-Zeitschrift, Giesel-Verlag für Publizität, Isernhagen

[2] Aluminium-Zentrale (Hrg): Aluminium-Taschenbuch, dzt. 14. Auflage 1983, Datenaktua-
lisierter Druck 1988

[3] Hufnagel ,W.: Aluminium-Schlüssel, Normenbezeichnungen, Zusammensetzungen,
Markenwörter von Aluminiumwerkstoffen, 5. Auflage 1997

[4] Altenpohl, D. Aluminium von innen, Eine Einführung in die Metallkunde der Aluminium-
verarbeitung, 5.Auflage 1994

[5] Koser,J.: Konstruieren mit Aluminium, Ein Leitfaden für den Entwurf, das Bemessen und
Konstruieren von tragenden Aluminiumstrukturen

[6] Mazzolani,F.M.: Aluminium Alloy Structures, Pitman Advanced Publishing Program,
Boston. London. Melbourne

[7] Sharp, M.L.: Behavior and Design of Aluminium Structures Mc.Graw-Hill inc. 1992

Sachwortverzeichnis

Massivbau verständlich dargestellt

Massivbau

Bemessung im Stahlbetonbau

von Peter Bindseil

1996. XVI, 513 Seiten mit 291
Abbildungen und 22 Tabellen
(Viewegs Fachbücher der
Technik) Broschiert DM 52,00
ISBN 3-528-08813-3

Aus dem Inhalt:
Teil A: Grundlagen und Bemessung von Tragwerken (Grundlagen des Stahlbetons - Sicherheitskonzept - Bemessungsschnittgrößen - Bemessung bei überwiegender Biegung - Bemessung bei überwiegender Längskraft)
Teil B: Stabilität von Bauwerken und Bauteilen (Räumliche Steifigkeit und Stabilität)
Teil C: Besondere Bauteile (Fundamente - Rahmen - Konsolen - Torsionsbeanspruchte Bauteile)

Dieses Buch behandelt den Stahlbetonbau auf der Basis der neuen Sicherheits- und Bemessungskonzepte, wie sie derzeit im Eurocode EC 2 formuliert sind. Im Anhang wird ein Ausblick auf die geplante DIN 1045-1 gegeben. Der umfangreiche Stoff wird in einem Band als Lehrbuch vorgestellt, um Grundlagen und Berechnungsmethoden direkt durch Beispiele vertiefen zu können.

Abraham-Lincoln-Straße 46
D-65189 Wiesbaden
Fax (0180) 5 78 78-80
www.vieweg.de

Stand Januar 1999
Änderungen vorbehalten.
Erhältlich im Buchhandel oder beim Verlag.

D-55130 Mainz, Wilh.-Theod.-Römheld-Str. 32, Tel. 06131-830900, Fax - 830920
D-06254 Kötschlitz (bei Leipzig), Aue-Park-Allee 5, Tel. 034638 - 52520, Fax - 52522

INTERNET-SERVICE

Mehr Informationen mit dem

VIEWEG

INTERNET-SERVICE

Studienbücher
Fachbücher
Neue Medien
Infos über Vertrieb und Lektorat unter

http://www.vieweg.de